CG 设计案例课堂

Photoshop CC
图像处理案例课堂

唐 琳 李少勇 编著

清华大学出版社
北 京

内容简介

Adobe公司推出的Photoshop CC图像处理软件是目前使用最广泛的图像处理和平面设计软件之一，它在图像编辑、图像合成、校色调色及特效制作等方面上的优势，得到众多平面设计工作者和爱好者的青睐。

本书通过讲解145个具体实例，向大家展示如何使用Photoshop CC对图像进行设计与处理。全书共分为14章，所有例子都是精心挑选和制作，将Photoshop CC枯燥的知识点融入实例之中，并进行了简要而深刻的说明。可以说，读者通过对这些实例的学习，将起到举一反三的作用，一定能够由此掌握图像创意与设计的精髓。

本书按照软件功能以及实际应用进行划分，每一章的实例在编排上循序渐进，其中既有打基础、筑根基的部分，又不乏综合创新的例子。其特点是把Photoshop CC的知识点融入实例中，读者将从中学到Photoshop基础应用、平面广告设计中常用字体的表现、常用图像处理技巧、常用的梦幻效果、按钮效果的制作、数码照片处理、婚纱照片的处理、桌面壁纸的制作、海报设计与制作、手绘技法、VI设计、卡片和包装设计、室外建筑后期处理和大厅效果图等不同图像与平面设计专业领域的制作方法。

本书可以帮助读者更好地掌握Photoshop CC的使用操作，以及如何应用Photoshop CC来进行图像处理与平面设计，提高读者的软件应用以及效果图制作水平。

本书内容丰富、语言通俗、结构清晰，适合于初、中级读者学习使用，也可以供从事平面设计、图像处理、婚庆礼仪制作的人员阅读；同时还可以作为大中专院校相关专业、相关计算机培训班的上机指导教材。

图书在版编目(CIP)数据

Photoshop CC图像处理案例课堂/唐琳等编著. --北京：清华大学出版社，2015（2021.2重印）
(CG设计案例课堂)
ISBN 978-7-302-38554-7

I. ①P… II. ①唐… III. ①图像处理软件 IV. ①TP391.41

中国版本图书馆CIP数据核字(2014)第273586号

责任编辑：张彦青
装帧设计：杨玉兰
责任校对：马素伟
责任印制：杨 艳

出版发行：清华大学出版社
网 址：http://www.tup.com.cn, http://www.wqbook.com
地 址：北京清华大学学研大厦A座 邮 编：100084
社 总 机：010-62770175 邮 购：010-62786544
投稿与读者服务：010-62776969, c-service@tup.tsinghua.edu.cn
质量反馈：010-62772015, zhiliang@tup.tsinghua.edu.cn
课件下载：http://www.tup.com.cn, 010-62791865
印 装 者：三河市铭诚印务有限公司
经 销：全国新华书店
开 本：190mm×260mm 印 张：28 字 数：678千字
(附DVD 2张)
版 次：2015年1月第1版 印 次：2021年2月第7次印刷
定 价：89.00元

产品编号：061591-01

前言

Adobe 公司推出的 Photoshop CC 图像处理软件是目前使用最广泛的图像处理和平面设计软件之一，它在图像编辑、图像合成、校色调色及特效制作等方面上的优势，得到众多平面设计工作者和爱好者的青睐。Photoshop CC 的功能比其以前的版本更加强大，不仅可以在计算机上编辑多种图像格式，还可以通过内置的多种滤镜修饰数码照片并进行视觉创意与设计，创造出超乎想象的图像艺术。同时 Photoshop CC 还具有强大的文字编辑功能，完全可以创建绚丽的文字效果。

本书通过 145 个图像实例向读者详细介绍了 Photoshop CC 的强大图像处理及图形绘制等功能。本书注重理论与实践紧密结合，实用性和可操作性强，相对于同类 Photoshop CC 实例书籍，具有以下特色。

● 信息量大：145 个实例为每一位读者架起一座快速掌握 Photoshop CC 使用与操作的“桥梁”；145 种设计理念令每一个从事影视设计的专业人士在工作中灵感迸发；145 种艺术效果和制作方法使每一位初学者融会贯通、举一反三。

● 实用性强：145 个实例经过精心设计、选择，不仅效果精美，而且非常实用。

● 注重方法的讲解与技巧的总结：本书特别注重对各实例制作方法的讲解与技巧总结，在介绍具体实例制作的详细操作步骤的同时，对于一些重要而常用实例的制作方法和操作技巧作了较为精辟的总结。

● 操作步骤详细：本书中各实例的操作步骤介绍得非常详细，即使是初级入门的读者，只需一步一步按照本书中介绍的步骤进行操作，一定也能做出相同的效果。

● 适用广泛：本书实用性和可操作性强，适用于广告设计、影视片头包装、网页设计等行业的从业人员和广大的计算机图形图像处理爱好者阅读参考，也可供各类计算机培训班作为教材使用。

本书主要由唐琳、刘蒙蒙、高甲斌、任大为、刘鹏磊、张炜、徐文秀、吕晓梦、于海宝、孟智青、李少勇、赵鹏达、王海峰、王玉、李娜、刘晶、刘峥和弭蓬编写，白文才录制多媒体教学视频，其他参与编写的还有陈月娟、陈月霞、刘希林、黄健、刘希望、黄永生、田冰、徐昊，北方电脑学校的温振宁、刘德生、宋明、刘景君老师，德州职业技术学院的张锋、相世强老师，感谢深圳的苏利以及北京的张树涛为本书提供了大量的图像素材以及视频素材，谢谢你们在书稿前期材料的组织、版式设计、校对、编排，以及大量图片的处理等方面所做的工作。

前言

Preface

本书总结了作者从事多年影视编辑的实践经验，目的是帮助想从事影视制作行业的广大读者迅速入门并提高学习和工作效率，同时对有一定视频编辑经验的朋友也有很好的参考作用。由于时间仓促，疏漏之处在所难免，恳请读者和专家指教。如果您对书中的某些技术问题持有不同的意见，欢迎与作者联系，E-mail：Tavili@tom.com。

编者

目录
Contents

第 1 章　Photoshop 基础应用

第 2 章　平面广告设计中常用字体的表现

第 3 章　常用的图像处理技巧

目录
Contents

目录
Contents

目录
Contents

第 11 章 VI 设计

第 12 章 卡片和包装设计

第 13 章 室外建筑后期处理

第 14 章 大厅效果图

第 1 章 Photoshop 基础应用

本章重点

- 个性化设置
- 批处理
- 扩大选区
- 选取相似
- 创建图层蒙版
- 创建矢量蒙版
- 创建快速蒙版
- 创建剪贴蒙版
- 利用动作面板为照片添加边框
- 添加新动作

本章介绍 Photoshop CC 的一些常用的基本应用，其中包括选区、图层蒙版等的应用。

案例精讲 001　个性化设置

案例文件：CDROM | 场景 | Cha01 | 个性化设置 .psd
视频文件：视频教学 | Cha01 | 个性化设置 .avi

制作概述

本例讲解如何对 Photoshop CC 软件进行个性化设置，通过对其进行设置可以大大提高工作效率。

学习目标

学习界面、光标和透明度与色域的设置。
掌握如何对 Photoshop CC 软件进行界面、光标和透明度与色域的设置。

操作步骤

(1) 启动软件后在菜单栏中选择【编辑】|【首选项】|【常规】命令，打开【首选项】对话框，如图 1-1 所示。

(2) 切换到【界面】选项卡，将【颜色方案】设置为最后一个色块，其他保持默认值，如图 1-2 所示。

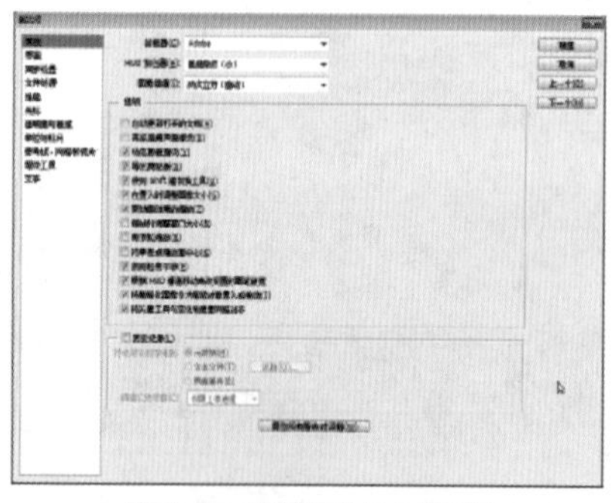
图 1-1　【首选项】对话框

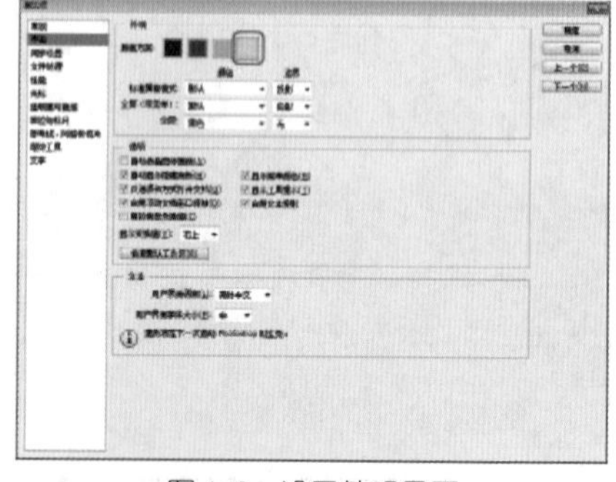
图 1-2　设置外观界面

(3) 切换到【光标】选项卡，在此可以设置绘画光标和其他光标，例如将【绘画光标】设置为【标准】，【其他光标】设置为【标准】，如图 1-3 所示。

(4) 切换到【透明度与色域】选项卡，可以设置网格大小和网格颜色，用户可以根据自己的需要进行相应的设置，如图 1-4 所示。

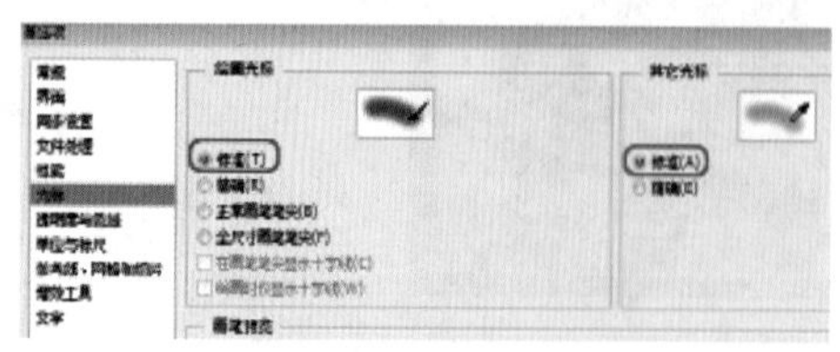
图 1-3　设置光标

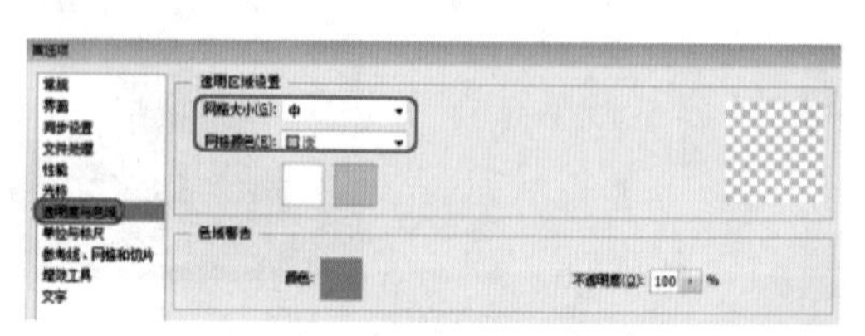
图 1-4　设置【透明度与色域】参数

知识链接

【绘画光标】：用于设置使用绘图工具时，光标在画面中显示的状态，以及光标中心是否显示十字线。

【其他光标】：用于设置使用其他工具时，光标在画面中显示的状态。

【画笔预览】：用于定义画笔编辑预览的颜色。

(5) 切换到【性能】选项卡，在【内存使用情况】选项组中可以设置内存的使用比例，例如设置为 60%。在【历史记录与高速缓存】选项组中可以根据不同文档类型的大小设置【历史记录状态】和【高速缓存级别】。在【暂存盘】选项组中可以设置文件暂存的位置，默认情况为 C 盘，设置完成后单击【确定】按钮，如图 1-5 所示。

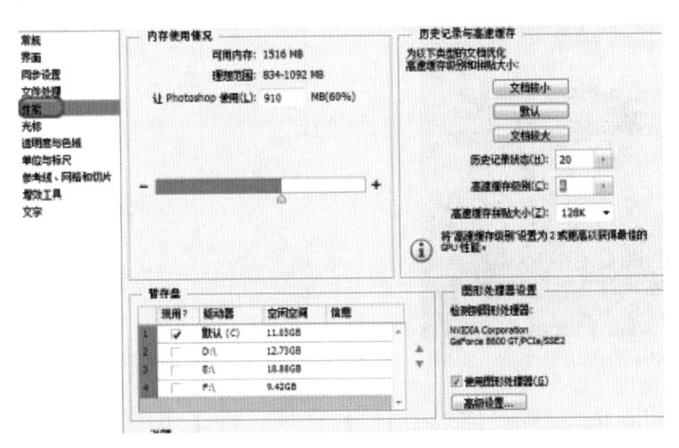

图 1-5　设置【性能】参数

知识链接

【内存使用情况】：显示系统分配给 Photoshop CC 软件的内存，可以拖动滑块进行调整。

【历史记录和高速缓存】：设置【历史记录】面板中可以保留的历史记录数量及高速缓存的级别。

【暂存盘】：可以选择文件暂存的位置，系统默认情况下将 Photoshop CC 安装系统的盘作为暂存地址，也可以对其进行更改。

案例精讲 002　批处理

 案例文件：CDROM | 场景 | Cha01 | 批处理 .psd

 视频文件：视频教学 | Cha01 | 批处理 .avi

制作概述

如果有大量的图片需要重复执行某一动作，可以用 Photoshop CC 的批处理功能完成。

学习目标

学习如何设置批处理。
掌握如何对批处理进行设置。

操作步骤

(1) 启动软件后，按 Ctrl+O 组合键，选择随书附带光盘 CDROM| 素材 |Cha01 文件夹中的 01.jpgi 文件，如图 1-6 所示。

(2) 在菜单栏中选择【文件】|【自动】|【批处理】命令，打开【批处理】对话框，如图 1-7 所示。

图 1-6 打开的素材文件

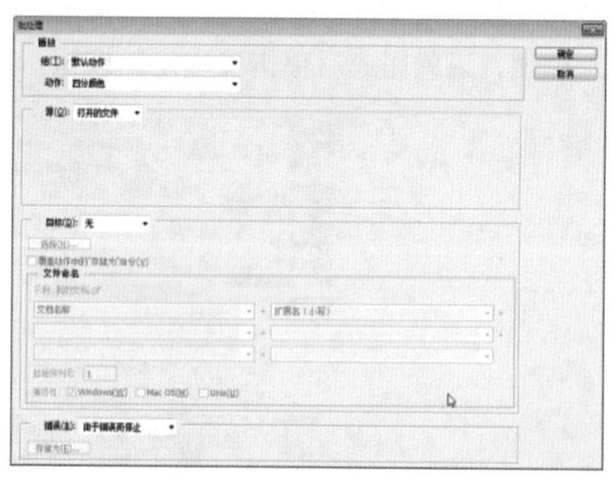

图 1-7 【批处理】对话框

(3) 在【组】下拉列表框中选择【默认动作】选项，将【动作】设置为【四分颜色】，【源】设置为【打开的文件】，设置完成后单击【确定】按钮，如图 1-8 所示。

(4) 设置完成后的效果如图 1-9 所示。

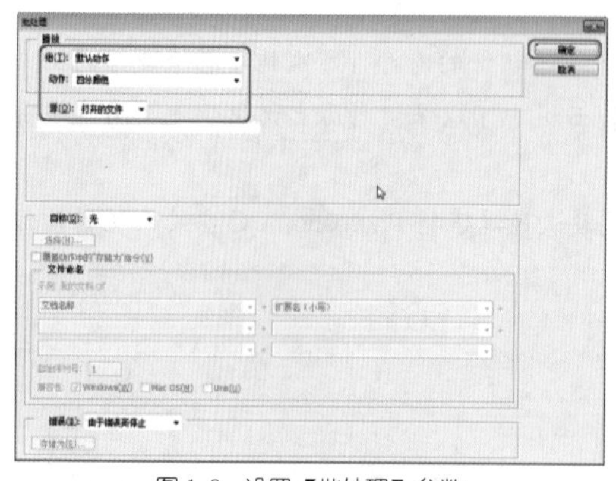

图 1-8 设置【批处理】参数

图 1-9 完成后的效果

案例精讲 003 扩大选区

 案例文件：CDROM | 场景 | Cha01 | 扩大选区 .psd

 视频文件：视频教学 | Cha01 | 扩大选区 .avi

制作概述

使用【扩大选区】命令，可以选择所有的和现在选区颜色相近的选区。

学习目标

学习如何创建选区及扩大选区。
掌握如何利用【扩大选区】命令。

操作步骤

(1) 启动软件后，按 Ctrl+O 组合键，在弹出的【打开】对话框中选择随书附带光盘 CDROM| 素材 |Cha01 文件夹中的 002.jpg 文件，如图 1-10 所示。

(2) 选择【矩形选框工具】，在舞台的白色区域绘制选区，如图 1-11 所示。

(3) 在菜单栏中选择【选择】|【扩大选区】命令，此时图中所有的白色区域都会被选中，如图 1-12 所示。

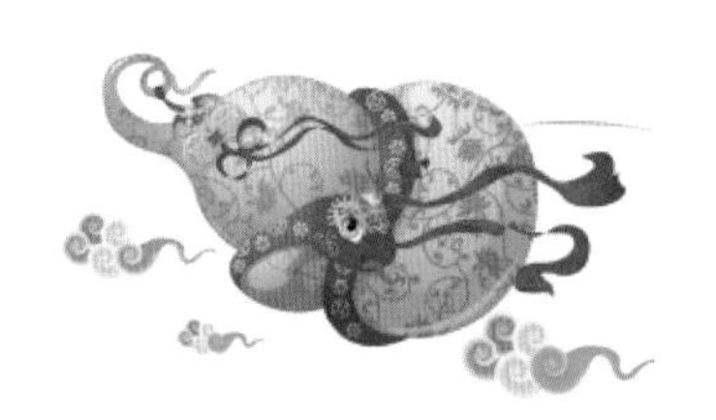

图 1-10 打开的素材文件

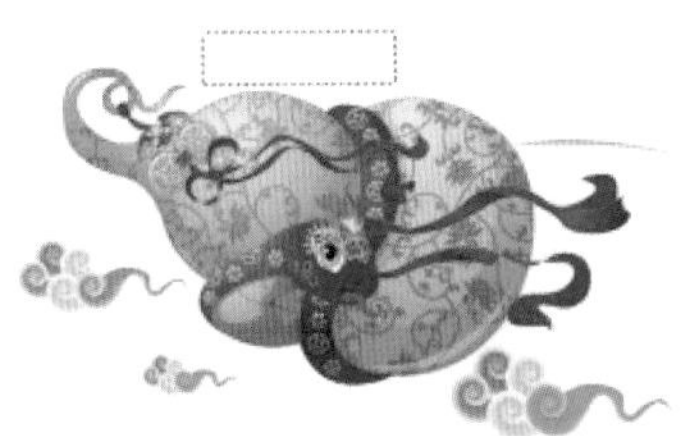

图 1-11 绘制选区

图 1-12 扩大选区后的效果

案例精讲 004 选取相似

案例文件：CDROM | 场景 | Cha01 | 选取相似 .psd

视频文件：视频教学 | Cha01 | 选取相似 .avi

制作概述

使用【选取相似】命令，可以选择图像中与现有选区颜色相邻或相近的所有像素。

学习目标

学习如何选取相似像素。
掌握【选取相似】命令的应用。

操作步骤

(1) 启动软件后，按 Ctrl+O 组合键，在弹出的【打开】对话框中选择随书附带光盘 CDROM| 素材 |Cha01 文件夹中的 003.jpg 文件，如图 1-13 所示。

(2) 选择【矩形选框工具】，在舞台绘制选区，如图 1-14 所示。

(3) 执行【选择】|【选取相似】命令，此时选区会发生变化，如图 1-15 所示。

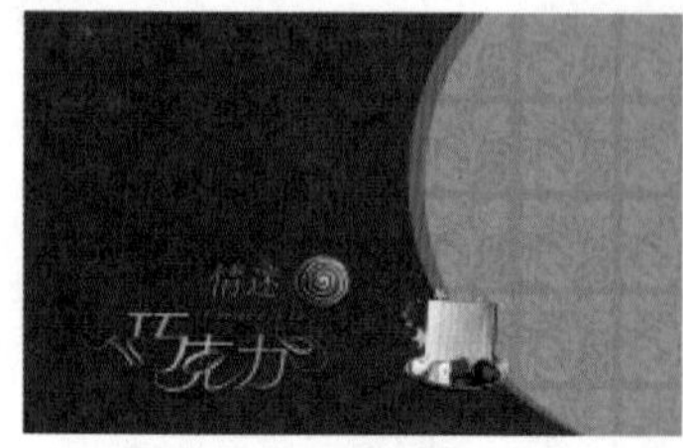
图 1-13　打开的素材文件

图 1-14　绘制选区

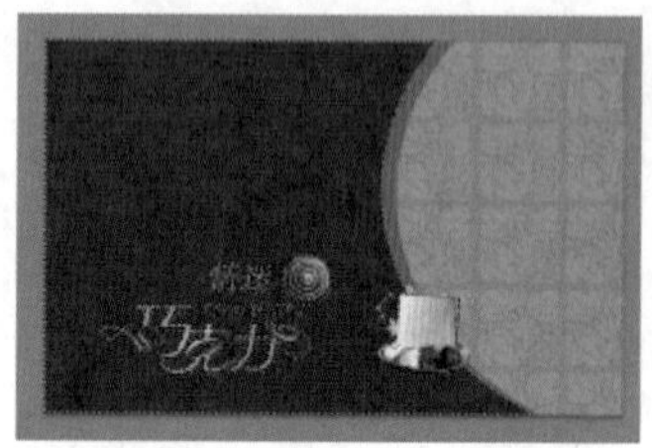
图 1-15　扩大选区后的效果

案例精讲 005　创建图层蒙版

案例文件：CDROM | 场景 | Cha01 | 创建图层蒙版 .psd

视频文件：视频教学 | Cha01 | 创建图层蒙版 .avi

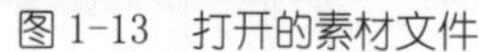

制作概述

图层蒙版是控制图层或图层组中的像素区域如何隐藏和显示的。

学习目标

学习如何创建图层蒙版。
掌握图层蒙版的应用。

操作步骤

(1) 启动软件后，按 Ctrl+O 组合键，在弹出的【打开】对话框中选择随书附带光盘 CDROM| 素材 |Cha01 文件夹中的 004.jpg 和 005.jpg 文件，如图 1-16 所示。

(2) 选择【移动工具】，将“005.jpg”素材文件拖到“004.jpg”文件中，按 Ctrl+T 组合键对其位置进行调整，如图 1-17 所示。

图 1-16　打开的素材文件

图 1-17　移动素材文件

提示

【背景】图层不能添加图层蒙版，因此可以先将【背景】图层转换为普通图层，再对其添加图层蒙版。

(3) 打开【图层】面板，选择【图层 1】，并为其添加图层蒙版，如图 1-18 所示。

(4) 选择【画笔工具】，将【前景色】设置为黑色，在工具选项栏将【不透明度】设置为 100%，对多余的杂色进行涂抹，完成后的效果如图 1-19 所示。

图 1-18　添加图层蒙版

图 1-19　完成后的效果

案例精讲 006　创建矢量蒙版

案例文件：CDROM | 场景 | Cha01 | 创建矢量蒙版 .psd

视频文件：视频教学 | Cha01 | 创建矢量蒙版 .avi

制作概述

矢量蒙版具有独立的分辨率，对其进行放大、缩小和旋转不影响本身的像素。

学习目标

学习如何创建矢量蒙版。
掌握矢量蒙版的应用。

操作步骤

(1) 启动软件后，按 Ctrl+O 组合键，在弹出的【打开】对话框中选择随书附带光盘 CDROM | 素材 |Cha01 文件夹中的 006.jpg 和 007.jpg 文件，并将“007.jpg”素材文件拖到“006 .jpg”素材文件中，按 Ctrl+T 组合键适当调整大小，如图 1-20 所示。

(2) 打开【图层】面板，选择【图层 1】，选择【钢笔工具】绘制路径，如图 1-21 所示。

图 1-20　移动素材文件

图 1-21　绘制路径

(3) 在菜单栏中选择【图层】|【矢量蒙版】|【当前路径】命令，如图 1-22 所示。

(4) 选择【图层 1】，将其【不透明度】设置为 50%，完成后的效果如图 1-23 所示。

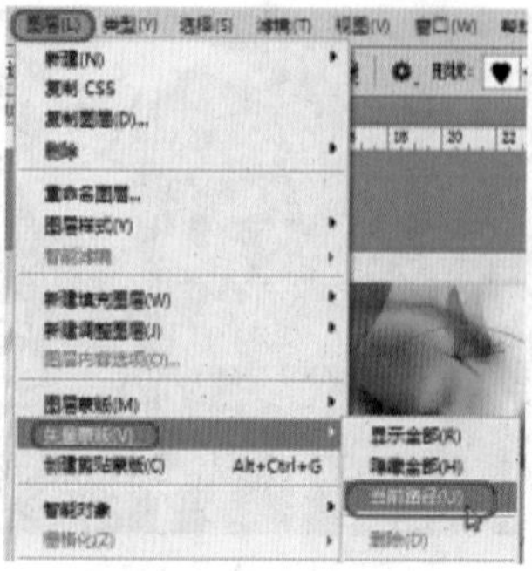

图 1-22 选择【当前路径】命令

图 1-23 完成后的效果

案例精讲 007 创建快速蒙版

案例文件：CDROM | 场景 | Cha01 | 创建快速蒙版 .psd

视频文件：视频教学 | Cha01 | 创建快速蒙版 .avi

制作概述

本例介绍如何创建快速蒙版。利用快速蒙版能够快速创建一个不规则的选区。

学习目标

学习如何创建快速蒙版。

掌握如何利用快速蒙版进行操作。

操作步骤

(1) 启动软件后，按 Ctrl+O 组合键，在弹出的【打开】对话框中选择随书附带光盘 CDROM| 素材 |Cha01 文件夹中的 008.jpg 文件，如图 1-24 所示。

(2) 使用【椭圆选框工具】绘制椭圆选区，如图 1-25 所示。

图 1-24 打开的素材文件

图 1-25 绘制椭圆选区

(3) 在工具箱中单击【以快速蒙版模式编辑】按钮，此时图片会以快速蒙版模式编辑，如图 1-26 所示。

(4) 在工具箱中选择【画笔工具】，在工具选项栏中将【粗边圆形钢笔】设置为 100，(也可以根据自己的爱好选择其他的笔触)，将【不透明度】设置为 100%，并将【前景色】设置为白色，对蒙版区域进行涂抹，涂抹后的效果如图 1-27 所示。

图 1-26　创建快速蒙版

图 1-27　涂抹后的效果

(5) 在【工具箱】中单击【以标准模式编辑】按钮退出快速蒙版模式编辑即可创建并修改选区。

案例精讲 008　创建剪贴蒙版

 案例文件：CDROM | 场景 | Cha01 | 创建剪贴蒙版 .psd

 视频文件：视频教学 | Cha01 | 创建剪贴蒙版 .avi

制作概述

本例介绍如何创建剪贴蒙版。剪贴蒙版由基层和内容层组成，基层位于剪贴蒙版的底部，而内容层则位于基层的上方。

学习目标

学习如何创建剪贴蒙版。

掌握如何在同一个字幕中创建不同的文字类型，并进行排列。

操作步骤

(1) 启动软件后，按 Ctrl+O 组合键，在弹出的【打开】对话框中选择随书附带光盘 CDROM| 素材 |Cha01 文件夹中的 009.jpg 文件，如图 1-28 所示。

(2) 打开图层蒙版，按 Ctrl+J 组合键进行复制，并将复制的【图层 1】进行隐藏，如图 1-29 所示。

图 1-28　打开的素材文件

图 1-29　复制并隐藏图层

(3) 按 Ctrl+O 组合键，在弹出的【打开】对话框中选择随书附带光盘 CDROM| 素材 |Cha01 文件夹中的 010.png 和 011.png 文件，并将其拖到 009.jpg 文件中，按 Ctrl+T 组合键适当调整大小，并使用【裁剪工具】扩展画布，使其图片处于边框素材中如图 1-30 所示。

(4) 在工具箱中选择【矩形选框工具】，在相机的屏幕上绘制选区，如图 1-31 所示。

图 1-30　拖入素材文件

图 1-31　绘制选区

(5) 按 Ctrl+J 组合键，在选区复制出【图层 4】，在【图层】面板中将【图层 1】拖到【图层 4】的上方，将光标放在【图层 1】和【图层 4】之间，按 Alt 键即可创建剪贴蒙版，如图 1-32 所示。

(6) 选择【图层 1】，按 Ctrl+T 组合键适当调整位置及大小，如图 1-33 所示。

(7) 在【图层】面板中选择【图层 1】、【图层 3】和【图层 4】并单击面板底部的【链接图层】按钮，链接图层，如图 1-34 所示。

图 1-32　创建剪贴蒙版

图 1-33　调整位置及大小

图 1-34　链接图层

案例精讲 009　利用动作面板为照片添加边框

案例文件：CDROM | 场景 | Cha01 | 利用动作面板为照片添加边框 .psd

视频文件：视频教学 | Cha01 | 利用动作面板为照片添加边框 .avi

制作概述

本例介绍如何利用【动作】面板对照片添加多彩的边框。利用【动作】面板可以将经常使用的动作进行记录，这样可以使烦琐的工作变得简单易行。

学习目标

学习如何利用系统默认的动作。

掌握如何利用【动作】面板。

操作步骤

(1) 启动软件后，按 Ctrl+O 组合键，在弹出的【打开】对话框中选择随书附带光盘

CDROM| 素材 |Cha01 文件夹中的 012.jpg 文件，如图 1-35 所示 .

(2) 打开【动作】面板，单击【面板菜单】按钮，在弹出的下拉菜单中选择【画框】命令，如图 1-36 所示。

(3) 打开【动作】面板，选择【画框】中的【天然材质画框 -50 像素】选项，并单击面板底部的【播放选定动作】按钮，如图 1-37 所示。

(4) 弹出提示框，单击【继续】按钮，完成后的效果如图 1-38 所示。

图 1-35　打开的素材文件

图 1-36　选择【图框】命令

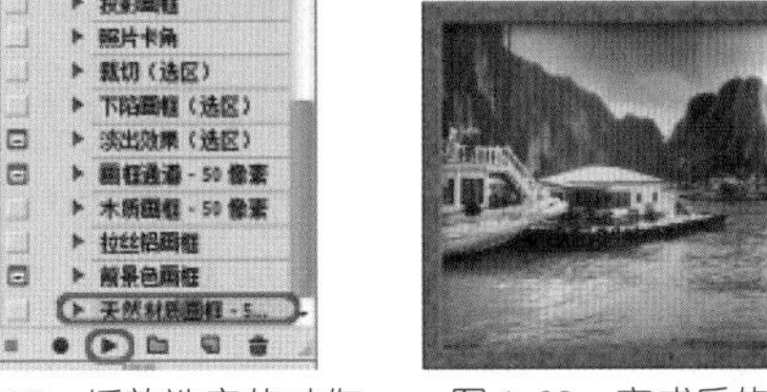

图 1-37　播放选定的动作

图 1-38　完成后的效果

案例精讲 010　添加新动作

案例文件：CDROM | 场景 | Cha01 | 添加新动作 .psd

视频文件：视频教学 | Cha01 | 添加新动作 .avi

制作概述

软件本身已提供了一些动作，有时为了节省时间，需要把一些重复使用的命令保存为动作。

学习目标

学习如何创建新动作。

掌握新动作的创建以及使用。

操作步骤

(1) 启动软件后，按 Ctrl+O 组合键，在弹出的【打开】对话框中选择随书附带光盘 CDROM| 素材 |Cha01 文件夹中的 013.jpg 文件，如图 1-39 所示。

(2) 在菜单栏中选择【窗口】|【动作】命令，打开【动作】面板，如图 1-40 所示。

图 1-39　打开的素材文件

图 1-40　【动作】面板

(3) 在【动作】面板中单击其底部的【创建新组】按钮，在弹出的【新建组】对话框中使用默认值，单击【确定】按钮，如图 1-41 所示。

(4) 在【动作】面板中选择【组 1】，单击【创建新动作】按钮，打开【新建动作】对话框，在该对话框中将【名称】设置为【分辨率】，单击【记录】按钮，如图 1-42 所示。

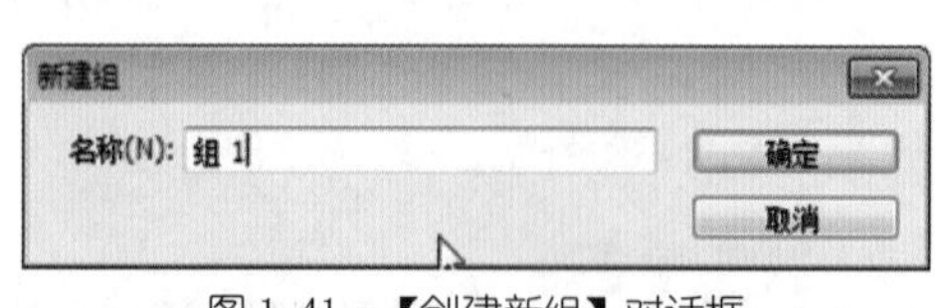

图 1-41　【创建新组】对话框

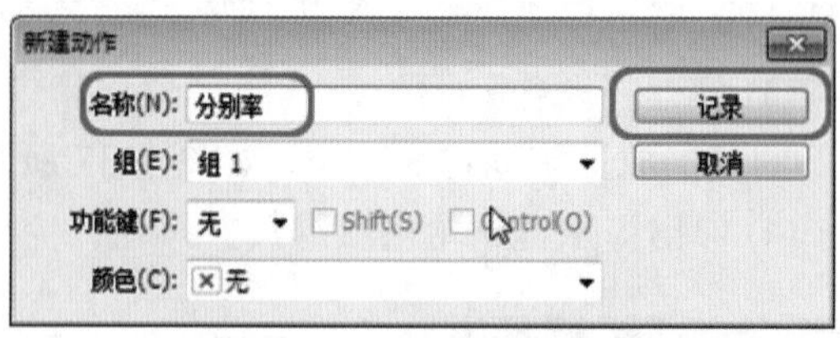

图 1-42　【新建动作】对话框

(5) 在菜单栏中选择【图像】|【图像大小】命令，在弹出的【图像大小】对话框中，取消勾选【重新采样】复选框，并设置分辨率为 300 像素 / 英寸，单击【确定】按钮，如图 1-43 所示。

(6) 在菜单栏中选择【图像】|【模式】|【CMYK 颜色】命令，打开【提示】对话框，单击【确定】按钮，如图 1-44 所示。

(7) 在【动作】面板中单击【停止播放 / 记录】按钮，在【动作】面板中可查看添加的动作，如图 1-45 所示。

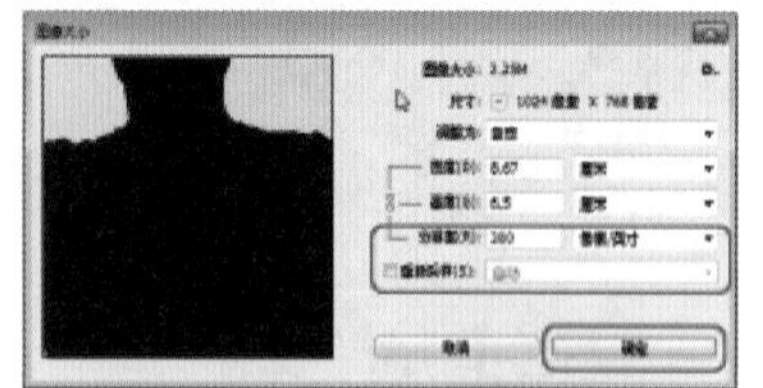
图 1-43　【图像大小】对话框

图 1-44　设置颜色模式

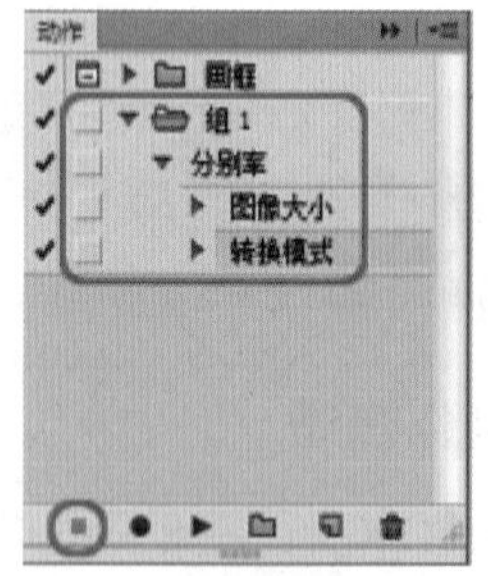

图 1-45　查看添加的新动作

第 2 章 平面广告设计中常用字体的表现

本章重点

- 制作火焰文字
- 制作巧克力文字
- 制作圆点排列文字
- 制作气球文字
- 制作光亮文字
- 制作钢纹字
- 制作手写书法字
- 制作绿色立体文字
- 制作金色放光文字
- 制作布纹文字
- 制作编制字
- 制作玉雕文字
- 制作石刻文字
- 制作结冰文字

本章介绍运用 Photoshop CC 制作各种字体的方法，如火焰文字、巧克力文字、钢纹字等的制作方法。制作文字是平面广告设计中最为重要的环节，这些文字的表现将直接影响平面广告的整体效果。

案例精讲 011　制作火焰文字

案例文件：CDROM | 场景 | Cha02 | 制作火焰文字 .psd
视频文件：视频教学 | Cha02 | 制作火焰文字 .avi

制作概述

本例介绍火焰文字的制作方法，主要通过旋转画布、为对象添加【风】效果，然后模糊对象并添加【波纹】效果，最后更改其模式，并调整曲线。制作完成后的效果如图 2-1 所示。

图 2-1　火焰文字

学习目标

学习【风】和【波纹】效果的设置。
了解【横排文字工具】的使用方法。
掌握火焰文字的制作方法，能做出其他文字的火焰效果。

操作步骤

(1) 启动 Photoshop CC 软件，按 Ctrl+N 组合键打开【新建】对话框，将【名称】设置为【火焰文字】，【宽度】和【高度】分别设置为 700 像素、350 像素，【分辨率】设置为 72 像素 / 英寸，设置完成后单击【确定】按钮，如图 2-2 所示。

(2) 将【前景色】设置为黑色，按 Alt+Delete 组合键为背景填充颜色，完成后的效果如图 2-3 所示。

(3) 在工具箱中单击【横排文字工具】按钮，在场景中输入文字“活力四射”，选择输入的文字，打开【字符】面板，将【字体】设置为隶书，【大小】设置为 160 点，【颜色】设置为白色，如图 2-4 所示。

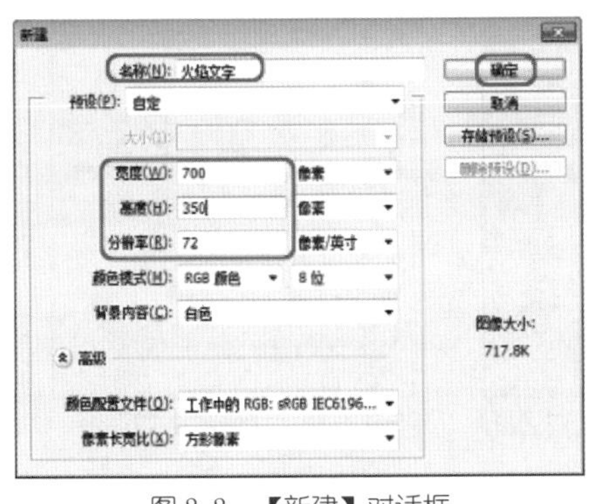
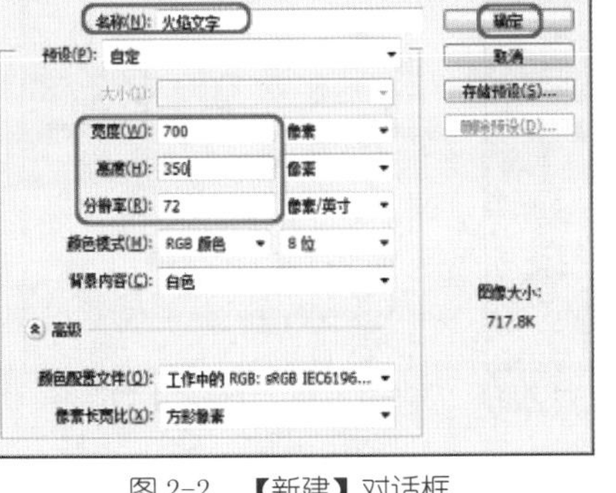

图 2-2　【新建】对话框

图 2-3　设置背景颜色

图 2-4　【字符】面板

(4) 在菜单栏中选择【图像】|【图像旋转】|【90 度 (顺时针)】命令，将图像顺时针旋转 90°，效果如图 2-5 所示。

(5) 在【图层】面板中选择【活力四射】图层，右击，在弹出的快捷菜单中选择【栅格化文字】命令，如图 2-6 所示。

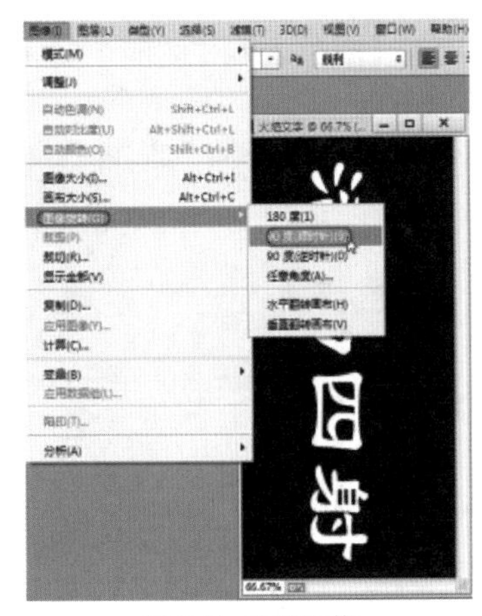

图 2-5　旋转图像

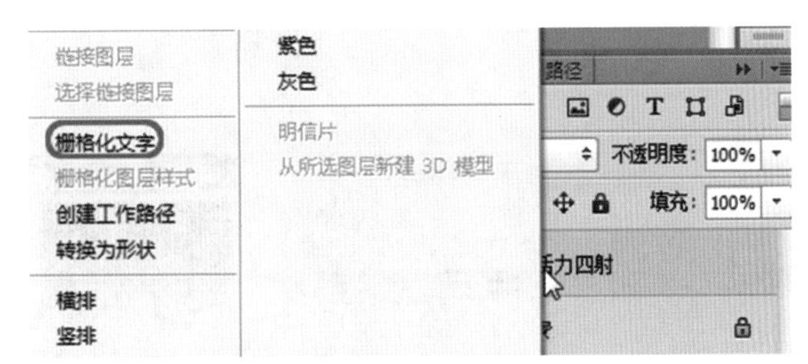

图 2-6　选择【栅格化文字】命令

(6) 在菜单栏中选择【滤镜】|【风格化】|【风】命令，在弹出的【风】对话框中将【方向】设置为【从左】，设置完成后单击【确定】按钮，如图 2-7 所示。

(7) 按 Ctrl+F 组合键再次执行【风】命令，完成后的效果如图 2-8 所示。

知识链接

【风】：该滤镜是通过在图像中增加一些细小的水平线来模拟风吹的效果，该滤镜只在水平方向起作用，要产生其他方向的效果，需要对其进行旋转。

(8) 在菜单栏中选择【图像】|【图像旋转】|【90 度 (逆时针)】命令，将其逆时针旋转 90°。在菜单栏中选择【滤镜】|【模糊】|【高斯模糊】命令，在弹出的【高斯模糊】对话框中将【半径】设置为 1.3 像素，设置完成后单击【确定】按钮，如图 2-9 所示。

(9) 在菜单栏中选择【滤镜】|【扭曲】|【波纹】命令，在弹出的【波纹】对话框中使用默认参数即可，单击【确定】按钮，如图 2-10 所示。

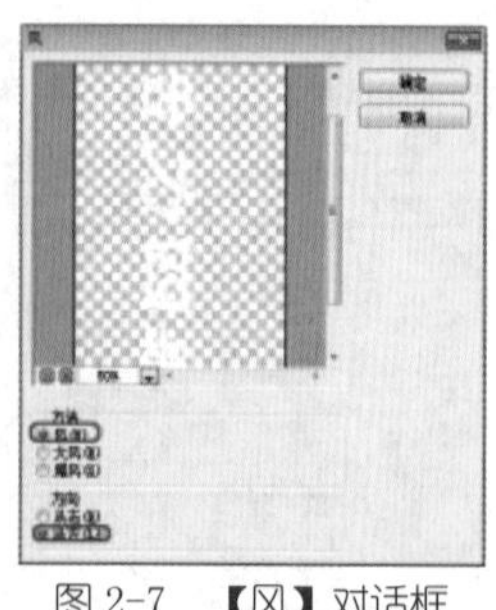
图 2-7 【风】对话框

图 2-8 完成后的效果

图 2-9 【高斯模糊】对话框

图 2-10 【波纹】对话框

(10) 在菜单栏中选择【图像】|【模式】|【灰度】命令，在弹出的对话框中单击【拼合】按钮，系统会弹出【信息】对话框，单击【扔掉】按钮，在【通道】面板中可以看到转换到灰度模式的信息，如图 2-11 所示。

(11) 在菜单栏中选择【图像】|【模式】|【索引颜色】命令，在【通道】面板中可以看到转换到索引模式的信息，如图 2-12 所示。

(12) 在菜单栏中选择【图像】|【模式】|【颜色表】命令，在弹出的【颜色表】对话框中将【颜色表】设置为【黑体】，单击【确定】按钮，如图 2-13 所示。

(13) 再在菜单栏中选择【图像】|【模式】|【RGB 颜色】命令，按 Ctrl+M 组合键打开【曲线】对话框，在该对话框中调整曲线的形状，调整完成后单击【确定】按钮，如图 2-14 所示。

图 2-11 【通道】面板

图 2-12 索引模式

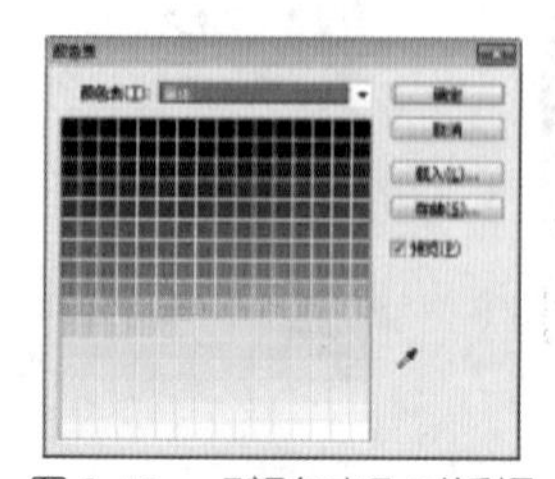
图 2-13 【颜色表】对话框

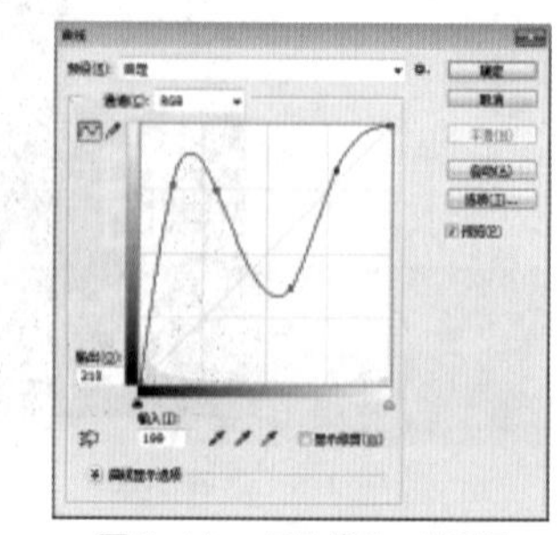
图 2-14 【曲线】对话框

(14) 至此，火焰文字效果制作完成，将制作完成后的场景文件保存即可。

案例精讲 012 制作巧克力文字

案例文件：CDROM | 场景 | Cha02 | 制作巧克力文字 .psd

视频文件：视频教学 | Cha02 | 制作巧克力文字 .avi

制作概述

巧克力文字的制作大致分为两部分，首先是巧克力字部分，制作之前需要自己画出巧克力的方块图形，并定义为图案，用图层样式来控制浮雕效果。然后是底部的奶油效果，用设置好的笔刷描边路径做出底色，再用图层样式做出浮雕效果即可。制作完成后的效果如图 2-15 所示。

图 2-15 巧克力文字

学习目标

学习如何制作巧克力文字。

了解色相 / 饱和度和图层样式的设置。

操作步骤

(1) 启动 Photoshop CC 软件后，按 Ctrl+N 组合键，打开【新建】对话框，将【名称】设置为【巧克力文字】，将【宽度】和【高度】分别设置为 500 像素、376 像素，【分辨率】设置为 72 像素 / 英寸，设置完成后单击【确定】按钮，如图 2-16 所示。

(2) 将【前景色】RGB 的值设置为 254、206、1，将【背景色】RGB 的值设置为 232、102、27，在工具箱中选择【渐变工具】，在工具选项栏中选择【径向渐变】，然后用鼠标在画布的中间向角落里拖曳。在菜单栏中选择【文件】|【置入】命令，打开【置入】对话框，在该对话框中选择随书附带光盘中的 CDROM| 素材 |Cha02|L1.jpg 素材文件，如图 2-17 所示。

(3) 单击【置入】按钮，置入图片后按 Enter 键确认，确定该图层处于选中状态，在【图层】面板中将【不透明度】设置为 50%。打开【调整】面板，在面板中选择【色相 / 饱和度】选项。在打开的面板中将【色相】、【饱和度】分别设置为 −10、−40，在【图层】面板中单击【创建新的填充或调整图层】按钮，在弹出的菜单中选择【自然饱和度】命令，在弹出的面板中将【自然饱和度】、【饱和度】分别设置为 100、−20。按 Ctrl+N 组合键，在弹出的对话框中将【宽度】和【高度】均设置为 30 像素。使用【缩放工具】将文档放大，使用【矩形选框工具】绘制矩形，在菜单栏中选择【编辑】|【描边】命令，将【宽度】设置为 1，【位置】设置为【内部】，【颜色】RGB 的值设置为 136、136、136，设置完成后单击【确定】按钮，效果如图 2-18 所示。

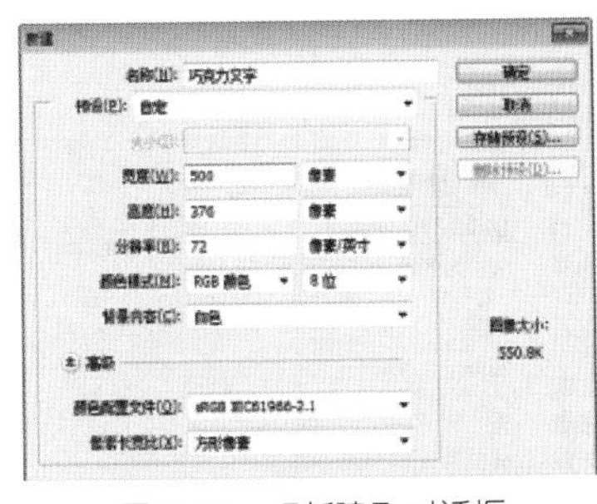

图 2-16 【新建】对话框

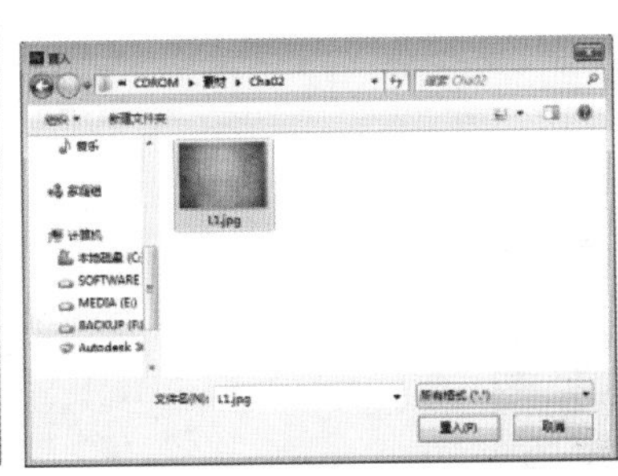

图 2-17 【置入】对话框

图 2-18 描边后的效果

(4) 使用同样的方法进行操作，完成后的效果如图 2-19 所示。

(5) 设置完成后在菜单栏中选择【编辑】|【定义图案】命令，在弹出的【图案名称】对话框中将图案名称设置为 LPL01，设置完成后单击【确定】按钮。返回到【巧克力文字】文档中，

使用【横排文字工具】在画布上输入文字。选择输入的文字，在工具选项栏中将【字体】设置为华文琥珀，【大小】设置为 100 点，【文本颜色】RGB 的值设置为 117、60、15，设置完成后的效果如图 2-20 所示。

(6) 然后对文字图层进行复制，在【图层】面板中的显示效果如图 2-21 所示。

(7) 将复制图层选中，按 Ctrl+E 组合键合并，然后移至文字下面。将此图层命名为【阴影】，并将此图层隐藏，如图 2-22 所示。

图 2-19　设置完成后的效果

图 2-20　设置完成后的文字效果

图 2-21　面板中的显示效果

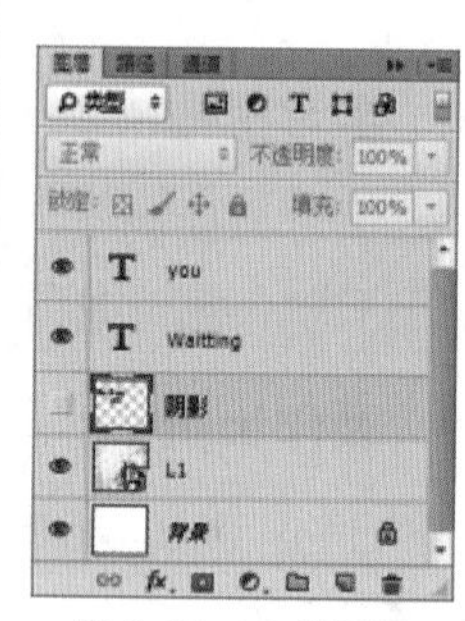

图 2-22　合并图层

(8) 在【图层】面板中双击文字图层，在弹出的【图层样式】对话框中选择【投影】选项，将【阴影颜色】RGB 的值设置为 64、39、19，将【距离】、【大小】均设置为 5，选择【内阴影】选项，将【阴影颜色】RGB 的值设置为 116、61、16，将【距离】、【大小】分别设置为 0、13；选择【斜面和浮雕】选项，将【大小】设置为 20，勾选【消除锯齿】复选框，将【高光颜色】RGB 的值设置为 114、83、58，将【阴影颜色】RGB 的值设置为 152、101、59；选择【等高线】选项，将【等高线】设置为【平缓斜面 - 凹槽】；选择【纹理】选项，将【纹理】设置为 LPL01，勾选【反相】复选框，再勾选【颜色叠加】复选框，将【叠加颜色】RGB 的值设置为 103、61、38。设置完成后单击【确定】按钮，效果如图 2-23 所示。

(9) 选择【画笔工具】，新建一个图层，按 F5 键打开【画笔】属性面板，将【画笔笔尖形状】设置为【尖角 30】，【间距】设置为 50%，选择【形状动态】选项，将【大小抖动】、【角度抖动】均设置为 100。打开【图层】面板，选择 waitting 图层，右击，在弹出的快捷菜单中选择【创建工作路径】命令，如图 2-24 所示。

图 2-23　设置完成后的效果

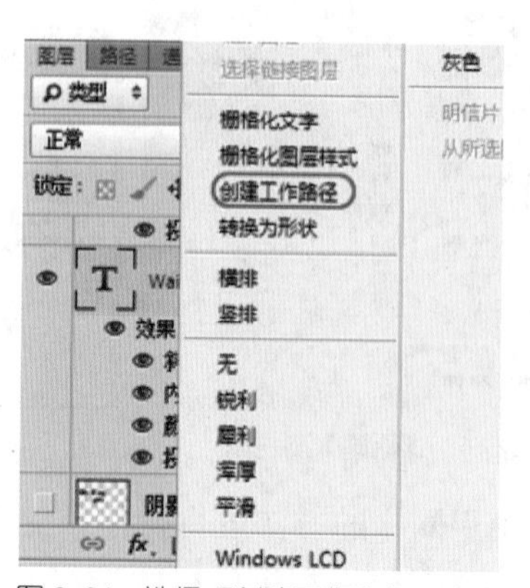

图 2-24　选择【创建工作路径】命令

(10) 将【前景色】设置为白色。确定当前图层为新建的图层。选择【钢笔工具】，在画布中右击，在弹出的快捷菜单中选择【描边路径】命令。打开【描边路径】对话框，将【工具】设置为【画笔】，设置完成后单击【确定】按钮，然后在【图层】面板中调整图层的顺序。使用同样的方法为剩余文字创建描边路径，完成后的效果如图 2-25 所示。

图 2-25 设置描边路径

(11) 选择【图层 1】，双击该图层打开【图层样式】对话框，在该对话框中选择【投影】选项，将【阴影颜色】RGB 的值设置为 120、120、120，【不透明度】设置为 58%，将【距离】、【大小】分别设置为 2、3；选择【斜面和浮雕】选项，将【大小】设置为 5，【角度】设置为 120，【光泽等高线】设置为【画圆步骤】，【阴影颜色】设置为 153、132、107；选择【等高线】选项，将【等高线】设置为【画圆步骤】，勾选【消除锯齿】复选框，将【范围】设置为 50；选择【纹理】选项，将【图案】设置为【叶子】，选择【颜色叠加】，将【叠加颜色】RGB 的值设置为 241、241、241，设置完成后单击【确定】按钮。使用同样的方法为【图层 2】添加效果，完成后的效果如图 2-26 所示。

(12) 将【阴影】图层显示，在菜单栏中选择【滤镜】|【模糊】|【动感模糊】命令，在弹出的对话框中，将【角度】设置为 −30°，【距离】设置为 43，单击【确定】按钮，完成后的效果如图 2-27 所示。

(13) 将该图层的【混合模式】设置为【正片叠底】，将【不透明度】设置为 50%，然后在画布中移动其位置，完成后的效果如图 2-28 所示。

图 2-26 完成后的效果

图 2-27 完成后的效果

图 2-28 调整阴影的位置

(14) 在工具箱中选择【画笔工具】，按 F5 键打开【画笔】面板，选择【尖角 25】选项，将【直径】设置为 20，【间距】设置为 180°，选择【散布】选项，将【散步随机性】设置为 1000，然后使用画笔在画布中随意拖动，将【图层 2】设置的图层样式粘贴到【图层 3】中，对完成后的场景进行保存即可。

案例精讲 013 制作圆点排列文字

案例文件：CDROM | 场景 | Cha02 | 制作圆点排列文字 .psd

视频文件：视频教学 | Cha02 | 制作圆点排列文字 .avi

制作概述

制作圆点排列文字，主要用到【通道】和【色彩半调】命令，完成后的效果如图 2-29 所示。

图 2-29　圆点排列文字

学习目标

了解创建 Alpha 通道。

掌握制作圆点排列文字的步骤，熟悉【通道】和【色彩半调】命令的应用。

操作步骤

(1) 启动软件后，在菜单栏中选择【文件】|【打开】命令，在弹出的【打开】对话框中选择随书附带光盘中的CDROM|素材|Cha02|L2.jpg素材文件，单击【打开】按钮，将素材文件打开，如图 2-30 所示。

(2) 在工具箱中选择【横排文字蒙版工具】，打开【通道】面板，单击【创建新通道按钮】创建 Alpha 通道，在工具选项栏中将【字体】设置为【隶书】，【大小】设置为 120 点，设置完成后在画布中输入文字，如图 2-31 所示。

(3) 按小键盘上的 Enter 键确认输入文字，按 Ctrl+Shift+I 组合键进行反选，按 Shift+F6 组合键打开【羽化选区】对话框，在该对话框中将【羽化半径】设置为 3，单击【确定】按钮，将【前景色】设置为白色，按 Alt+Delete 组合键为选区填充白色，按 Ctrl+D 组合键取消选区，完成后的效果如图 2-32 所示。

图 2-30　【打开】对话框

图 2-31　输入文字

情人节快乐

图 2-32　设置完成后的效果

(4) 在菜单栏中选择【滤镜】|【像素化】|【彩色半调】命令，打开【彩色半调】对话框，在该对话框中将【最大半径】设置为 5 像素，单击【确定】按钮，如图 2-33 所示。

(5) 按住 Ctrl 键并单击 Alpha 通道前面的缩略图，将其载入选区，打开【图层】面板，新建一图层，按 Shift+Ctrl+I 组合键进行反选，将【前景色】设置为红色，按 Alt+Delete 组合键进行填充，然后按 Ctrl+D 组合键调整其位置，完成后的效果如图 2-34 所示。

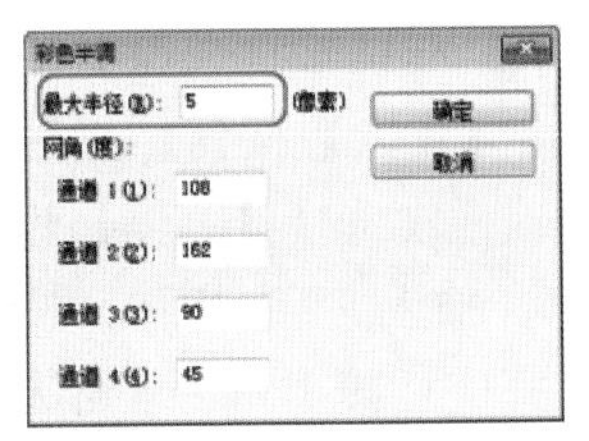

图 2-33 【彩色半调】对话框

图 2-34 设置完成后的效果

知识链接

【彩色半调】滤镜可以将图像的每一个通道划分出矩形的区域，再以矩形区域亮度成比例的圆形替代这些矩形，圆形的大小和矩形的亮度成比例。

案例精讲 014 制作气球文字

案例文件：CDROM | 场景 | Cha02 | 制作气球文字 .psd

视频文件：视频教学 | Cha02 | 制作气球文字 .avi

制作概述

利用 Photoshop CC 可以制作各种文字特效，来美化自己的图片。这里向大家介绍一种实用的制作气球文字特效的方法，完成后的效果如图 2-35 所示。

图 2-35 气球文字

学习目标

学习【图层样式】、【描边路径】命令的应用。

掌握制作气球文字的具体操作步骤，熟练应用【图层样式】命令。

操作步骤

(1) 启动软件后按 Ctrl+N 组合键，在弹出的【新建】对话框中将【宽度】、【高度】都设置为 1500 像素，【分辨率】设置为 72 像素 / 英寸，设置完成后单击【确定】按钮，如图 2-36 所示。

(2) 在菜单栏中选择【文件】|【置入】命令，打开【置入】对话框，在该对话框中选择随书附带光盘中的 CDROM| 素材 |Cha02|L3.jpg 素材文件，单击【置入】按钮，然后调整图片的大小及位置。在工具箱中选择【横排文字工具】，在工具选项栏中选择【字体】为【方正剪纸简体】，【大小】设置为 300 点，【字体颜色】设置为红色，输入文字“P”，按小键盘上的 Enter 键，然后按 Ctrl+T 组合键，对其进行自由变换。设置完成后按 Enter 键确认输入，完成后的效果如图 2-37 所示。

(3) 打开【图层】面板，双击文字图层，在弹出的【图层样式】对话框中选择【斜面和浮雕】选项，在【结构】选项组中将【样式】设置为【浮雕效果】，【深度】设置为 200%，【大小】设置为 76 像素，【软化】设置为 16 像素。在【阴影】选项组中将【角度】设置为 120 度，【高度】设置为 43 度，将【高光模式】的【不透明度】设置为 56%，将【阴影模式】下的【不透明度】设置为 30%，如图 2-38 所示。

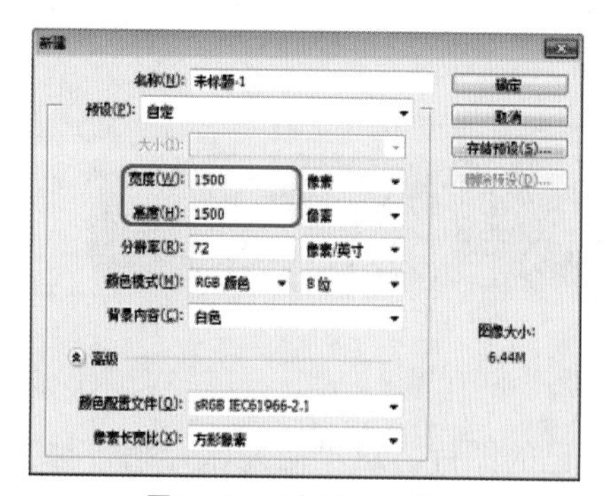

图 2-36 【新建】对话框

图 2-37 输入文字

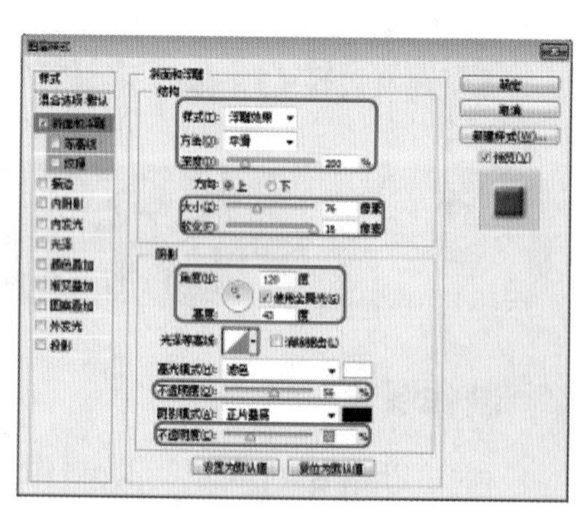

图 2-38 【图层样式】对话框

(4) 选择【描边】选项，将【大小】设置为 15 像素，将【位置】设置为【外部】，【颜色】设置为白色，如图 2-39 所示。

(5) 使用同样的方法输入其他文字，并对其进行相应的设置，完成后的效果如图 2-40 所示。

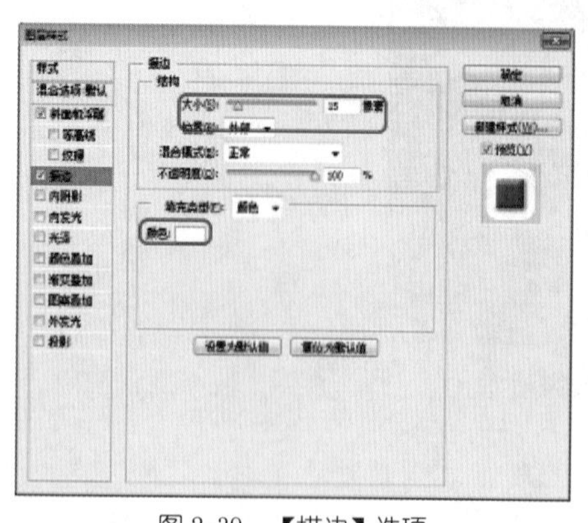

图 2-39 【描边】选项

图 2-40 设置完成后的效果

(6) 在【图层】面板中新建【图层 1】，在工具箱中选择【钢笔工具】，在画布中绘制图形，完成后的效果如图 2-41 所示。

(7) 选择【画笔工具】，按 F5 键打开【画笔】面板，在工具选项栏中将【大小】设置为 5 像素，然后选择【钢笔工具】，在画布中右击鼠标，在弹出的快捷菜单中选择【描边路径】命令。打开【描边路径】对话框，在该对话框中将【工具】设置为【画笔】，单击【确定】按钮，然后

按 Ctrl+Enter 组合键，再按 Ctrl+D 组合键取消选区后调整图层的位置，完成后的效果如图 2-42 所示。

(8) 使用同样的方法绘制其他线条并对其进行设置，完成后的效果如图 2-43 所示。

图 2-41　绘制图形

图 2-42　完成后的效果

图 2-43　设置完成后的效果

案例精讲 015　制作光亮文字

案例文件：CDROM | 场景 | Cha02 | 制作光亮文字 .psd

视频文件：视频教学 | Cha02 | 制作光亮文字 .avi

制作概述

本例主要通过为图层添加图层样式来表现光亮文字效果，制作完成后的效果如图 2-44 所示。

图 2-44　光亮文字

学习目标

学习图层样式的设置和渐变色的添加。

掌握如何制作光亮文字，并对其进行修改和设置。

操作步骤

(1) 启动软件后按 Ctrl+N 组合键，在弹出的【新建】对话框中将【宽度】、【高度】分别设置为 401、255 像素，将【分辨率】设置为 72 像素 / 英寸，【名称】设置为【光亮文字】，如图 2-45 所示。

(2) 将【前景色】RGB 的值设置为 92、200、246，【背景色】RGB 的值设置为 0、49、118，然后在工具箱中选择【渐变工具】，将【渐变】设置为【前景色到背景色渐变】，【渐变类型】设置为【径向渐变】，然后在画布中拖曳鼠标填充渐变，完成后的效果如图 2-46 所示。

在使用【渐变工具】填充渐变色时，拖动鼠标即可，注意拖动方向不同产生的效果也不同。本例中是由图形的中心位置向四个角点拖动而成的。

(3) 在工具箱中选择【横排文字工具】，在工具选项栏中将【字体】设置为Bodoni Bd BT，【大小】设置为120点，【字体颜色】设置为84、123、251，设置完成后输入文字，完成后的效果如图2-47所示。

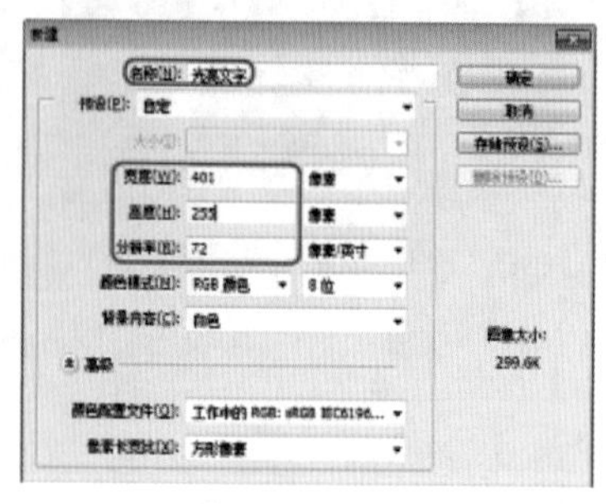

图2-45 【新建】对话框

图2-46 填充渐变后的效果

图2-47 输入文字后的效果

(4) 打开【图层】面板，双击文字图层，在弹出的【图层样式】对话框中，选择【投影】选项，将【距离】、【大小】分别设置为3、1；选择【内阴影】选项，将【距离】、【大小】分别设置为5、5；选择【外发光】选项，将【大小】设置为5，设置完成后单击【确定】按钮，完成后的效果如图2-48所示。

(5) 复制文字图层，双击该图层，在弹出的【图层样式】对话框中取消勾选【内阴影】、【外发光】、【投影】复选框，选择【渐变叠加】选项，将【混合模式】设置为亮光，单击【渐变】右侧的渐变条，在弹出的【渐变编辑器】对话框中，双击左侧的色标，将其RGB的值设置为0、118、163；双击右侧的色标，将其RGB的值设置为0、191、243，单击【确定】按钮返回到【图层样式】对话框，然后再单击【确定】按钮，设置完成后的效果如图2-49所示。

图2-48 设置完成后的效果

图2-49 添加图层样式后的效果

(6) 再次复制文字图层，双击复制后的图层，在弹出的【图层样式】对话框中取消勾选【渐变叠加】复选框，选择【混合选项：默认】选项，在【高级混合】选项组中将【填充不透明度】设置为0；选择【投影】选项，将【混合模式】设置为【正常】，【角度】设置为90，【距离】、【大小】分别设置为1、1；选择【内阴影】选项，将【混合模式】设置为【正常】，【距离】、【大小】分别设置为2、4；选择【斜面和浮雕】选项，将【深度】设置为123，【大小】、【软化】分别设置为1、10，【角度】设置为135，【高度】设置为37，【阴影模式】设置为【滤色】，然后将【高光模式】下的【不透明度】和【阴影模式】下的【不透明度】均设置为100；选择【纹理】选项，将【纹理】设置为【气泡】，【缩放】设置为480；选择【颜色叠加】选项，将【混

合模式】设置为【滤色】，【叠加颜色】RGB 的值设置为 3、163、255；选择【内发光】选项，将【不透明度】设置为 28，将【大小】设置为 5，设置完成后单击【确定】按钮，完成后的效果如图 2-50 所示。

(7) 再次复制文字图层，将效果删除，然后双击该图层，在弹出的【图层样式】对话框中选择【混合选项：自定】，将【填充不透明度】设置为 0；选择【斜面和浮雕】选项，将【大小】设置为 5，【角度】设置为 131，【高度】设置为 42，【阴影模式】设置为【线性加深】，将【高光模式】下的【不透明度】和【阴影模式】下的【不透明度】分别设置为 100、29，设置完成后单击【确定】按钮，完成后的效果如图 2-51 所示。

图 2-50　完成后的效果

图 2-51　设置完成后的效果

案例精讲 016　制作钢纹字

案例文件：CDROM | 场景 | Cha02 | 制作钢纹字 .psd

视频文件：视频教学 | Cha02 | 制作钢纹字 .avi

制作概述

本例将仿照高标变的纹理来制作钢纹字，通过图层样式来表现钢纹效果，完成后的效果如图 2-52 所示。

图 2-52　钢纹字

学习目标

学习图层样式和定义图案的设置。

掌握钢纹字的制作过程，能做到举一反三，掌握钢纹字的应用。

操作步骤

(1) 启动软件后按 Ctrl+N 组合键，在弹出的对话框中将【名称】设置为【钢纹字】，【宽度】、【高度】分别设置为 650 像素、300 像素，【分辨率】设置为 72 像素 / 英寸，设置完成后单击【确定】按钮。将【前景色】RGB 的值设置为 131、131、131。打开【图层】面板，选择【背

景】图层，按住鼠标将其拖曳至【创建新图层】按钮上，松开鼠标将【背景】图层进行复制，完成后的效果如图 2-53 所示。

(2) 确定复制的图层处于选中状态，按 Alt+Delete 组合键为其填充前景色，双击【背景拷贝】图层，在弹出的【图层样式】对话框中选择【投影】选项，在【结构】选项区域将【不透明度】设置为 45%，【距离】、【扩展】和【大小】分别设置为 10 像素、35% 和 20 像素，如图 2-54 所示。

(3) 选择【外发光】选项，在【结构】选项区域定义【混合模式】为【叠加】，【不透明度】设置为 55%，定义【颜色】为黑色，在【图素】选项区域设置【扩展】和【大小】分别为 15 和 20。选择【斜面和浮雕】选项，在【结构】选项区域设置【深度】为 450%，设置【大小】参数为 4 像素，如图 2-55 所示。

图 2-53 【图层】面板

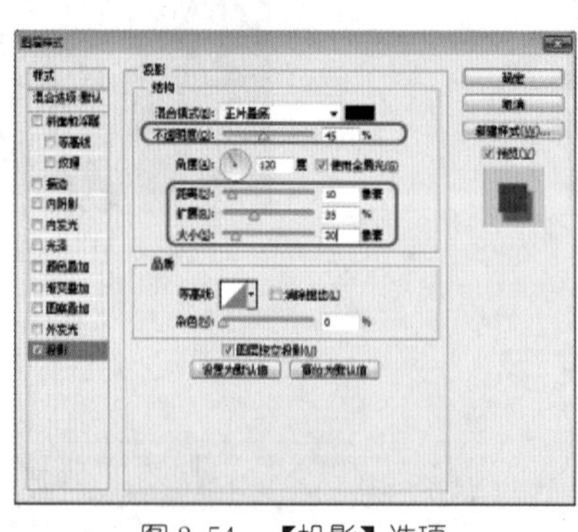

图 2-54 【投影】选项

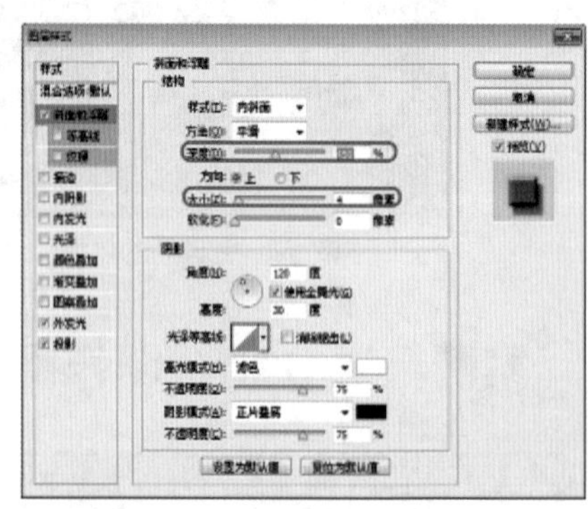

图 2-55 【斜面和浮雕】选项

(4) 选择【光泽】选项，在【结构】选项区域将【颜色】设置为白色，【不透明度】设置为 60%，【距离】和【大小】分别设置为 10 像素和 15 像素，然后设置【等高线】为【画圆步骤】；选择【渐变叠加】选项，在【渐变】选项区域设置【不透明度】为 20%，设置一种渐变，设置【角度】和【缩放】分别为 125 度和 130%，如图 2-56 所示。

(5) 单击【确定】按钮，按 Ctrl+N 组合键，在弹出的对话框中将【宽度】、【高度】分别设置为 650、300，设置完成后单击【确定】按钮。在工具箱中选择【渐变工具】，在工具选项栏中单击【点按可编辑渐变】，打开【渐变编辑器】对话框，在该对话框中为其设置渐变，如图 2-57 所示。

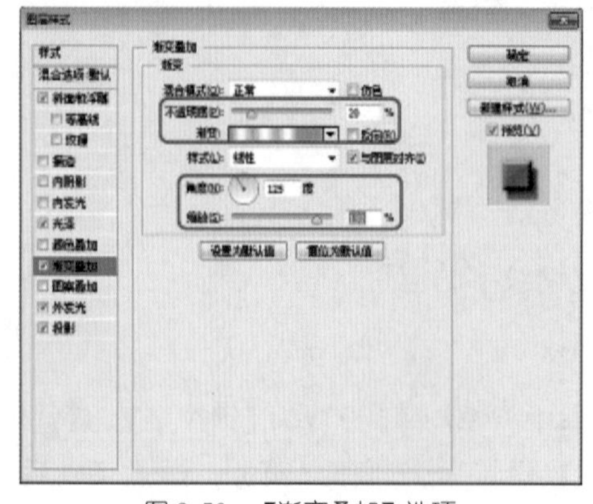

图 2-56 【渐变叠加】选项

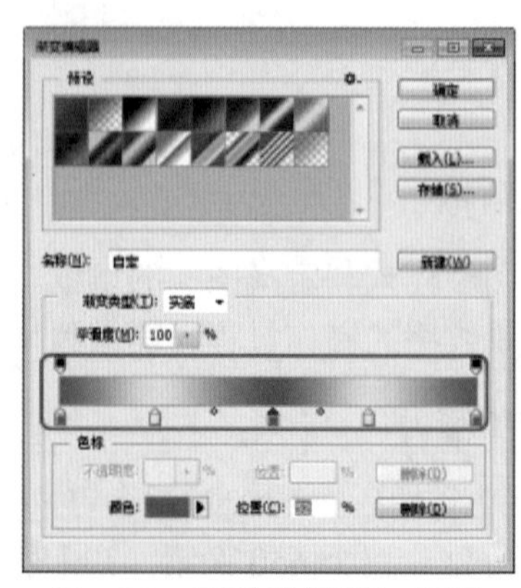

图 2-57 【渐变编辑器】对话框

(6) 单击【确定】按钮，在画布中拖曳鼠标填充渐变，在菜单栏中选择【编辑】|【定义图案】命令，打开【图案名称】对话框，在该对话框中使用默认名称，单击【确定】按钮，如图 2-58 所示。

(7) 返回到【钢纹字】文档，双击【背景 拷贝】图层，在弹出的【图层样式】对话框中选择【图案叠加】选项，将【图案】定义为刚制作的图案，【缩放】设置为 100%，如图 2-59 所示。

图 2-58 【图案名称】对话框

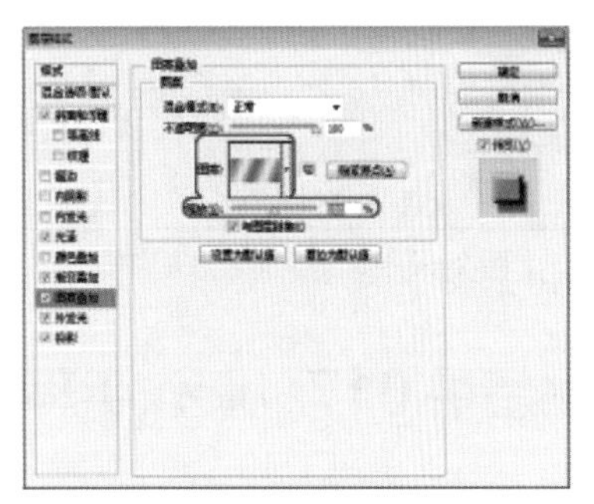
图 2-59 【图案叠加】对话框

(8) 选择【描边】选项，在【结构】选项区域将【大小】设置为 2 像素，【颜色】的 RGB 设置为 116、141、158，【不透明度】设置为 76%，设置完成后单击【确定】按钮，如图 2-60 所示。

(9) 在工具箱中选择【横排文字工具】，在工具选项栏中将【字体】设置为【方正水柱简体】，【大小】设置为 140 点，然后在场景中输入“钢铁之躯”。在【图层】面板中选择并右击【背景 拷贝】图层，在弹出的快捷菜单中选择【拷贝图层样式】命令，然后再在【钢铁之躯】图层上右击，在弹出的快捷菜单中选择【粘贴图层样式】命令，完成后的效果如图 2-61 所示。

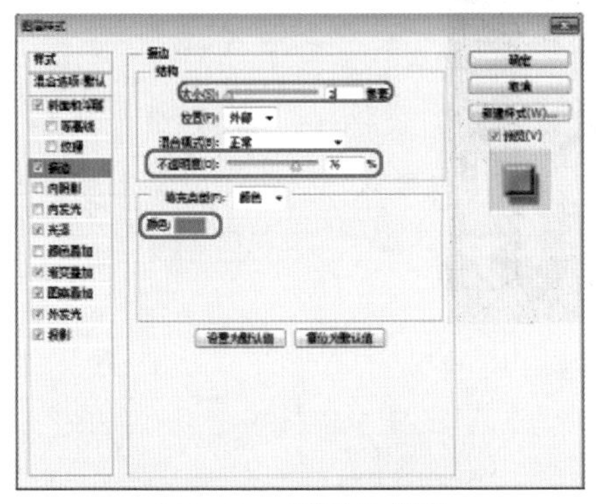
图 2-60 【描边】选项

图 2-61 设置完成后的效果

(10) 在【图层】面板中双击【钢铁之躯】图层，在弹出的【图层样式】对话框中选择【纹理】选项，在【图素】选项区域选择一种合适的图案，然后将【缩放】和【深度】分别设置为 5%、+5%，单击【确定】按钮，如图 2-62 所示。

(11) 双击【背景 拷贝】图层，在弹出的【图层样式】对话框中选择【纹理】选项，在【图素】选项区域选择同样的图案，然后将【缩放】和【深度】分别设置为 2%、+1%，单击【确定】按钮，如图 2-63 所示。

(12) 至此，钢纹字制作完成，然后将场景文件保存即可。

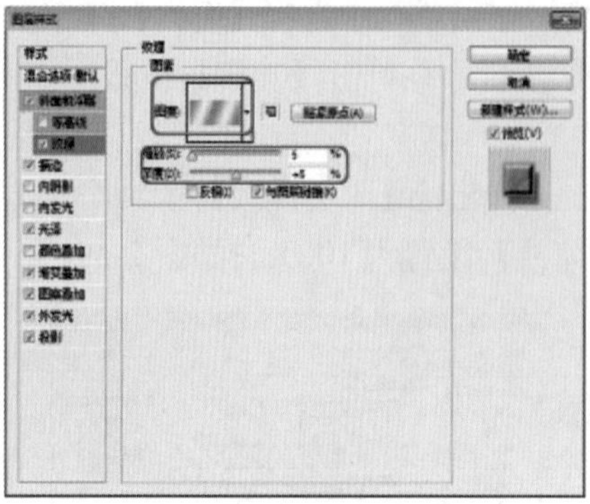

图 2-62　为文字图层添加纹理

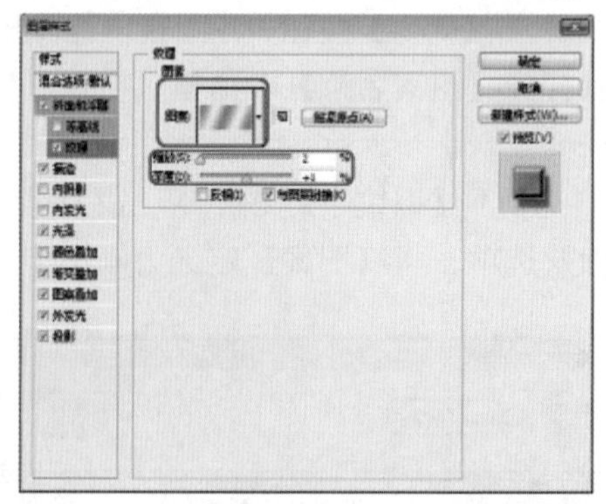

图 2-63　为【背景 拷贝】图层添加纹理

案例精讲 017　制作手写书法字

案例文件：CDROM | 场景 | Cha02 | 制作手写书法字 .psd

视频文件：视频教学 | Cha02| 制作手写书法字 .avi

制作概述

制作手写书法字首先要创建文字选区，然后为其羽化、USM 锐化滤镜和径向模糊滤镜，完成后的效果如图 2-64 所示。

图 2-64　手写书法字

学习目标

学习如何羽化选区。

掌握手写书法字的操作过程，掌握 USM 锐化和径向模糊滤镜的使用。

操作步骤

(1) 启动软件后，在菜单栏中选择【文件】|【打开】命令，打开【打开】对话框，在该对话框中选择随书附带光盘中的 CDROM| 素材 |Cha02|L4.jpg 素材文件，单击【打开】按钮，将素材文件打开。在工具箱中选择【横排文字工具】，在工具选项栏中将【字体】设置为【书体坊米芾体】，【大小】设置为 90 点，【字体颜色】设置为黑色，在画布中输入文字，效果如图 2-65 所示。

(2) 在【图层】面板中选择文字图层，右击，在弹出的快捷菜单中选择【栅格化文字】命令，

按住 Ctrl 键并单击文字图层的缩略图将文字载入选区。按 Shift+F6 组合键，打开【羽化选区】对话框，将【羽化半径】设置为 4 像素，设置完成后单击【确定】按钮，如图 2-66 所示。

知识链接

【羽化】：选区羽化是通过建立选区和选区周围像素之间的转换边界来模糊边缘的，这种模糊方式将丢失图像边缘的一些细节，但可以使选区边缘细化。

(3) 按 Ctrl+Shift+I 组合键进行反选，然后按 Delete 键将其删除，按 Ctrl+D 组合键取消选区，完成后的效果如图 2-67 所示。

图 2-65　输入文字

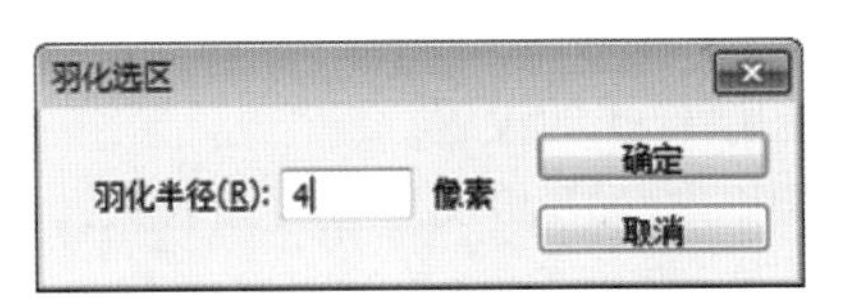

图 2-66　【羽化选区】对话框

图 2-67　设置完成后的效果

(4) 确定文字图层处于选中状态，在菜单栏中选择【滤镜】|【锐化】|【USM 锐化】命令，在弹出的【USM 锐化】对话框中将【数量】、【半径】、【阈值】分别设置为 219%、4.7 像素、130 色阶，设置完成后单击【确定】按钮，如图 2-68 所示。

(5) 在菜单栏中选择【滤镜】|【模糊】|【径向模糊】命令，在弹出的对话框中将【模糊方法】设置为【缩放】，【数量】设置为 3，设置完成后将单击【确定】按钮，如图 2-69 所示。

(6) 至此，手写书法字制作完成，制作完成后的场景文件保存即可。

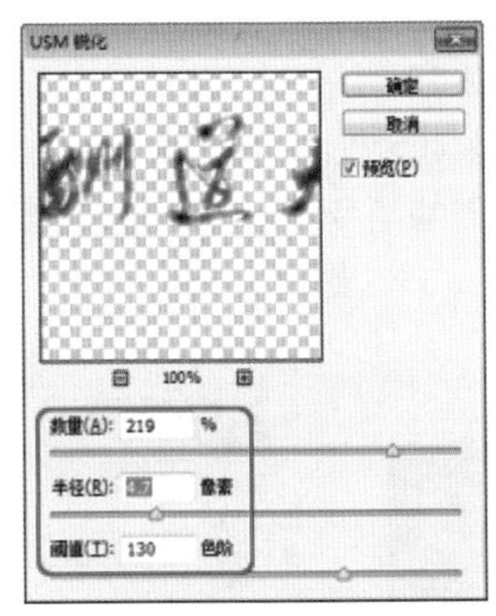

图 2-68　【USM 锐化】对话框

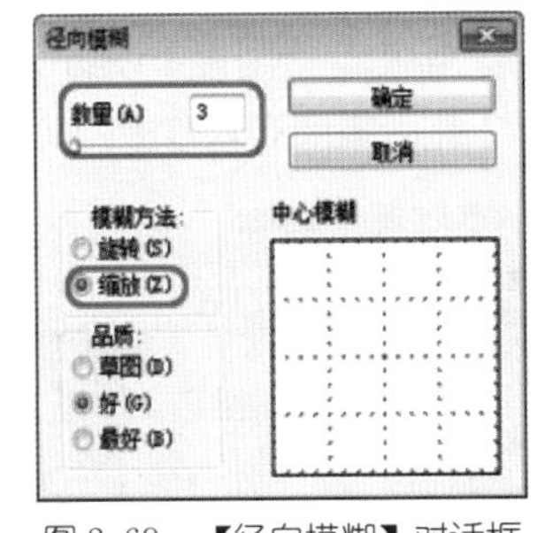

图 2-69　【径向模糊】对话框

案例精讲 018　制作绿色立体文字

 案例文件：CDROM | 场景 | Cha02 | 制作绿色立体文字 .psd

视频文件：视频教学 | Cha02| 制作绿色立体文字 .avi

制作概述

制作此文字时把文字图层复制多个，然后在文字图层上添加图层样式，再移动文字的位置制作立体效果，完成后的效果如图 2-70 所示。

图 2-70　绿色立体文字

学习目标

学习图层样式的应用。

了解图层的复制及移动以及图层样式的设置。

掌握绿色立体文字的制作步骤，能对其他文字设置该效果。

操作步骤

(1) 按 Ctrl+N 组合键，在弹出的【新建】对话框中将【名称】设置为【绿色立体文字】，【宽度】、【高度】分别设置为 700 像素、350 像素，【分辨率】设置为 72 像素 / 英寸，设置完成后单击【确定】按钮。在【图层】面板中单击【创建新图层】按钮，新建一图层，在工具箱中选择【渐变工具】，在工具选项栏中单击【点按可编辑渐变】按钮。打开【渐变编辑器】对话框，在【预设】选项组中 选择【前景色到背景色渐变】，然后双击渐变条左侧的色标，将 RGB 设置为 244、245、220，双击右侧的色标，将 RGB 设置为 136、134、123，如图 2-71 所示。

(2) 单击【确定】按钮，在工具选项栏中单击【径向渐变】按钮，然后在画布中巧妙使用【渐变工具】为新建的图层添加径向渐变，完成后的效果如图 2-72 所示。

(3) 在【图层】面板中双击该图层，在弹出的【图层样式】对话框的【样式】列表框中选择【渐变叠加】选项，将【不透明度】设置为 49%，单击【渐变】右侧的渐变条，在弹出的【渐变编辑器】对话框中，双击左侧的色标，将 RGB 的值设置为 159、99、33，如图 2-73 所示。

图 2-71　【渐变编辑器】对话框

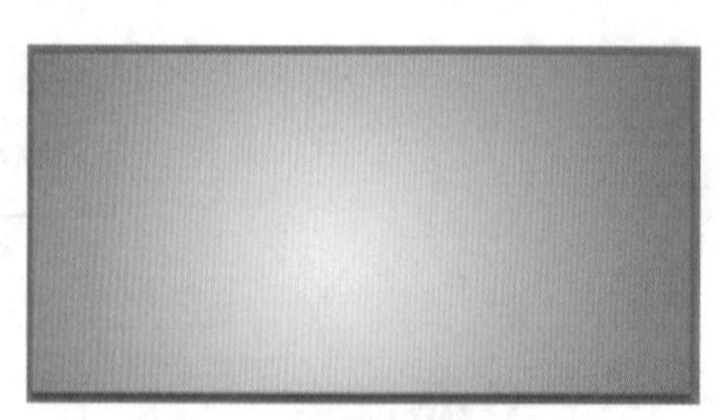

图 2-72　添加渐变后的效果

图 2-73　【渐变编辑器】对话框

(4) 单击【确定】按钮，单击【创建新图层】按钮，将【前景色】设置为黑色，按 Alt+Delete 组合键填充黑色，使用【椭圆选框工具】在画布中绘制椭圆，按 Ctrl+Shift+I 组合键进行反选。按 Shift+F6 组合键，在弹出的【羽化选区】对话框中，将【羽化半径】设置为 100 像素，如图 2-74 所示。

(5) 单击【确定】按钮，按 Ctrl+Shift+I 组合键进行反选，按 Delete 键进行删除，在【图层】面板中将【填充】设置为 20，按 Ctrl+D 组合键取消选区，效果如图 2-75 所示。

(6) 在工具箱中选择【横排文字工具】，在画布中输入文字，选择输入的文字，将【字体】设置为【经典趣体简】，【大小】设置为 90 点，【字体颜色】设置为黑色，效果如图 2-76 所示。

图 2-74 【羽化选区】对话框

图 2-75 设置完成后的效果

图 2-76 输入文字后的效果

(7) 在【图层】面板中选择文字图层，将其拖曳至【创建新图层】按钮上，然后松开鼠标即可复制该图层。再次拖曳至【创建新图层】按钮上，再新建一个图层，选择复制的图层，将其填充设置为 0，在【图层】面板中的效果如图 2-77 所示。

(8) 选择【DREAM 拷贝】图层，双击该图层，打开【图层样式】对话框，选择【斜面和浮雕】选项，将【大小】设置为 3，【光泽等高线】设置为【高斯】，勾选【消除锯齿】复选框，将【高光模式】设置为【颜色减淡】，【不透明度】设置为 31%，【阴影模式】设置为【叠加】，单击其右侧的色块，将其 RGB 设置为 65、78、80，【不透明度】设置为 72%，如图 2-78 所示，

(9) 选择【投影】选项，将【混合模式】设置为【正片叠底】，【不透明度】设置为 63%，【角度】设置为 63，取消勾选【使用全局光】复选框，将【距离】和【大小】均设置为 6。选择【渐变叠加】选项，单击【渐变】右侧的渐变条，在弹出的【渐变编辑器】对话框中，双击左侧的色标，将 RGB 的值设置为 64、78、21，双击右侧的色标，将 RGB 设置为 123、147、37，如图 2-79 所示。

图 2-77 复制图层

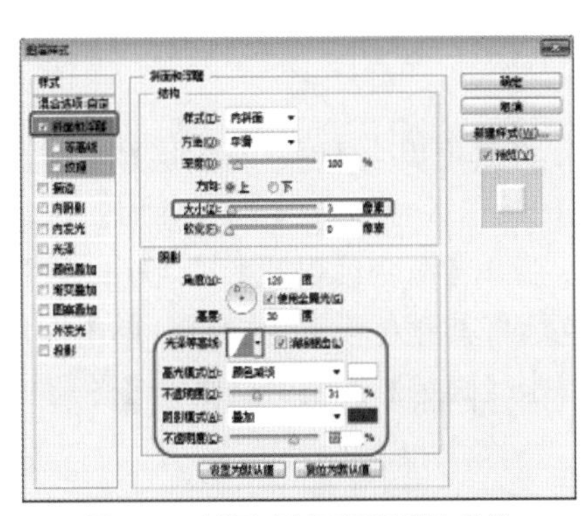
图 2-78 设置【斜面和浮雕】参数

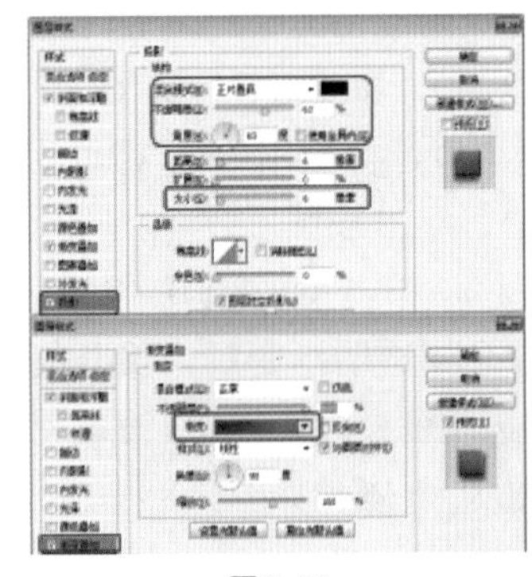
图 2-79

(10) 单击【确定】按钮，双击【DREAM 拷贝 2】图层，在弹出的对话框中选择【光泽】选项，将【混合模式】设置为【线性加深】，单击其右侧的色块，在弹出的对话框中将 RGB 的值设置为 220、235、237，将【不透明度】设置为 25%，将【距离】和【大小】均设置为 3，如图 2-80 所示。

(11) 选择【颜色叠加】选项，单击【混合模式】右侧的色块，将其 RGB 的值设置为 187、235、18。选择【描边】选项，将【大小】设置为 1，【位置】设置为【内部】，【不透明度】设置为 70%，【填充类型】设置为【渐变】。单击渐变条，在弹出的【渐变编辑器】对话框

中，双击左侧的色标，将 RGB 的值设置为 64、78、21，双击右侧的色标，将 RGB 的值设置为 123、147、37，单击【确定】按钮，返回到【图层样式】对话框，如图 2-81 所示。

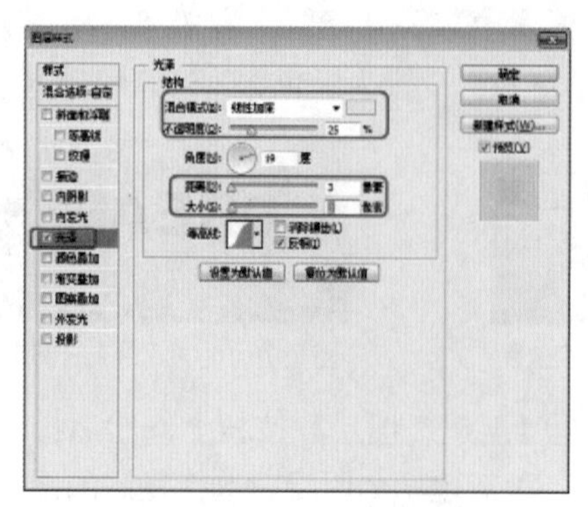

图 2-80　设置【光泽】参数

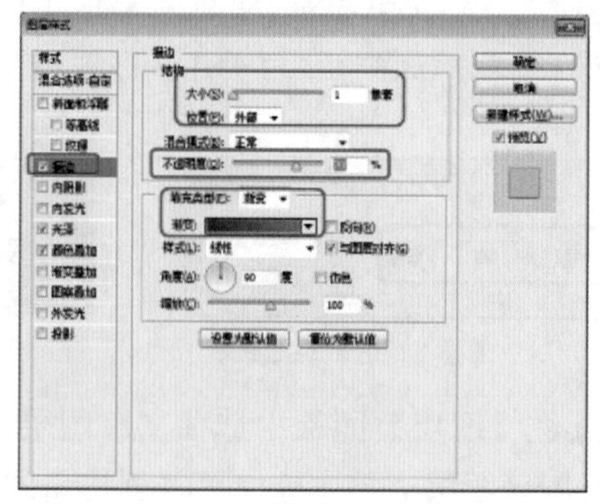

图 2-81　设置【描边】参数

(12) 选择【DREAM 拷贝 2】图层，按住 Shift 键将其向右移动一个单位，完成后的效果如图 2-82 所示。

(13) 选择【DREAM】图层，按 Ctrl+T 组合键进行自由变换，将其向下移动至合适的位置，然后右击，在弹出的快捷菜单中选择【斜切】命令，然后将文字向左倾斜，如图 2-83 所示。

图 2-82　移动完成后的效果

图 2-83　调整文字

(14) 按 Enter 键确认修改，在菜单栏中选择【DREAM】图层，右击在弹出的快捷菜单中选择【栅格化图层】命令，在菜单栏中选择【滤镜】|【模糊】|【高斯模糊】命令，将【半径】设置为 7，如图 2-84 所示。

(15) 选择【DREAM 拷贝 2】图层，将其拖曳至【创建新图层】按钮上，新建【DREAM 拷贝 3】图层，双击该图层，在【图层样式】对话框中选择【渐变叠加】选项，将【不透明度】设置为 71%，单击【渐变】右侧的渐变条，弹出【渐变编辑器】对话框，在【预设】选项组中选择【从前景色到透明渐变】，双击左侧的色标将其颜色设置为白色，单击左侧渐变条上方的色标，将【不透明度】设置为 0，设置完成后单击【确定】按钮，返回到【图层样式】对话框，将【角度】设置为 86 度，如图 2-85 所示。

图 2-84　为文字添加高斯模糊

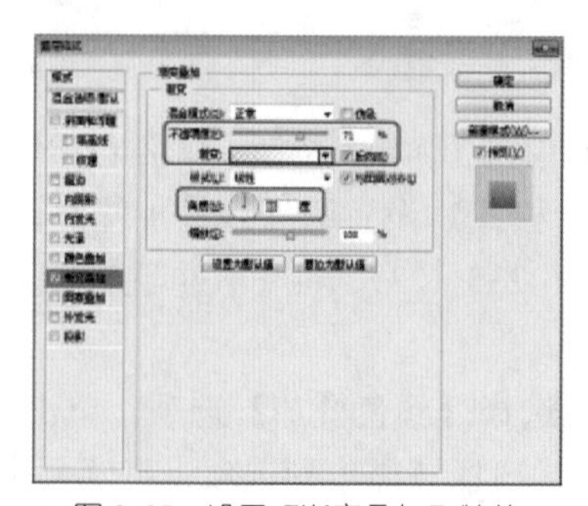

图 2-85　设置【渐变叠加】特效

在 Photoshop CC 中有许多不同类型的图层需要对其进行栅格化才可以对其进行编辑，其中包括形状图层、文字图层、智能对象图层、填充图层、3D 图层。

(16) 选择【斜面和浮雕】选项，将【大小】设置为 9 像素，【角度】设置为 120 度，取消勾选【使用全局光】复选框，将【光泽等高线】设置为【圆角阶梯】，【高光模式】设置为【颜色减淡】，【不透明度】设置为 16%，【阴影模式】设置为【叠加】，将其颜色的 RGB 设置为 73、93、26，【不透明度】设置为 41%，单击【确定】按钮，如图 2-86 所示。

(17) 在菜单栏中选择【文件】|【置入】命令，打开【置入】对话框，选择“L5.jpg”文件，单击【置入】按钮，适当调整图片的大小和位置，按 Enter 键确认。在【图层】面板中将【混合模式】设置为【滤色】，完成后的效果如图 2-87 所示。

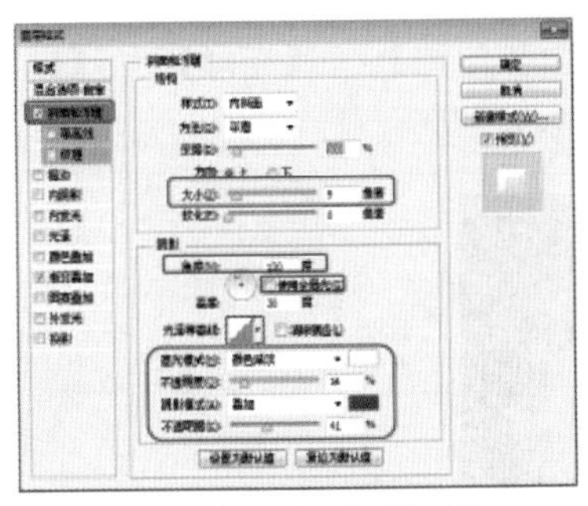
图 2-86 设置【斜面和浮雕】

图 2-87 设置混合模式

(18) 在【图层】面板中单击【创建新的填充或调整图层】按钮 ●.，在弹出的菜单中选择【色彩平衡】选项，将【色调】设置为【高光】，【黄色】设置为 −2；【色调】设置为【中间调】，【青色】设置为 0，【洋红】设置为 1，【黄色】设置为 −8；【色调】设置为【阴影】，【青色】设置为 20，【洋红】设置为 8，【黄色】设置为 −6，如图 2-88 所示。

(19) 再次单击【创建新的填充或调整图层】按钮 ●.，在弹出的菜单中选择【照片滤镜】选项，保持默认设置，完成后的效果如图 2-89 所示。

(20) 使用【横排文字工具】，在画布中单击输入文字“If winter comes, can spring be far behind”，选择输入的英文，将【字体】设置为 Jokerman，【大小】设置为 15，完成后的效果如图 2-90 所示。

图 2-88 设置【色彩平衡】参数

图 2-89 添加【照片滤镜】后的效果

图 2-90 输入文字

(21) 再次使用【横排文字工具】，在画布中输入文字“Do not, for one repulse, give up the purpose that you resolved to effect.”，再次单击鼠标输入文字“Where there is a will there is a way”，选择最后一次输入的文字，将其【字体】设置为 UniversalMath1 BT，【大小】设置为 25。至此，绿色立体文字制作完成，将制作完成后的场景文件保存即可。

案例精讲 019　制作金色放光文字

案例文件：CDROM | 场景 | Cha02 | 制作金色放光文字 .psd
视频文件：视频教学 | Cha02 | 制作金色放光文字 .avi

制作概述

制作金色放光文字，主要应用图层样式组中的【斜面和浮雕】、【光泽】、【内阴影】、【渐变叠加】等图层样式。制作完成后的文字效果如图 2-91 所示。

图 2-91　金色放光文字

学习目标

学习图层样式的应用。
了解高斯模糊的使用。
掌握金色发光文字的制作步骤，能对不同的文字应用该效果。

操作步骤

(1) 启动软件后，按 Ctrl+N 组合键，在弹出的对话框中将【宽度】、【高度】设置为 800 像素、600 像素，在工具箱中选择【渐变工具】，在工具选项栏中单击【点按可编辑渐变】按钮，打开【渐变编辑器】对话框，双击左侧的色标，将 RGB 的值设置为 200、164、69，双击右侧的色标，将 RGB 的值设置为 83、66、21，如图 2-92 所示。

(2) 在工具选项栏中单击【径向渐变】按钮，在画布中拖曳鼠标填充渐变，完成后的效果如图 2-93 所示。

(3) 在工具箱中选择【横排文字工具】，在画布中单击输入文字“lock”，选择输入的文字，将【字体】设置为 Cooper Std，【大小】设置为 250，【字体颜色】RGB 的值设置为 213、185、0，完成后的效果如图 2-94 所示。

图 2-92 【渐变编辑器】对话框

图 2-93 填充渐变后的效果

图 2-94 输入文字

(4) 双击该图层，在弹出的【图层样式】对话框中选择【斜面和浮雕】选项，将【大小】、【软化】设置为 9 像素、3 像素，【光泽等高线】设置为【锯齿斜面 - 圆角】，单击【阴影模式】右侧的色块，将 RGB 的值设置为 213、185、0，如图 2-95 所示。

(5) 选择【内阴影】选项，将【混合模式】设置为【叠加】，单击其右侧的色块，将 RGB 的值设置为 240、235、197，将【等高线】设置为【半圆】，如图 2-96 所示。

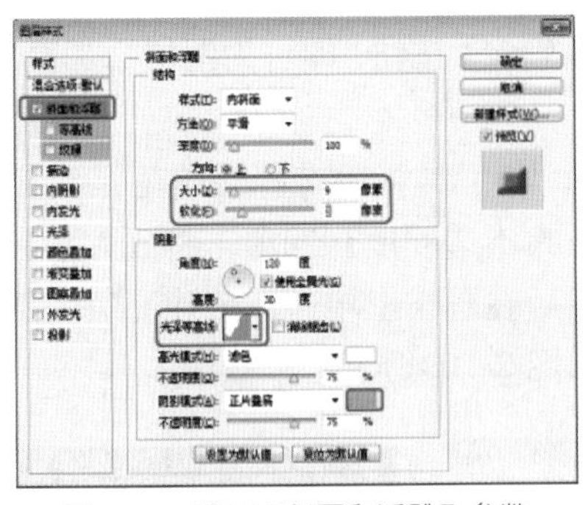

图 2-95 设置【斜面和浮雕】参数

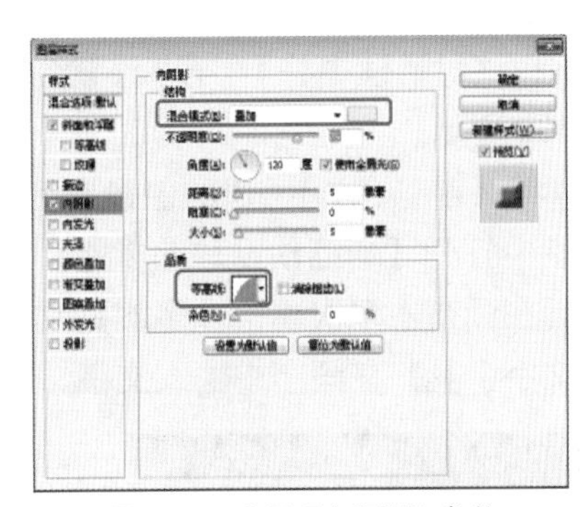

图 2-96 设置【内阴影】参数

(6) 选择【光泽】选项，将【混合模式】设置为【滤色】，单击其右侧的色块，将 RGB 的值设置为 245、202、45，将【等高线】设置为【内凹 - 深】，如图 2-97 所示。

(7) 选择【渐变叠加】选项，将【混合模式】设置为【柔光】，单击渐变条，在弹出的对话框中单击左侧的色标，将 RGB 的值设置为 149、46、47，单击【确定】按钮，返回到【图层样式】对话框，如图 2-98 所示。

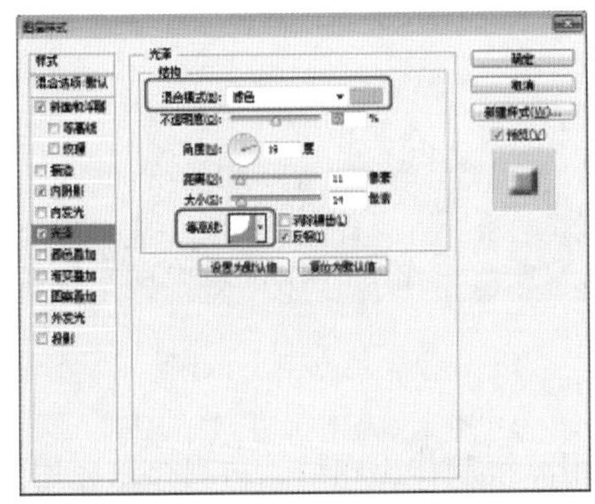

图 2-97 设置【光泽】参数

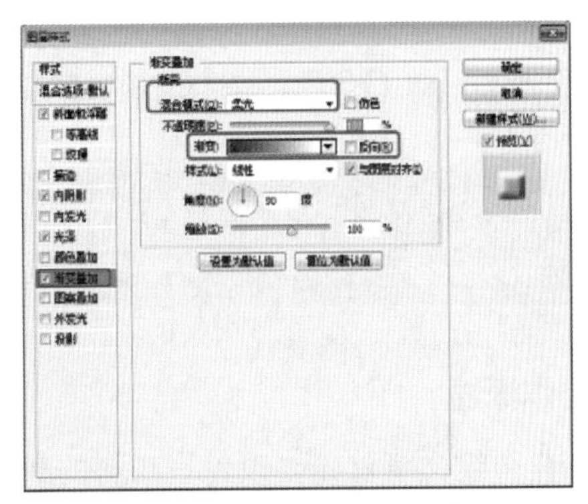

图 2-98 设置【渐变叠加】参数

(8) 选择【投影】选项，单击【混合模式】右侧的色块，将 RGB 的值设置为 146、133、5，设置完成后单击【确定】按钮，在场景中观看效果如图 2-99 所示。

(9) 按 Ctrl 键单击文字图层的缩略图，将文字载入选区，在菜单栏中选择【选择】|【修改】|【扩展】命令，打开【扩展选区】对话框，将【扩展量】设置为 8 像素，如图 2-100 所示。

图 2-99　设置图层样式后的效果

图 2-100　将选区进行扩展

(10) 将【前景色】RGB 的值设置为 243、231、142，新建图层，按 Alt+Delete 组合键为选区填充该颜色，在【图层】面板中将其拖曳至 Lock 图层的下方，完成后的效果如图 2-101 所示。

(11) 选择【图层 1】，在菜单栏中选择【滤镜】|【模糊】|【高斯模糊】命令，打开【高斯模糊】对话框，在该对话框中将【半径】设置为 15 像素，单击【确定】按钮，即可为图层添加高斯模糊，如图 2-102 所示。

(12) 将【前景色】RGB 的值设置为 244、226、85，在工具箱中选择【画笔工具】，在工具选项栏中打开【画笔预设】编辑器，选择【柔边缘压力不透明度】选项，将【大小】设置为 50，然后在画布上多次单击。多次更改画笔的大小，然后在画布上单击，创建亮斑，然后使用【横排文字工具】在画布中输入文字，完成后的效果如图 2-103 所示。

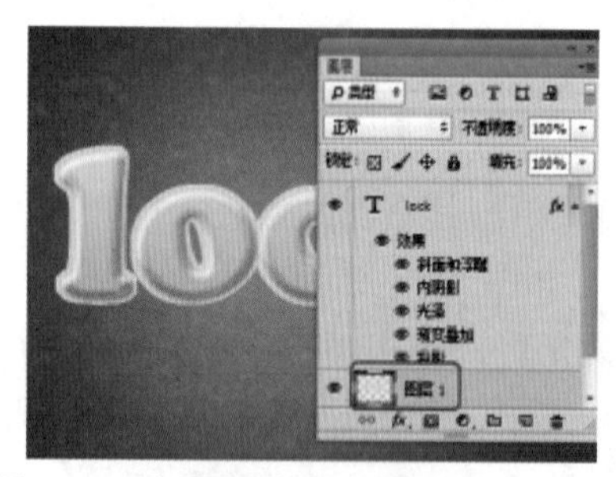

图 2-101　为图层添加颜色并调整图层的位置

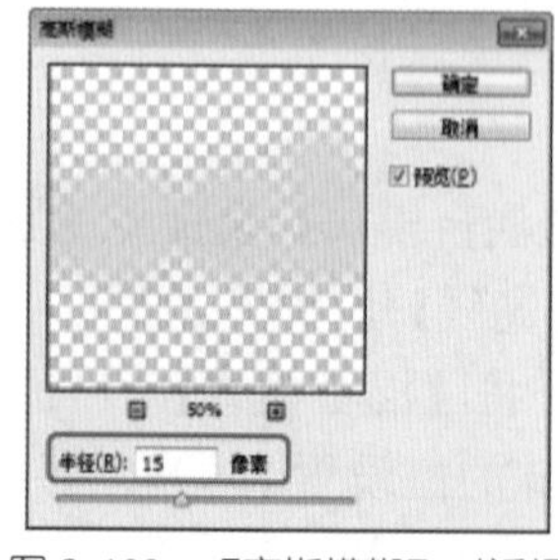

图 2-102　【高斯模糊】对话框

图 2-103　添加亮斑

案例精讲 020　制作布纹文字

案例文件：CDROM | 场景 | Cha02 | 制作布纹文字 .psd

视频文件：视频教学 | Cha02 | 制作布纹文字 .avi

制作概述

制作布纹文字首先要设置好布料的颜色，然后使用滤镜制作出布纹，再将布纹应用到文字上，最后为其添加图层样式即可，效果如图 2-104 所示。

图 2-104　布纹文字

学习目标

掌握布纹文字的制作过程，掌握图层样式和滤镜库的应用。

操作步骤

(1) 按 Ctrl+N 组合键打开【新建】对话框，将【宽度】、【高度】设置为 900 像素、700 像素，【分辨率】设置为 72 像素 / 英寸，设置完成后单击【确定】按钮。将【前景色】RGB 的值设置为 95、126、190，【背景色】RGB 的值设置为 26、36、85，在菜单栏中选择【滤镜】|【渲染】|【云彩】命令，完成后的效果如图 2-105 所示。

(2) 在菜单栏中选择【滤镜】|【滤镜库】命令，在弹出的对话框中选择【素描】文件夹下的【半调图案】滤镜，将【图案类型】设置为【网点】，其参数使用默认设置，如图 2-106 所示。

图 2-105　添加【云彩】后的效果

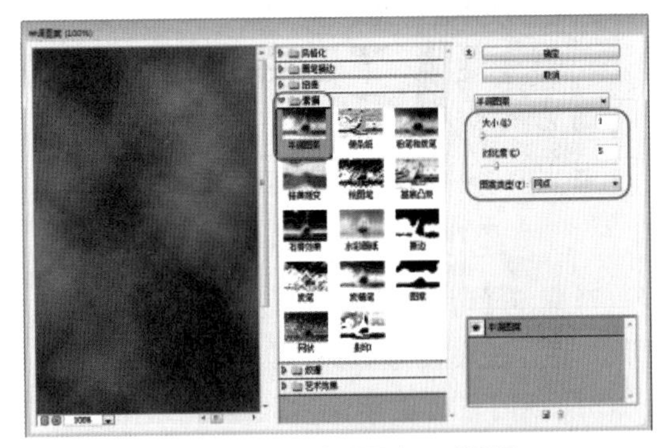

图 2-106　【半调图案】对话框

知识链接

【云彩】滤镜是使用前景色和背景色之间的随机像素值使图像产生类似云彩式的效果，它是唯一能在透明图层上产生效果滤镜的命令。

(3) 单击【确定】按钮，在菜单栏中选择【滤镜】|【滤镜库】命令，在弹出的对话框中选择【纹理】|【纹理化】滤镜，将【纹理】设置为【画布】，【缩放】设置为94%，将【凸现】设置为5，【光照】设置为右上，选中【反相】复选框，如图2-107所示。

(4) 单击【确定】按钮，在【图层】面板中选择【背景】图层，将其拖曳至【创建新图层】按钮上，松开鼠标即可得到【背景 拷贝】图层，如图2-108所示。

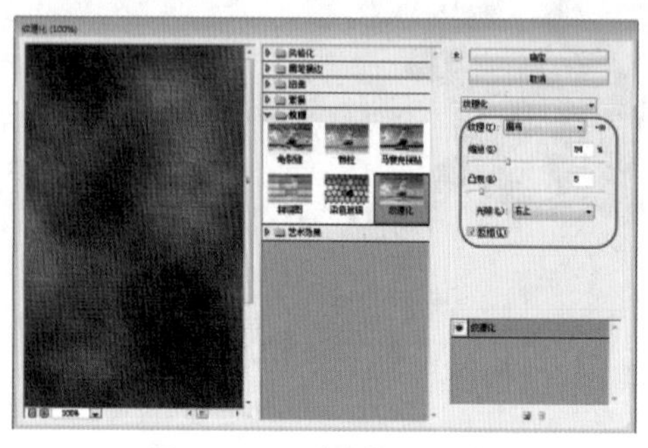

图2-107 【纹理化】对话框

图2-108 拷贝背景图层

(5) 确定【背景 拷贝】图层处于选中状态，在菜单栏中选择【滤镜】|【滤镜库】命令，在弹出的对话框中选择【素描】|【绘图笔】滤镜，将【描边长度】设置为10，【明/暗平衡】设置为29，【描边方向】设置为【左对角线】，如图2-109所示。

(6) 单击【确定】按钮，选择【滤镜】|【风格化】|【浮雕效果】命令，打开【浮雕效果】对话框，将【高度】设置为12像素，【数量】设置为181%，如图2-110所示。

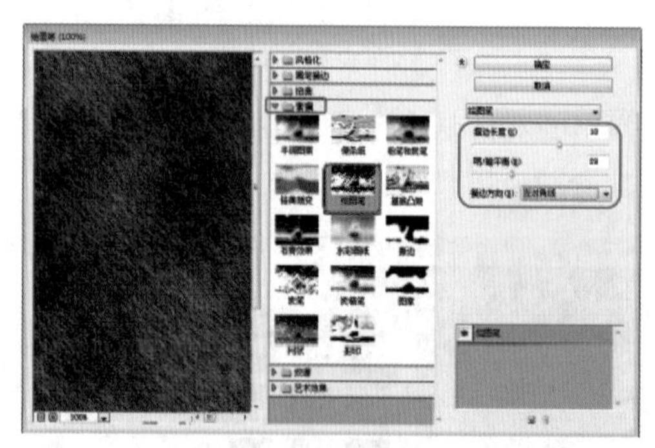

图2-109 【绘图笔】对话框

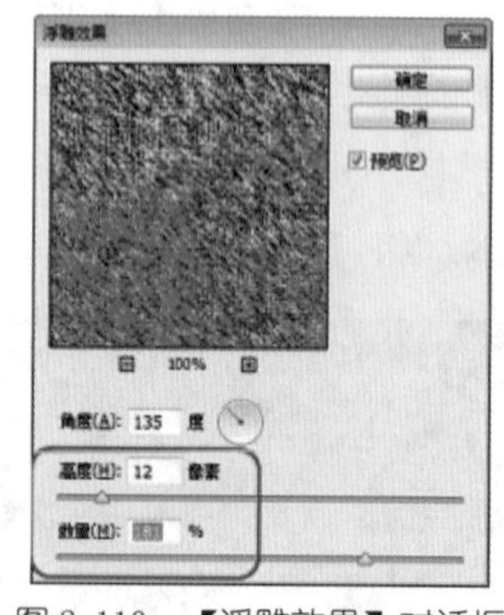

图2-110 【浮雕效果】对话框

(7) 确定【背景 拷贝】图层处于选择状态，在【图层】面板中将【混合模式】设置为【叠加】，【不透明度】设置为50%，如图2-111所示。

(8) 使用【横排文字工具】，在画布中输入英文“Woven design”，打开【字符】面板，将【字体】设置为Arial Black，【大小】设置为100。继续使用【横排文字工具】在画布上输入文字“布纹”，将其【字体】设置为【汉仪魏碑简】，【大小】设置为300，完成后的效果如图2-112所示。

(9) 将【背景】和【背景-拷贝】图层选中，按Ctrl+E组合键将其合并，然后选择合并后的图层，将其拖曳至【创建新图层】按钮上，松开鼠标即可创建【背景 拷贝】图层。选择【背景】图层，将【前景色】设置为白色，按Alt+Delete组合键，将【背景】图层填充为白色，在图层面板中的效果如图2-113所示。

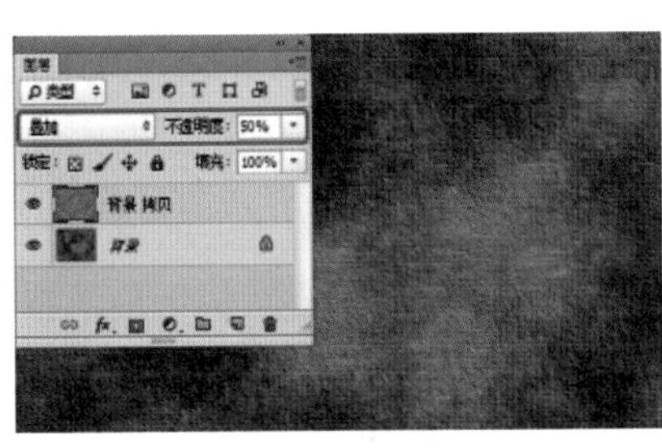

图 2-111　设置图层的【混合模式】

图 2-112　输入文字后的效果

图 2-113　将【背景】图层填充白色

(10) 选择文字图层，按 Ctrl+E 组合键将其合并，然后按住 Ctrl 键单击合并图层的缩略图，将文字载入选区。选择【背景 拷贝】图层，按 Ctrl+J 组合键复制图层，然后将文字图层和【背景 拷贝】图层隐藏显示，效果如图 2-114 所示。

(11) 双击【图层 1】，在弹出的【图层样式】对话框的【样式】列表中选择【斜面和浮雕】选项，将【方法】设置为【雕刻柔和】，将【深度】设置为 431%，【大小】设置为 1 像素，勾选【消除锯齿】复选框，将【高光模式】下的【不透明度】设置为 33%，【阴影模式】下的【不透明度】设置为 49%，如图 2-115 所示。

(12) 选择【投影】选项，然后进行如图 2-116 所示的设置。

Woven design

布 纹

图 2-114　设置完成后的效果

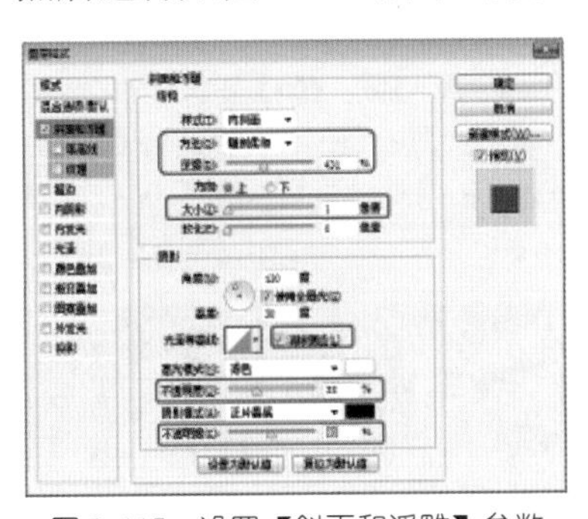

图 2-115　设置【斜面和浮雕】参数

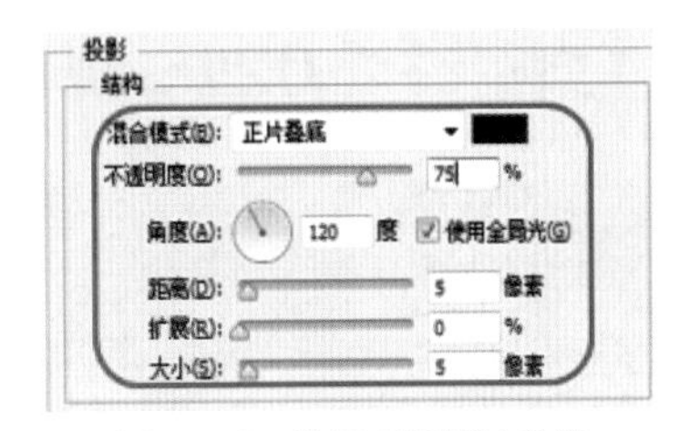

图 2-116　设置【投影】参数

(13) 单击【确定】按钮，按住 Ctrl 键单击【图层 1】前的缩略图，将文字载入选区，在菜单栏中选择【选择】|【修改】|【扩展】命令，打开【扩展选区】对话框，将【扩展量】设置为 5%，如图 2-117 所示。

(14) 选择【背景】图层，单击【创建新图层】按钮，新建【图层 2】，将【前景色】设置为黑色，然后按 Alt+Delete 组合键填充前景色，按 Ctrl+D 组合键取消选区，完成后的效果如图 2-118 所示。

图 2-117　设置【扩展量】参数

图 2-118　填充黑色的效果

(15) 选择【图层 2】，选择【滤镜】|【风格化】|【扩散】命令，在弹出的对话框中保持默认设置，单击【确定】按钮，按住 Ctrl+T 组合键并右击，在弹出的快捷菜单中选择【旋转 90 度 (顺时针)】命令，按 Enter 键确认，效果如图 2-119 所示。

(16) 选择【滤镜】|【风格化】|【风】命令，在弹出的对话框中保持默认设置，单击【确定】按钮，然后按住 Ctrl+T 组合键并右击，在弹出的快捷菜单中选择【旋转 90 度 (逆时针)】，按 Enter 键确认。选择【滤镜】|【风格化】|【风】命令，在弹出的对话框中保持默认设置，按住 Ctrl+T 组合键，并单击鼠标右键，在弹出的快捷菜单中选择【旋转 90 度 (顺时针)】，按 Enter 键确认，完成后的效果如图 2-120 所示。

(17) 按 Ctrl+U 组合键，在弹出的【色相 / 饱和度】对话框中将【色相】设置为 52，【饱和度】设置为 15，【明度】设置为 +36，如图 2-121 所示。至此，布纹字制作完成，将制作完成后的场景文件进行保存即可。

图 2-119　将文字旋转

Woven design
布纹

图 2-120　添加【风】后的效果

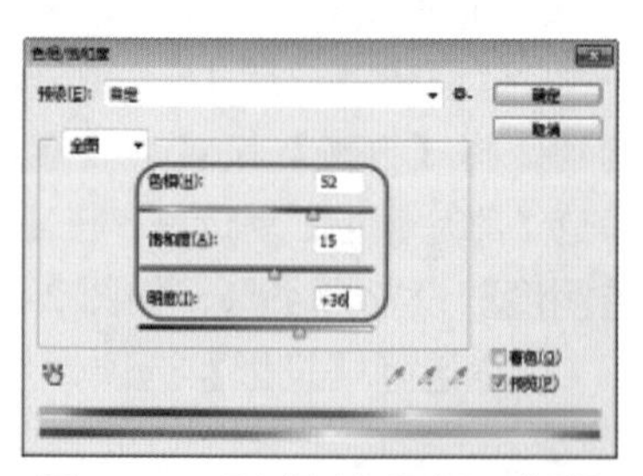

图 2-121　【色相 / 饱和度】对话框

案例讲讲 021　制作编制字

案例文件：CDROM | 场景 | Cha02 | 制作编制字 .psd
视频文件：视频教学 | Cha02 | 制作编制字 .avi

制作概述

本例介绍编制字的制作，因为编制字是交叉进行的，处理时需要注意好图层的交替，制作完成后的效果如图 2-122 所示。

图 2-122　编制字

学习目标

掌握【添加杂色】、【动感模糊】、【纹理化】等滤镜的使用，以及如何利用图层样式和图层蒙版创建编制纹理，利用图层样式为文字添加编制纹理。

操作步骤

(1) 启动软件后，按 Ctrl+N 组合键，打开【新建】对话框，在该对话框中将【宽度】、【高度】分别设置为 700 像素、500 像素，将【分辨率】设置为 72 像素 / 英寸，设置完成后单击【确定】按钮。将【前景色】RGB 的值设置为 232、158、0，按 Alt+Delete 组合键填充前景色，效果如图 2-123 所示。

(2) 在菜单栏中选择【滤镜】|【杂色】|【添加杂色】命令，打开【添加杂色】对话框，将【数量】设置为 11%，勾选【单色】复选框，如图 2-124 所示。

(3) 单击【确定】按钮，选择【滤镜】|【模糊】|【动感模糊】命令，打开【动感模糊】对话框，在该对话框中将【距离】设置为 25 像素，如图 2-125 所示。

图 2-123　填充前景色

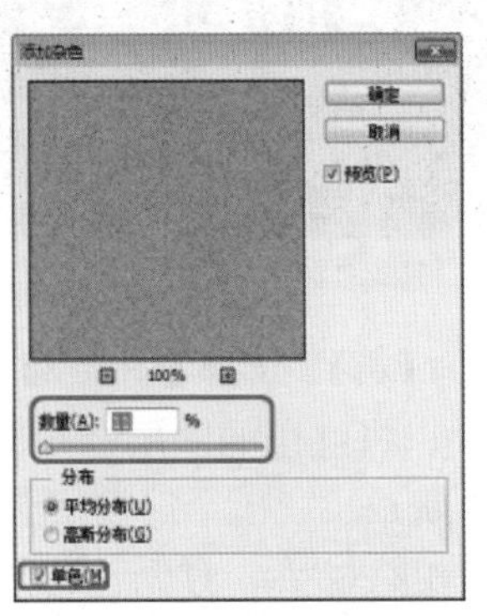

图 2-124　【添加杂色】对话框

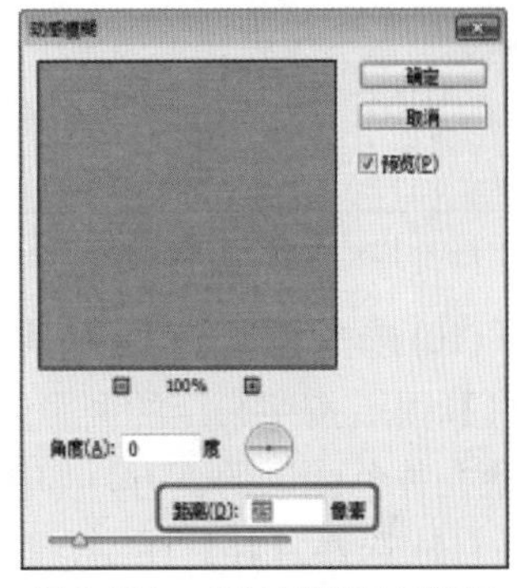

图 2-125　【动感模糊】对话框

(4) 单击【确定】按钮，选择【滤镜】|【滤镜库】命令，在打开的对话框中选择【纹理】|【纹理化】选项，将【纹理】设置为【砂岩】，将【缩放】设置为 69%，【凸现】设置为 2，【光照】设置为上，取消选中【反选】复选框，如图 2-126 所示。

(5) 单击【确定】按钮，打开【动感模糊】对话框，将【距离】设置为 10，单击【确定】按钮。在工具箱中选择【矩形选框工具】，绘制如图 2-127 所示的矩形选框。

(6) 按 Ctrl+J 组合键复制图层，选择【背景】图层，将【前景色】设置为黑色，按 Alt+Delete 组合键填充前景色，完成后的效果如图 2-128 所示。

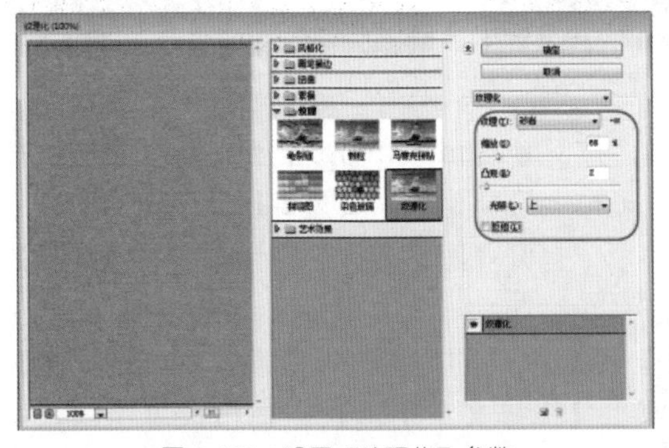

图 2-126　设置【纹理化】参数

图 2-127　绘制矩形选框

图 2-128　填充前景色后的效果

(7) 双击【图层 1】，在弹出的【图层样式】对话框中，选择【投影】选项，将【不透明度】设置为 96%，【距离】设置为 0，【大小】设置为 8 像素，如图 2-129 所示。

(8) 选择【图层 1】，按 Ctrl+J 组合键进行复制。选择复制的图层，按 Ctrl+T 组合键，右击，在弹出的快捷菜单中选择【旋转 90 度(顺时针)】命令，按 Enter 键确认，完成后的效果如图 2-130 所示。

(9) 按 Ctrl+U 组合键，在弹出的【色相/饱和度】对话框中，将【色相】设置为 −29，【饱和度】设置为 −11，【明度】设置为 0，如图 2-131 所示。

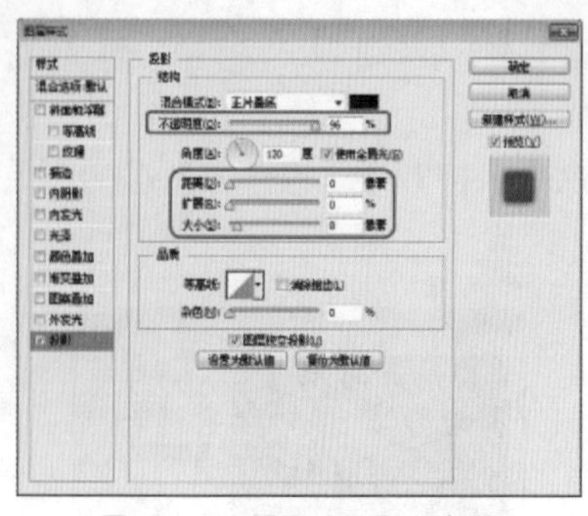

图 2-129　设置【投影】参数

图 2-130　旋转后的效果

图 2-131　【色相 / 饱和度】对话框

(10) 选择【图层 1】，将其重命名为【黄】；选择【图层 2】，将其重命名为【红】。分别对【黄】、【红】图层按照一定的间距复制 3 次，将红色的图层合并，将黄色的图层合并，并将红色图层放置在黄色图层的下方，如图 2-132 所示。

(11) 选择【红】图层，按 Ctrl+J 组合键进行复制，将复制的图层移至黄色图层的上方，效果如图 2-133 所示。

(12) 确定复制的图层处于选中状态，按住 Alt 键在【图层】面板中单击【添加图层蒙版】按钮，然后将【前景色】设置为白色，选择【画笔工具】，在画布的适当位置进行涂抹，完成后的效果如图 2-134 所示。

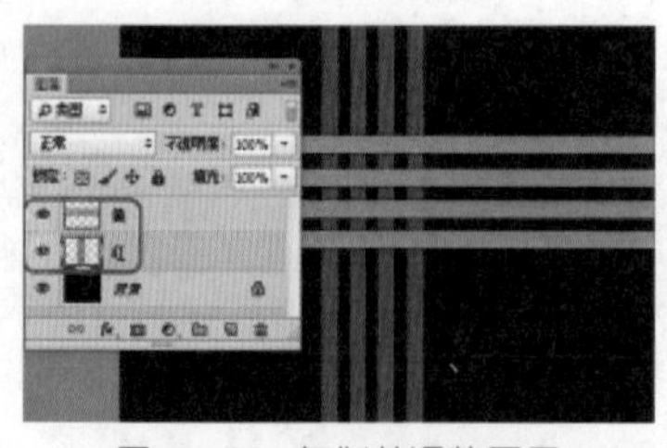

图 2-132　复制并调整图层

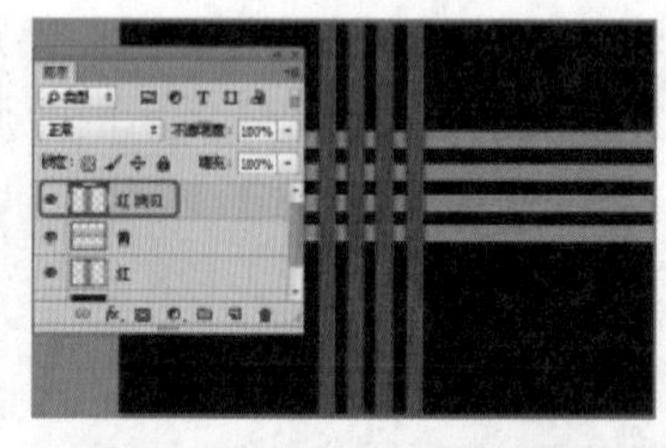

图 2-133　复制图层后的效果

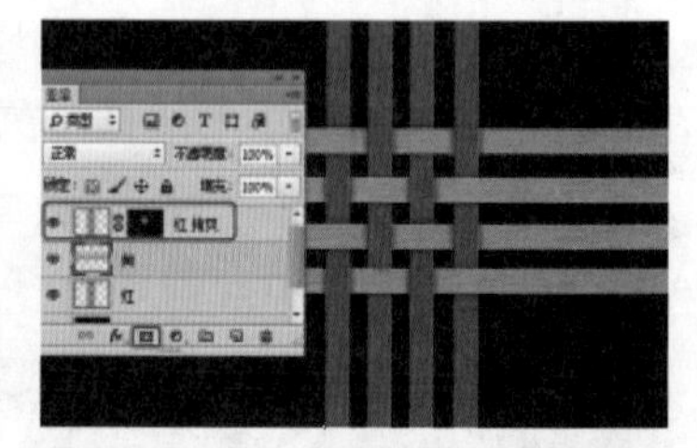

图 2-134　添加图层蒙版并进行涂抹

(13) 单击【创建新图层】按钮，新建一图层，按 Ctrl+Shift+Alt+E 组合键盖印图层，按 Ctrl++ 组合键将其放大，使用【矩形选框工具】在画布上绘制矩形，如图 2-135 所示。

(14) 在菜单栏中选择【编辑】|【定义图案】命令，打开【图案名称】对话框，将【名称】设置为 V1，单击【确定】按钮，如图 2-136 所示。

(15) 按 Ctrl+D 组合键取消选区，将除【背景】图层以外的图层进行隐藏。将【前景色】设置为白色，按 Alt+Delete 组合键填充白色。使用【横排文字工具】在画布上单击输入文字“贵都花园”，将【字体】设置为【汉仪魏碑简】，【大小】设置为 165，效果如图 2-137 所示。

图 2-135 绘制矩形

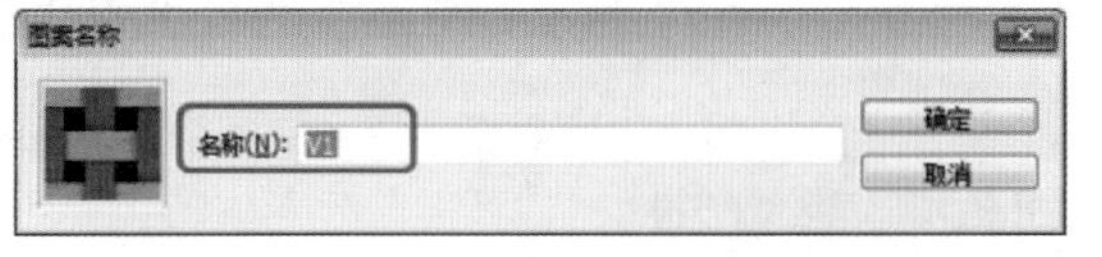

图 2-136 【图案名称】对话框

贵都花园

图 2-137 输入文字后的效果

(16) 在【图层】面板中双击文字图层，在弹出的【图层样式】对话框中选择【投影】选项，保持默认设置；选择【内阴影】选项，将【不透明度】设置为 43%，【距离】设置为 3，如图 2-138 所示。

(17) 选择【斜面和浮雕】选项，将【深度】设置为 101%，【大小】设置为 10%，【角度】设置为 90 度，【高度】设置为 82%，将【光泽等高线】设置为【锥形 - 反转】，【高光模式】下的【不透明度】设置为 100%，如图 2-139 所示。

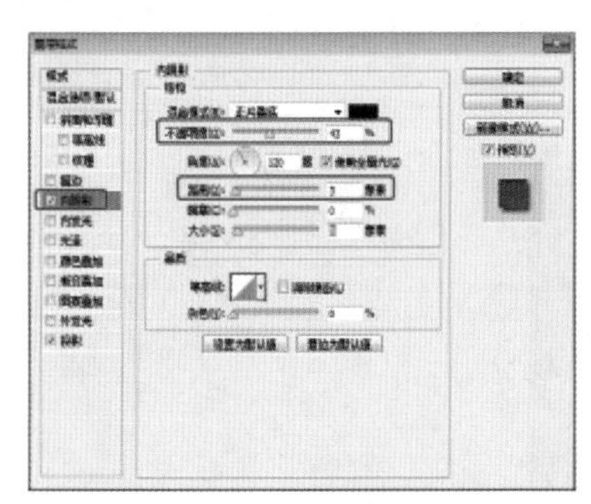

图 2-138 设置【内阴影】参数

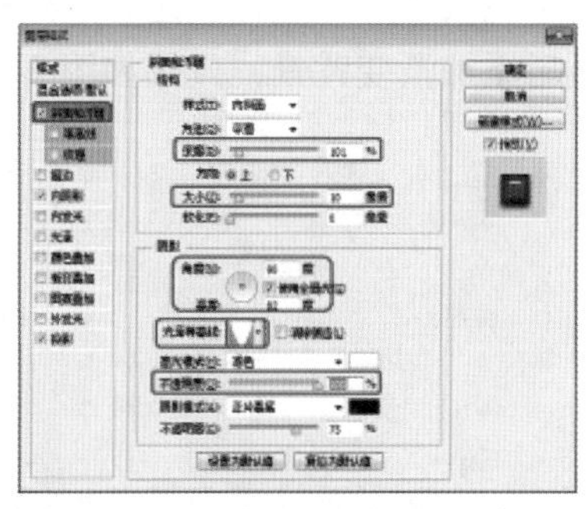

图 2-139 设置【斜面和浮雕】参数

(18) 选择【等高线】选项，将【范围】设置为 97；选择【图案叠加】选项，单击【图案】右侧的按钮，在弹出的下拉菜单中选择刚定义的图案，其他参数保持默认设置，如图 2-140 所示。

(19) 单击【确定】按钮，将【前景色】RGB 设置为 232、158、0，确定【背景】图层处于选中状态，选择【渐变工具】，在工具选项栏中单击【点按可编辑渐变】按钮。打开【渐变编辑器】对话框，双击左侧的色标，将 RGB 的值设置为 232、158、0；双击右侧的色标，将 RGB 的设置为 29、29、29，如图 2-141 所示。

(20) 使用【渐变工具】在背景图层上进行拖动，绘制渐变，在菜单栏中选择【滤镜】|【杂色】|【添加杂色】命令，打开【添加杂色】对话框，在该对话框中将【数量】设置为 5%，勾选【单色】复选框，如图 2-142 所示。

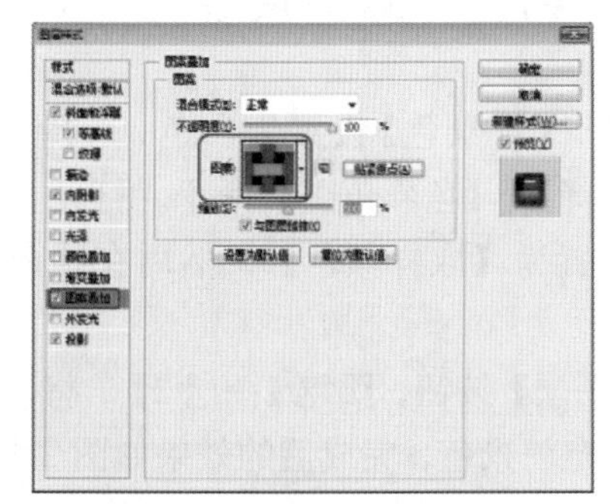

图 2-140 设置【图案叠加】参数

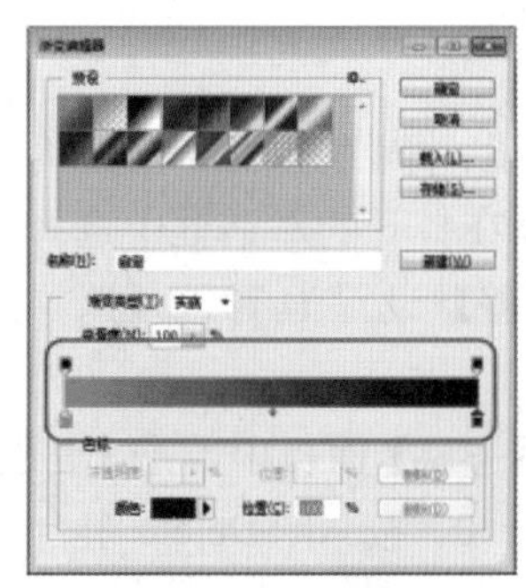

图 2-141 设置渐变

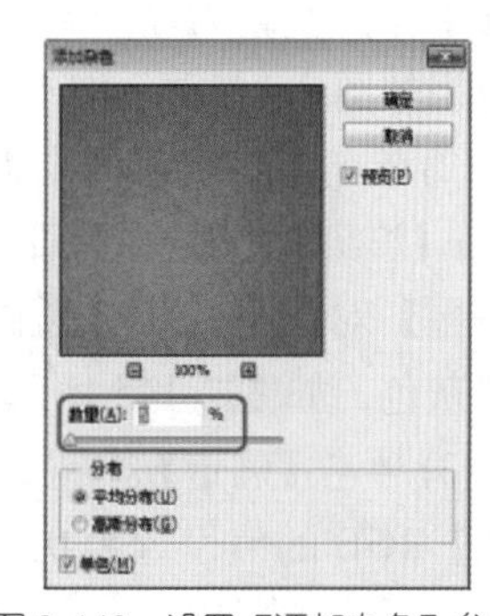

图 2-142 设置【添加杂色】参数

(21) 选择【滤镜】|【模糊】|【动感模糊】命令，打开【动感模糊】对话框，在该对话框中将【距离】设置为 10，单击【确定】按钮。至此，编制字制作完成，将制作完成后的场景文件进行保存即可。

案例精讲 022　制作玉雕文字

案例文件：CDROM | 场景 | Cha02 | 制作玉雕文字 .psd
视频文件：视频教学 | Cha02 | 制作玉雕文字 .avi

制作概述

本例首先运用了【云彩】滤镜，同时使用【色彩范围】命令填充深绿色来制作玉的纹理，然后将文字载入选区，进行反选将多余的部分删除，为文字填充玉纹理，然后为文字添加图层样式，最后添加渐变背景，效果如图 2-143 所示。

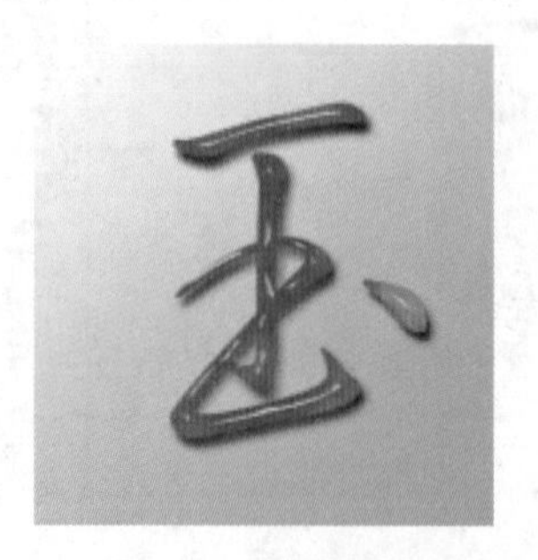

图 2-143　玉雕文字

学习目标

学习【云彩】滤镜以及【色彩范围】、【图层样式】命令的使用。
掌握【云彩】滤镜的使用，以及如何为文字填充纹理。

操作步骤

(1) 启动软件后按 Ctrl+N 组合键打开【新建】对话框，在该对话框中将【宽度】、【高度】分别设置为 400 像素、400 像素，单击【确定】按钮。使用【横排文字工具】，单击鼠标输入文字，将【字体】设置为【经典行书简】，【大小】设置为 350，【字体颜色】设置为黑色，完成后的效果如图 2-144 所示。

(2) 单击【创建新图层】按钮，将【前景色】设置为黑色，【背景色】设置为白色，选择【滤镜】|【渲染】|【云彩】命令，在打开的对话框中选择【选择】|【色彩范围】命令。打开【色彩范围】对话框，将【颜色容差】设置为 70，【选择】设置为【取样颜色】，然后在画布中选择灰色，如图 2-145 所示。

(3) 单击【确定】按钮，在【图层】面板中单击【创建新图层】按钮，新建【图层 2】，将【前景色】RGB 的值设置为 0、177、0，按 Alt+Delete 组合键填充前景色，完成后的效果如图 2-146 所示。

图 2-144　输入文字并设置

图 2-145　【色彩范围】对话框

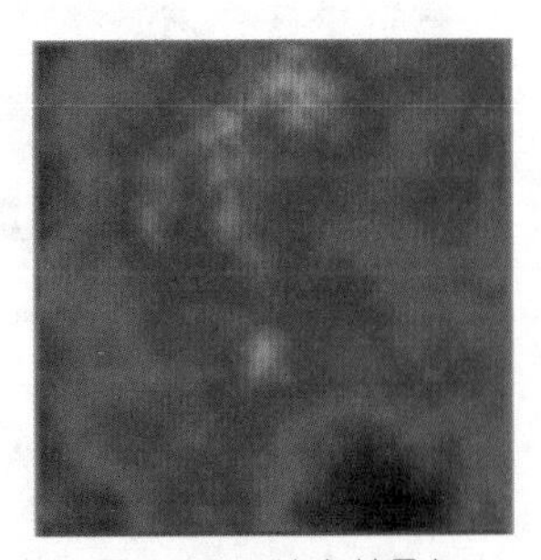

图 2-146　填充前景色

(4) 选择【渐变工具】，将【背景色】设置为白色，将【渐变】设置为【前景色到背景色渐变】，【渐变类型】设置为【线性渐变】。选择【图层 1】，单击鼠标将其由左向右拖曳填充渐变，效果如图 2-147 所示。

(5) 选择【图层 1】、【图层 2】，按 Ctrl+E 组合键将图层进行合并，确认【图层 2】处于选中状态，按住 Ctrl 键单击文字图层的缩略图，将文字载入选区，然后按 Ctrl+Shift+I 组合键进行反选，然后按 Delete 组合键将其删除，按 Ctrl+D 组合键取消选区，效果如图 2-148 所示。

(6) 双击【图层 2】，在弹出的【图层样式】对话框中选择【斜面和浮雕】选项，将【样式】设置为【内斜面】，【方法】设置为【平滑】，【深度】设置为 321%，【大小】设置为 17 像素，【高度】设置为 65 度，【高光模式】下的【不透明度】设置为 100%，【阴影模式】下的【不透明度】设置为 0，如图 2-149 所示。

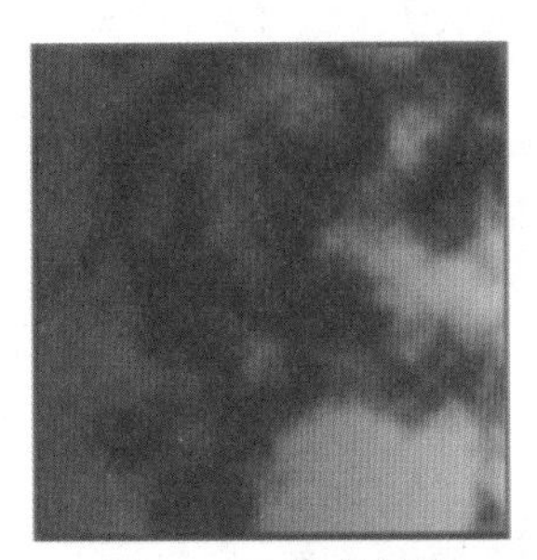

图 2-147　填充渐变

图 2-148　设置完成后的效果

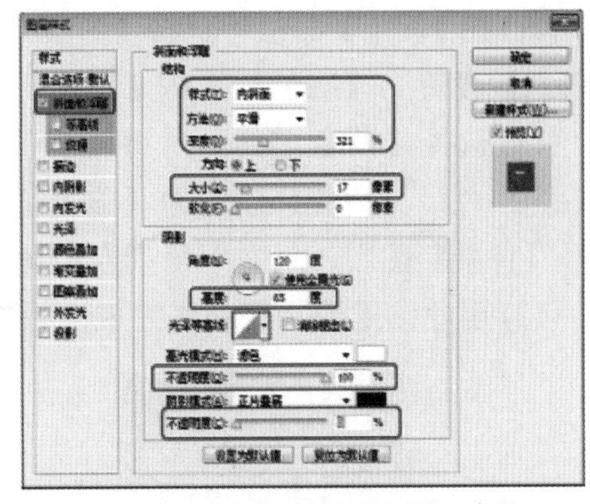

图 2-149　设置【斜面和浮雕】参数

(7) 选择【光泽】选项，单击【混合模式】右侧的色块，在弹出的对话框中将 RGB 的值设置为 23、169、8，单击【确定】按钮。将【角度】设置为 19 度，【距离】、【大小】分别设置为 88 像素、88 像素，勾选【消除锯齿】复选框，如图 2-150 所示。

(8) 选择【投影】选项，将【混合模式】设置为【正片叠底】，将【不透明度】设置为 75%，【角度】设置为 120 度，【距离】、【大小】分别设置为 8 像素、8 像素，如图 2-151 所示。

(9) 选择【内阴影】选项，单击【正片叠底】右侧的色块，在弹出的对话框中将 RGB 的值设置为 0、255、36，将【距离】设置为 10 像素，【大小】设置为 10 像素，如图 2-152 所示。

(10) 选择【外发光】选项，将【混合模式】设置为【滤色】，【不透明度】设置为 65%，【发光颜色】RGB 的值设置为 61、219、25，【大小】设置为 50 像素，【范围】设置为 50%，如图 2-153 所示。

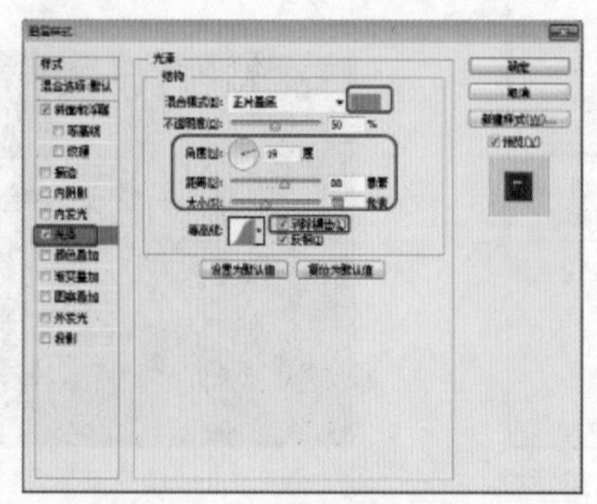
图 2-150　设置【光泽】参数

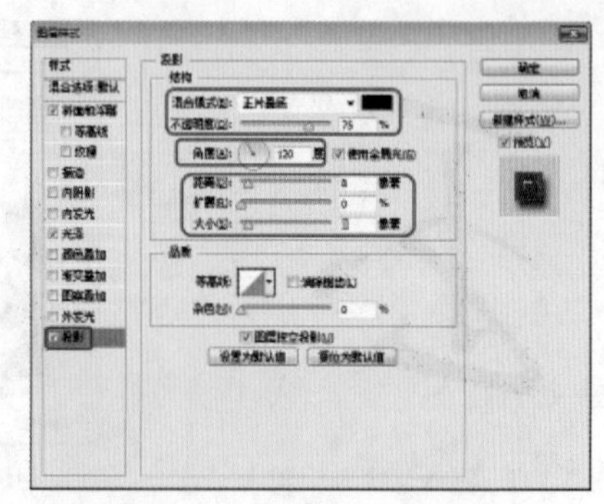
图 2-151　设置【投影】参数

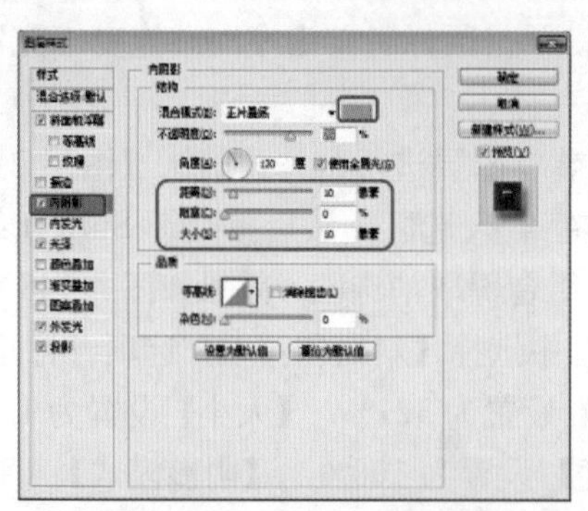
图 2-152　设置【内阴影】参数

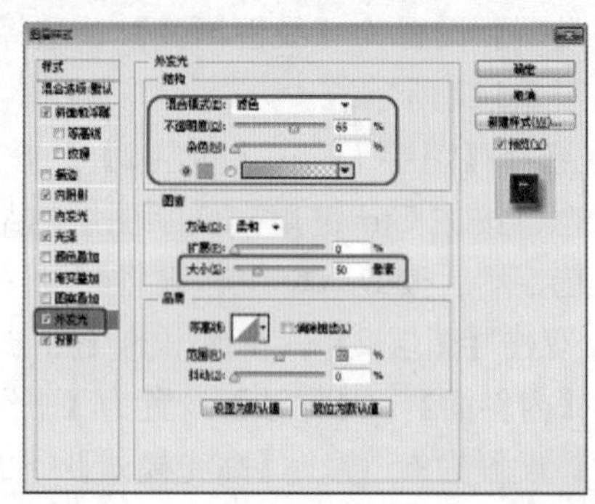
图 2-153　设置【外发光】参数

(11) 在【图层】面板中选择【图层 2】，按 Ctrl+J 组合键进行复制，选择复制的图层，将【混合模式】设置为【滤色】，将【不透明度】设置为 75%，如图 2-154 所示。

(12) 选择【渐变工具】，将【前景色】RGB 的值设置为 81、255、163，【背景色】RGB 设置为白色，【渐变】设置为【前景色到背景色渐变】，【渐变类型】设置为【线性渐变】。选择【背景】图层，从右下角到左上角拖曳鼠标，填充线性渐变，效果如图 2-155 所示。

(13) 至此，玉雕文字制作完成，将制作完成后的场景文件保存即可。

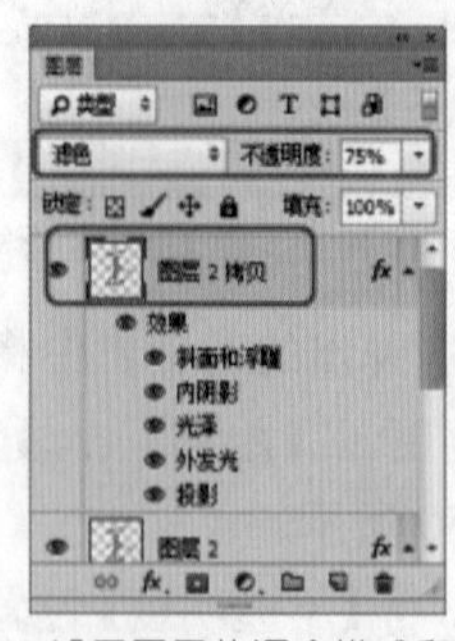
图 2-154　设置图层的混合模式和不透明度

图 2-155　填充线性渐变

案例精讲 023　制作石刻文字

案例文件：CDROM | 场景 | Cha04 | 制作石刻文字 .psd

视频文件：视频教学 | Cha04| 制作石刻文字 .avi

制作概述

本例通过为文字添加【斜面和浮雕】与【内阴影】效果制作出石刻文字的效果，制作完成后的效果如图 2-156 所示。

图 2-156　石刻文字

学习目标

学习为文字添加图层样式。

掌握【斜面和浮雕】及【内阴影】效果的使用。

操作步骤

(1) 启动软件后，在工作窗口的空白处双击鼠标，在弹出的【打开】对话框中选择随书附带光盘中的 CDROM | 素材 | Cha02 | 背景岩石 .jpg 文件，单击【打开】按钮。

(2) 在工具箱中选择【直排文字工具】，在工具选项栏中将【字体】设置为【汉仪魏碑简】，【大小】设置为 100 点，【颜色】设置为红色，在场景中输入“天涯海角”，然后按 Ctrl+Enter 组合键确认输入，效果如图 2-157 所示。

(3) 打开【图层】面板，在该面板中将其【填充】设置为 20%，按 Enter 键确认，如图 2-158 所示。

图 2-157　输入文本效果

图 2-158　设置【填充】参数

(4) 在【图层】面板中双击文字图层，在弹出的【图层样式】对话框中选择【斜面和浮雕】选项，在【结构】选项区域将【样式】设置为【外斜面】，【方法】设置为【雕刻清晰】，【深度】设置为 1%，【方向】设置为【下】，【大小】设置为 5 像素。在【阴影】选项区域勾选【全局光】复选框，将【角度】设置为 145 度，【高度】设置为 35 度，如图 2-159 所示。

(5) 将以上参数设置完成后，选择【内阴影】选项，将【距离】设置为 5 像素，【大小】设置为 5 像素，如图 2-160 所示，设置完成后关闭该窗口。

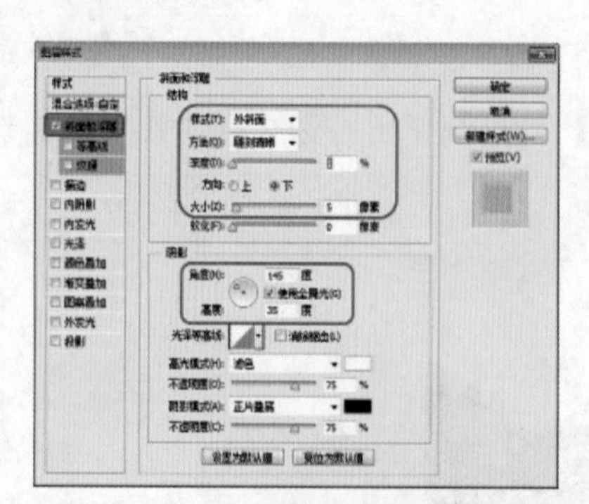

图 2-159　设置【斜面和浮雕】参数

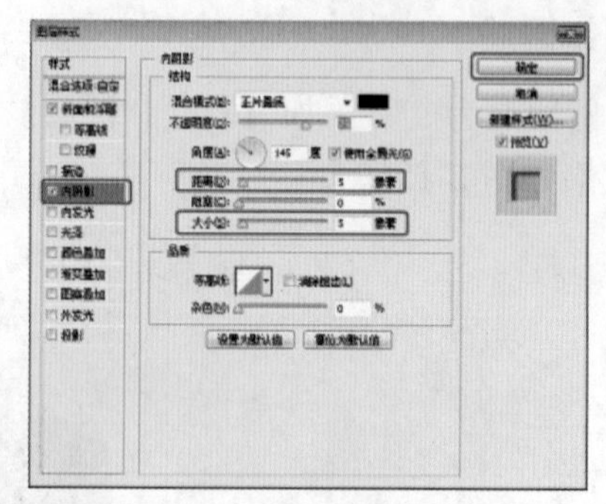

图 2-160　设置【内阴影】参数

(6) 至此，石刻文字制作完成，将制作完成后的场景文件进行保存即可。

案例精讲 024　制作结冰文字

案例文件：CDROM | 场景 | Cha02 | 制作结冰文字 .psd

视频文件：视频教学 | Cha04| 制作结冰文字 .avi

制作概述

本例介绍结冰文字效果的制作。本例主要是通过晶格化、添加杂色、高斯模糊和风滤镜来表现结冰效果，最后再使用画笔工具制作出冰的发光效果，制作完成后的效果如图 2-161 所示。

图 2 161　结冰文字

学习目标

学习为文字添加晶格化 、添加杂色、高斯模糊等滤镜以及画笔工具的使用。

了解栅格化图层的作用。

掌握风、高斯模式等滤镜的使用，以及画笔工具的使用。

操作步骤

(1) 启动软件后，在工作窗口中空白处双击鼠标，在弹出的【打开】对话框中选择随书附带光盘中的 CDROM | 素材 | Cha02 | 冰天雪地 .jpg 文件，单击【打开】按钮。

(2) 在【图层】面板中新建【图层 1】，并为其填充白色，效果如图 2-162 所示。

(3) 在工具箱中选择【横排文字工具】T，在其工具选项栏中将【字体】设置为【方正胖娃简体】，【大小】设置为 100 点，【颜色】设置为黑色，在场景中单击鼠标输入“冰雪天地”，然后按数字键盘上的 Enter 键确认，效果如图 2-163 所示，并会自动创建文字图层。

图 2-162　新建图层并填充白色

图 2-163　输入文字并进行设置

(4) 在【图层】面板中的文字图层上右击，从弹出的快捷菜单中选择【栅格化文字】命令将文字图层转换为普通图层，效果如图 2-164 所示。

(5) 在【图层】面板中，按住 Ctrl 键单击普通文字图层的缩览图载入选区，确认选中转化为普通图层后的文字图层，按 Ctrl+E 组合键向下合并图层，将带有文字的图层与【图层 1】合并，如图 2-165 所示。

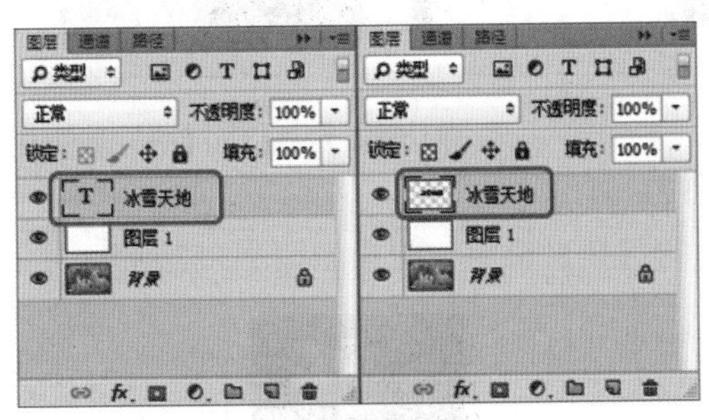

图 2-164　栅格化文字

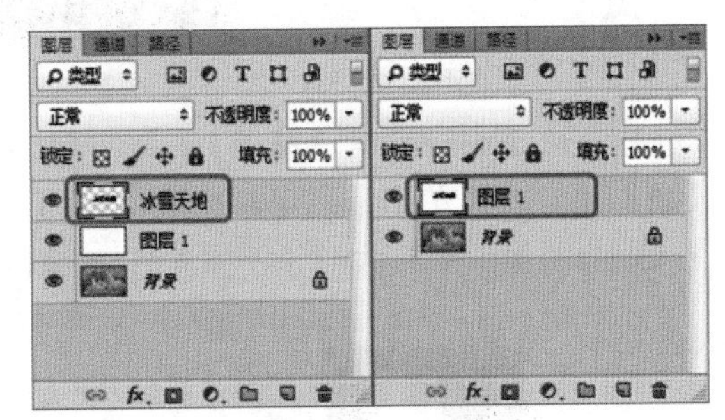

图 2-165　合并图层

(6) 在菜单栏中选择【滤镜】|【杂色】|【添加杂色】命令，在打开的【添加杂色】对话框中将【数量】设置为 30%，选中【分布】选项组中的【高斯分布】单选按钮，勾选【单色】复选框，设置完成后单击【确定】按钮，如图 2-166 所示。

(7) 选择【滤镜】|【模糊】|【高斯模糊】命令，在打开的【高斯模糊】对话框中将【半径】设置为 1 像素，设置完成后单击【确定】按钮，如图 2-167 所示。

(8) 按 Shift+Ctrl+I 组合键对选区进行反选，在菜单栏中选择【滤镜】|【像素化】|【晶格化】命令，打开【晶格化】对话框，将【单元格大小】设置为 10，然后单击【确定】按钮，如图 2-168 所示。

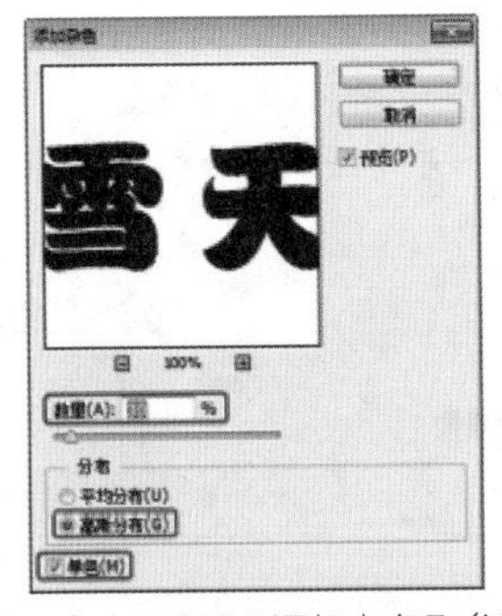

图 2-166　设置【添加杂色】参数

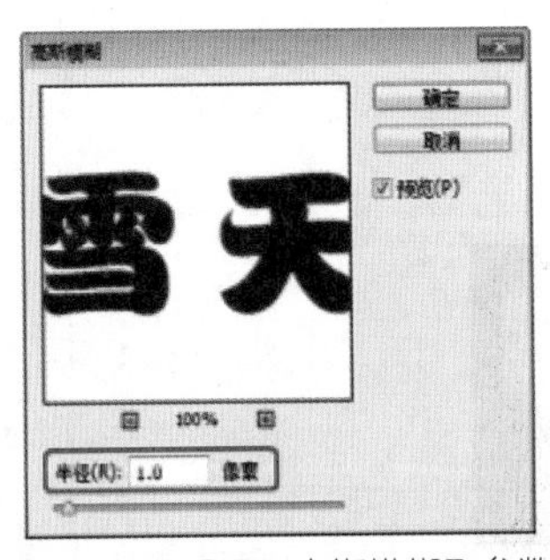

图 2-167　设置【高斯模糊】参数

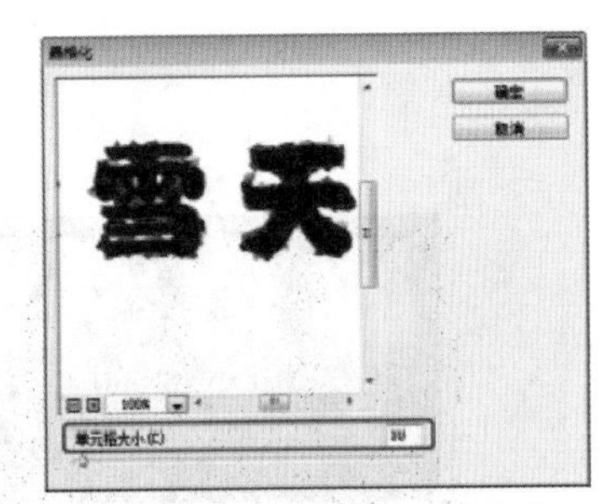

图 2-168　设置【晶格化】参数

(9) 再次按 Shift +Ctrl+I 组合键对选区进行反选，在菜单栏中选择【图像】|【调整】|【曲线】命令，弹出【曲线】窗口，在斜线上单击鼠标添加锚点，并调整至合适的位置，如图 2-169 所示。

(10) 按 Ctrl+D 组合键取消选区选择，按 Ctrl+I 组合键对对象进行反相处理，效果如图 2-170 所示。

(11) 在菜单栏中选择【图像】|【图像旋转】|【90 度 (顺时针)】命令，将图像顺时针旋转 90°，效果如图 2-171 所示。

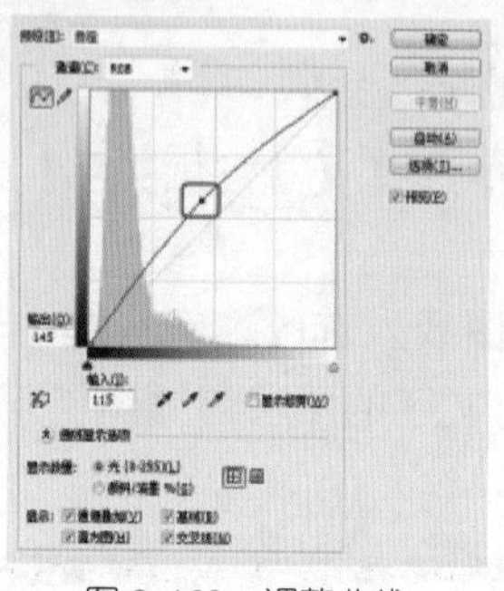

图 2-169 调整曲线

图 2-170 反相后的效果

图 2-171 顺时针旋转效果

(12) 在菜单栏中选择【滤镜】|【风格化】|【风】命令，在弹出的【风】对话框中使用默认设置即可，然后单击【确定】按钮，如图 2-172 所示。

(13) 此时风效果不太明显，按 Ctrl+F 键再次执行【风】命令，效果如图 2-173 所示。

图 2-172 设置【风】参数

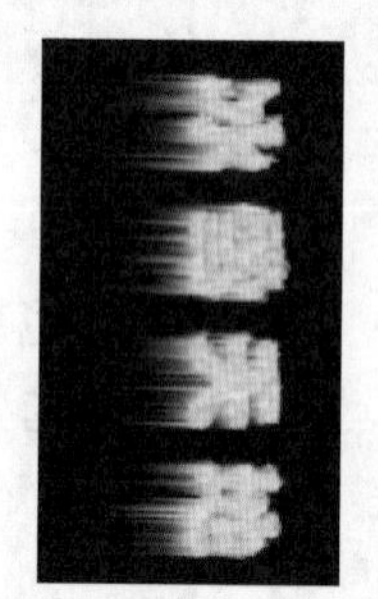

图 2-173 再次执行【风】命令

(14) 在菜单栏中选择【图像】|【图像旋转】|【90 度 (逆时针)】命令，将图像逆时针旋转 90°，效果如图 2-174 所示。

(15) 在菜单栏中选择【选择】|【色彩范围】命令，打开【色彩范围】对话框，将【选择】设置为【阴影】，然后单击【确定】按钮，如图 2-175 所示。

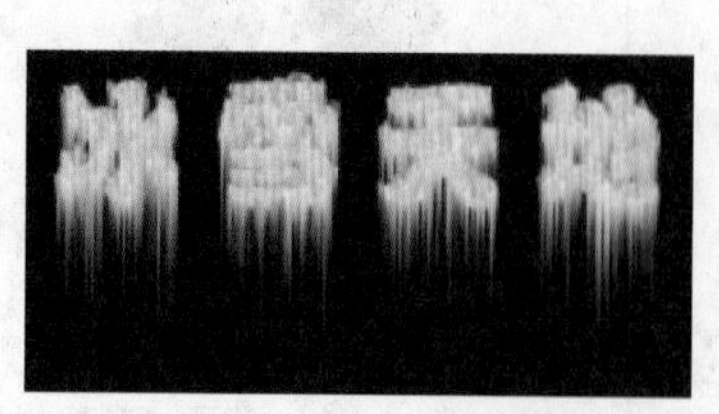

图 2-174 逆时针旋转效果

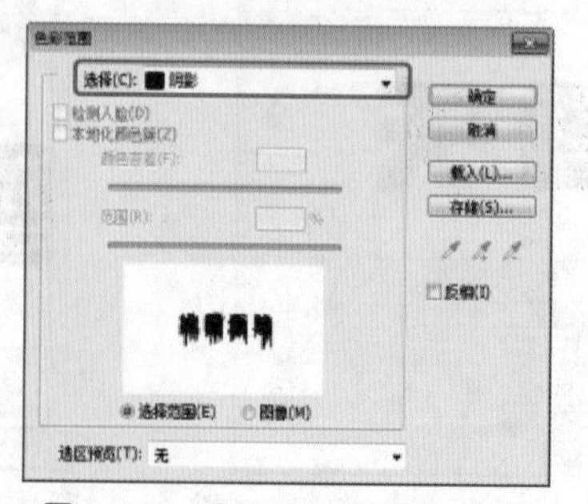

图 2-175 设置【色彩范围】参数

(16) 按 Delete 键删除选区内容，并按 Ctrl+D 组合键取消选区，效果如图 2-176 所示。

(17) 按 Ctrl+U 组合键打开【色相 / 饱和度】对话框，在该对话框中勾选【着色】复选框，然后将【色相】、【饱和度】、【明度】的参数分别设置为 200、68、+36，设置完成后单击【确定】按钮，如图 2-177 所示。

(18) 在工具箱中选择【画笔工具】，选择一种十字星形画笔，将【前景色】设置为白色，然后在场景中单击，制作出结冰字体的发光效果，并将文字调整至合适的位置，效果如图 2-178 所示。

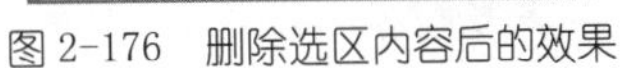
图 2-176　删除选区内容后的效果

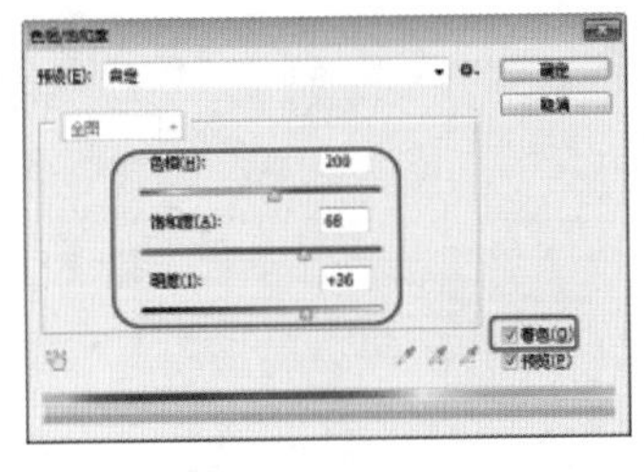

图 2-177　设置【色相 / 饱和度】参数

图 2-178　制作发光效果

(19) 至此，结冰效果制作完成，将制作完成后的场景文件保存即可。

第3章 常用的图像处理技巧

本章重点

- 运动效果
- 木纹上的图案效果
- 素描图像效果
- 沙雕效果
- 放大镜效果
- 燃烧的脚印
- 彩虹特效
- 骇客朦胧特效
- 栅格图像
- 制作主页标志效果
- 制作网线效果
- 制作透明水珠
- 制作烟雾效果
- 制作彩色版画效果
- 砖墙粉笔画效果
- 动感雪花
- 冰霜场景效果
- 水墨画效果
- 液化图像效果
- 印章
- 油画效果
- 报纸上的图片效果
- 撕纸效果
- 林中阳光效果
- 玻璃效果
- 浴室玻璃效果
- 制作磨砂玻璃效果

本章主要介绍如何对图像进行编辑和处理，通过对以下实例的学习可以掌握图像的处理技巧。

案例精讲 025　运动效果

案例文件：CDROM | 场景 | Cha03 | 运动效果 .psd

视频文件：视频教学 | Cha03 | 运动效果 .avi

制作概述

本例的制作主要是通过对素材的选取，将素材背景使用【动感模糊】，将素材变为动态效果，得到想要的效果。完成后的效果如图 3-1 所示。

图 3-1　运动效果

学习目标

学习动感效果的制作。

掌握如何使用【动感模糊】命令使静止图片出现动态运动的效果。

操作步骤

(1) 启动 Photoshop CC，按 Ctrl+O 组合键打开【打开】对话框，打开随书附带光盘中的 CDROM| 素材 |Cha03|01.jpg 文件，然后单击【打开】按钮，如图 3-2 所示。

(2) 选择【磁性套索工具】，对汽车绘制选区，如图 3-3 所示。

(3) 打开【图层】面板，按 Ctrl+J 组合键对选区进行复制，如图 3-4 所示。

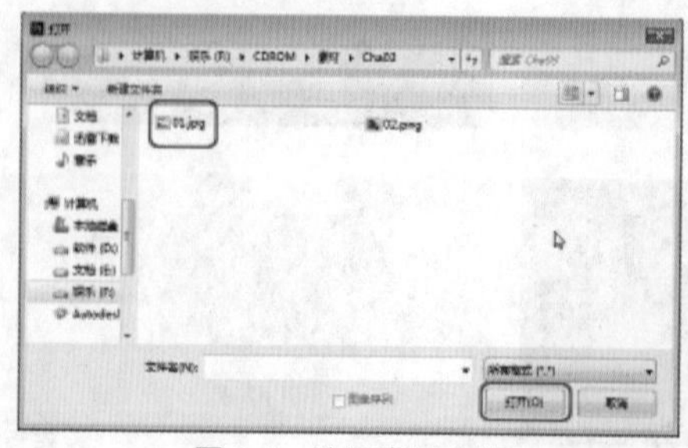

图 3-2　选择素材文件

图 3-3　绘制选区

图 3-4　复制选区

(4) 选择【背景】图层，在菜单栏中选择【滤镜】|【模糊】|【动感模糊】命令，打开【动

感模糊】对话框，将【角度】设置为 17 度，【距离】设置为 20 像素，然后单击【确定】按钮，如图 3-5 所示。

(5) 在菜单栏中选择【文件】|【存储为】命令，打开【另存为】对话框，设置正确的保存路径及格式，单击【保存】按钮，如图 3-6 所示。

(6) 弹出提示框后，单击【确定】按钮即可，如图 3-7 所示。

图 3-5　设置【动感模糊】参数

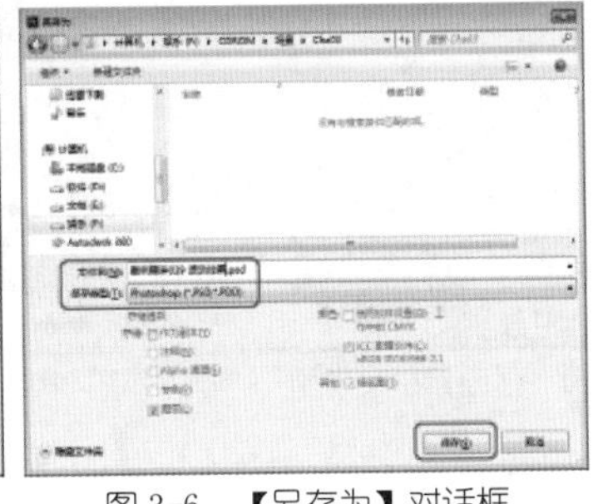

图 3-6　【另存为】对话框

图 3-7　提示框

案例精讲 026　木纹上的图案效果

 案例文件：CDROM | 场景 | Cha03 | 木纹上的图案效果 .psd

 视频文件：视频教学 | Cha03 | 木纹上的图案效果 .avi

制作概述

本例主要介绍木纹上图案的制作。通过使用【混合模式】、【图层样式】命令，实现图案雕刻在木纹上的效果，如图 3-8 所示。

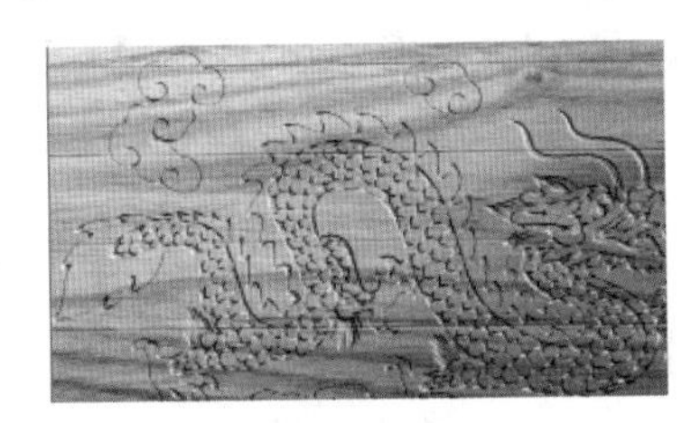

图 3-8　木纹上的图案

学习目标

学习如何制作木纹上的图案效果。

掌握【混合模式】【图层样式】命令的应用。

操作步骤

(1) 启动 Photoshop CC，按 Ctrl+O 组合键打开【打开】对话框，打开随书附带光盘中的 CDROM| 素材 |Cha03|02.png、003.jpg 文件，然后单击【打开】按钮，如图 3-9 所示。

(2) 选择【移动工具】，将“003.jpg”素材文件拖到“002.png”素材文件中，并适当调整位置，如图 3-10 所示。

(3) 选择【图层 1】，在菜单栏中选择【选择】|【色彩范围】命令，打开【色彩范围】对话框，将【颜色容差】设置为 100，在图中选择白色区域，然后单击【确定】按钮，如图 3-11 所示。

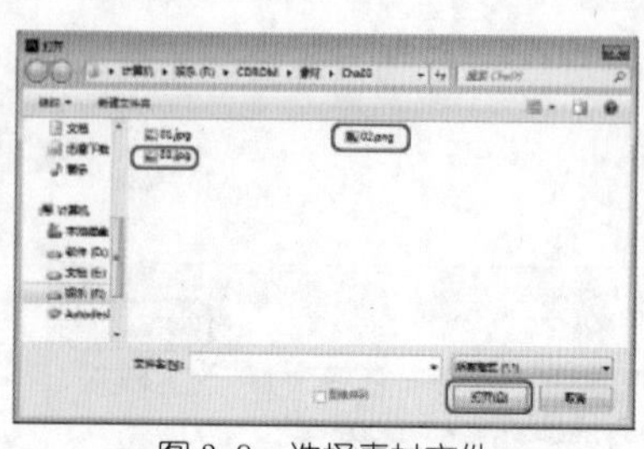

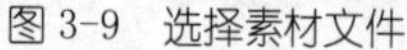

图 3-9 选择素材文件

图 3-10 移动素材文件

图 3-11 设置【色彩范围】参数

(4) 返回到文档中按 Delete 键，将选区删除，按 Ctrl+D 组合键取消选择，完成后的效果如图 3-12 所示。

(5) 打开【图层】面板，将【图层 1】的混合模式设置为【柔光】，如图 3-13 所示。

图 3-12 完成后的效果

图 3-13 设置【图层】的混合模式

(6) 选择【图层 1】并双击，在弹出的【图层样式】对话框中勾选【斜面和浮雕】复选框，将【深度】设置为 80%，【大小】设置为 10 像素，【角度】和【高度】均设置为 30 像素，【高光模式】下的【不透明度】设置为 100%，【阴影模式】下的【不透明度】设置为 70%，如图 3-14 所示。

(7) 勾选【等高线】复选框，将【等高线】设置为【锥形 - 反转】，设置完成后单击【确定】按钮，如图 3-15 所示。

(8) 添加完成后的效果如图 3-16 所示。至此，木纹上的图案效果制作完成。

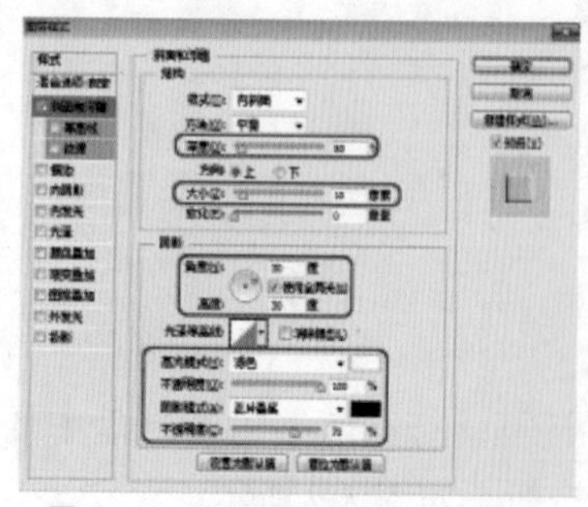

图 3-14 设置【斜面和浮雕】参数

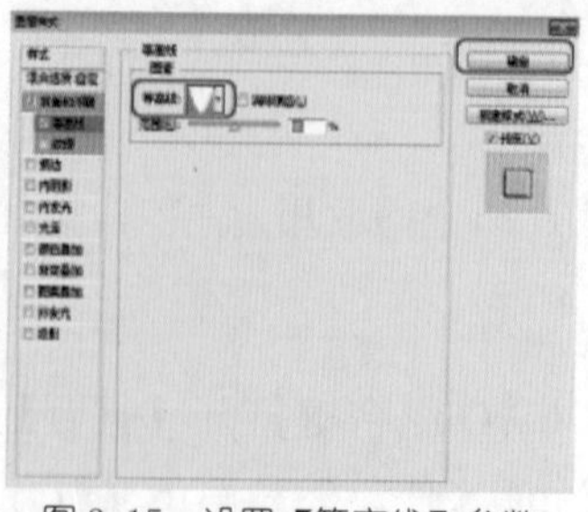

图 3-15 设置【等高线】参数

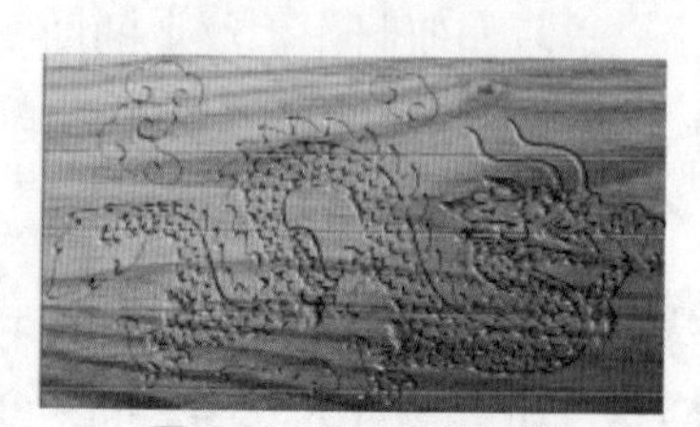

图 3-16 完成后的效果

案例精讲 027　素描图像效果

案例文件：CDROM | 场景 | Cha03 | 素描图像效果 .psd
视频文件：视频教学 | Cha03 | 素描图像效果 .avi

制作概述

本例主要介绍素描图像效果的制作。通过【去色】命令对素材进行去色，再通过【混合模式】命令调淡颜色，并使用滤镜将素材进行进一步操作，得到想要的效果，效果如图 3-17 所示。

图 3-17　素描图像效果

素描是一种用单色或少量色彩绘画材料描绘生活所见真实事物或所感的绘画形式，其使用材料有干性与湿性两大类，其中干性材料如铅笔、炭笔、粉笔、粉彩笔、蜡笔、炭精笔、银笔等，而湿性材料如水墨、钢笔、签字笔、苇笔、翮笔、竹笔、圆珠笔等。习惯上素描是以单色画为主，但在美术辞典中，水彩画也属于素描。

学习目标

学习如何制作素描图像效果。

掌握【去色】【颜色减淡】【最小值】【添加杂色动感模糊】等命令的应用。

操作步骤

(1) 启动 Photoshop CC，按 Ctrl+O 组合键，弹出【打开】对话框，打开随书附带光盘中的 CDROM| 素材 |Cha03|04.jpg 文件，然后单击【打开】按钮，如图 3-18 所示。

(2) 执行【图像】|【调整】|【去色】命令，对图像进行去色，效果如图 3-19 所示。

(3) 选择【背景】图层，按两次 Ctrl+J 组合键，选择【图层 1 拷贝】图层，按 Ctrl+I 组合键，进行反相，并将该图层的【混合模式】设置为【颜色减淡】，如图 3-20 所示。

图 3-18　打开的素材文件

图 3-19　去色后的效果

图 3-20　复制图层

(4) 继续选择【图层 1 拷贝】图层，在菜单中选择【滤镜】|【其他】|【最小值】命令，打开【最小值】对话框，将【半径】设置为 2 像素，【保留】设置为【方形】，如图 3-21 所示。

知识链接

在指定半径内，【最大值】和【最小值】滤镜用周围像素的最高或最低亮度值替换当前像素的亮度值。

(5) 确认选中【图层 1 拷贝】图层，双击该图层，在弹出的【图层样式】对话框中选择【混合选项：自定】的【下一图层】，按住 Alt 键进行拖动，如图 3-22 所示。

(6) 选择【图层 1 拷贝】图层，按 Ctrl+E 组合键向下合并图层，并在【图层 1】的下方新建一图层，并为其填充白色，如图 3-23 所示。

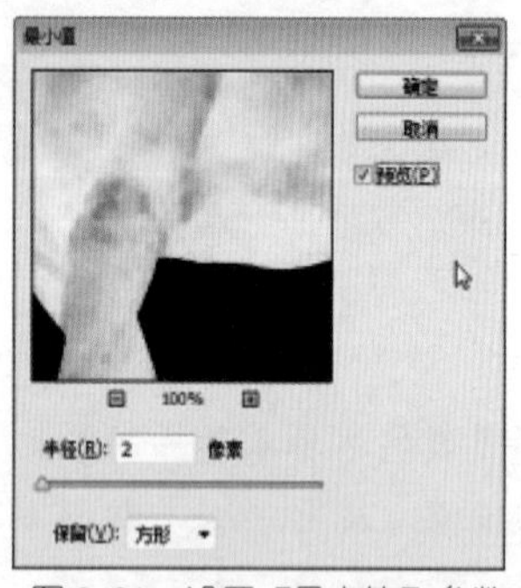
图 3-21　设置【最小值】参数

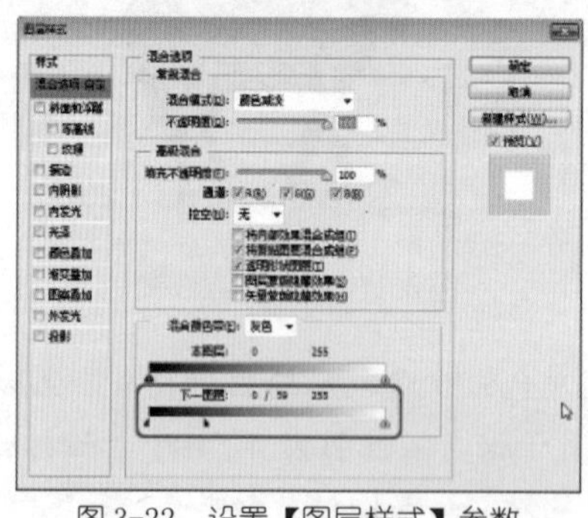
图 3-22　设置【图层样式】参数

图 3-23　创建图层

(7) 选择【矩形选框工具】绘制选区，然后按 Shift+F6 组合键，将【羽化半径】设置为 50 像素，如图 3-24 所示。

(8) 选择【图层 1】，按 Ctrl+E 组合键向下合并图层，并为其添加图层蒙版，如图 3-25 所示。

图 3-24　设置羽化

图 3-25　添加图层蒙版

(9) 选择添加的蒙版，选择【滤镜】|【杂色】|【添加杂色】命令，打开【添加杂色】对话框，将【数量】设置为 150%，【分布】设置为【平均分布】，如图 3-26 所示。

(10) 选择【滤镜】|【模糊】|【动感模糊】命令，打开【动感模糊】对话框，将【角度】设置为 45 度，【距离】设置为 10 像素，然后单击【确定】按钮，如图 3-27 所示。

(11) 按 Ctrl+E 组合键向下合并，然后新建【图层 1】，并对其填充颜色 #f0、f0f0，然后将其【填充】设置为 30%，完成后的效果如图 3-28 所示。在此，素描图像效果制作完成。

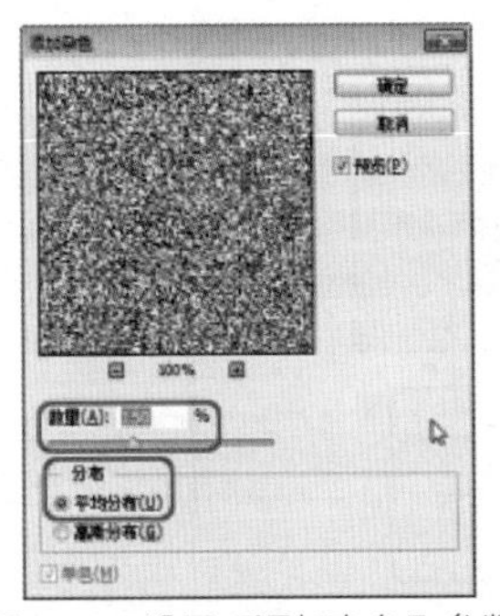

图 3-26 设置【添加杂色】参数

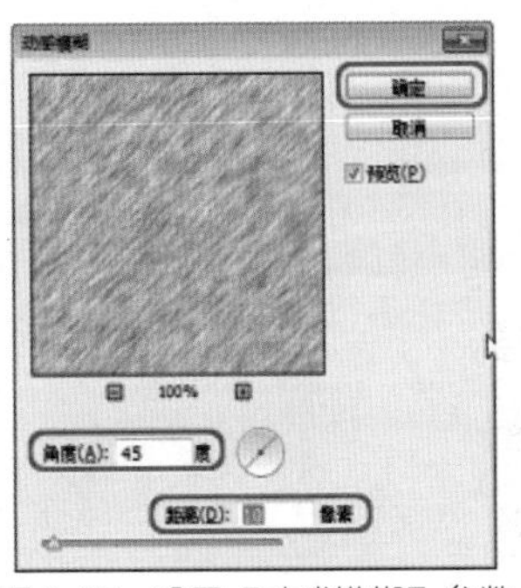

图 3-27 设置【动感模糊】参数

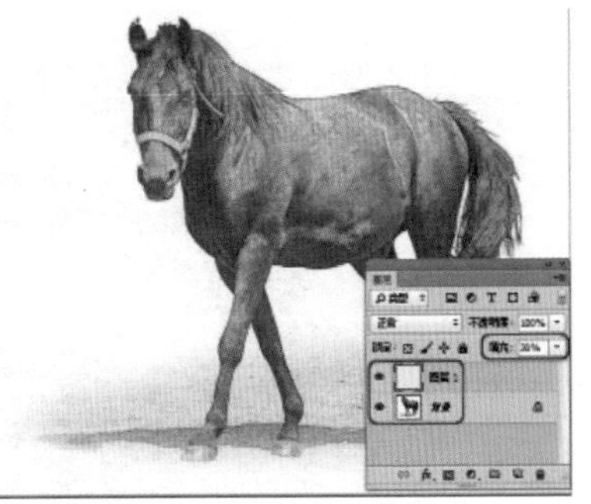

图 3-28 完成后的效果

案例精讲 028 沙雕效果

案例文件：CDROM | 场景 | Cha03 | 沙雕效果 .psd

视频文件：视频教学 | Cha03 | 沙雕效果 .avi

制作概述

本例主要介绍沙雕效果的制作。通过为素材添加【云彩】和【添加杂色】效果，使素材增加杂点，再拖入素材，使用【图层样式】命令为素材添加样式，使其有沙雕的效果，制作完成的效果如图 3-29 所示。

图 3-29 沙雕效果

学习目标

学习沙雕效果的制作。

掌握【云彩】、【添加杂色】、【图层样式】命令等的应用。

操作步骤

(1) 新建 500 × 500 的文档，将【前景色】设置为 #af9417，【背景色】设置为白色。在菜单栏中选择【滤镜】|【渲染】|【云彩】命令，这样就可以对【背景】图层添加【云彩】效果，如图 3-30 所示。

(2) 在菜单栏中选择【滤镜】|【杂色】|【添加杂色】命令，打开【添加杂色】对话框，在该对话框中将【数量】设置为 10%，【分布】设置为【高斯分布】，勾选【单色】复选框，如图 3-31 所示。

图 3-30 添加【云彩】效果

图 3-31 【添加杂色】对话框

知识链接

使用介于前景色与背景色之间的随机值生成柔和的云彩图案。应用云彩滤镜时，当前图层上的图像数据会被替换。

(3) 打开随书附带光盘中的 CDROM| 素材 |Cha03|g01.png 文件，并将其拖到文档中，如图 3-32 所示。

(4) 打开【图层】面板，按 Ctrl 键并单击【图层 1】的缩略图，载入选区，然后按 Shift+Ctrl+I 组合键对选区进行反选，如图 3-33 所示。

(5) 将【图层 1】隐藏，然后新建【沙雕】图层，并对其填充白色，并将【图层 1】隐藏，按 Ctrl+D 组合键取消选择，并将其【不透明度】设置为 60%，如图 3-34 所示。

图 3-32 添加素材文件

图 3-33 进行反选

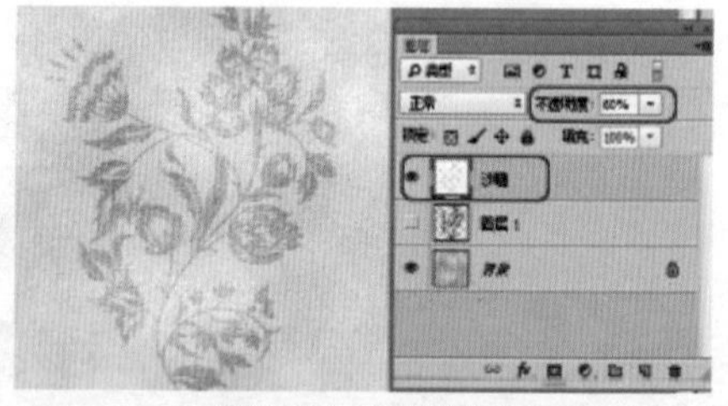
图 3-34 创建图层

(6) 双击【沙雕】图层，在弹出的【图层样式】对话框中选择【投影】选项，并进行如图 3-35 所示的设置。

(7) 选择【内阴影】选项，将【混合模式】右侧的色标设置为 #a68d19，并进行如图 3-36 所示的设置。

图 3-35 设置【投影】参数

图 3-36 设置【内阴影】参数

(8) 选择【斜面浮雕】下的【纹理】选项，将【图案】设置为【碎石 (200 像素 ×200 像素，灰度模式)】，将【缩放】设置为 22%，【深度】设置为 57%，如图 3-37 所示。

(9) 返回【斜面和浮雕】选项，将【阴影模式】的右侧的颜色设置为 #a68d19，其他设置如图 3-38 所示。

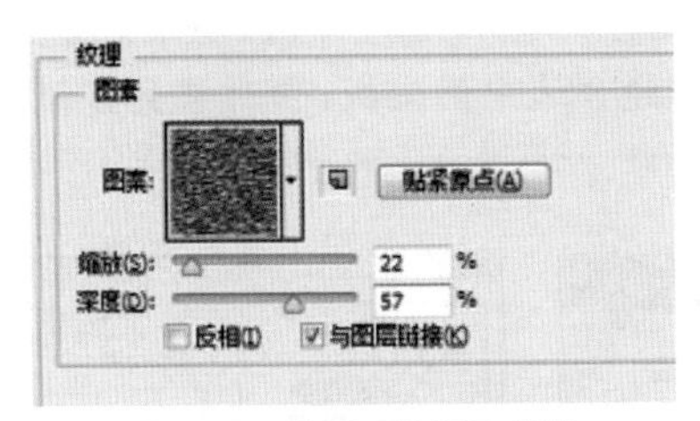

图 3-37　设置【纹理】参数

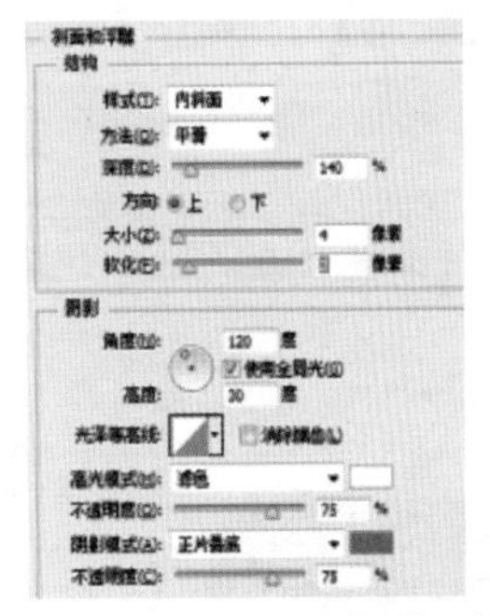

图 3-38　设置【斜面和浮雕】参数

(10) 至此，沙雕图像效果制作完成。

案例精讲 029　放大镜效果

 案例文件：CDROM | 场景 | Cha03 | 放大镜效果 .psd

视频文件：视频教学 | Cha03 | 放大镜效果 .avi

制作概述

本例主要介绍放大镜效果的制作。首先利用【椭圆选框工具】绘制椭圆选区，再使用【球面化】、【锐化】、【高斯模糊】等滤镜命令将素材进行修正，并使用【收缩】命令将素材收缩，从而得到想要的效果，如图 3-39 所示。

图 3-39　放大镜效果

学习目标

学习放大镜效果的制作。

掌握【球面化】、【锐化】、【高斯模糊】和【收缩】命令的应用。

操作步骤

(1) 打开随书附带光盘中的 CDROM| 素材 |Cha03|g02.jpg 文件，单击【打开】按钮，如图 3-40 所示。

(2) 在工具箱中选择【椭圆选框工具】，绘制椭圆选区，按 Ctrl+J 组合键复制图层，如图 3-41 所示。

(3) 选择【图层 1】并对其进行复制，选择【图层 1 拷贝】图层并将其载入选区，在菜单栏中选择【滤镜】|【扭曲】|【球面化】命令，打开【球面化】对话框，将【数量】设置为 70%，【模式】设置为【正常】，单击【确定】按钮，如图 3-42 所示。

知识链接

可以通过将选区折成球形、扭曲图像以及伸展图像以适合选中的曲线，使对象具有 3D 效果。

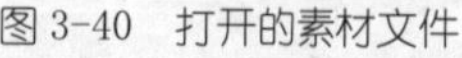
图 3-40 打开的素材文件

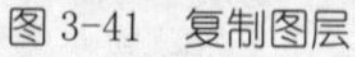
图 3-41 复制图层

图 3-42 【球面化】对话框

(4) 在【图层】面板中将【图层 1】和【图层 1 拷贝】图层进行合并，选择【图层 1】并在菜单栏中选择【滤镜】|【锐化】|【进一步锐化】命令，对图像进行锐化，如图 3-43 所示。

(5) 选择【图层 1】图层并双击，在弹出的【图层样式】对话框中选择【内阴影】选项，并进行如图 3-44 所示的设置。

(6) 新建【图层 2】，使用【椭圆选框工具】绘制白色椭圆，如图 3-45 所示。

图 3-43 锐化图像

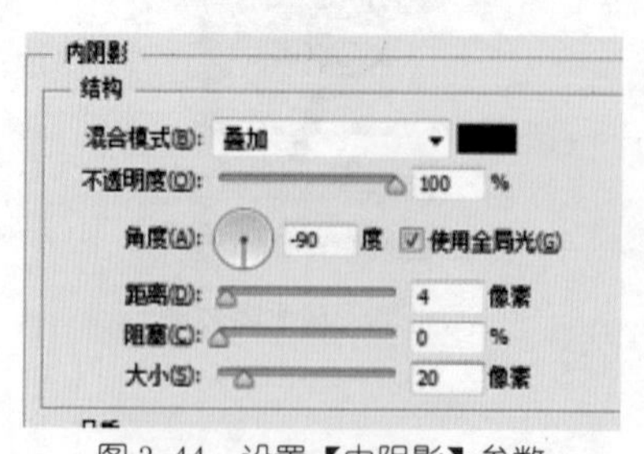

图 3-44 设置【内阴影】参数

图 3-45 绘制白色椭圆

(7) 按 Ctrl+D 组合键取消选择，选择【图层 2】，在菜单栏中选择【滤镜】|【模糊】|【高斯模糊】命令，打开【高斯模糊】对话框，将【半径】设置为 8 像素，如图 3-46 所示。

(8) 将【图层 1】载入选区，新建【图层 3】，对选区填充颜色 #2d3132，如图 3-47 所示。

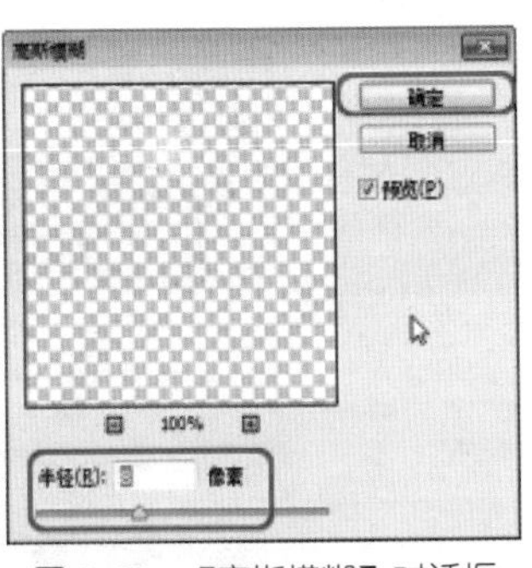
图 3-46 【高斯模糊】对话框

图 3-47 填充颜色

(9) 在菜单栏中选择【选择】|【修改】|【收缩】命令，打开【收缩选区】对话框，将【收缩量】设为 4 像素，单击【确定】按钮，按 Delete 键将选区内的图形删除，按 Ctrl+D 组合键取消选区，效果如图 3-48 所示。

(10) 在【图层】面板中选择【图层 3】，按 Ctrl+J 组合键复制图层，双击【图层 3 拷贝】图层，在弹出的【图层样式】对话框中，选择【渐变叠加】选项，设置渐变色，将第一个色标颜色设置为 #5c6061，将第二个色标设置为 #222627，将第三个色标设置为 #595c5c，如图 3-49 所示。

图 3-48 删除多余选区

图 3-49 设置【渐变叠加】参数

(11) 选择【图层 3 拷贝】图层，将其向下适当移动，如图 3-50 所示。

(12) 选择【图层 3 拷贝】图层进行复制，复制出【图层 3 拷贝 2】图层，并将其适当往下移动 3 像素，如图 3-51 所示。

(13) 在【图层】面板中选择【图层 3】、【图层 3 拷贝】和【图层 3 拷贝 2】图层进行合并，新建【手柄】图层，使用【矩形选框工具】绘制矩形并对其填充颜色 #dfdfdf，如图 3-52 所示。

图 3-50 适当移动

图 3-51 移动图层

图 3-52 绘制并填充矩形

(14) 在工具箱中选择【加深工具】，绘制出手柄阴影部分，如图 3-53 所示。

(15) 新建【手柄 2】图层，绘制矩形选框，并对其填充颜色 #515557，如图 3-54 所示。

(16) 使用【加深工具】绘制阴影，按 Ctrl+T 组合键进行调整，完成后效果如图 3-55 所示。

图 3-53　添加投影

图 3-54　绘制矩形手柄

图 3-55　完成后的效果

案例精讲 030　燃烧的脚印

 案例文件：CDROM | 场景 | Cha03 | 燃烧的脚印 .psd

 视频文件：视频教学 | Cha03 | 燃烧的脚印 .avi

制作概述

本例主要介绍燃烧的脚印的制作。通过对素材应用【外发光】、【颜色叠加】、【内发光】、【光泽】等命令，再使用【液化】滤镜效果，使素材边缘液化，从而使素材出现燃烧火焰的效果，如图 3-56 所示。

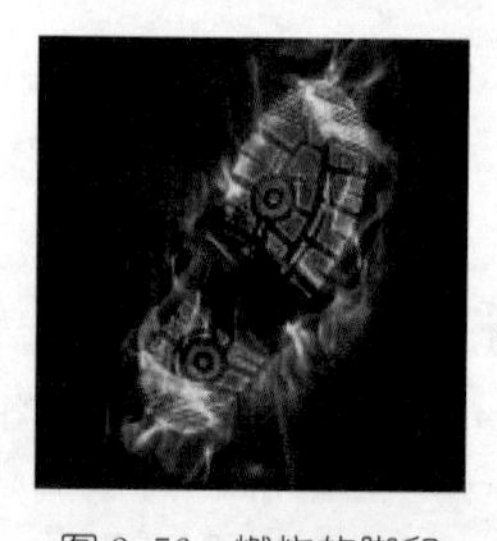

图 3-56　燃烧的脚印

学习目标

学习燃烧的脚印的制作。

掌握【外发光】、【颜色叠加】、【内发光】、【光泽】、【液化】命令的应用。

操作步骤

(1) 新建 500×500 的文档，对【背景】填充黑色，如图 3-57 所示。

(2) 打开随书附带光盘中的 CDROM| 素材 |Cha03|g05.png 文件，然后单击【打开】按钮，将打开的素材文件拖到文档中，如图 3-58 所示。

(3) 选择【图层 1】并双击，在弹出的【图层样式】对话框中选择【外发光】选项，将【发光颜色】设置为 #ff0000，其他设置如图 3-59 所示。

图 3-57　创建新文档

图 3-58　添加素材文件

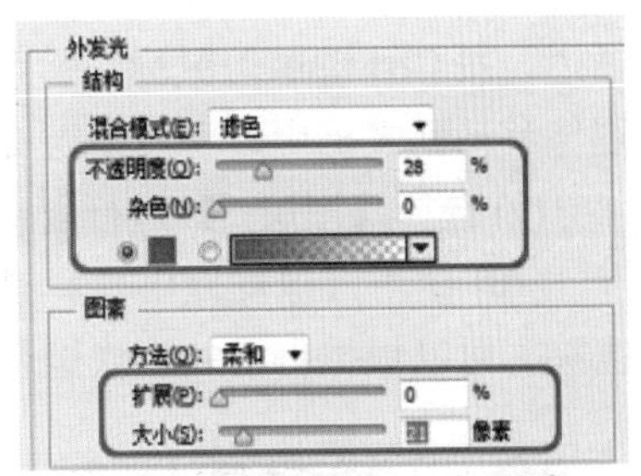

图 3-59　设置【外发光】参数

(4) 选择【颜色叠加】选项，将【混合模式】右侧的颜色设置为 #f67313，【不透明度】设置为 100%，如图 3-60 所示。

(5) 选择【内发光】选项，进行如图 3-61 所示的设置。

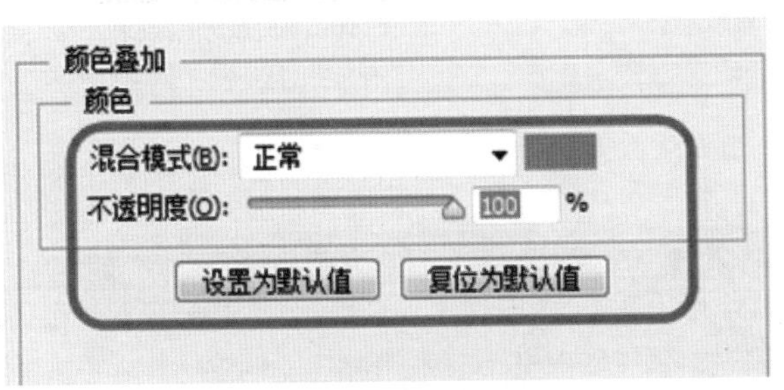

图 3-60　设置【颜色叠加】参数

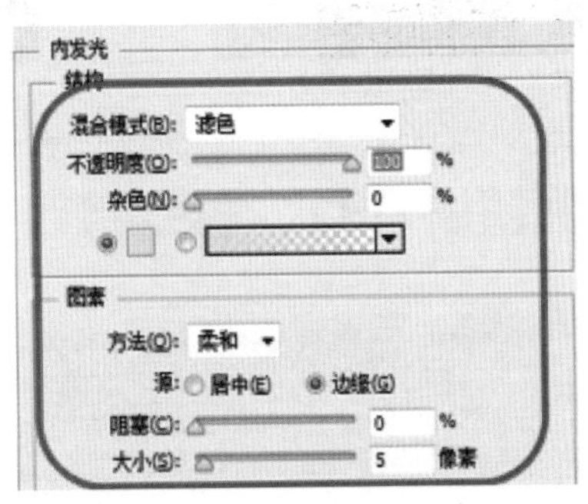

图 3-61　设置【内发光】参数

(6) 选择【光泽】选项，将【混合模式】右侧的颜色设置为 #ab0202，其他设置如图 3-62 所示。

(7) 选择【图层 1】，选择【滤镜】|【液化】命令，打开【液化】对话框，选择【向前变形工具】，设置合适的画笔大小，对图像的边缘部分进行液化，单击【确定】按钮，如图 3-63 所示。

知识链接

【液化】滤镜可用于推、拉、旋转、反射、折叠和膨胀图像的任意区域。创建的扭曲可以是细微的扭曲效果或者剧烈的扭曲效果，这就使得【液化】命令成为修饰图像和创建艺术效果的强大工具。

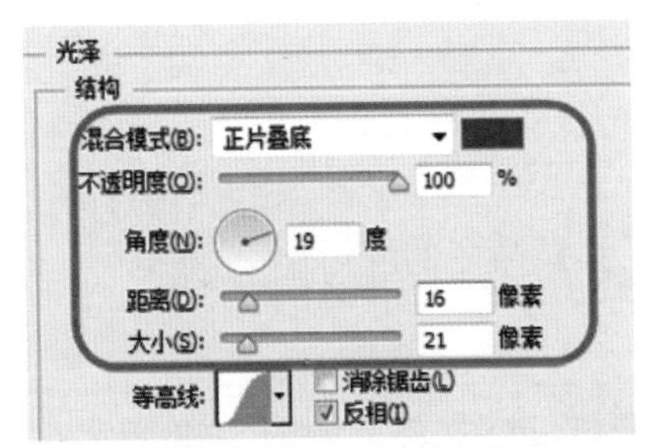

图 3-62　设置【光泽】参数

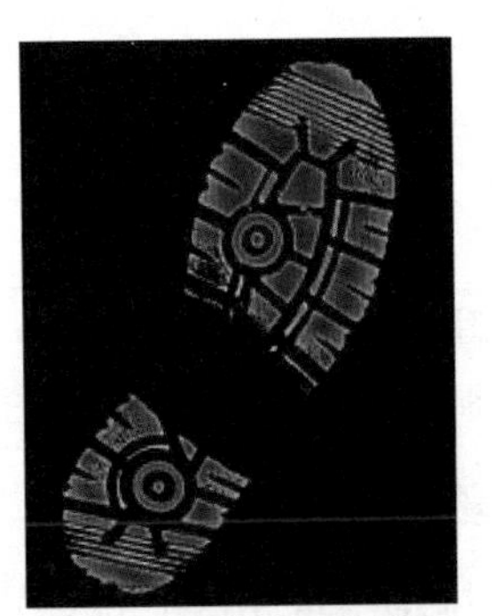

图 3-63　【液化】后的效果

(8) 打开随书附带光盘中的CDROM|素材|Cha03|g06.png文件，打开【通道】面板，只显示【绿】通道，按Ctrl键单击鼠标左键载入选区，然后将所有通道显示。返回到【图层】面板将选区的图像移动到文档中，将【图层2】的【图层样式】设置为【线性光】，如图3-64所示。

(9) 选择【图层2】进行复制，并适当调整位置，如图3-65所示。

(10) 使用【橡皮擦工具】设置合适的不透明度，将【前景色】设置为黑色，对火素材进行擦除，可以根据自己的喜欢进行设置，完成后的效果如图3-66所示。

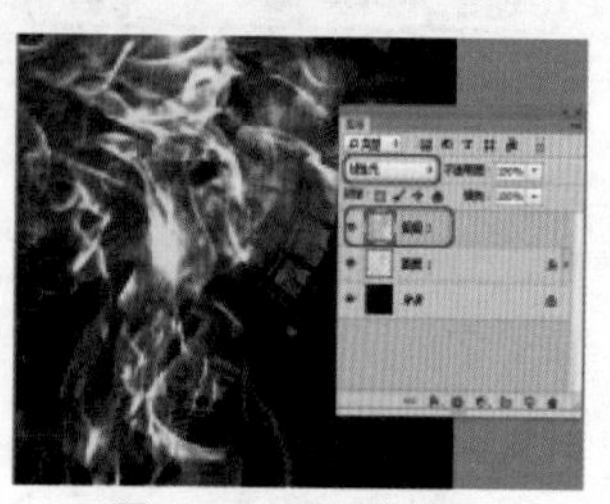
图3-64　添加火效果

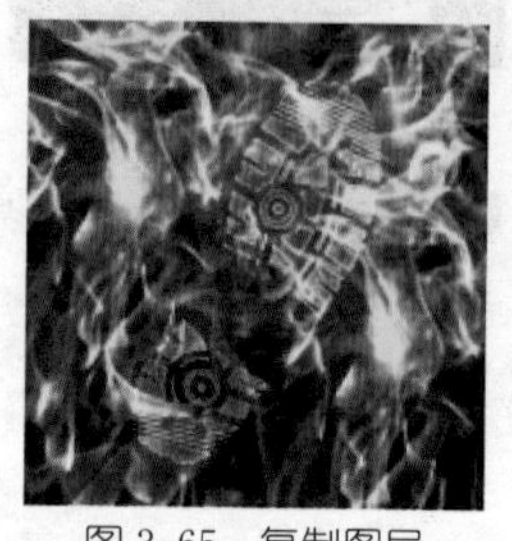
图3-65　复制图层

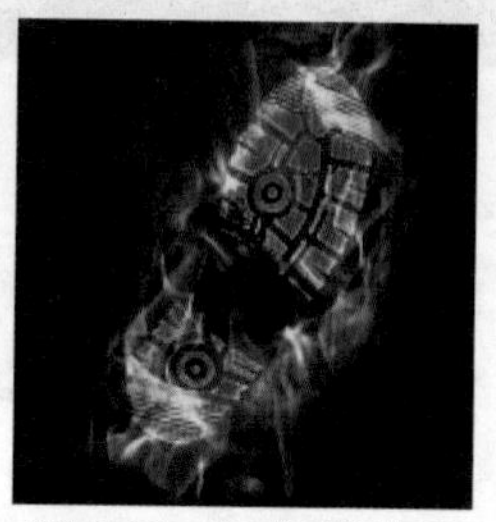
图3-66　完成后的效果

案例精讲031　彩虹特效

案例文件：CDROM | 场景 | Cha03 | 彩虹特效 .psd
视频文件：视频教学 | Cha03 | 彩虹特效 .avi

制作概述

本例主要介绍彩虹特效的制作。首先置入素材文件，使用【渐变工具】绘制彩虹，使用【橡皮擦工具】涂抹出彩虹的样子，再使用【添加蒙版图层】和【画笔工具】命令进行修改，得到想要的效果如图3-67所示。

图3-67　彩虹特效

学习目标

学习彩虹特效的制作。

掌握【渐变工具】、【添加蒙版图层】、【画笔工具】命令的应用。

操作步骤

(1) 打开随书附带光盘中的CDROM|素材|Cha03|彩虹.jpg文件，如图3-68所示。

(2) 新建【彩虹】图层，在工具选项栏中单击【渐变工具】右侧的下三角按钮，从中选择【圆

形彩虹】选项，将【渐变模式】设置为【径向渐变】，【模式】设置为【正常】，【不透明度】设置为100%，如图3-69所示。

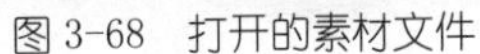

图3-68　打开的素材文件

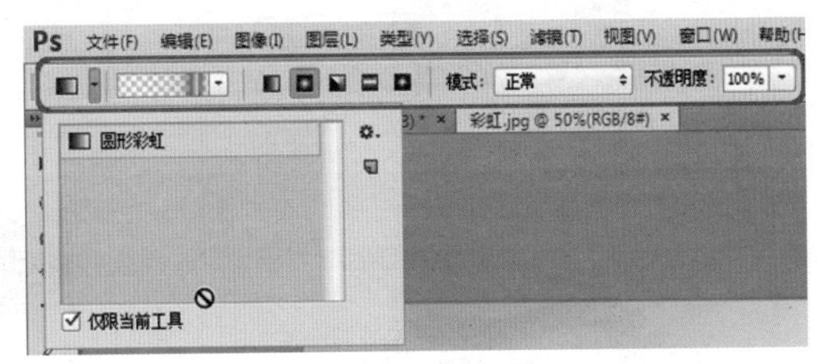

图3-69　设置渐变

(3) 拖动鼠标绘制彩虹轮廓，如图3-70所示。

(4) 按Ctrl+T组合键，调整彩虹的位置和大小，如图3-71所示。

(5) 在工具箱中选择【橡皮擦工具】，选择一种柔边画笔，调整适合的大小，在工具选项栏中将【不透明度】设置为100%，在图像的下方进行涂抹，如图3-72所示。

图3-70　绘制彩虹轮廓

图3-71　调整彩虹的位置和大小

图3-72　将多余的部分涂抹掉

(6) 继续选择【橡皮擦工具】，在工具选项栏中将【不透明度】设置为40%，对彩虹的下角进行涂抹，如图3-73所示。

(7) 打开【图层】面板，选择【彩虹】图层，将其【混合模式】设置为【叠加】，如图3-74所示。

(8) 新建【装饰】图层，并对其填充白色，然后单击面板底部的【添加图层蒙版】按钮，为其添加图层蒙版，如图3-75所示。

图3-73　继续进行涂抹

图3-74　设置图层模式

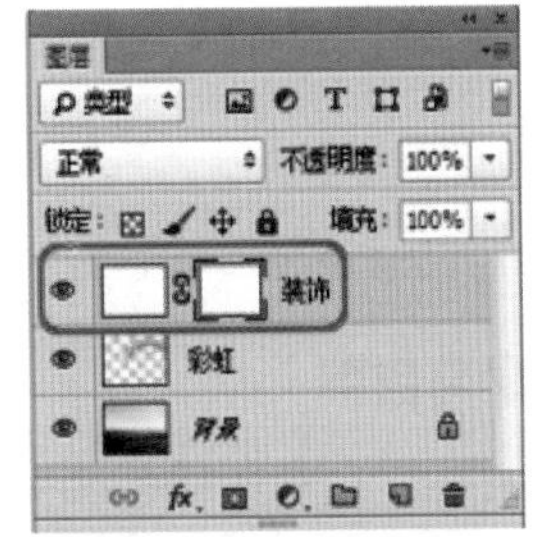

图3-75　添加图层蒙版

(9) 在工具箱中选择【画笔工具】，打开【画笔】面板，选择一种带锯齿的画笔，设置合适的画笔大小，如图3-76所示。

(10) 将【前景色】设为黑色，进行涂抹，完成后的效果如图3-77所示。

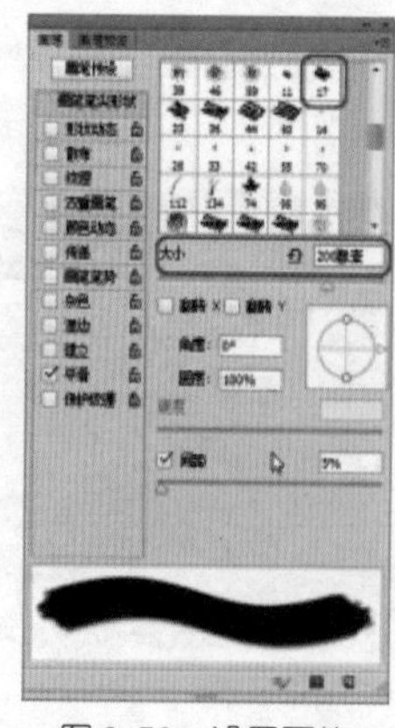

图 3-76 设置画笔

图 3-77 完成后的效果

案例精讲 032 骇客朦胧特效

案例文件：CDROM | 场景 | Cha03 | 骇客朦胧特效 .psd

视频文件：视频教学 | Cha03 | 骇客朦胧特效 .avi

制作概述

本例介绍如何制作骇客朦胧效果(即骇客文字雨效果)。首先应用【颗粒】滤镜制作出垂直的颗粒特效，然后对其添加【霓虹灯光】滤镜，这里主要是控制好霓虹灯光的颜色，再通过【查找边缘】和【反相】命令做出主体特效，然后对其添加【动感模糊】特效，增加其朦胧感，效果如图 3-78 所示。

图 3-78 骇客朦胧

学习目标

学习骇客朦胧特效的制作。

掌握如何在同一个字幕中创建不同的文字类型，并进行排列。

操作步骤

(1) 启动软件后，新建背景色为白色的 600 × 600 的文档。在菜单栏中选择【滤镜】|【滤镜库】命令，打开【滤镜库】对话框，选择【纹理】|【颗粒】命令，将【强度】和【对比度】

均设置为 100，【颗粒类型】设置为【垂直】，单击【确定】按钮，如图 3-79 所示。

(2) 将【前景色】设置为 #42ff00，【背景色】设置为黑色，在菜单栏中选择【滤镜】|【滤镜库】命令，打开【滤镜库】对话框，选择【艺术效果】|【霓虹灯光】命令，将【发光大小】设置为 15，【发光亮度】设置为 16，【发光颜色】设置为 #42ff00，单击【确定】按钮，如图 3-80 所示。

知识链接

通过模拟不同种类的颗粒：【常规】、【软化】、【喷洒】、【结块】、【强反差】、【扩大】、【点刻】、【水平】、【垂直】和【斑点】等，对图像添加纹理。

(3) 在菜单栏中选择【滤镜】|【风格化】|【查找边缘】命令，执行该命令后的效果如图 3-81 所示。

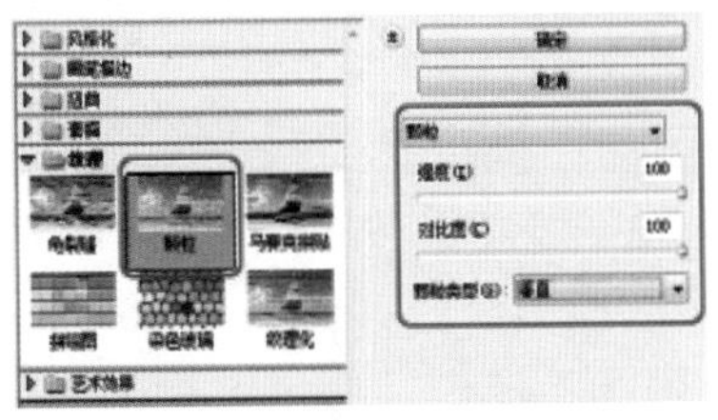
图 3-79　设置【颗粒】参数

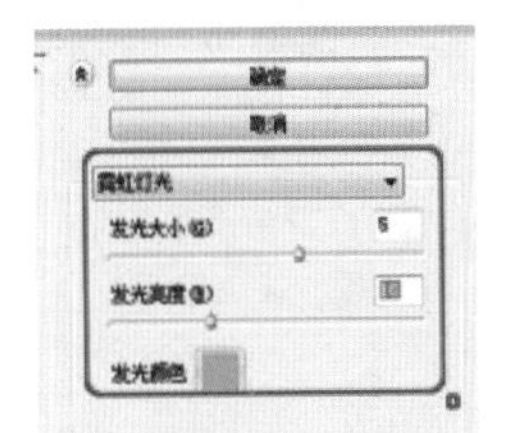
图 3-80　设置【霓虹灯光】参数

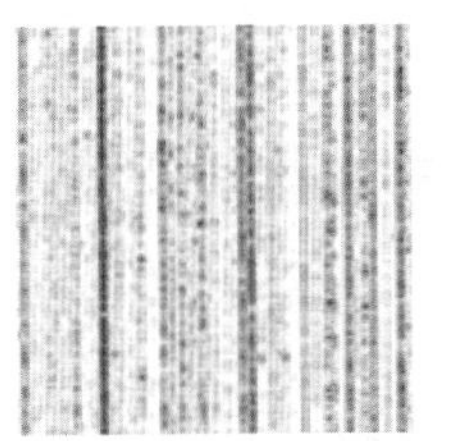
图 3-81　执行【查找边缘】后效果

(4) 在菜单栏中选择【图像】|【调整】|【反相】命令，执行该命令后的效果如图 3-82 所示。

(5) 选择【背景】图层，进行复制，选择【背景 拷贝】图层，在菜单栏中选择【滤镜】|【模糊】|【动感模糊】命令，打开【动感模糊】对话框，将【角度】设置为 0 度，【距离】设置为 3 像素，单击【确定】按钮，如图 3-83 所示。

(6) 完成后的效果如图 3-84 所示。

图 3-82　执行【反相】后的效果

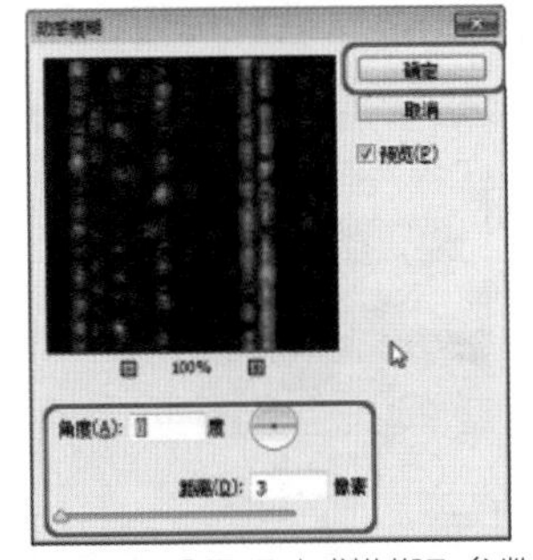
图 3-83　设置【动感模糊】参数

图 3-84　完成后的效果

案例精讲 033　栅格图像

 案例文件：CDROM | 场景 | Cha03 | 栅格图像 .psd

 视频文件：视频教学 | Cha03 | 栅格图像 .avi

制作概述

制作栅格图像，首先对需要做出栅格效果的图像进行复制，选择复制的图像对其进行动感模糊，通过自定义图案得到网格效果，效果如图 3-85 所示。

图 3-85 栅格图像

学习目标

学习制作栅格图像。

掌握动感模糊命令的应用。

操作步骤

(1) 打开随书附带光盘中的 CDROM| 素材 |Cha03| 大象 .jpg 文件，然后单击【打开】按钮，如图 3-86 所示。

(2) 选择【背景】图层，按 Ctrl+J 组合键复制出【图层 1】，选择【图层 1】，在菜单栏中选择【滤镜】|【模糊】|【动感模糊】命令，打开【动感模糊】对话框，将【角度】设置为 0，【距离】设置为 60 像素，如图 3-87 所示。

(3) 打开【通道】面板，单击【创建新通道】按钮，创建 Alpha1 通道，如图 3-88 所示。

图 3-86 打开的素材文件

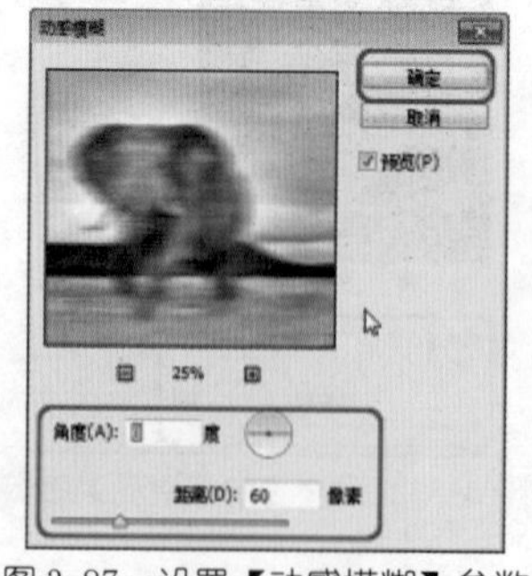

图 3-87 设置【动感模糊】参数

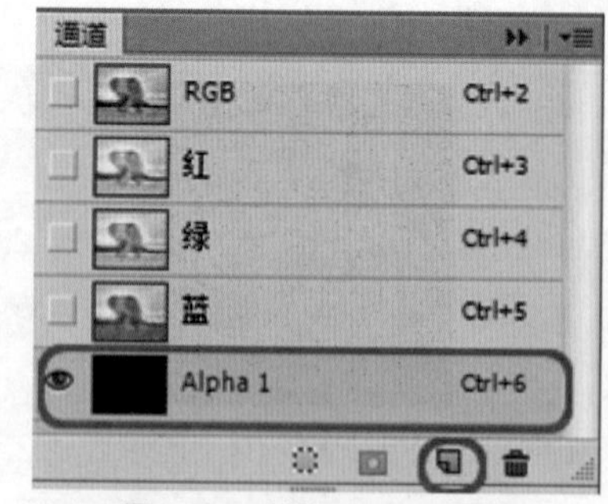

图 3-88 创建 Alpha1 通道

(4) 按 Ctrl+N 组合键打开【新建】对话框，将【宽度】和【高度】均设置为 600 像素，将【分辨率】设置为 300 像素 / 英寸，单击【确定】按钮，如图 3-89 所示。

(5) 在工具箱中选择【缩放工具】，多次单击鼠标左键，将文档进行放大直到无法放大为止，使用【矩形选框工具】绘制选区，并填充黑色，如图 3-90 所示。

(6) 按 Ctrl+D 组合键取消选区，选择【矩形选框工具】创建矩形选区，如图 3-91 所示。

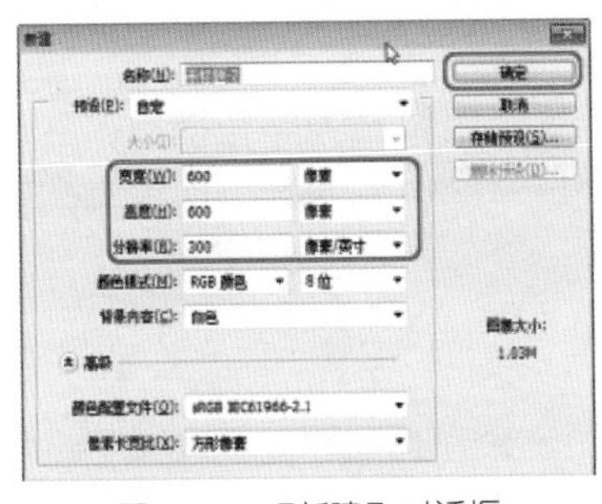

图 3-89 【新建】对话框

图 3-90 绘制黑色矩形

图 3-91 绘制选区

(7) 在菜单栏中选择【编辑】|【定义图案】命令，打开【图案命令】对话框，将【名称】设置为【方格】，单击【确定】按钮，如图 3-92 所示。

(8) 返回到大象文档中，打开【通道】面板，选择【Alpha 1】通道，并将其他通道显示。在菜单栏中选择【编辑】|【填充】命令，打开【填充】对话框，将【使用】设置为【图案】，将图案设为上一步定义的图案，将【模式】设置为【正常】，【不透明度】设置为 100%，单击【确定】按钮，如图 3-93 所示。

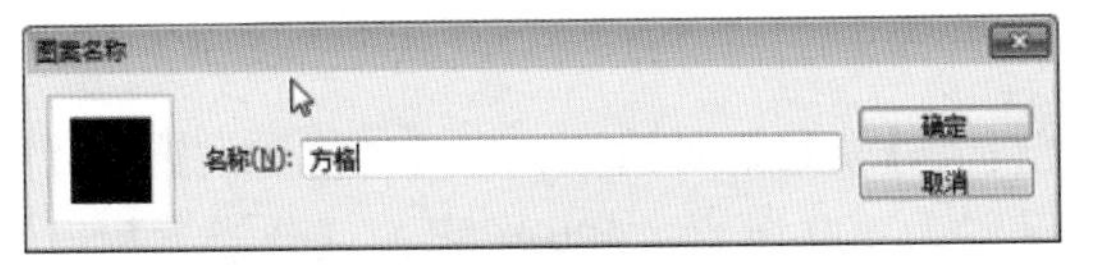

图 3-92 定义图案

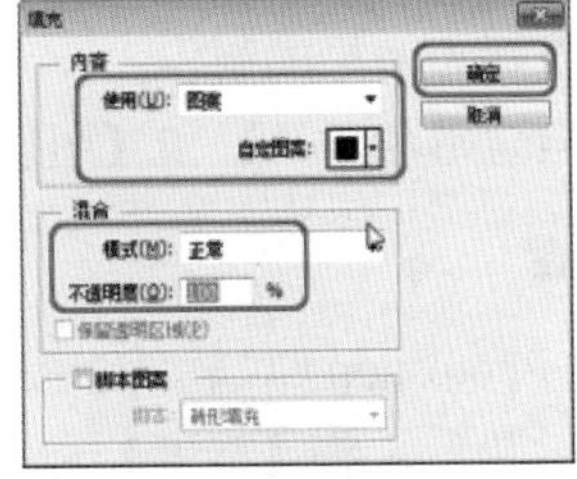

图 3-93 【填充】对话框

(9) 按 Ctrl 键单击【Alpha 1】通道的缩略图，将其载入选区，返回到【图层】面板选择【图层 1】并按 Delete 键，将选区内容删除，按 Ctrl+D 组合键取消选择，如图 3-94 所示。

(10) 打开【图层】面板，选择【图层 1】将其【图层混合模式】设置为【颜色减淡】，将其【不透明度】设置为 60%，如图 3-95 所示。至此，栅格图像效果制作完成。

图 3-94 查看效果

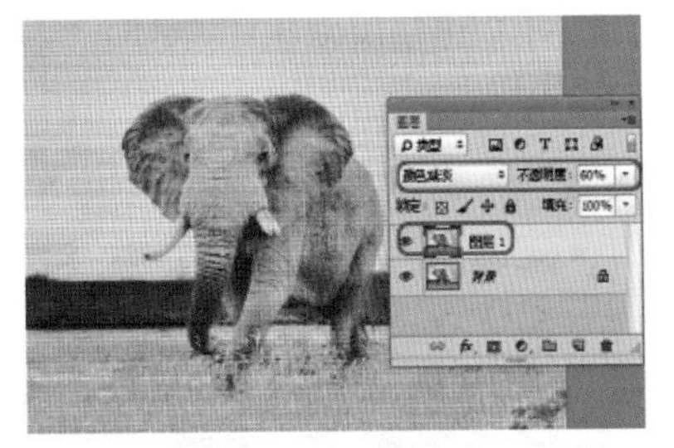

图 3-95 设置【图层混合模式】参数

案例精讲 034 制作主页标志效果

 案例文件：CDROM | 场景 | Cha03 | 制作主页标志效果 .psd

 视频文件：视频教学 | Cha03 | 制作主页标志效果 .avi

制作概述

本例介绍制作主页标志效果。首先使用【自定形状工具】绘制图像，为路径描边，然后为其添加图层样式。其次新建图层，将路径转换为选区，为选区填充颜色，然后为图层添加图层样式，完成后的效果如图 3-96 所示。

图 3-96　主页标志效果

学习目标

学习主页标志效果的制作。

掌握【自定形状工具】和【图层样式】命令的应用。

操作步骤

(1) 启动 Photoshop CC 软件，按 Ctrl+N 组合键打开【新建】对话框，将【名称】设置为【制作主页标志效果】，将【宽度】和【高度】分别设置为 400 像素、400 像素，【分辨率】设置为 72 像素 / 英寸，设置完成后单击【确定】按钮。在【图层】面板中单击【创建新图层】按钮，在工具箱中选择【自定形状工具】，在工具选项栏中单击【形状】右侧的按钮，在弹出的下拉列表中选择【主页】选项，如图 3-97 所示。

(2) 使用【自定形状工具】在新建的图层面板中绘制图形，将【前景色】RGB 的值设置为 0、222、255，在工具箱中选择【铅笔工具】，选择【路径】面板，单击【用画笔描边路径】按钮，在【路径】面板的空白处单击鼠标，完成后的效果如图 3-98 所示。

图 3-97　选择主页

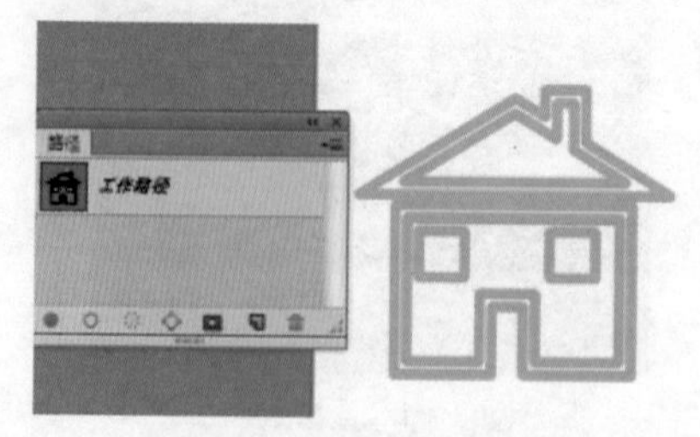

图 3-98　描边路径后效果

(3) 在【图层】面板中双击【图层 1】，在弹出的【图层样式】对话框中选择【投影】选项，将【不透明度】设置为 50%，【距离】、【大小】均设置为 8 像素，如图 3-99 所示。

(4) 选择【内阴影】选项，将【距离】设置为 15 像素，【大小】设置为 35 像素。选择【斜面和浮雕】选项，将【深度】设置为 100%，【大小】设置为 18 像素，【光泽等高线】设置为【内凹 - 浅】，如图 3-100 所示。

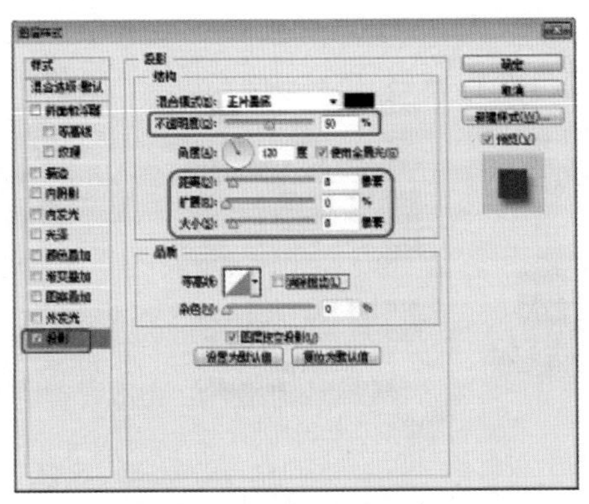

图 3-99　设置【投影】参数

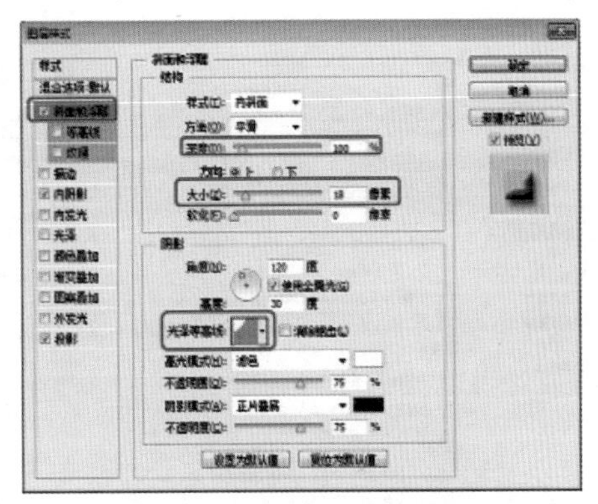

图 3-100　设置【斜面和浮雕】参数

(5) 选择【外发光】选项，将【混合模式】设置为【正常】，【不透明度】设置为 65%，【发光颜色】设置为白色，【大小】设置为 8 像素，如图 3-101 所示。

(6) 单击【确定】按钮，单击【创建新图层】按钮，新建【图层 2】。在【路径】面板中选择工作路径，按 Ctrl+Enter 组合键将路径转换为选区。将【前景色】RGB 的值设置为 0、222、255，按 Alt+Delete 组合键填充选区，然后按 Ctrl+D 组合键取消选区，完成后的效果如图 3-102 所示。

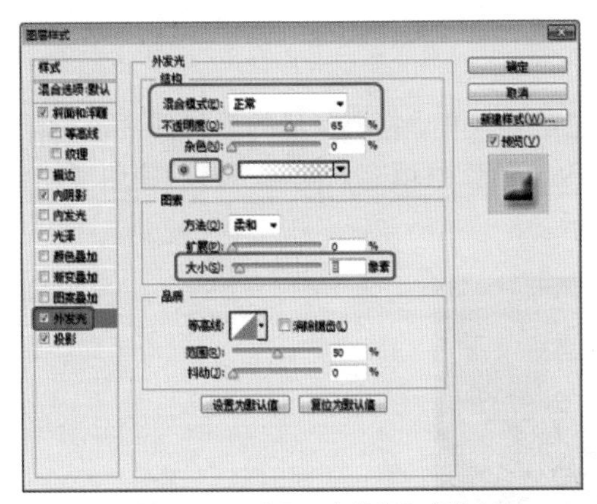

图 3-101　设置【内发光】参数

图 3-102　填充颜色后的效果

(7) 双击【图层 2】，在弹出的【图层样式】对话框中选择【斜面和浮雕】选项，将【深度】设置为 100%，【大小】设置为 5 像素，选择【内发光】选项，将【不透明度】设置为 50%，【发光颜色】RGB 的值设置为 173、246、174，将【大小】设置为 15 像素，如图 3-103 所示。

(8) 选择【外发光】选项，将【不透明度】设置为 60%，【发光颜色】RGB 的值设置为 176、245、255。选择【投影】选项，将【不透明度】设置为 80%，【距离】设置为 8 像素，【大小】设置为 8 像素，单击【混合模式】右侧的色块，在弹出的对话框中将 RGB 的值设置为 62、62、62，如图 3-104 所示。

(9) 单击【确定】按钮，选择【渐变工具】，将【前景色】RGB 的值设置为 139、185、255，将【背景色】RGB 的值设置为 0、48、202，在工具选项栏中单击【对称渐变】按钮，然后选择【背景】图层，拖动鼠标填充对称渐变，完成后的效果如图 3-96 所示。至此，主页标志就制作完成了。

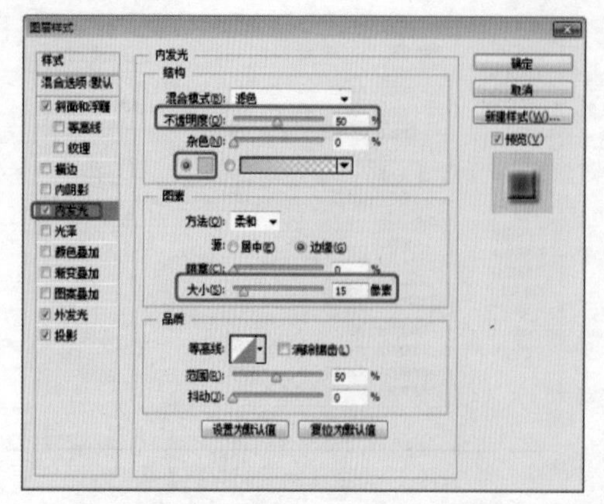

图 3-103　设置【内发光】参数

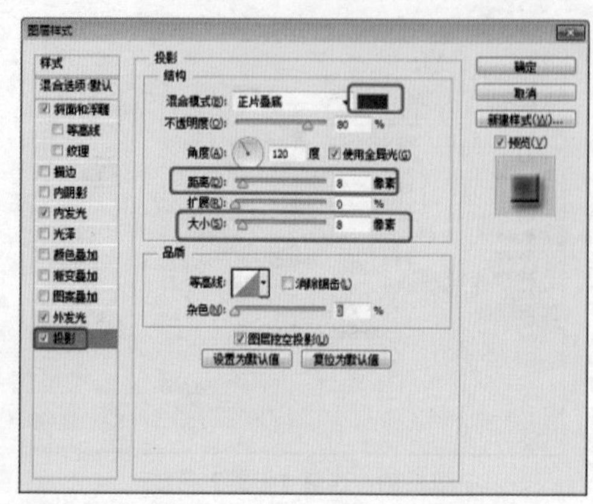

图 3-104　设置【投影】参数

案例精讲 035　制作网线效果

案例文件：CDROM | 场景 | Cha03 | 制作网线效果 .psd
视频文件：视频教学 | Cha03 | 制作网线效果 .avi

制作概述

本例介绍网线效果的制作。首先调整素材文件色阶和模糊，将调整后的素材图片进行储存，然后绘制纹理并将其定义为图案，使用【填充】命令，给素材填充该图案，然后使用【扭曲】滤镜对图像进行扭曲，完成后的效果如图 3-105 所示。

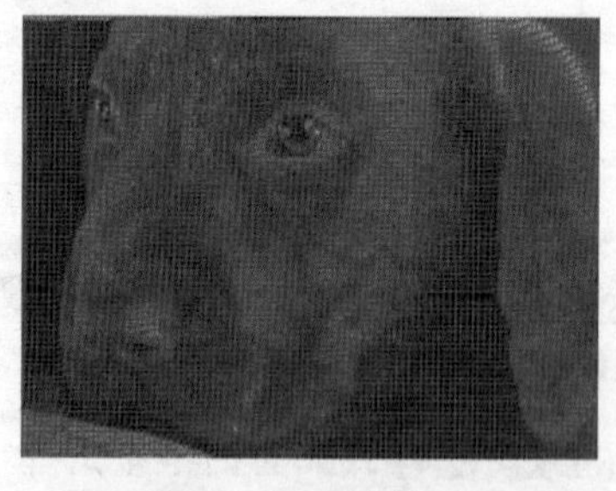
图 3-105　网线效果

学习目标

学习网线效果的制作。

掌握【色阶】、【高斯模糊】、【扭曲】等命令的应用。

操作步骤

(1) 启动软件后，在菜单栏中选择【文件】|【打开】命令，打开【打开】对话框，在该对话框中选择“V1.jpg”文件，单击【打开】按钮。在菜单栏中选择【图像】|【调整】|【色阶】命令，打开【色阶】对话框，将【输入色阶】设置为 22、1、227，单击【确定】按钮，如图 3-106 所示。

(2) 选择【滤镜】|【模糊】|【高斯模糊】命令，打开【高斯模糊】对话框，在该对话框中将【半径】设置为 3 像素，如图 3-107 所示。

(3) 在菜单栏中选择【文件】|【存储为】命令，打开【另存为】对话框，将其保存为 CDROM| 素材 |Cha03，将【保存类型】设置为 psd，【文件名】设置为【网线置入素材】，如图 3-108 所示。

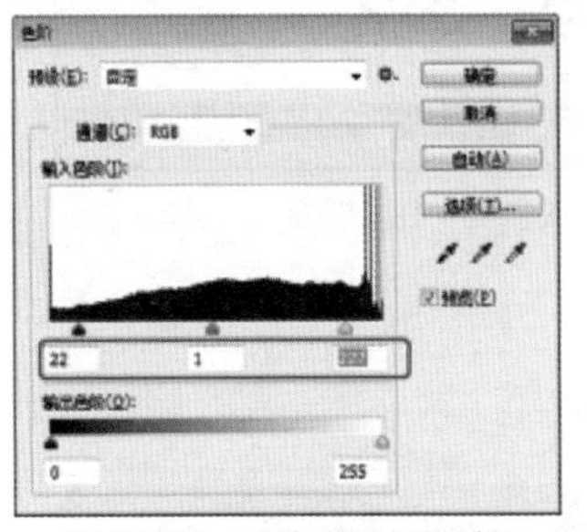

图 3-106 【色阶】对话框

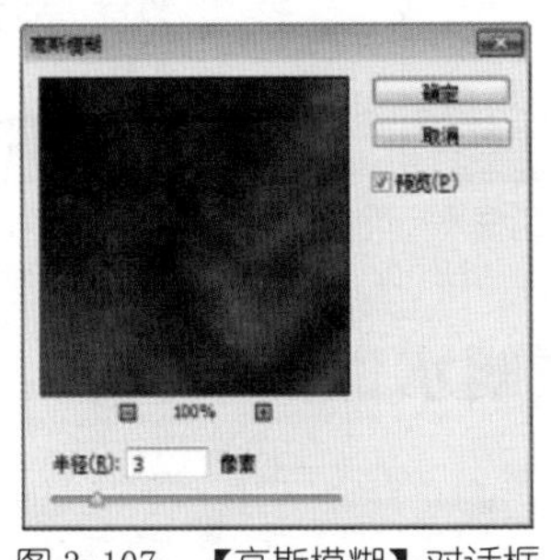

图 3-107 【高斯模糊】对话框

图 3-108 【另存为】对话框

(4) 单击【保存】按钮。按 Ctrl+N 组合键，在弹出的对话框中将【宽度】、【高度】均设置为 10 像素，将【背景内容】设置为【透明】，单击【确定】按钮。在工具箱中选择【缩放工具】将画布放大显示，然后选择【矩形选框工具】，在画布中绘制如图 3-109 所示的选框。

(5) 按 Ctrl+Shift+I 组合键进行反选，将【前景色】RGB 的值设置为 64、139、253，然后按 Alt+Delete 组合键为选区填充前景色，按 Ctrl+D 组合键取消选区，效果如图 3-110 所示。

(6) 在菜单栏中选择【编辑】|【定义图案】命令，在弹出的对话框中将【名称】设置为 V1，单击【确定】按钮。打开"V1.jpg"素材文件，在菜单栏中选择【编辑】|【填充】命令，打开【填充】对话框，将【使用】设置为【图案】，单击【自定图案】右侧的按钮，在弹出的下拉列表中选择刚定义为图案的图案，如图 3-111 所示。

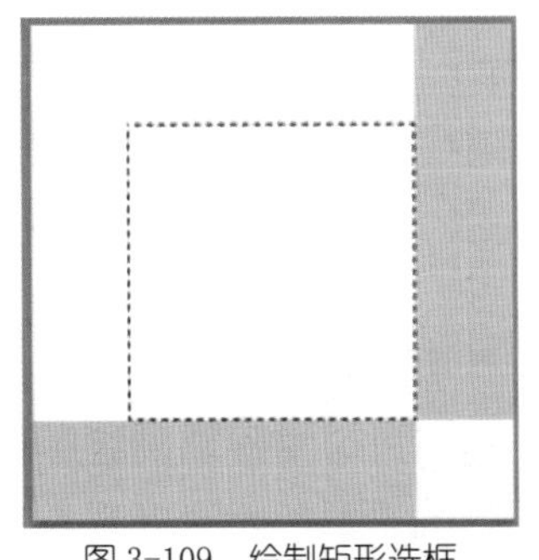

图 3-109 绘制矩形选框

图 3-110 填充后的效果

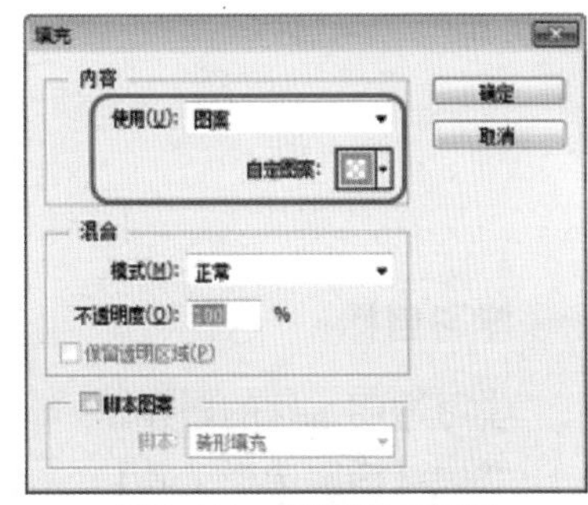

图 3-111 【填充】对话框

(7) 选择【滤镜】|【扭曲】|【置换】命令，打开【置换】对话框。将【水平比例】和【垂直比例】都设置为 10，将【未定义区域】设置为【折回】，单击【确定】按钮。弹出【选取一个置换图】对话框，在该对话框中选择【网线置入素材 .PSD】选项，单击【打开】按钮，如图 3-112 所示。

(8) 在菜单栏中选择【图像】|【调整】|【色相 / 饱和度】命令，打开【色相 / 饱和度】对话框，将【色相】设置为 21，【饱和度】设置为 34，【明度】设置为 0，如图 3-113 所示。至此，网线效果就制作完成了。

图 3-112　【选取一个置换图】对话框

图 3-113　【色相 / 饱和度】对话框

案例精讲 036　制作透明水珠

案例文件：CDROM | 场景 | Cha03 | 制作透明水珠 .psd

视频文件：视频教学 | Cha03 | 制作透明水珠 .avi

制作概述

本例制作透明水珠效果。首先使用【椭圆选框工具】绘制正圆，为其填充颜色，然后新建图层并绘制选区，将选区羽化填充颜色绘制高光和阴影，最后将背景设置为线性渐变，效果如图 3-114 所示。

图 3-114　透明水珠

学习目标

学习透明水珠的制作。

掌握【椭圆选框工具】、【羽化】命令的应用。

操作步骤

(1) 启动软件后，按 Ctrl+N 组合键，在弹出的对话框中将【宽度】、【高度】分别设置为 300 像素、200 像素，将【背景内容】设置为白色，单击【确定】按钮。在工具箱中选择【椭圆选框工具】，在画布中按住 Shift 键绘制正圆，在【图层】面板中单击【创建新图层】按钮，将【前景色】RGB 的值设置为 9、166、224，单击【确定】按钮，按 Alt+Delete 组合键，填充前景色，效果如图 3-115 所示。

(2) 在【图层】面板中单击【新建图层】按钮，将【前景色】RGB 的值设置为 128、206、221，在工具箱中选择【画笔工具】，在工具选项栏中打开【画笔预设】选取器，将【大小】

设置为 65 像素，【硬度】设置为 0，【笔触】设置为【柔边缘】，确定新创建的图层处于选中状态，在选区的左下部分进行涂抹，效果如图 3-116 所示。

(3) 继续使用【椭圆选框工具】，在工具选项栏中选择【从选区减去】按钮，然后在画布中绘制如图 3-117 所示的选区。

图 3-115　绘制正圆并进行填充

图 3-116　使用【画笔工具】进行涂抹

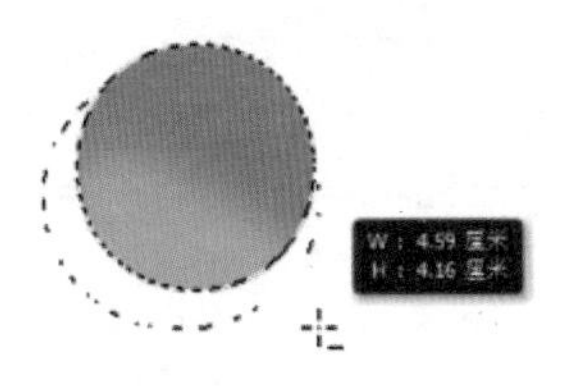

图 3-117　绘制椭圆选区

(4) 在画布中右击，在弹出快捷菜单中选择【羽化】命令，打开【羽化】对话框，将【羽化半径】设置为 5 像素，如图 3-118 所示。

(5) 单击【图层】面板中的【创建新图层】按钮，将【前景色】设置为白色，按 Alt+Delete 组合键填充白色，将【不透明度】设置为 75%，按 Ctrl+D 组合键取消选区，完成后的效果如图 3-119 所示。

(6) 新建图层，在工具箱中选择【画笔工具】，在工具选项栏中打开【画笔预设】选取器，将【大小】设置为 10 像素，【笔触】设置为【柔边缘压力大小】，【硬度】设置为 0，然后在画布中绘制形状，效果如图 3-120 所示。

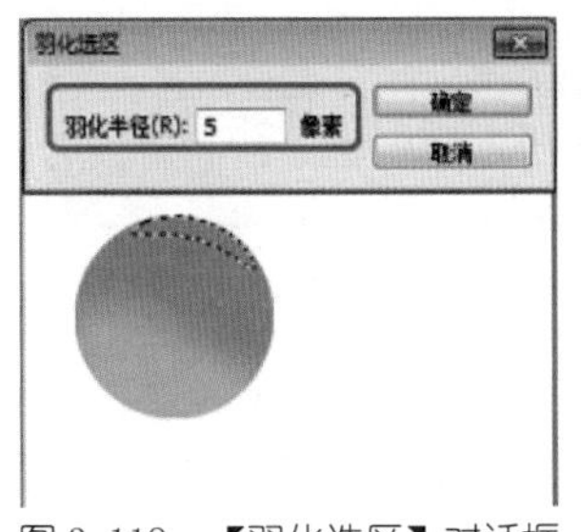

图 3-118　【羽化选区】对话框

图 3-119　填充白色

图 3-120　使用画笔绘制高光

(7) 单击【创建新图层】按钮，新建【图层 5】，将【前景色】设置为白色，使用【椭圆选框工具】在画布中绘制椭圆，右击，在弹出的快捷菜单中选择【羽化】命令。打开【羽化选区】对话框，将【羽化半径】设置为 15 像素，单击【确定】按钮，如图 3-121 所示。

(8) 按 Alt+Delete 组合键，为选区填充前景色，单击【创建新图层】按钮，新建【图层 6】，在【图层】面板中将其拖曳至【图层 1】的下方，使用【椭圆选框工具】在新建的图层面板中绘制椭圆，效果如图 3-122 所示。

(9) 右击，在弹出的菜单中选择【羽化】命令，打开【羽化选区】对话框，将【羽化半径】设置为 15 像素，单击【确定】按钮。将【前景色】RGB 的值设置为 76、226、255，按 Alt+Delete 组合键填充前景色，完成后的效果如图 3-123 所示。

(10) 将【前景色】RGB 的值设置为 28、197、253，将【背景色】设置为白色，在工具箱中选择【渐变工具】，将【渐变类型】设置为【线性渐变】，使用【渐变工具】在画布中绘制渐变，完成后的效果如图 3-124 所示。

图 3-121　设置羽化半径

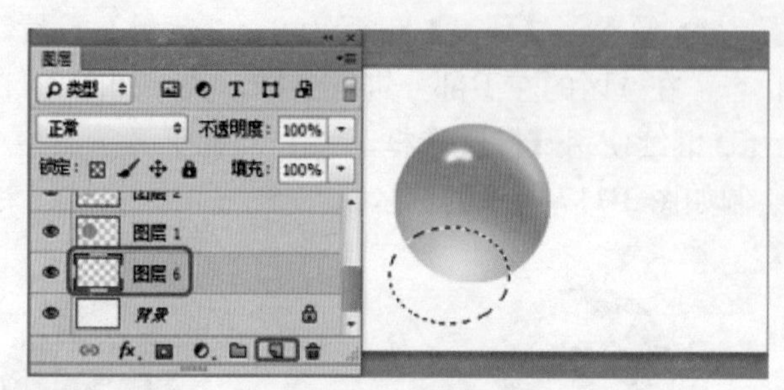

图 3-122　绘制椭圆

图 3-123　填充前景色的效果

图 3-124　绘制渐变

(11) 在【图层】面板中选择【图层 1】，将【不透明度】设置为 45%，然后选择【图层 1】~【图层 6】，在画布中按住 Alt 键进行复制，对完成后的场景文件保存即可。

案例精讲 037　制作烟雾效果

案例文件：CDROM | 场景 | Cha03 | 制作烟雾效果 .psd

视频文件：视频教学 | Cha03 | 制作烟雾效果 .avi

制作概述

本例介绍烟雾效果的制作。巧妙运用【画笔工具】，设置不透明度来制作烟雾的层次感，完成后的效果如图 3-125 所示。

图 3-125　烟雾效果

学习目标

学习烟雾效果的制作。

学会使用【画笔工具】对图层绘制模糊效果。

操作步骤

(1) 启动软件后，在菜单栏中选择【文件】|【打开】命令，打开【打开】对话框，在该对话框中选择素材“V2.jpg”，如图 3-126 所示。

(2) 选择【背景】图层，按 Ctrl+J 组合键复制背景图层，然后单击【创建新图层】按钮，新建【图层 1】，将【前景色】设置为白色，按 Alt+Delete 组合键为【图层 1】填充白色，效果如图 3-127 所示。

图 3-126 【打开】对话框

图 3-127 为【图层 1】填充白色

(3) 将【图层 1】的【不透明度】设置为 75%，在工具箱中选择【橡皮擦工具】，在工具选项栏中打开【画笔预设】选取器，将【大小】设置为 300 像素，【硬度】设置为 0，【笔触】设置为【柔边圆压力不透明度】，【不透明度】设置为 40%，在图像的近景部分进行涂抹，提高透明度，然后将【不透明度】设置为 10%，在图像的远景部分进行涂抹。至些，烟雾效果制作完成，对完成后的场景文件保存即可。

案例精讲 038　制作彩色版画效果

案例文件：CDROM | 场景 | Cha03 | 制作彩色版画效果 .psd

视频文件：视频教学 | Cha03 | 制作彩色版画效果 .avi

制作概述

本例介绍彩色版画效果的制作，其中用到【色调分离】、【查找边缘】、【减少杂色】及【混合模式】命令，效果如图 3-128 所示。

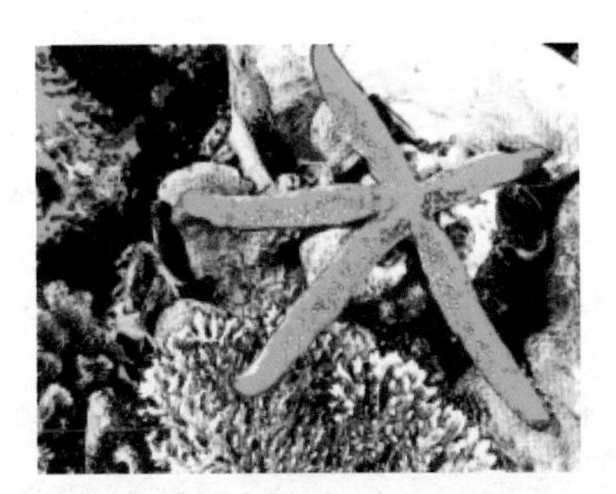
图 3-128 彩色版画效果

学习目标

学习彩色版画效果的制作。

掌握【色调分离】、【查找边缘】、【减少杂色】、【混合模式】命令在图层中的应用。

操作步骤

(1) 启动软件后，打开素材文件“V3.jpg”，在【图层】面板中选择【背景】图层，将其拖曳至【创建新图层】按钮上，然后松开鼠标即可复制该图层，再次执行该操作，完成后的效果如图 3-129 所示。

(2) 将【背景 拷贝 2】图层隐藏显示，选择【背景 拷贝】图层，单击【创建新的填充或调整图层】按钮，在弹出的下拉菜单中选择【色调分离】命令，在弹出的面板中将【色阶】设置为 5，如图 3-130 所示。

图 3-129　复制图层

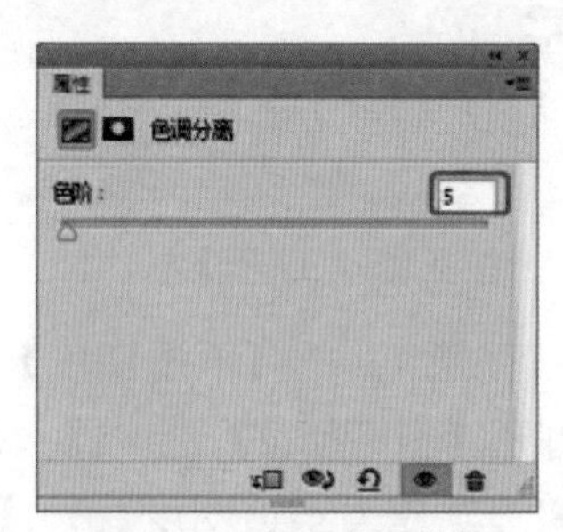

图 3-130　设置色调分离

(3) 将该面板关闭，将【背景 拷贝 2】图层显示并选择该图层，在菜单栏中选择【滤镜】|【风格化】|【查找边缘】命令，查找边缘后的效果如图 3-131 所示。

(4) 在菜单栏中选择【滤镜】|【杂色】|【减少杂色】命令，打开【减少杂色】对话框，将【强度】设置为 10，【保留细节】设置为 0，【减少杂色】设置为 100%，【锐化细节】设置为 0，如图 3-132 所示。

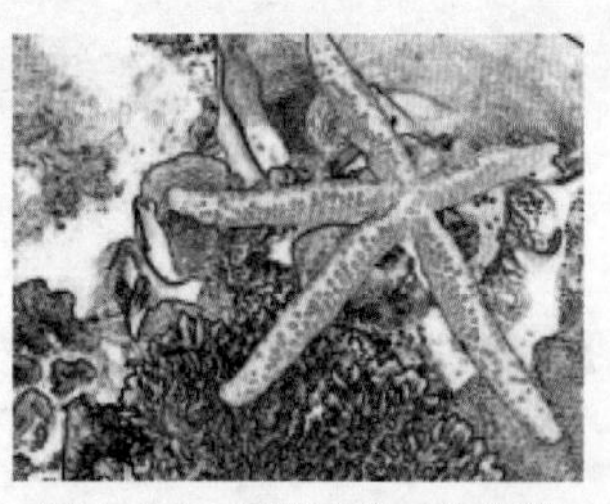
图 3-131　查找边缘后的效果

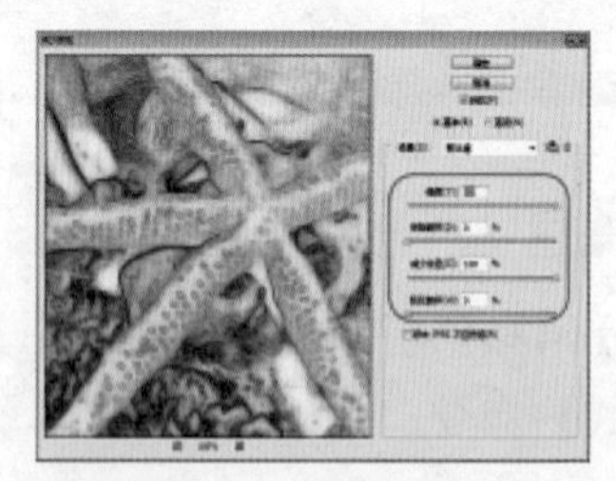
图 3-132　【减少杂色】对话框

(5) 在【图层】面板中将该图层的【混合模式】定义为【叠加】，然后将【背景 拷贝 2】图成拖曳至【创建新图层】上 2 次。至此彩色版画效果制作完成。

案例精讲 039　砖墙粉笔画效果

 案例文件：CDROM | 场景 | Cha03 | 砖墙粉笔画效果 .psd

 视频文件：视频教学 | Cha03| 砖墙粉笔画效果 .avi

制作概述

本例介绍砖墙上粉笔画效果的制作，主要是通过调整新建通道中的阈值参数，并删除图像中载入选区中的图像来实现的，完成后的效果如图 3-133 所示。

图 3-133　砖墙粉笔画效果

学习目标

学习砖墙粉笔画效果的制作。

掌握【阈值】等命令在通道中的应用。

操作步骤

(1) 启动 Photoshop CC 软件，打开随书附带光盘中的 CDROM | 素材 | Cha03 | 砖墙粉笔画01.jpg 素材文件，如图 3-134 所示。

(2) 按 Ctrl+A 组合键进行全选，按 Ctrl+C 组合键对选择的对象进行复制，如图 3-135 所示。

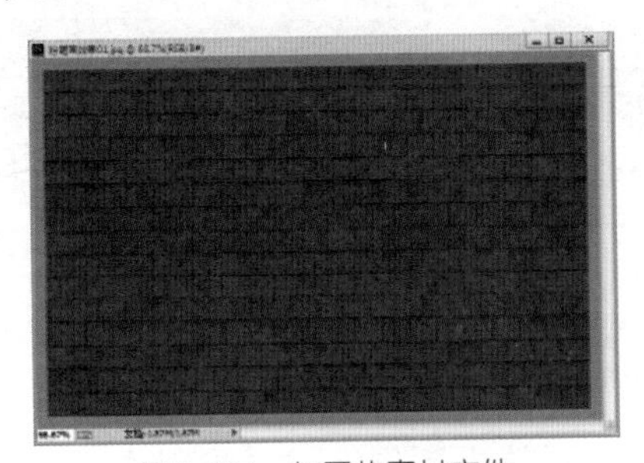

图 3-134　打开的素材文件

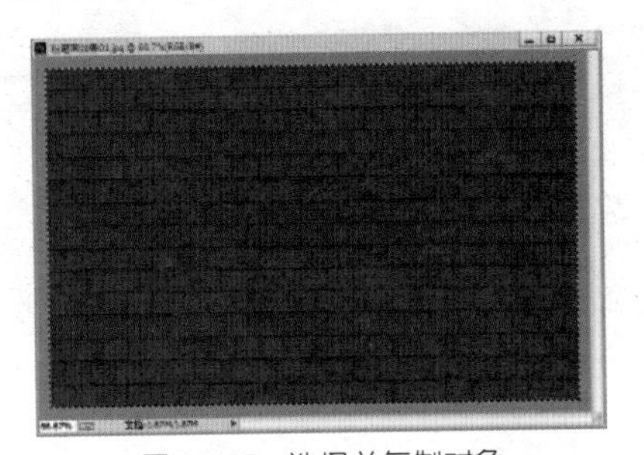

图 3-135　选择并复制对象

(3) 单击【通道】面板底端的 按钮，新建一个通道，按 Ctrl+V 组合键将复制的选区粘贴到该通道中，如图 3-136 所示。

(4) 执行菜单栏中的【图像】|【调整】|【阈值】命令，打开【阈值】对话框，将【阈值色阶】设置为 47，设置完成后单击【确定】按钮，如图 3-137 所示。

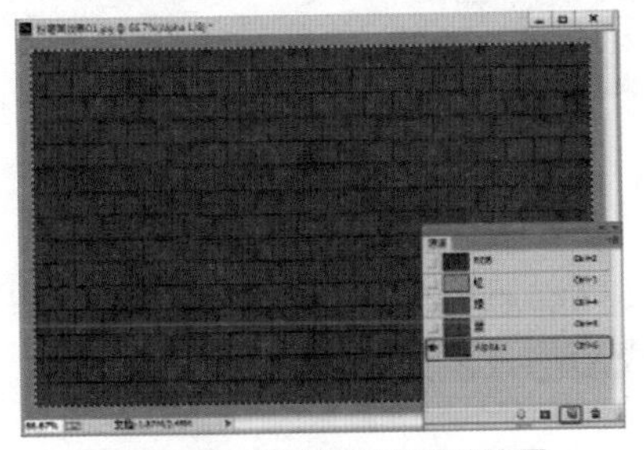

图 3-136　新建通道并粘贴选区

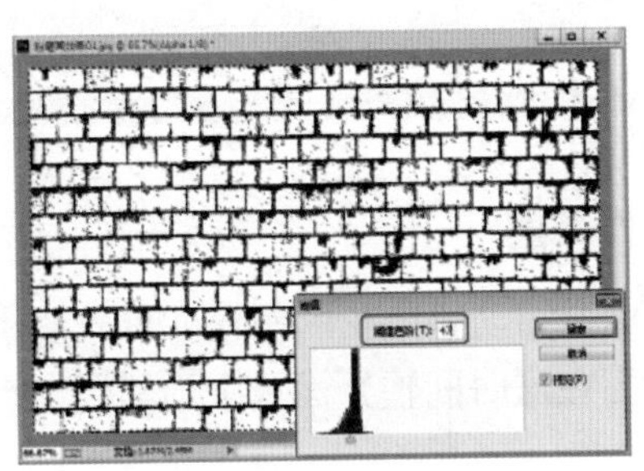

图 3-137　设置阈值参数

知识链接

【阈值】命令可以删除图像的色彩信息，将其转换为只有黑白两色的高对比度图像。

(5) 按 Ctrl+I 组合键执行反相命令，如图 3-138 所示。然后按 Ctrl+D 组合键取消选区选择。

(6) 在【通道】面板中返回 RGB 通道，如图 3-139 所示。

图 3-138　执行反相命令

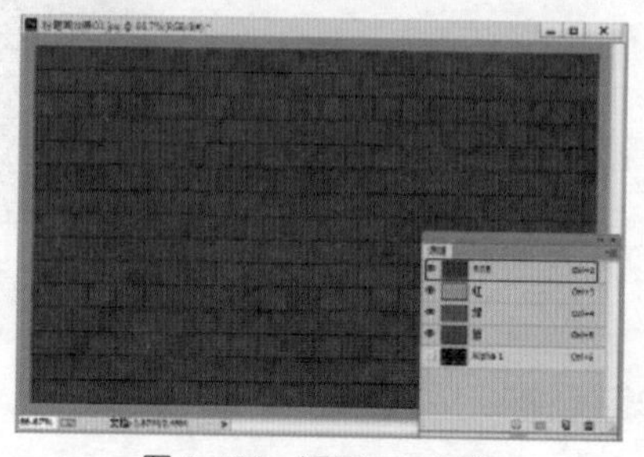

图 3-139　返回 RGB 通道

(7) 打开随书附带光盘中的 CDROM | 素材 | Cha03 | 砖墙粉笔画 02.psd 文件，将【图层 1】拖曳到场景文件中，按 Ctrl+T 组合键，将【图层 1】移动到适当位置，如图 3-140 所示。

(8) 切换到【通道】面板，按住 Ctrl 键的同时单击 Alpha 1 通道的缩览图，将该通道载入选区，如图 3-141 所示。

(9) 切换到【图层】面板，选择【图层 1】，按 Delete 键将选择的区域删除，如图 3-142 所示。

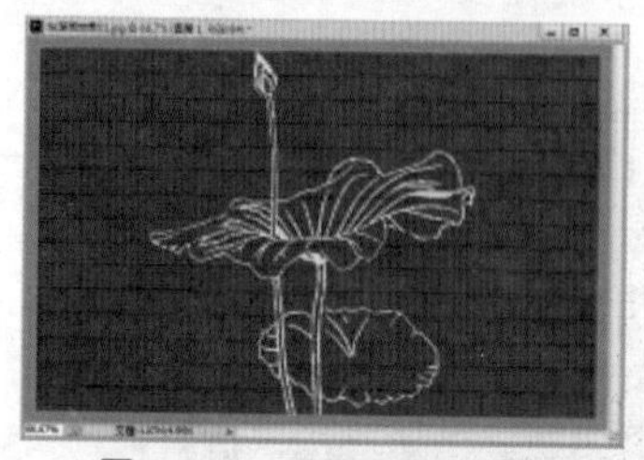

图 3-140　调整图像的位置

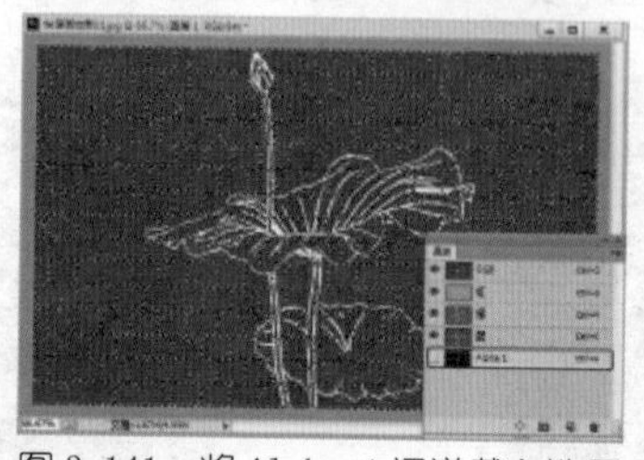

图 3-141　将 Alpha 1 通道载入选区

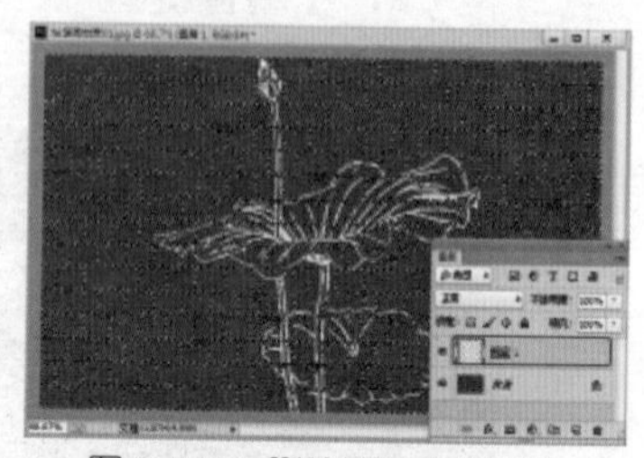

图 3-142　删除选区中的图像

(10) 按 Ctrl+D 组合键取消选区选择。至此砖墙粉笔画效果制作完成，将制作完成后的场景文件保存即可。

案例精讲 040　动感雪花

案例文件：CDROM | 场景 | Cha03 | 动感雪花 .psd

视频文件：视频教学 | Cha03| 动感雪花 .avi

制作概述

本例介绍动感雪花的制作。首先使用【点状化】和【动感模糊】命令来制作静态的飘雪效果，然后在【时间轴】面板中为其添加动画效果，完成后的效果如图 3-143 所示。

图 3-143　动感雪花

学习目标

学习动感雪花的制作。

掌握【点状化】、【动感模糊】滤镜的使用，并掌握【时间轴】面板的应用。

操作步骤

(1) 启动 Photoshop CC 软件，打开随书附带光盘中的 CDROM | 素材 | Cha03 | 动感雪花 .jpg 文件。

(2) 将【背景】图层拖曳到面板底端的 按钮上，复制图层，如图 3-144 所示。

(3) 执行菜单栏中的【滤镜】|【像素化】|【点状化】命令，在弹出的【点状化】对话框中将【单元格大小】设置为 10，设置完成后单击【确定】按钮，如图 3-145 所示。

(4) 设置完点状化后的效果如图 3-146 所示。

图 3-144　复制图层

图 3-145　设置【点状化】参数

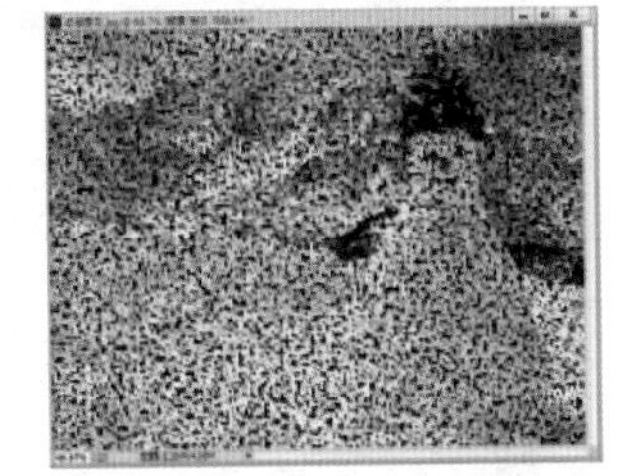

图 3-146　设置点状化后的效果

(5) 执行菜单栏中的【图像】|【调整】|【阈值】命令，在弹出的【阈值】对话框中将【阈值色阶】设置为 1，设置完成后单击【确定】按钮，如图 3-147 所示。

(6) 执行完【阈值】命令后，按 Ctrl+I 组合键执行【反相】命令，如图 3-148 所示。

(7) 在【图层】面板中将【背景副本】图层的【混合模式】定义为【滤色】，效果如图 3-149 所示。

(8) 执行菜单栏中的【滤镜】|【模糊】|【动感模糊】命令，在弹出的【动感模糊】对话框中将【角度】设置为 68 度，【距离】设置为 16 像素，设置完成后单击【确定】按钮，如图 4-150 所示。

(9) 执行【动感模糊】命令后的效果如图 3-151 所示。

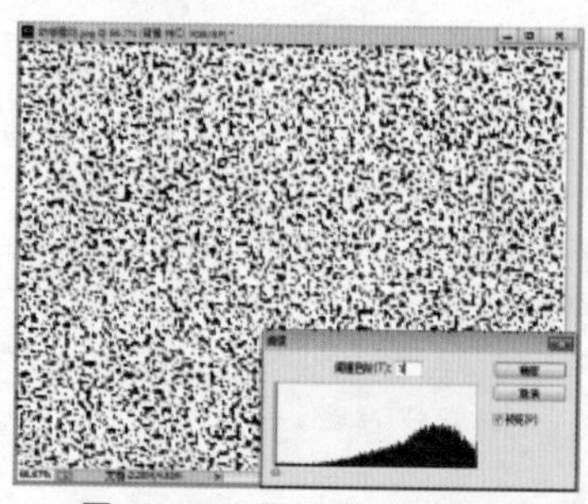
图 3-147　设置【阈值】参数

图 3-148　执行【反相】命令后的效果

图 3-149　设置混合模式

图 3-150　设置【动感模糊】参数

图 3-151　执行【动感模糊】命令后的效果

(10) 按 Ctrl+T 组合键打开【自由变换】，在工具选项栏中单击按钮，将【W】设置为105，并移动图层的位置，按 Enter 键确定操作，如图 3-152 所示。

(11) 在【图层】面板中将【背景 拷贝】图层拖曳至面板底端的按钮上，复制一个新的图层，并对新复制的图层进行调整，使其产生错落的雪花效果，如图 3-153 所示。

图 3-152　自由变换对象效果

图 3-153　复制并调整图层效果

(12) 同样在【图层】面板中复制【背景 拷贝 2】图层，并调整它的位置，效果如图 3-154 所示。

(13) 执行菜单栏中的【窗口】|【时间轴】命令，在弹出的【时间轴】面板中单击【创建视频时间轴】按钮，如图 3-155 所示。

(14) 在弹出的【时间轴】面板中单击左下角的按钮，如图 3-156 所示。

(15) 在【时间轴】面板中确定第 1 帧处于选中状态，单击面板底端的按钮 2 次，复制选择的帧，完成后的效果如图 3-157 所示。

图 3-154　复制并调整对象

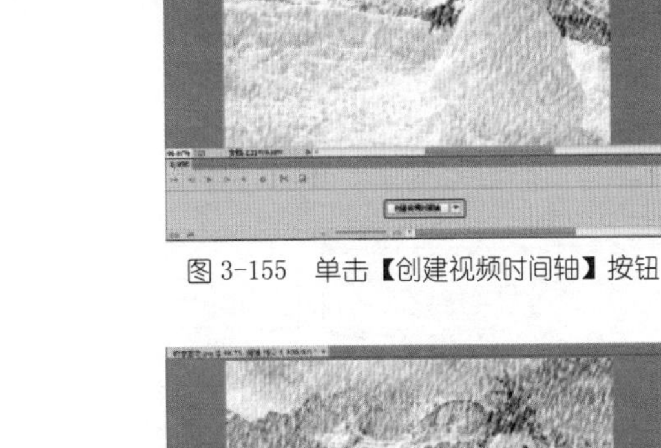

图 3-155　单击【创建视频时间轴】按钮

图 3-156　【时间轴】面板

图 3-157　复制帧效果

(16) 在【帧动画】面板中选择第 1 帧，在【图层】面板中将【背景 拷贝 2】和【背景 拷贝 3】图层隐藏，然后在【帧动画】面板中将第 1 帧的帧延迟时间设置为 0.2 秒，如图 3-158 所示。

(17) 选择【帧动画】面板中的第 2 帧，在【图层】面板中将【背景 拷贝】和【背景 拷贝 3】图层隐藏，在【帧动画】面板中将第 2 帧的帧延迟时间设置为 0.2 秒，如图 3-159 所示。

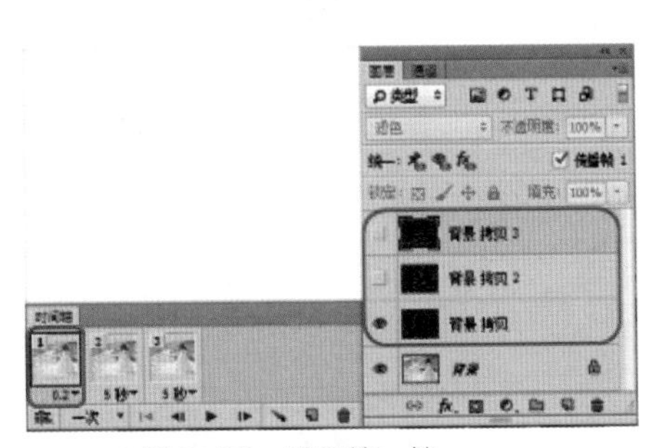

图 3-158　设置第一帧

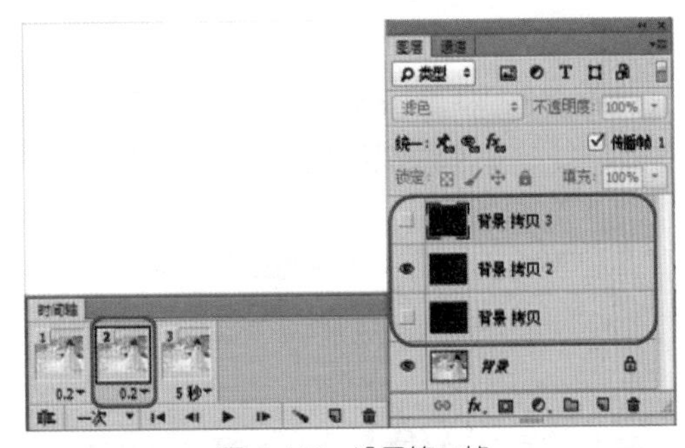

图 3-159　设置第二帧

(18) 选择【帧动画】面板中的第 3 帧，在【图层】面板中将【背景 拷贝】和【背景 拷贝 2】图层隐藏，在【动画】面板中将第 3 帧的帧延迟时间设置为 0.2 秒，如图 3-160 所示。

(19) 在【帧动画】面板中将【循环选项】定义为【永远】，如图 3-161 所示。

(20) 在菜单栏中选择【文件】|【存储为 Web 所用格式】命令，在弹出的【存储为 Web 所用格式】对话框中使用默认参数，单击【保存】按钮，如图 3-162 所示。

(21) 在弹出的【将优化结果存储为】对话框中选择保存路径，为文件命名，并将其【格式】定义为【仅限图像】，单击【保存】按钮，如图 3-163 所示。

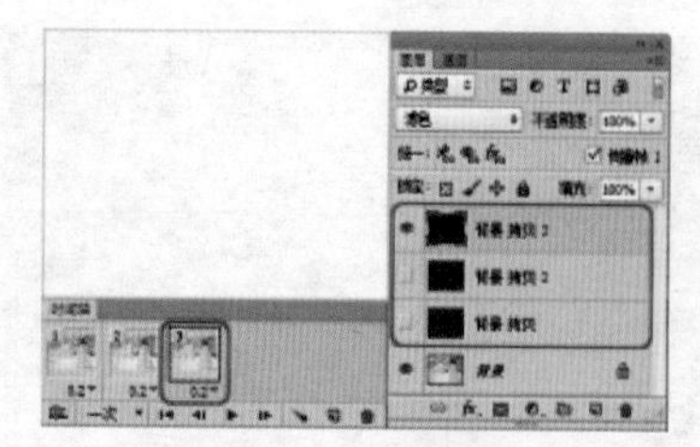

图 3-160　设置第三帧

图 3-161　设置循环选项

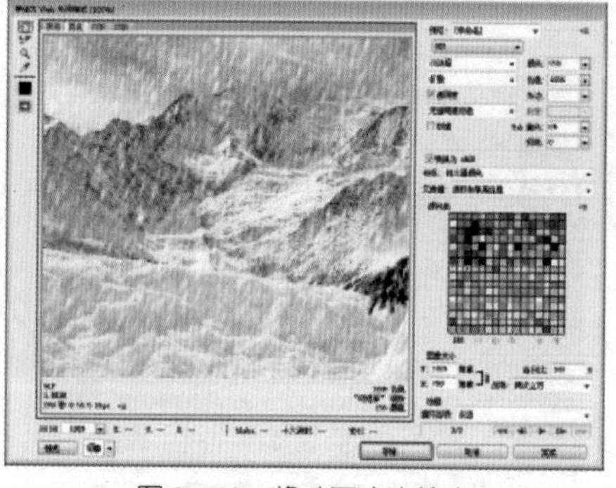

图 3-162　将动画渲染输出

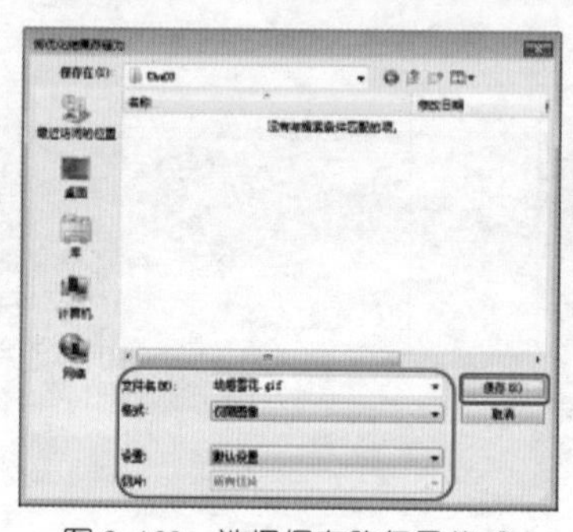

图 3-163　选择保存路径及格式

(22) 再在弹出的提示框中单击【确定】按钮，将动画输出，如图 3-164 所示。

(23) 最后将制作完成后的场景文件进行保存。按 Ctrl+S 组合键打开【存储为】对话框，在该对话框中选择存储路径，为文件命名，并将其【格式】定义为 psd，单击【保存】按钮，如图 3-165 所示。

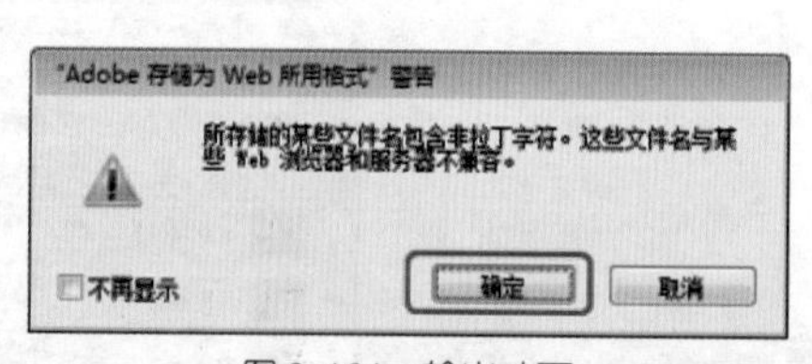

图 3-164　输出动画

图 3-165　设置存储选项

案例精讲 041　冰霜场景效果

 案例文件：CDROM | 场景 | Cha03 | 冰霜效果 .psd

 视频文件：视频教学 | Cha03| 冰霜效果 .avi

制作概述

本例介绍冰霜效果的制作。该例主要是将图层中的图像粘贴到新建的通道中，然后通过调整通道中的色阶参数来表现冰霜效果，最后使用工具箱中的【橡皮擦工具】对水面进行涂抹，完成后的效果如图 3-166 所示。

图 3-166　冰霜场景效果

学习目标

学习冰霜场景效果的制作。

掌握【色阶】、【橡皮擦工具】等命令的应用。

操作步骤

(1) 打开随书附带光盘中的 CDROM | 素材 | Cha03 | 冰霜素材 .jpg 文件。

(2) 按 Ctrl+A 组合键将打开的素材文件进行全选，按 Ctrl+C 组合键将选择的区域进行复制，如图 3-167 所示。

(3) 打开【通道】面板，单击该面板底端的 按钮，新建通道，如图 3-168 所示。

图 3-167　全选图像

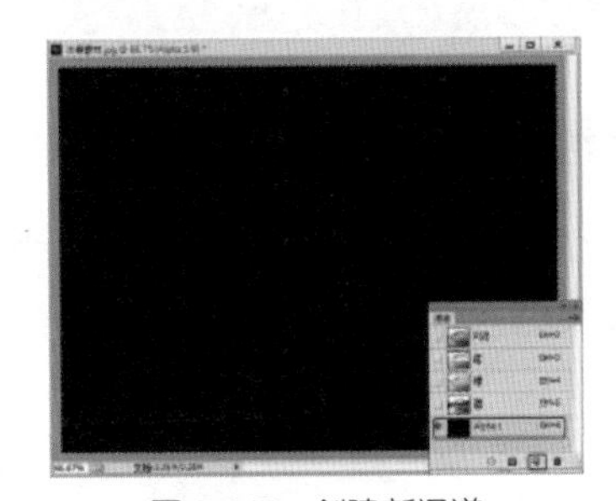

图 3-168　创建新通道

(4) 确定新创建的通道处于选中状态，按 Ctrl+V 组合键将复制的对象粘贴到该通道中，如图 3-169 所示。

(5) 按 Ctrl+L 组合键，在弹出的【色阶】对话框中将【输入色阶】中间的数值设置为 4，【输出色阶】左侧的光标设置为 100，设置完成后单击【确定】按钮，如图 3-170 所示。

图 3-169　粘贴选区图像

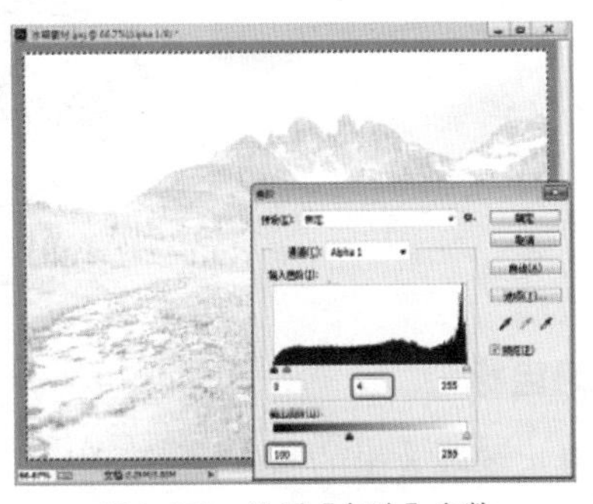

图 3-170　设置【色阶】参数

(6) 切换到【通道】面板，按住 Ctrl 键的同时单击 Alpha 1 通道的缩览图，将该通道载入选区，然后按 Ctrl+C 组合键将选区进行复制，如图 3-171 所示。按 Ctrl+D 组合键取消选区。

(7) 单击【图层】面板中的 按钮，新建空白图层，按 Ctrl+V 组合键将复制的选区粘贴到该图层中，如图 3-172 所示。

(8) 选择工具箱中的 工具，将【前景色】设置为白色，在场景中涂抹水面和远山区域，如图 3-173 所示。至此，冰霜场景效果制作完成。

图 3-171　载入选区图像

图 3-172　新建图层并粘贴选区图像

图 3-173　涂抹水面和远山区域

案例精讲 042　水墨画效果

案例文件：CDROM | 场景 | Cha03 | 水墨画效果 .psd

视频文件：视频教学 | Cha03| 水墨画效果 .avi

制作概述

本例介绍水墨画效果的制作，主要是通过滤镜中的【中间值】、【高斯模糊】、【水彩】命令来表现的，完成后的效果如图 3-174 所示。

图 3-174　水墨画效果

学习目标

学习水墨画效果的制作。

掌握【中间值】、【曲线】、【高斯模糊】、【水彩】等命令的使用方法。

操作步骤

(1) 打开随书附带光盘中的 CDROM | 素材 | Cha03 | 水墨画 .jpg 文件。

(2) 在【图层】面板中将【背景】图层拖曳到面板底端的 按钮上 2 次，复制图层，如图 3-175 所示。

(3) 单击【背景 拷贝 2】图层前面的眼睛按钮，将该图层隐藏，选择【背景 拷贝】图层，按 Shift+Ctrl+ U 组合键执行去色命令，如图 3-176 所示。

图 3-175　复制图层

图 3-176　选择图层并执行去色命令

(4) 按 Ctrl+U 组合键，在弹出的【色相 / 饱和度】对话框中将【明度】设置为 35，设置完成后单击【确定】按钮，如图 3-177 所示。

(5) 执行菜单栏中【滤镜】|【杂色】|【中间值】命令，在弹出的【中间值】对话框中将【半径】设置为 10 像素，设置完成后单击【确定】按钮，如图 3-178 所示。

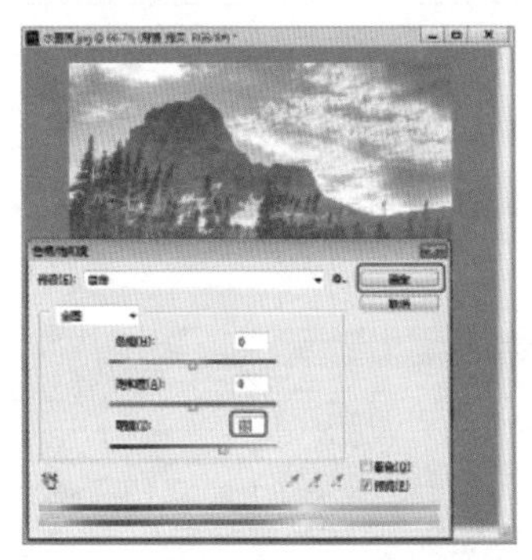

图 3-177　设置【明度】参数

图 3-178　设置【中间值】参数

(6) 执行菜单栏中的【滤镜】|【模糊】|【高斯模糊】命令，在弹出的【高斯模糊】对话框中将【半径】设置为 10 像素，设置完成后单击【确定】按钮，如图 3-179 所示。

(7) 执行菜单栏中的【滤镜】|【滤镜库】|【艺术效果】|【水彩】命令，在弹出的【水彩】对话框中将【画笔细节】、【阴影强度】和【纹理】分别设置为 5、0、3，设置完成后单击【确定】按钮，如图 3-180 所示。

(8) 执行菜单栏中的【滤镜】|【模糊】|【高斯模糊】命令，在弹出的【高斯模糊】对话框中将【半径】设置为 5 像素，设置完成后单击【确定】按钮，如图 3-181 所示。

(9) 按 Ctrl+M 组合键，在弹出的【曲线】对话框中添加节点，两个节点的输出，输入值分别为 (98、92) 和 (213、166)，将图像调亮，单击【确定】按钮，如图 3-182 所示。

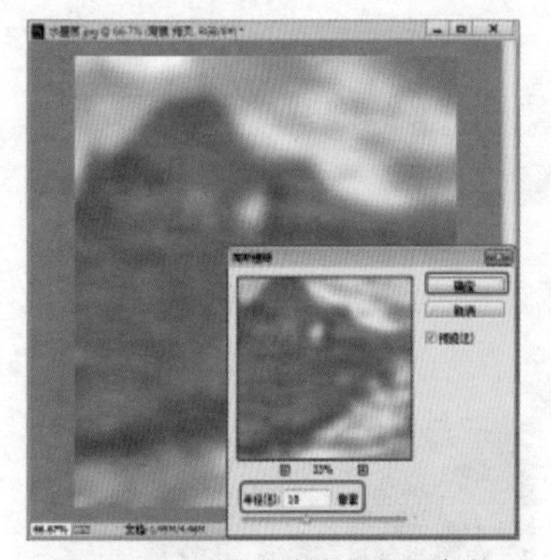
图 3-179　设置【高斯模糊】参数

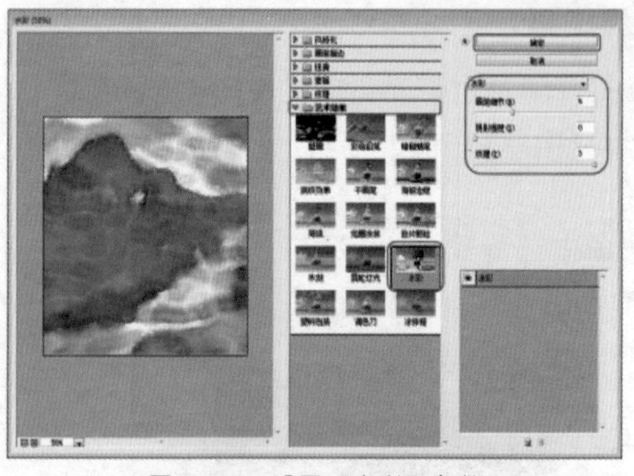
图 3-180　设置【水彩】参数

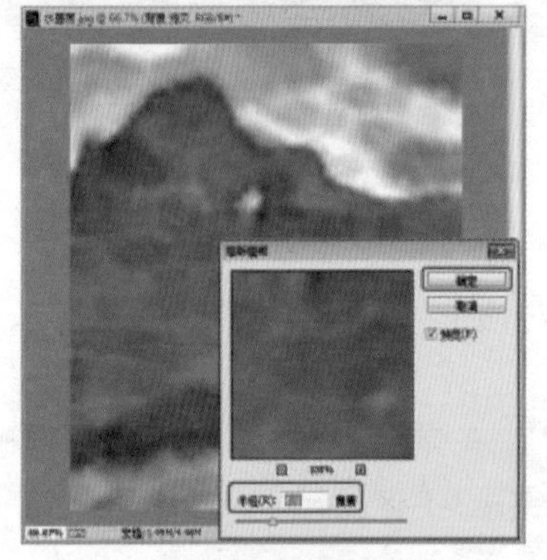
图 3-181　设置【高斯模糊】参数

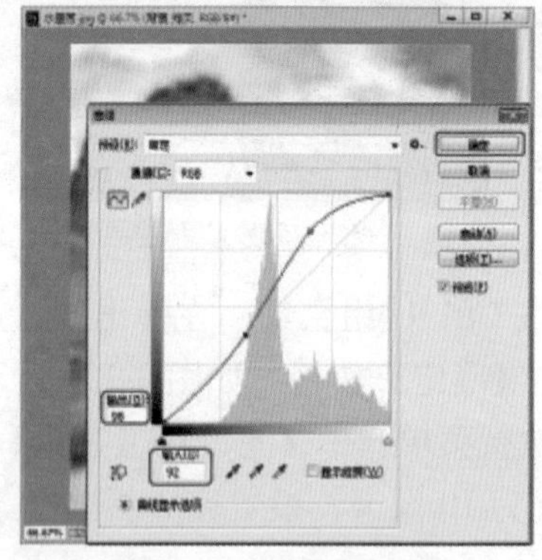
图 3-182　调整图像的亮度

(10) 在【图层】面板中取消【背景 拷贝 2】图层的隐藏，并选择该图层，如图 3-183 所示。

(11) 按 Ctrl+U 组合键，在弹出的【色相 / 饱和度】对话框中将【明度】设置为 40，设置完成后单击【确定】按钮，如图 3-184 所示。

图 3-183　取消图层隐藏

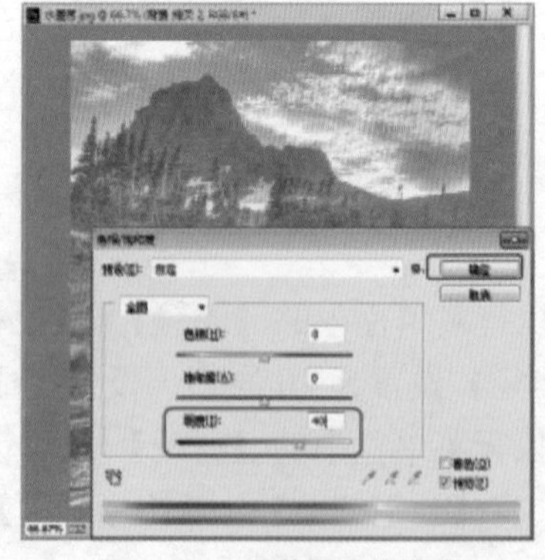
图 3-184　调整图层的明度

(12) 执行菜单栏中的【图像】|【调整】|【亮度 / 对比度】命令，在弹出的【亮度 / 对比度】对话框中将【亮度】和【对比度】分别设置为 60、50，单击【确定】按钮，如图 3-185 所示。

(13) 执行菜单栏中的【滤镜】|【杂色】|【中间值】命令，在弹出的【中间值】对话框中将【半径】设置为 4 像素，单击【确定】按钮，如图 3-186 所示。

图 3-185 调整【亮度 / 对比度】参数

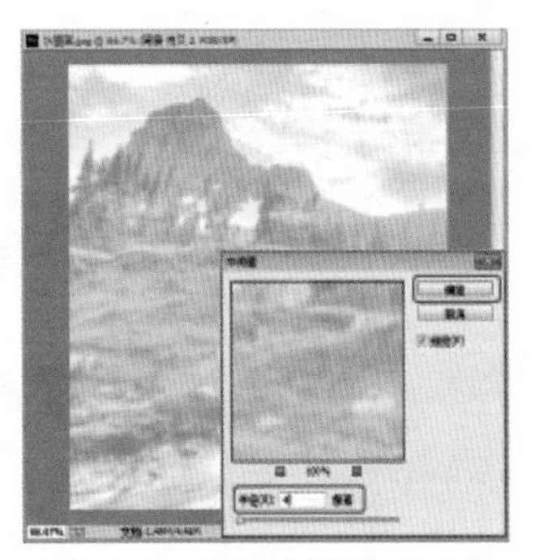
图 3-186 设置【中间值】参数

(14) 执行菜单栏中的【滤镜】|【艺术效果】|【水彩】命令，在弹出的【水彩】对话框中将【画笔细节】、【阴影强度】和【纹理】分别设置为 12、0、1，设置完成后单击【确定】按钮，如图 3-187 所示。

(15) 执行完【水彩】命令后的效果如图 3-188 所示。

图 3-187 设置【水彩】参数

图 3-188 完成后的效果

知识链接

以水彩的风格绘制图像，简化了图像细节，使用蘸了水和颜色的中号画笔绘制。当边缘有显著的色调变化时会使颜色饱满。

(16) 至此，水墨画效果制作完成，将完成后的场景文件保存即可。

案例精讲 043 液化图像效果

 案例文件：CDROM | 场景 | Cha03 | 液化图像效果 .psd

 视频文件：视频教学 | Cha03| 液化图像效果 .avi

制作概述

本例介绍液化图像的制作，其中主要介绍了【液化】滤镜对减少人物面部赘肉的操作，效果如图 3-189 所示。

图 3-189　液化图像效果

学习目标

学习液化图像效果的制作。

掌握液化滤镜等命令的使用。

操作步骤

(1) 启动 Photoshop CC 软件，打开随书附带光盘中的 CDROM | 素材 | Cha03 | 液化图像 .jpg 文件。

(2) 在【图层】面板中将【背景】图层拖曳到面板底端的 按钮上，复制图层，如图 3-190 所示。

(3) 执行菜单栏中的【滤镜】|【液化】命令，在弹出的【液化】对话框中选择【向前变形工具】，在右侧的工具选项栏中设置【画笔大小】和【画笔压力】，如图 3-191 所示。

(4) 设置完成后，使用鼠标对人物面部的赘肉进行消除，完成后效果如图 3-192 所示。

(5) 至此，液化图像制作完成，将完成后的场景文件保存即可。

图 3-190　复制图层

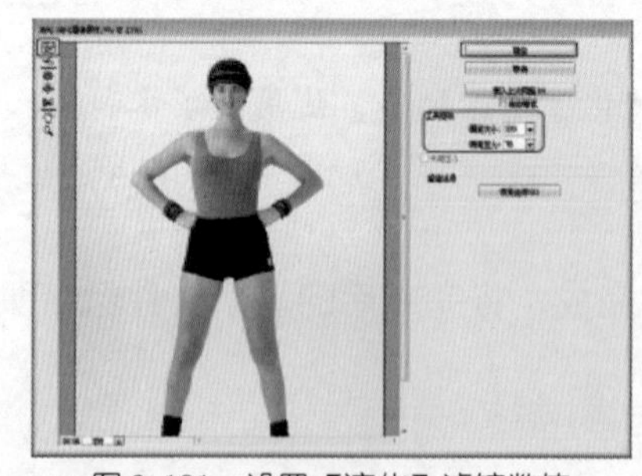

图 3-191　设置【液化】滤镜数值

图 3-192　完成后的效果

案例精讲 044　印章

案例文件：CDROM | 场景 | Cha03 | 印章 .psd

视频文件：视频教学 | Cha03| 印章 .avi

制作概述

本例主要介绍印章的制作，其中用到了【矩形选框工具】、【喷溅】、【高斯模糊】、【文字工具】、【魔棒工具】等命令，效果如图 3-193 所示。

图 3-193　印章

学习目标

学习印章的制作。

掌握【矩形选框工具】、【喷溅】、【高斯模糊】、【文字工具】、【魔棒工具】等命令的使用。

操作步骤

(1) 启动 Photoshop CC 软件，按 Ctrl+N 组合键打开【新建】对话框，将【宽度】和【高度】均设置为 400 像素，【分辨率】设置为 72 像素 / 英寸，如图 3-194 所示，设置完成后单击【确定】按钮。

(2) 创建完成后，按 Ctrl+Delete 组合键填充背景色，如图 3-195 所示。

(3) 在【图层】面板中单击右下角的 按钮，创建【图层 1】，如图 3-196 所示。

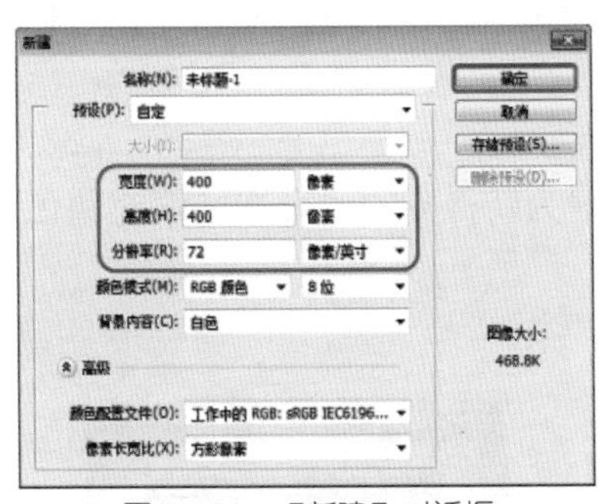

图 3-194　【新建】对话框

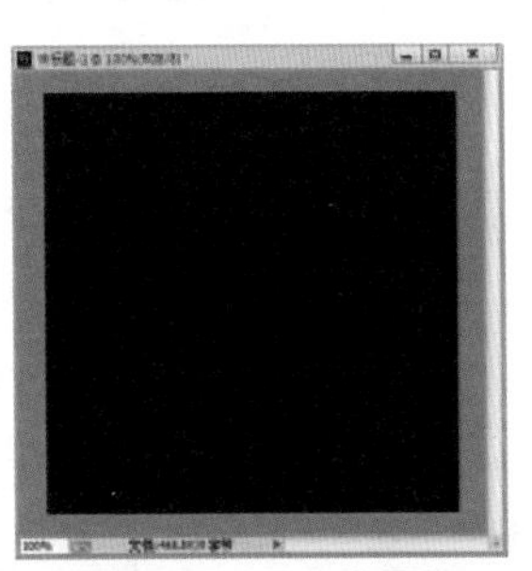

图 3-195　填充背景色

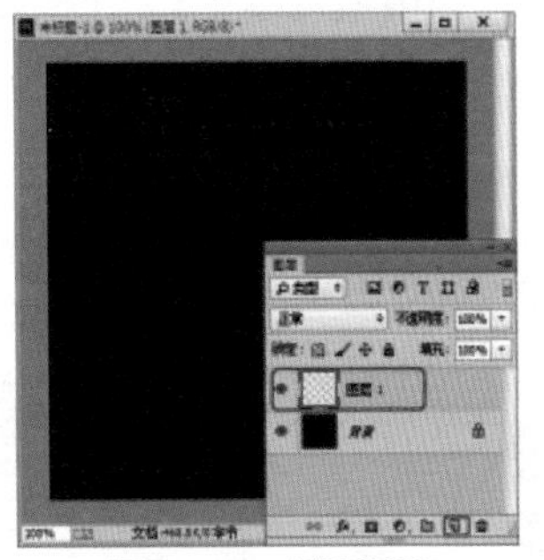

图 3-196　创建图层

(4) 在【图层】面板中，确认【图层 1】处于选中状态，按 Alt+Delete 组合键填充【图层 1】的颜色，如图 3-197 所示。

(5) 在工具箱中选择【矩形选框工具】绘制矩形，并调整到适当位置，如图 3-198 所示。

(6) 在【图层】面板中单击右下角的 按钮，创建【图层 2】，按 Ctrl+Delete 组合键填充颜色，如图 3-199 所示。

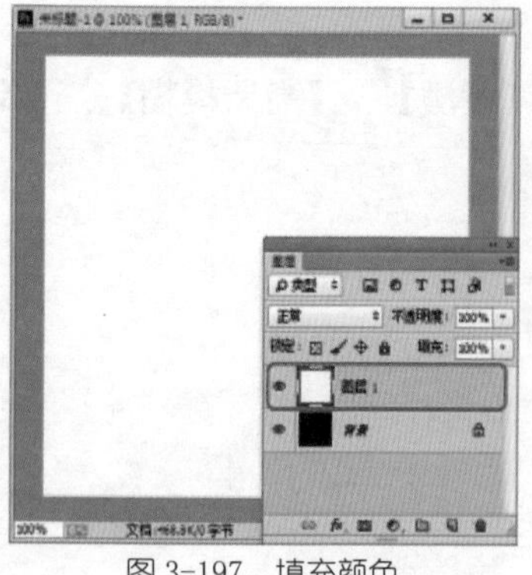
图 3-197 填充颜色

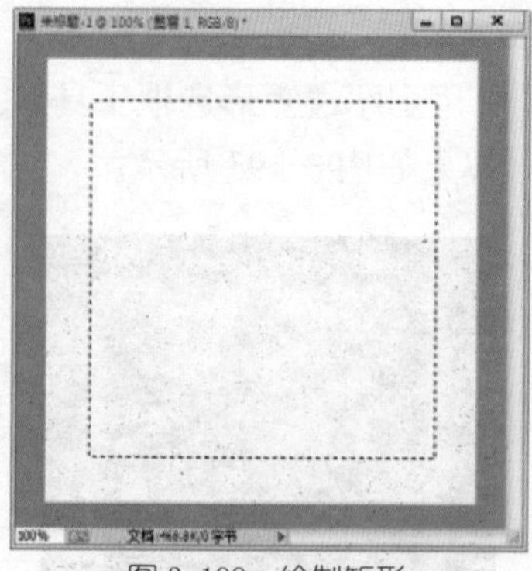
图 3-198 绘制矩形

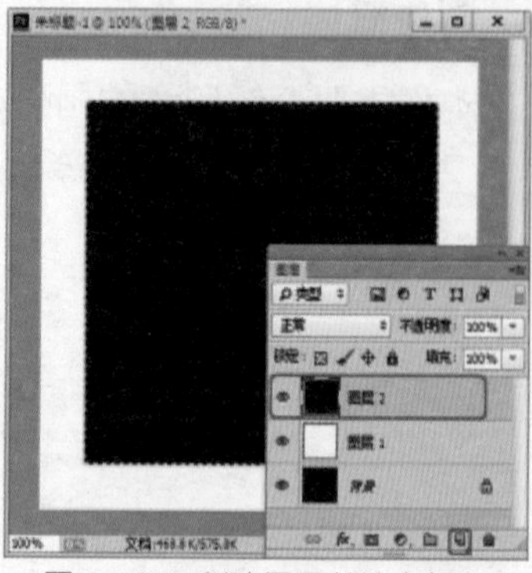
图 3-199 创建图层并填充颜色

(7) 执行菜单栏中的【选择】|【变换选区】命令，在工具栏中选择按钮，并使用鼠标调整自由变换选区的大小及位置，如图 3-200 所示。

(8) 按 Enter 键，按 Delete 键将选区内颜色去掉，如图 3-201 所示。

(9) 按住Ctrl键的同时单击【图层2】的缩略图，使黑边框全部处于选中状态，如图3-202 所示。

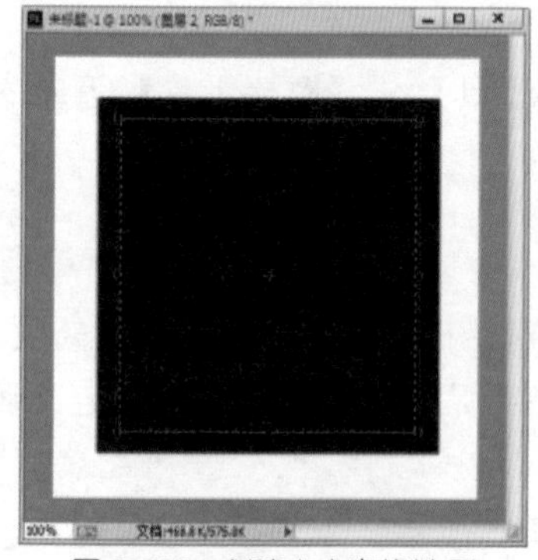
图 3-200 创建自由变换选区

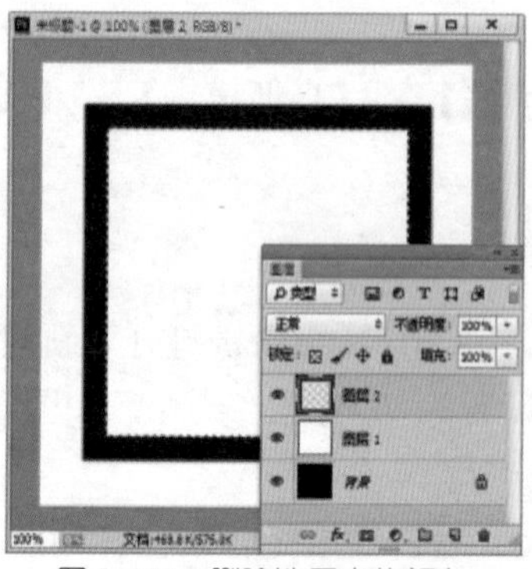
图 3-201 删除选区内的颜色

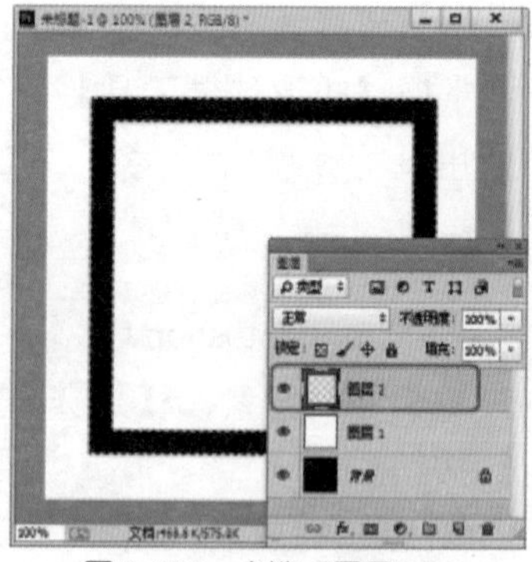
图 3-202 全选【图层 2】

(10) 在【图层】面板中，按住【图层 2】将其拖曳至【图层】面板右下角的按钮处，将【图层 2】删除，如图 3-203 所示。

(11) 在工具箱中将【前景色】设置为红色，如图 3-204 所示。

(12) 设置完成后，单击【确定】按钮，按 Alt+Delete 组合键为新得到的回形选区填充颜色，如图 3-205 所示。

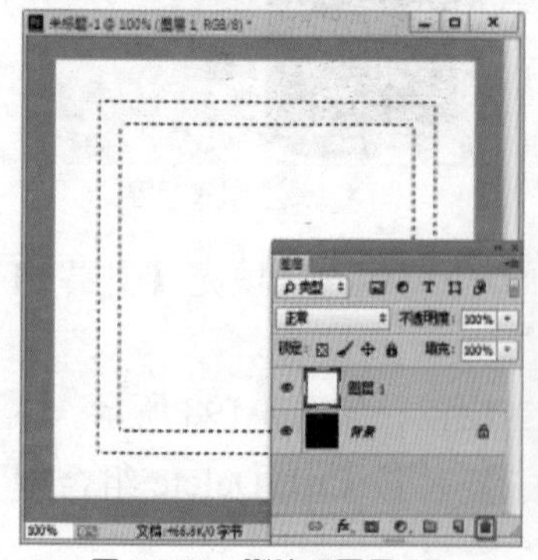
图 3-203 删除【图层 2】

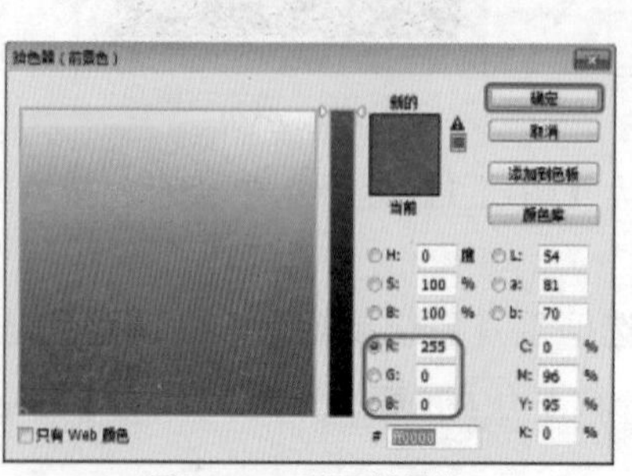
图 3-204 设置前景色

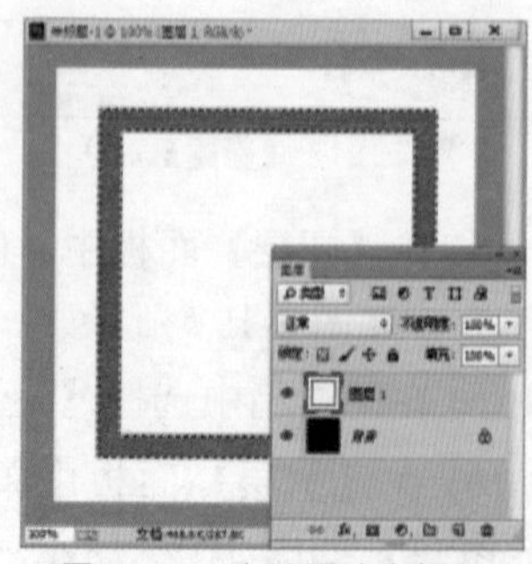
图 3-205 为选区填充颜色

(13) 填充完成后，按 Ctrl+D 组合键取消选区，执行菜单栏中的【滤镜】|【滤镜库】命令，在弹出的对话框中选择【画笔描边】|【喷溅】命令，将右侧的【喷溅】下的【颜色半径】设置为 12，【平滑度】设置为 6，如图 3-206 所示。设置完成后单击【确定】按钮。

知识链接

【喷溅】模拟喷溅喷枪的效果。增加该滤镜可简化总体效果。

(14) 在工具箱中选择【魔棒工具】，在工具栏中将【容差】设置为 80，选择工作区的白色区域，如图 3-207 所示。

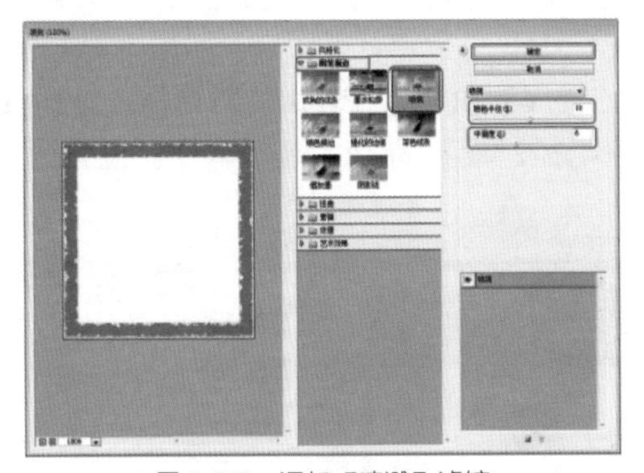

图 3-206　添加【喷溅】滤镜

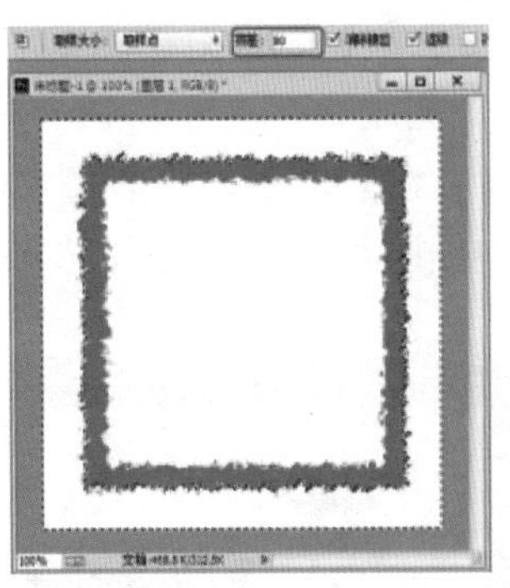

图 3-207　设置【魔棒工具】

(15) 执行菜单栏中的【选择】|【选取相似】命令，选择所有白色区域如图 3-208 所示。

(16) 按 Delete 键，将选区中的白色区域全部删除并按 Ctrl+D 组合键删除选区，如图 3-209 所示。

(17) 执行菜单栏中的【滤镜】|【模糊】|【高斯模糊】命令，在弹出的【高斯模糊】对话框中将【半径】设置为 2 像素，如图 3-210 所示。设置完成后单击【确定】按钮。

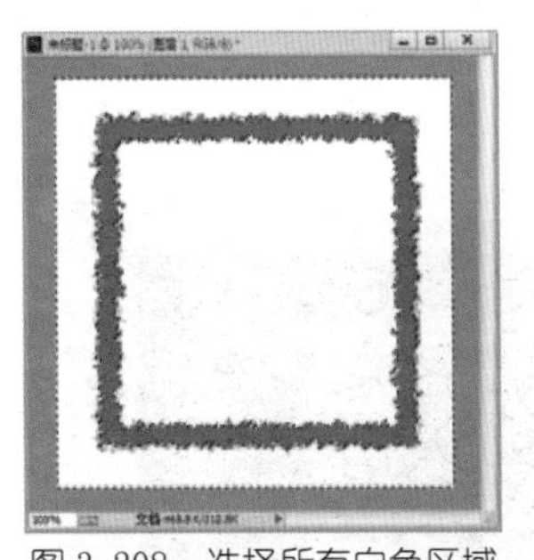

图 3-208　选择所有白色区域

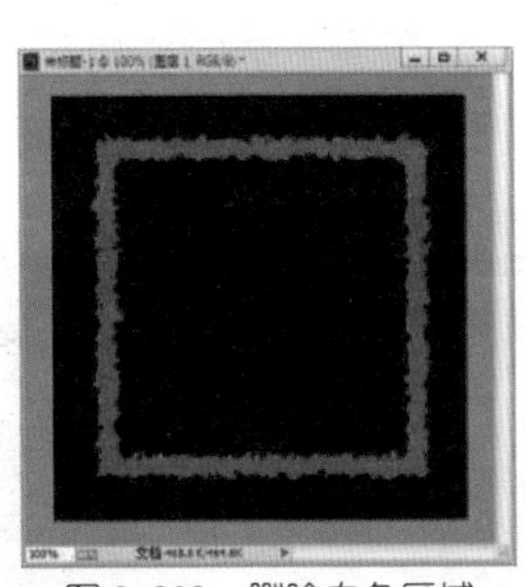

图 3-209　删除白色区域

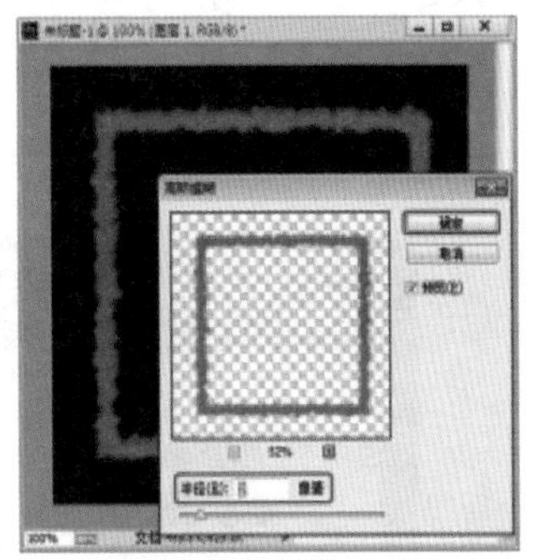

图 3-210　设置【高斯模糊】参数

(18) 在工具箱中选择【直排文字工具】，在工具栏中将【字体】设置为【汉仪柏青简体】，【大小】设置为 200 点，设置完成后输入文字，并调整到适当位置，如图 3-211 所示。

(19) 在【图层】面板中选择【图层 1】，单击右下角 按钮，新建图层，如图 3-212 所示。

(20) 在工具箱中将【背景色】设置为白色，按 Ctrl+Delete 组合键为【图层 2】填充颜色，如图 3-213 所示。

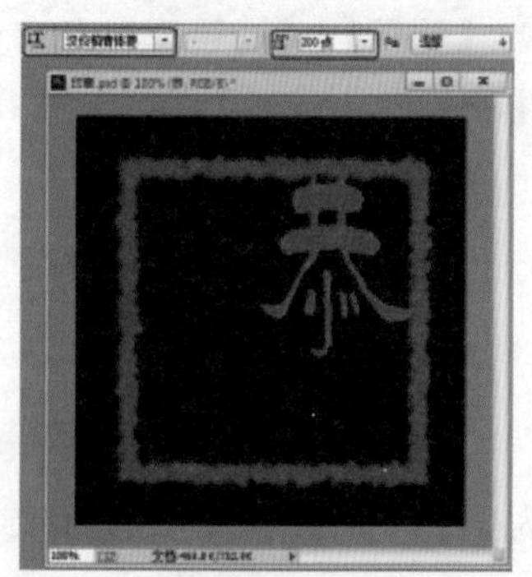
图 3-211　设置文字属性并输入文字

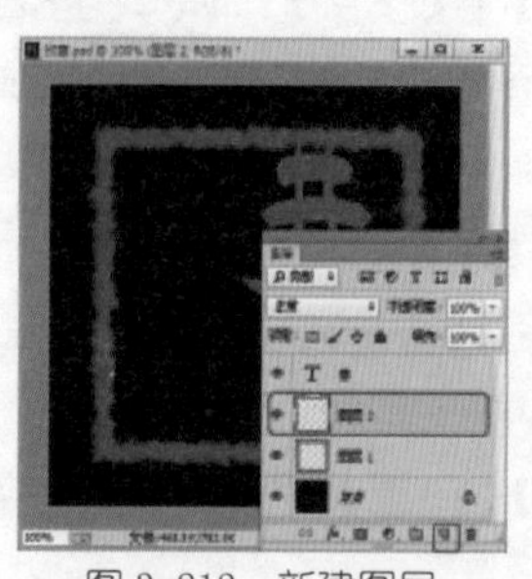
图 3-212　新建图层

图 3-213　填充颜色

(21) 在【图层】面板中选择文字图层【恭】，按 Ctrl+E 组合键合并图层，如图 3-214 所示。

(22) 合并完成后，执行菜单栏中的【滤镜】|【滤镜库】命令，在弹出的对话框中选择【画笔描边】|【喷溅】命令，将右侧【喷溅】下【颜色半径】设置为 12，【平滑度】设置为 8，设置完成后单击【确定】按钮，如图 3-215 所示。

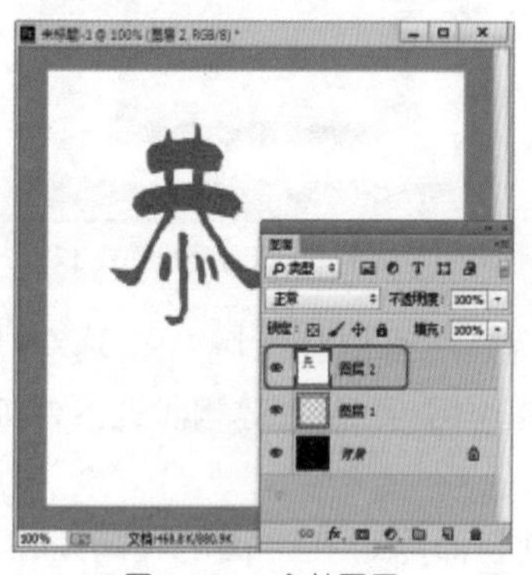
图 3-214　合并图层

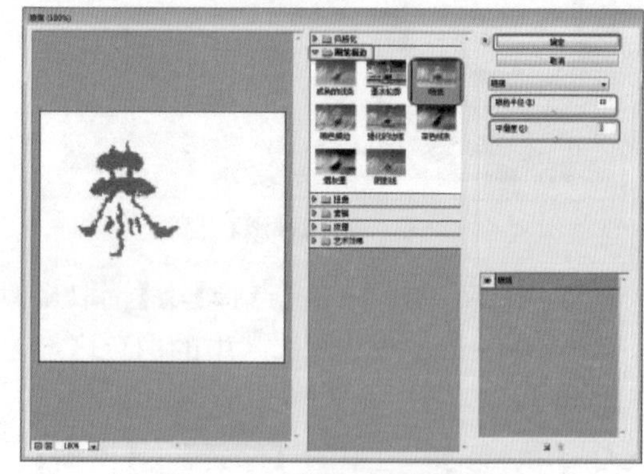
图 3-215　设置【喷溅】参数

(23) 在工具箱中选择【魔棒工具】，在工具栏中将【容差】设置为 80，并单击白色区域。在菜单栏中选择【选择】|【选取相似】命令，选取空白区域如图 3-216 所示。

(24) 按 Delete 键将选区删除，按 Ctrl+D 组合键取消选区，如图 3-217 所示。

图 3-216　选取空白区域

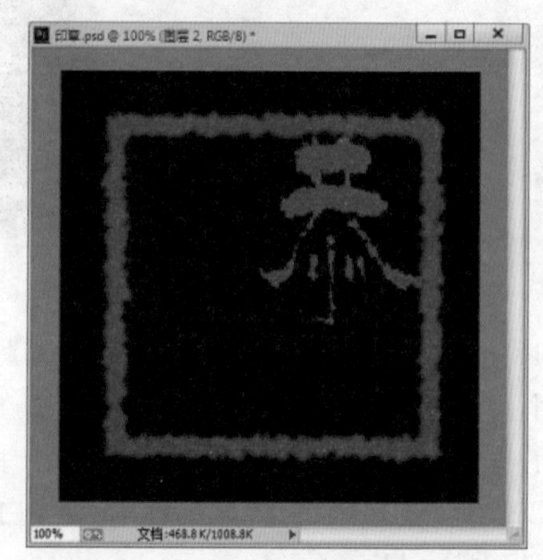
图 3-217　取消选区

> **知识链接**
>
> 当设定了一个选取范围，并选取一些像素后，有可能某些需要的像素仍未选中，此时可以右击从弹出的快捷菜单中选择选取相似命令，即可把当前选择范围，按照你设定的值继续选择，并加入到原先的选区中。

(25) 在菜单栏中选择【滤镜】|【模糊】|【高斯模糊】命令，在弹出的对话框中将【半径】设置为 0.5 像素。设置完成后单击【确定】按钮，如图 3-218 所示。

(26) 使用相同的方法将其他文字进行绘制，效果如图 3-219 所示。

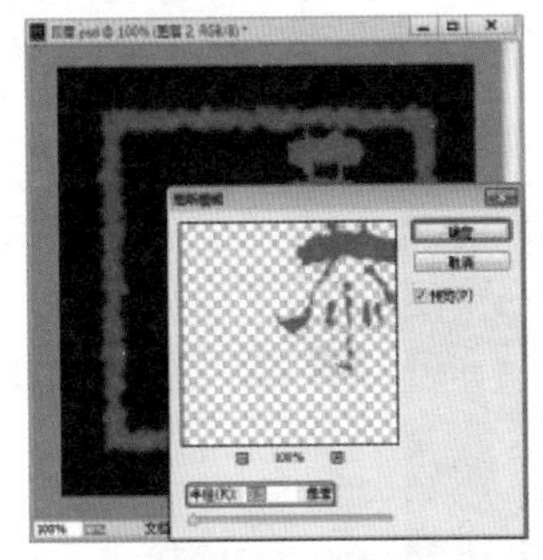

图 3-218　设置【高斯模糊】参数

图 3-219　其他文字制作后效果

案例精讲 045　油画效果

案例文件：CDROM | 场景 | Cha03 | 油画效果 .psd

视频文件：视频教学 | Cha03| 油画效果 .avi

制作概述

本例介绍油画效果的制作，主要是通过滤镜中的【水彩】和【特殊模糊】命令来实现，完成后的效果如图 3-220 所示。

图 3-220　油画效果

学习目标

学习油画效果的制作。

掌握【水彩】、【特殊模糊】滤镜的使用。

操作步骤

(1) 打开随书附带光盘中的 CDROM | 素材 | Cha03 | 油画效果 .jpg 文件。

(2) 在【图层】面板中将【背景】图层拖曳至面板底端的 按钮上，复制图层，如图 3-221 所示。

(3) 执行菜单栏中的【滤镜】|【滤镜库】命令，在弹出的【水彩】对话框中选择【艺术效果】|【水彩】选项，将【画笔细节】、【阴影强度】和【纹理】分别设置为 10、0、2，设置完成后单击【确定】按钮，如图 3-222 所示。

图 3-221　复制图层

图 3-222　设置【水彩】参数

(4) 执行完【水彩】命令后的效果如图 3-223 所示。

(5) 选择菜单栏中的【滤镜】|【模糊】|【特殊模糊】命令，在弹出的【特殊模糊】对话框中将【半径】、【阈值】分别设置为 100、45，将【品质】定义为【高】，然后单击【确定】按钮，如图 3-224 所示。

图 3-223　执行完【水彩】命令后的效果

图 3-224　设置【特殊模糊】参数

(6) 至此，油画效果制作完成，将制作完成后的场景文件保存即可。

知识链接

【特殊模糊】滤镜提供了【半径】、【阈值】和【品质】等选项，可更加精确地模糊图像。

案例精讲 046　报纸上的图片效果

案例文件：CDROM | 场景 | Cha03 | 报纸上的图片效果 .psd

视频文件：视频教学 | Cha03| 报纸上的图片效果 .avi

制作概述

本例介绍报纸上的图片效果的制作，可以通过使用【去色】、【曲线】和【彩色半调】命令来实现，效果如图 3-225 所示。

图 3-225　报纸上的图片效果

学习目标

学习制作报纸上的图片效果。

掌握【去色】、【曲线】、【彩色半调】等命令的使用。

操作步骤

(1) 打开随书附带光盘中的 CDROM | 素材 | Cha03 | 报纸上的图片效果 .jpg 文件。

(2) 在菜单栏中选择【图像】|【调整】|【去色】命令，去除图像的颜色，完成后效果如图 3-226 所示。

(3) 在菜单栏中选择【图像】|【调整】|【曲线】命令，在弹出的【曲线】对话框中单击【自动】按钮，将图像调亮，如图 3-227 所示。

(4) 完成后单击【确定】按钮，效果如图 3-228 所示。

图 3-226　去除图像颜色

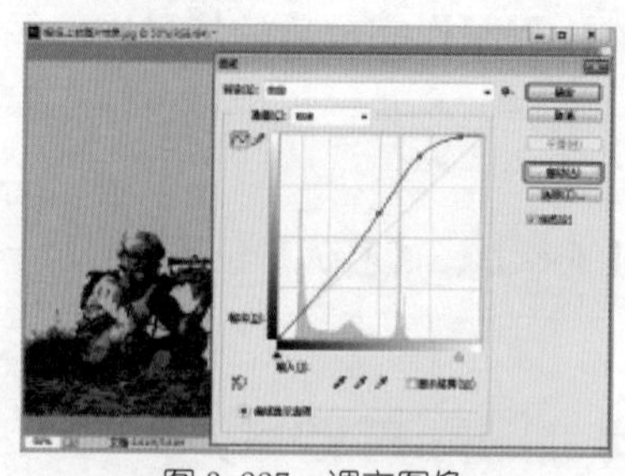
图 3-227　调亮图像

图 3-228　调整完成后效果

(5) 在菜单栏中选择【滤镜】|【像素化】|【色彩半调】命令，在弹出的【色彩半调】对话框中将【最大半径】设置为 4 像素，【通道】数值均设置为 0，如图 3-229 所示。

知识链接

【色彩半调】滤镜模拟在图像的每个通道上使用放大的半调网屏的效果。对于每个通道，滤镜将图像划分为矩形，并用圆形替换每个矩形。圆形的大小与矩形的亮度成比例。

(6) 设置完成后单击【确定】按钮，效果如图 3-230 所示。

(7) 在工具箱中将【前景色】RGB 的值设置为 172、169、169，设置完成后单击【确定】按钮，如图 3-231 所示。

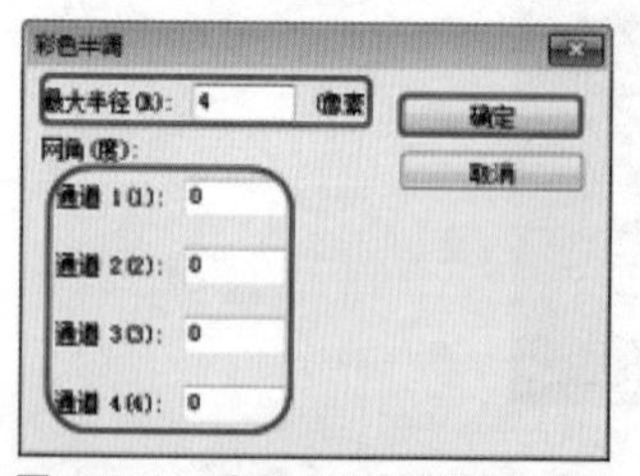

图 3-229　设置【色彩半调】参数

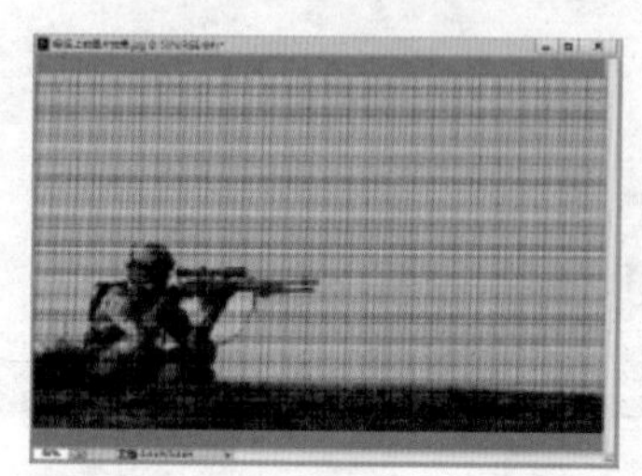
图 3-230　设置完成后效果

图 3-231　设置【前景色】参数

(8) 在【图层】面板中双击【背景】图层，在弹出的【新建图层】对话框中使用默认设置，单击【确定】按钮将【背景】图层转换为【图层 0】，如图 3-232 所示。

(9) 在【图层】面板中单击【创建新图层】按钮，新建【图层 1】并将其拖曳到【图层 0】的下方，如图 3-233 所示。

图 3-232　转换图层

图 3-233　调整图层位置

(10) 确认【图层 1】处于选中状态，按 Alt+Delete 组合键，用前景色填充【图层 1】，如图 3-234 所示。

(11) 在【图层】面板中选中【图层 0】，将【图层 0】的【混合模式】设置为【正片叠底】，如图 3-235 所示

图 3-234　为【图层 1】填充颜色

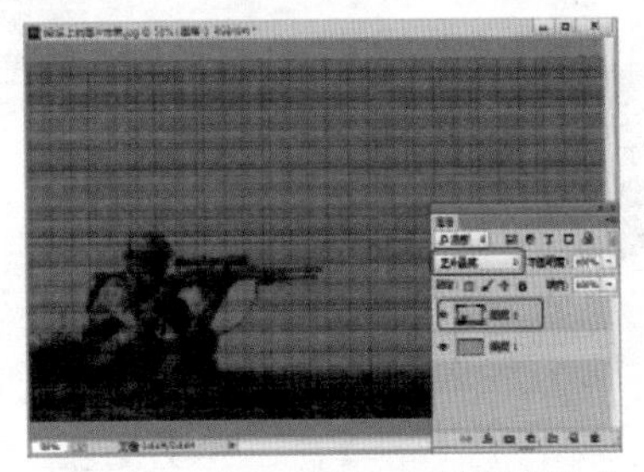
图 3-235　设置【图层 0】的混合模式

(12) 至此，报纸上的图片效果制作完成，将制作完成后的场景文件保存即可。

案例精讲 047　撕纸效果

案例文件：CDROM | 场景 | Cha03 | 撕纸效果 .psd
视频文件：视频教学 | Cha03| 撕纸效果 .avi

制作概述

本例在随书附带光盘中的视频中介绍，其中用到【通道】、【套索工具】、【晶格化】和【自由变换】命令，制作出的效果如图 3-236 所示。

图 3-236　撕纸效果

学习目标

学习撕纸效果的制作。
掌握【通道】、【套索工具】、【晶格化】、【自由变换】等命令的使用。

操作步骤

(1) 打开随书附带光盘中的 CDROM | 素材 | Cha03 | 撕纸效果 .jpg 文件。

(2) 在【图层】面板中双击【背景】图层，在弹出的【新建图层】对话框中使用默认设置，单击【确定】按钮将【背景】图层转换为【图层 0】, 如图 3-237 所示。

(3) 在【图层】面板中单击  按钮，新建图层，并将新建图层与【图层 0】调换位置，如图 3-238 所示。

图 3-237 将【背景】图层转换为【图层 0】

图 3-238 新建图层并调换位置

(4) 在菜单栏中选择【图像】|【画布大小】命令，在弹出的【画布大小】对话框中将【宽度】和【高度】均设置为 3 厘米，并勾选【相对】复选框，如图 3-239 所示。

(5) 设置完成后，单击【确定】按钮，效果如图 3-240 所示。

(6) 按 Alt+Delete 组合键，为【图层 1】填充颜色，如图 3-241 所示。

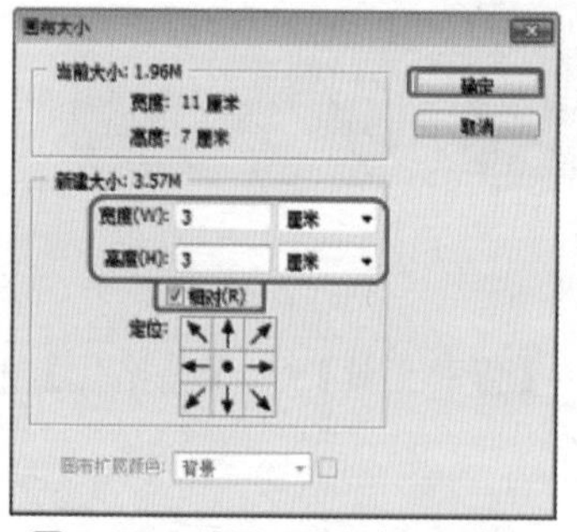
图 3-239 设置【画布大小】参数

图 3-240 设置完成后效果

图 3-241 为【图层 1】填充颜色

(7) 确认【图层 0】处于选中状态，在工具箱中使用【套索工具】，选出图片的一块来，效果如图 3-242 所示。

(8) 在工具箱中单击按钮，效果如图 3-243 所示。

(9) 在菜单栏中选择【滤镜】|【像素化】|【晶格化】命令，在弹出的【晶格化】对话框中将【单元格大小】设置为 60，如图 3-244 所示。

图 3-242 选取选区

图 3-243 使用蒙版效果

图 3-244 设置【晶格化】参数

(10) 设置完成后单击【确定】按钮，并再单击按钮，将其关闭，如图 3-245 所示。

(11) 按 Ctrl+T 组合键，打开自由变换选区，调整选区的位置，调整完成后按 Ctrl+D 组合键取消选区，如图 3-246 所示。至此，撕纸效果制作完成，将制作完成后的场景文件保存即可。

图 3-245 【晶格化】后效果

图 3-246 选区调整后的效果

案例精讲 048 林中阳光效果

案例文件：CDROM | 场景 | Cha03 | 林中阳光效果 .psd

视频文件：视频教学 | Cha03| 林中阳光效果 .avi

制作概述

本例介绍林中阳光效果的制作。首先选择一个黑白反差比较大的通道将其载入选区，将选区复制为图层，并对其进行径向模糊，最后通过色阶来调整光线的亮度，完成后的效果如图 3-247 所示。

图 3-247 林中阳光效果

学习目标

学习制作林中阳光效果。

掌握【径向模糊】、【色阶】命令的使用。

操作步骤

(1) 打开随书附带光盘中的 CDROM | 素材 | Cha03 | 光照 .jpg 文件。

(2) 进入【通道】面板，选择一个黑白反差比较大的通道，这里选择的是【红】通道，如图 3-248 所示。

(3) 返回 RGB 通道，按住 Ctrl 键并单击红通道的缩览图，将该通道载入选区，如图 3-249 所示。

图 3-248　选择通道

图 3-249　将【红】通道载入选区

(4) 确定选区处于选中状态，按 Ctrl+J 组合键建立通过复制的图层，将选区中的内容复制成【图层 1】，如图 3-250 所示。

(5) 选择菜单栏中的【滤镜】|【模糊】|【径向模糊】命令，在弹出的对话框中将【数量】设置为 60，将【模糊方法】定义为【缩放】，然后调整【模糊中心】的位置，设置完成后单击【确定】按钮，如图 3-251 所示。

图 3-250　将选区复制为图层

图 3-251　设置【径向模糊】参数

知识链接

【径向模糊】对话框中包含一个【中心模糊】选项设置框，在设置框内单击，可以将单击点设置为模糊的原点。原点的位置不同，模糊的效果也不相同。

(6) 设置【径向模糊】后的效果如图 3-252 所示。

(7) 按 Ctrl+L 组合键打开【色阶】对话框，在该对话框中设置色阶参数，将光线调亮，单击【确定】按钮，如图 3-253 所示。

(8) 设置【色阶】后的效果如图 3-254 所示。

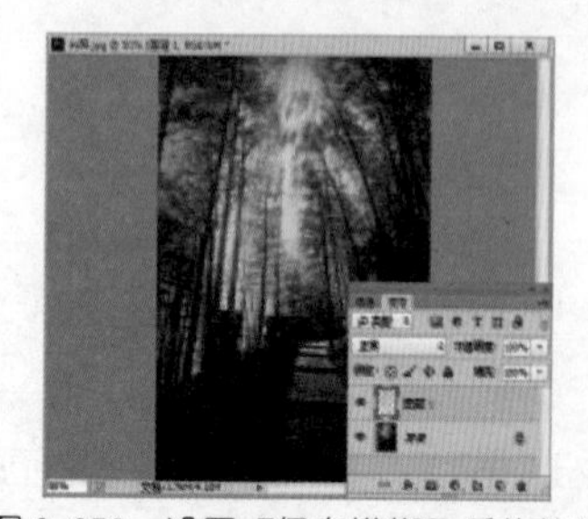
图 3-252　设置【径向模糊】后的效果

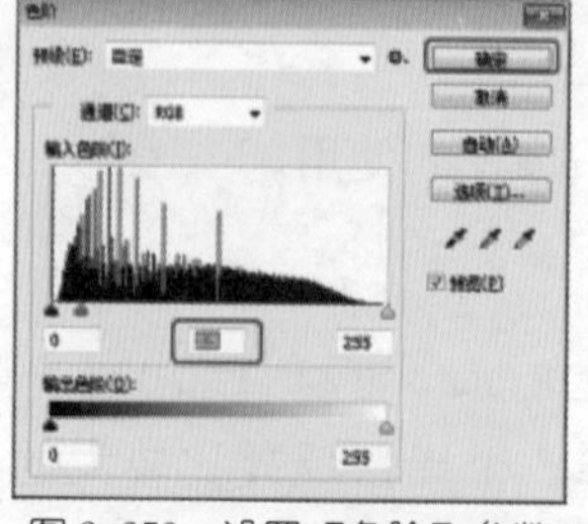
图 3-253　设置【色阶】参数

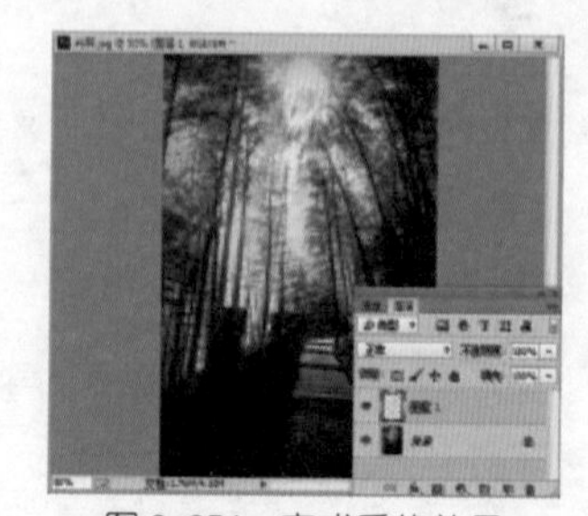
图 3-254　完成后的效果

(9) 至此，林中阳光效果制作完成，将完成后的场景文件保存即可。

案例精讲 049　玻璃效果

案例文件：CDROM | 场景 | Cha03 | 玻璃效果 .psd

视频文件：视频教学 | Cha03| 玻璃效果 .avi

制作概述

本例介绍玻璃效果的制作。首先使用【圆角矩形工具】绘制图形，再使用【图层样式】命令对图形进行修改，并使用【颜料桶工具】填充颜色，完成后的效果如图 3-255 所示。

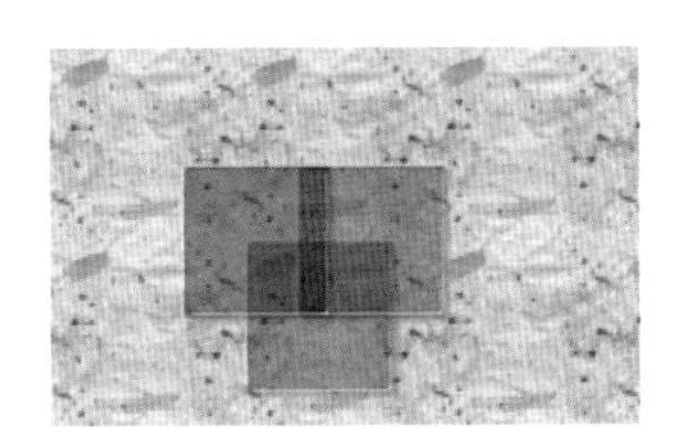

图 3-255　玻璃效果

学习目标

学习玻璃效果的制作。

掌握【圆角矩形工具】、【图层样式】、【颜料桶工具】等命令的使用。

操作步骤

(1) 启动 Photoshop CC 软件，按 Ctrl+N 组合键打开【新建】对话框，将【宽度】和【高度】分别设置为 400 像素、250 像素，【背景内容】设置为【透明】，如图 3-256 所示，设置完成后单击【确定】按钮。

(2) 在工具箱中选择【圆角矩形工具】，设置【半径】为 3 像素，并绘制矩形，如图 3-257 所示。

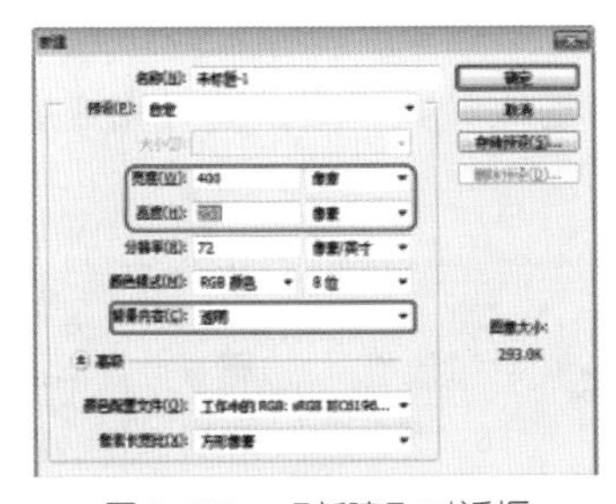

图 3-256　【新建】对话框

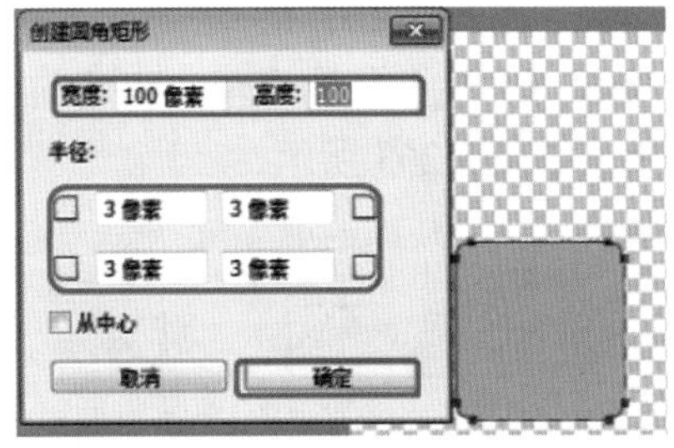

图 3-257　创建圆角矩形

(3) 在【图层】面板中，双击【圆角矩形 1】图层，在弹出的【图层样式】对话框中将【高级混合】下的【填充不透明度】设置为 30%，勾选【将内部效果混合成组】复选框，取消勾选【将剪贴图层混合成组】复选框，如图 3-258 所示。

(4) 在【图层样式】对话框中选择【投影】选项，将【结构】下的【不透明度】设置为 36%，【角度】设置为 135 度，【距离】和【大小】均设置为 3 像素，如图 3-259 所示。

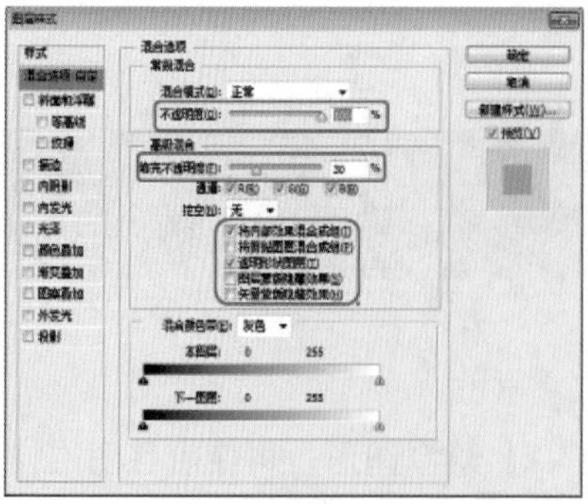

图 3-258　设置【混合选项】参数

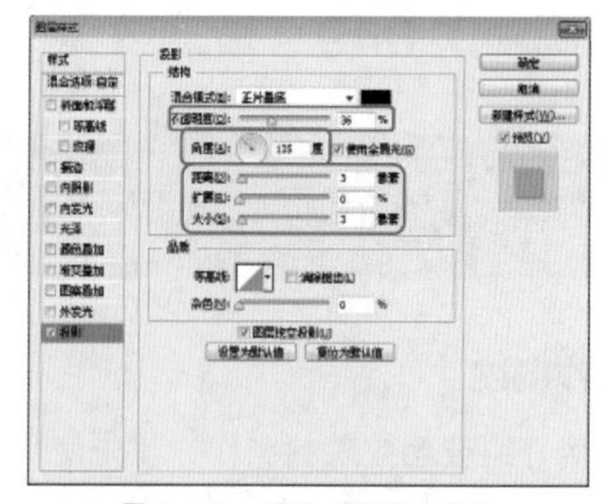

图 3-259　设置【投影】参数

(5) 选择【外发光】选项，将【结构】下的【混合模式】设置为【叠加】，【不透明度】设置为50%，将【杂色】下的颜色块设置为白色，将【图素】下的【大小】设置为5像素，其他参数不变，如图3-260所示。

(6) 选择【斜面和浮雕】选项，将【阴影】下的【高度】设置为70度，【光泽等高线】设置为【环形】，勾选【消除锯齿】复选框，将【高光模式】设置为【正常】，【阴影模式】设置为【颜色加深】，【不透明度】设置为19%，如图3-261所示。

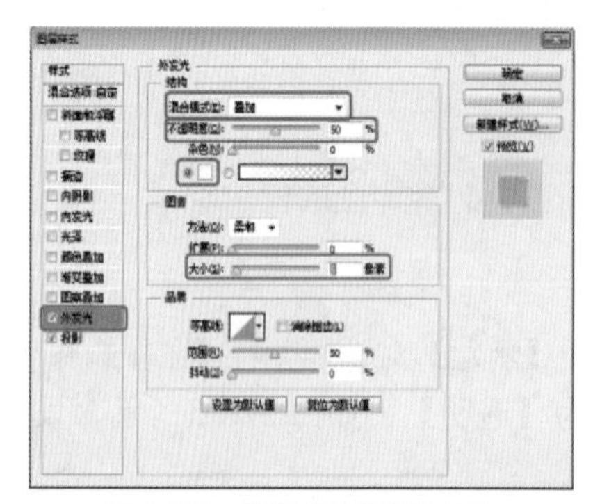

图 3-260　设置【外发光】参数

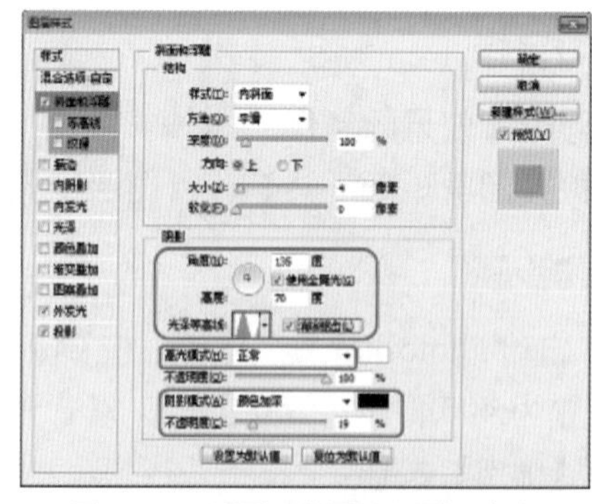

图 3-261　设置【斜面和浮雕】参数

(7) 选择【等高线】选项，将【等高线】进行设置，勾选【除锯齿】复选框，将【范围】设置为30%，如图3-262所示。

(8) 选择【颜色叠加】选项，将【颜色】设置为绿色，其他参数不变。设置完成后单击【确定】按钮，如图3-263所示。

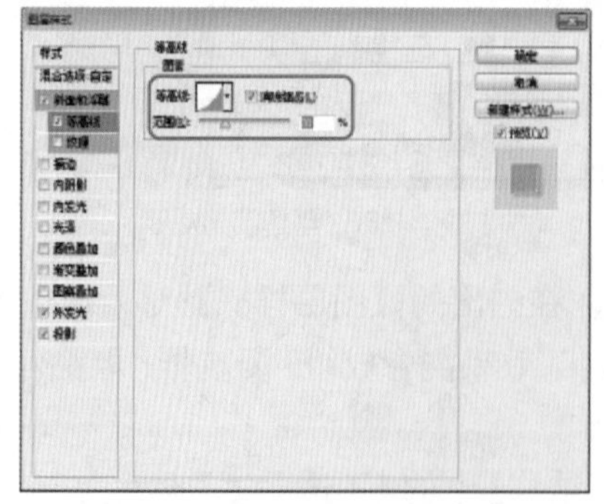

图 3-262　设置【等高线】参数

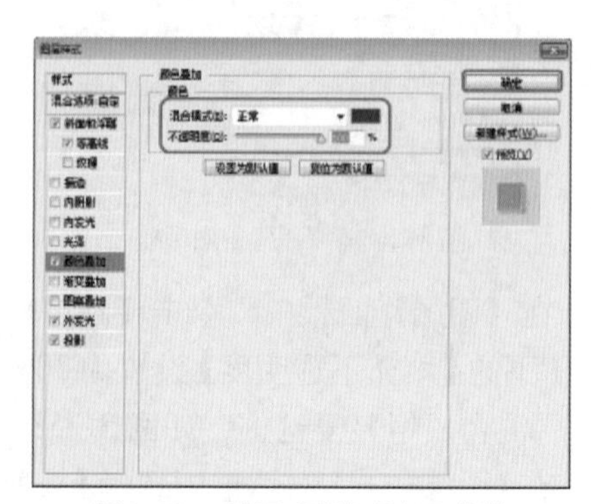

图 3-263　设置【颜色叠加】参数

(9) 设置完成后的效果如图 3-264 所示。

(10) 按 CTRL+J 组合键，将形状图层复制两层，分别将【颜色叠加】选项中的【颜色】设置为红色和蓝色，然后用移动工具拖出效果，如图 3-265 所示。

(11) 新建图层，并将其拖曳至所有图层的最下方，使用【颜料桶工具】选择图案为图层填充颜色，如图 3-266 所示。至此，玻璃效果制作完成，将完成后的场景文件保存即可。

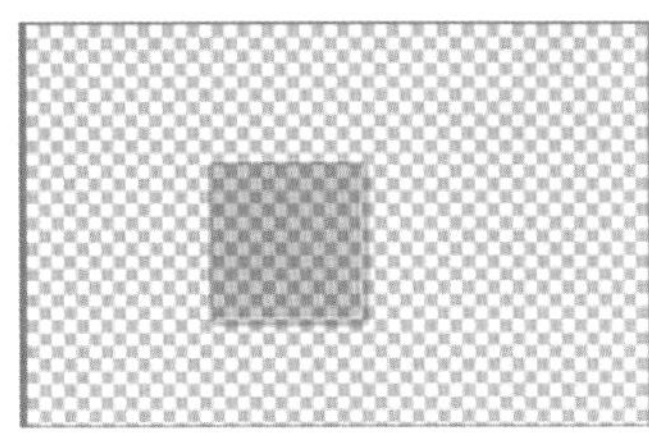
图 3-264　设置完成后的效果

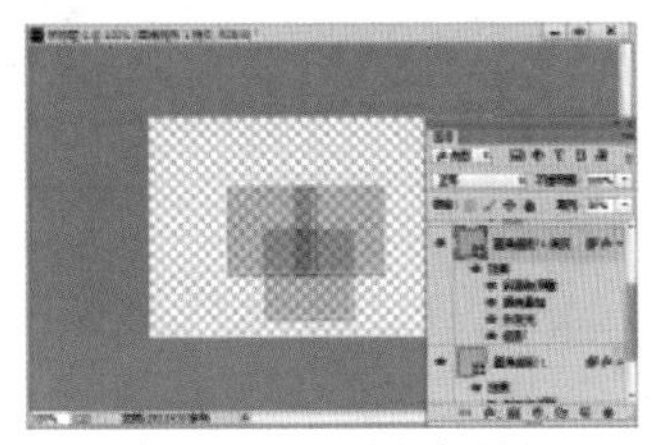
图 3-265　创建其他图层

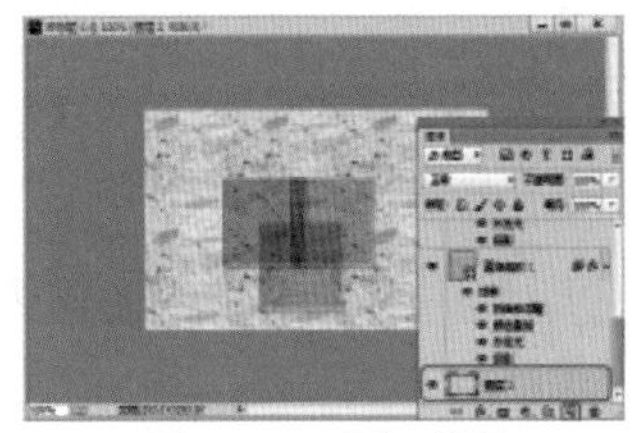
图 3-266　添加背景

案例精讲 050　浴室玻璃效果

案例文件：CDROM | 场景 | Cha03 | 浴室玻璃效果 .psd

视频文件：视频教学 | Cha03 | 浴室玻璃效果 .avi

制作概述

制作浴室玻璃效果主要应用了复制图层，将复制图像进行模糊，通过调节色彩平衡达到玻璃颜色，然后对其添加【玻璃】滤镜而完成，效果如图 3-267 所示。

图 3-267　浴室玻璃效果

学习目标

学习浴室玻璃效果的制作。

掌握【高斯模糊】、【色彩平衡】、【玻璃】滤镜命令的使用。

操作步骤

(1) 打开随书附带光盘中的 CDROM| 素材 |Cha03| 浴室 .jpg 文件，然后单击【打开】按钮，如图 3-268 所示。

(2) 使用【矩形选框工具】绘制出矩形选框，按 Ctrl+J 组合键复制选区，如图 3-269 所示。

(3) 选择【图层 1】，在菜单栏中选择【滤镜】|【模糊】|【高斯模糊】命令，打开【高斯模糊】对话框，将【半径】设置为 6 像素，单击【确定】按钮，如图 3-270 所示。

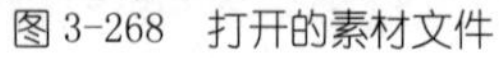

图 3-268　打开的素材文件

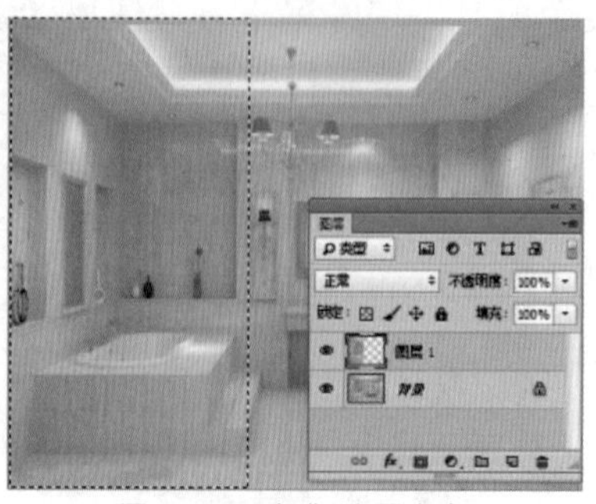

图 3-269　复制选区内容

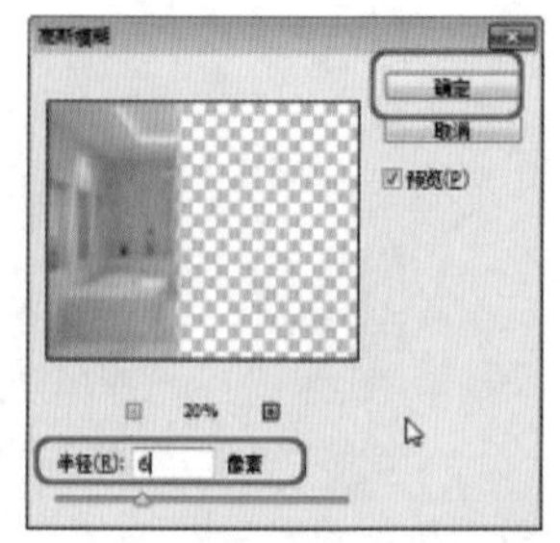

图 3-270　设置【高斯模糊】参数

(4) 打开【图层】面板，选择【图层 1】将其载入选区，单击【创建新的填充和调整图层】按钮，在弹出的下拉菜单中选择【色彩平衡】命令，在弹出的【属性】面板中进行如图 3-271 所示的设置。

(5) 选择【图层 1】，在菜单栏中选择【滤镜】|【滤镜库】命令，在弹出的对话框中选择【扭曲】|【玻璃】命令，将【扭曲度】设置为 2，【平滑度】设置为 2，【纹理】设置为【小镜头】，【缩放】设置为 90%，单击【确定】按钮，如图 3-272 所示。

知识链接

【玻璃】滤镜使图像看起来像是透过不同类型的玻璃来观看。可以选取一种玻璃效果，也可以将自己的玻璃表面创建为 Photoshop 文件并应用它。可以调整【扭曲度】、【平滑度】和【纹理】、【缩放】。

(6) 新建【图层 2】，在工具箱中选择【矩形选框工具】，绘制选区，如图 3-273 所示。

图 3-271　设置【色彩平衡】参数

图 3-272　设置【玻璃】滤镜参数

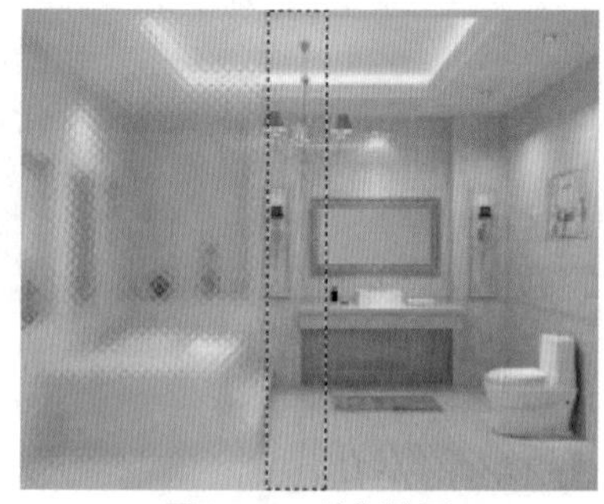

图 3-273　绘制选区

(7) 使用【渐变工具】，在工具选项栏中选择【径向渐变】，设置渐变色，如图 3-274 所示。

(8) 设置完渐变色后对选区进行填充，按 Ctrl+T 组合键适当调整大小和位置，将其【图层样式】设置为【颜色加深】，如图 3-275 所示。至此，浴室玻璃效果制作完成，将完成后的场景文件保存即可。

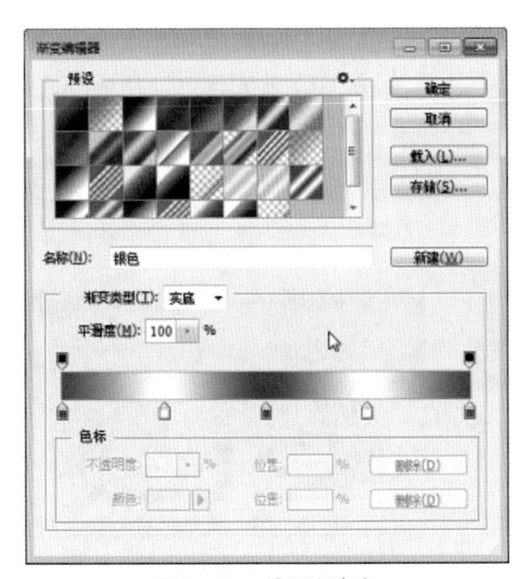

图 3-274 设置渐变色

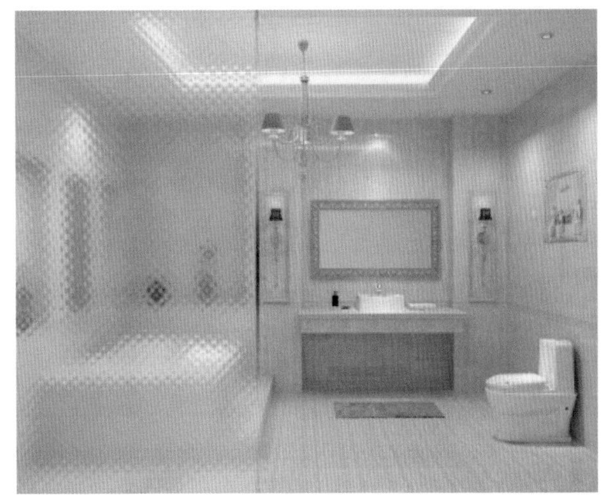
图 3-275 设置渐变色后的效果

案例精讲 051 制作磨砂玻璃效果

 案例文件：CDROM | 场景 | Cha03 | 制作磨砂玻璃效果 .psd

 视频文件：视频教学 | Cha03 | 制作磨砂玻璃效果 .avia

制作概述

本例介绍磨砂玻璃效果的制作。首先将图层进行复制，进入快速蒙版模式，使用【画笔工具】进行涂抹，然后退出快速蒙版模式，将多余的部分删除，最后为图层添加【高斯模糊】和【玻璃】滤镜，完成后的效果如图 3-276 所示。

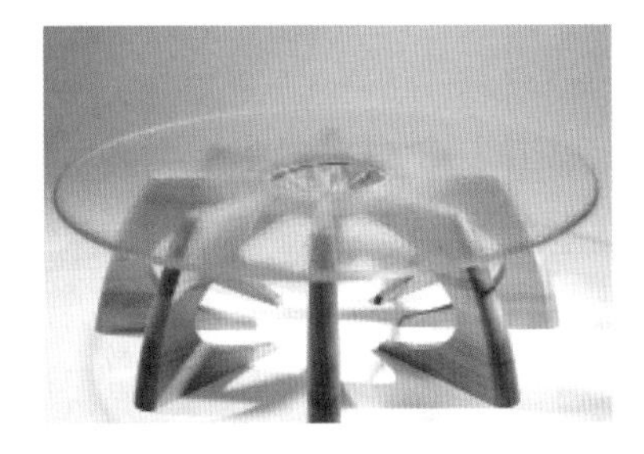
图 3-276 磨砂玻璃效果

学习目标

学习磨砂玻璃效果的制作。

掌握【添加蒙版图层】、【画笔工具】、【高斯模糊】、【玻璃】命令的使用。

操作步骤

(1) 启动软件后，按 Ctrl+O 组合键，在弹出的对话框中选择“V4.jpg”素材文件。在【图层】面板中选择【背景】图层，将其拖曳至【创建新图层】按钮上复制图层，效果如图 3-277 所示。

(2) 选择复制后的图层，单击【以快速蒙版模式编辑】按钮进入快速蒙版模式，在工具箱中选择【画笔工具】，适当调整画笔笔触的大小，对图层进行涂抹，效果如图 3-278 所示。

(3) 在工具箱中选择【油漆桶工具】，在绘制的椭圆之间单击进行填充，完成后的效果如图 3-279 所示。

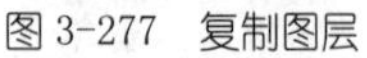

图 3-277　复制图层

图 3-278　涂抹后的效果

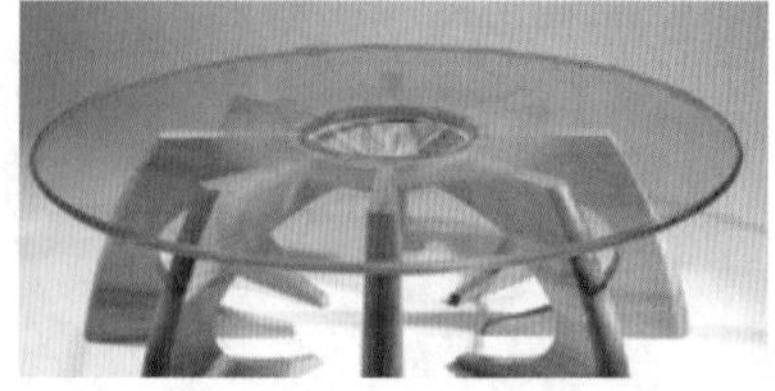

图 3-279　填充后的效果

(4) 按 Q 键退出快速蒙版，按 Delete 组合键将多余的部分删除，按 Ctrl+D 组合键取消选区。选择复制的图层，在菜单栏中选择【滤镜】|【模糊】|【高斯模糊】命令，打开【高斯模糊】对话框，在该对话框中将【半径】设置为 5 像素，如图 3-280 所示。

(5) 单击【确定】按钮。在菜单栏中选择【滤镜】|【滤镜库】命令，在弹出的【滤镜】对话框中选择【扭曲】|【玻璃】选项，将【扭曲度】设置为 5，【平滑度】设置为 2，【纹理】设置为【磨砂】，【缩放】设置为 59%，如图 3-281 所示。

(6) 单击【确定】按钮，将复制图层的【不透明度】设置为 65%，完成后的效果如图 3-276 所示。

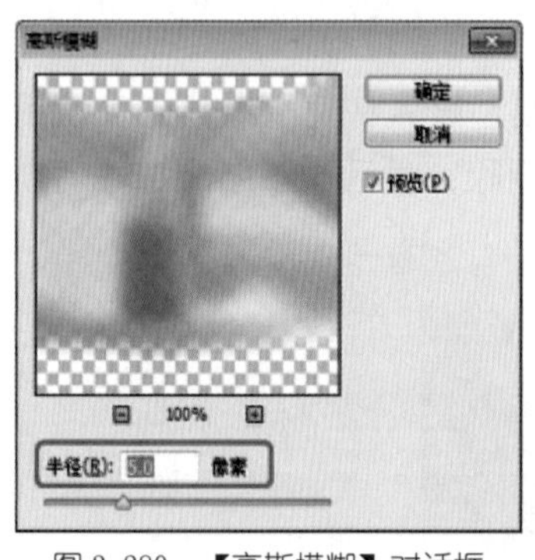

图 3-280　【高斯模糊】对话框

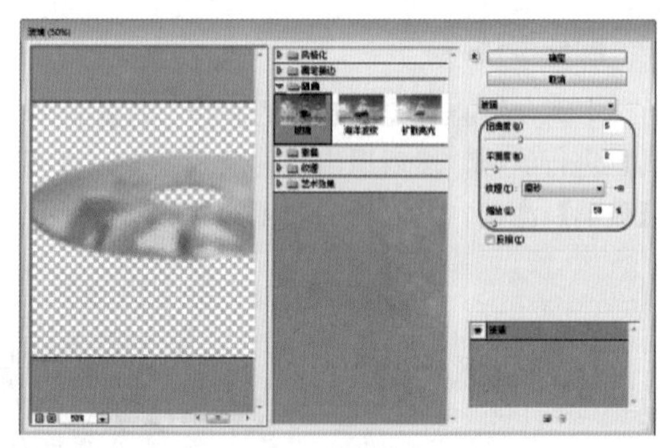

图 3-281　【玻璃】对话框

(7) 至此，磨砂玻璃效果制作完成，将完成后的场景文件保存即可。

第4章 常用的梦幻效果

本章重点

- 辐射冲击波特效
- 钻石水晶耀光特效
- 火星特效
- 水效果
- 星云效果
- 闪电特效
- 火焰花纹特效
- 数码闪光效果
- 彩色光线效果
- 科技背景效果
- 炫酷光环效果
- 放射光线背景效果

Photoshop CC 在绘图方面的一个重要应用就是特殊效果的制作，而在实际绘图中，几乎所有的图像绘制都离不开如闪光、光线等特殊效果。本章仅介绍几种特殊效果的绘制过程，通过最直接的方式体现 Photoshop CC 在实现特殊效果方面的基本功能。

案例精讲 052　辐射冲击波特效

案例文件：CDROM | 场景 | Cha04 | 辐射冲击波特效 .psd

视频文件：视频教学 | Cha04| 辐射冲击波特效 .avi

制作概述

本例制作类似于爆炸效果的辐射冲击波光影效果，使用的主要命令包括【波纹】、【极坐标】、【风】等，制作完成后的效果如图 4-1 所示。

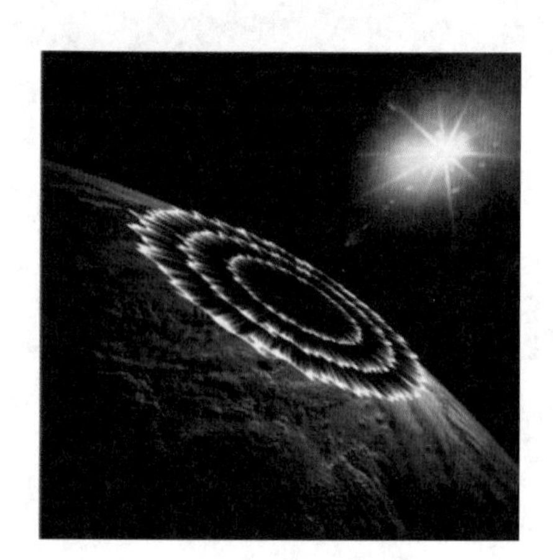

图 4-1　辐射冲击波特效

学习目标

学习辐射冲击波特效的制作。

掌握【波纹】、【极坐标】、【风】等滤镜的使用。

操作步骤

(1) 启动 Photoshop CC 软件，按 Ctrl+N 组合键打开【新建】对话框，将【宽度】和【高度】均设置为 500 像素，【分辨率】设置为 72 像素 / 英寸，如图 4-2 所示。设置完成后单击【确定】按钮。

(2) 前景色的颜色为黑色时，将【背景】图层填充为黑色，如图 4-3 所示。

(3) 使用【椭圆工具】，将其【填充】设置为白色，【描边】设置为无，按住 Shift 键绘制一个正圆形，如图 4-4 所示。

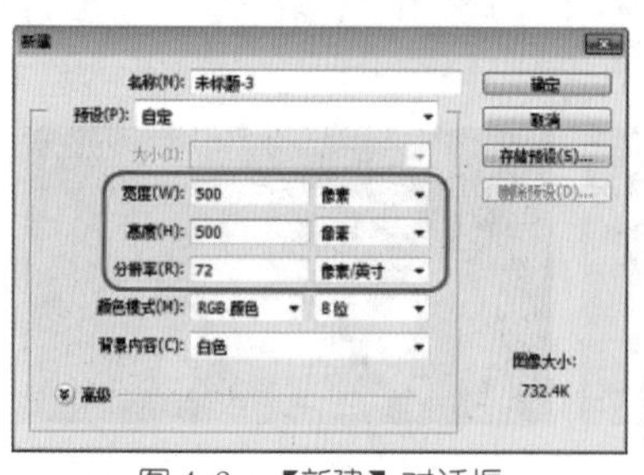

图 4-2　【新建】对话框

图 4-3　填充【背景】图层

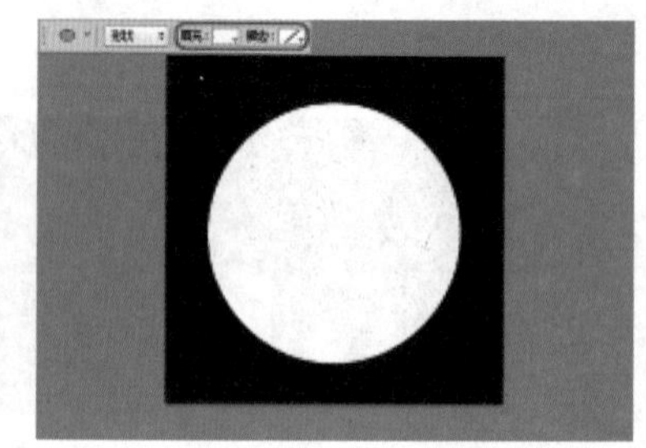

图 4-4　绘制正圆形

(4) 在【图层】面板中，将【椭圆 1】图层拖曳至【创建新图层】按钮上，创建【椭圆 1 拷贝】图层，如图 4-5 所示。

(5) 按 Ctrl+T 组合键，将复制的圆进行缩放，然后将其填充为黑色，如图 4-6 所示。

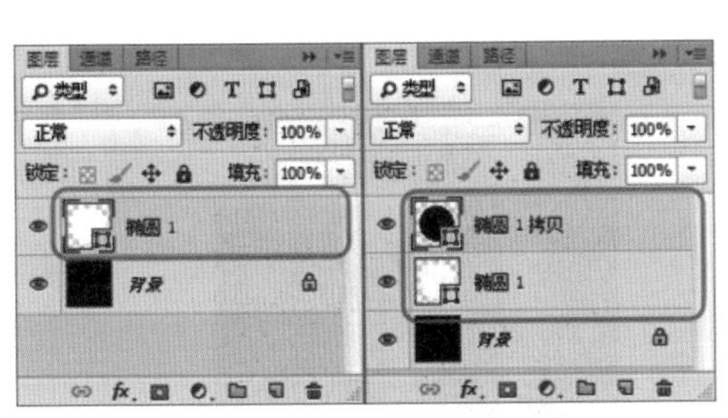

图 4-5 创建【椭圆 1 拷贝】图层

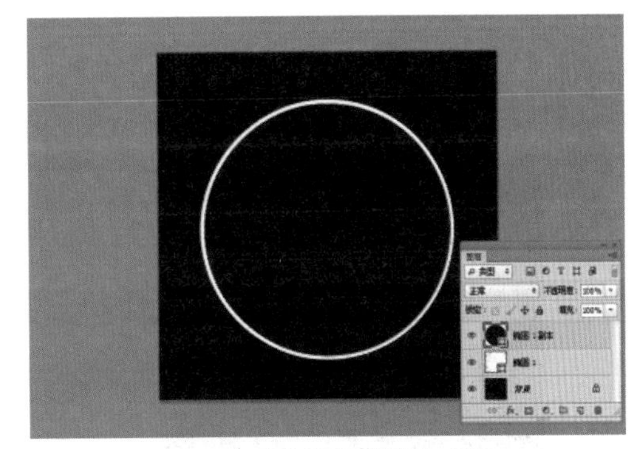

图 4-6 复制圆并填充为黑色

(6) 在【图层】面板中选中【椭圆 1】和【椭圆 1 拷贝】图层，右击，在弹出的快捷菜单中选择【栅格化图层】命令，然后按 Ctrl+E 组合键，将其合成一个图层，如图 4-7 所示。

(7) 在菜单栏中选择【滤镜】|【扭曲】|【波纹】命令，在弹出的【波纹】对话框中，将【数量】设置为 200%，【大小】设置为【大】，如图 4-8 所示。

知识链接

【波纹】滤镜：在选区上创建波状起伏的图案，如同水池表面的波纹。

(8) 单击【确定】按钮。在菜单栏中选择【滤镜】|【扭曲】|【极坐标】命令，在弹出的【极坐标】对话框中，选中【极坐标到平面坐标】单选按钮，如图 4-9 所示。

图 4-7 合并图层

图 4-8 设置【波纹】参数

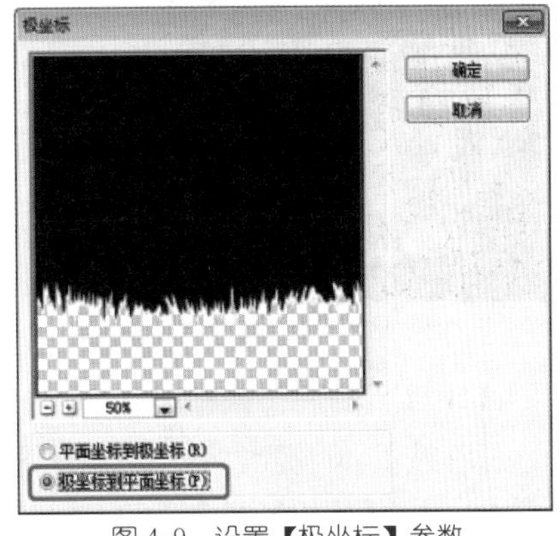

图 4-9 设置【极坐标】参数

(9) 单击【确定】按钮。在菜单栏中选择【图像】|【图像旋转】|【90 度 (顺时针)】命令，然后选择【滤镜】|【风格化】|【风】命令，在弹出的【风】对话框中，将【方法】设置为【风】，【方向】设置为【从左】，单击【确定】按钮。然后按 Ctrl+F 组合键，再次执行【风】滤镜，如图 4-10 所示。

Ctrl+F 组合键可以再次执行上一次执行过的滤镜效果。

(10) 在菜单栏中选择【图像】|【图像旋转】|【90 度 (逆时针)】命令，然后选择【滤镜】|【扭曲】|【极坐标】命令，在弹出的【极坐标】对话框中，选中【平面坐标到极坐标】单选按钮，然后单击【确定】按钮，如图 4-11 所示。

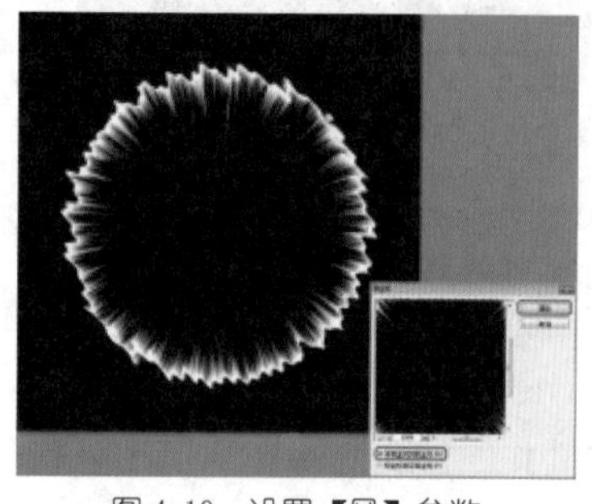

图 4-10　设置【风】参数

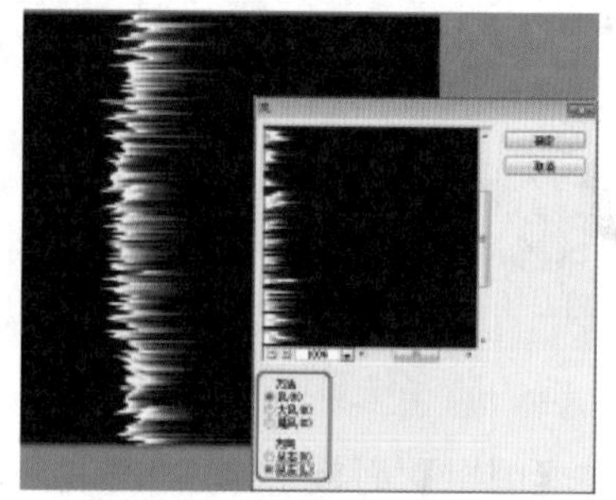

图 4-11　设置【极坐标】参数

(11) 对【椭圆 1 拷贝】图层复制 2 次，然后按 Ctrl+T 组合键，调整图形的大小，如图 4-12 所示。

(12) 将【椭圆 1 拷贝】、【椭圆 1 拷贝 2】和【椭圆 1 拷贝 3】图层合并。打开随书附带光盘中的 CDROM | 素材 | Cha04 | 背景 01.jpg 文件，使用【移动工具】，将制作完成后的冲击波图形拖曳至打开的背景中，如图 4-13 所示。

(13) 按 Ctrl+T 组合键，然后右击，在弹出的快捷菜单中选择【扭曲】命令，如图 4-14 所示。

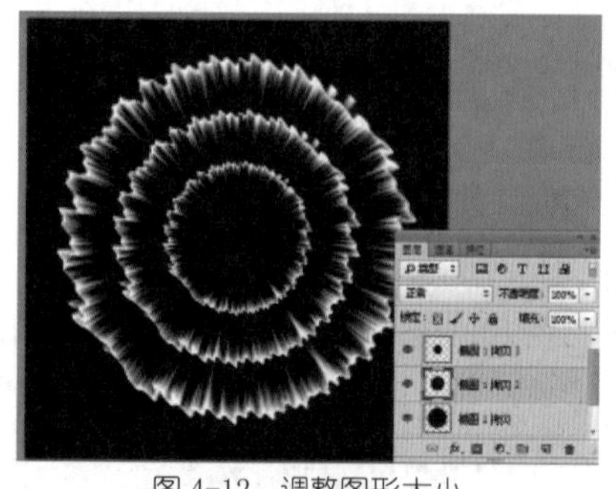

图 4-12　调整图形大小

图 4-13　拖曳图形到背景中

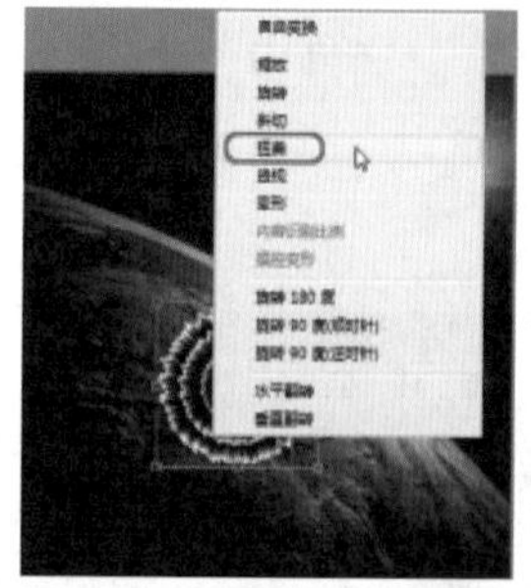

图 4-14　选择【扭曲】命令

(14) 对图形进行调整，如图 4-15 所示。

(15) 按 Enter 键确认。按 Ctrl+U 组合键，在打开的【色相 / 饱和度】对话框中，勾选【着色】复选框，将【色相】设置为 222，【饱和度】设置为 40，【明度】设置为 +5，如图 4-16 所示。

(16) 单击【确定】按钮，将文件进行保存。

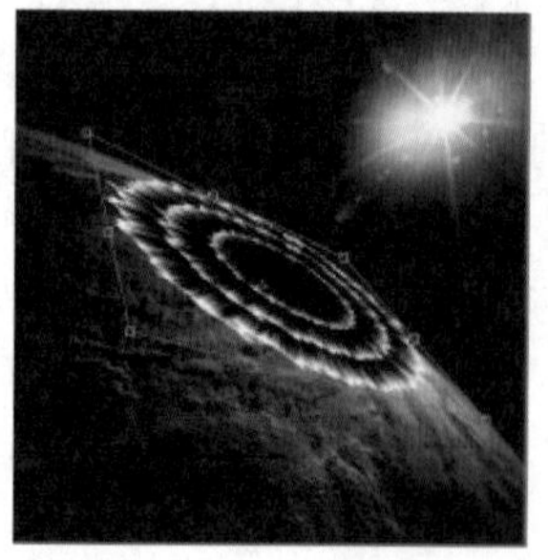

图 4-15　调整图形

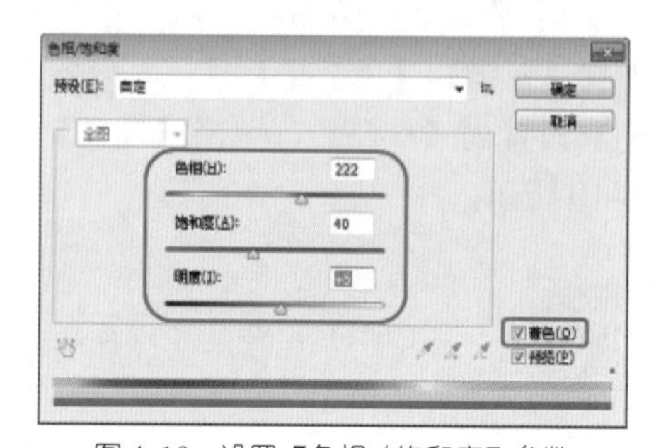

图 4-16　设置【色相 / 饱和度】参数

案例精讲 053　钻石水晶耀光特效

案例文件：CDROM | 场景 | Cha04 | 钻石水晶耀光特效 .psd

视频文件：视频教学 | Cha04| 钻石水晶耀光特效 .avi

制作概述

本例制作类似于钻石水晶的耀光效果，使用的命令主要包括【极坐标】、【径向模糊】、【高斯模糊】、【镜头光晕】等，制作完成后的效果如图 4-17 所示。

图 4-17　钻石水晶耀光特效

学习目标

学习钻石水晶耀光特效的制作。

掌握【极坐标】、【径向模糊】、【高斯模糊】、【镜头光晕】等滤镜的使用。

操作步骤

(1) 启动 Photoshop CC 软件，按 Ctrl+N 组合键打开【新建】对话框，将【宽度】和【高度】均设置为 300 像素，【分辨率】设置为 72 像素 / 英寸，设置完成后单击【确定】按钮。前景色的颜色为黑色时，将【背景】图层填充为黑色。

(2) 选择【图层】面板，单击该面板底部的【创建新图层】按钮，新建一个图层。选择工具箱中的【椭圆选框工具】，在新建的图层中绘制出如图 4-18 所示的横向选区，将选区填充为白色。

(3) 按 Ctrl+D 组合键取消选择。在菜单栏中选择【滤镜】|【扭曲】|【极坐标】命令，在弹出的【极坐标】对话框中选中【平面坐标到极坐标】单选按钮，然后单击【确定】按钮，为【图层 1】添加【极坐标】效果，完成后的效果如图 4-19 所示。

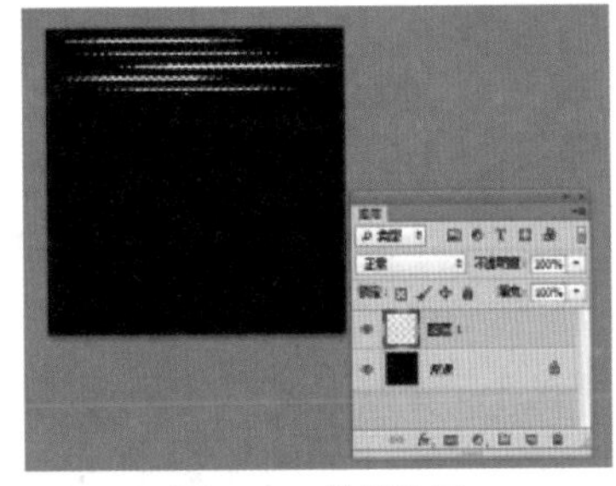

图 4-18　绘制选区

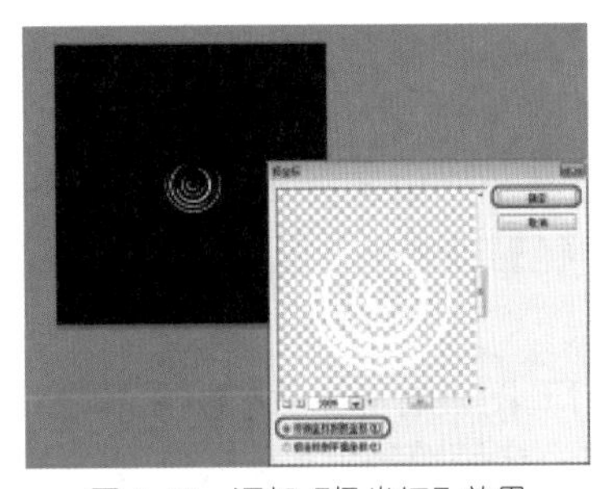

图 4-19　添加【极坐标】效果

知识链接

【极坐标】滤镜：根据选项，将选区从平面坐标转换到极坐标，或将选区从极坐标转换到平面坐标。

(4) 在菜单栏中选择【滤镜】|【模糊】|【径向模糊】命令，在弹出的【径向模糊】对话框中，将【数量】设置为32，选中【模糊方法】选项组中的【旋转】单选按钮，单击【确定】按钮，添加【径向模糊】效果，如图4-20所示。

图4-20　添加【径向模糊】效果

(5) 在【图层】面板中，单击面板底部的【创建新图层】按钮，创建【图层2】。选择工具箱中的【椭圆选框工具】，在新建的图层中绘制出如图4-21所示的横向选区，将选区填充为白色。

(6) 按Ctrl+D组合键取消选择，然后将【图层2】与【图层1】进行合并，并复制合并后的图层，如图4-22所示。

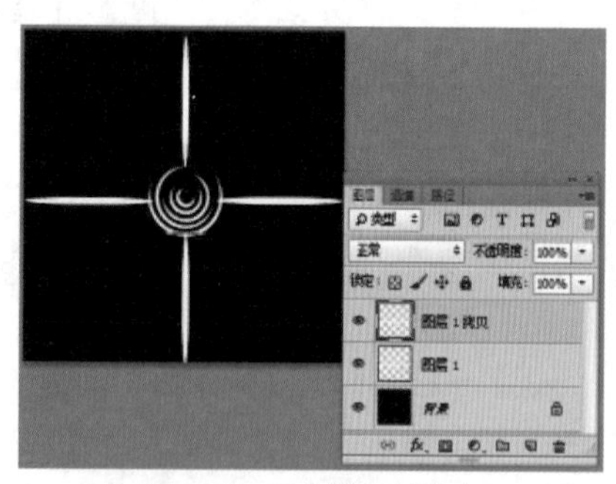

图4-21　绘制选区并填充

图4-22　合并图层

(7) 按Ctrl+T组合键，将【图层1拷贝】图层进行旋转并缩放，然后将其与【图层1】合并，如图4-23所示。

(8) 在菜单栏中选择【滤镜】|【模糊】|【高斯模糊】命令，在弹出的【高斯模糊】对话框中将【半径】设置为2像素，如图4-24所示。设置完成后单击【确定】按钮，为该图层添加模糊效果。

(9) 打开随书附带光盘中的CDROM | 素材 | Cha04 | 背景02.jpg文件，使用【移动工具】，将制作完成后的图形拖曳至打开的背景中，适当调整其大小及位置，如图4-25所示。

图 4-23　合并图层

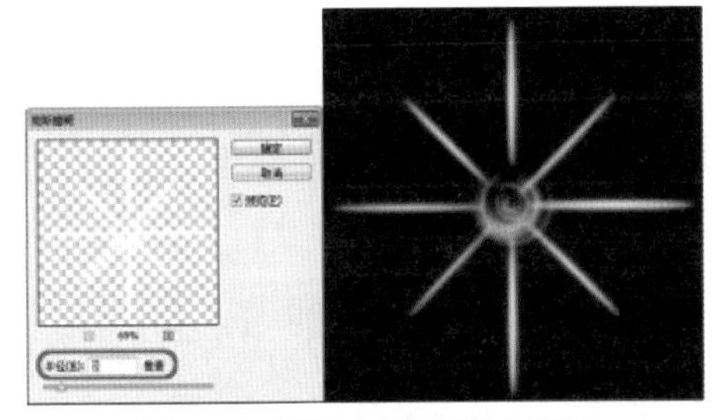
图 4-24　设置【高斯模糊】参数

(10) 按 Ctrl+Shift+E 组合键将图层进行合并。执行菜单栏中的【滤镜】|【渲染】|【镜头光晕】命令，在弹出的【镜头光晕】对话框中将【亮度】设置为 80%，选中【镜头类型】选项组中的【50-300 毫米变焦 (Z)】单选按钮，同时将镜头中心移动到耀光图形中心，如图 4-26 所示。设置完成后单击【确定】按钮。至此，钻石水晶耀光特效制作完成。

图 4-25　调整耀光大小及位置

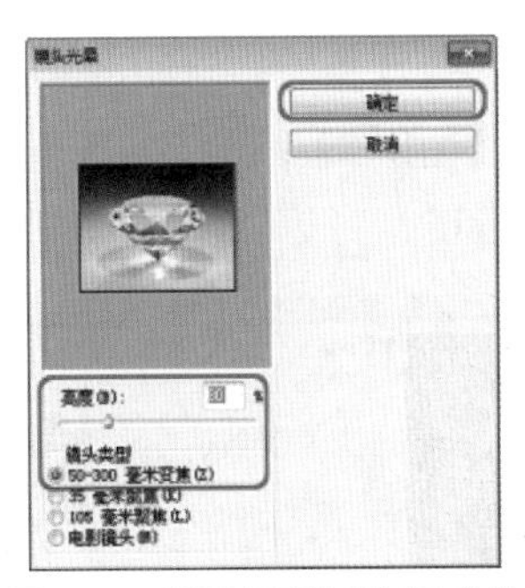
图 4-26　设置【镜头光晕】参数

案例精讲 054　火星特效

案例文件：CDROM | 场景 | Cha04 | 火星特效 .psd

视频文件：视频教学 | Cha04| 火星特效 .avi

制作概述

本例介绍火星效果的制作。首先使用滤镜中的【分层云彩】、【USM 锐化】、【球面化】滤镜制作出大致的火星表面纹理效果，然后执行【色彩平衡】命令调出火焰的色彩，最后为其添加【外发光】图层样式，完成后的效果如图 4-27 所示。

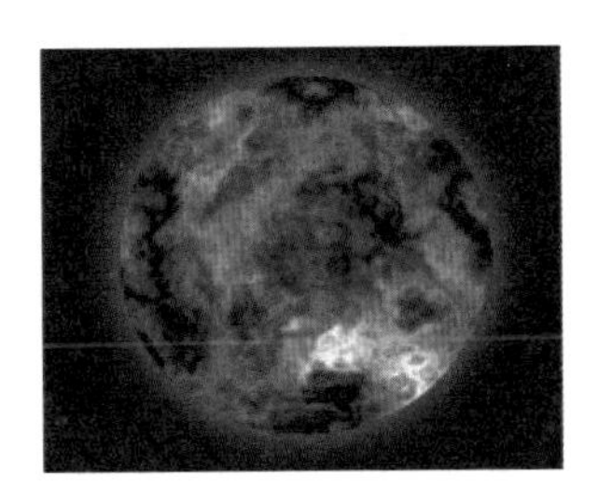
图 4-27　火星特效

学习目标

学习火星特效的制作。

掌握【去色】、【亮度/对比度】和【色彩平衡】命令的使用。

操作步骤

(1) 启动 Photoshop CC 软件，按 Ctrl+N 组合键打开【新建】对话框，将【宽度】和【高度】分别设置为 500 像素、400 像素，【分辨率】设置为 72 像素/英寸，设置完成后单击【确定】按钮。前景色的颜色为黑色时，将【背景】图层填充为黑色。

(2) 选择【图层】面板，单击该面板底部的【创建新图层】按钮，新建一个图层，并将【图层 1】填充为黑色。执行菜单栏中的【滤镜】|【杂色】|【添加杂色】命令，在弹出的【添加杂色】对话框中将【数量】设置为 25%，选中【分布】选项组中的【高斯分布】单选按钮，勾选【单色】复选框，如图 4-28 所示，然后单击【确定】按钮。

(3) 将【图层 1】拖曳到【创建新图层】按钮上，复制一个图层，并将新复制图层的【混合模式】设置为【叠加】，如图 4-29 所示。

(4) 新建【图层 2】，选择工具箱中的【椭圆选框工具】，在新建的图层中绘制出如图 4-30 所示的圆形选区，将选区填充为黑色，如图 4-30 所示。

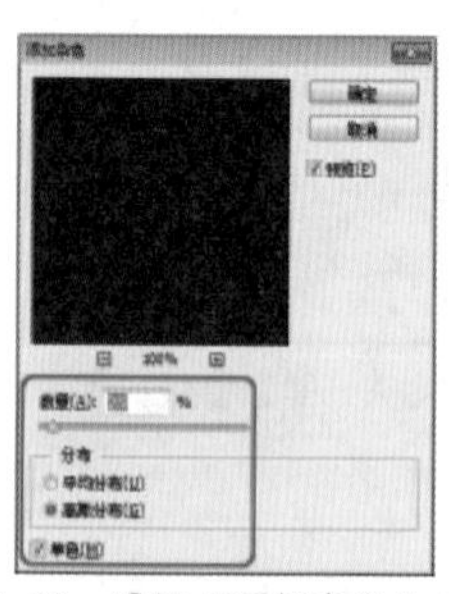
图 4-28　设置【添加杂色】参数

图 4-29　复制图层并设置【混合模式】

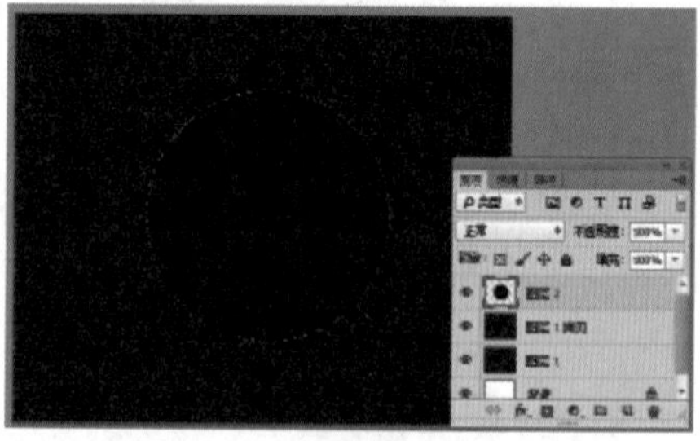
图 4-30　绘制图形并填充颜色

(5) 选择菜单栏中的【滤镜】|【渲染】|【分层云彩】命令，多次按 Ctrl+F 组合键为图层添加【分层云彩】效果，如图 4-31 所示。

(6) 按 Ctrl+L 组合键，打开【色阶】对话框，调整色阶参数，单击【确定】按钮，如图 4-32 所示。

(7) 选择菜单栏中的【滤镜】|【锐化】|【USM 锐化】命令，在弹出的【USM 锐化】对话框中将【数量】设置为 80%，【半径】设置为 3 像素，如图 4-33 所示，单击【确定】按钮。

图 4-31　添加【分层云彩】效果

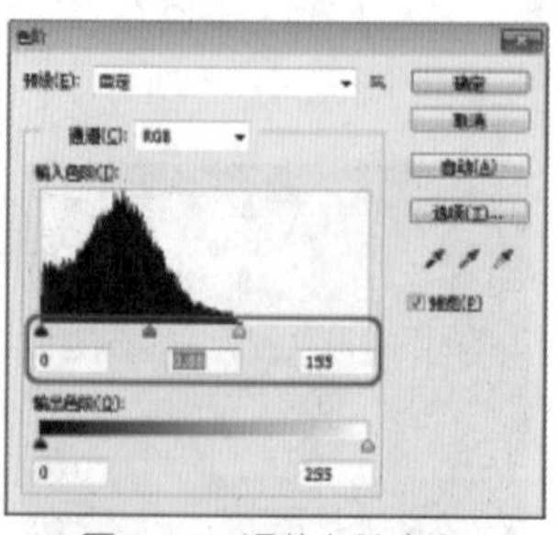
图 4-32　调整色阶参数

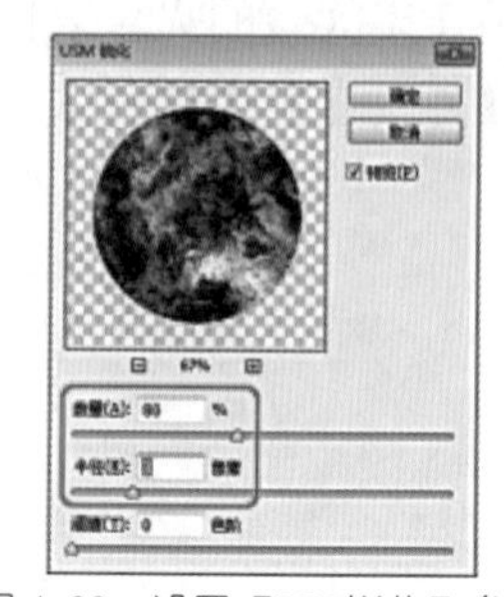
图 4-33　设置【USM 锐化】参数

(8) 按 Ctrl+D 组合键取消选区，执行菜单栏中的【滤镜】|【扭曲】|【球面化】命令，在弹出的【球面化】对话框中将【数量】设置为 90%，单击【确定】按钮，如图 4-34 所示。

知识链接

【球面化】滤镜：可以通过将选区折成球形、扭曲图像以及伸展图像以适合选中的曲线，使对象具有 3D 效果。

(9) 继续执行【球面化】命令，在弹出的对话框中将【数量】设置为 20%，单击【确定】按钮，完成后的效果如图 4-35 所示。

(10) 按 Ctrl+B 组合键打开【色彩平衡】对话框，选中【色调平衡】选项组中的【阴影】单选按钮，将【色阶】设置为 +100、0、−100，单击【确定】按钮，如图 4-36 所示。

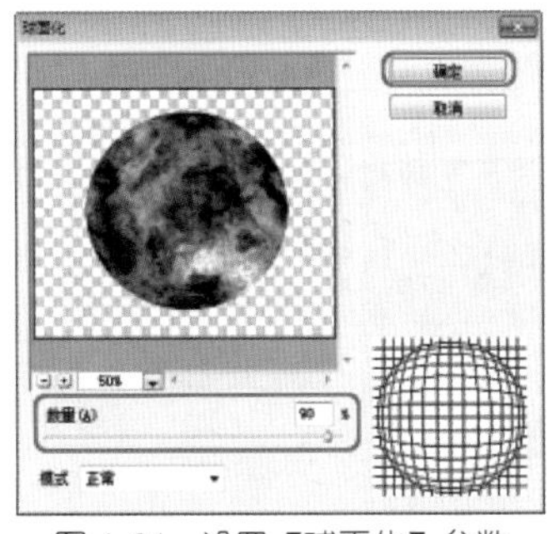

图 4-34　设置【球面化】参数

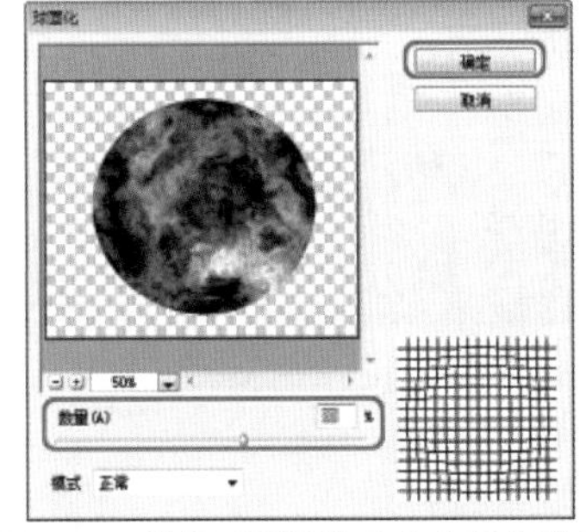

图 4-35　执行【球面化】命令后的效果

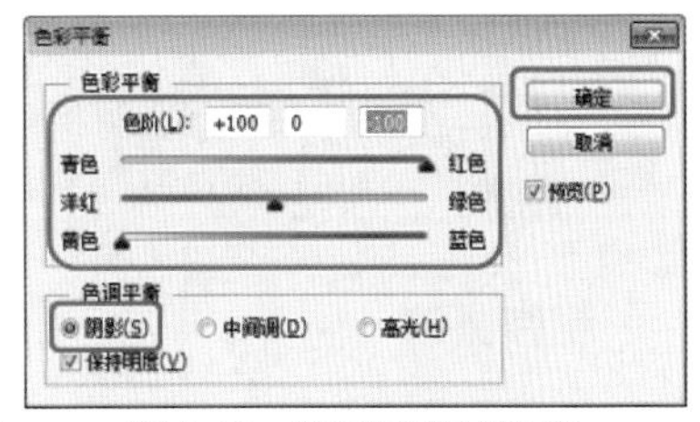

图 4-36　设置阴影处的颜色

(11) 按 Ctrl+B 组合键打开【色彩平衡】对话框，选中【色调平衡】选项组中的【中间调】单选按钮，将【色阶】设置为 +100、0、−100，单击【确定】按钮，如图 4-37 所示。

(12) 按 Ctrl+B 组合键，在弹出的【色彩平衡】对话框中选中【高光】单选按钮，然后将【色阶】设置为 80、0、−10，设置完成后单击【确定】按钮，如图 4-38 所示。设置后的效果如图 4-39 所示。

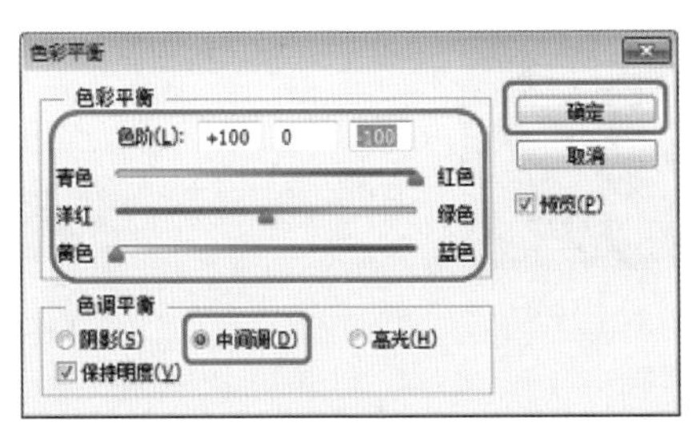

图 4-37　设置中间调处的颜色

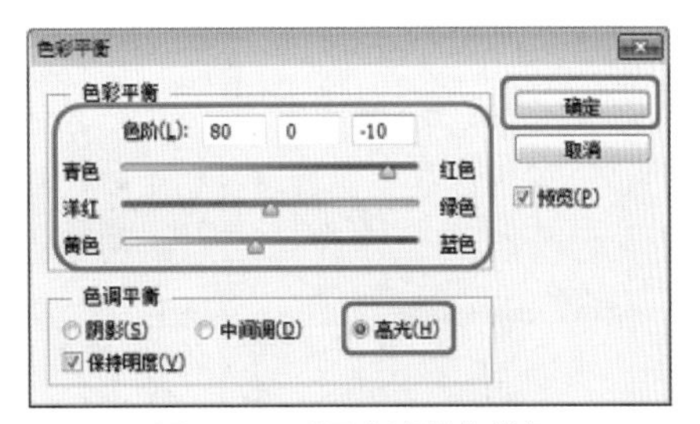

图 4-38　设置高光处的颜色

提示　用户也可以使用【色相 / 饱和度】对话框为火星上色。

(13) 单击【图层】面板底部的【添加图层样式】按钮，在弹出的菜单中选择【外发光】命令，在弹出的【图层样式】对话框中将发光颜色的 RGB 值设置为 255、27、0，将【图素】选项区

域中的【扩展】和【大小】分别设置为 5%、55 像素，设置完成后单击【确定】按钮，如图 4-40 所示。

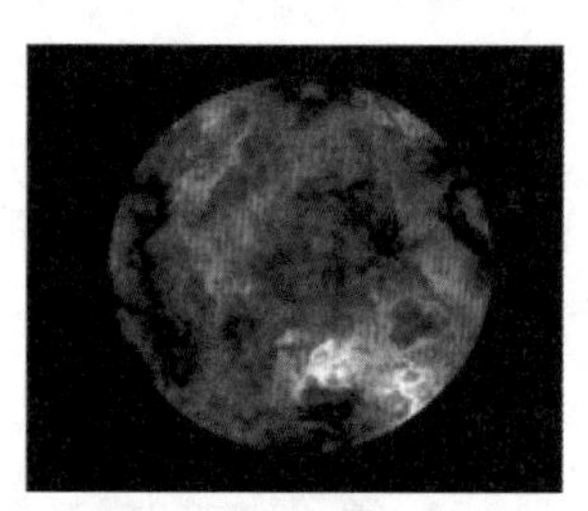
图 4-39　设置完颜色后的效果

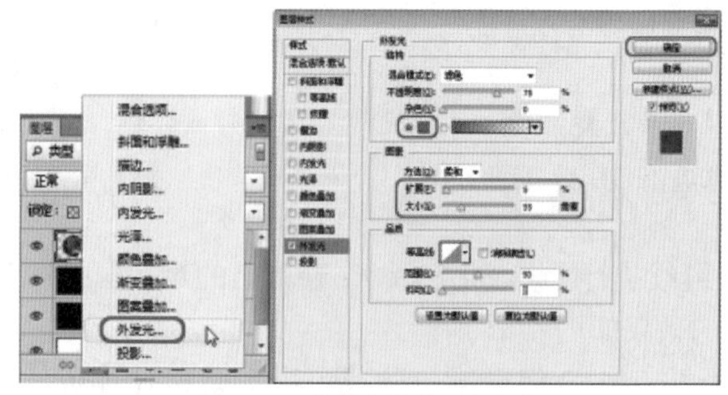
图 4-40　设置【外发光】参数

案例精讲 055　水效果

案例文件：CDROM | 场景 | Cha04 | 水效果 .psd
视频文件：视频教学 | Cha04| 水效果 .avi

制作概述

本例介绍水效果的制作。该例的制作比较简单，主要是在【云彩】效果上为其添加【基底凸现】和【铬黄渐变】滤镜，然后调整它的颜色，完成后的效果如图 4-41 所示。

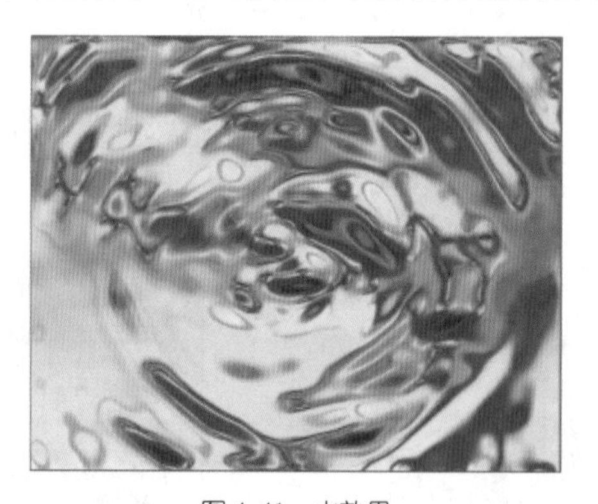
图 4-41　水效果

学习目标

学习水效果的制作。

掌握【基底凸现】和【铬黄渐变】滤镜的使用。

操作步骤

(1) 启动 Photoshop CC 软件，按 Ctrl+N 组合键打开【新建】对话框，将【宽度】和【高度】分别设置为 500 像素、400 像素，【分辨率】设置为 72 像素 / 英寸，设置完成后单击【确定】按钮。

知识链接

【云彩】滤镜：使用介于前景色与背景色之间的随机值生成柔和的云彩图案。应用【云彩】滤镜时，当前图层上的图像数据会被替换。

(2) 确定工具箱中的前景色和背景色为默认值，执行菜单栏中的【滤镜】|【渲染】|【云彩】命令，为新建的文档添加【云彩】效果，如图 4-42 所示。

(3) 在菜单栏中选择【滤镜】|【模糊】|【径向模糊】命令，在弹出的【径向模糊】对话框中，将【数量】设置为 45，选中【模糊方法】选项组中的【旋转】单选按钮，单击【确定】按钮，添加【径向模糊】效果，如图 4-43 所示。

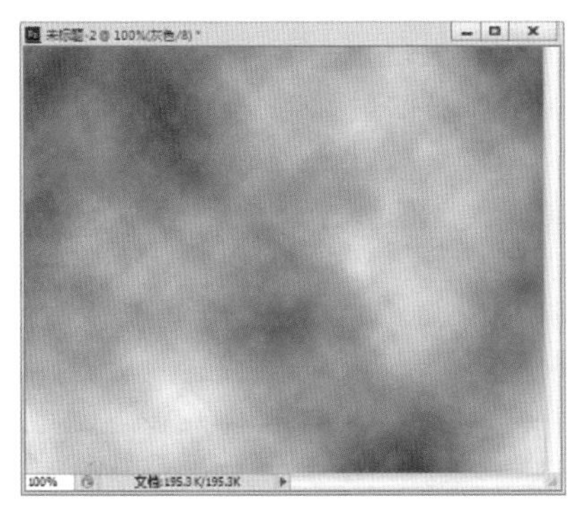

图 4-42 添加【云彩】效果

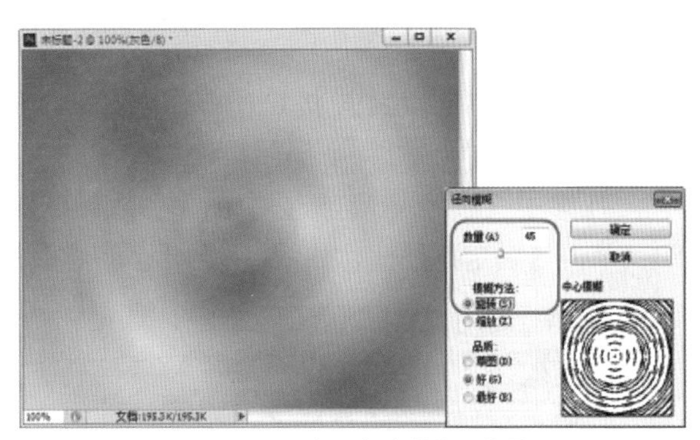

图 4-43 添加【径向模糊】效果

(4) 在菜单栏中选择【滤镜】|【滤镜库】命令，在弹出的对话框中，选择【素描】|【基底凸现】选项，将【细节】设置为 12，【平滑度】设置为 2，如图 4-44 所示。

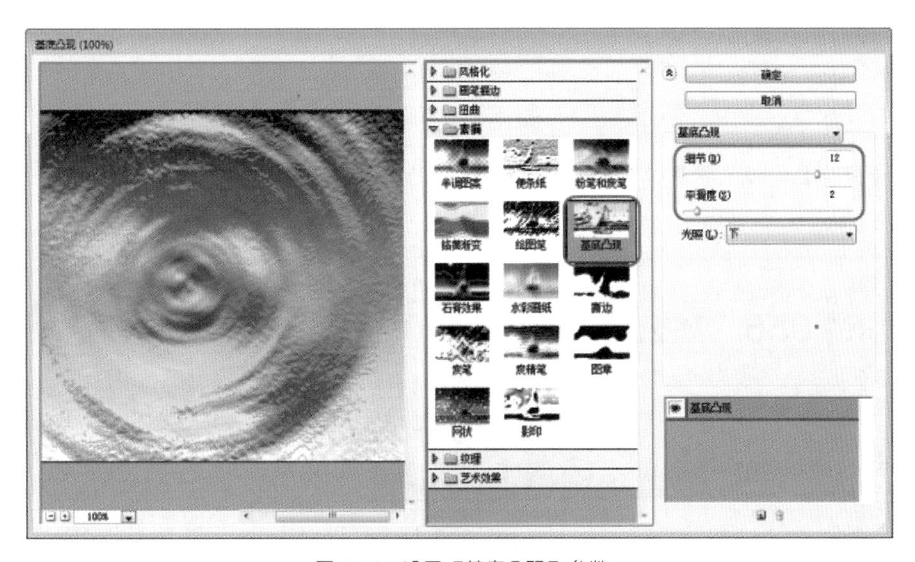

图 4-44 设置【基底凸现】参数

(5) 单击对话框底部的【新建效果图层】按钮，选择【素描】|【铬黄渐变】选项，将【细节】设置为 2，【平滑度】设置为 9，如图 4-45 所示。

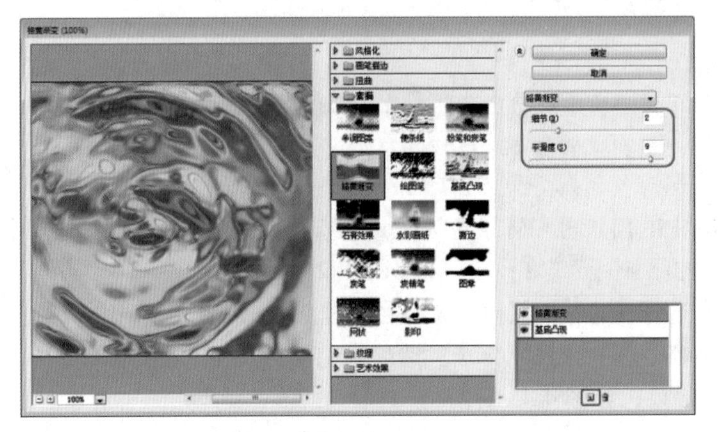

图 4-45　设置【铬黄渐变】参数

(6) 单击【确定】按钮，按 Ctrl+B 组合键，打开【色彩平衡】对话框，选中【中间调】单选按钮，将【色阶】设置为 −27、+10、+100，如图 4-46 所示。

(7) 选中【色调平衡】选项组中的【高光】单选按钮，然后将【色阶】设置为 −27、0、80，单击【确定】按钮，如图 4-47 所示。最后将场景文件进行保存。

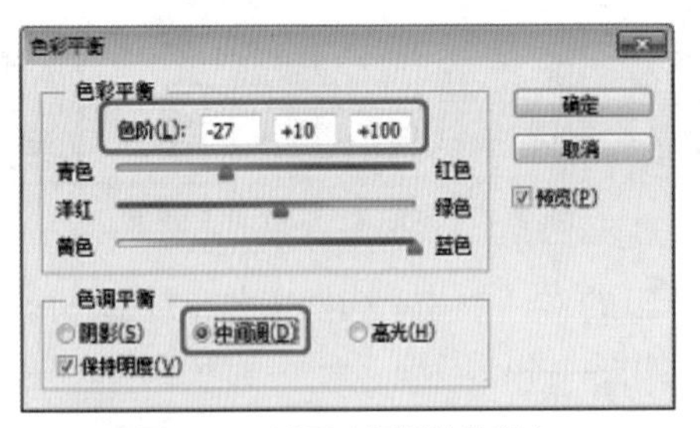

图 4-46　设置中间调处的颜色

图 4-47　设置高光处的颜色

知识链接

【铬黄渐变】滤镜：将图像处理成好像是擦亮的铬黄渐变表面。高光在反射表面上是高点，暗调是低点。

案例精讲 056　星云效果

案例文件：CDROM | 场景 | Cha04 | 星云效果 .psd

视频文件：视频教学 | Cha04| 星云效果 .avi

制作概述

本例首先使用【云彩】和【分层云彩】滤镜绘制图像，然后使用【旋转扭曲】命令制作旋涡效果，在【色相 / 饱和度】对话框中调整其色相及饱和度，最后对图像进行变形，制作完成后的效果如图 4-48 所示。

图 4-48　星云效果

学习目标

学习星云效果的制作。

掌握【分层云彩】和【旋转扭曲】滤镜的使用。

操作步骤

(1) 启动 Photoshop CC 软件，按 Ctrl+N 组合键打开【新建】对话框，将【宽度】和【高度】分别设置为 500 像素、400 像素，【分辨率】设置为 72 像素 / 英寸，设置完成后单击【确定】按钮。

(2) 确定工具箱中的前景色和背景色为默认值，新建【图层 1】，执行菜单栏中的【滤镜】|【渲染】|【云彩】命令，为新建的图层添加【云彩】效果，如图 4-49 所示。

(3) 在菜单栏中选择【滤镜】|【渲染】|【分层云彩】命令，效果如图 4-50 所示。

> **知识链接**
>
> 【分层云彩】滤镜：使用随机生成的介于前景色与背景色之间的值生成云彩图案。将云彩数据和现有的像素混合，其方式与【差值】模式混合颜色的方式相同。第一次选取此滤镜时，图像的某些部分被反相为云彩图案。应用此滤镜几次之后，则会创建出与大理石的纹理相似的凸缘与叶脉图案。

(4) 在菜单栏中选择【滤镜】|【扭曲】|【旋转扭曲】命令，在弹出的【旋转扭曲】对话框中，将【角度】设置为 −514 度，效果如图 4-51 所示。单击【确定】按钮。

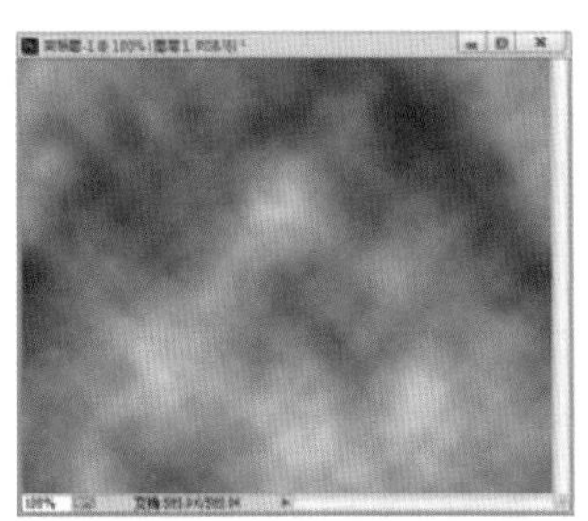

图 4-49　添加【云彩】效果

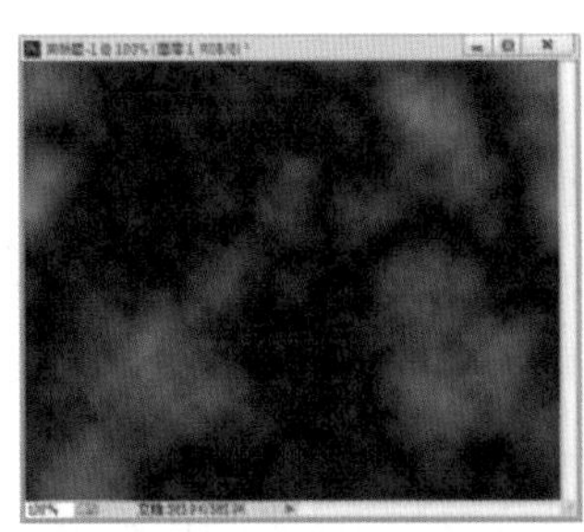

图 4-50　添加【分层云彩】效果

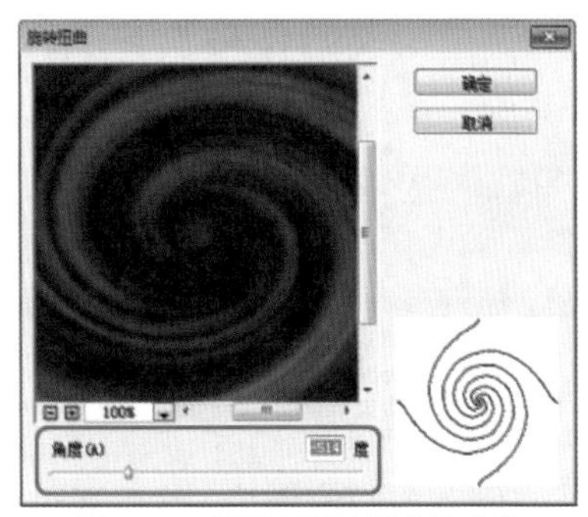

图 4-51　设置【旋转扭曲】参数

(5) 按 Ctrl+U 组合键，在打开的【色相 / 饱和度】对话框中，勾选【着色】复选框，将【色相】设置为 23，【饱和度】设置为 77，【明度】设置为 0，如图 4-52 所示。单击【确定】按钮。

(6) 使用【橡皮擦工具】，在选项栏中将【大小】设置为 130，对图层的边缘进行擦除，如图 4-53 所示。

图 4-52 设置【色相 / 饱和度】参数

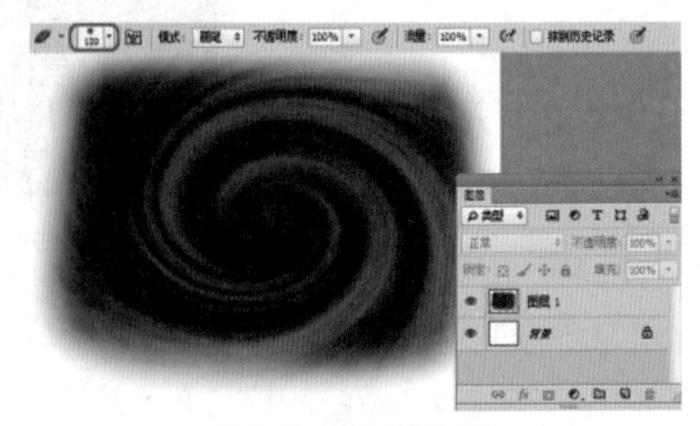
图 4-53 擦除图层边缘

(7) 打开随书附带光盘中的 CDROM | 素材 | Cha04 | 背景 03.jpg 文件，使用【移动工具】，将制作完成后的图形拖曳至打开的背景中。按 Ctrl+T 组合键，右击，在弹出的快捷菜单中选择【扭曲】命令，适当调整其大小及位置，如图 4-54 所示。

(8) 按 Enter 键确认，在【图层】面板中，将【图层 1】的【混合模式】设置为【滤色】，如图 4-55 所示。

(9) 在菜单栏中选择【滤镜】|【扭曲】|【镜头光晕】命令，在弹出的【镜头光晕】对话框中，调整镜头光晕的位置，然后将【亮度】设置为 50%，【镜头类型】设置为【105 毫米焦距】，单击【确定】按钮，如图 4-56 所示。

图 4-54 调整图形

图 4-55 设置混合模式

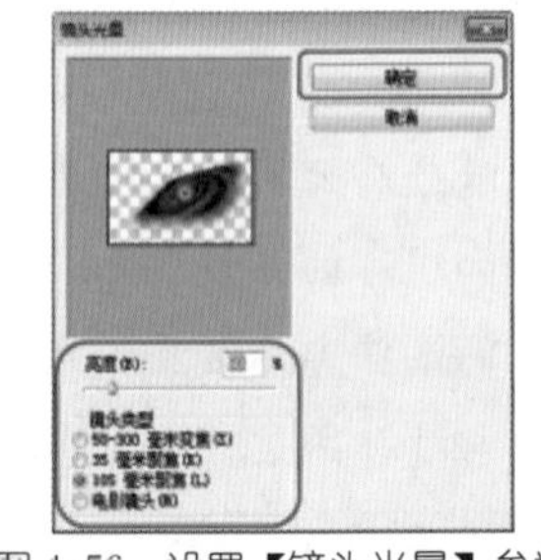
图 4-56 设置【镜头光晕】参数

(10) 将场景文件进行保存。

案例精讲 057 闪电特效

案例文件：CDROM | 场景 | Cha04 | 闪电特效 .psd

视频文件：视频教学 | Cha04| 闪电特效 .avi

制作概述

本例首先填充渐变，然后通过【分层云彩】命令来制作闪电，通过【色阶】和【色相 / 饱和度】命令来调整其颜色，最后使用【橡皮擦工具】将多余的部分擦除，制作完成后的效果如图 4-57 所示。

图 4-57　闪电特效

学习目标

学习闪电特效的制作。

掌握【色阶】和【色相 / 饱和度】命令的使用。

操作步骤

(1) 打开随书附带光盘中的 CDROM | 素材 | Cha04 | 背景 04.jpg 文件，新建【图层 1】。使用【渐变工具】■，在选项栏中选择如图 4-58 所示渐变。

(2) 在【图层 1】中添加渐变颜色，效果如图 4-59 所示。

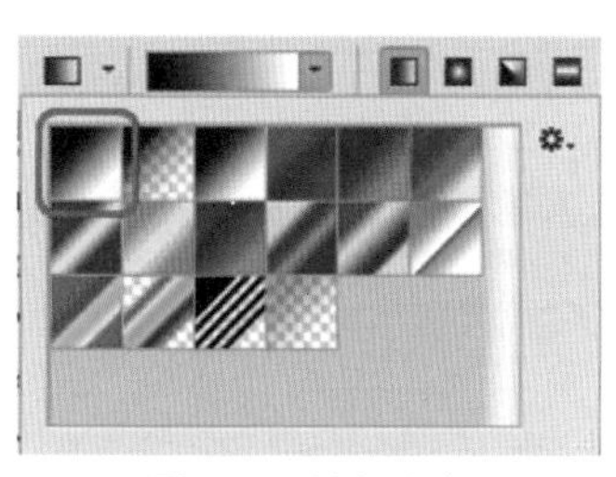

图 4-58　选择渐变

图 4-59　添加渐变

(3) 在菜单栏中选择【滤镜】|【渲染】|【分层云彩】命令，按 Ctrl+F 组合键继续执行【分层云彩】命令，绘制闪电效果，然后按 Ctrl+I 组合键使图像反相，效果如图 4-60 所示。

(4) 按 Ctrl+L 组合键，打开【色阶】对话框，将【色阶】设置为 180、1、255，如图 4-61 所示。然后单击【确定】按钮。

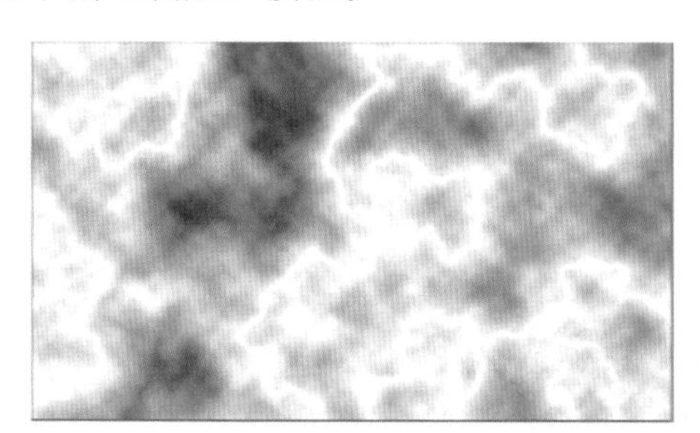

图 4-60　绘制闪电效果

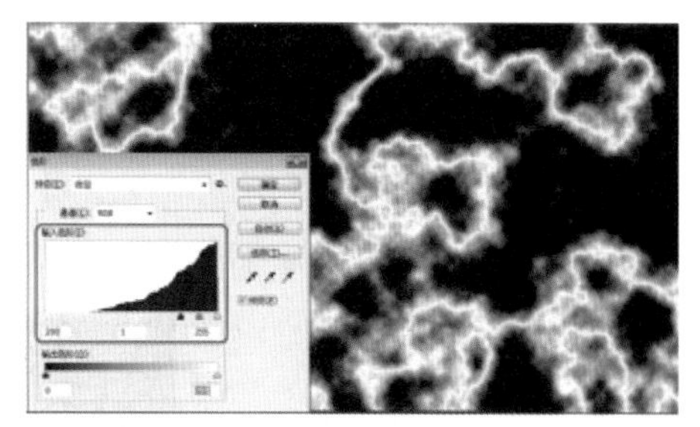

图 4-61　设置【色阶】参数

(5) 按 Ctrl+U 组合键，在打开的【色相 / 饱和度】对话框中，勾选【着色】复选框，将【色相】设置为 236，【饱和度】设置为 66，【明度】设置为 0，如图 4-62 所示。单击【确定】按钮。

(6) 在【图层】面板中将【图层 1】的【混合模式】设置为【滤色】，如图 4-63 所示。

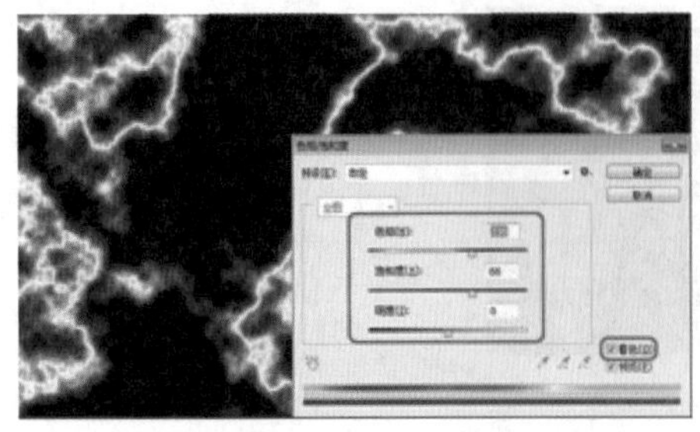
图 4-62　设置【色相/饱和度】参数

图 4-63　设置混合模式

(7) 使用【橡皮擦工具】将多余的闪电部分擦除，如图 4-64 所示。

图 4-64　擦除多余的闪电部分

(8) 最后将场景文件保存。

使用【橡皮擦工具】时，在选项栏中设置画笔类型、大小以及不透明度，可以擦出不同的图像效果。

案例精讲 058　火焰花纹特效

案例文件：CDROM | 场景 | Cha04 | 火焰花纹特效 .psd
视频文件：视频教学 | Cha04| 火焰花纹特效 .avi

制作概述

本例制作火焰花纹特效。首先导入素材并设置其图层样式，然后打开火焰素材，通过【通道】选取红色选区，并将其拖曳至花纹素材中，调整图层的混合模式后，最后使用【橡皮擦工具】将多余的部分擦除。制作完成后的效果如图 4-65 所示。

图 4-65　火焰花纹特效

学习目标

学习通过通道加载选区。

了解图层混合模式的设置。

操作步骤

(1) 打开随书附带光盘中的 CDROM | 素材 | Cha04 | 火焰花纹特效 .psd 文件。在【图层】面板中选中【图层 1】，打开【图层样式】对话框，选择【颜色叠加】选项，将【混合模式】右侧的 RGB 值设置为 210、132、53，如图 4-66 所示。

(2) 选择【内发光】选项，将【混合模式】设置为【颜色减淡】，【不透明度】设置为 90%，颜色 RGB 的值设置为 229、194、59，【大小】设置为 8 像素，如图 4-67 所示。

(3) 选择【外发光】选项，将【混合模式】设置为【正常】，【不透明度】设置为 100%，颜色 RGB 的值设置为 255、0、0，【大小】设置为 15 像素，如图 4-68 所示。

图 4-66　设置【颜色叠加】参数

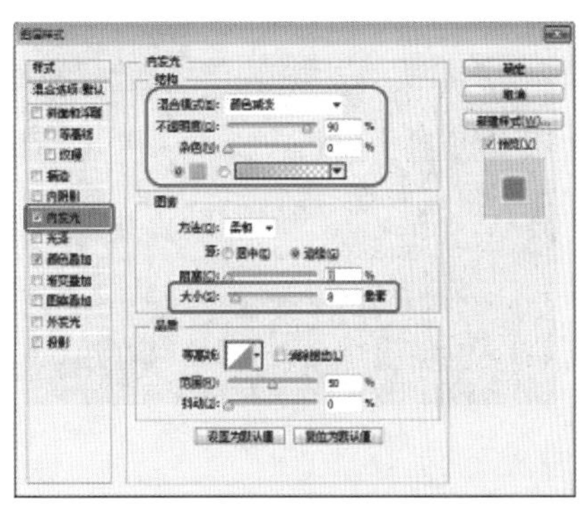

图 4-67　设置【内发光】参数

(4) 选择【光泽】选项，将【混合模式】设置为【正片叠底】，【不透明度】设置为 100%，颜色 RGB 的值设置为 135、45、15，【距离】设置为 3 像素，【大小】设置为 5 像素，如图 4-69 所示。

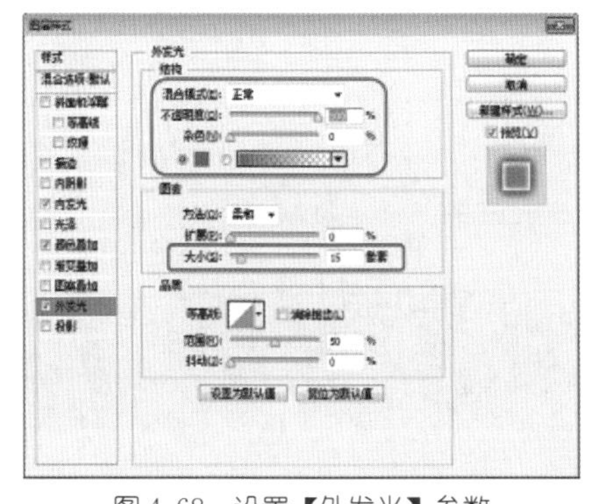

图 4-68　设置【外发光】参数

图 4-69　设置【光泽】参数

(5) 单击【确定】按钮。打开随书附带光盘中的 CDROM | 素材 | Cha04 | 火焰素材 .jpg 文件。在【通道】面板中按住 Ctrl 键，用鼠标单击红色通道的缩略图，将其载入选区，如图 4-70 所示。

(6) 使用【移动工具】，将选区中的内容移动到“火焰花纹特效 .psd”文件中的适当位置，在【图层】面板中，将其【混合模式】设置为【滤色】，如图 4-71 所示。

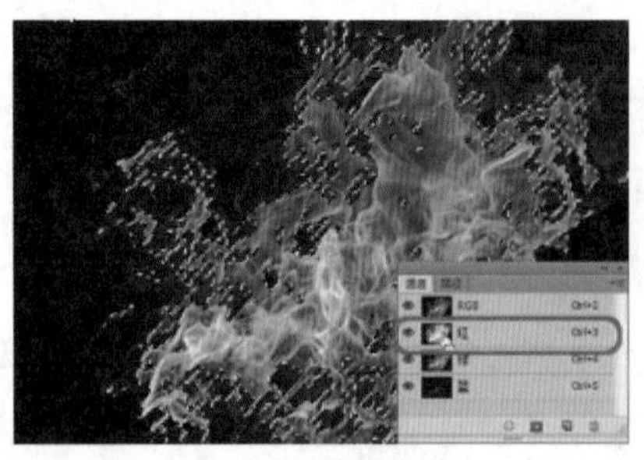
图 4-70　载入选区

图 4-71　设置混合模式

(7) 使用【橡皮擦工具】，在选项栏中，将【大小】设置为 21 像素，【不透明度】设置为 75%，沿着花纹对火焰进行适当擦除，并对其他部位进行适当擦除，如图 4-72 所示。

(8) 使用相同的方法，将“火焰素材 .jpg”文件中的火焰选区拖曳到“火焰花纹特效 .psd”文件中的适当位置，如图 4-73 所示。

图 4-72　擦除火焰

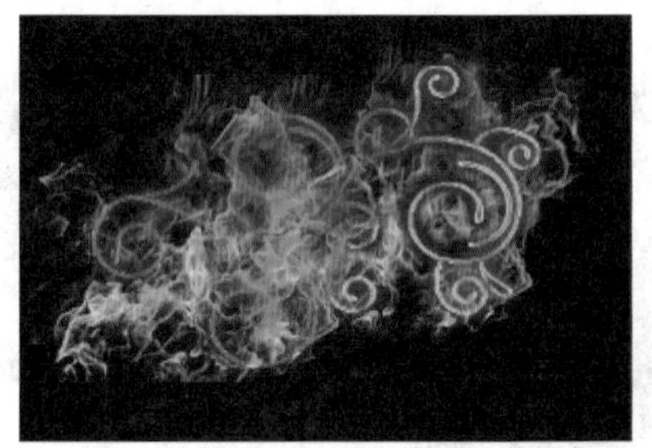
图 4-73　添加火焰

(9) 将其图层的【混合模式】设置为【滤色】，然后使用【橡皮擦工具】，对其进行适当擦除。最后将场景文件保存。

知识链接

滤色图层混合模式显示上方图层及下方图层的像素值中较亮的像素合成图像效果。通常用于显示下方图层的高亮部分。

案例精讲 059　数码闪光效果

案例文件：CDROM | 场景 | Cha04 | 数码闪光效果 .psd
视频文件：视频教学 | Cha04| 数码闪光效果 .avi

制作概述

本例介绍数码闪光效果的制作。该例主要是通过先添加滤镜中的【镜头光晕】滤镜效果，然后添加【波浪】和【强化的边缘】滤镜效果，复制图层后添加【凸出】、【石膏效果】和【海洋波纹】等滤镜效果来表现的，最后更改图层的混合模式，效果如图 4-74 所示。

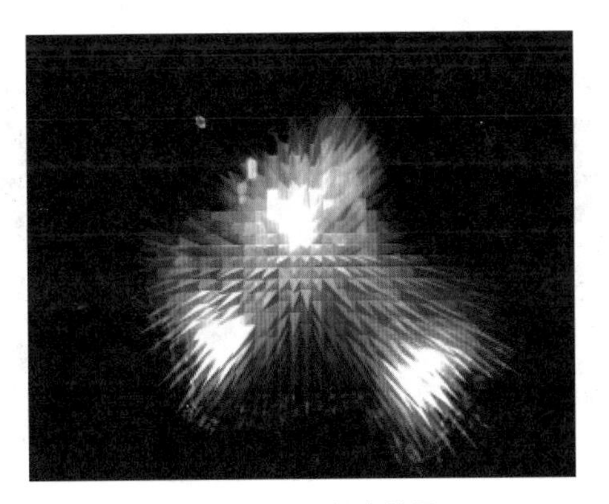

图 4-74　数码闪光效果

学习目标

学习【强化的边缘】滤镜的使用。

了解【凸出】、【石膏效果】和【海洋波纹】滤镜的设置方法。

操作步骤

(1) 启动 Photoshop CC 软件，按 Ctrl+N 键打开【新建】对话框，将【宽度】和【高度】分别设置为 500 像素、400 像素，【分辨率】设置为 72 像素 / 英寸，设置完成后单击【确定】按钮。将背景图层填充为黑色。

(2) 在菜单栏中选择【滤镜】|【渲染】|【镜头光晕】命令，在弹出的【镜头光晕】对话框中，调整光晕的位置，将【亮度】设置为 110%，选中【镜头类型】选项组中的【50-300 毫米变焦】单选按钮，如图 4-75 所示。设置完成后单击【确定】按钮，效果如图 4-76 所示。

(3) 再次选择【滤镜】|【渲染】|【镜头光晕】命令，在弹出的【镜头光晕】对话框中调整光晕的位置，将【亮度】设置为 120%，选中【镜头类型】选项组中的【35 毫米聚焦】单选按钮，如图 4-77 所示。设置完成后单击【确定】按钮，效果如图 4-78 所示。

图 4-75　设置【镜头光晕】参数

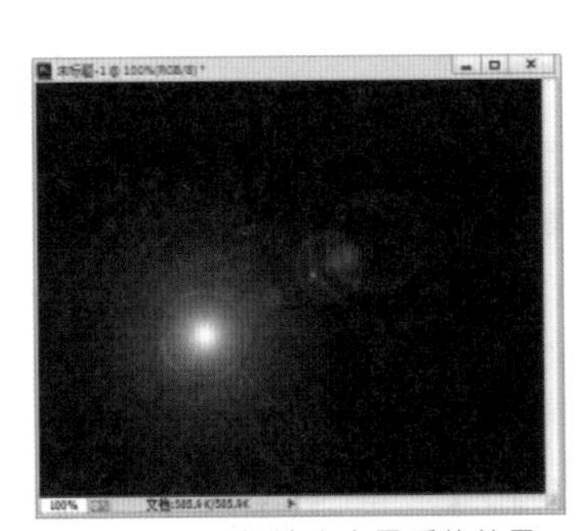

图 4-76　添加镜头光晕后的效果

图 4-77　设置【镜头光晕】参数

(4) 在菜单栏中选择【滤镜】|【渲染】|【镜头光晕】命令，在弹出的【镜头光晕】对话框中将【亮度】设置为 150%，选中【镜头类型】选项组中的【电影镜头】单选按钮，如图 4-79 所示。设置完成后单击【确定】按钮，效果如图 4-80 所示。

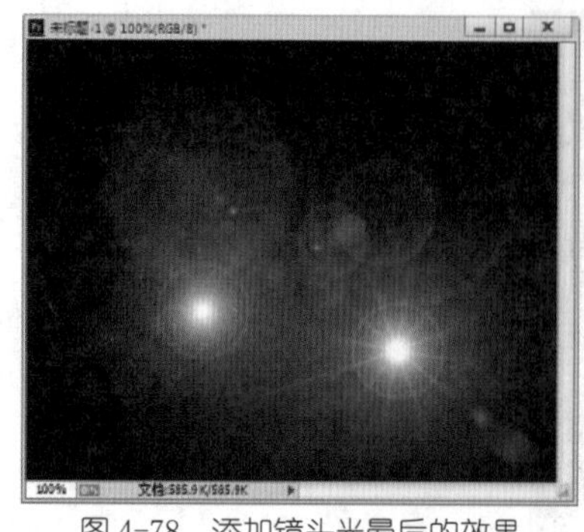

图 4-78　添加镜头光晕后的效果

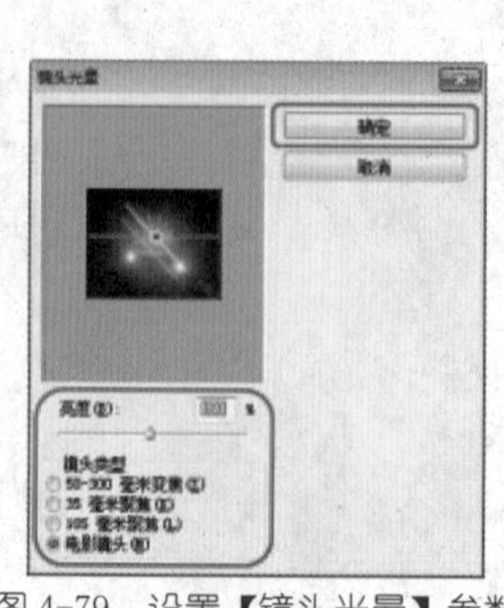

图 4-79　设置【镜头光晕】参数

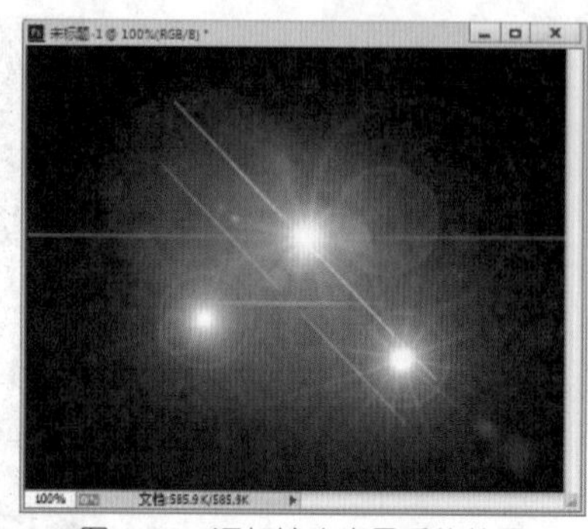

图 4-80　添加镜头光晕后的效果

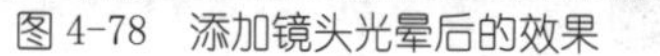

(5) 在菜单栏中选择【滤镜】|【扭曲】|【波浪】命令，在弹出的【波浪】对话框中，将【生成器数】设置为 5，【波长】的最小值设置为 1，【波长】的最大值设置为 100，【波幅】的最小值设置为 4，【波幅】的最大值设置为 20，然后单击【随机化】按钮，选择一种效果，设置完成后单击【确定】按钮，如图 4-81 所示。

(6) 在菜单栏中选择【滤镜】|【滤镜库】命令，在弹出的对话框中选择【画笔描边】|【强化的边缘】选项，将【边缘宽度】、【边缘亮度】和【平滑度】分别设置为 2、30、6，设置完成后单击【确定】按钮，如图 4-82 所示。

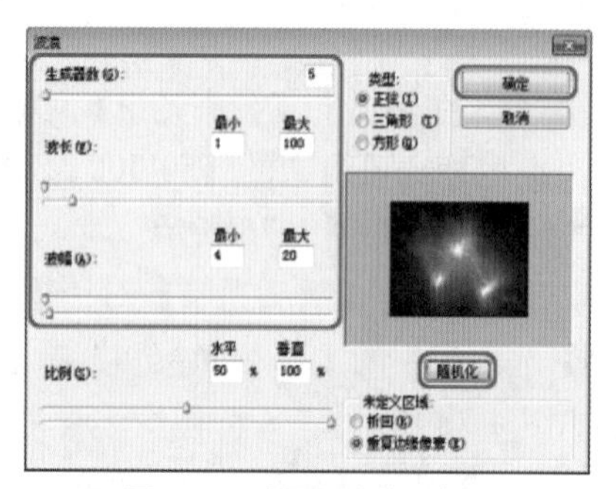

图 4-81　设置【波浪】参数

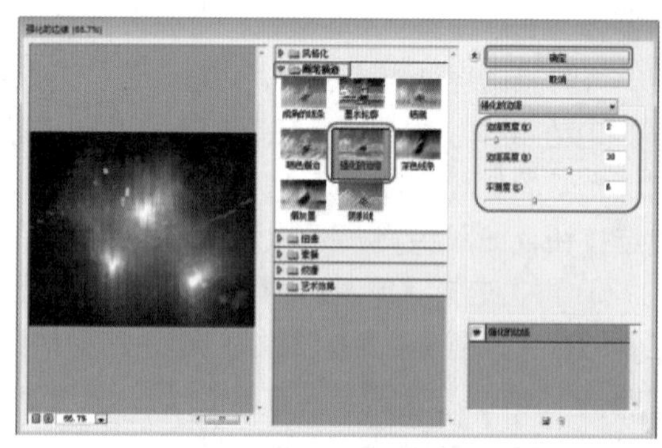

图 4-82　设置【强化的边缘】参数

知识链接

【查找边缘】滤镜：用显著的转换标识图像的域，并突出边缘。该滤镜用相对于白色背景的黑色线条勾勒图像的边缘，这对于生成图像周围的边界非常有用。

(7) 在【图层】面板中将【背景】图层拖曳至面板底部的【创建新图层】按钮上 2 次，建立两个复制的图层【背景 拷贝】和【背景 拷贝 2】，将【背景 拷贝 2】图层隐藏，选择【背景 拷贝】图层，如图 4-83 所示。

(8) 在菜单栏中选择【滤镜】|【风格化】|【凸出】命令，在弹出的【凸出】对话框中，选中【金字塔】单选按钮，将【大小】设置为 10 像素，【深度】设置为 75，单击【确定】按钮，如图 4-84 所示。

图 4-83　选中【背景 拷贝】图层

图 4-84　设置【凸出】参数

(9) 将前景色设置为黑色，选中并取消【背景 拷贝 2】图层的隐藏，在菜单栏中选择【滤镜】|【滤镜库】命令，在弹出的对话框中选择【素描】|【石膏效果】选项，将【图像平衡】和【平滑度】分别设置为 15、10，设置完成后单击【确定】按钮，如图 4-85 所示。

(10) 在菜单栏中选择【滤镜】|【滤镜库】命令，在弹出的对话框中选择【扭曲】|【海洋波纹】选项，在弹出的【海洋波纹】对话框中将【波纹大小】和【波纹幅度】都设置为 10。设置完成后单击【确定】按钮，如图 4-86 所示。

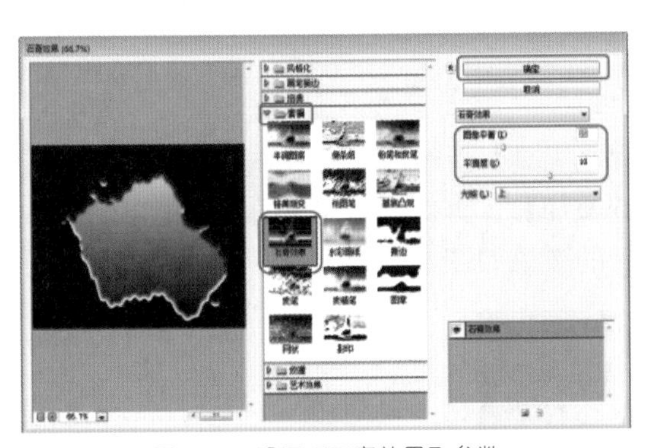

图 4-85　设置【石膏效果】参数

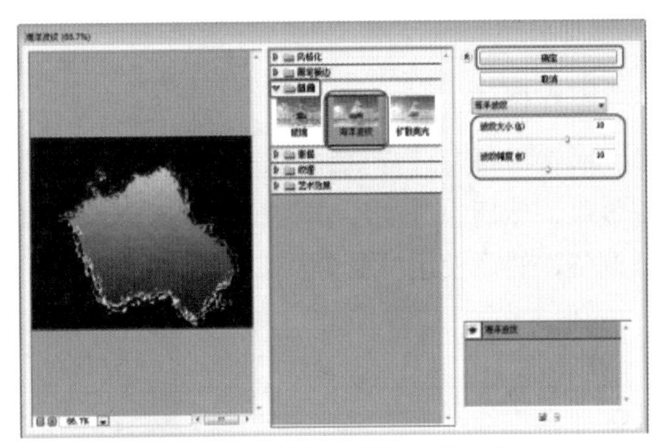

图 4-86　设置【海洋波纹】参数

知识链接

【凸出】滤镜：可以将图像分割为指定的三维立方块或棱锥体，此滤镜不能应用在 Lab 模式下。

【石膏效果】滤镜：可以按 3D 效果塑造图像，使用前景色和背景色为结果图像着色。图像中的暗区会凸起，亮区会凹陷。

【海洋波纹】滤镜：将随机分隔的波纹添加到图像表面，使图像看上去像是在水中。

(11) 在【图层】面板中将【背景 拷贝 2】图层的【混合模式】设置为【叠加】，如图 4-87 所示。

(12) 在【图层】面板中将【背景 拷贝】图层的【混合模式】设置为【亮光】，如图 4-88 所示。将完成后的场景文件保存。

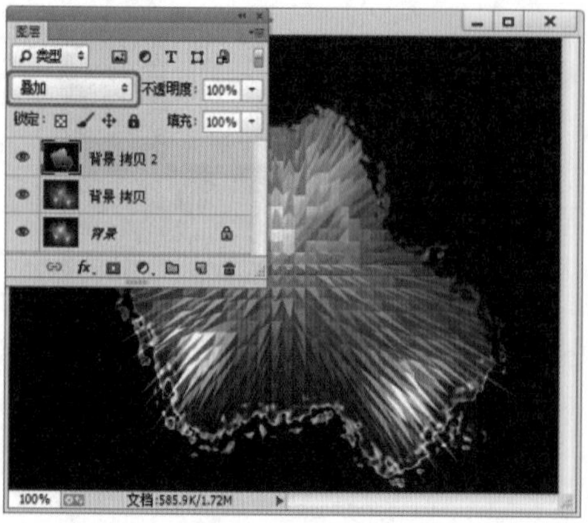

图 4-87　更改混合模式

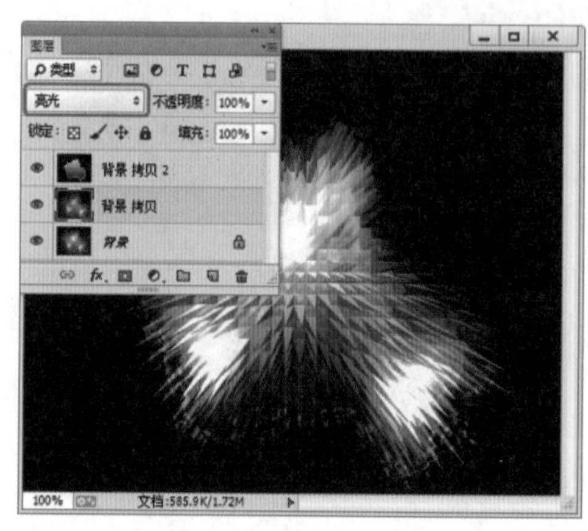

图 4-88　更改混合模式

案例精讲 060　彩色光线效果

案例文件：CDROM | 场景 | Cha04 | 彩色光线效果 .psd

视频文件：视频教学 | Cha04| 彩色光线效果 .avi

制作概述

本例首先对【背景】图层填充渐变，设置【画笔工具】后绘制线条并添加【动感模糊】滤镜效果，然后在【图层样式】对话框中设置【渐变叠加】，再对绘制完成的光线进行变形并进行调整，然后使用【画笔工具】涂抹光点，完成后的效果如图 4-89 所示。

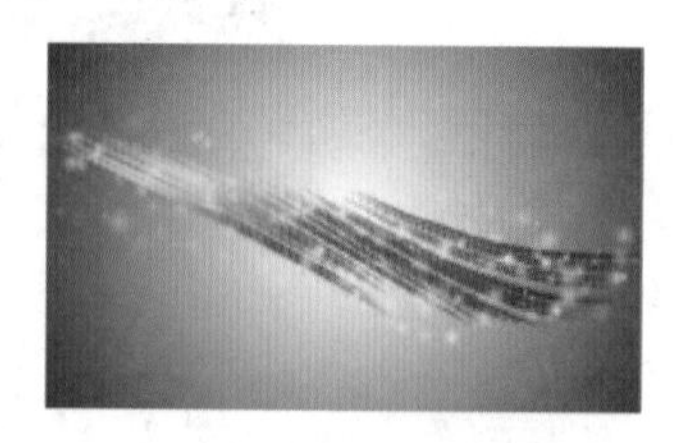

图 4-89　彩色光线效果

学习目标

学习彩色光线效果的制作。

掌握【画笔工具】的使用。

操作步骤

(1) 启动 Photoshop CC 软件，按 Ctrl+N 组合键打开【新建】对话框，将【宽度】和【高度】分别设置为 500 像素、300 像素，【分辨率】设置为 72 像素 / 英寸，设置完成后单击【确定】按钮。设置【前景色】为黑色，【背景色】为白色。选择【渐变工具】，在选项栏中选择【径向渐变】选项，然后设置如图 4-90 所示的渐变。

(2) 为【背景】图层填充径向渐变，效果如图 4-91 所示。

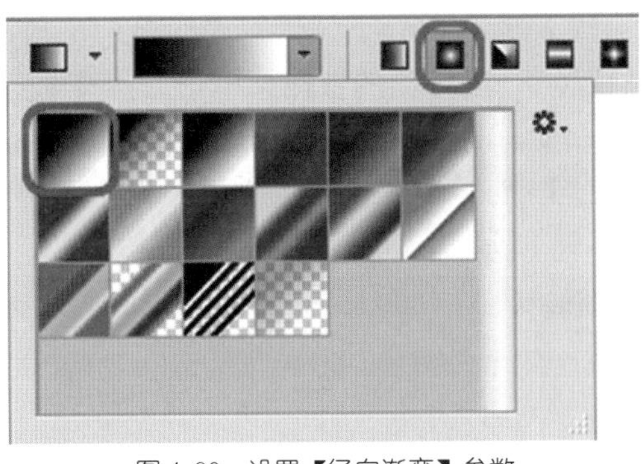

图 4-90　设置【径向渐变】参数

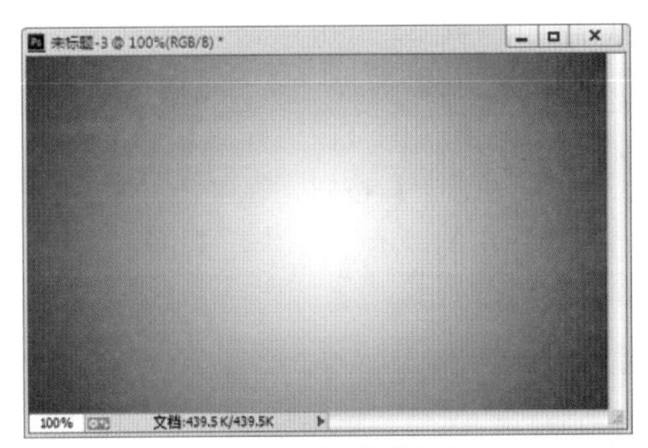

图 4-91　填充径向渐变

(3) 选择【画笔工具】，按 F5 键打开【画笔】面板，选择如图 4-92 所示的画笔。

(4) 选择【窗口】|【画笔】命令，或者在画笔工具的选项栏中单击【切换画笔面板】按钮打开【画笔】面板。勾选【形状动态】复选框，将【角度抖动】设置为 5%，勾选【散布】复选框，然后勾选【传递】复选框，将【流量抖动】设置为 100%，如图 4-93 所示。

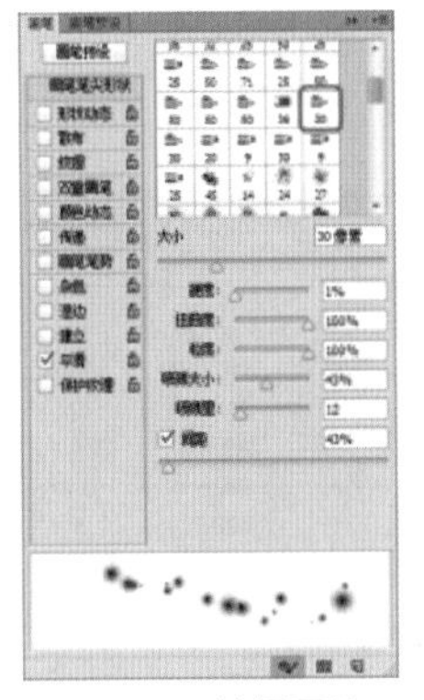

图 4-92　选择画笔

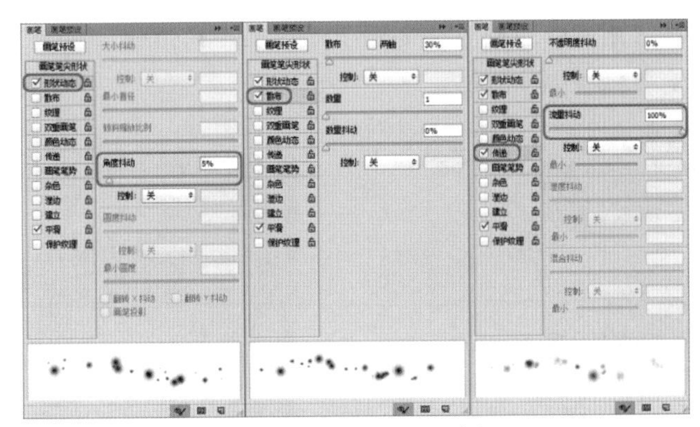

图 4-93　设置【画笔】参数

知识链接

【散布】：选择该复选框后，可以控制画笔在路径两侧的分布情况。

【传递】：选择该复选框后，可以控制不透明度和流量动态上的变化。

(5) 新建【图层 1】，使用【画笔工具】在【图层 1】中绘制如图 4-94 所示的图形。

(6) 在菜单栏中选择【滤镜】|【模糊】|【动感模糊】命令，在弹出的【动感模糊】对话框中，将【角度】设置为 90 度，【距离】设置为 80 像素，如图 4-95 所示。

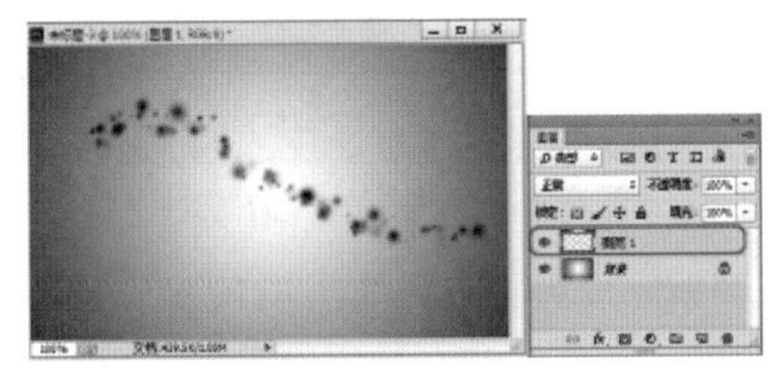

图 4-94　绘制图形

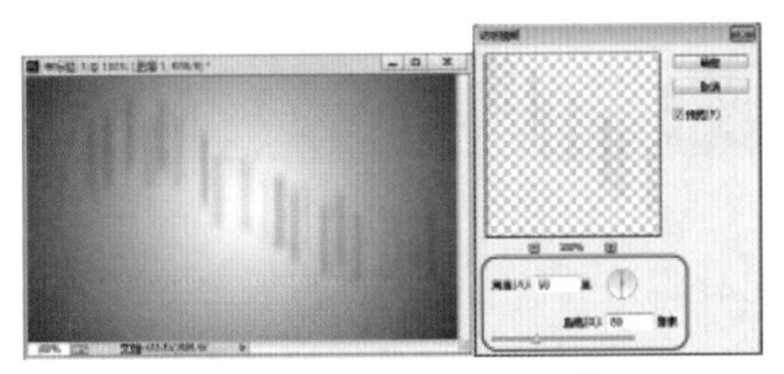

图 4-95　设置【动感模糊】参数

(7) 单击【确定】按钮，并按 Ctrl+F 组合键继续执行【动感模糊】命令，效果如图 4-96 所示。

(8) 在【图层】面板中单击【添加图层样式】按钮 fx，在弹出的快捷菜单中选择【渐变叠加】命令。在弹出的【图层样式】对话框中，单击【渐变】右侧的色块，在弹出的【渐变编辑器】中单击【设置】按钮，在弹出的菜单中选择【色谱】命令，如图 4-97 所示。

(9) 在弹出的提示框中单击【追加】按钮，如图 4-98 所示。

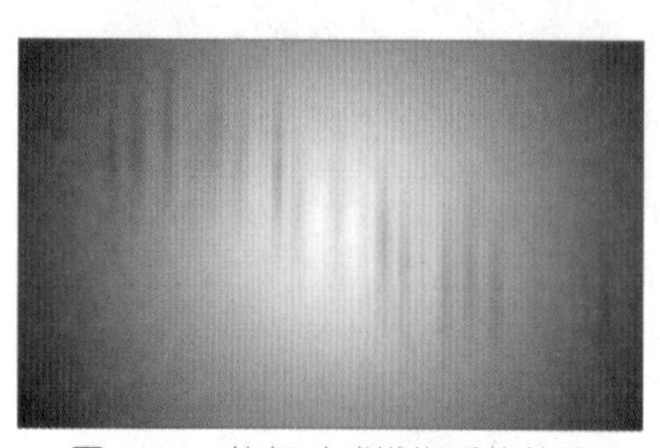

图 4-96 执行动感模糊后的效果

图 4-97 选择【色谱】命令

图 4-98 单击【追加】按钮

(10) 在【预设】列表中选择如图 4-99 所示的渐变色块，然后单击【确定】按钮。

(11) 在【图层样式】对话框中单击【确定】按钮。对【图层 1】进行多次复制，增强光彩图像效果，如图 4-100 所示。

图 4-99 选择渐变色块

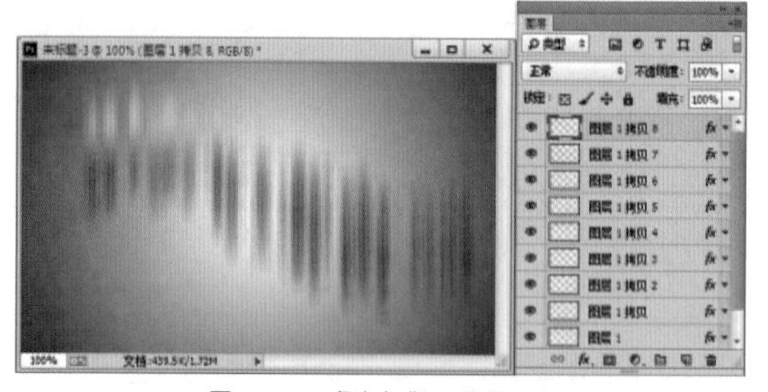

图 4-100 多次复制【图层 1】

(12) 除【背景】图层外，将其他图层合并，然后按 Ctrl+T 组合键，在变形图像中右击，在弹出的快捷菜单中选择【变形】命令，对变形进行如图 4-101 所示的调整。

(13) 按 Enter 键确认，参照前面的操作步骤多次复制图像图层，使图像色彩增强，然后将图层合并，如图 4-102 所示。

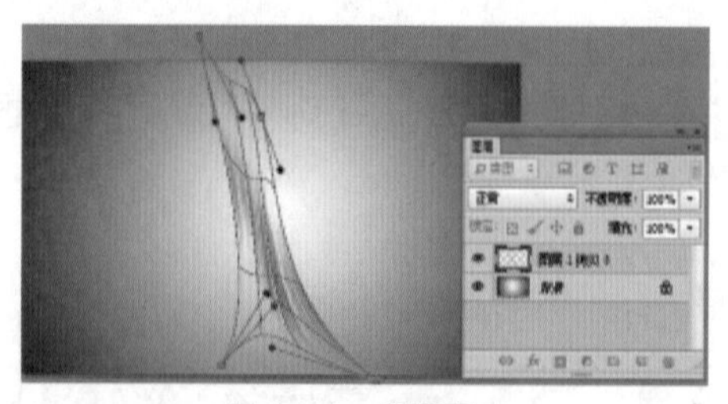

图 4-101 调整变形

图 4-102 复制图层并合并图层

(14) 将合并后的图层进行变形并对其进行旋转，调整完成后的效果如图 4-103 所示。

(15) 新建图层，将【前景色】的 RGB 值设置为 227、238、242。使用【画笔工具】在新建的图层中绘制涂抹，效果如图 4-104 所示。

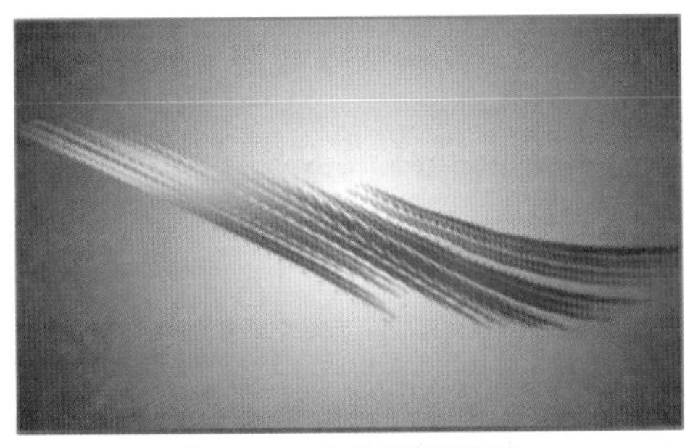
图 4-103　旋转并调整图像

图 4-104　绘制涂抹

(16) 使用【橡皮擦工具】 对图像进行适当擦除，最后将场景文件保存。

案例精讲 061　科技背景效果

案例文件：CDROM | 场景 | Cha04 | 科技背景效果 .psd
视频文件：视频教学 | Cha04| 科技背景效果 .avi

制作概述

本例首先为【背景】图层添加【云彩】、【马赛克】、【径向模糊】、【查找边缘】和【浮雕效果】等滤镜效果，将背景轮廓显现出来。然后添加【强化的边缘】和【照亮边缘】滤镜效果，最后在【色相 / 饱和度】对话框中调整图像色彩。完成后的效果如图 4-105 所示。

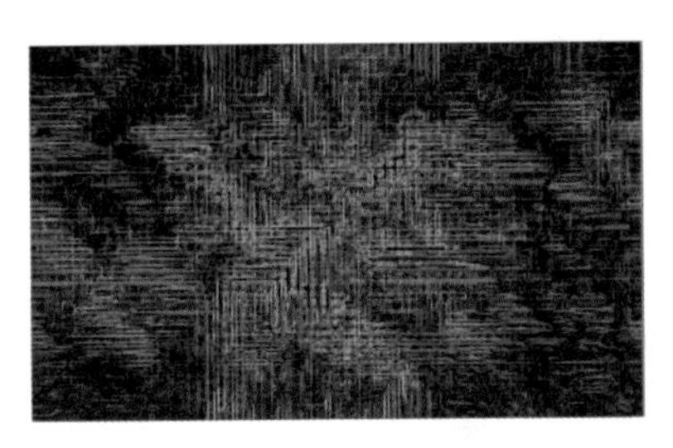
图 4-105　科技背景效果

学习目标

学习科技背景效果的制作。
掌握【云彩】、【马赛克】、【径向模糊】、【查找边缘】和【浮雕效果】等滤镜的使用。

操作步骤

(1) 启动 Photoshop CC 软件，按 Ctrl+N 组合键打开【新建】对话框，将【宽度】和【高度】分别设置为 500 像素、300 像素，【分辨率】设置为 72 像素 / 英寸，设置完成后单击【确定】按钮。设置【前景色】为黑色，【背景色】为白色。新建【图层 1】，执行菜单栏中的【滤镜】|【渲染】|【云彩】命令，为新建的文档添加【云彩】效果，如图 4-106 所示。

(2) 选择菜单栏中的【滤镜】|【像素化】|【马赛克】命令，在弹出的【马赛克】对话框中，将【单元格大小】设置为 8，单击【确定】按钮，如图 4-107 所示。

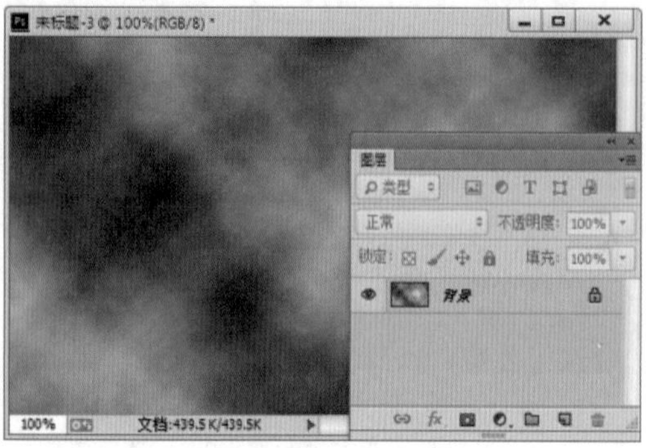

图 4-106　添加【云彩】效果

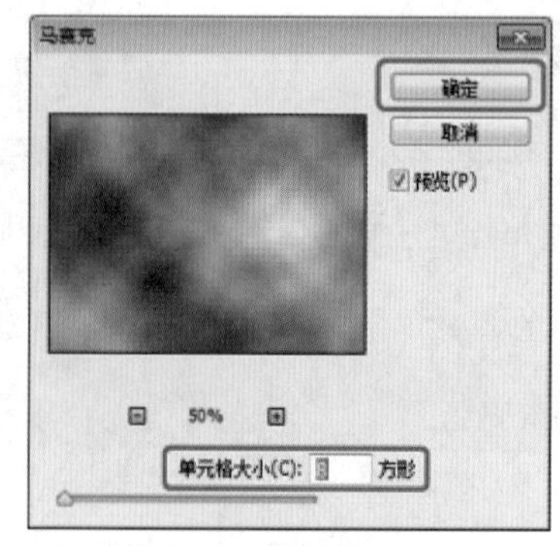

图 4-107　设置【马赛克】参数

(3) 选择菜单栏中的【滤镜】|【模糊】|【径向模糊】命令，在弹出的【径向模糊】对话框中，将【数量】设置为 10，【模糊方式】设置为缩放，【品质】设置为最好，单击【确定】按钮，如图 4-108 所示。

(4) 选择菜单栏中的【滤镜】|【风格化】|【查找边缘】命令，效果如图 4-109 所示。

知识链接

【马赛克】滤镜：使像素结为方形块，同一块中的像素的颜色相同，块颜色代表选区中的颜色。

【径向模糊】滤镜：可以模拟缩放或旋转的相机所产生的模糊效果，该滤镜包含两种模糊方法，选择【旋转】，然后指定旋转的【数量】，可以沿同心网环线模糊；选择【缩放】，然后指定缩放【数量】，则沿径向线模糊，图像会产生放射状的模糊效果。

(5) 选择菜单栏中的【滤镜】|【风格化】|【浮雕效果】命令，在弹出的【浮雕效果】对话框中，将【角度】设置为 135，【高度】设置为 15，【数量】设置为 180，单击【确定】按钮，如图 4-110 所示。

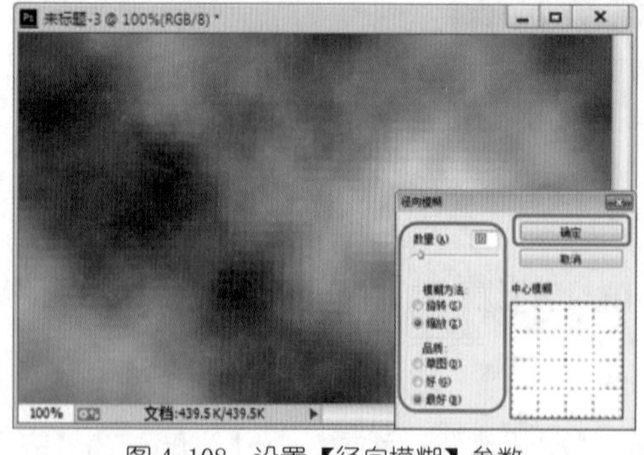

图 4-108　设置【径向模糊】参数

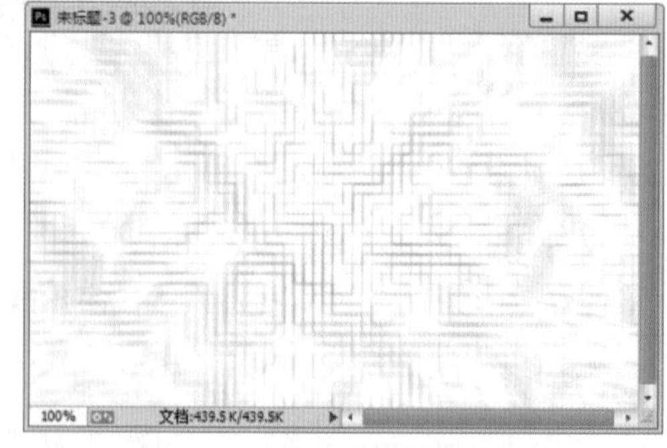

图 4-109　设置【查找边缘】效果

(6) 选择菜单栏中的【滤镜】|【滤镜库】命令，在弹出的对话框中选择【画笔描边】|【强化的边缘】选项，将【边缘宽度】设置为 2，【边缘亮度】设置为 30，【平滑度】设置为 2，如图 4-111 所示。

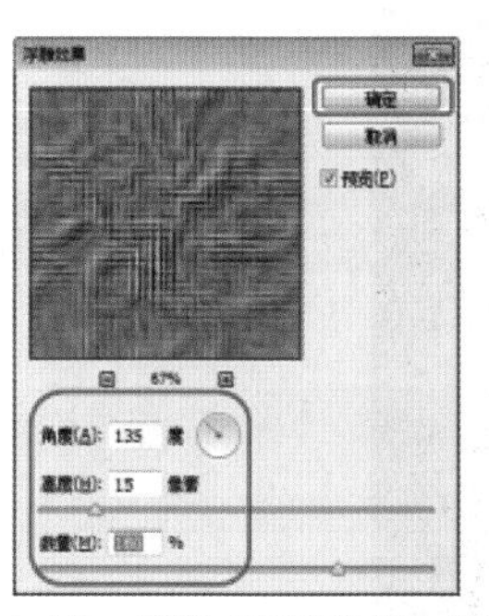
图 4-110　设置【浮雕效果】参数

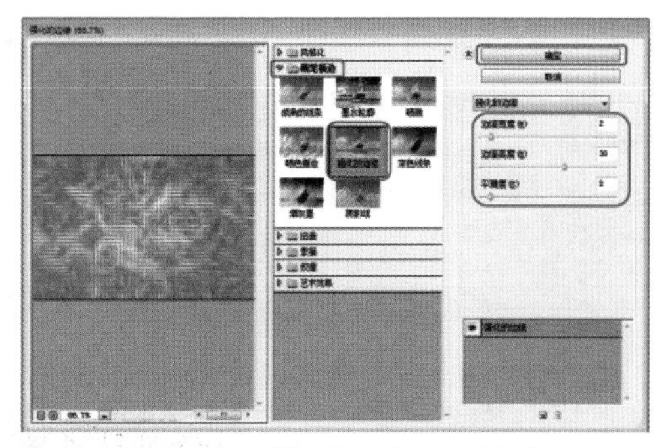
图 4-111　设置【强化的边缘】参数

(7) 选择菜单栏中的【滤镜】|【滤镜库】命令，在弹出的对话框中选择【风格化】|【照亮边缘】选项，将【边缘宽度】设置为 1，【边缘亮度】设置为 15，【平滑度】设置为 3，如图 4-112 所示。

(8) 按 Ctrl+U 组合键，在弹出的【色相 / 饱和度】对话框中，选择【着色】选项，将【色相】设置为 200，【饱和度】设置为 90，【明度】设置为 −45，单击【确定】按钮，如图 4-113 所示。

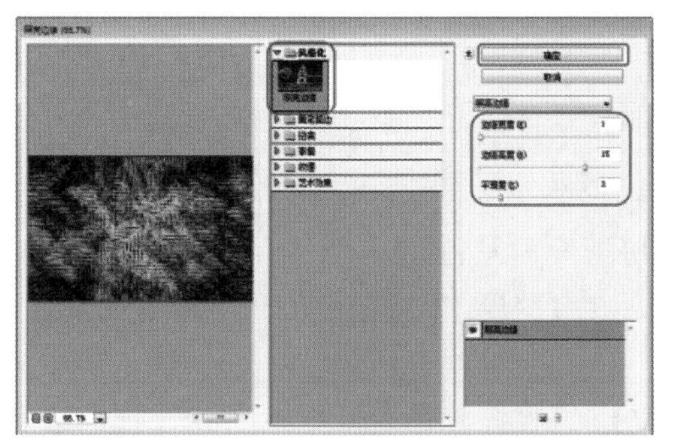
图 4-112　设置【照亮边缘】参数

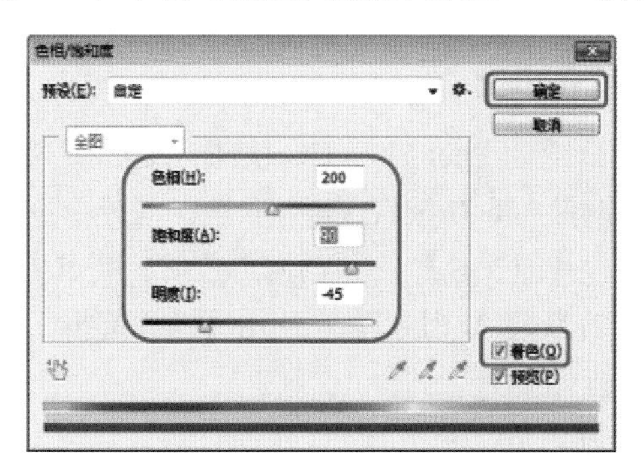

图 4-113　设置【色相 / 饱和度】参数

知识链接

【照亮边缘】滤镜：标识颜色的边缘，并向其添加类似霓虹灯的光亮。

(9) 按 Ctrl+E 组合键合并图层，然后将场景文件保存。

案例精讲 062　炫酷光环效果

案例文件：CDROM | 场景 | Cha04 | 炫酷光环效果 .psd
视频文件：视频教学 | Cha04| 炫酷光环效果 .avi

制作概述

本例首先使用椭圆选框工具绘制圆形选区，填充白色后设置收缩量并填充为黑色。继续使用椭圆选框工具进行选取，然后删除选区中的内容，载入选区并填充渐变颜色。复制更多图层并设置变形，然后填充选区并设置光环的亮度 / 对比度，最后使用画笔工具绘制亮光效果，完成后的效果如图 4-114 所示。

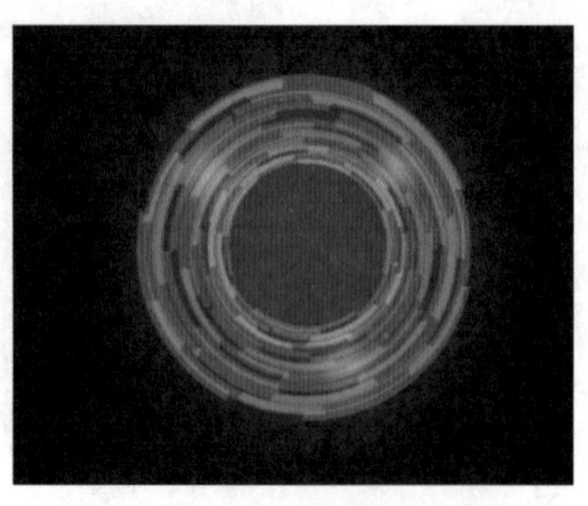

图 4-114　炫酷光环

学习目标

学习椭圆选框工具的使用。
了解亮度 / 对比度的设置。

操作步骤

(1) 启动 Photoshop CC 软件，按 Ctrl+N 组合键打开【新建】对话框，将【宽度】和【高度】分别设置为 500 像素、400 像素，【分辨率】设置为 72 像素 / 英寸，设置完成后单击【确定】按钮。【前景色】的颜色为黑色时，将【背景】图层填充为黑色。

(2) 新建【图层 1】，使用【椭圆选框工具】，在【图层 1】中绘制圆形选区，如图 4-115 所示。

(3) 为选区填充白色，然后执行【选择】|【修改】|【收缩】命令，在弹出的【收缩选区】对话框中，将【收缩量】设置为 8，如图 4-116 所示。

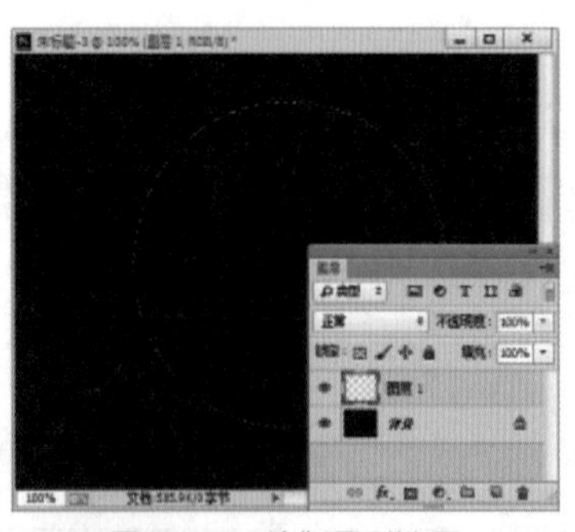

图 4-115　绘制圆形选区

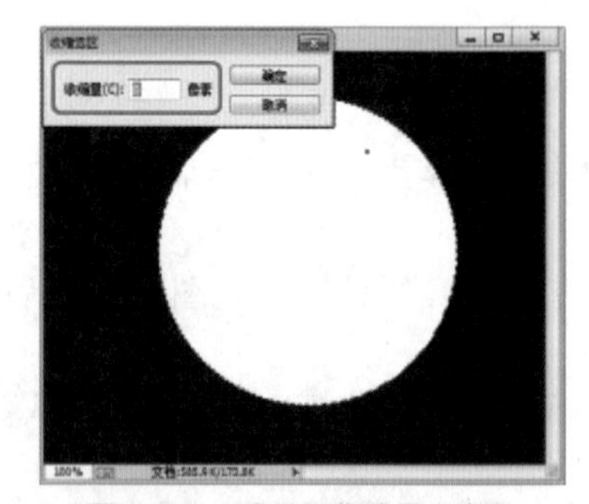

图 4-116　设置【收缩量】参数

(4) 单击【确定】按钮，将选区填充为黑色，按 Ctrl+D 组合键取消选区，完成绘制的圆环如图 4-117 所示。

(5) 使用【椭圆选框工具】，在选项栏中选择【添加到选区】，在【图层 1】中绘制 3 个圆形选区，如图 4-118 所示。

注意

使用【椭圆选框工具】时，在系统默认的状态下，【消除锯齿】选项自动处于开启状态。

(6) 按 Delete 键将选区中的内容删除，然后取消选区。打开【通道】面板，按住 Ctrl 键鼠标单击 RGB 左侧的缩略图，将其载入选区，如图 4-119 所示。

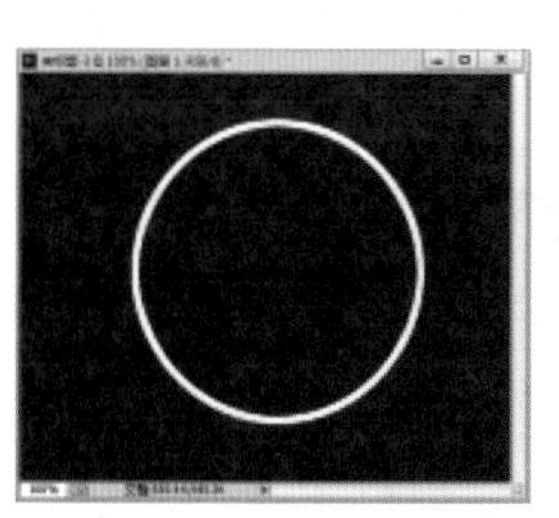

图 4-117　绘制圆环

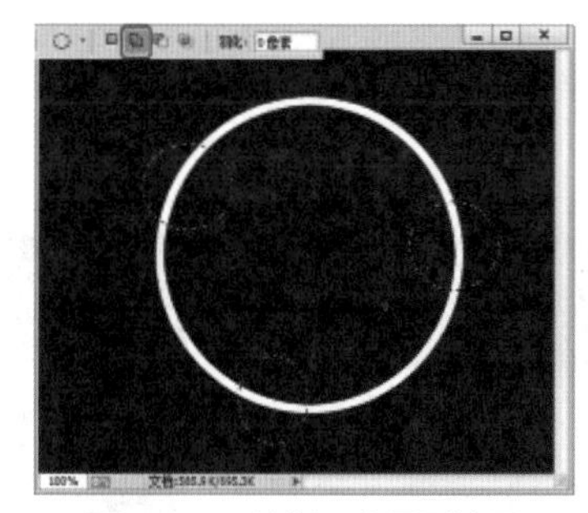

图 4-118　绘制 3 个圆形选区

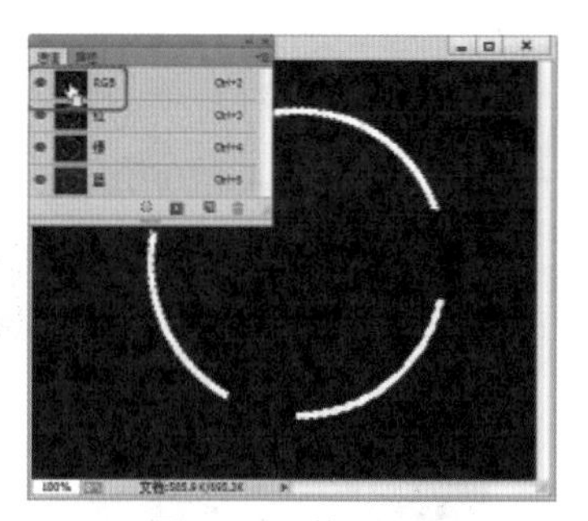

图 4-119　载入选区

(7) 选择【渐变工具】，在选项栏中单击渐变色块，在弹出的【渐变编辑器】中，设置左侧色块的 RGB 值为 166、68、255，右侧色块的 RGB 值设置为 49、96、252，然后单击【确定】按钮，如图 4-120 所示。

(8) 新建【图层 2】，在选区内从左至右填充线型渐变。按 Ctrl+E 组合键合并图层，然后按 Ctrl+Shift+I 组合键进行反选，按 Delete 键将选区中的内容删除。取消选区，将【图层 1】的【不透明度】设置为 60%，效果如图 4-121 所示。

(9) 复制【图层 1】，然后将复制得到的【图层 1 拷贝】进行缩放并旋转。按 Ctrl+T 组合键，在选项栏中，单击【保持长宽比】按钮，将 W 设置为 95.00，【旋转】设置为 24，如图 4-122 所示。

图 4-120　设置渐变

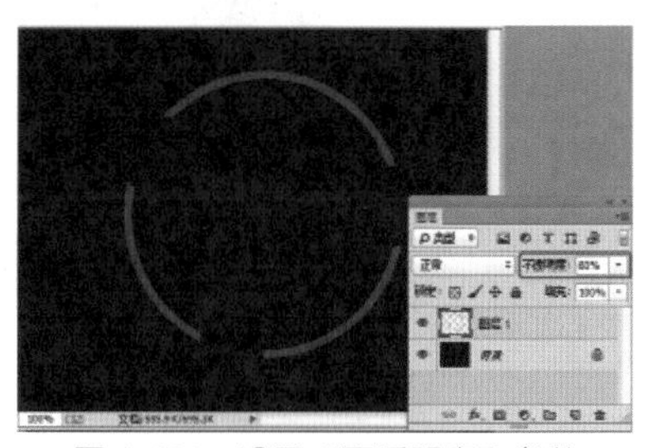

图 4-121　设置【不透明度】参数

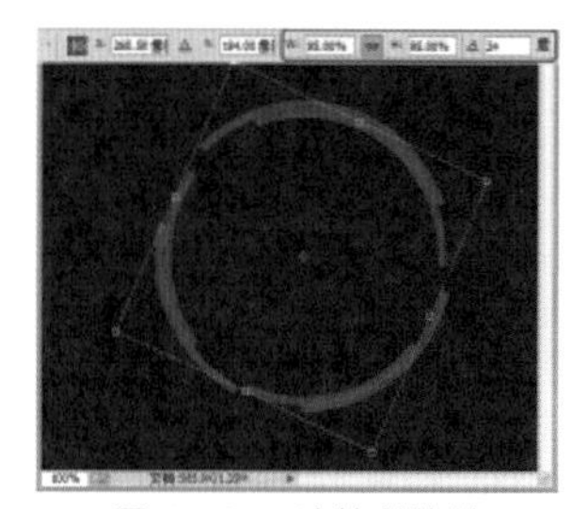

图 4-122　缩放并旋转

(10) 按 Enter 确认，使用相同的方法复制多个图层并对图像进行缩放和旋转，然后除【背景】图层外，将所用图层合并，效果如图 4-123 所示。

(11) 使用相同的方法，将【图层 1】进行复制并进行缩放和旋转，效果如图 4-124 所示。

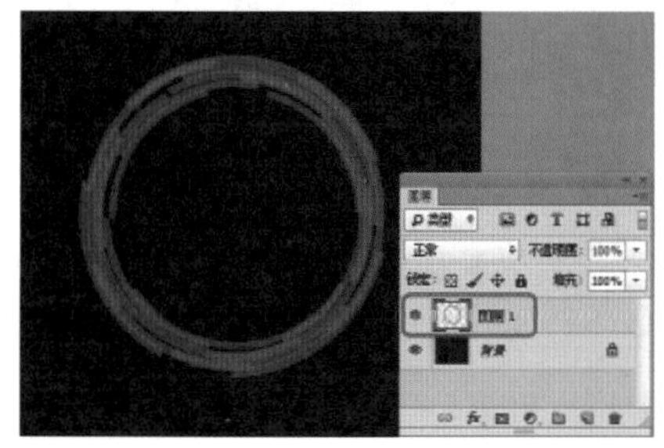

图 4-123　合并图层

图 4-124　复制图层并进行缩放和旋转

(12) 使用相同的方法，复制图层并进行缩放和旋转。在【背景】图层上创建新图层，使用【椭圆选框工具】，在选项栏中将【羽化】设置为 90，绘制圆形选区并填充 RGB 为 149、0、253，效果如图 4-125 所示。

(13) 选中最顶层的图层，打开【亮度 / 对比度】面板，将【亮度】设置为 50，【对比度】设置为 80，如图 4-126 所示。

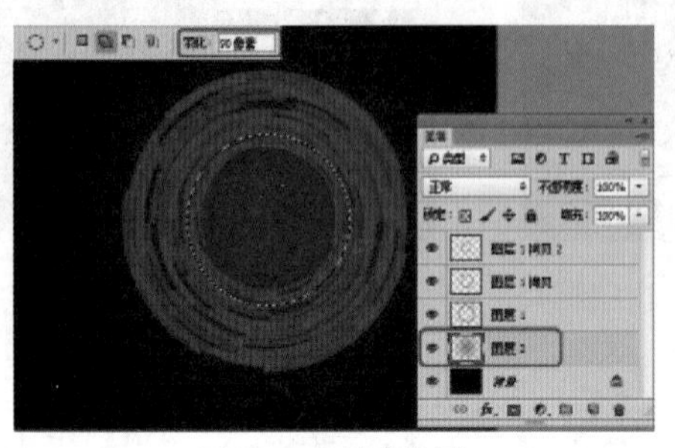

图 4-125　填充选区

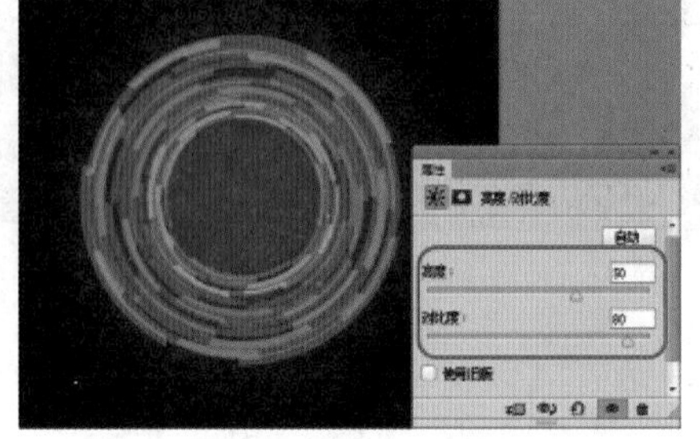

图 4-126　设置【亮度 / 对比度】参数

(14) 使用【画笔工具】，选择如图 4-127 所示画笔类型，将【大小】设置为 53 像素，【不透明度】设置为 48%，如图 4-127 所示。

(15) 将【前景色】设置为白色，在最顶层新建图层，然后在适当位置使用【画笔工具】，鼠标单击进行涂抹，绘制光亮效果，如图 4-128 所示。

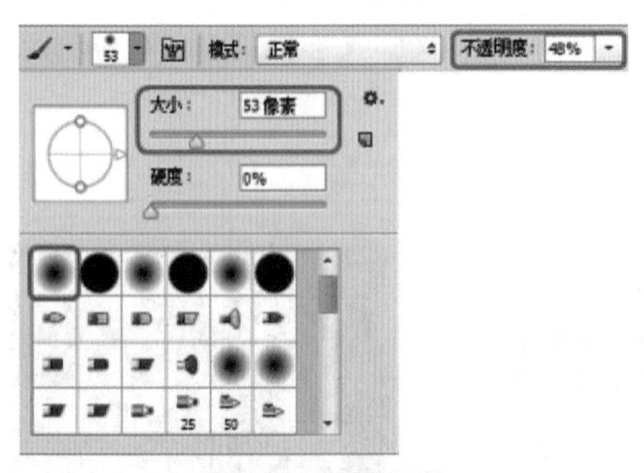

图 4-127　设置画笔

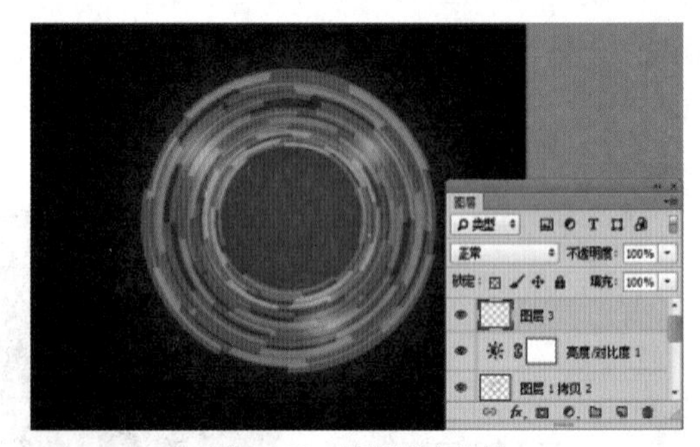

图 4-128　绘制光亮效果

(16) 最后将场景文件保存。

案例精讲 063　放射光线背景效果

案例文件：CDROM | 场景 | Cha04 | 放射光线背景效果 .psd

视频文件：视频教学 | Cha04| 放射光线背景效果 .avi

制作概述

本例首先创建 Alpha1 通道，然后执行【纤维】、【动感模糊】和【极坐标】命令绘制出光线，将光线载入选区后填充颜色，然后添加蒙版并将素材图片载入，调整图层的混合模式后，最后使用【画笔工具】进行涂抹，完成后的效果如图 4-129 所示。

图 4-129　科技背景效果

学习目标

学习 Alpha1 通道的使用。

掌握【纤维】、【动感模糊】和【极坐标】滤镜的使用方法。

操作步骤

(1) 启动 Photoshop CC 软件，按 Ctrl+N 组合键打开【新建】对话框，将【宽度】和【高度】分别设置为 500 像素、400 像素，【分辨率】设置为 72 像素 / 英寸，设置完成后单击【确定】按钮。【前景色】的 RGB 值设置为 58、121、248，将其填充到【背景】图层，如图 4-130 所示。

(2) 打开【通道】面板，单击【创建新通道】按钮，创建【Alpha1】通道，如图 4-131 所示。

(3) 选择菜单栏中的【滤镜】|【渲染】|【纤维】命令，在弹出的【纤维】对话框中，将【差异】设置为 15，【强度】设置为 10，然后单击【确定】按钮，如图 4-132 所示。

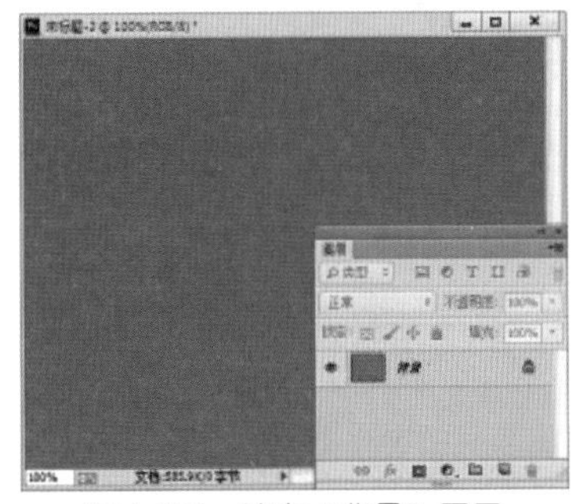

图 4-130　填充【背景】图层

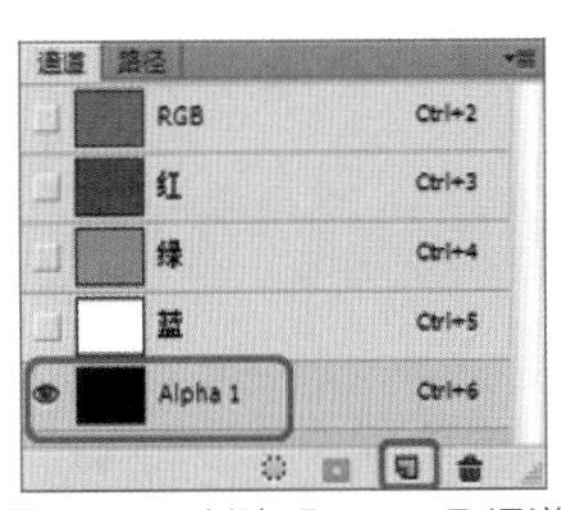

图 4-131　创建【Alpha1】通道

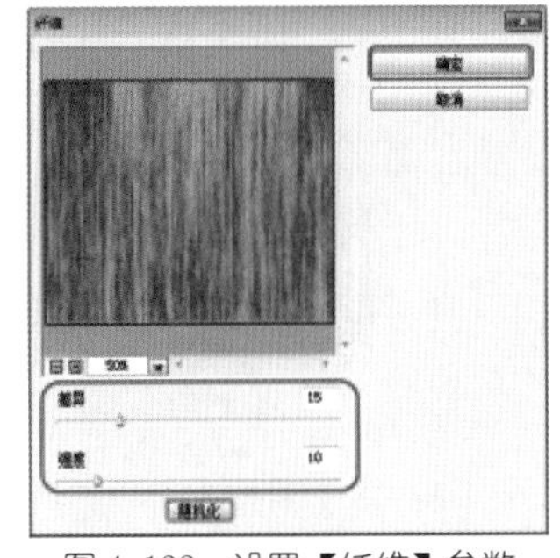

图 4-132　设置【纤维】参数

(4) 选择菜单栏中的【滤镜】|【模糊】|【动感模糊】命令，在弹出的【动感模糊】对话框中，将【角度】设置为 90，【距离】设置为 800，然后单击【确定】按钮，如图 4-133 所示。

知识链接

【纤维】滤镜：使用前景色和背景色创建编织的外观。可以通过拖动【差异】滑块来控制颜色的变换方式(较小的值会产生较长的颜色条纹，而较大的值则会产生非常短且颜色分布变换更多的纤维)。【强度】滑块控制每根纤维的外观。低设置会产生展开的纤维，而高设置则会产生短的绳状纤维。单击【随机化】按钮可以更改图案的外观、可以多次单击该按钮，直到看到喜欢的图案。应用【纤维】滤镜时，当前图层上的图像数据会替换为纤维。

注意

可以尝试通过添加【渐变映射】调整图层来对纤维进行着色。

(5) 选择【滤镜】|【扭曲】|【极坐标】命令，在弹出的【极坐标】对话框中，选中【从平面坐标到极坐标】单选按钮，然后单击【确定】按钮，如图 4-134 所示。

(6) 按住 Ctrl 键鼠标单击 Alpha1 左侧的缩略图，将其载入选区，如图 4-135 所示。

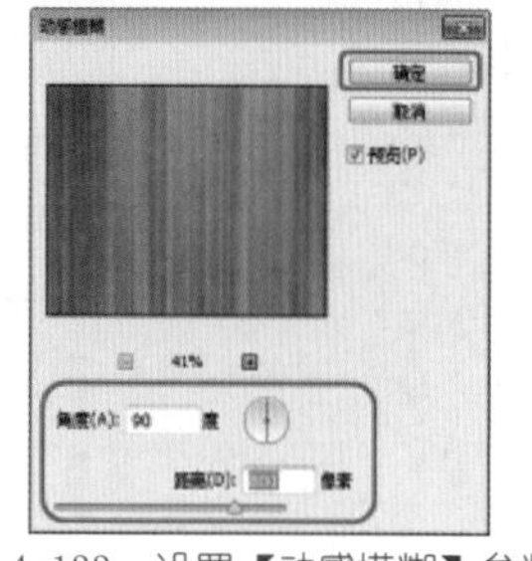

图 4-133　设置【动感模糊】参数

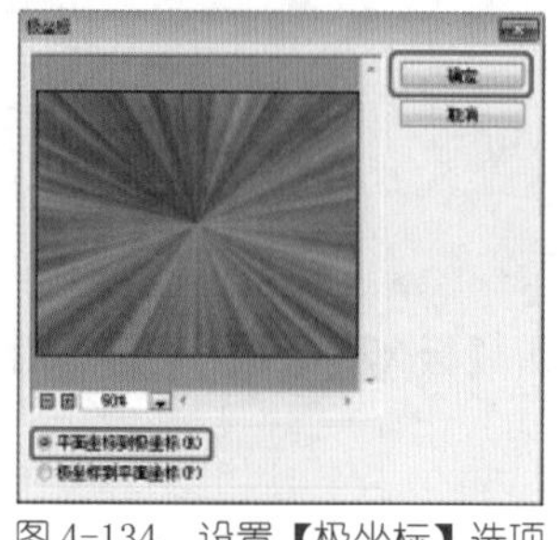

图 4-134　设置【极坐标】选项

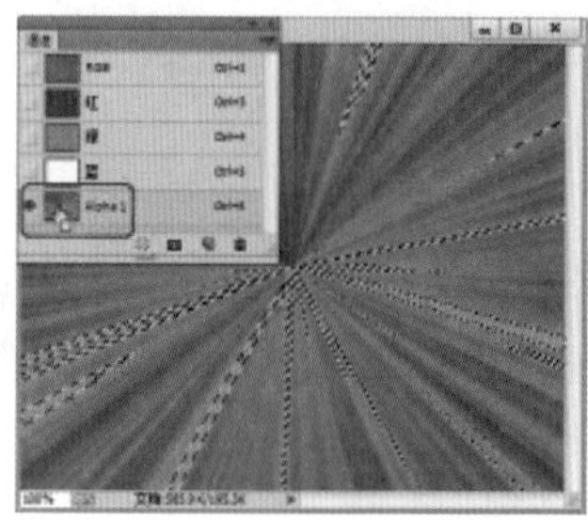

图 4-135　载入选区

(7) 单击 RGB 通道，打开【图层】面板，新建【图层 1】并为其填充白色，按 Ctrl+D 组合键取消选区，如图 4-136 所示。

(8) 使用【椭圆选框工具】，在选项栏中将【羽化】设置为 20 像素，绘制如图 4-137 所示的椭圆选区。

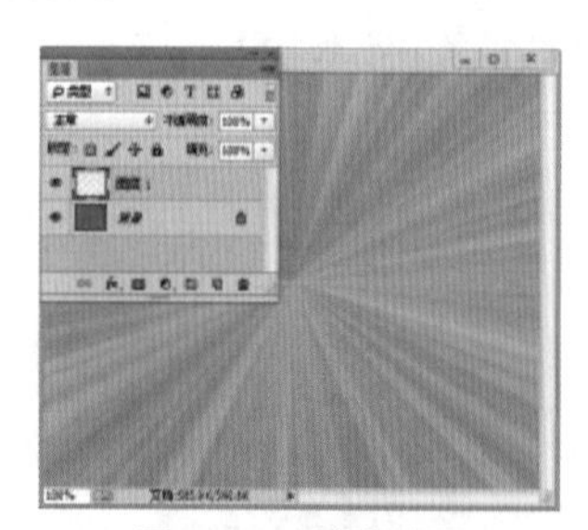

图 4-136　填充选区

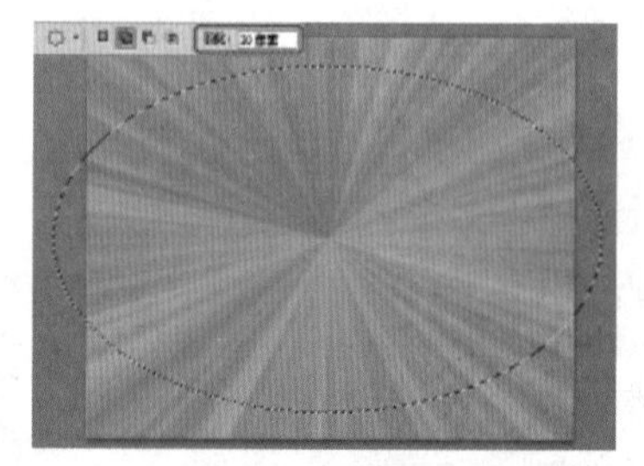

图 4-137　绘制椭圆选区

(9) 单击【图层】面板中的【添加图层蒙板】按钮，为【图层 1】添加蒙版，如图 4-138 所示。

(10) 打开随书附带光盘中的 CDROM | 素材 | Cha04 | 花素材 .jpg 文件，按住 Ctrl 键鼠标单击 RGB 通道左侧的缩略图，将其载入选区，如图 4-139 所示。

图 4-138　添加蒙版

图 4-139　载入选区

(11) 按 Ctrl+Shift+I 组合键，将反选的选区移动到新建的文档中，然后对齐进行变形并调整其位置，如图 4-140 所示。

(12) 将其图层的混合模式设置为正片叠底，如图 4-141 所示。

图 4-140　变形并调整素材位置

图 4-141　设置混合模式

(13) 新建图层，将【前景色】设置为白色，使用【画笔工具】，在选项栏中选择如图 4-142 所示画笔，将【大小】设置为 138 像素，【不透明度】设置为 48%，在图层中进行适当涂抹。

图 4-142　涂抹后的效果

(14) 最后将场景文件保存。

第5章 按钮效果的制作

本章重点

- 制作音乐按钮
- 制作个性按钮
- 制作开关按钮
- 制作水晶雪花按钮
- 制作青花瓷按钮
- 制作深色光亮按钮
- 制作红色水晶按钮
- 制作黑色播放按钮
- 制作玻璃质感按钮
- 制作立体开关按钮
- 制作圆形立体按钮
- 制作蓝色质感按钮
- 制作下载按钮

按钮在图形界面中是一种常见的图标，不同的按钮体现不同的界面风格，下面介绍几种常用按钮的制作方法，通过本章的学习可以对按钮的制作有进一步的认识。

案例精讲 064　制作音乐按钮

案例文件：CDROM | 场景 | Cha05 | 制作音乐按钮 .psd

视频文件：视频教学 | Cha05 | 制作音乐按钮 .avi

制作概述

本例主要介绍音乐按钮的制作。首先使用【圆角矩形工具】在场景中绘制图形，使用【渐变工具】为绘制的图形增加模糊，并使用【扩展】、【羽化选区】命令来得到想要的效果，其完成后的效果如图 5-1 所示。

图 5-1　音乐按钮

学习目标

学习音乐按钮的制作。

掌握【扩展】、【羽化选区】等命令的使用。

操作步骤

(1) 启动软件后，按 Ctrl+N 组合键，在弹出的【新建】对话框中，将【宽度】和【高度】都设置为 500 像素，【分辨率】设置为 300 像素 / 英寸，单击【确定】按钮，如图 5-2 所示。

(2) 在工具箱中选择【圆角矩形工具】，在其工具选项栏中将其模式设置为路径，将【半径】设置为 13，然后在场景中创建路径，效果如图 5-3 所示。

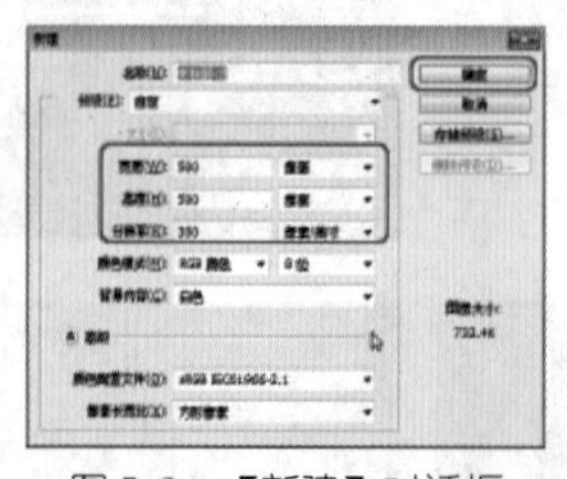

图 5-2　【新建】对话框

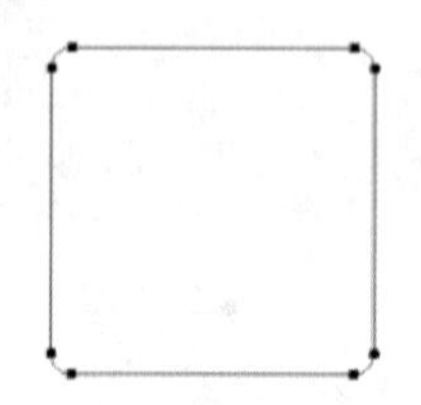

图 5-3　绘制路径

(3) 在【图层】面板中新建【红色下】图层，按 Ctrl+Enter 组合键将其转换为选区，在工具箱中选择【渐变工具】，将渐变色设置为 # be0303 到 #f20000 的渐变，由下向上拖动鼠标填充渐变色，如图 5-4 所示。

(4) 继续在【图层】面板中新建【红色上】图层，并为选区填充为白色，然后将该图层的【不透明度】设置为 50%，按 Ctrl+D 组合键取消选区，如图 5-5 所示。

图 5-4　填充渐变色

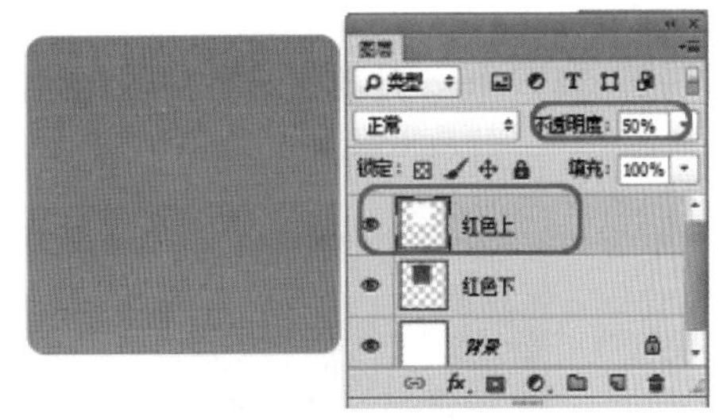

图 5-5　设置【不透明度】参数

(5) 使用【矩形选框工具】在场景中创建矩形选区，然后按 Delete 键删除选区中的内容，效果如图 5-6 所示。

(6) 取消选区的选择，在【图层】面板中将【红色下】图层拖到该面板下方的【创建新图层】按钮上，复制出副本图层，将该图层重命名为【红色中】，使用【椭圆选框工具】在场景中创建选区，然后按 Shift+F6 组合键，打开【羽化选区】对话框，在该对话框中将【羽化半径】设置为 30，设置完成后单击【确定】按钮，效果如图 5-7 所示。按 Delete 删除选区内容，并按 Ctrl+D 键取消选区选择。

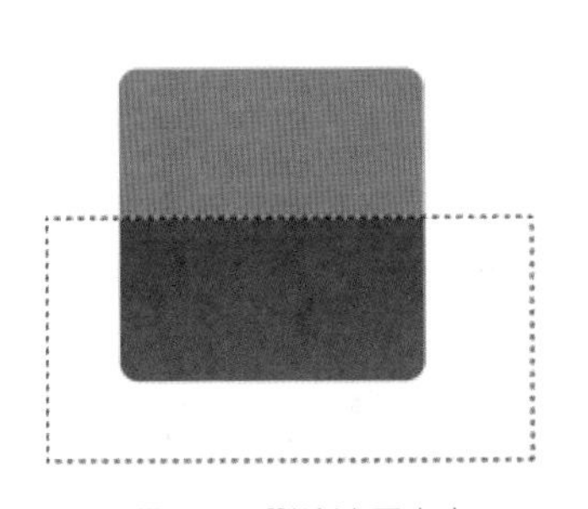

图 5-6　删除选区内容

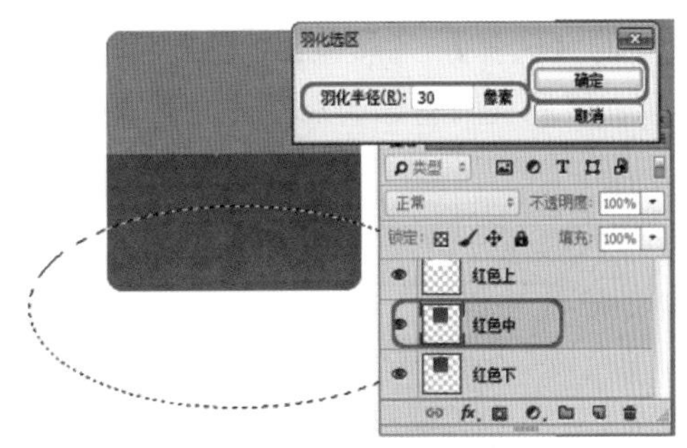

图 5-7　羽化选区

(7) 按 Ctrl+L 组合键打开【色阶】对话框，在该对话框中将【输入色阶】设置为 0、1 和 86，设置完成后单击【确定】按钮，效果如图 5-8 所示。

(8) 选择【背景】图层，单击【创建新图层】按钮，新建【白边】图层，将【红色下】载入选区，然后在菜单栏中执行【选择】|【修改】|【扩展】命令，在弹出的【扩展选区】对话框中将【扩展量】设置为 1，完成后单击【确定】按钮，如图 5-9 所示。

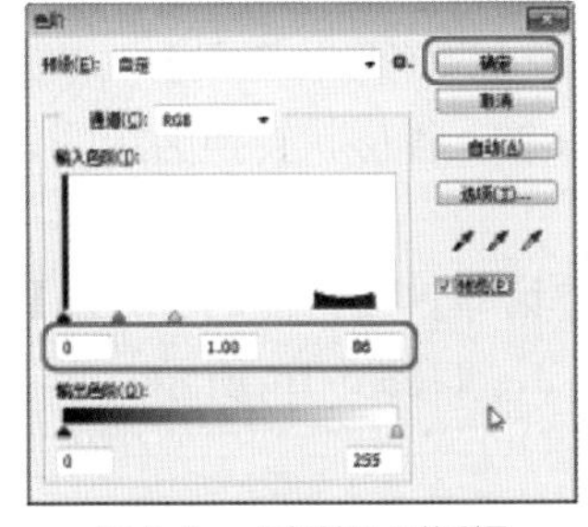

图 5-8　【色阶】对话框

图 5-9　扩大选区

(9) 为选区填充白色，按 Ctrl+D 组合键取消选区，选择【椭圆选框】工具，创建椭圆选区，如图 5-10 所示。

(10) 按 Shift+F6 组合键，打开【羽化选区】对话框，将【羽化半径】设置为 30，单击【确定】按钮，按 Delete 键删除选区内的内容，如图 5-11 所示。

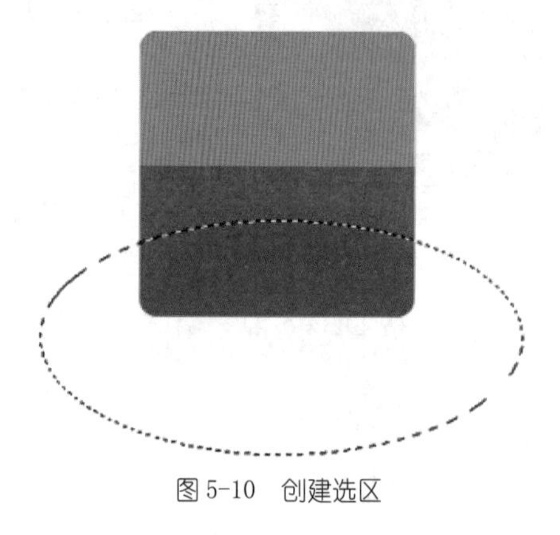

图 5-10　创建选区

图 5-11　设置【羽化半径】参数

(11) 使用同样的方法，在图像的上侧绘制椭圆选区，并设置【羽化半径】为 30，将选区的内容删除，如图 5-12 所示。

(12) 打开【图层】面板，按住 Ctrl 键并单击【红色下】图层的缩略图，将其载入选区，菜单栏中的【选择】|【修改】|【扩展】命令，在弹出的【扩展选区】对话框中将【扩展量】设置为 2，然后在【背景】图层的上方创建【黑边】图层，并对该图层填充黑色，取消选区，如图 5-13 所示。

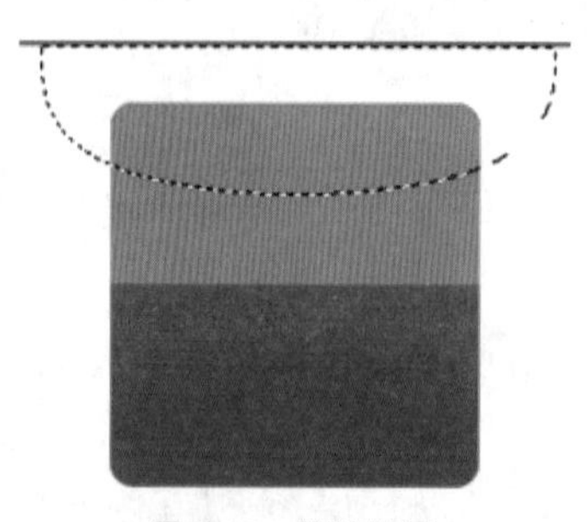

图 5-12　删除选区

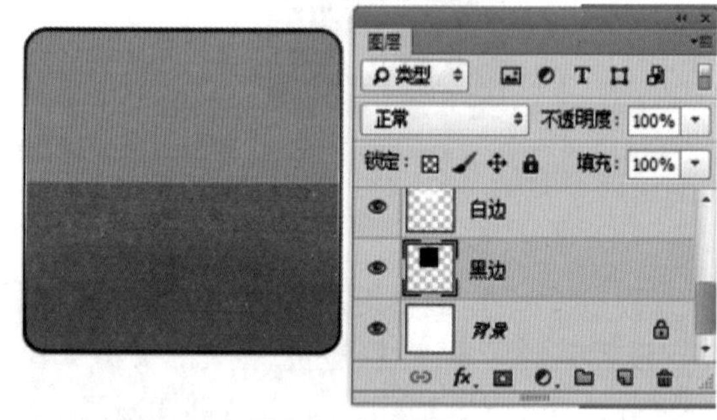

图 5-13　创建黑边

(13) 双击【黑边】图层，在弹出的【图层样式】对话框中，选择【渐变叠加】选项，将【渐变】设置为 #ff0000 到 #ff6464 的渐变，然后单击【确定】按钮，如图 5-14 所示。

(14) 在【红色上】图层的下方创建【符号】图层，选择【自定形状工具】，在工具选项栏中选择【八分音符】形状，在场景中绘制路径，按 Ctrl+Enter 键，将形状转换为选区，填充白色，将该图层的【混合模式】设置为强光，如图 5-15 所示。

(15) 双击【符号】图层，在弹出的【图层样式】对话框中选择【内阴影】选项，将【不透明度】设置为 51，【距离】、【大小】均设置为 2，如图 5-16 所示，单击【确定】按钮。

(16) 最后将场景文件保存。

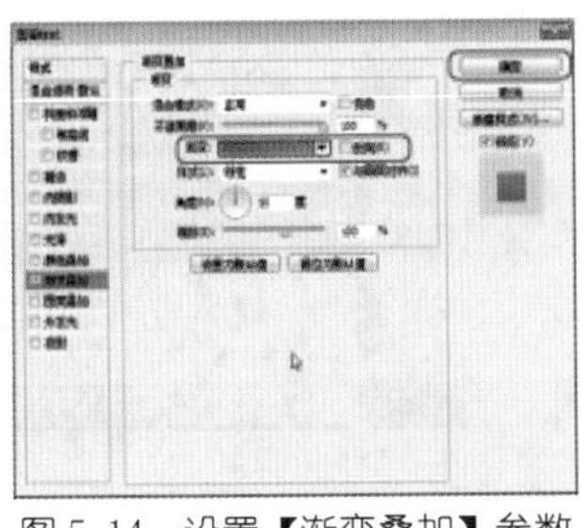
图 5-14　设置【渐变叠加】参数

图 5-15　新建图层

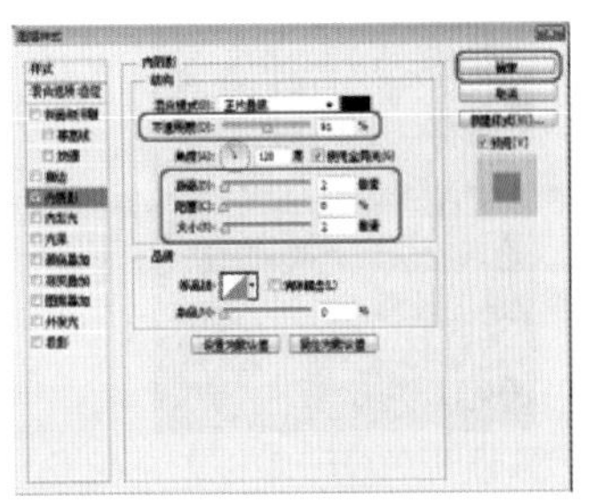
图 5-16　设置【内阴影】参数

案例精讲 065　制作个性按钮

案例文件：CDROM | 场景 | Cha05 | 制作个性按钮 .psd

视频文件：视频教学 | Cha05 | 制作个性按钮 .avi

制作概述

本例主要介绍个性按钮的制作。首先使用【椭圆选框工具】在场景中绘制图形，使用【图层蒙版】为绘制的图形隐藏选区，并使用【图层样式】命令来得到想要的效果，其完成后的效果如图 5-17 所示。

图 5-17　个性按钮

学习目标

学习个性按钮的制作。

掌握【图层蒙版】、【图层样式】等命令的使用。

操作步骤

(1) 启动软件后，按 Ctrl+O 组合键，在弹出的【打开】对话框中，选择随书附带光盘中的 CDROM | 素材 | Cha05 | 背景 .jpg 文件，如图 5-18 所示。

(2) 在工具箱中选择【椭圆选框工具】，在场景中按 Shift 键的同时创建正圆选区，在【图层】面板中新建【圆 1】图层，然后为选区填充白色，按 Ctrl+D 组合键取消选区，如图 5-19 所示。

(3) 复制【圆 1】图层，按 Ctrl+T 组合键对象进行自由变换，在其选项栏中单击【保持长宽比】按钮，锁定长宽比，将 W 设置为 82，设置完成后按 Enter 键确定，如图 5-20 所示。

图 5-18　打开的素材文件

图 5-19　创建选区并填充

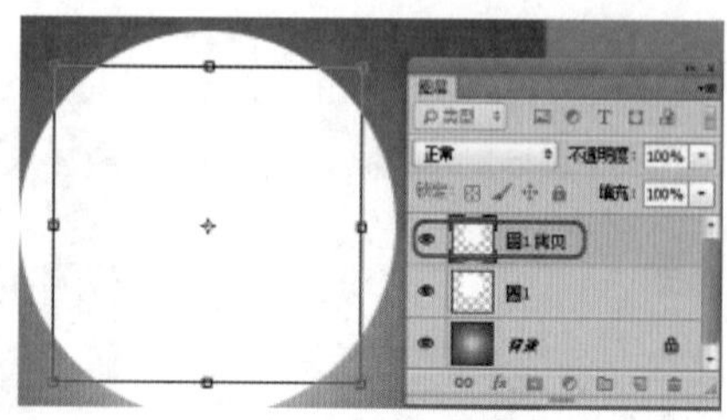

图 5-20　复制图层

(4) 按 Ctrl 键的同时在【图层】面板中单击【圆 1 拷贝】前面的图层缩览图，将其载入选区，然后选择【圆 1】图层，在菜单栏选择【图层】|【图层蒙版】|【隐藏选区】命令，效果如图 5-21 所示。

(5) 选择【圆 1】图层，并将其载入选区，然后在其上新建【圆 2】图层，并为其填充红色，按 Ctrl+D 组合键取消选区，如图 5-22 所示。

(6) 选择【圆 1 拷贝】图层，按 Ctrl+T 组合键，对其进行自由变换，在工具选项栏，单击【保持长宽比】按钮，将 W 设置为 98，如图 5-23 所示。

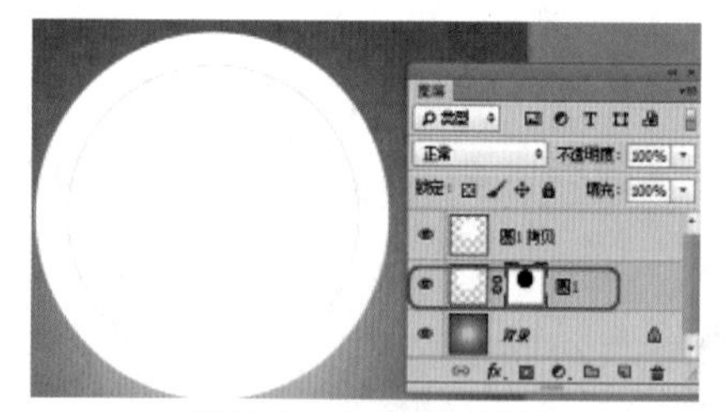

图 5-21　创建图层蒙版

图 5-22　新建图层并填充颜色

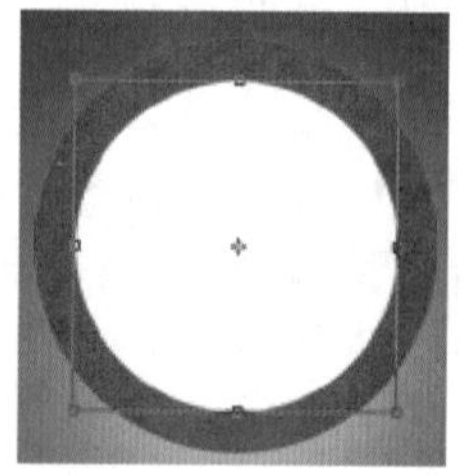

图 5-23　变换选区

(7) 按 Enter 键确认，在【图层】面板中将【圆 1 拷贝】图层载入选区，并选择【圆 2】图层，然后在菜单栏中选择【图层】|【图层蒙版】|【隐藏选区】命令，添加图层蒙版，如图 5-24 所示。

(8) 在【图层】面板中将【圆 1】图层调整到【圆 2】图层的上方，并将【圆 1】载入选区，然后新建【圆 3】图层，并对其填充颜色 RGB 值为 0、184、22，取消选区，效果如图 5-25 所示。

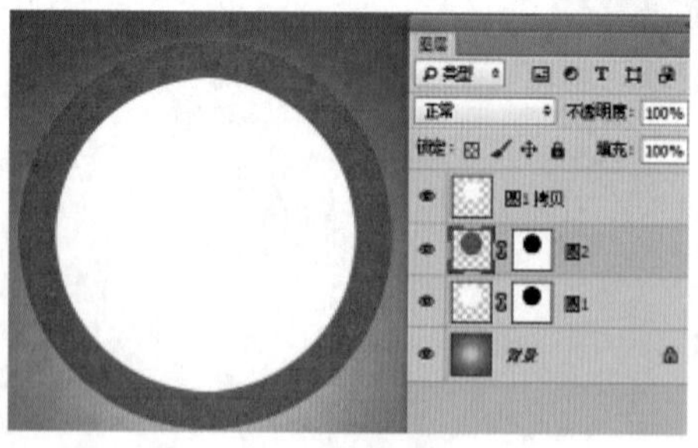

图 5-24　添加图层蒙版

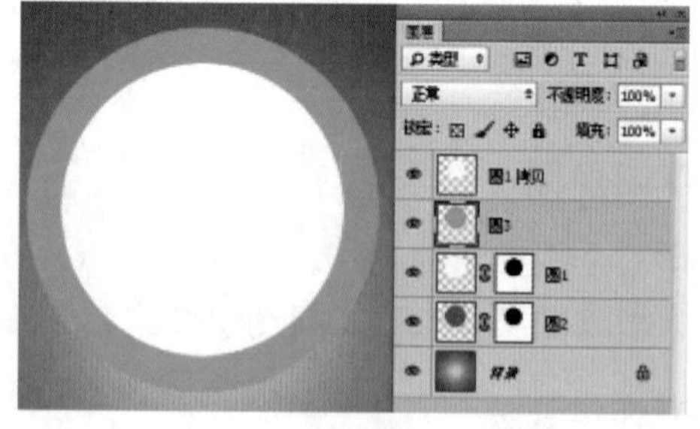

图 5-25　新建图层并填充

(9) 使用前面的方法对【圆 1 拷贝】图层进行自由变换，并设置 W 值为 98.5，为【圆 3】图层添加图层蒙版，如图 5-26 所示。

(10) 将【圆 3】图层调整到【圆 2】图层的下方，双击【圆 1】图层，在弹出的【图层样式】对话框中，勾选【渐变叠加】复选框，设置渐变色。83% 和 100% 位置的颜色设置为 #565656，88% 和 97% 位置的颜色设置为白色，将【角度】设置为 90，如图 5-27 所示。

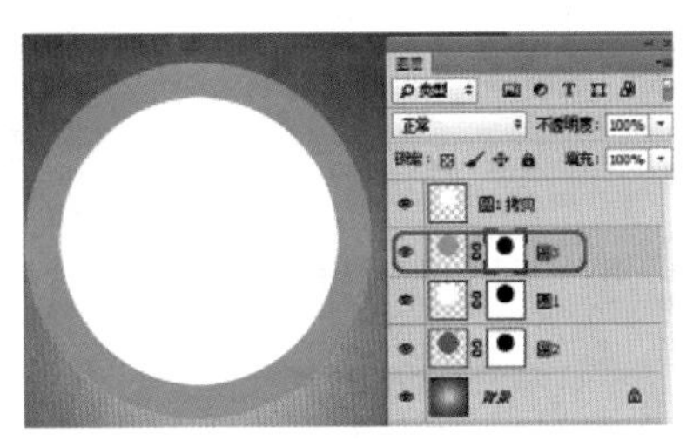

图 5-26　创建图层蒙版

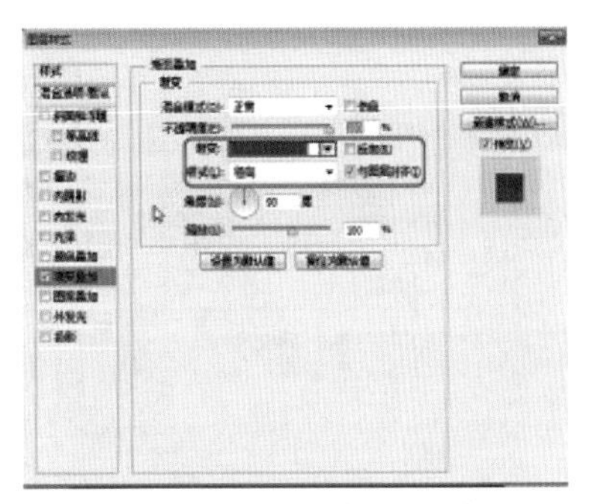

图 5-27　设置【渐变叠加】参数

(11) 勾选【斜面和浮雕】复选框，进行如图 5-28 所示的设置。

(12) 对【圆 1】图层进行复制，选择【圆 1 拷贝 2】图层，将其图层样式清除，并将该图层的【填充】设置为 0%，如图 5-29 所示。

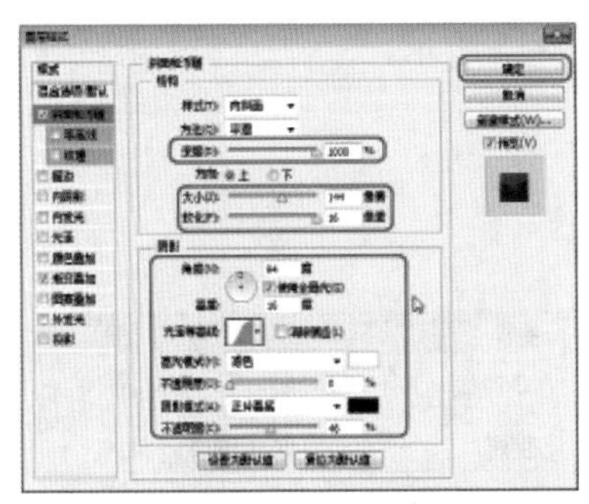

图 5-28　设置【斜面和浮雕】参数

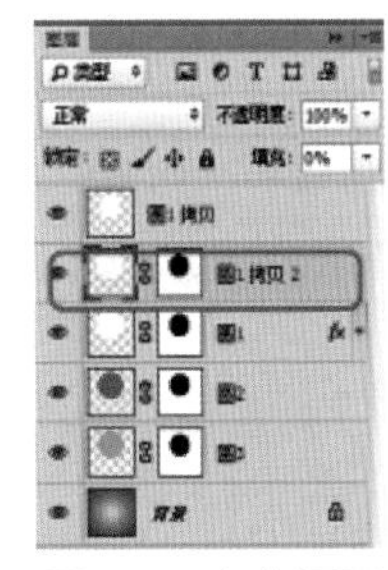

图 5-29　复制图层

(13) 双击【圆 1 拷贝 2】图层，在弹出的【图层样式】对话框中，勾择【内阴影】复选框，并对其进行如图 5-30 所示的设置。

(14) 双击【圆 2】图层，在弹出的【图层样式】对话框中，勾择【描边】复选框，进行如图 5-31 所示的设置。

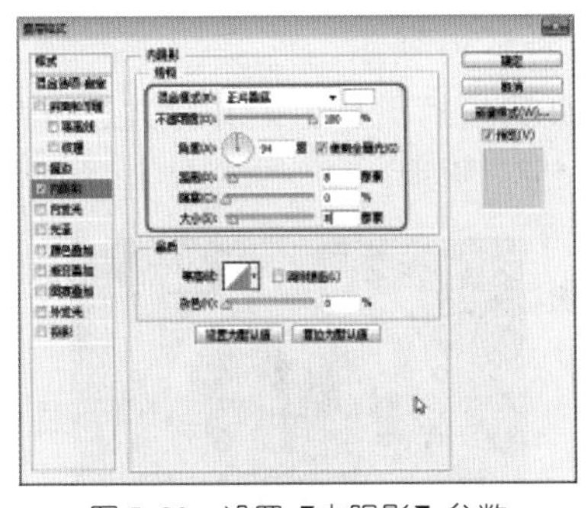

图 5-30　设置【内阴影】参数

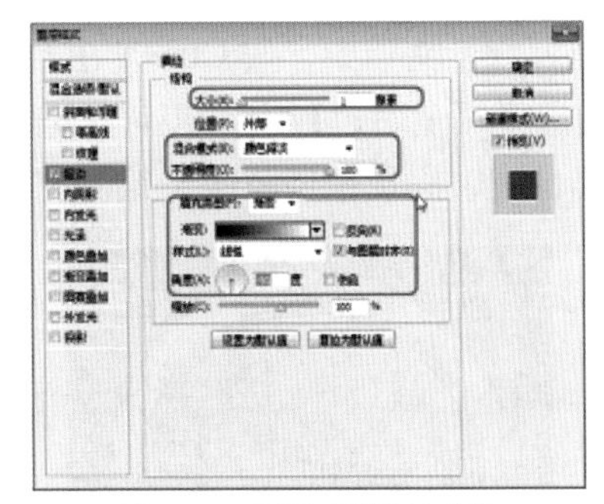

图 5-31　设置【描边】参数

(15) 勾择【渐变叠加】复选框，进行如图 5-32 所示的设置。

(16) 双击【圆 3 图层】，在弹出的【图层样式】对话框中，勾择【描边】复选框，进行如图 5-33 所示的设置。

(17) 勾择【颜色叠加】复选框，将【颜色】的 RGB 设置为 89、94、98，如图 5-34 所示。

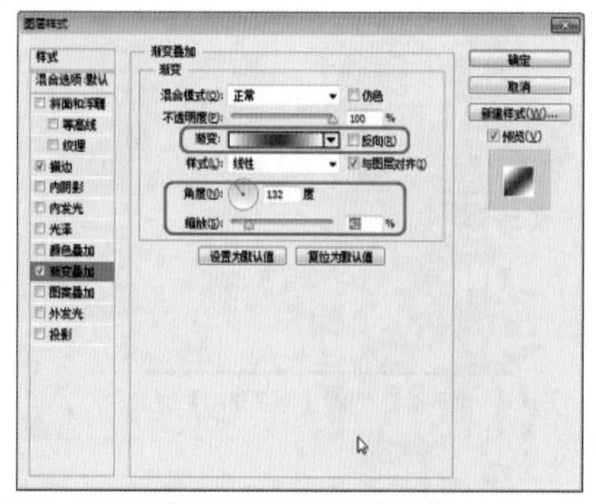

图 5-32　设置【渐变叠加】参数

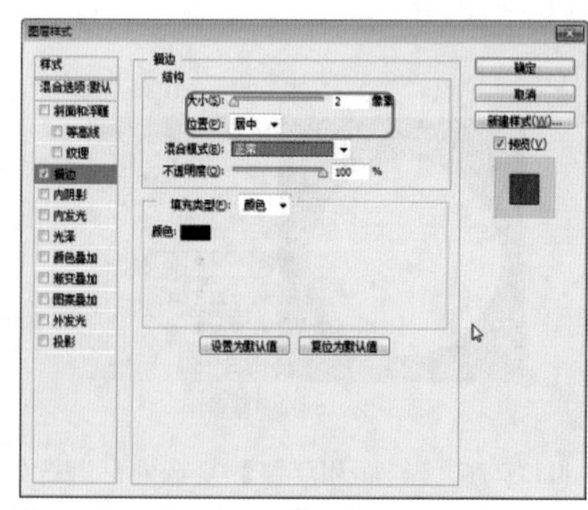

图 5-33　设置【描边】参数

(18) 在【图层】面板中创建【金属边】组，将除【背景】和【圆 1 拷贝】以外的图层添加到【金属边】组中，并将【圆 1 拷贝】图层删除，如图 5-35 所示。

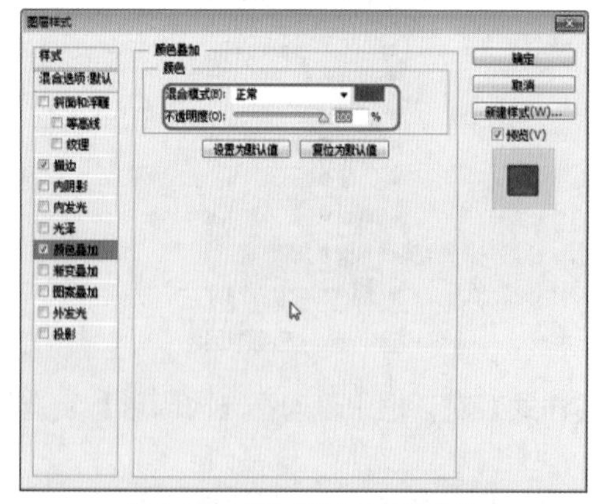

图 5-34　设置【颜色叠加】参数

图 5-35　创建新组

(19) 按 Ctrl+O 组合键，选择随书附带光盘中的 CDROM | 素材 | Cha05 | 星花纹 .png 文件，并将其拖到背景文档中，按 Ctrl+T 组合键适当调整，如图 5-36 所示。

(20) 选择【金属边】组，并对其进行复制，选择【金属边拷贝】组，并对其进行合并，调整到适当位置，添加图层蒙版，绘制出阴影部分，如图 5-37 所示。

图 5-36　添加素材文件

图 5-37　绘制阴影

(21) 最后将场景文件保存。

案例精讲 066　制作开关按钮

案例文件：CDROM | 场景 | Cha05 | 制作开关按钮 .psd

视频文件：视频教学 | Cha05 | 制作开关按钮 .avi

制作概述

本例主要介绍音乐按钮的制作。首先使用【圆角矩形工具】在场景中绘制图形，并使用【图层样式】命令来修改图形的样式，得到想要的效果，完成后的效果如图 5-38 所示。

图 5-38　开关按钮

学习目标

学习开关按钮的制作。

掌握【图层样式】等命令的使用。

操作步骤

(1) 启动软件后，按 Ctrl+N 组合键，在弹出的【新建】对话框中，将【宽度】和【高度】都设为 500 像素，【分辨率】设置为 300 像素 / 英寸，单击【确定】按钮，如图 5-39 所示。

(2) 选择【背景】图层，在弹出的【新建图层】对话框中，保存默认值，单击【确定】按钮，如图 5-40 所示。

图 5-39　【新建】对话框

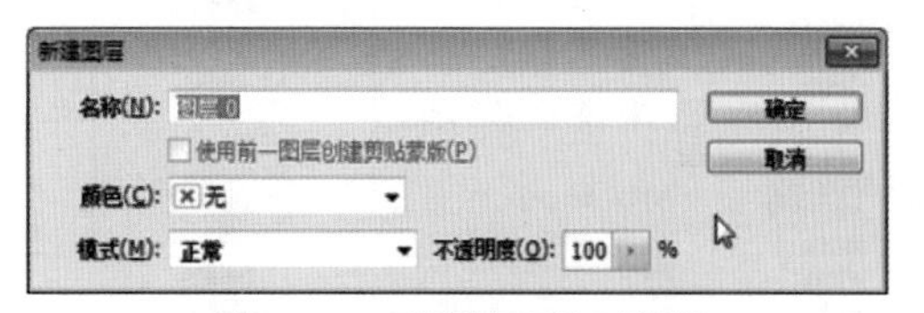

图 5-40　【新建图层】对话框

(3) 双击【图层 0】图层，在弹出的【图层样式】对话框中，选择【渐变叠加】选项组，勾选【混合模式】右侧的【仿色】复选框，添加由 #f6fcff 到 #b2d9ff 的径向渐变，将【缩放】设置为 120，单击【确定】按钮，如图 5-41 所示。

(4) 选择【圆角矩形】工具，在工具选项栏中将【模式】设为路径，【半径】设置为 50 像素，绘制圆角矩形，如图 5-42 所示。

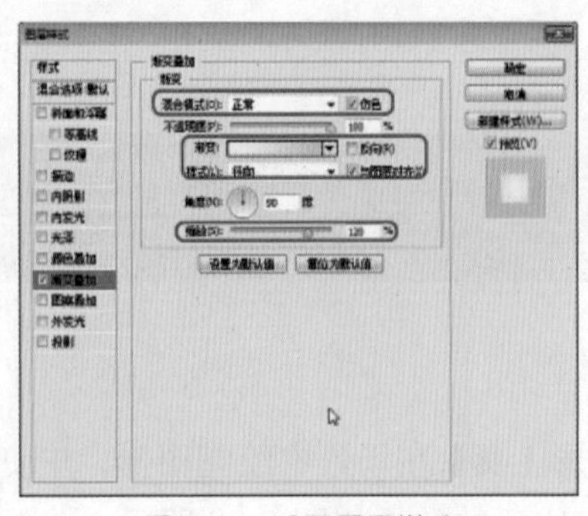

图 5-41　设置图层样式

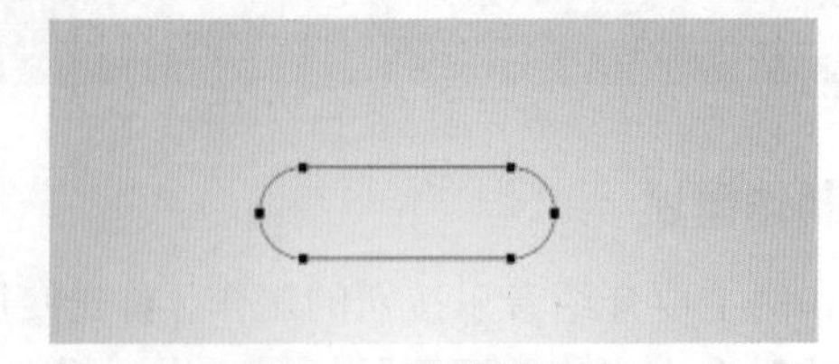

图 5-42　绘制圆角矩形

(5) 新建【圆角矩形】图层，按 Ctrl+Enter 组合键将其载入选区，并对其填充 #bbcf58，如图 5-43 所示。

(6) 双击【圆角矩形】图层，在弹出的【图层样式】对话框中，选择【描边】选项组，进行如图 5-44 所示的设置，

(7) 选择【内阴影】选项组，进行如图 5-45 所示的设置。

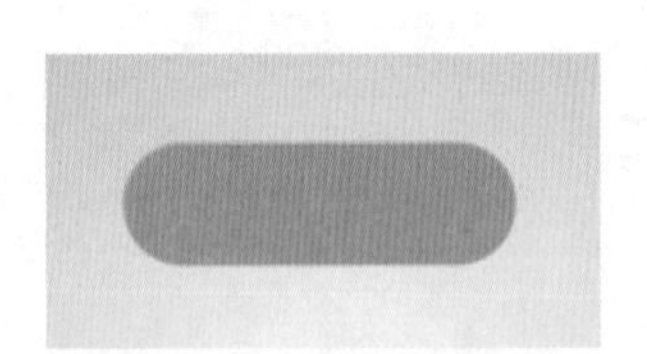

图 5-43　对圆角矩形填充颜色

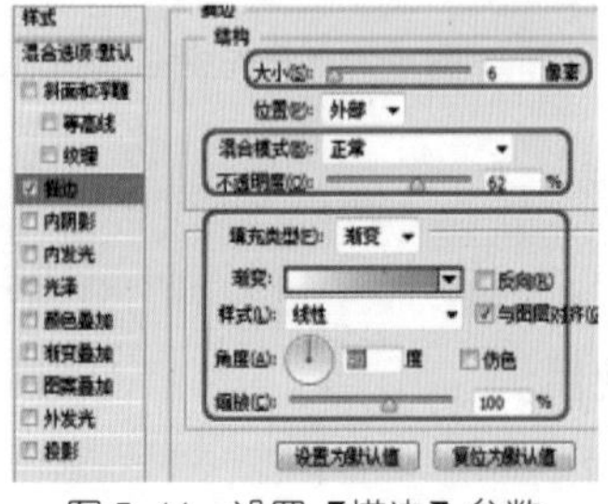

图 5-44　设置【描边】参数

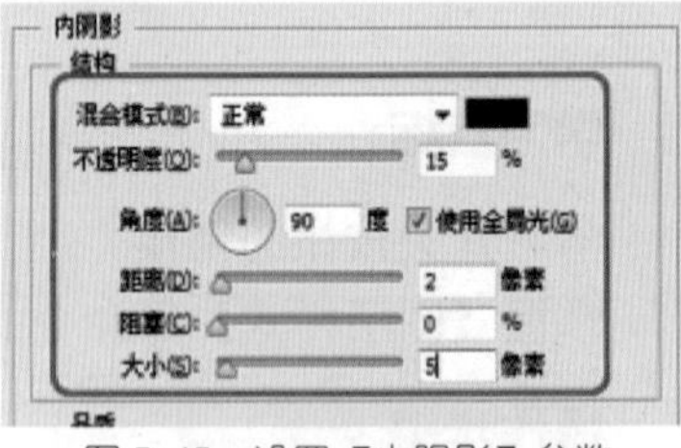

图 5-45　设置【内阴影】参数

(8) 选择【内发光】选项组，将【发光颜色】设置为 #91bc29，对其余参数进行如图 5-46 所示的设置。

(9) 选择【渐变叠加】选项组，进行如图 5-47 所示的设置。

(10) 新建【滑动按钮】图层，使用【椭圆选框工具】绘制正圆选区，并填充白色，如图 5-48 所示。

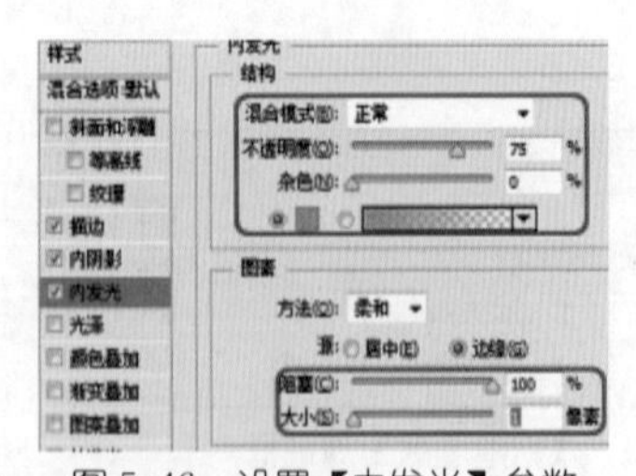

图 5-46　设置【内发光】参数

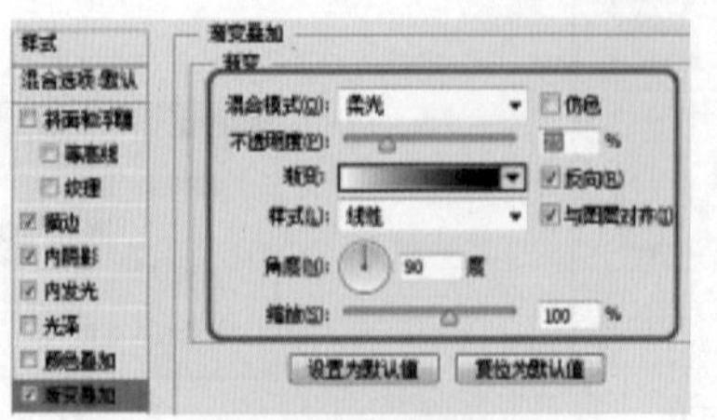

图 5-47　设置【渐变叠加】参数

图 5-48　绘制正圆并填充

(11) 双击【滑动按钮】图层，打开【图层样式】对话框，选择【内阴影】选项组，对其进行 5-49 所示的设置。

(12) 选择【渐变叠加】选项组，进行如图 5-50 所示的设置。

(13) 选择【描边】选项组，将【填充类型】设置为渐变，渐变颜色设置为灰色到白色，具体数值设置如图 5-51 所示。

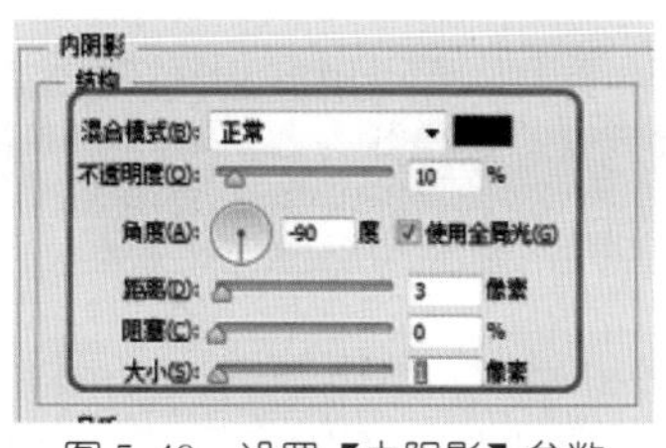

图 5-49　设置【内阴影】参数

图 5-50　设置【渐变叠加】参数

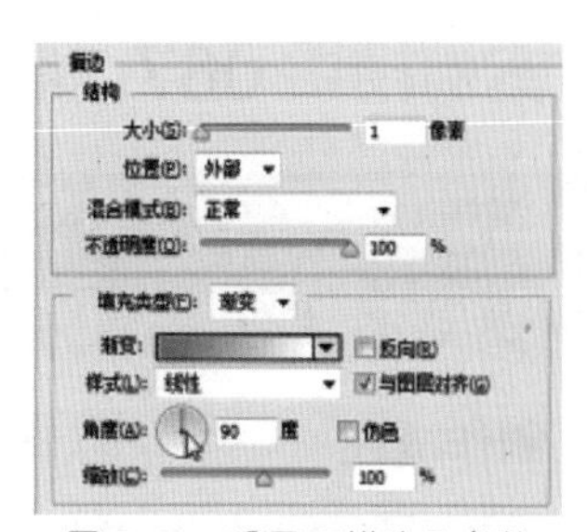

图 5-51　设置【描边】参数

(14) 选择【内发光】选项组，进行如图 5-52 所示的设置。

(15) 选择【投影】选项组，进行如图 5-53 所示的设置。

(16) 打开【图层】面板中创建【圆】图层，使用【椭圆选框工具】绘制椭圆选区，并填充白色，按 Ctrl+D 组合键取消选区，如图 5-54 所示。

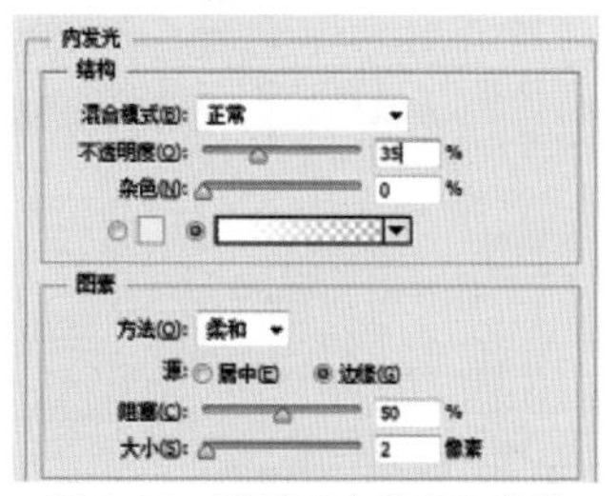

图 5-52　设置【内发光】参数

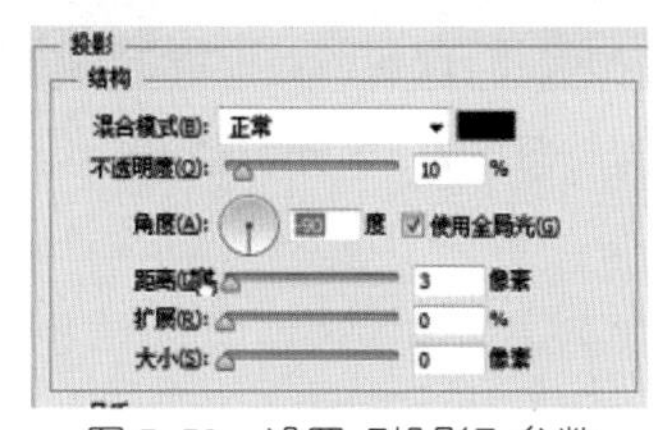

图 5-53　设置【投影】参数

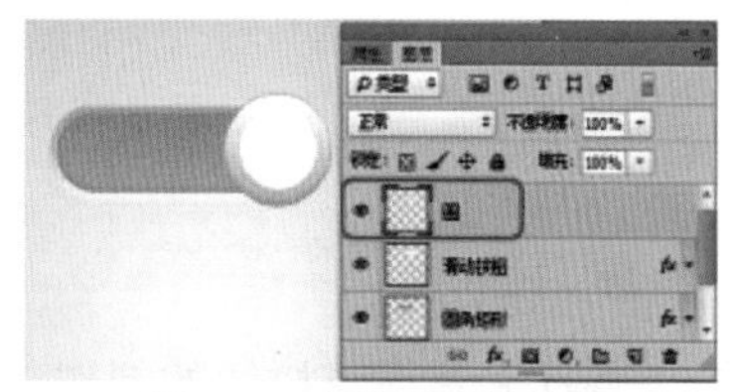

图 5-54　新建图层并填充

(17) 选择【圆】图层并双击，选择【渐变叠加】选项组，进行如图 5-55 所示的设置。

(18) 选择【内阴影】选项组，进行如图 5-56 所示的设置。

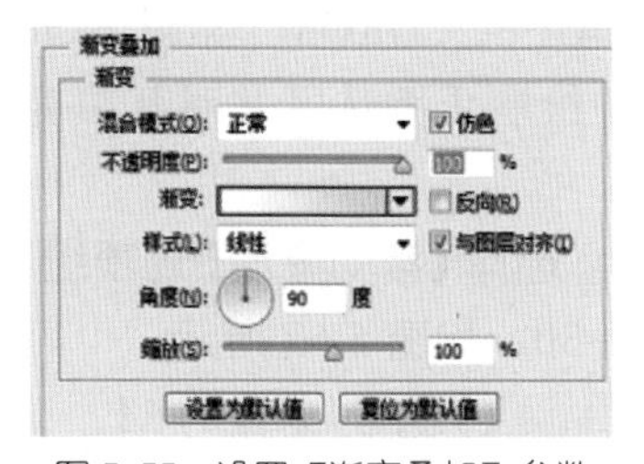

图 5-55　设置【渐变叠加】参数

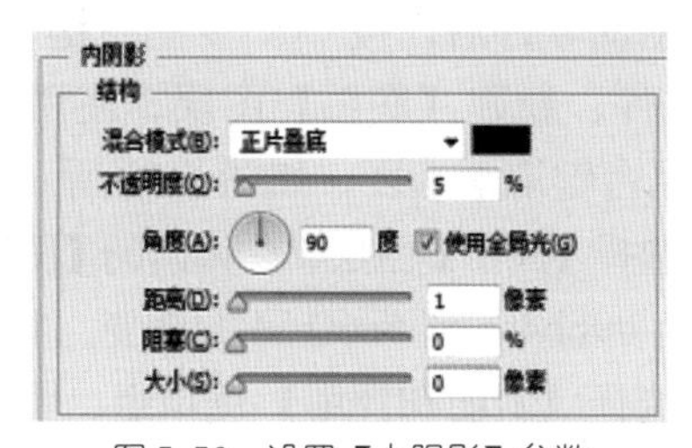

图 5-56　设置【内阴影】参数

(19) 在工具箱中选择【横排文字工具】，在工具选项栏将【字体】设置为 Myriad Pro，【大小】设置为 20 点，【消除锯齿的方法】设置为浑厚，【字体颜色】设置为白色，如图 5-57 所示。

(20) 选择 ON 图层并双击，在弹出【图层样式】对话框中，选择【投影】选项组，进行如图 5-58 所示的设置。

(21) 使用同样的方法制作按钮 OFF，完成后效果如图 5-59 所示。

图 5-57　输入文字

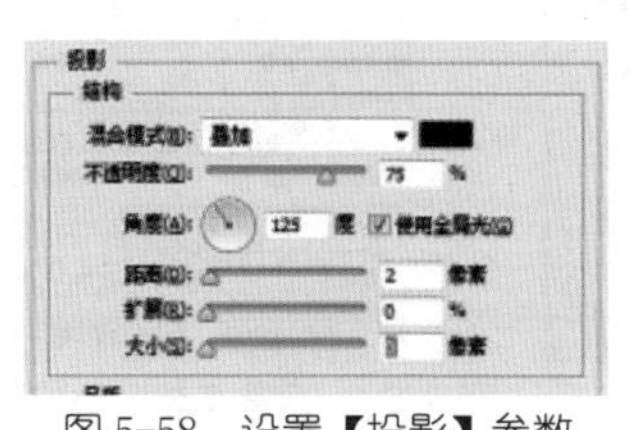

图 5-58　设置【投影】参数

图 5-59　完成后的效果

案例精讲 067　制作水晶雪花按钮

案例文件：CDROM | 场景 | Cha05 | 制作水晶雪花按钮 .psd

视频文件：视频教学 | Cha05 | 制作水晶雪花按钮 .avi

制作概述

本例主要介绍水晶雪花按钮的制作，使用【图层样式】命令来得到想要的效果，其完成后的效果如图 5-60 所示。

图 5-60　水晶雪花按钮

学习目标

学习水晶雪花按钮的制作。

掌握【图层样式】等命令的使用。

操作步骤

(1) 启动软件后，按 Ctrl+O 组合键，打开随书附带光盘中的 CDROM | 素材 | Cha05 | 背景 01.jpg 文件，新建【底图】图层，使用【椭圆选框工具】绘制正圆选区并对其填充白色，按 Ctrl+D 组合键取消选区，如图 5-61 所示。

(2) 选择【底图】图层，在弹出的【图层样式】对话框中，选择【渐变叠加】选项组，设置【渐变色】由 #9bb4aa 到 #e6f1ed 的渐变，将【角度】设置为 −30，如图 5-62 所示。

(3) 选择【斜面和浮雕】选项组，将【深度】设置为 21，【大小】设置为 54，【软化】设置为 10，在【阴影】区域下将【角度】设置为 −90，【高度】设置为 11，【光泽等高线】设置为高斯，将【高光模式】下的【不透明度】设置为 63，将【阴影模式】右侧的色标设置为 #4b8494，并将其【不透明度】设置为 22，如图 5-63 所示。

图 5-61　创建图层

图 5-62　设置【渐变叠加】参数

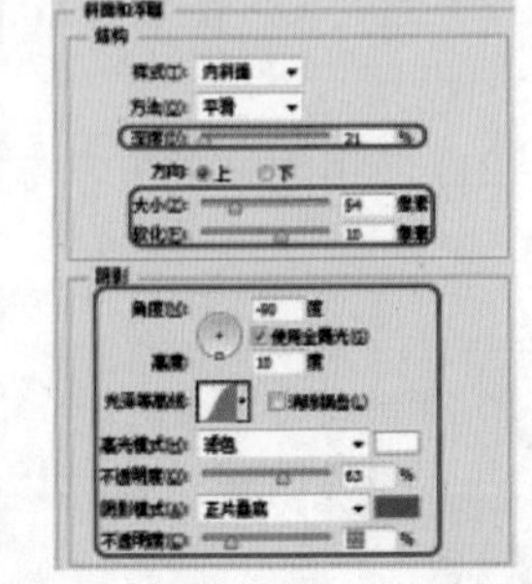

图 5-63　设置【斜面和浮雕】参数

(4) 选择【等高线】选项组，进行如图 5-64 所示的设置。

(5) 选择【光泽】选项组，将【混合模式】设置为线型减淡 (添加)，将右侧的颜色设置为 #465357，如图 5-65 所示。

(6) 选择【描边】选项组，进行如图 5-66 所示的设置。

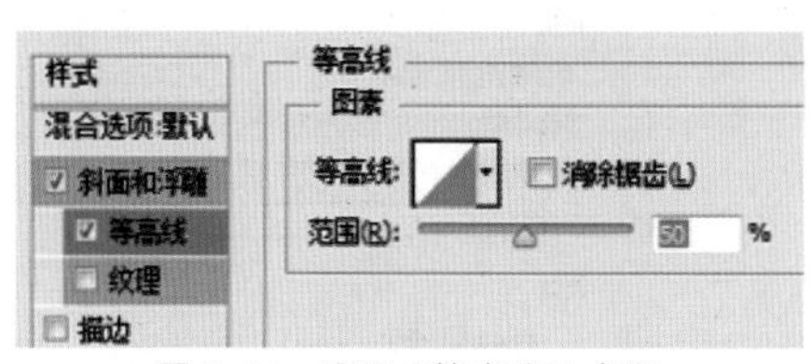

图 5-64　设置【等高线】参数

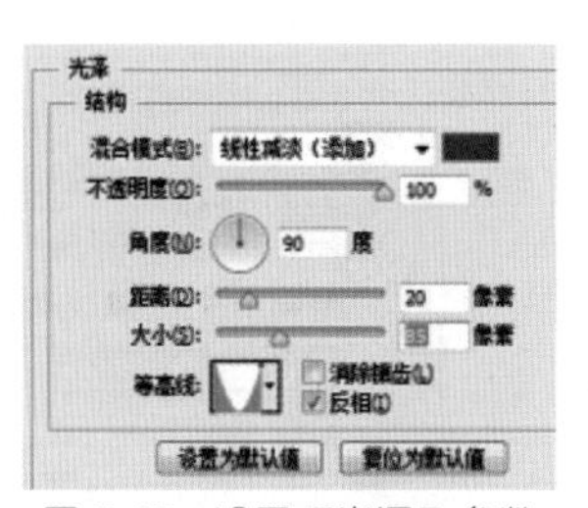

图 5-65　设置【光泽】参数

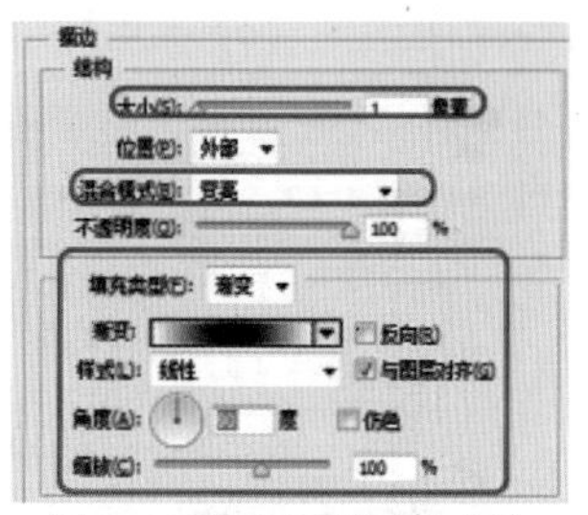

图 5-66　设置【描边】参数

(7) 新建【光】图层，选择【画笔工具】，在工具选项栏中选择一个柔边画笔，将其【大小】设置为合适的像素，将【前景色】设置为白色，在场景中进行绘制，如图 5-67 所示。

(8) 在【图层】面板中将【底图】图层载入选区，按 Shift+Ctrl+I 组合键，进行反选，确认当前选择图层为【光】图层，按 Delete 键将多余的部分删除，按 Ctrl+D 组合键取消选区，如图 5-68 所示。

(9) 选择【光】图层，在菜单栏执行【滤镜】|【模糊】|【高斯模糊】命令，打开【高斯模糊】对话框，将【半径】设置为 4，单击【确定】按钮，如图 5-69 所示。

图 5-67　绘制发光部分

图 5-68　删除多余的部分

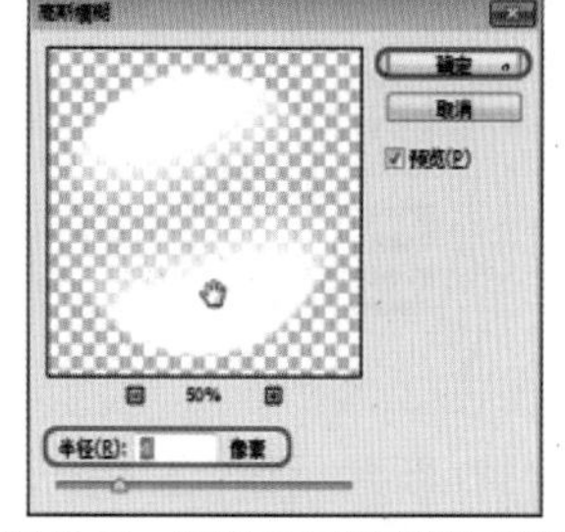

图 5-69　设置【高斯模糊】参数

(10) 选择【光】图层，在【图层】面板中将其【混合模式】设置为柔光，使用【自定形状工具】选择雪花 3 图形，并将其【模式】设置为形状，【颜色】设置为黑色，选择【形状 1】图层，将其【填充 】设置 6%，如图 5-70 所示。

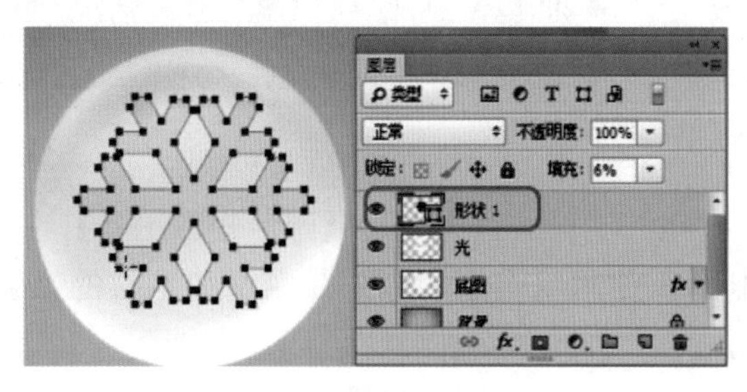

图 5-70　设置混合模式

(11) 双击【形状 1】图层，在弹出的【图层样式】对话框中，选择【投影】选项组，将【混合模式】右侧的颜色设置为 #73b6b5，其他设置如图 5-71 所示。

(12) 选择【内阴影】选项组，将【混合模式】右侧的颜色设为 #8edee3，其他数值设置如图 5-72 所示。

(13) 选择【外发光】选项组，进行如图 5-73 所示的设置。

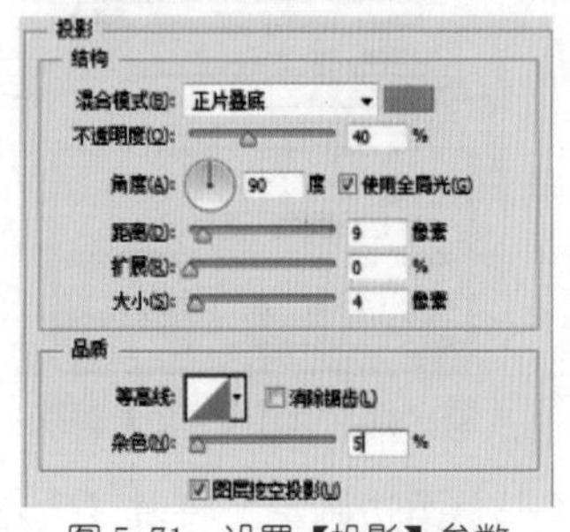

图 5-71 设置【投影】参数

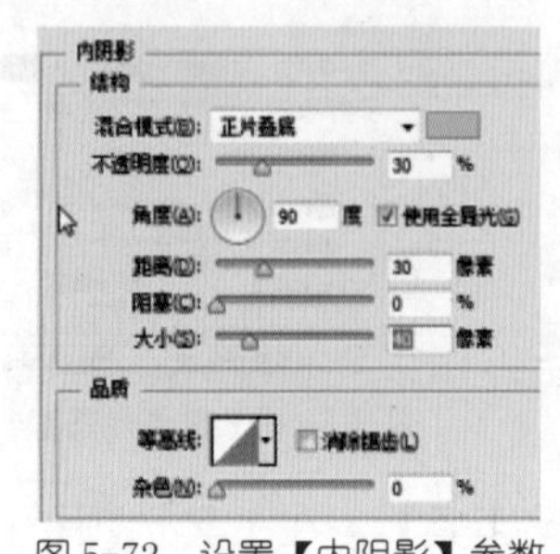

图 5-72 设置【内阴影】参数

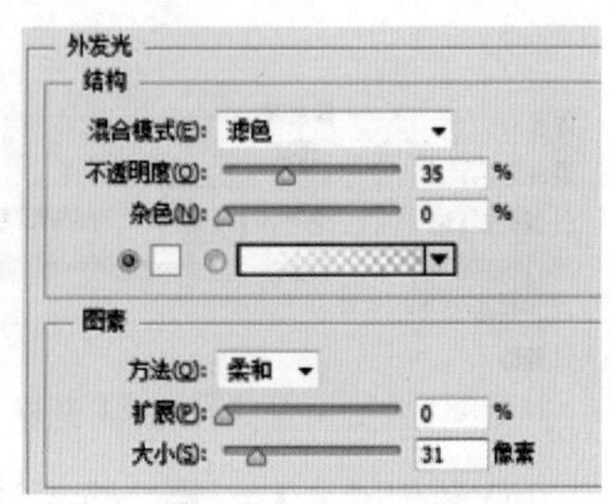

图 5-73 设置【外发光】参数

(14) 选择【斜面和浮雕】选项组，进行如图 5-74 所示的设置。

(15) 选择【等高线】选项组，将【等高线】设置为高斯，勾选【消除锯齿】复选框，将【范围】设为 60，如图 5-75 所示。

(16) 选择【描边】选项组，进行如图 5-76 所示的设置。

图 5-74 设置【斜面和浮雕】参数

图 5-75 设置【等高线】参数

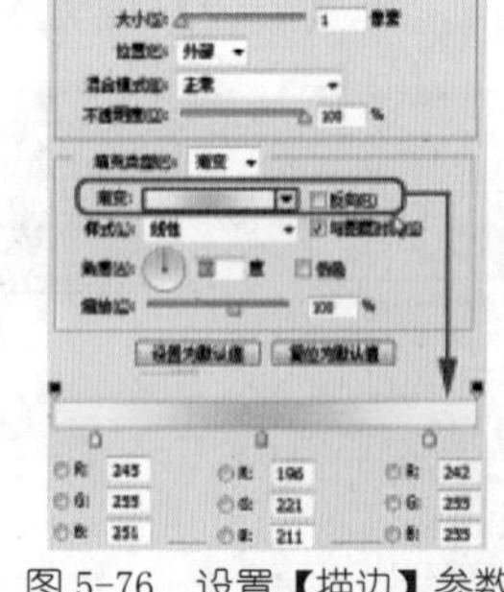

图 5-76 设置【描边】参数

(17) 新建【组 1】组，将处于【背景】以外的图层拖到组中，并对其进行复制，使用前面章节讲过的方法绘制出倒影及阴影。

案例精讲 068 制作青花瓷按钮

案例文件：CDROM | 场景 | Cha05 | 制作青花瓷按钮 .psd

视频文件：视频教学 | Cha05 | 制作青花瓷按钮 .avi

制作概述

本例主要介绍青花瓷按钮的制作。首先使用【圆角矩形工具】在场景中绘制图形，并使用【图层样式】命令来绘制，再使用【高斯模糊】命令增加素材的模糊得到想要的效果，其完成后的效果如图 5-77 所示。

图 5-77 青花瓷按钮

学习目标

学习青花瓷按钮的制作。

掌握【高斯模糊】、【图层样式】等命令的使用。

操作步骤

(1) 启动软件后，按 Ctrl+N 组合键打开【新建】对话框，将【宽度】和【高度】都设置为 500 像素，【分辨率】设置为 300 像素 / 英寸，【背景内容】设置为【透明】，如图 5-78 所示。

(2) 新建【底图】图层，在工具箱中选择【圆角矩形工具】，在工具选项栏中将【模式】设置为路径，【半径】设置为 15 像素，在舞台中绘制路径，如图 5-79 所示。

(3) 选择【添加锚点工具】，分别在路径的上侧和下侧添加锚点，并对其适当调整，如图 5-80 所示。

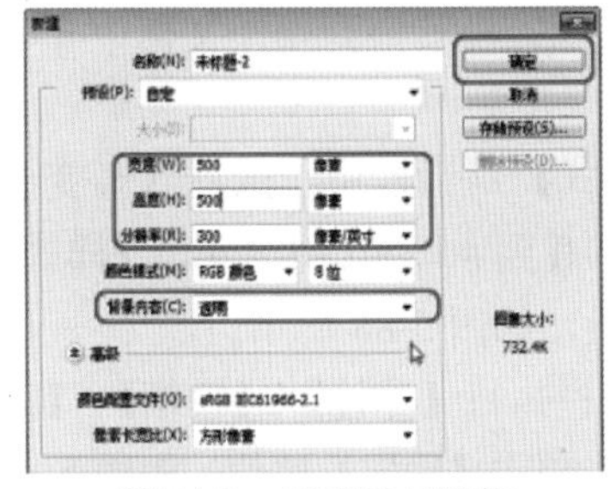

图 5-78 【新建】对话框

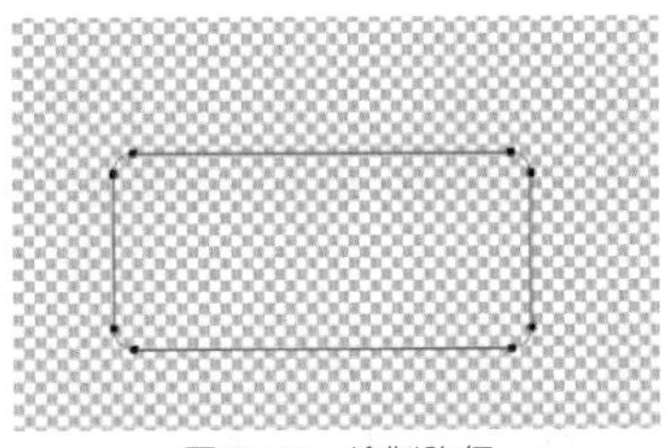

图 5-79 绘制路径

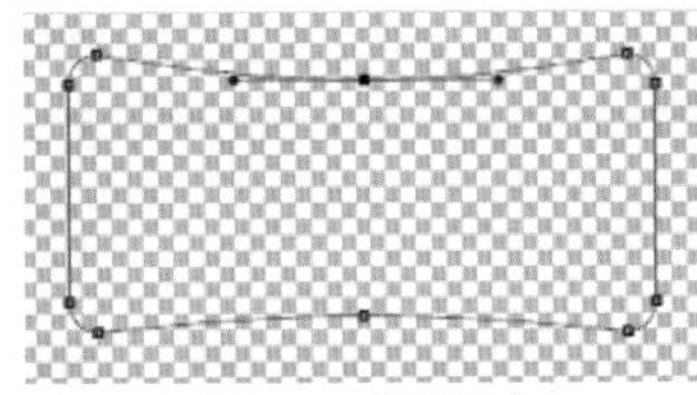

图 5-80 添加锚点

(4) 按 Ctrl+Enter 键，将路径转换为选区，并对选区填充白色，按 Ctrl+D 组合键取消选区，如图 5-81 所示。

(5) 在图层面板中双击【底图】图层，在弹出的【图层样式】对话框中，选择【斜面和浮雕】选项组，在【结构】组中，将【深度】设置为 52，【大小】设置为 18，【软化】设置为 7。在【阴影】组中取消勾选【使用全局光】复选框，将【角度】设置为 100，选择【双形 - 双】等高线，将【高光模式】的【不透明度】设置为 59，【阴影模式】右侧的色标设置为灰色，【不透明度】设置为 49，如图 5-82 所示。

(6) 选择【内阴影】选项组，进行如图 5-83 所示的设置。

图 5-81　填充白色

图 5-82　设置【斜面和浮雕】参数

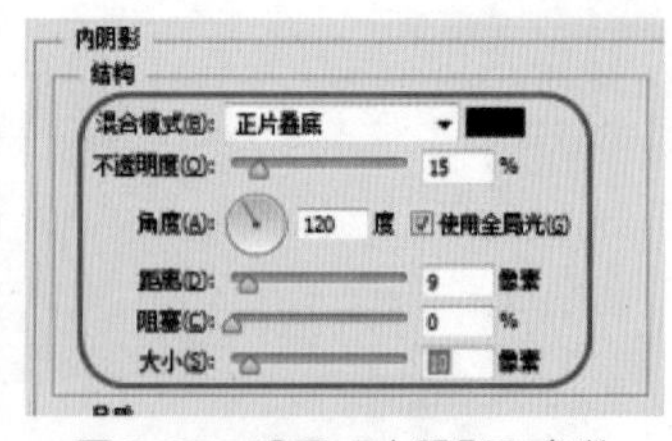
图 5-83　设置【内阴影】参数

(7) 选择【投影】选项组，进行如图 5-84 所示的设置。

(8) 在【图层】面板中新建【光】图层，在工具箱中选择【画笔工具】，选择一个软画笔，设置合适的画笔大小，确认【前景色】为白色，在图中绘制出发光区域，如图 5-85 所示。

(9) 选择【光】图层，在菜单栏执行【滤镜】|【模糊】|【高斯模糊】命令，打开【高斯模糊】对话框，将【半径】设置为 6，单击【确定】按钮，如图 5-86 所示。

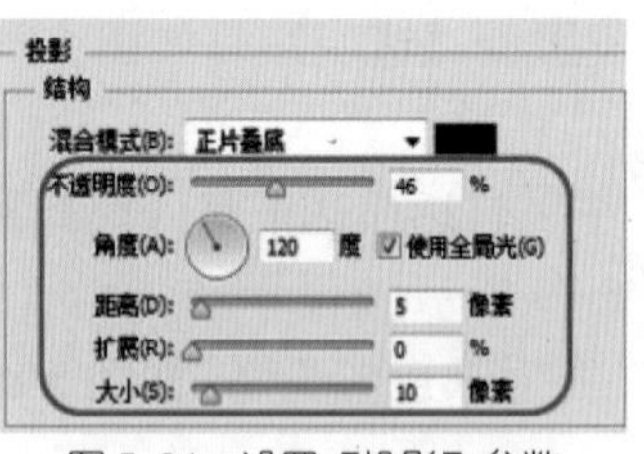
图 5-84　设置【投影】参数

图 5-85　绘制发光区域

图 5-86　【高斯模糊】对话框

(10) 打开随书附带光盘中的 CDROM| 素材 |Cha05| 龙 .png 文件，将其拖到操作文档中并调整大小和位置，如图 5-87 所示。

(11) 在【图层】面板中双击【图层 2】，在弹出的【图层样式】对话框中，选择【渐变叠加】选项组，将【不透明度】设置为 37，将渐变色设置为由 #c8c7ff 到 #6c7aff 的渐变，【样式】设置为渐变，【角度】设置为 90，设置完成后单击【确定】按钮，如图 5-88 所示。

(12) 选择【图层 2】对其进行复制，选择【图层 2】，在菜单栏执行【滤镜】|【模糊】|【高斯模糊】命令，打开【高斯模糊】对话框，将【半径】设置为 1.5，单击【确定】按钮，如图 5-89 所示。

图 5-87　添加素材文件

图 5-88　设置【渐变叠加】参数

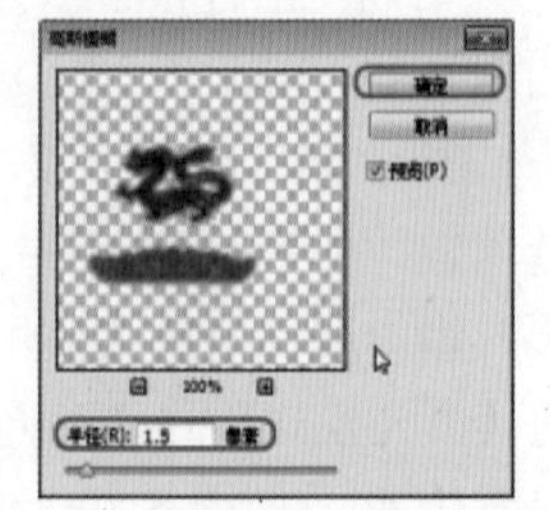
图 5-89　设置【高斯模糊】参数

(13) 选择【横排文字工具】，在工具选项栏将【字体】设置为隶书，【大小】设置为 36，【消除锯齿的方法】设置为浑厚，【字体颜色】设置为 #15169D，输入文字，如图 5-90 所示。

(14) 拷贝【图层 2】的图层样式，并将其粘贴到【龙】图层上，完成后效果如图 5-91 所示。

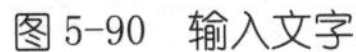
图 5-90　输入文字

图 5-91　复制图层模式

案例精讲 069　制作深色光亮按钮

案例文件：CDROM | 场景 | Cha05 | 制作深色光亮按钮 .psd

视频文件：视频教学 | Cha05 | 制作深色光亮按钮 .avi

制作概述

本例主要介绍深色光亮按钮的制作。首先使用【圆角矩形工具】在场景中绘制图形，使用【动感模糊】为绘制的图形增加模糊，再使用【羽化选区】、【渐变工具】命令来修改得到想要的效果，其完成后的效果如图 5-92 所示。

图 5-92　深色光亮按钮

学习目标

学习深色光亮按钮的制作。

掌握【图层蒙版】、【图层样式】等命令的使用。

操作步骤

(1) 新建一个【宽度】和【高度】都为 500 像素的文档，并对【背景】图层填充黑色，如图 5-93 所示。

(2) 新建【底纹 01】图层，在工具箱中选择【圆角矩形工具】，在工具选项栏中将【模式】设置为像素，【半径】设置为 25，【前景色】设置为 #600202，绘制如图 5-94 所示图形。

(3) 在【底纹 01】下方创建【底纹 02】图层，将【底纹 01】图层载入选区，选择【底纹 02】图层，填充 #FBE39B 颜色，按 Ctrl+D 组合键取消选区，在菜单栏执行【滤镜】|【模糊】|【动感模糊】命令，打开【动感模糊】对话框，将【角度】设置为 0，将【距离】设置为 25，单击【确定】按钮，如图 5-95 所示。

图 5-93　新建文档并填充黑色

图 5-94　绘制图形

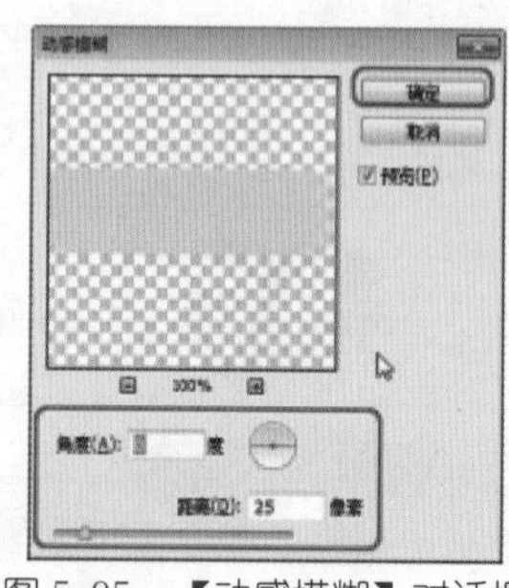
图 5-95　【动感模糊】对话框

(4) 在【底纹 02】图层上方新建【描边】图层，将【底纹 01】图层载入选区，选择【描边】图层，在菜单栏执行【编辑】|【描边】命令，打开【描边】对话框，将【宽度】设置为 2 像素，【颜色】设置为 # FBE39B，【位置】设置为居中，单击【确定】按钮，如图 5-96 所示。

(5) 在【底纹 01】图层上文新建【高光】图层，选择【矩形选框工具】，绘制选区，按 Shift+F6 组合键打开【羽化选区】对话框，将【羽化半径】设置为 15，如图 5-97 所示。

(6) 在工具箱中选择【渐变工具】，在工具选项栏中将其设置为径向渐变，单击【渐变编辑】按钮，打开【渐变编辑器】对话框，设置由 # FBE39B 到白色的渐变，如图 5-98 所示。

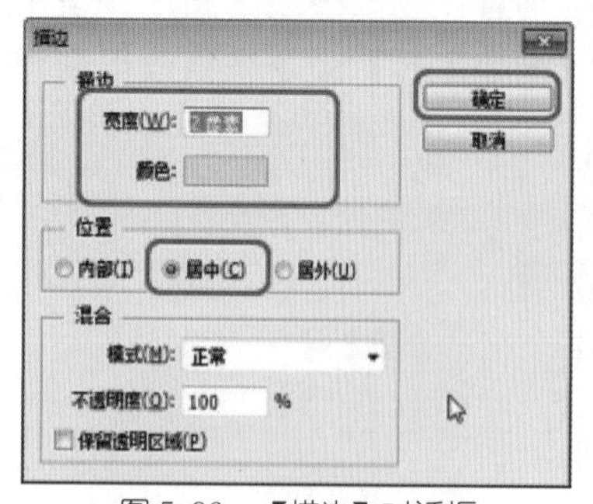

图 5-96　【描边】对话框

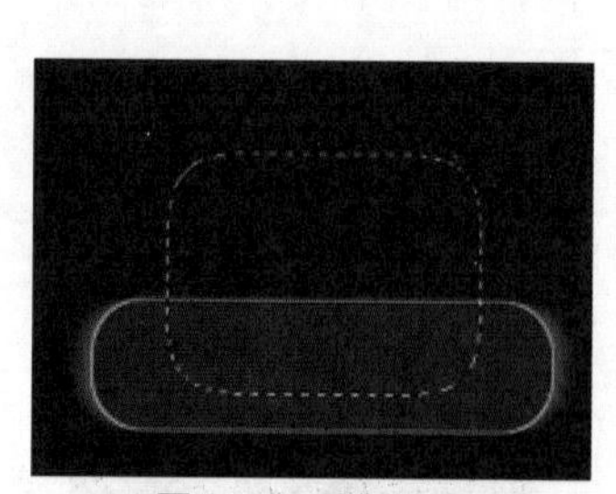
图 5-97　绘制选区

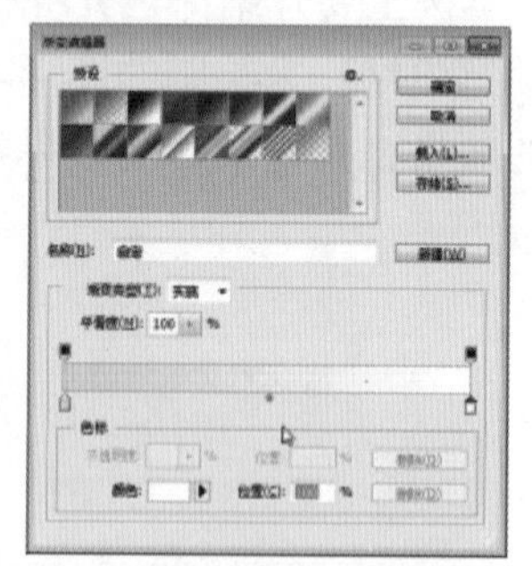
图 5-98　设置渐变色

(7) 对选区填充渐变色，由选区的中心向外侧引导鼠标，填充渐变色，如图 5-99 所示。

(8) 按 Ctrl+D 组合键取消选区，按 Ctrl+T 组合键对高光进行变形，如图 5-100 所示。

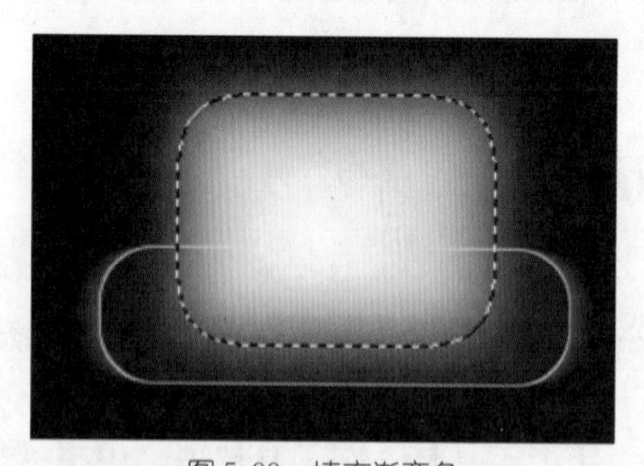
图 5-99　填充渐变色

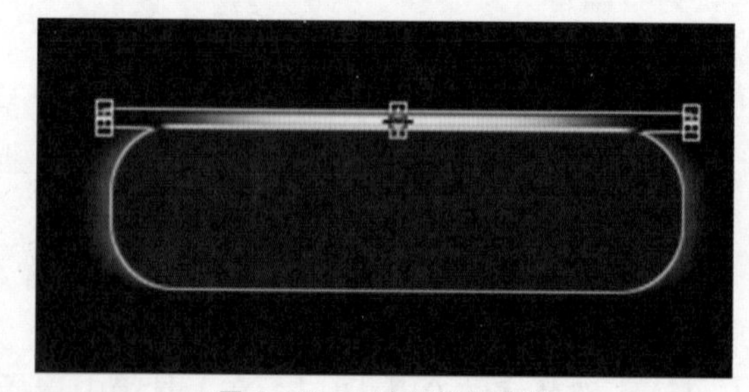
图 5-100　对高光进行变形

(9) 选择【高光】图层，对其进行复制，选择复制的图层并将其【图层模式】设为【叠加】，如图 5-101 所示。

(10) 在工具箱中选择【横排文字工具】，输入 OPEN，打开【字符属性】面板，将【字体】设置为隶书，【字符间距】设置为 250，【字体颜色】设置为 #fbe39b，如图 5-102 所示。

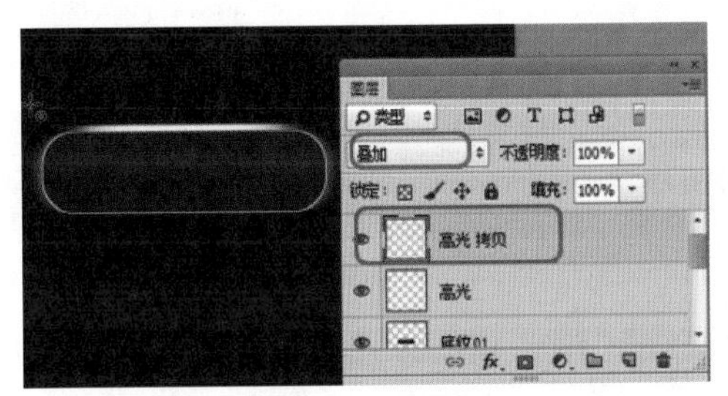

图 5-101　复制图层

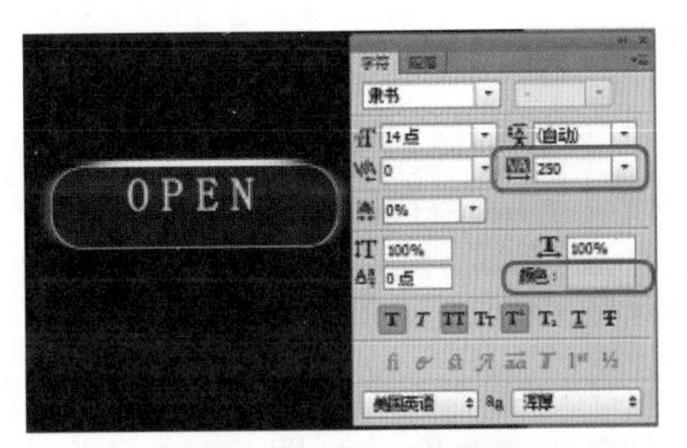

图 5-102　设置字符属性

(11) 选择【OPEN】图层进行复制，选择复制的图层，按 Ctrl+T 组合键调整位置，单击鼠标右键在弹出的快捷菜单中选择【垂直翻转】，按 Enter 键确认，如图 5-103 所示。

(12) 选择【OPEN 拷贝】图层，为其添加【图层蒙版】，选择【渐变工具】将渐变色设为黑白的线性渐变，填充渐变色，完成后的效果如图 5-104 所示。

图 5-103　复制图层

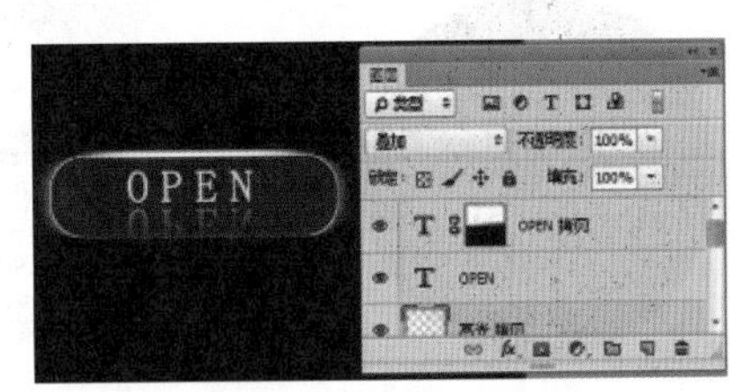

图 5-104　填充渐变色

案例精讲 070　制作红色水晶按钮

案例文件：CDROM | 场景 | Cha05 | 制作红色水晶按钮 .psd

视频文件：视频教学 | Cha05 | 制作红色水晶按钮 .avi

制作概述

制作红色水晶按钮，首先要新建一个金属底纹，这就需要用到【图层样式】，通过设置【斜面和浮雕】、【渐变叠加】得到金属底纹。制作按钮主体部分，也是通过设置图层样式得到。制作高光部分，主要应用画笔工具，效果如图 5-105 所示。

图 5-105　红色水晶按钮

学习目标

学习红色水晶按钮的制作。
掌握【斜面和浮雕】、【渐变叠加】等命令的使用。

操作步骤

(1) 启动软件后，新建 60×600 的文档，新建【底纹】图层，在工具箱选择【椭圆选框工具】绘制正圆并填充黑色，如图 5-106 所示。

(2) 双击【底纹】图层，在弹出的【图层样式】对话框中，选择【内阴影】选项组，进行如图 5-107 所示的设置。

(3) 选择【斜面和浮雕】选项组，进行如图 5-108 所示的设置。

图 5-106 绘制正圆并填充黑色

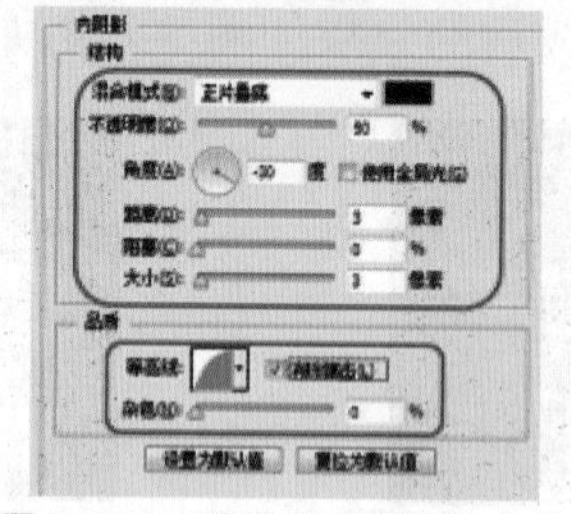

图 5-107 设置【内阴影】参数

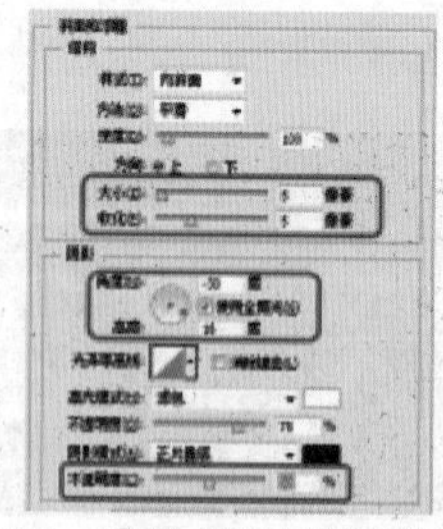

图 5-108 设置【斜面和浮雕】参数

(4) 选择【渐变叠加】选项组，设置渐变颜色。0% 位置的颜色设置为白色，14% 位置的颜色设置为 #6d6d6d，30% 位置的颜色设置为 #9e9e9e，48% 位置的颜色设置为 #c6c6c6，70% 位置的颜色设置为 #6d6d6d，88% 位置的颜色设置为 #9e9e9e，100% 位置的颜色设置为白色，其他参数进行如图 5-109 所示的设置。

(5) 在【图层】面板中新建【水晶】图层，选择【椭圆选框工具】，绘制椭圆并填充黑色，如图 5-110 所示。

(6) 选择【水晶】图层并双击，在弹出的【图层样式】对话框中，选择【投影】选项组，对其进行如图 5-111 所示的设置。

图 5-109 设置【渐变叠加】参数

图 5-110 新建【水晶】图层

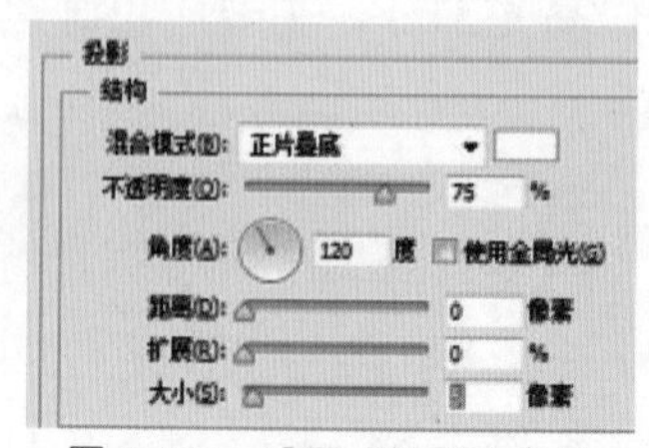

图 5-111 设置【投影】参数

(7) 选择【内阴影】选项组，进行如图 5-112 所示的设置。

(8) 选择【斜面和浮雕】选项组，将【高光模式】右侧的颜色设置为 #ffb400，其他设置如图 5-113 所示。

(9) 选择【渐变叠加】选项组，设置渐变颜色。0% 位置的颜色设置为 #ff9a2d，48% 位置的颜色设置为 #7f1e1e，78% 位置的颜色设置为 #5d0c0c，其他参数设置如图 5-114 所示。

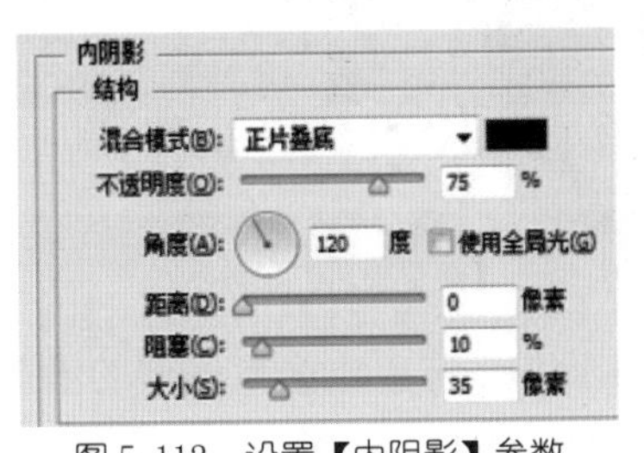
图 5-112　设置【内阴影】参数

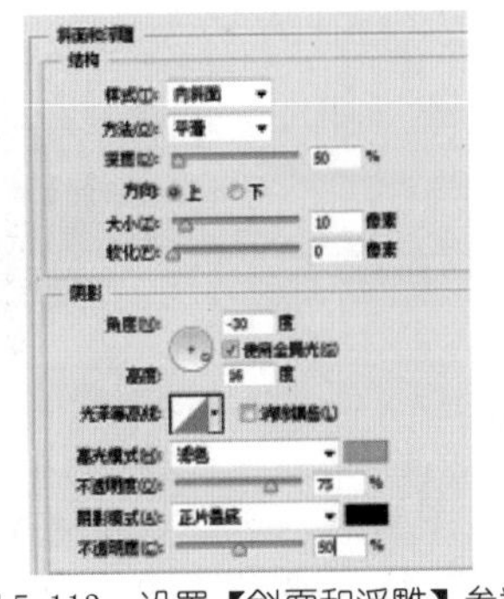
图 5-113　设置【斜面和浮雕】参数

图 5-114　设置【渐变叠加】参数

(10) 将【水晶】图层载入选区，新建【光】图层，为【光】图层添加【图层蒙版】，如图 5-115 所示。

(11) 在工具箱中选择【画笔工具】，选择一种柔边画笔，调整合适的大小，将【前景色】设为白色，绘制发光部分，如图 5-116 所示。

(12) 在【图层】面板中选择【光】图层，将其【图层模式】设置为叠加，如图 5-117 所示。

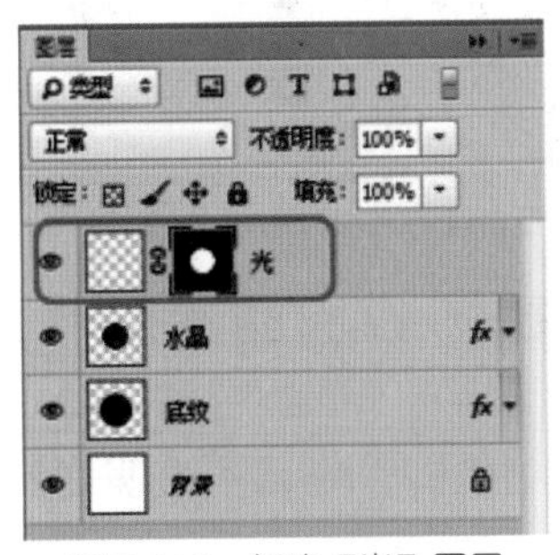
图 5-115　新建【光】图层

图 5-116　绘制高光区域

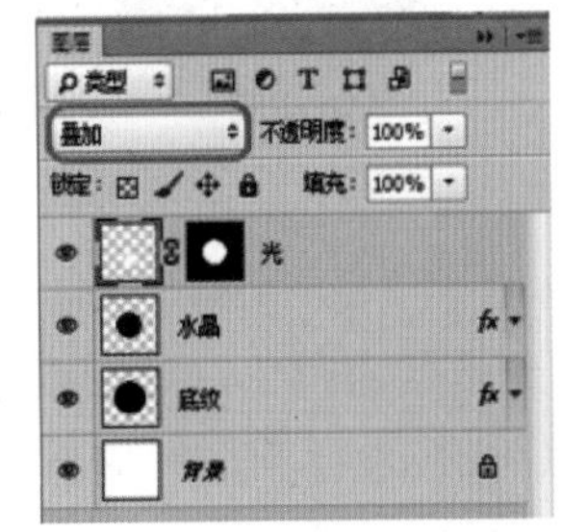
图 5-117　设置【图层模式】参数

(13) 新建【光 1】图层，在工具箱中选择【椭圆选框工具】绘制椭圆，并填充白色，在【图层】单击面板底部的【添加图层蒙版】按钮，使用【渐变工具】对蒙版进行渐变，并将【光 1】图层的【图层模式】设置为叠加，【不透明度】设置为 30%，如图 5-118 所示。

(14) 选择【光 1】图层并双击，在弹出的【图层样式】对话框中，选择【投影】选项组，进行如图 5-119 所示的设置。

图 5-118　添加光

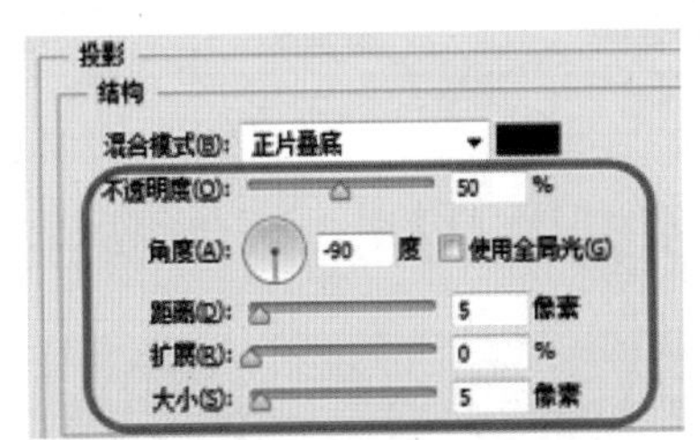
图 5-119　设置【投影】参数

(15) 在【图层】面板总将【水晶】图层载入选区，新建【光 2】图层，并单击面板底部的【添加图层蒙版】按钮，利用【钢笔工具】绘制路径并转换为选区，如图 5-120 所示。

(16) 按 Shift+F6 组合键打开【羽化选区】对话框，将【羽化半径】设置为 10，单击【确定】按钮，为选区填充白色，在【图层】面板中将【图层模式】设置为叠加，如图 5-121 所示。

图 5-120　绘制路径并转换为选区

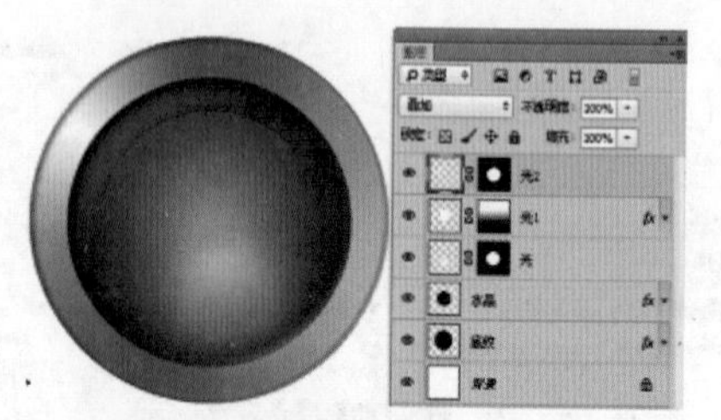
图 5-121　设置【图层模式】参数

(17) 在【图层】面板中将【水晶】图层载入选区，新建【光 3】图层，并单击面板底部的【添加图层蒙版】按钮，利用【钢笔工具】绘制路径并转换为选区，如图 5-122 所示。

(18) 为选区填充白色，在【图层】面板中将【图层模式】设置为叠加，将【不透明度】设置为 50%，如图 5-123 所示。

图 5-122　绘制路径并转换为选区

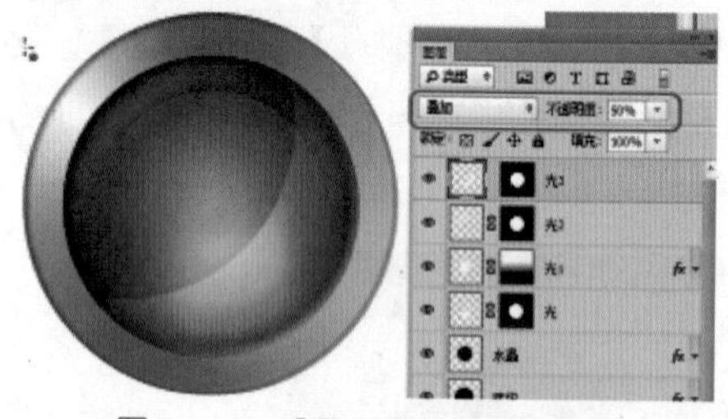
图 5-123　设置【图层模式】参数

(19) 使用同样的方法创建【光 4】图层，并创建【图层蒙版】，使用合适的柔边画笔，将【前景色】设置为黄色，进行涂抹，如图 5-124 所示。

(20) 打开【图层】面板，将【光 4】图层的【图层模式】设置为叠加，将【不透明度】设置为 75%，如图 5-125 所示。

(21) 利用【椭圆工具】绘制路径并输入适合的文字，完成后的效果如图 5-126 所示。

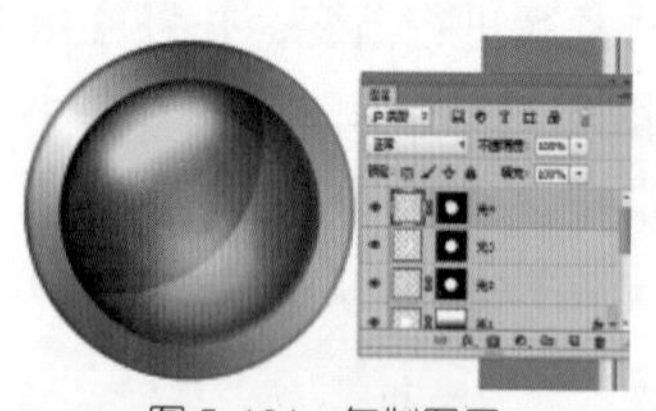
图 5-124　复制图层

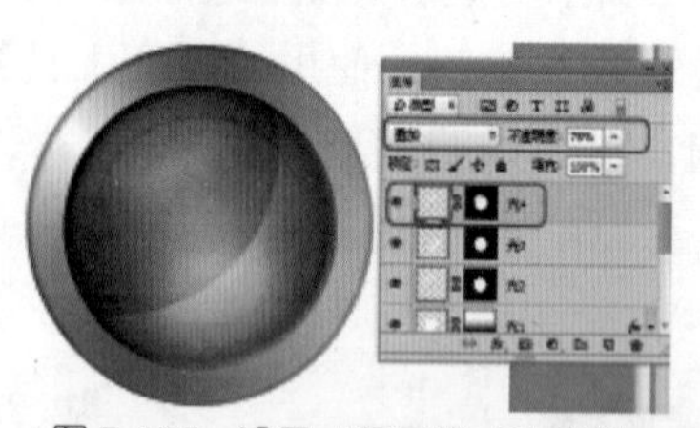
图 5-125　设置【图层模式】参数

图 5-126　输入文字后效果

案例精讲 071　制作黑色播放按钮

案例文件：CDROM | 场景 | Cha05 | 制作黑色播放按钮 .psd

视频文件：视频教学 | Cha05 | 制作黑色播放按钮 .avi

制作概述

制作黑色播放按钮，主要利用绘制正圆形相互叠加呈现出圆形的层次感，对于高光区域主要利用图层蒙版和画笔工具创建，效果如图 5-127 所示。

图 5-127　黑色播放按钮

学习目标

学习黑色播放按钮的制作。

掌握图层蒙版、画笔工具等命令的使用。

操作步骤

(1) 新建 600×600 的文档，在工具箱中选择【渐变工具】，选择【黑白渐变色】填充渐变色，如图 5-128 所示。

(2) 在【图层】面板中新建【圆 01】图层，选择【椭圆选框】工具绘制正圆，并填充黑色，按 Ctrl+D 组合键取消选区，如图 5-129 所示。

(3) 双击【圆 01】图层，在弹出的【图层样式】对话框中，选择【外发光】选项组，进行如图 5-130 所示的设置。

图 5-128　填充渐变色

图 5-129　绘制正圆并填充

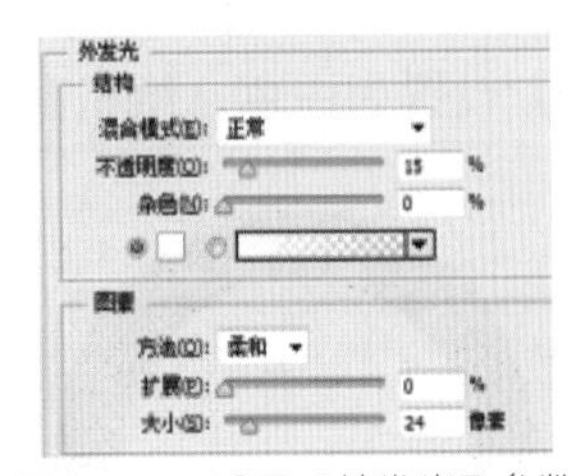

图 5-130　设置【外发光】参数

(4) 选择【渐变叠加】选项组，进行如图 5-131 所示的设置。

(5) 打开【图层】面板中选择【圆 01】图层，进行复制，复制出【圆 01 拷贝】并将其【图层样式】清除，按 Ctrl+T 组合键，在【工具选项栏】中单击【保持长宽比】按钮，将 W 值设置为 75%，按 Enter 键进行确认，如图 5-132 所示。

(6) 选择【圆 01 拷贝】图层，进行复制将其填充颜色设置为白色，按 Ctrl+T 组合键，在【工具选项栏】中单击【保持长宽比】按钮，将 W 值设置为 98%，按 Enter 键进行确认，如图 5-133 所示。

图 5-131　设置【渐变叠加】参数

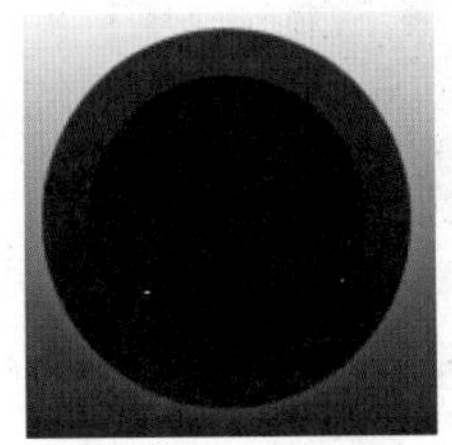

图 5-132　复制图层

图 5-133　复制并填充

(7) 选择【圆 01 拷贝 2】图层，在【图层】面板中将其【不透明度】设置为 10%，如图 5-134 所示。

(8) 选择【圆 01 拷贝 2】图层进行复制，将复制后的图层【不透明度】设置为 100%，按 Ctrl 键并单击【圆 01 拷贝 3】图层的缩略图，载入选区，单击面板底部的【添加图层蒙版】按钮，添加【图层蒙版】，使用【渐变工具】添加黑白渐变，制作出发光区域，并将【圆 01 拷贝 3】图层的【不透明度】设为 40% 如图 5-135 所示。

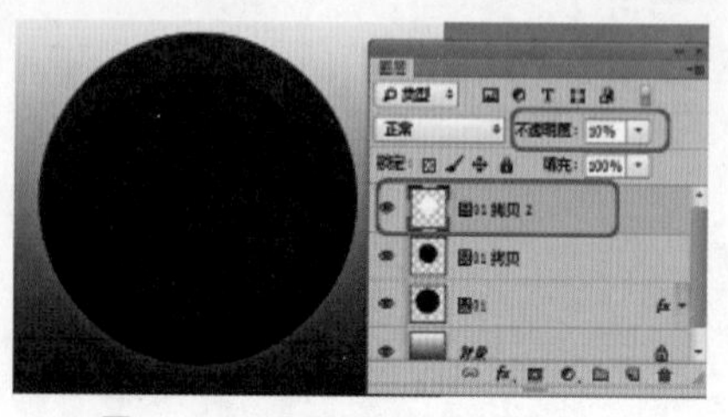

图 5-134 设置【不透明度】参数

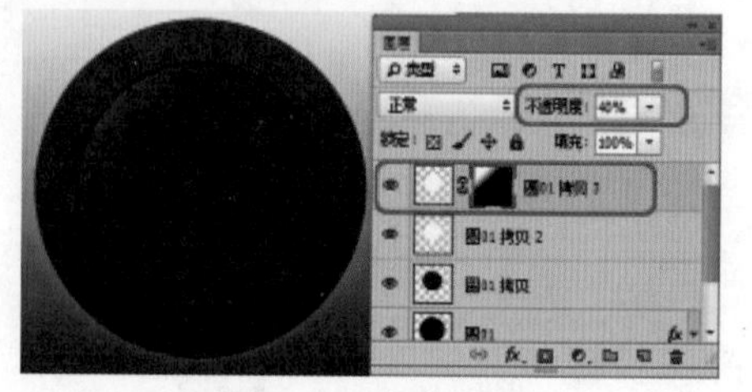

图 5-135 复制图层

(9) 将【圆 01 拷贝 2】图层载入选区，新建【形状】图层，对选区填充白色，按 Ctrl+T 组合键，在【工具选项栏】中单击【保持长宽比】按钮，将 W 值设置为 98%，按 Enter 键进行确认，如图 5-136 所示。

(10) 选择【形状】图层，进行复制，并对复制的图层填充黑色，按 Ctrl+T 组合键适当调整，使图形露出白色月牙部分，如图 5-137 所示。

(11) 新建【光】图层，使用【画笔工具】，选择一种柔边画笔，调整适当的大小，将【前景色】设置为白色，绘制高光区域，如图 5-138 所示。

图 5-136 新建图层并填充颜色

图 5-137 调整大小及位置

图 5-138 绘制高光区域

(12) 在【图层】面板中选择【光】图层，设置其【不透明度】，可以根据光的亮度设置，设置完成后，按 Alt 键，将鼠标放在【光】和【形状拷贝】图层之间，单击鼠标，创建图层剪贴蒙版，如图 5-139 所示。

图 5-139 创建图层剪贴蒙版

(13) 新建【播放】按钮，选择【多边形工具】，绘制正三角形，并对其填充颜色为 #03baf5，如图 5-140 所示。

(14) 双击【形状】图层，在弹出的【图层样式】对话框中，选择【外发光】选项组，将颜色设置为 #03baf5，其他参数进行如图 5-141 所示的设置。

(15) 选择【描边】选项组，进行如图 5-142 所示的设置。

图 5-140　绘制三角形

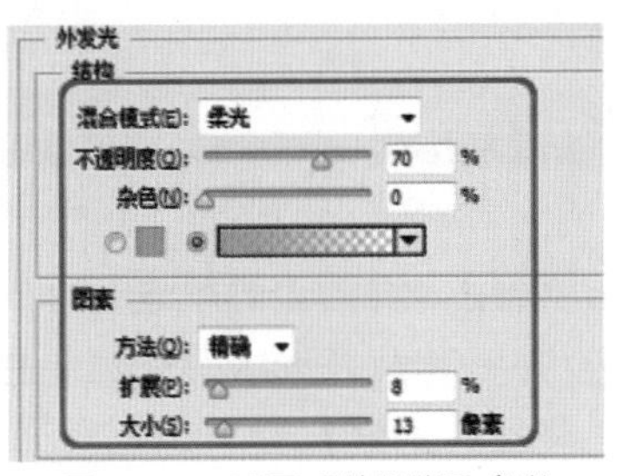

图 5-141　设置【外发光】参数

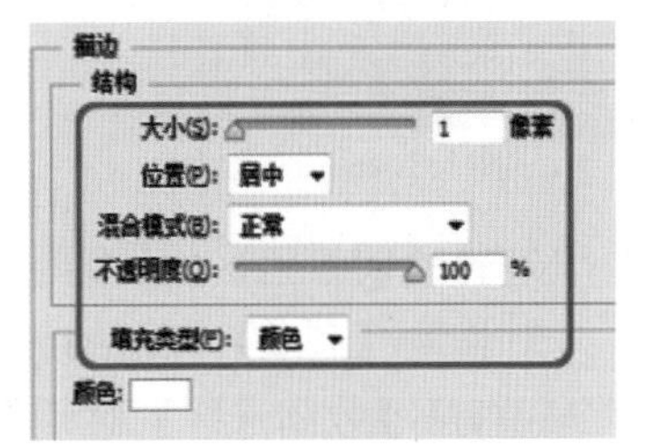

图 5-142　设置【描边】参数

案例精讲 072　制作玻璃质感按钮

案例文件：CDROM | 场景 | Cha05 | 制作玻璃质感按钮 .psd

视频文件：视频教学 | Cha05 | 制作玻璃质感按钮 .avi

制作概述

制作玻璃质感按钮，主要利用【圆角矩形工具】绘制按钮的总轮廓，通过图形之间的变换，使用【橡皮擦工具】对多余的部分擦除，再通过【图层样式】的设置，就可以得到玻璃质感按钮了，效果如图 5-143 所示。

图 5-143　玻璃质感按钮

学习目标

学习玻璃质感按钮的制作。

掌握【图层蒙版】、【图层样式】等命令的使用。

操作步骤

(1) 新建 500 像素 ×500 像素的文档，对【背景】图层填充颜色为 #ffc4c0，如图 5-144 所示。

(2) 新建【底纹】图层，选择【圆角矩形】工具，将【模式】设置为像素，【半径】设置为 10 像素，【前景色】设置为白色，绘制结果如图 5-145 所示。

(3) 在【图层】面板中选择【底纹】图层，按 Ctrl+J 组合键复制图层，将【底纹】图层隐藏，对【底纹拷贝】图层添加图层蒙版，如图 5-146 所示。

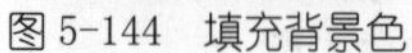
图 5-144　填充背景色

图 5-145　绘制圆角矩形

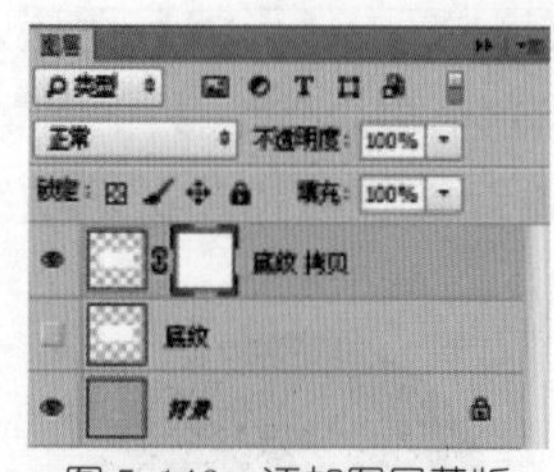

图 5-146　添加图层蒙版

(4) 将【前景色】设置为黑色，使用一种柔边画笔进行涂抹，如图 5-147 所示。

(5) 恢复【底纹】图层的显示，并将其载入选区，在菜单栏执行【选择】|【修改】|【收缩】命令，打开【收缩选区】对话框，将【收缩量】设为 5 像素，单击【确定】按钮，收缩选区后，效果如图 5-148 所示。

(6) 按 Ctrl+Shift+I 组合键进行反选，按 Shift+Ctrl+Alt 组合键单击【底纹】图层，创建新的选区，选择【底纹】图层，按 Ctrl+J 组合键，复制选区，隐藏【底纹】图层查看效果，如图 5-149 所示。

图 5-147　擦除多余部分

图 5-148　收缩选区后效果

图 5-149　查看效果

(7) 选择【图层 1】并双击，在弹出的【图层样式】对话框中，选择【渐变叠加】选项组，设置渐变颜色。30% 位置的颜色设置为 #7b7b7b，50% 位置的颜色设置为白色，70% 位置的颜色设置为 #7b7b7b，其他参数设置如图 5-150 所示。

(8) 使用【橡皮擦工具】将左右两侧的边擦除，如图 5-151 所示。

(9) 将【图层 1】载入选区，在工具箱中选择【矩形选框工具】，在工具选项栏中选择【从选区删除】单选按钮，将下侧边删除，如图 5-152 所示。

图 5-150　设置【渐变叠加】参数

图 5-151　擦除后的效果

图 5-152　删除选区

(10) 确认【图层 1】处于选中状态，按 Ctrl+J 组合键复制图层，复制出【图层 2】，向下移动，在【图层】面板中将【不透明度】设置为 30%，如图 5-153 所示。

(11) 选择【图层 2】进行复制，移动到合适的位置，如图 5-154 所示。

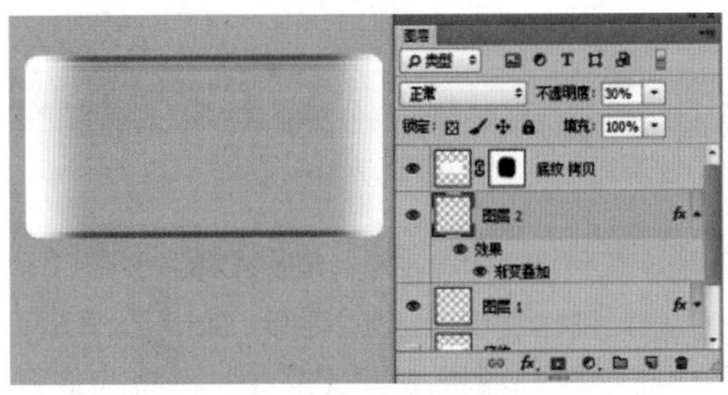

图 5-153　设置【不透明度】参数

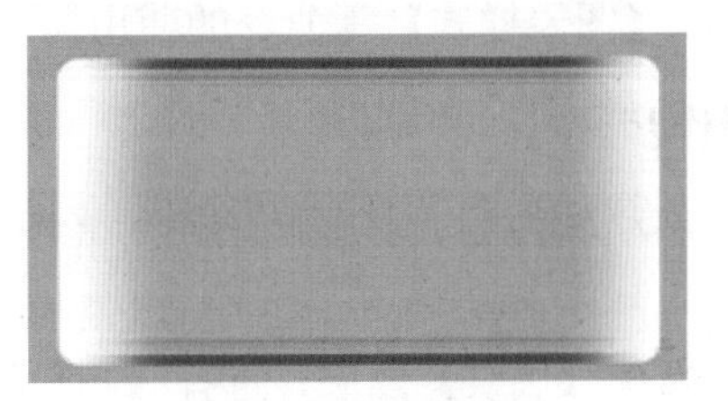

图 5-154　移动图层

(12) 选择除了【背景】和【底纹】以外的图层进行合并，双击合并后的图层，在弹出的【图层样式】对话框中，选择【投影】选项组，进行如图 5-155 所示的设置。

(13) 使用【横排文字工具】输入文字，可以根据自己的喜好进行设置，并对其设置相应的阴影，如图 5-156 所示。

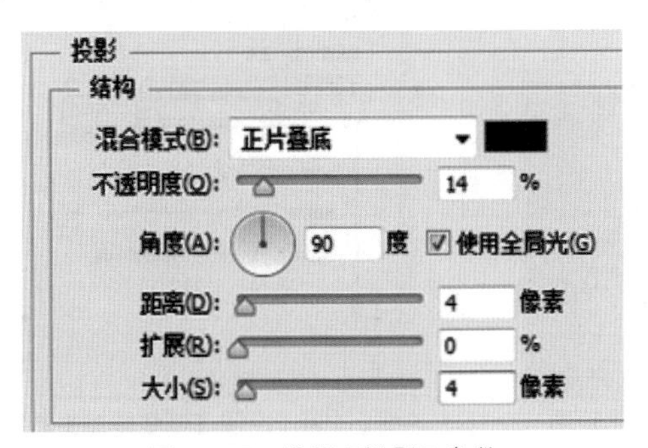

图 5-155　设置【投影】参数

图 5-156　设置文字

案例精讲 073　制作立体开关按钮

案例文件：CDROM | 场景 | Cha05 | 制作立体开关按钮 .psd

视频文件：视频教学 | Cha05 | 制作立体开关按钮 .avi

制作概述

制作立体开关按钮，首先利用圆角矩形绘制出开关的总体轮廓，并对其进行图层样式。对开关细节部分同样利用了圆角矩形和图层样式，完成后的效果如图 5-157 所示。

图 5-157　立体开关按钮

学习目标

学习立体开关按钮的制作。
掌握【图层样式】等命令的使用。

操作步骤

(1) 启动软件后，打开随书附带光盘中的 CDROM| 素材 |Cha05| 墙纸 .jpg 文件，如图 5-158 所示。

(2) 新建【底纹】图层，选择【圆角矩形工具】，在工具选项栏中将【模式】设置为像素，【半径】设置为 25 像素，绘制任意颜色的圆角矩形，如图 5-159 所示。

(3) 打开【图层】面板，选择【底纹】图层并双击，在弹出的【图层样式】对话框中，选择【渐变叠加】选项组，设置渐变色为 #e9e6e6 到 #eee9e9 的渐变，其他参数保持默认值，如图 5-160 所示。

图 5-158 素材文件

图 5-159 绘制圆角矩形

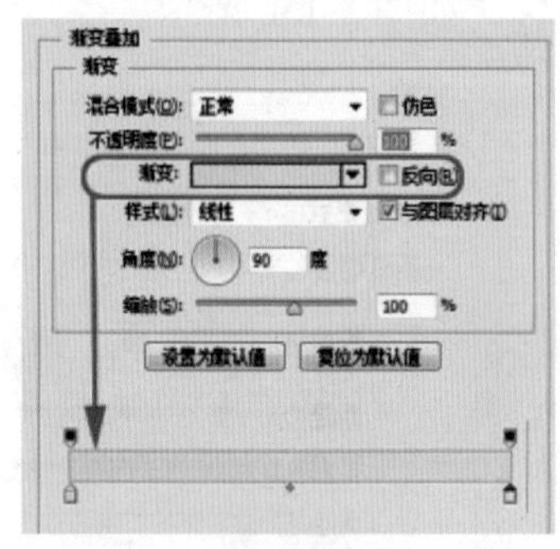

图 5-160 设置【渐变叠加】参数

(4) 选择【描边】选项组，将【大小】设置为 1 像素，填充颜色设置为 #916747，其他参数保持默认值，如图 5-161 所示。

(5) 选择【斜面和浮雕】选项组，将【阴影模式】右侧的色标设置为 #0e162b，其他参数设置如图 5-162 所示。

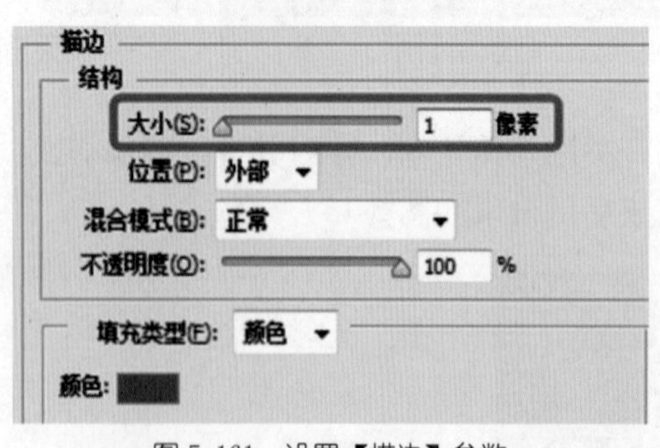

图 5-161 设置【描边】参数

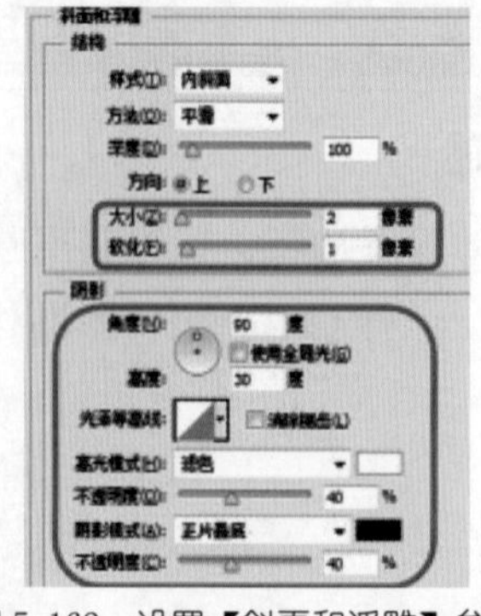

图 5-162 设置【斜面和浮雕】参数

(6) 选择【内阴影】选项组，进行如图 5-163 所示的设置。

(7) 选择【投影】选项组，将【混合模式】右侧的色标设置为 #6f4129，其他参数设置如图 5-164 所示，设置完成后单击【确定】按钮。

(8) 新建【螺丝】图层，绘制任意颜色的正圆形，如图 5-165 所示。

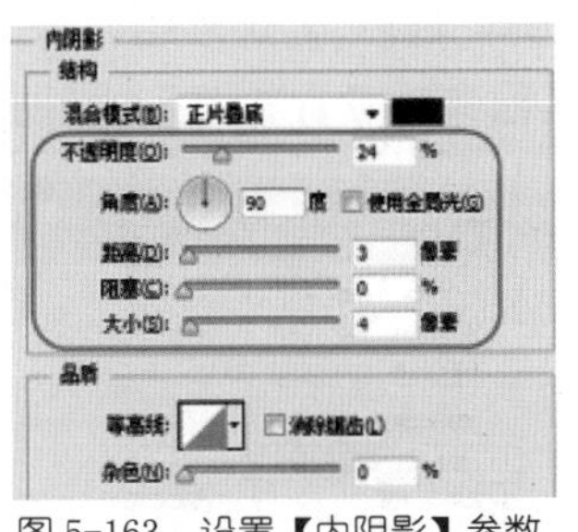
图 5-163　设置【内阴影】参数

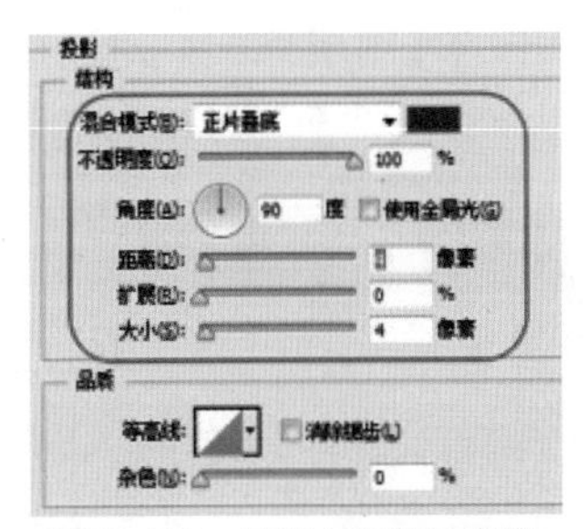
图 5-164　设置【投影】参数

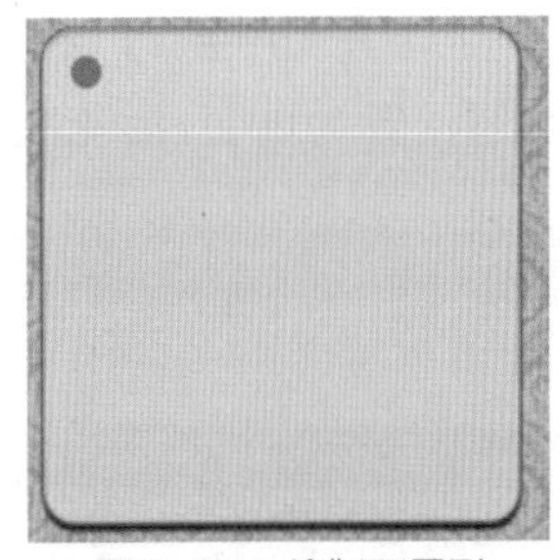
图 5-165　绘制正圆形

(9) 选择【螺丝】图层并双击，在弹出的【图层样式】对话框中，选择【渐变叠加】选项组，单击【渐变色】弹出【渐变编辑器】，载入所有的渐变色，选择【银色】渐变，单击【确定】按钮，返回到【图层样式】对话框，进行如图 5-166 所示的设置。

(10) 选择【描边】选项组，将【描边颜色】设置为 #7a7979，其他参数进行如图 5-167 所示设置，设置完成后单击【确定】按钮。

(11) 新建【螺纹】图层，使用【直线工具】，在工具选项栏中将【模式】设置为像素，【粗细】设置为 2 像素，【前景色】设置为 #373737，绘制后的效果如图 5-168 所示。

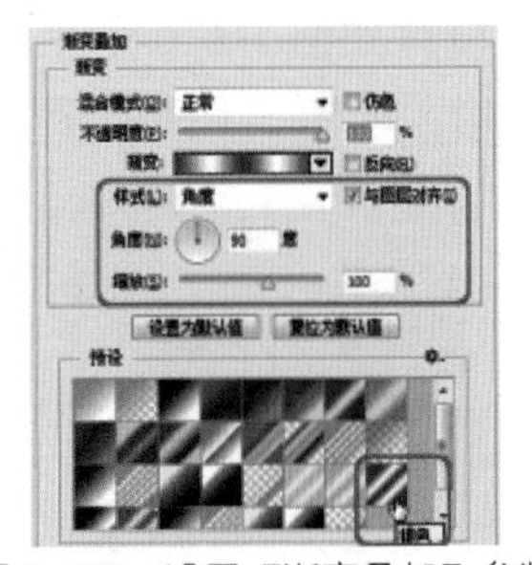
图 5-166　设置【渐变叠加】参数

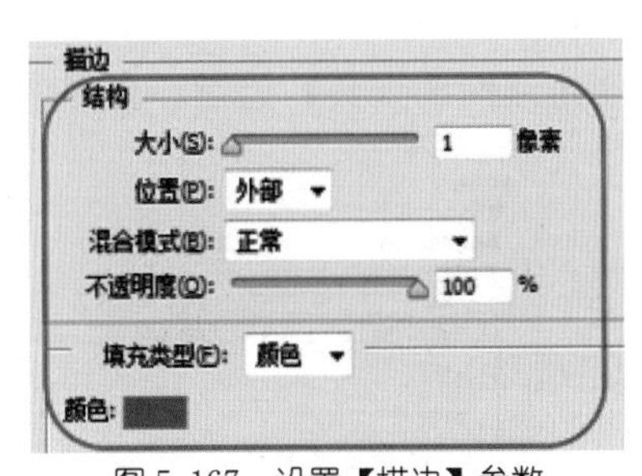

图 5-167　设置【描边】参数

图 5-168　绘制直线

(12) 双击【螺纹】图层，在弹出的【图层样式】对话框中，选择【投影】选项，进行如图 5-169 所示的设置。

(13) 将【螺丝】和【螺纹】图层进行合并，并复制 3 次，调整到其他的位置，如图 5-170 所示。

(14) 新建【开关 1】图层，使用【圆角矩形工具】，在工具选项栏中将【模式】设置为像素，【半径】设置为 25 像素，绘制任意颜色的圆角矩形，如图 5-171 所示。

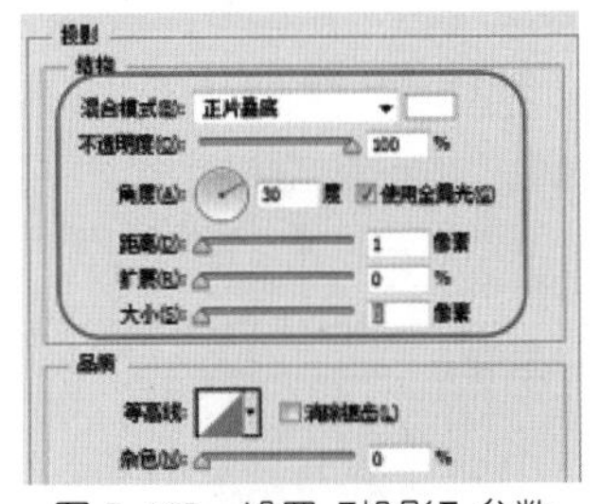
图 5-169　设置【投影】参数

图 5-170　完成后的效果

图 5-171　绘制圆角矩形

(15) 打开【图层】面板并双击，在弹出的【图层样式】对话框中，选择【渐变叠加】选项组，将【渐变色】设置为 #bec4c6 到 #c9c9c9 的渐变，其他参数设置保存默认即可，如图 5-172 所示。

(16) 打开【图层】面板，新建【开关 2】图层，绘制白色的圆角矩形，如图 5-173 所示。

(17) 双击【开关 2】图层，在弹出的【图层样式】对话框中，选择【描边】选项组，将【填充类型】设置为渐变，渐变颜色设置为#878e95到#747374的渐变，其他参数设置如图5-174所示。

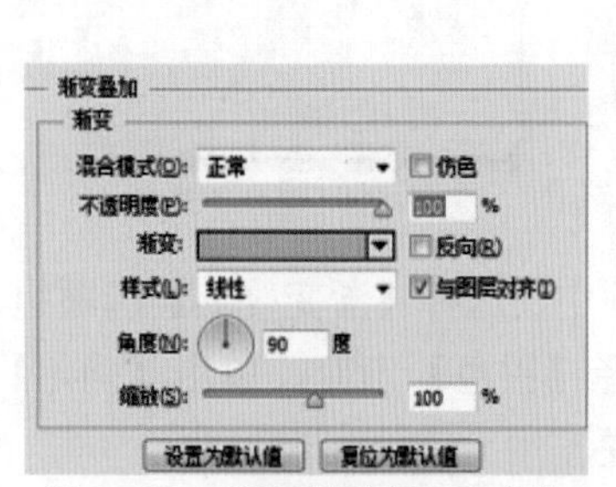

图 5-172 设置【渐变叠加】参数

图 5-173 绘制白色圆角矩形

图 5-174 设置【描边】参数

(18) 打开【图层】面板，新建【开关 3】图层，设置【圆角矩形】的半径为 25 像素，绘制任意颜色的圆角矩形，如图 5-175 所示。

(19) 选择【开关 3】图层并双击，在弹出的【图层样式】对话框中，选择【渐变叠加】选项组，将渐变色分别设置为 #f1f1f0、白色、#a9aaaa 的线性渐变，其他参数设置如图 5-176 所示。

(20) 新建【开关 4】图层，使用【椭圆工具】绘制，白色的正圆形，如图 5-177 所示。

图 5-175 绘制圆角矩形

图 5-176 设置【渐变叠加】参数

图 5-177 绘制正圆形

(21) 在【图层】面板中双击【开关 4】图层，在弹出的【图层样式】对话框中，选择【描边】选项组，将【描边类型】设置为渐变，将【渐变色】设置为 #d1d1d1 到 #e9edfe 的渐变，其他参数设置如图 5-178 所示。

(22) 新建【开关 5】图层，使用【矩形工具】绘制白色的矩形，如图 5-179 所示。

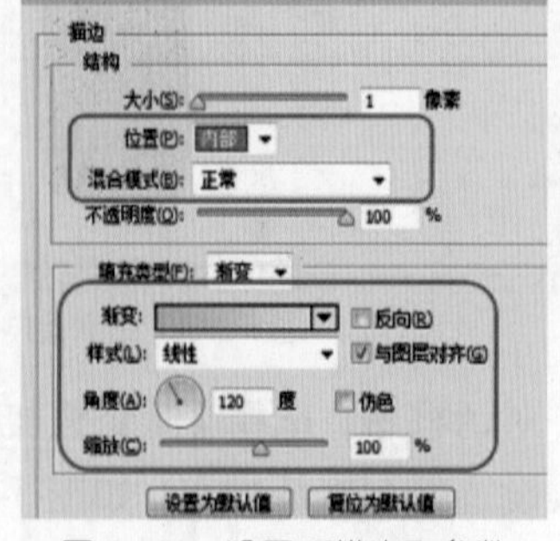
图 5-178 设置【描边】参数

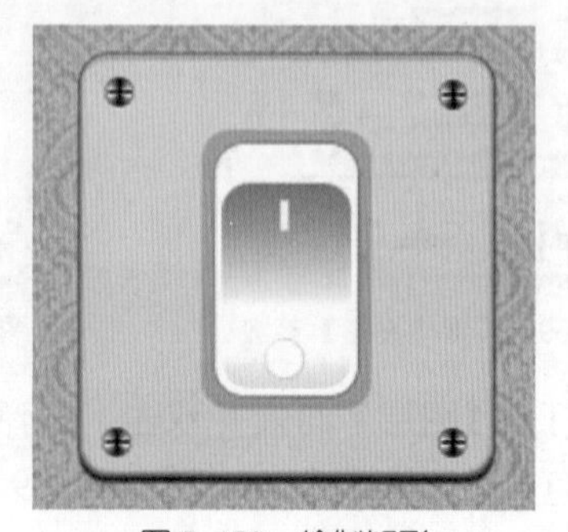
图 5-179 绘制矩形

(23) 双击【开关 5】图层，选择【渐变叠加】选项组，设置渐变色由 #b2b5b8 到 #afb1b3 的线性渐变，其他参数保持默认值，如图 5-180 所示。

(24) 选择【投影】选项组，将【混合模式】右侧的色标设置为白色，其他参数如图 5-181 所示。

图 5-180　设置【渐变叠加】参数

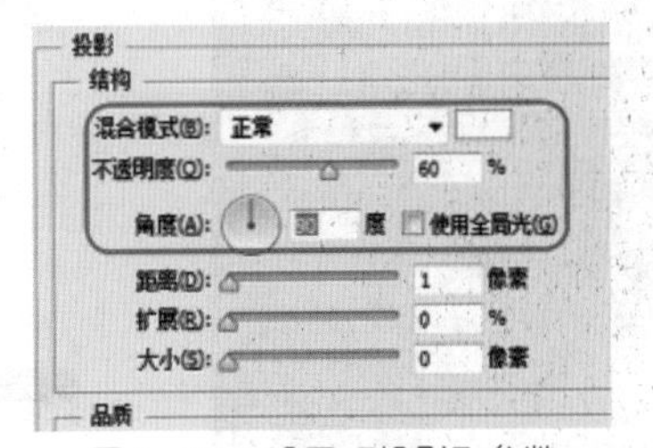

图 5-181　设置【投影】参数

案例精讲 074　制作圆形立体按钮

案例文件：CDROM | 场景 | Cha05 | 制作圆形立体按钮 .psd

视频文件：视频教学 | Cha05 | 制作圆形立体按钮 .avi

制作概述

制作圆形立体按钮主要应用【椭圆工具】和【图层样式】。首先使用【椭圆工具】绘制出大体轮廓，通过【图层样式】进行修饰，利用【横排文字工具】绘制出开关亮光部分，效果如图 5-182 所示。

图 5-182　圆形立体按钮

学习目标

学习圆形立体按钮的制作。

掌握【椭圆工具】、【图层样式】等命令的使用。

操作步骤

(1) 打开随书附带光盘中的 CDROM | 素材 | Cha05 | 深黑背景 .jpg 文件，新建【底图】图层，使用【椭圆工具】绘制黑色正圆，如图 5-183 所示。

(2) 选择【底图】图层并双击，在弹出的【图层样式】对话框中，选择【渐变叠加】选项组，设置渐变色为 #0d0d0d 到 #515151 的渐变，其他参数设置如图 5-184 所示。

(3) 选择【斜面和浮雕】选项组，进行如图 5-185 所示的设置。

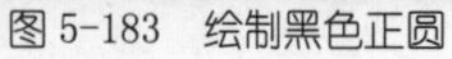
图 5-183　绘制黑色正圆

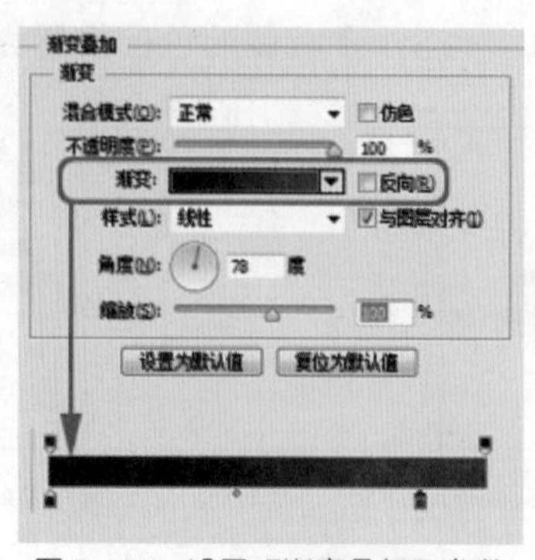

图 5-184　设置【渐变叠加】参数

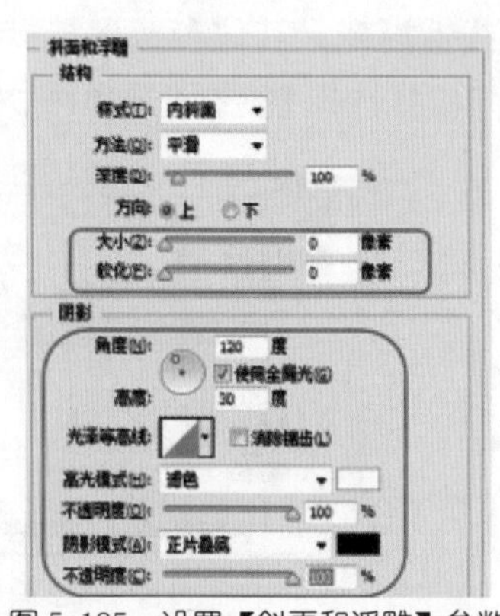

图 5-185　设置【斜面和浮雕】参数

(4) 选择【外发光】选项组，将【发光颜色】设置为黑色，其他参数设置如图 5-186 所示。设置完成后单击【确定】按钮。

(5) 新建【底图 1】图层，使用【椭圆工具】绘制黑色正圆，如图 5-187 所示。

(6) 选择【底图 1】图层并双击，在弹出的【图层样式】对话框中，选择【渐变叠加】选项，设置【渐变颜色】由黑色到 #444444 的渐变，如图 5-188 所示。

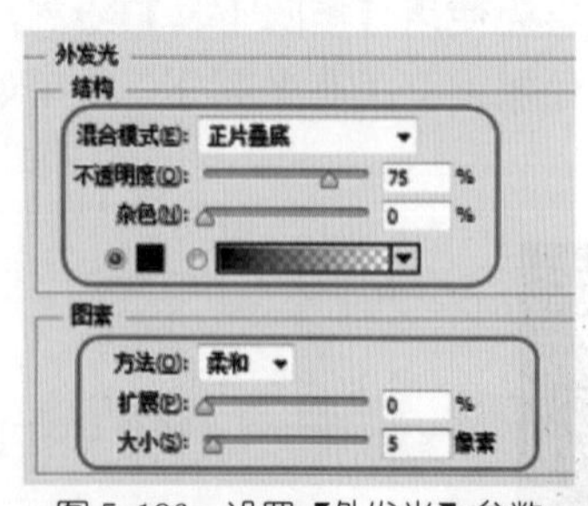

图 5-186　设置【外发光】参数

图 5-187　绘制正圆

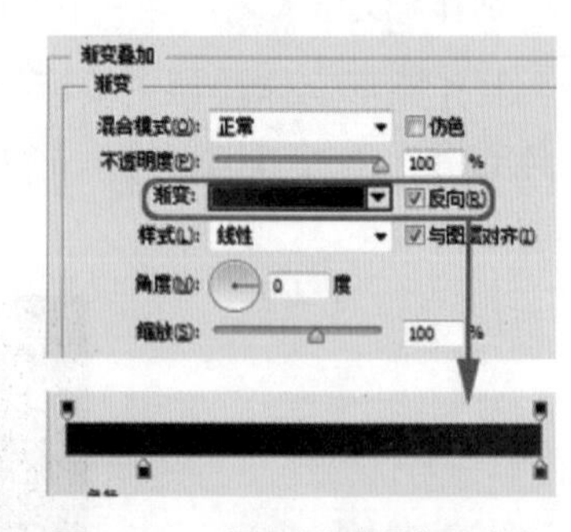

图 5-188　设置【渐变叠加】参数

(7) 选择【底纹 1】图层进行复制，选择【底图 1 拷贝】图层并双击，在弹出的【图层样式】对话框中，取消【渐变叠加】的勾选，选择【内阴影】选项组，进行如图 5-189 所示的设置。

(8) 选择【内发光】选项组，将【发光颜色】设置为黑色，其他参数设置如图 5-190 所示。

(9) 选择【投影】选项组，将【混合模式】右侧的色标设置为白色，其他参数设置如图 5-191 所示。设置完成后单击【确定】按钮。

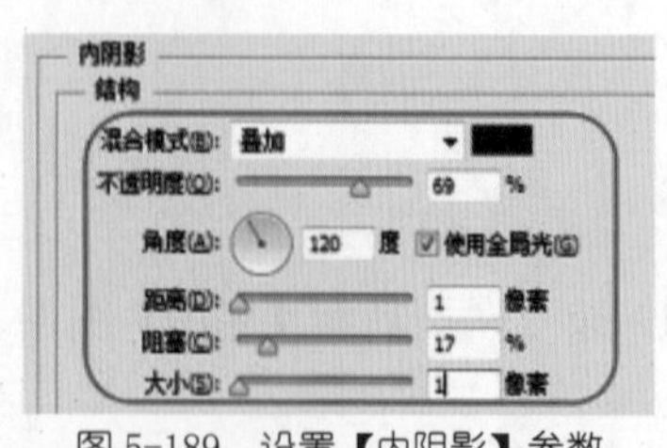

图 5-189　设置【内阴影】参数

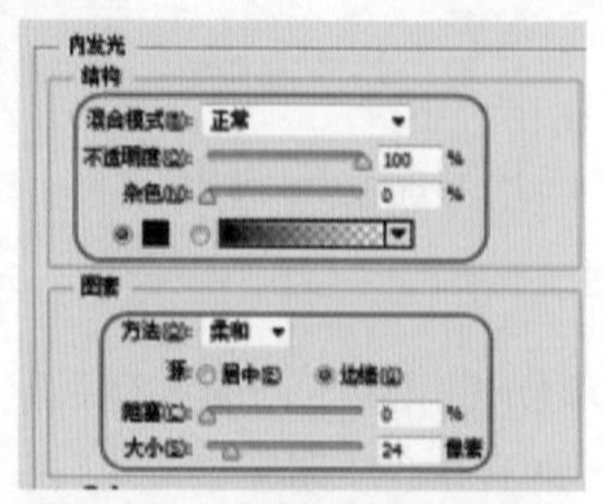

图 5-190　设置【内发光】参数

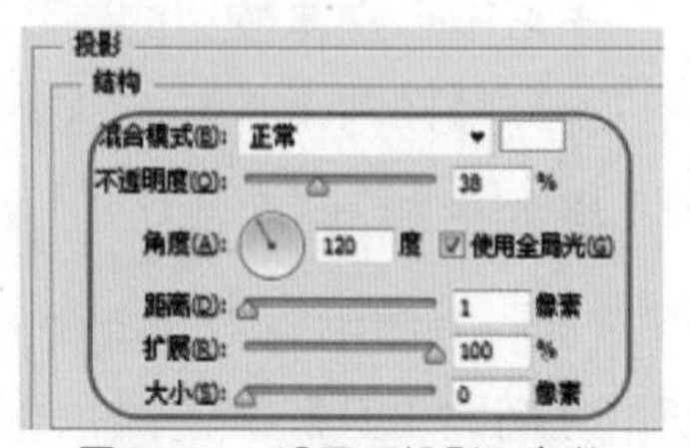

图 5-191　设置【投影】参数

(10) 选择【底图拷贝】图层，在【图层】面板中将其【填充】设为 0%，如图 5-192 所示。

(11) 新建【底图 2】图层，选择【椭圆工具】绘制任意颜色的椭圆，如图 5-193 所示。

(12) 选择【底图 2】图层并双击，在弹出的【图层样式】对话框中，选择【渐变叠加】选项组，设置渐变色为 #161616 到 #444444 的渐变，其他参数设置如图 5-194 所示。

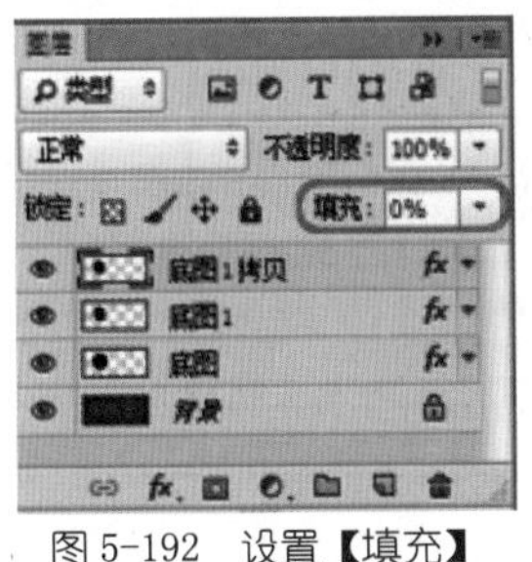

图 5-192　设置【填充】

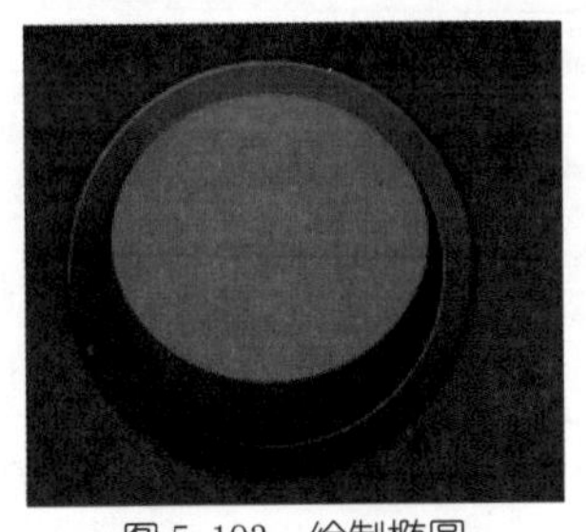
图 5-193　绘制椭圆

图 5-194　设置【渐变叠加】参数

(13) 选择【斜面和浮雕】选项组，进行如图 5-195 所示的设置，设置完成后单击【确定】按钮。

(14) 选择【底图】图层，进行复制，选择【底图拷贝】图层将其拖到图层的最上方，删除其【图层样式】，将其【填充】设为 0%，如图 5-196 所示。

(15) 双击【底图拷贝】图层，在弹出的【图层样式】对话框中，选择【内发光】选项组，将【发光颜色】设为 #383737，其他参数设置如图 5-197 所示，设置完成后单击【确定】按钮。

图 5-195　设置【斜面和浮雕】

图 5-196　复制图层

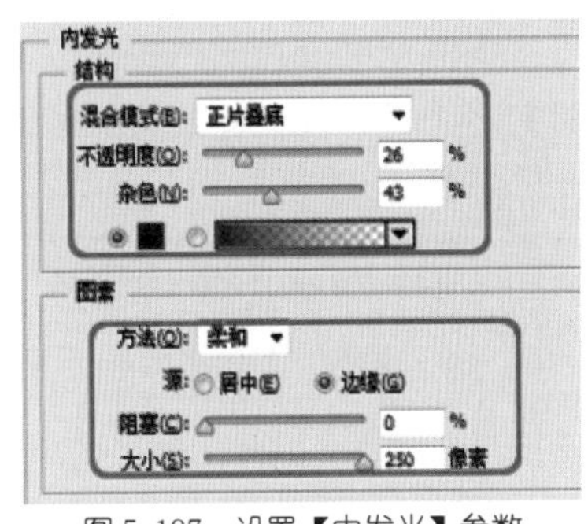

图 5-197　设置【内发光】参数

(16) 在工具箱中选择【横排文字工具】，在工具选项栏中将【字体】设置为 Kartika，【大小】设置为 6 点，【字体颜色】设置为 #999999，如图 5-198 所示。

(17) 选择 O 图层并双击，在弹出的【图层样式】对话框中，选择【投影】选项，进行如图 5-199 所示的设置。

(18) 继续使用【横排文字工具】输入文字“I”，并双击该图层，在弹出的【图层样式】对话框中，选择【颜色叠加】选项组，将【颜色】设置为 #14c7c7，其余参数进行如图 5-200 所示的设置。

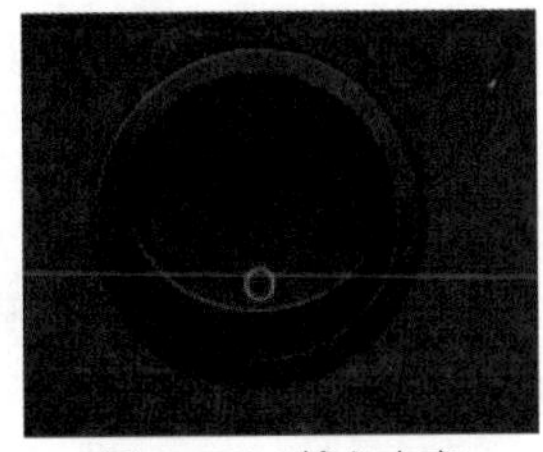
图 5-198　输入文字

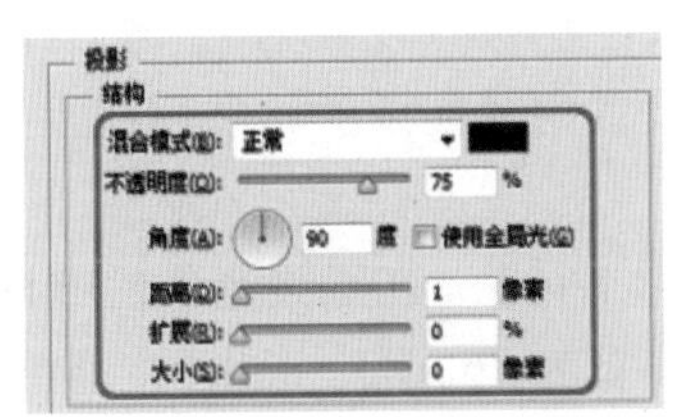
图 5-199　设置【投影】参数

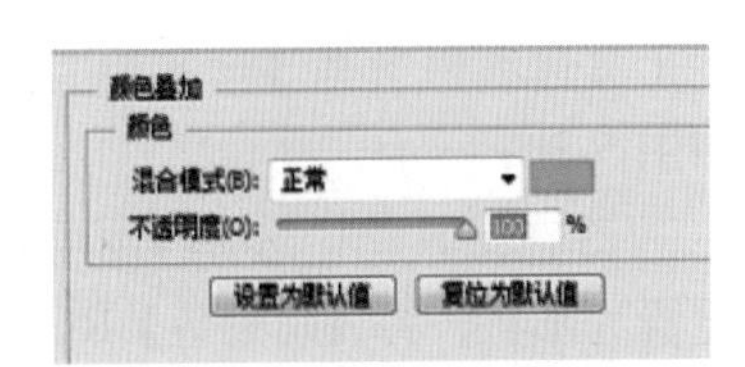

图 5-200　设置【颜色叠加】参数

(19) 选择【描边】选项组，进行如图 5-201 所示的设置。

(20) 选择【外发光】选项组，将【发光颜色】设置为白色，其他参数进行如图 5-202 所示的设置。设置完成后单击【确定】按钮。

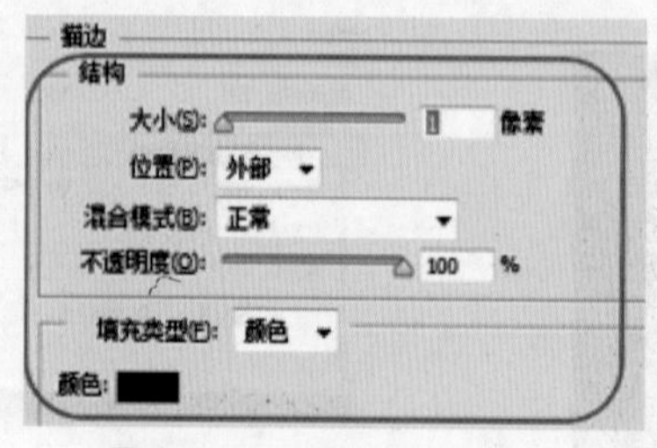

图 5-201　设置【描边】参数

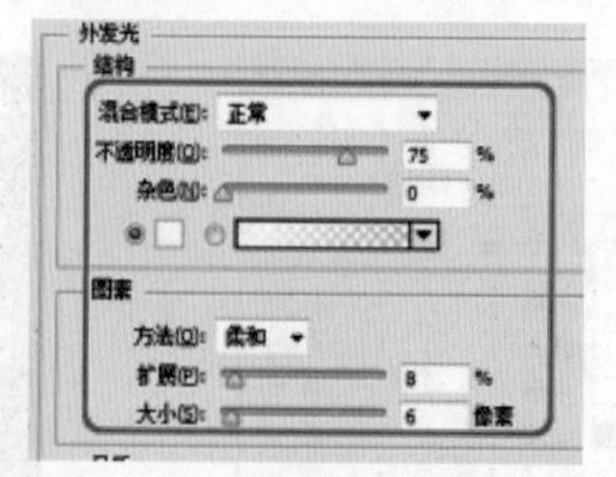

图 5-202　设置【外发光】参数

案例精讲 075　制作蓝色质感按钮

案例文件：CDROM | 场景 | Cha05 | 制作蓝色质感按钮 .psd

视频文件：视频教学 | Cha05 | 制作蓝色质感按钮 .avi

制作概述

本例介绍蓝色质感按钮的制作。本例将用到【圆角矩形工具】、【渐变工具】、【钢笔工具】等工具，配合图层样式和高斯模糊滤镜来制作此按钮，完成后的效果如图 5-203 所示。

图 5-203　蓝色质感按钮

学习目标

学习蓝色质感按钮的制作。

掌握【渐变工具】、【钢笔工具】、【高斯模糊】等命令的使用。

操作步骤

(1) 启动软件后，按 Ctrl+N 组合键，在弹出的对话框中将【宽度】、【高度】分别设置为 300 像素、200 像素，【分辨率】设置为 72 像素 / 英寸，单击【确定】按钮。将【前景色】RGB 设置为 91、137、253，【背景色】RGB 设置为 7、31、110。在工具箱中选择【渐变工具】，在工具选项栏中将【渐变类型】设置为径向渐变，然后在背景图层上拖曳鼠标进行渐变，效果如图 5-204 所示。

(2) 在工具箱中选择【圆角矩形工具】，在工具选项栏中将【半径】设置为 10，【工具模式】设置为形状，将【前景色】RGB 设置为 26、83、230，在画布上绘制圆角矩形，效果如图 5-205 所示。

图 5-204　填充渐变后的效果

图 5-205　绘制圆角矩形

(3) 双击【圆角矩形 1】图层，在弹出的【图层样式】对话框中，选择【斜面和浮雕】选项组，将【样式】设置为内斜面，【方法】设置为平滑，【角度】设置为 90，取消勾选【使用全局光】复选框。将【高光模式】下的【不透明度】设置为 17，【阴影模式】下的【不透明度】设置为 32，如图 5-206 所示。

(4) 选择【描边】选项组，将【大小】设置为 1，【颜色】RGB 设置为 54、71、236，其他保持默认设置。选择【内发光】选项组，将【不透明度】设置为 20，【发光颜色】设置为白色，【阻塞】设置为 100，【大小】设置为 1，其他参数保持默认设置，如图 5-207 所示。

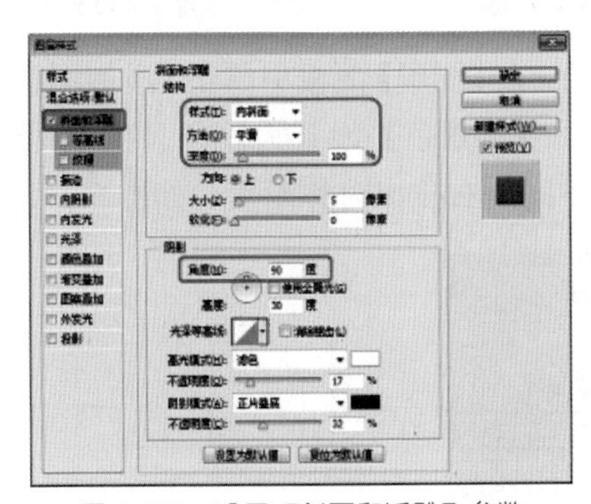

图 5-206　设置【斜面和浮雕】参数

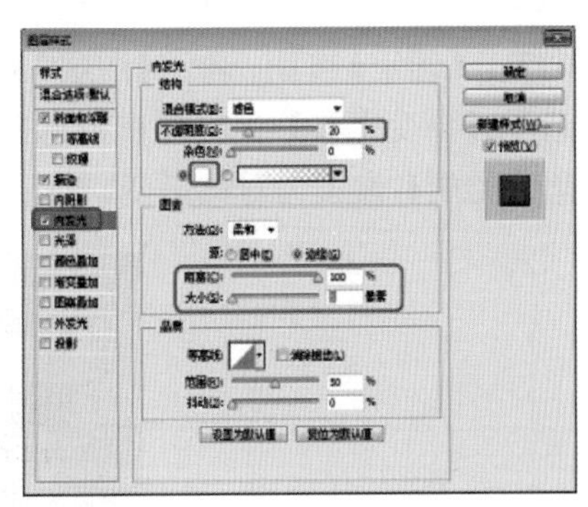

图 5-207　设置【内发光】参数

(5) 选择【渐变叠加】选项组，将【混合模式】设置为正常，将【不透明度】设置为 22。单击【渐变】右侧的渐变条，在弹出的对话框中将左侧的色标移动至 20% 的位置，单击【确定】按钮，返回到【图层样式】对话框中，其他参数保持默认设置，如图 5-208 所示。

(6) 选择【投影】选项组，将【混合模式】设置为正片叠底，【距离】设置为 2，【扩展】设置为 55，【大小】设置为 2，【角度】设置为 90，如图 5-209 所示。

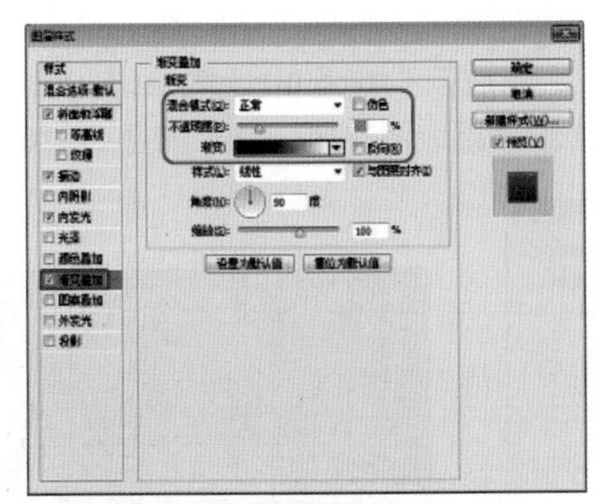

图 5-208　设置【渐变叠加】参数

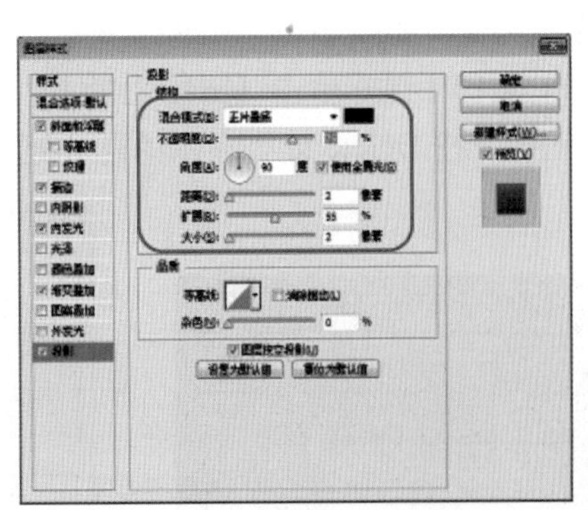

图 5-209　设置【投影】参数

(7) 单击【确定】按钮，在【图层】面板中单击【创建新图层】按钮新建一图层，在工具

箱中选择【画笔工具】，在工具选项栏中将【笔尖大小】设置为 3，将【硬度】设置为 100，【笔触】设置为硬边圆，然后在画布上进行绘制，效果如图 5-210 所示。

(8) 双击该图层，在弹出的对话框中选择【内阴影】选项，将【混合模式】设置为叠加，【不透明度】设置 75，【距离】、【大小】都设置为 1，如图 5-211 所示。

(9) 选择【外发光】选项，将【混合模式】设置为正常，【不透明度】设置为 100，【发光颜色】设置为 232、144、5，【方法】设置为柔和，【大小】设置为 6，如图 5-212 所示。

图 5-210 绘制线段

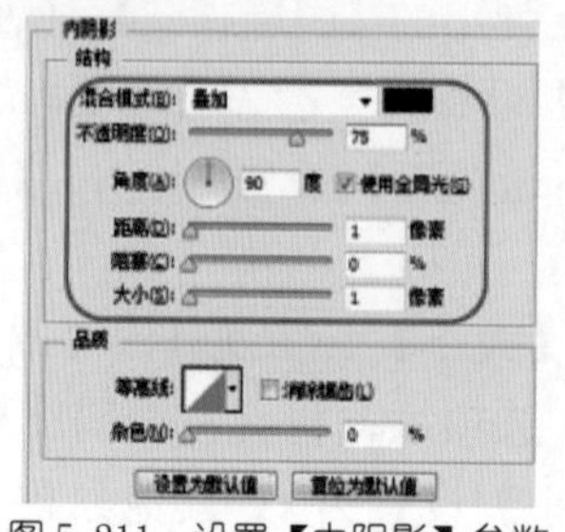

图 5-211 设置【内阴影】参数

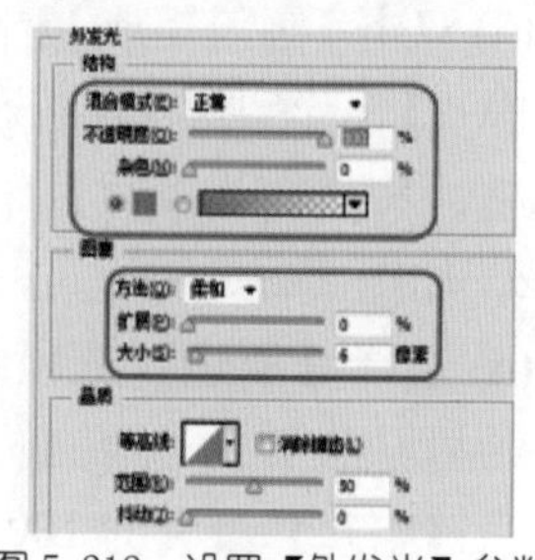

图 5-212 设置【外发光】参数

(10) 单击【确定】按钮，确定【图层 1】处于选中状态，在【图层】面板中单击【添加图层蒙版】按钮，选择【渐变工具】，将【前景色】设置为白色，【背景色】设置为黑色。在工具选项栏中将【渐变类型】设置为对称渐变，然后在画布中从中间向右拉出对称渐变，如图 5-213 所示。

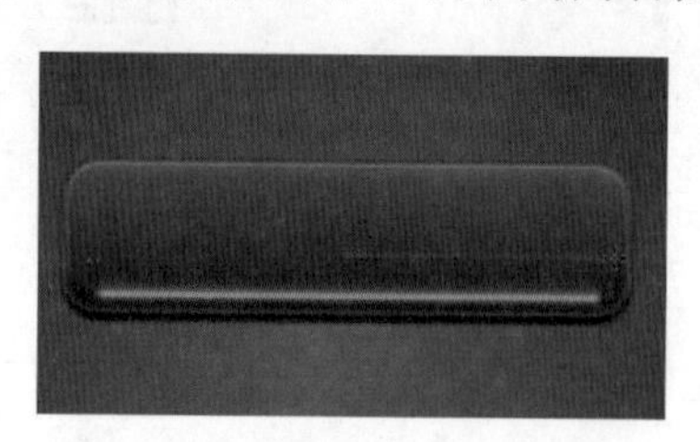

图 5-213 从中间向右拉出对称渐变

(11) 选择【钢笔工具】，在工具选项栏中将【工具模式】定义为形状，【前景色】RGB 的值设置为 33、95、250，单击【创建新图层】按钮，然后使用钢笔工具绘制形状，如图 5-214 所示。

(12) 在【图层】面板中选择该图层，单击鼠标右键，在弹出的快捷菜单中选择【栅格化图层】命令，选择【滤镜】|【模糊】|【高斯模糊】命令，打开【高斯模糊】对话框，在该对话框中将【半径】设置为 2，如图 5-215 所示。

(13) 按 Ctrl 键并单击【圆角矩形 1】图层的缩略图，然后按 Ctrl+Shift+I 组合键，选择【形状 1】图层，按 Delete 键将多余的部分删除，按 Ctrl+D 组合键取消选区，效果如图 5-216 所示。

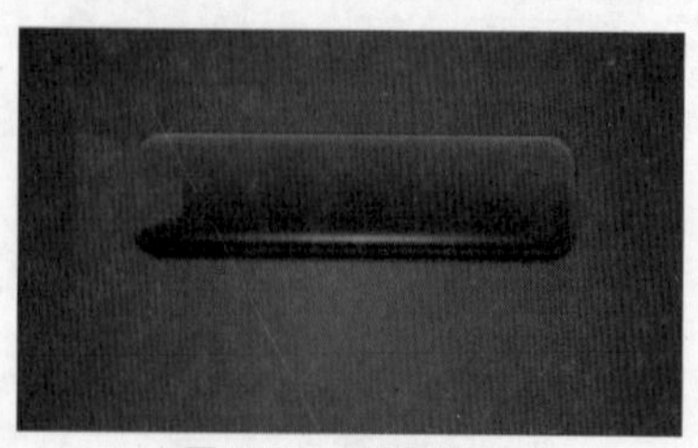

图 5-214 绘制形状

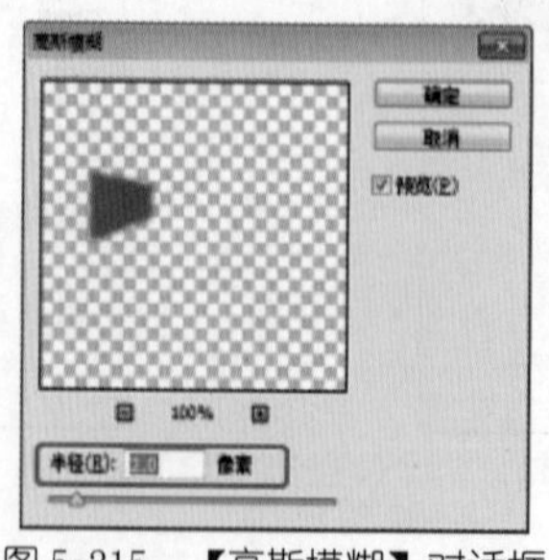

图 5-215 【高斯模糊】对话框

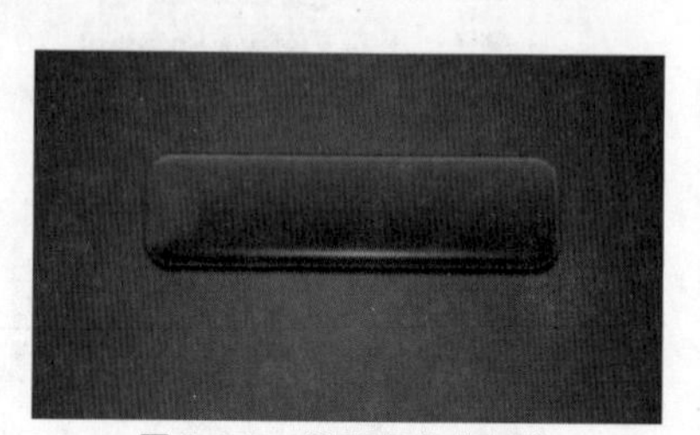

图 5-216 删除多余的部分

(14) 选择刚刚绘制的图像，按 Alt 键进行复制，按 Ctrl+T 组合键进行自由变换，单击鼠标右键，在弹出的对话框中选择【水平翻转】命令，然后将复制后的图像移动至适当的位置，效果如图 5-217 所示。

(15) 按 Ctrl 键并单击【形状 1】的缩略图，将其载入选区，在菜单栏中选择【编辑】|【描边】命令，打开【描边】对话框，将【宽度】设置为 1，单击【颜色】右侧的色块，在弹出的对话框中将 RGB 的值设置为 227、227、227，【位置】设置为居中，如图 5-218 所示。

图 5-217　复制后的效果

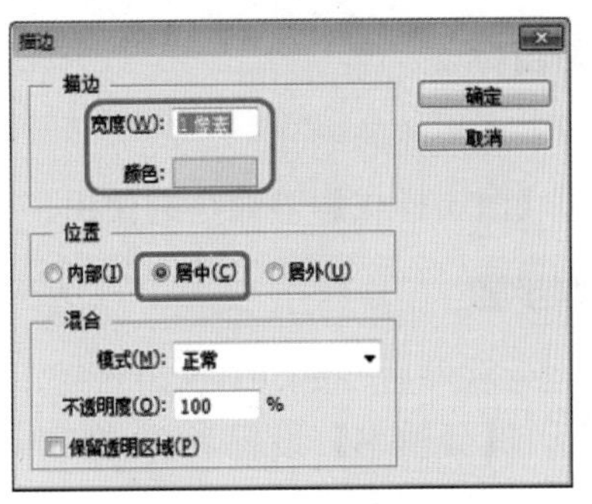

图 5-218　【描边】参数

(16) 单击【确定】按钮，使用同样的方法为【形状 1 拷贝】图层添加描边，使用前面讲到的方法为图层添加图层蒙版并使用【渐变工具】设置渐变，完成后的效果如图 5-219 所示。

(17) 在工具箱中选择【横排文字工具】，在画布上单击输入文字，将【不透明度】设置为 50%，在【图层】面板中选择出文字图层和背景图层的所有图层，按 Alt 键并移动鼠标进行复制，按 Ctrl+T 组合键打开【自由变换】，单击鼠标右键，在弹出的对话框中选择【垂直翻转】命令，翻转后的效果如图 5-220 所示。

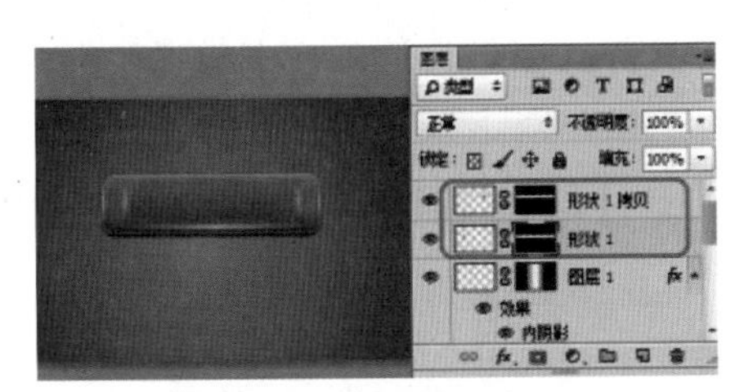

图 5-219　设置完成后的效果

图 5-220　垂直翻转后的效果

(18) 将拷贝的图层按 Ctrl+E 组合键进行合并，为合并后的图层添加【图层蒙版】，然后通过前面介绍的方法设置，将图层的【不透明度】设置为 85%，至此蓝色质感按钮制作完成。

案例精讲 076　制作下载按钮

 案例文件：CDROM | 场景 | Cha05 | 制作下载按钮 .psd

 视频文件：视频教学 | Cha05 | 制作下载按钮 .avi

制作概述

下载按钮的制作，主要通过圆角矩形工具绘制圆角矩形，然后通过图层样式制作需要的样式，完成后的效果如图 5-221 所示。

图 5-221　下载按钮

学习目标

学习下载按钮的制作。

掌握【图层样式】等命令的使用。

操作步骤

(1) 运行软件后，按 Ctrl+N 组合键，在弹出的对话框中将【宽度】、【高度】设置为 300 像素、150 像素，【分辨率】设置为 72 像素 / 英寸，单击【确定】按钮。将【前景色】RGB 的值设置为 171、242、193，按 Alt+Delete 组合键进行填充，选择【滤镜】|【滤镜库】命令，选择【纹理】|【纹理化】选项，将【纹理】设置为画布，【缩放】设置为 50，【凸现】设置为 2，【光照】设置为下，如图 5-222 所示。

(2) 单击【确定】按钮，在菜单栏中选择【图像】|【图像旋转】|【90 度 (顺时针)】命令，选择【滤镜】|【滤镜库】命令，选择【纹理】|【纹理化】选项，保持默认设置，单击【确定】按钮，然后选择【图像】|【图像旋转】|【90 度 (逆时针)】命令，在菜单栏中选择【滤镜】|【模糊】|【高斯模糊】命令，打开【高斯模糊】对话框，在该对话框中将【半径】设置为 0.6，如图 5-223 所示。

(3) 将【前景色】设置为黑色。选择【圆角矩形工具】，在工具选项栏中将【半径】设置为 10，【工具模式】设置为形状，在画布中绘制圆角矩形，双击该图层，在弹出的对话框中选择【颜色叠加】选项组，将【混合模式】设置为正常，【叠加颜色】RGB 的值设置为 141、141、141，【不透明度】设置为 100，如图 5-224 所示。

图 5-222　设置【纹理】参数

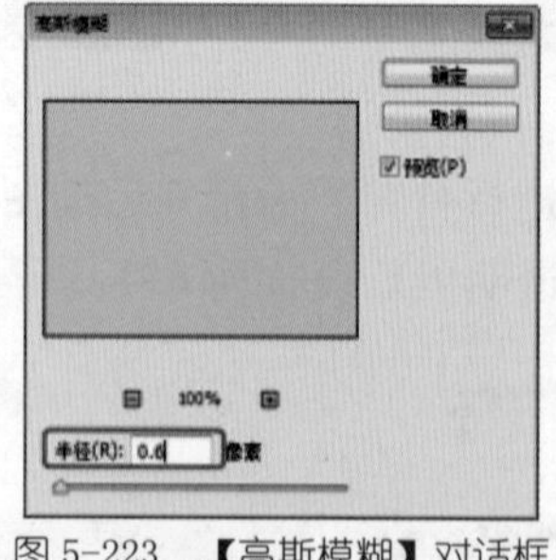

图 5-223　【高斯模糊】对话框

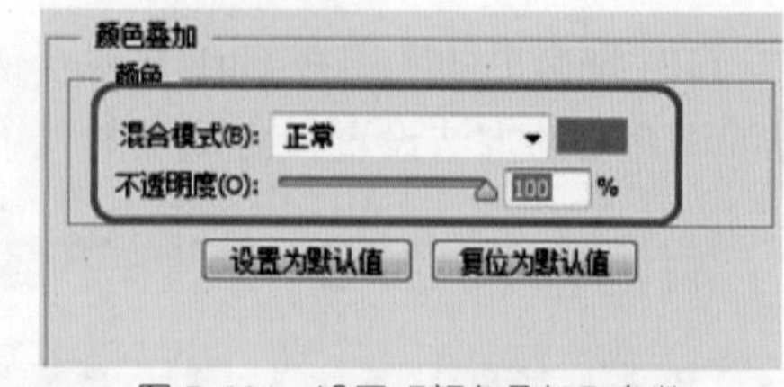

图 5-224　设置【颜色叠加】参数

(4) 选择【投影】选项组，将【混合模式】设置为正常，将【阴影颜色】设置为黑色，【不透明度】设置为 85，将【角度】设置为 90，【距离】、【扩展】、【大小】分别设置为 1、8、5，取消勾选【使用全局光】复选框，如图 5-225 所示。

(5) 继续使用【圆角矩形工具】，绘制同样大小的圆角矩形，将其向上移动一定的距离，绘制完成后的效果如图 5-226 所示。

(6) 双击该图层，在弹出的对话框中选择【内阴影】选项组，将【混合模式】设置为线性减淡（添加），【阴影颜色】设置为白色，【不透明度】设置为 65，【角度】设置为 120，取消勾选【使用全局光】复选框，将【距离】、【大小】分别设置为 1、0，如图 5-227 所示。

图 5-225 设置【投影】参数

图 5-226 绘制完成后的效果

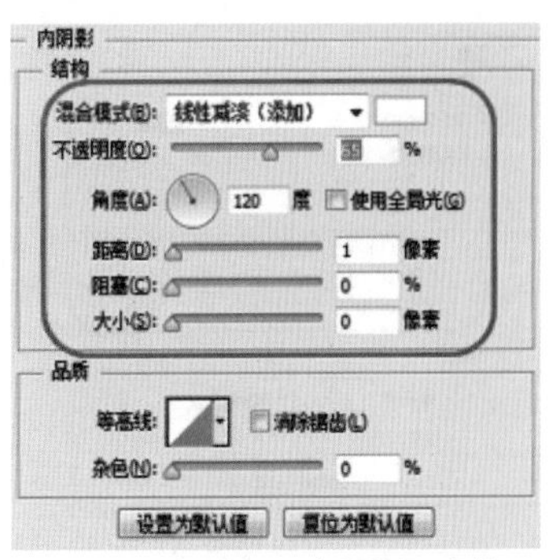

图 5-227 设置【内阴影】参数

(7) 选择【渐变叠加】选项组，单击【渐变】右侧的渐变条，在弹出的对话框中将左侧的色标 RGB 的值设置为 240、240、240，将右侧的色标 RGB 的值设置为 234、234、234，选择【投影】选项组，将【混合模式】设置为线性减淡（添加），【阴影颜色】设置为白色，【不透明度】设置为 60，取消勾选【使用全局光】复选框。将【角度】设置为 90，【距离】、【大小】分别设置为 1、0，如图 5-228 所示。

(8) 将【圆角矩形 2】拖曳至【创建新图层】按钮上，对该图层进行拷贝，将该图层的效果拖拽至【删除图层】按钮上，将【效果】删除，按 Ctrl+T 组合键，调整圆角矩形的大小和位置，效果如图 5-229 所示。

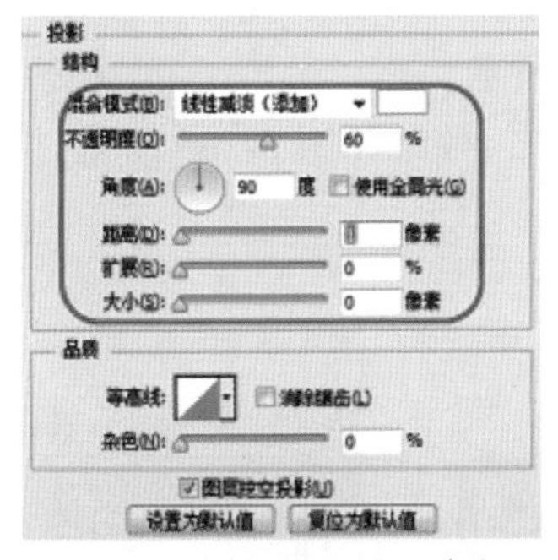

图 5-228 设置【投影】参数

图 5-229 复制图层并调整图像的大小

(9) 双击该图层，在弹出的对话框中选择【颜色叠加】选项组，将【混合模式】设置为正常，【叠加颜色】RGB 的值设置为 0、111、189，【不透明度】设置为 100。选择【投影】选项，将【混合模式】设置为正常，【阴影颜色】设置为黑色，【不透明度】设置为 100，取消勾选【使用全局光】复选框。将【角度】设置为 90，【距离】、【扩展】、【大小】分别设置为 1、10、5，如图 5-230 所示。

(10) 拷贝【圆角矩形 2 拷贝】图层，将其向上移动一定的距离，将拷贝图层的效果删除，双击该图层，在弹出的对话框中选择【描边】选项组，将【大小】设置为 1，【位置】设置为外部，【混合模式】设置为正常，【不透明度】设置为 100，【颜色】RGB 的值设置为 7、142、193，如图 5-231 所示。

(11) 选择【内阴影】选项组，将【混合模式】设置为线性减淡(添加)，【阴影颜色】设置为白色，【不透明度】设置为25，【角度】设置为120，【距离】设置为1，【大小】设置为0，如图5-232所示。

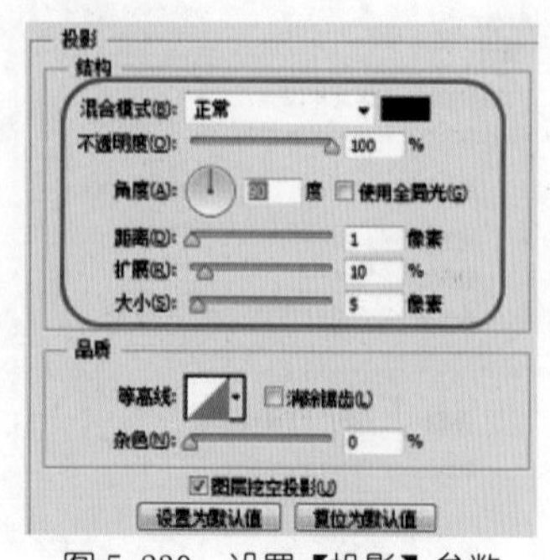

图5-230 设置【投影】参数

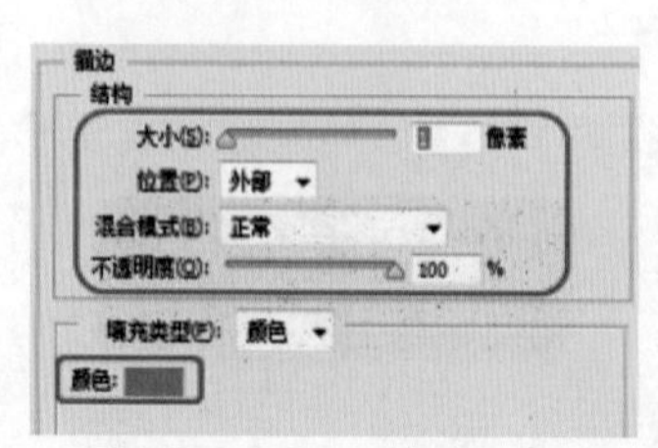
图5-231 设置【描边】参数

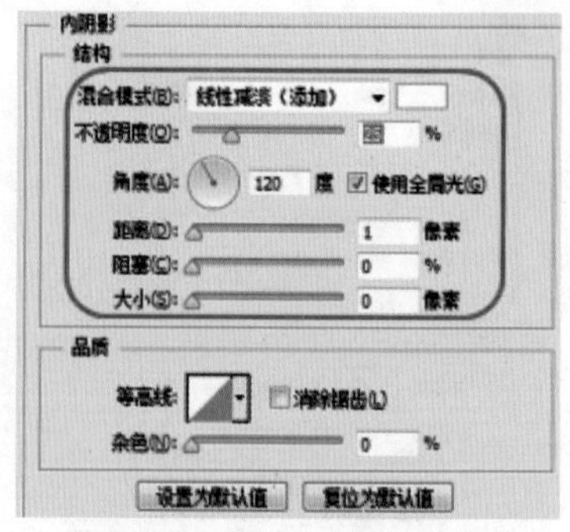
图5-232 设置【内阴影】参数

(12) 选择【渐变叠加】选项组，单击【渐变】右侧的渐变条，在弹出的对话框中双击左侧的色标，将其RGB的值设置为74、200、253，双击右侧的色标，将其RGB的值设置为70、202、250。在位置为15%处添加一色标，将其RGB的值设置为10、154、207，在位置为49%处添加一色标，将其RGB的值设置为10、154、207，在位置为50%处添加一色标，将其RGB的值设置为23、176、232，如图5-233所示。

(13) 单击【确定】按钮，返回到【图层样式】对话框，再次单击【确定】按钮，在【图层】面板中单击【创建新图层】按钮，新建【图层1】，选择【椭圆选框工具】，在新建的图层面板中绘制椭圆。再选择【渐变工具】，将【前景色】设置为白色，【渐变】设置为前景色到透明渐变，【渐变类型】设置为对称渐变，然后在选区内的中间向右拖拽，并按Ctrl+T组合键打开【自由变换】，调整选框的大小和位置，如图5-234所示。

(14) 按Enter键确认，使用同样的方法设置其他的高光，效果如图5-235所示。

图5-233 设置渐变

图5-234 调整选框的大小和位置

图5-235 设置完成后的效果

(15) 单击【创建新图层】按钮，在工具箱中选择【椭圆选框工具】，绘制椭圆，使用【矩形选框工具】，在工具选项栏中单击【从选区减去】按钮，然后在画布中绘制如图5-236所示的矩形选框。

(16) 在画布上单击鼠标右键，在弹出的快捷菜单中选择【羽化】命令，打开【羽化选区】对话框，将【羽化半径】设置为5，单击【确定】按钮，如图5-237所示。

(17) 将【前景色】RGB的值设置为108、249、254，按Alt+Delete组合键为选区填充前景色。在工具箱中选择【横排文字工具】，在画布上单击输入文字，将【字体】设置为Arial，【大小】设置为15，【字体颜色】设置为白色，调整文字的位置，效果如图5-238所示。

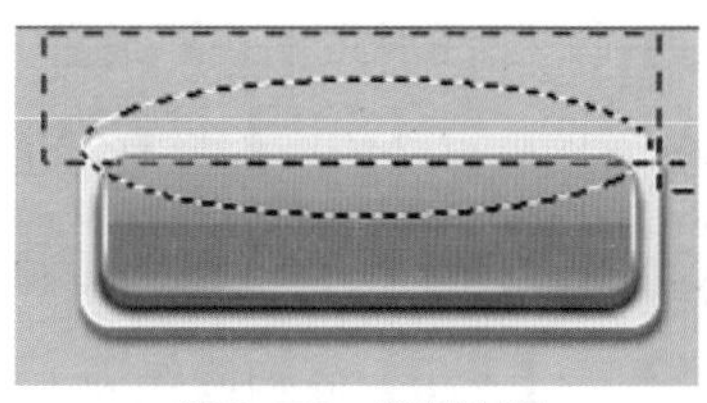

图 5-236　绘制选框

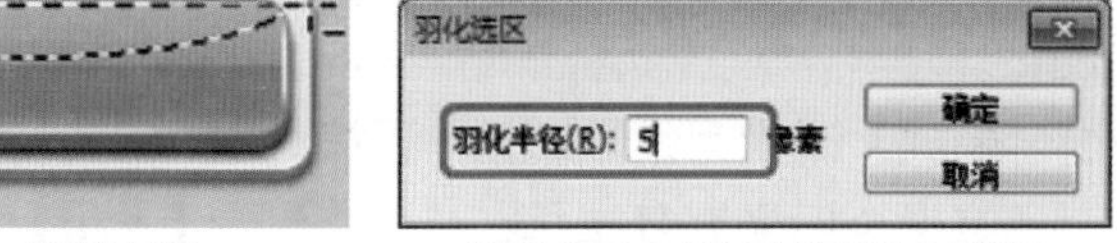

图 5-237　【羽化选区】对话框

图 5-238　输入文字后的效果

(18) 双击文字图层，在弹出的对话框中选择【投影】选项组，将【混合模式】设置为正片叠底，将【不透明度】设置为 50，【角度】设置为 90，取消勾选【使用全局光】复选框。将【距离】设置为 1，【大小】设置为 1，如图 5-239 所示。

(19) 在【图层】面板中单击【创建新图层】按钮组，将【前景色】RGB 的值设置为 88、88、88。选择【画笔工具】，将【笔触大小】设置为 1，【硬度】设置为 100，【笔触】设置为硬边圆，然后在画布上绘制直线，效果如图 5-240 所示。

(20) 双击该图层，在弹出的对话框中选择【投影】选项组，将【混合模式】设置为线性减淡 (添加)，【阴影颜色】设置为白色，【不透明度】设置为 18，【角度】设置为 90，取消勾选【使用全局光】复选框。将【距离】、【大小】分别设置为 1、0，如图 5-241 所示。

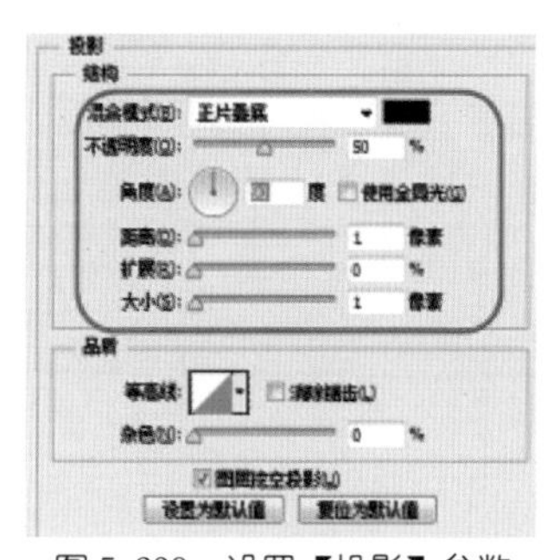

图 5-239　设置【投影】参数

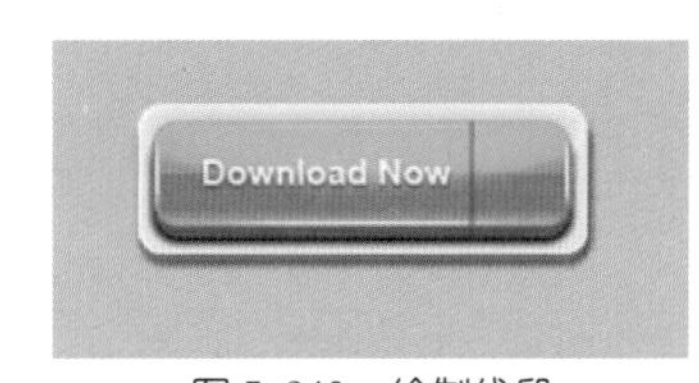

图 5-240　绘制线段

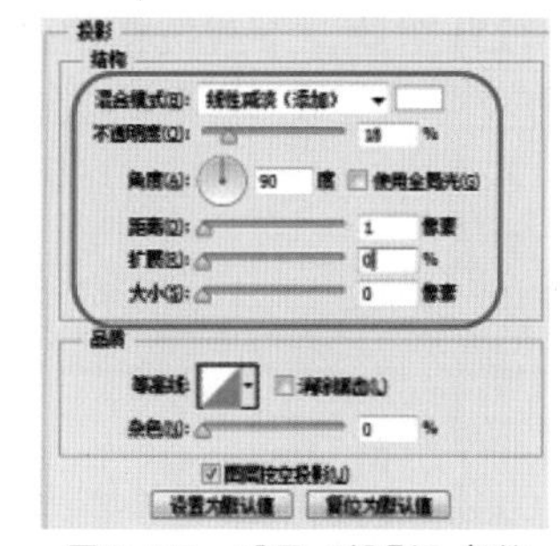

图 5-241　设置【投影】参数

(21) 单击【确定】按钮。在工具箱中选择【自定形状工具】，在工具选项栏中将【形状】设置为箭头 9，【工具模式】设置为形状，【前景色】RGB 的值设置为 52、96、127，然后在画布上绘制箭头。按 Ctrl+T 组合键，单击鼠标右键在弹出的快捷菜单中选择【旋转 90 度 (顺时针)】，然后调整箭头的大小和位置，调整完成后按 Enter 键确认，效果如图 5-242 所示。

(22) 使用【矩形工具】在画布上绘制矩形。绘制完成后，在【图层】面板中选择刚绘制的箭头和两个矩形的图层，按 Ctrl+E 组合键将图层进行合并，如图 5-243 所示。

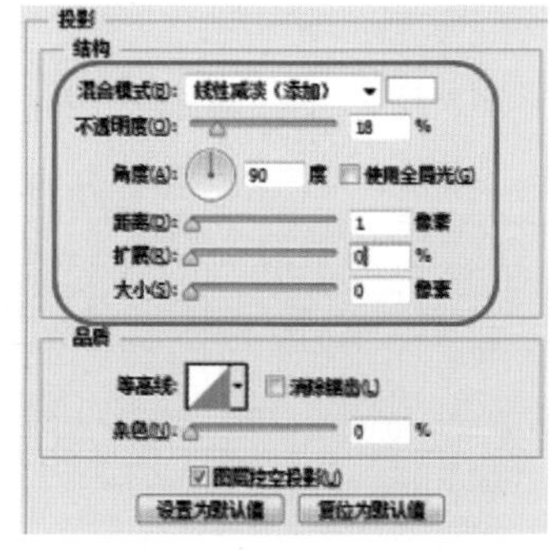

图 5-242　设置【投影】参数

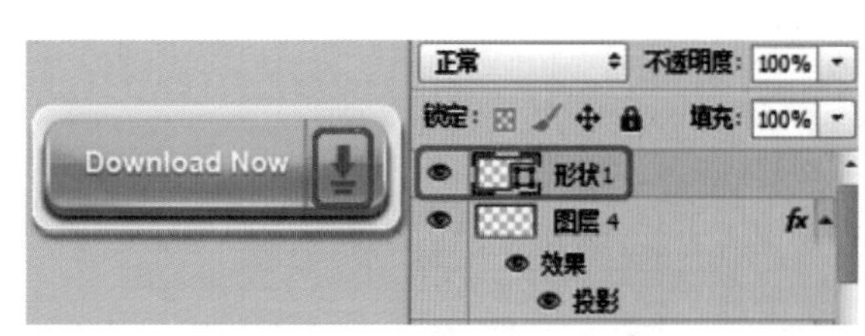

图 5-243　绘制形状并合并图层

(23) 双击合并后的图层，在弹出的对话框中选择【内阴影】选项，将【混合模式】设置为正片叠底，【阴影颜色】设置为黑色，取消勾选【使用全局光】复选框。将【距离】设置为 1，【大小】设置为 1，如图 5-244 所示。

(24) 选择【投影】选项，将【混合模式】设置为线性减淡 (添加)，【阴影颜色】设置为白色，【不透明度】设置为 15，取消勾选【使用全局光】复选框。【距离】、【大小】分别设置为 1、0，如图 5-245 所示。

图 5-244　设置【内阴影】参数

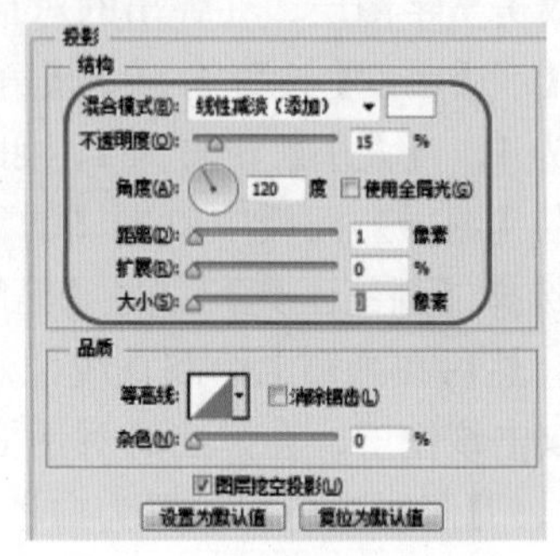

图 5-245　设置【投影】参数

(25) 至此，下载按钮制作完成，将场景文件保存即可。

第 6 章
数码照片处理

本章重点

- 美白牙齿
- 祛除面部痘痘
- 去除眼袋
- 去除面部瑕疵
- 为照片添加光晕效果
- 调整照片亮度
- 修饰照片中的污点
- 调整眼睛比例
- 去除红眼
- 为人物美容
- 制作怀旧老照片
- 制作照片的焦点柔光
- 调整唯美暖色效果
- 调整偏色照片
- 制作网状照片效果
- 模拟焦距脱焦效果
- 将照片调整为古铜色
- 使照片的颜色更鲜艳
- 更换人物衣服颜色
- 制作动感模糊背景
- 曲线处理图片背景
- 订造证件照
- 制作人物图像桌面
- 黑白艺术照片
- 制作艺术相框
- 美化照片背景

日常生活中拍摄的数码照片经常出现一些瑕疵，本章综合介绍一些处理数码照片的方法，以及制作现实生活中作为宣传形式出现的照片特效。通过对本章的学习，读者可以对自己拍摄的一些数码照片进行简单的处理。

案例精讲 077　美白牙齿

案例文件：CDROM | 场景 | Cha06 | 美白牙齿 .psd

视频文件：视频教学 | Cha06 | 美白牙齿 .avi

制作概述

拍完一张比较不错的照片，但美中不足的是人物的牙齿部分有些发黄，这很不美观。下面通过使用【去色】、【亮度 / 对比度】和【色彩平衡】等命令快速美白牙齿，制作前后的效果对比如图 6-1 所示。

图 6-1　美白牙齿效果对比

学习目标

学习美白牙齿的方法。

掌握【去色】、【亮度 / 对比度】和【色彩平衡】命令的使用。

操作步骤

(1) 启动 Photoshop CC 软件后，在菜单栏中选择【文件】|【打开】命令，如图 6-2 所示。

(2) 在弹出的【打开】对话框中选择随书附带光盘中的 CDROM| 素材 |Cha06| 美白牙齿 .jpg 文件，如图 6-3 所示。

图 6-2　选择【打开】命令

图 6-3　选择素材文件

图 6-4　打开的素材文件

(3) 单击【确定】按钮，打开的素材文件如图 6-4 所示。

(4) 在工具箱中选择【钢笔工具】，在场景中沿人物的牙齿部分绘制路径，如图 6-5 所示。

(5) 绘制路径完成后，按 Ctrl+Enter 组合键，将路径转换为选区，如图 6-6 所示。

(6) 创建选区后，在菜单栏中选择【图像】|【调整】|【去色】命令，去掉选区的图形颜色，此时黄色的牙斑已经被去掉，如图 6-7 所示。

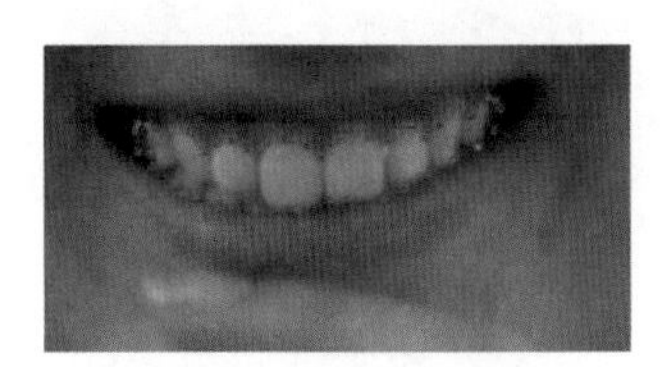
图 6-5　绘制路径

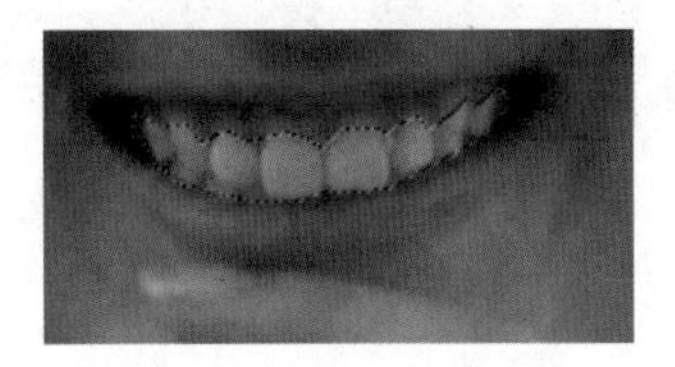
图 6-6　路径转换为选区

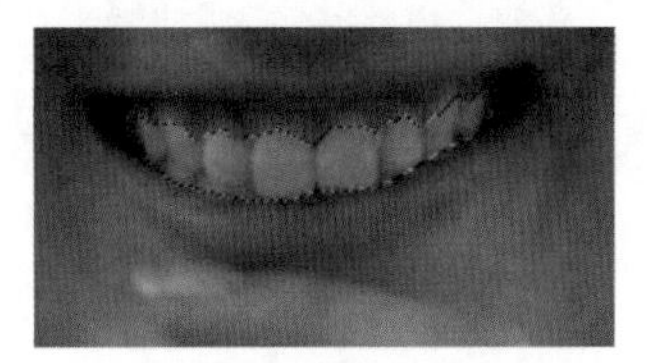
图 6-7　添加【去色】命令后的效果

知识链接

执行【去色】命令可以删除彩色图像的颜色，但不会改变图像的颜色模式。

(7) 在菜单栏中选择【图像】|【调整】|【亮度 / 对比度】命令，打开【亮度 / 对比度】对话框，设置【亮度】为 24，【对比度】为 72，单击【确定】按钮，如图 6-8 所示。

(8) 牙齿已经变白但是并不自然，在菜单栏中选择【图像】|【调整】|【色彩平衡】命令，打开【色彩平衡】对话框，调整红色数值为 40, 调整绿色值为 19，单击【确定】按钮，如图 6-9 所示。单击【确定】按钮，按 Ctrl+D 组合键取消选区，美白牙齿制作完成并保存场景文件。

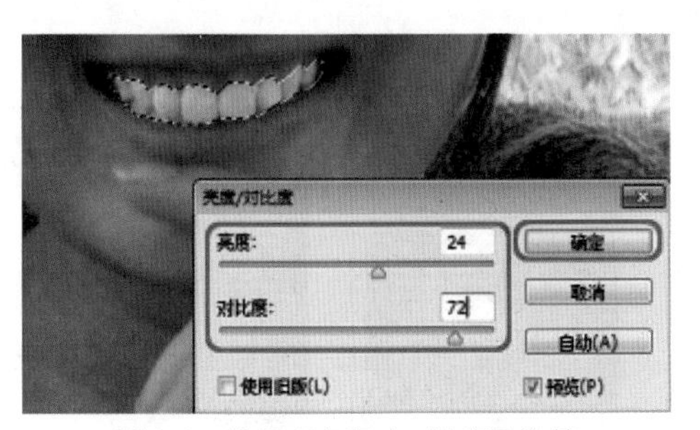

图 6-8　设置【亮度 / 对比度】数值

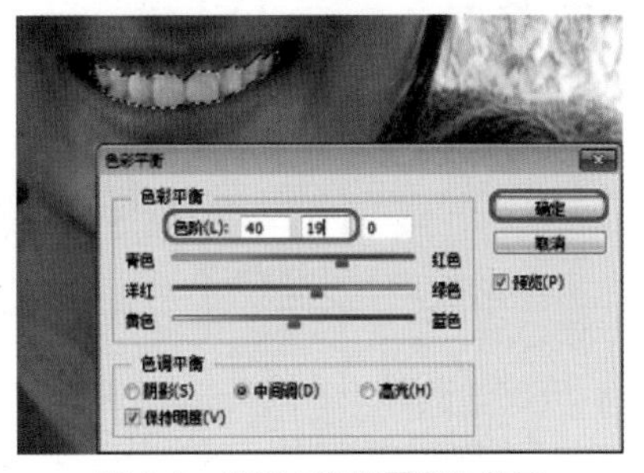

图 6-9　设置【色彩平衡】数值

案例精讲 078　祛除面部痘痘

案例文件：CDROM | 场景 | Cha06 | 祛除面部痘痘 .psd

视频文件：视频教学 | Cha06 | 祛除面部痘痘 .avi

制作概述

人物的面部有痘痘，在照片中影响美观。下面通过实例操作，详细介绍如何使用 Photoshop CC 软件的【污点修复画笔工具】快速祛除痘痘，效果如图 6-10 所示。

图 6-10 祛除面部痘痘效果对比

学习目标

学习祛除面部痘痘的方法。

掌握【污点修复画笔工具】的使用。

操作步骤

(1) 启动 Photoshop CC 软件后，在菜单栏中选择【文件】|【打开】命令，如图 6-11 所示。

(2) 在弹出的【打开】对话框中，选择随书附带光盘中的 CDROM | 素材 | Cha06 | 祛除面部痘痘 .jpg 文件，如图 6-12 所示。

(3) 单击【打开】按钮，打开的素材文件如图 6-13 所示。

(4) 在工具箱中选择【缩放工具】，将人物的面部放大显示，如图 6-14 所示。

图 6-11 选择【打开】命令

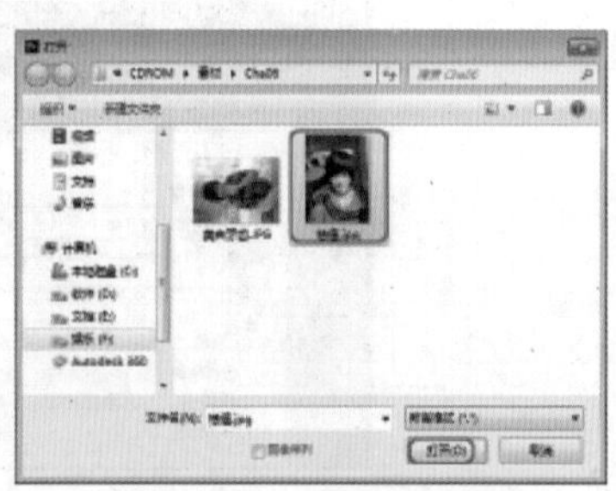

图 6-12 选择素材文件

图 6-13 打开的素材文件 图 6-14 放大人物脸部部分

(5) 在工具箱中选择【污点修复画笔工具】，在画面中单击鼠标右键，将【大小】设置为 50 像素，如图 6-15 所示。

知识链接

【污点修复画笔工具】不需要定义取样点，在想消除杂色的地方单击即可，既然该工具是污点修复画笔工具，意思就是适合消除画面中的细小部分，因此不适合大面积的使用。

(6) 设置完成后，在痘痘上进行修复，如图 6-16 所示。

(7) 松开鼠标后痘痘就被祛除掉，继续涂抹其他的痘痘，效果如图 6-17 所示。

(8) 痘痘祛除完成后，在菜单栏中选择【图像】|【自动对比度】命令，如图 6-18 所示。

(9) 添加命令后的效果如图 6-19 所示。在菜单栏中选择【图像】|【自动颜色】命令，如图 6-20 所示，面部的痘痘修复完成，最后保存。

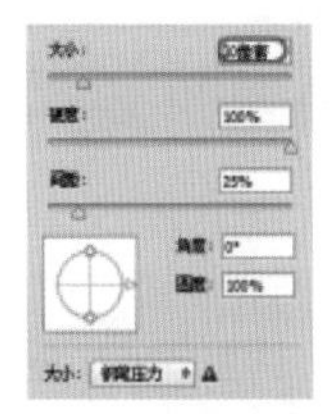
图 6-15　设置笔触大小

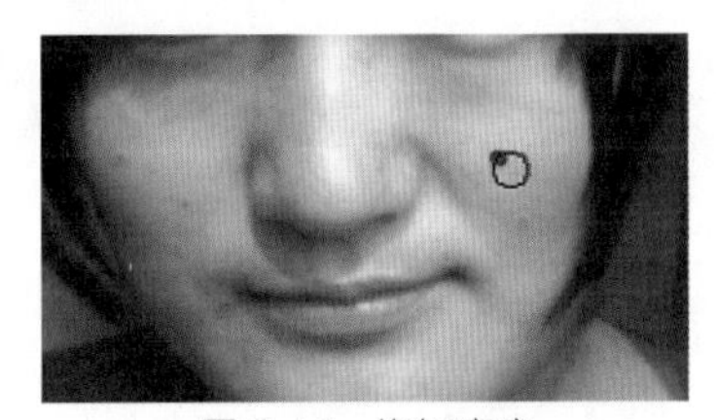
图 6-16　修复痘痘

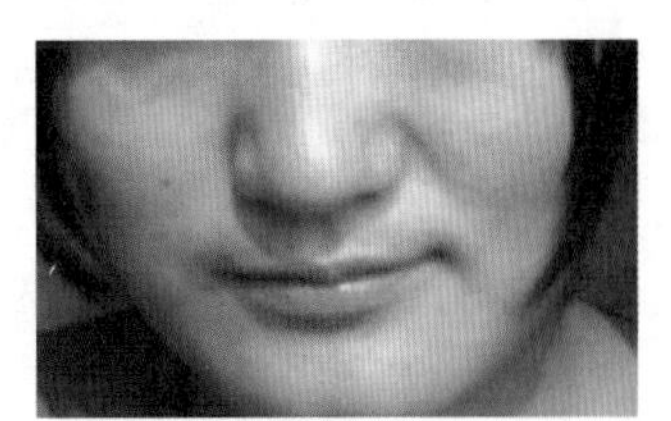
图 6-17　痘痘修复完成

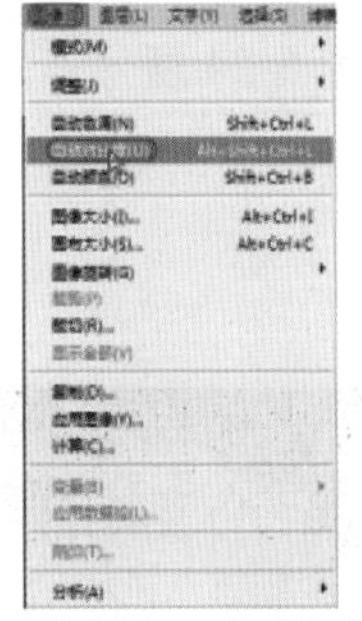
图 6-18　选择【自动对比度】命令

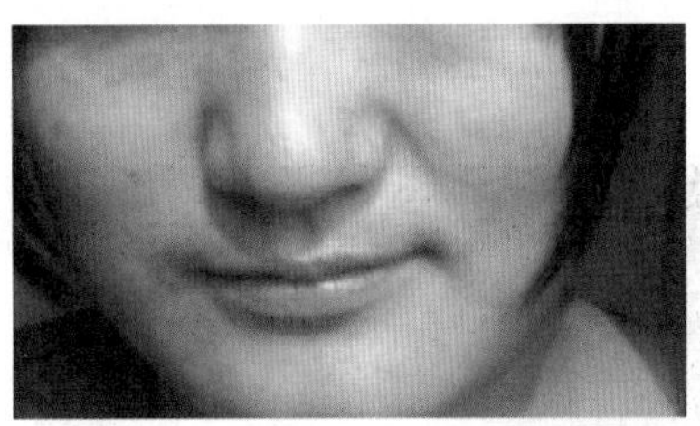
图 6-19　【自动对比度】的效果

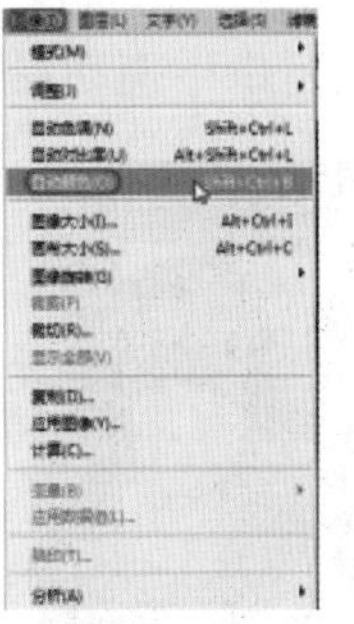
图 6-20　选择【自动颜色】命令

知识链接

【污点修复画笔工具】：可以快速移去照片中的污点和其他不理想的部分。

案例精讲 079　去除眼袋

案例文件：CDROM | 场景 | Cha06 | 去除眼袋 .psd

视频文件：视频教学 | Cha06 | 去除眼袋 .avi

制作概述

眼袋这个问题单靠摄影技术难以处理，而通过 Photoshop CC 的【修补工具】工具则可以轻易解决，把眼袋除去，让照片更加美观，如图 6-21 所示为两张照片的对比。

图 6-21　去除眼袋效果对比

学习目标

学习去除眼袋的方法。

掌握【修补工具】的使用。

操作步骤

(1) 打开去除眼袋 .jpg 素材文件，如图 6-22 所示。

(2) 在工具箱中选择【缩放工具】，在工具选项栏中选择【放大工具】，放大眼睛部分，如图 6-23 所示。

(3) 在工具箱选择【污点修复画笔工具】，在画面中单击鼠标右键，选择【修补工具】。在窗口中拖动鼠标左键画取眼袋区域，绘制完成后松开鼠标，如图 6-24 所示。

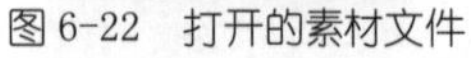

图 6-22　打开的素材文件

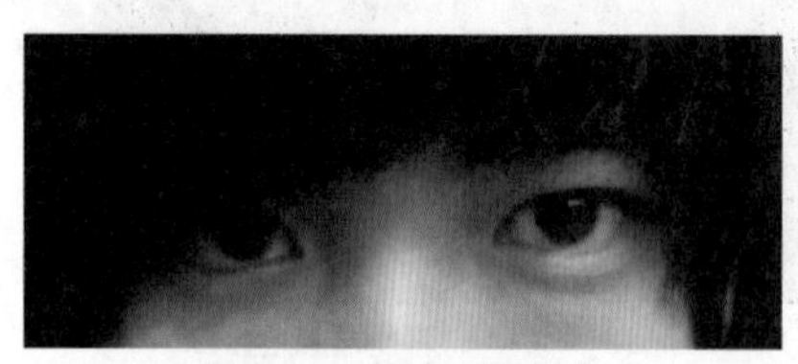

图 6-23　放大眼睛部分

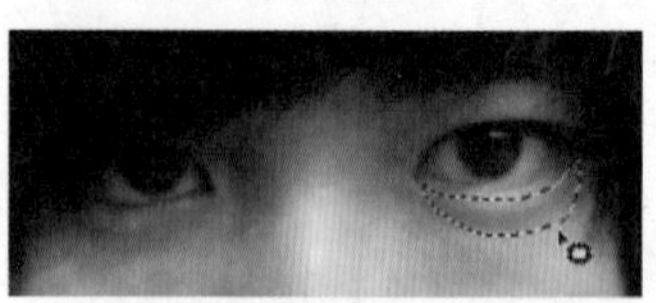

图 6-24　画取眼袋区域

(4) 选取完成后，然后按住鼠标左键向下拖动，眼袋处即被下方光滑皮肤覆盖，如图 6-25 所示。

(5) 松开鼠标左键，然后按 Ctrl+D 组合键取消选区，效果如图 6-26 所示。

(6) 使用相同的方式将另一只眼睛的眼袋去除，如图 6-27 所示。

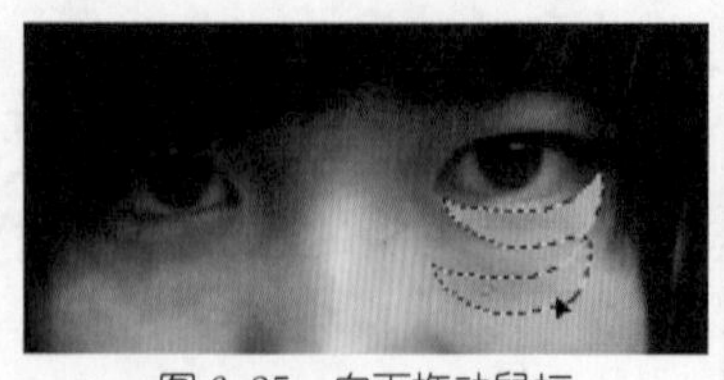

图 6-25　向下拖动鼠标

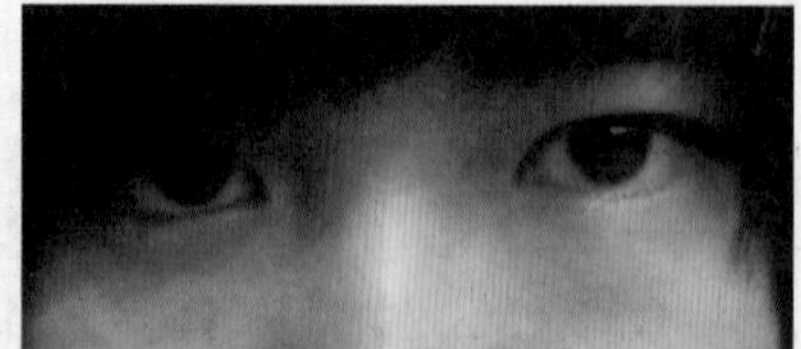

图 6-26　去除眼袋后的效果

图 6-27　全部去除眼袋效果

知识链接

【修补工具】是通过选区来进行图像修复的。【修补工具】会将样本像素的纹理、光照和阴影等与源像素进行匹配，还可以使用【修补工具】来仿制图像的隔离区域。

案例精讲 080　去除面部瑕疵

案例文件：CDROM | 场景 | Cha06 | 去除面部瑕疵 .psd

视频文件：视频教学 | Cha06 | 去除面部瑕疵 .avi

制作概述

下面通过实例操作，详细介绍如何使用【污点修复画笔工具】和【减少杂色】滤镜去除人物面部的瑕疵。去除前后的效果比对如图 6-28 所示。

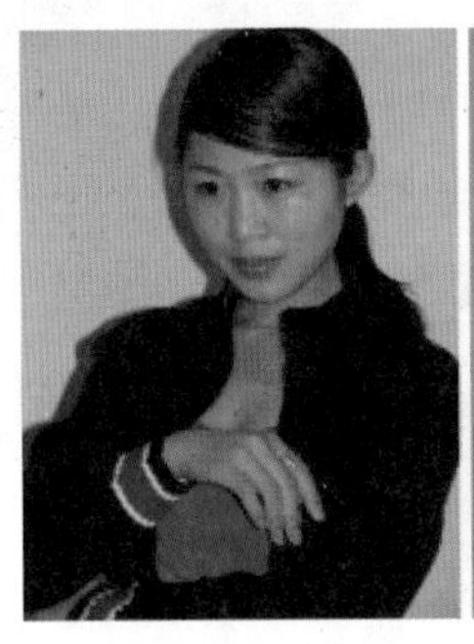
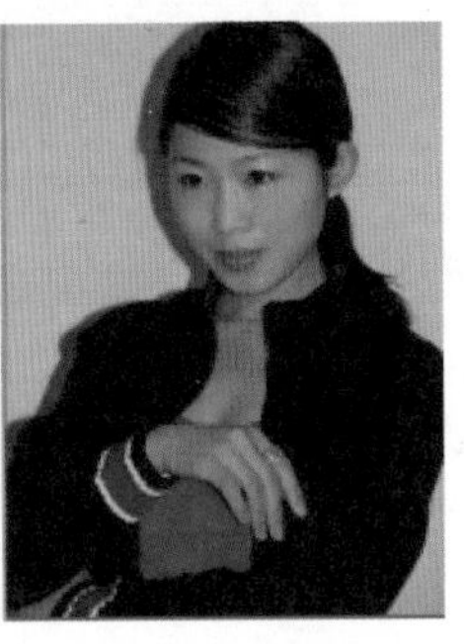

图 6-28　原图与去除瑕疵后的效果对比

学习目标

学习【污点修复画笔工具】的使用。

掌握【减少杂色】滤镜的设置。

操作步骤

(1) 打开去除面部瑕疵 .jpg 文件，如图 6-29 所示。

(2) 在工具箱中选择【污点修复画笔工具】，在工具属性栏中将【画笔】设置为 15，在场景中将明显的瑕疵修复，如图 6-30 所示。

(3) 修复后的效果如图 6-31 所示。

图 6-29　打开的素材文件

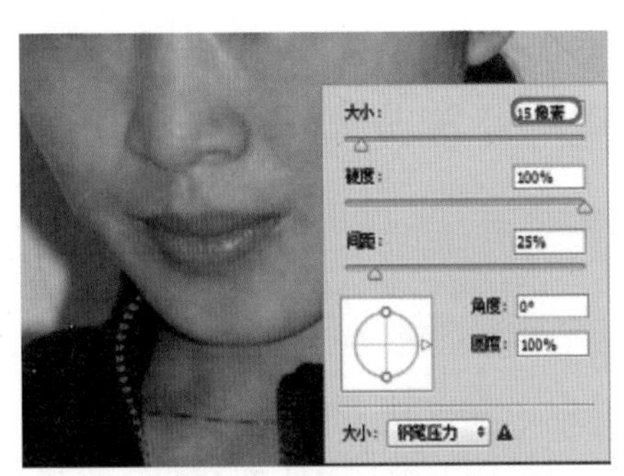

图 6-30　设置画笔的大小

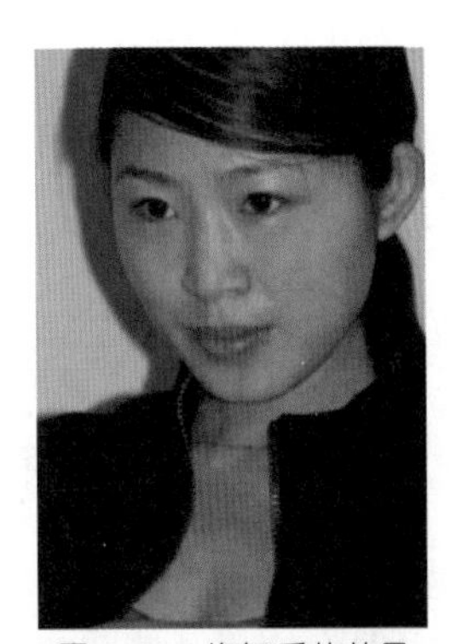

图 6-31　修复后的效果

(4) 在【图层】面板中选择【背景】图层，将其拖曳到【创建新图层】按钮上复制出【背景 拷贝】图层，单击【背景 拷贝】图层前的图标，将其隐藏，如图 6-32 所示。

(5) 选择【背景】图层，在菜单栏中选择【滤镜】|【杂色】|【减少杂色】命令，如图 6-33 所示。

(6) 在弹出的【减少杂色】对话框中参照如图 6-34 所示的参数进行设置，显示【背景 拷贝】图层，将其图层混合模式设置为【变亮】，最后将制作完成的场景文件保存。

图 6-32 【背景 拷贝】图层

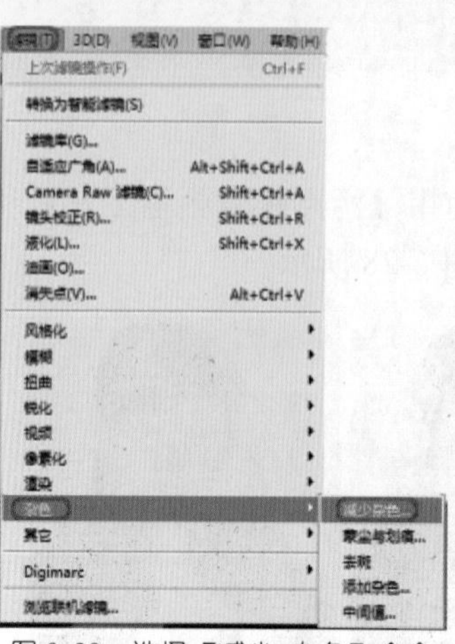

图 6-33 选择【减少 杂色】命令

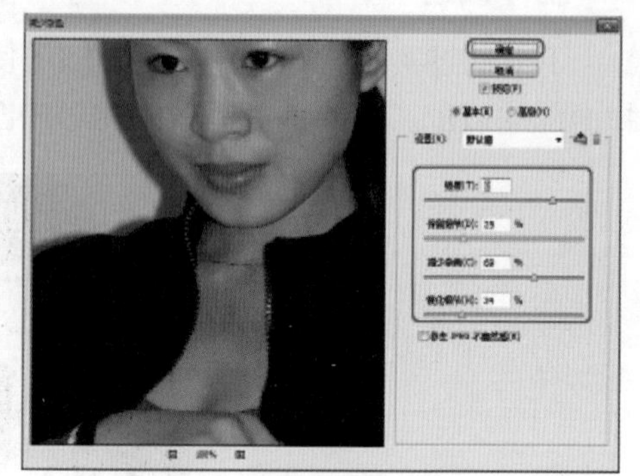

图 6-34 设置【减少杂色】参数

知识链接

【减少杂色】对话框中的主要参数如下：

【强度】：控制应用于所有图像通道的亮度杂色减少量。

【保留细节】：保留边缘和图像细节（如头发或纹理对象）。如果值为 100，则会保留大多数图像细节，但会将亮度杂色减到最少。平衡设置【强度】和【保留细节】控件的值，以便对杂色减少操作进行微调。

【减少杂色】：移去随机的颜色像素。值越大，减少的颜色杂色越多。

【锐化细节】：对图像进行锐化。移去杂色将会降低图像的锐化程度。稍后可使用对话框中的锐化控件或其他某个 Photoshop 锐化滤镜来恢复锐化程度。

【移去 JPEG 不自然感】：移去由于使用低 JPEG 品质设置存储图像而导致的斑驳的图像伪像和光晕。

案例精讲 081 为照片添加光晕效果

案例文件：CDROM | 场景 | Cha06 | 为照片添加光晕效果 .psd

视频文件：视频教学 | Cha06 | 为照片添加光晕效果 .avi

制作概述

本例将使用【镜头光晕】滤镜模仿太阳光，为照片添加光晕效果，完成后的效果如图 6-35 所示。

图 6-35　为照片添加光晕效果

学习目标

学习为照片添加光晕效果的方法。

掌握【镜头光晕】滤镜的设置。

操作步骤

(1) 打开为照片添加光晕效果 .jpg 素材文件，如图 6-36 所示。

(2) 在菜单栏中选择【滤镜】|【渲染】|【镜头光晕】命令，如图 6-37 所示。

(3) 在弹出的对话框中将【亮度】设置为 119，选中【50-300 毫米变焦】单选按钮，并调整光晕的位置，如图 6-38 所示。

(4) 设置完成后，单击【确定】按钮，即可为该照片添加光晕效果，效果如图 6-39 所示。

图 6-36　打开的素材文件

图 6-37　选择【镜头光晕】命令

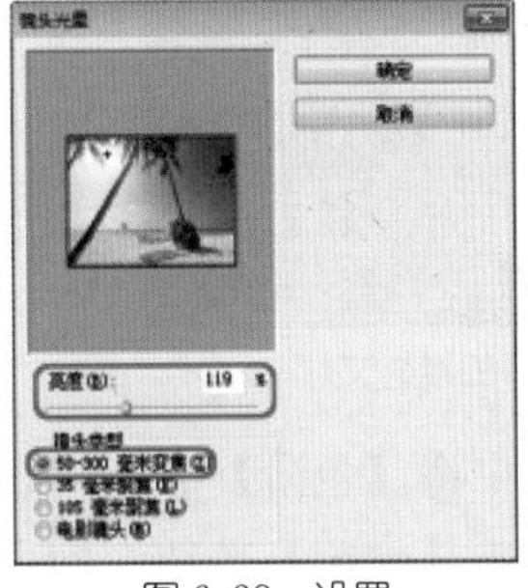

图 6-38　设置【镜头光晕】参数

图 6-39　添加光晕后的效果

案例精讲 082　调整照片亮度

 案例文件：CDROM | 场景 | Cha06 | 调整照片亮度 .psd

 视频文件：视频教学 | Cha06 | 调整照片亮度 .avi

制作概述

在平时拍照时，难免会因为光线不足而导致照片灰暗，本例介绍如何调整照片的亮度，完成后的效果如图 6-40 所示。

图 6-40　调整照片亮度后效果

学习目标

学习调整照片亮度的方法。
掌握【色阶】命令的使用。

操作步骤

(1) 按 Ctrl+O 组合键，打开调整照片亮度.jpg 素材文件，如图 6-41 所示。
(2) 在菜单栏中选择【图像】|【调整】|【色阶】命令，如图 6-42 所示。

图 6-41　打开的素材文件

图 6-42　选择【色阶】命令

(3) 在弹出的对话框中将【色阶】分别设置为 0、0.8、152，如图 6-43 所示。
(4) 设置完成后，单击【确定】按钮，即可完成调整，效果如图 6-44 所示。

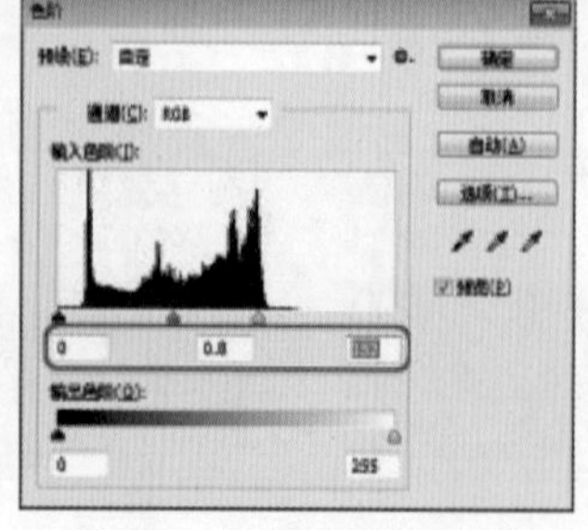

图 6-43　设置【色阶】参数

图 6-44　调整后的效果

案例精讲 083　修饰照片中的污点

案例文件：CDROM | 场景 | Cha06 | 修饰照片中的污点 .psd

视频文件：视频教学 | Cha06 | 修饰照片中的污点 .avi

制作概述

本例介绍使用【修补工具】将照片中的污点去除的方法，完成后的效果如图 6-45 所示。

图 6-45　修饰照片中污点后的效果

学习目标

学习修饰照片中污点的方法。

掌握【修补工具】的使用。

操作步骤

(1) 按 Ctrl+O 组合键，打开修饰照片中的污点 .jpg 素材文件，如图 6-46 所示。

(2) 在工具箱中单击【修补工具】，在工具选项栏中将【修补】设置为【正常】，选中【源】单选按钮，然后对照片中的口红印进行选取，如图 6-47 所示。

(3) 按住鼠标将该选区拖曳至宝宝的额头处，如图 6-48 所示。

图 6-46　打开的素材文件

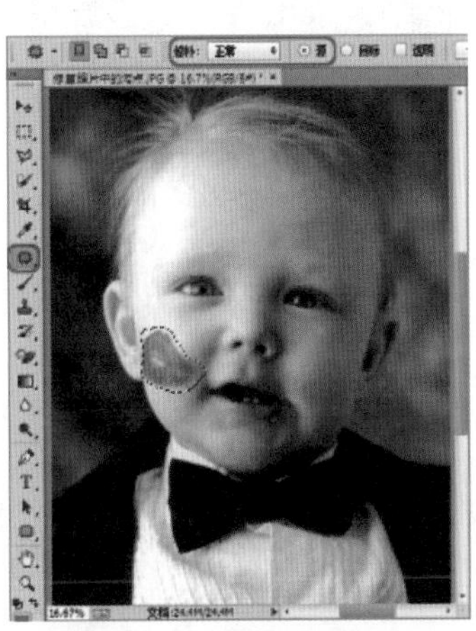

图 6-47　选取口红印

图 6-48　调整选区的位置

(4) 释放鼠标后，即可对该选区进行修复。按 Ctrl+D 组合键取消选区，再次使用【修补工具】对没有修复的部分进行选取，如图 6-49 所示。

(5) 按住鼠标将该选区拖曳至宝宝的额头处，如图 6-50 所示。

(6) 释放鼠标后，即可完成修饰，按 Ctrl+D 组合键取消选区，效果如图 6-51 所示。

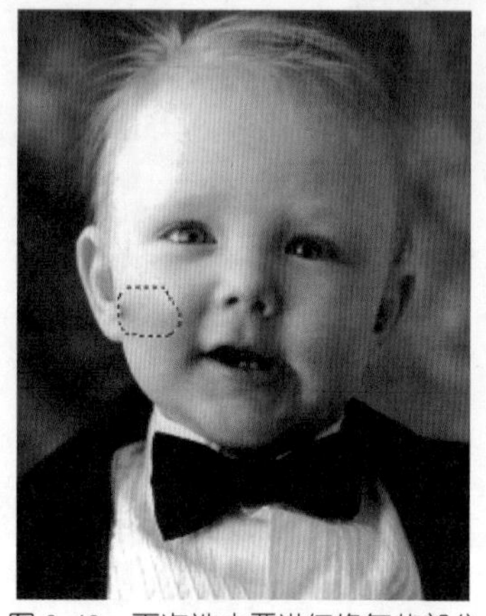

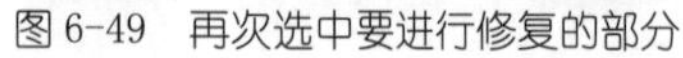

图 6-49　再次选中要进行修复的部分

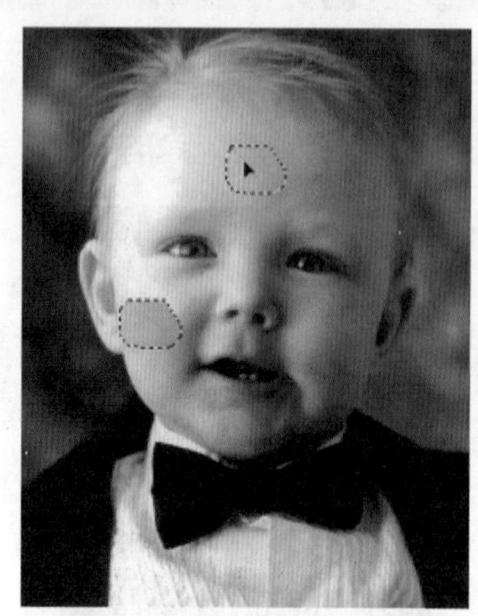

图 6-50　调整选区的位置

图 6-51　修饰后的效果

案例精讲 084　调整眼睛比例

案例文件：CDROM | 场景 | Cha06 | 调整眼睛比例 .psd

视频文件：视频教学 | Cha06 | 调整眼睛比例 .avi

制作概述

本例介绍如何调整眼睛的比例。首先复制选区，然后变形选区并调整位置，最后使用【橡皮擦工具】擦除多余的部分，完成后的效果如图 6-52 所示。

图 6-52　调整眼睛比例后效果

学习目标

学习调整眼睛比例的方法。

掌握【橡皮擦工具】的使用。

操作步骤

(1) 按 Ctrl+O 组合键，打开调整眼睛比例 .jpg 素材文件，如图 6-53 所示。

(2) 在工具箱中单击【矩形选框工具】，在文档中框选儿童的右眼，如图 6-54 所示。

(3) 在该对象上右击鼠标，在弹出的快捷菜单中选择【通过拷贝新建图层】命令，如图 6-55 所示。

图 6-53　打开的素材文件

图 6-54　框选素材

图 6-55　选择【通过拷贝新建图层】命令

(4) 按 Ctrl+T 组合键，变换选取，右击鼠标，在弹出的快捷菜单中选择【水平翻转】命令，如图 6-56 所示。

(5) 翻转后，在文档中调整该对象的位置和角度，如图 6-57 所示。

(6) 按 Enter 键确认，在【图层】面板中选中该图层，在工具箱中单击【橡皮擦工具】，在工具选项栏中将【画笔大小】设置为 150，将【硬度】设置为 0，将【不透明度】设置为 78。然后在文档中对复制后的眼睛进行擦除，效果如图 6-58 所示。

图 6-56　选择【水平翻转】命令

图 6-57　调整对象的位置和角度

图 6-58　调整后的效果

案例精讲 085　去除红眼

案例文件：CDROM | 场景 | Cha06 | 去除红眼 .psd

视频文件：视频教学 | Cha06 | 去除红眼 .avi

制作概述

红眼是由于闪光灯的影响而产生的不美观现象，本例介绍如何去除红眼，完成后的效果如图 6-59 所示。

图 6-59　去除红眼后效果

学习目标

学习去除红眼的方法。

掌握【红眼工具】的使用。

操作步骤

(1) 按 Ctrl+O 组合键，打开去除红眼 .jpg 素材文件，如图 6-60 所示。

(2) 在工具箱中选择【缩放工具】，将人物的眼部区域放大，如图 6-61 所示。

(3) 在工具箱中选择【红眼工具】，在工具选项栏中将【瞳孔大小】设置为 50%，【变暗量】设置为 20%，在场景文件中的红眼处单击即可去除红眼，如图 6-62 所示。

图 6-60　打开的素材文件

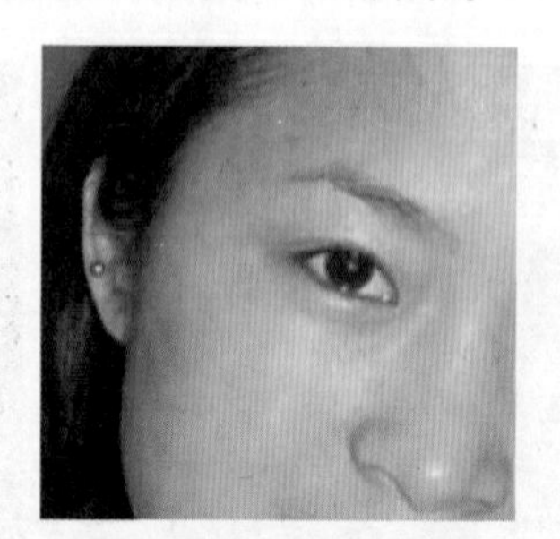

图 6-61　放大眼部区域

(4) 再次使用【红眼工具】，将另一只眼的红眼也去掉，如图 6-63 所示。

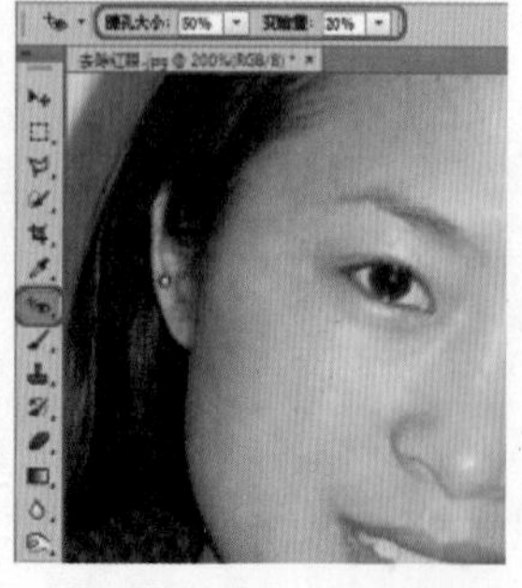

图 6-62　消除一只红眼

图 6-63　消除另一只红眼

知识链接

【红眼工具】：可移去用闪光灯拍摄的人物照片中的红眼，也可以移去用闪光灯拍摄的动物照片中的白色或绿色反光。

案例精讲 086　为人物美容

案例文件：CDROM | 场景 | Cha06 | 为人物美容 .psd

视频文件：视频教学 | Cha06 | 为人物美容 .avi

制作概述

本例介绍如何对照片中的人物进行美容。首先使用【表面模糊】、【添加杂色】和【高斯模糊】滤镜对面部进行美容，然后设置【色相 / 饱和度】和【亮度 / 对比度】修饰嘴唇，最后设置【去色】、【色相 / 饱和度】和【亮度 / 对比度】美化头发，完成后的效果对比如图 6-64 所示。

图 6-64　为人物美容效果对比

学习目标

学习【表面模糊】、【添加杂色】和【高斯模糊】滤镜的使用。

掌握【去色】、【色相 / 饱和度】和【亮度 / 对比度】的设置。

操作步骤

(1) 按 Ctrl+O 组合键，打开为人物美容 .jpg 素材文件，如图 6-65 所示。

(2) 按 F7 键打开【图层】面板，在该面板中选择【背景】图层，将该图层拖拽至【创建新图层】上，如图 6-66 所示。

图 6-65　打开的素材文件

图 6-66　复制图层

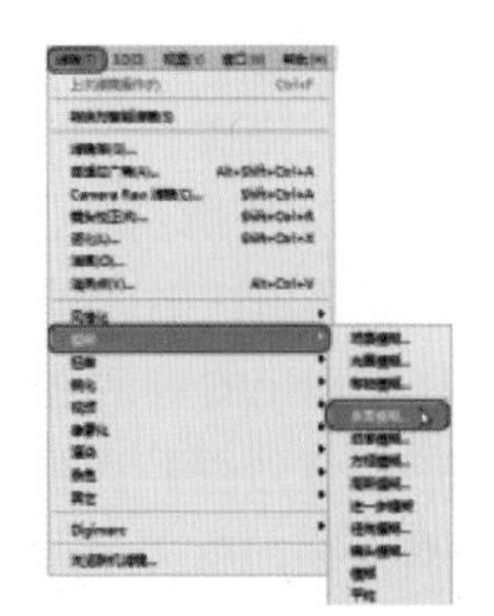

图 6-67　选择【表面模糊】命令

(3) 将复制后的图层命名为【表面模糊】，在菜单栏中选择【滤镜】|【模糊】|【表面模糊】命令，如图 6-67 所示。

(4) 在弹出的对话框中将【半径】和【阈值】都设置为 31，如图 6-68 所示。

(5) 设置完成后，单击【确定】按钮，继续选中该图层，按住 Alt 键并单击【图层】面板底部的【添加图层蒙版】按钮，如图 6-69 所示。

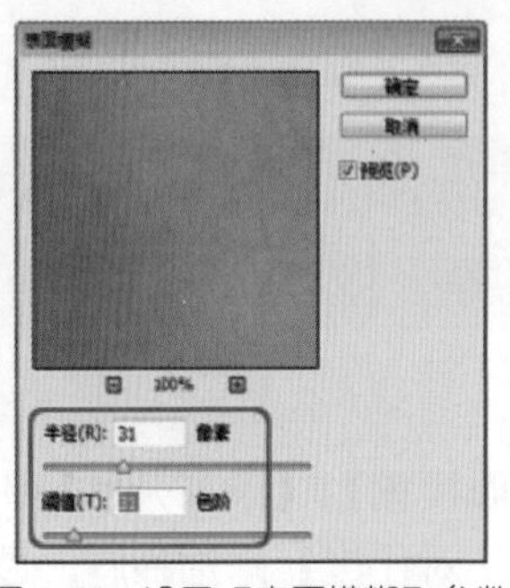

图 6-68　设置【表面模糊】参数

图 6-69　添加图层蒙版

(6) 在工具箱中单击【画笔工具】，将【前景色】设置为白色，在文档中对人物的皮肤进行涂抹，效果如图 6-70 所示。

(7) 按住 Alt 键并单击【创建新图层】按钮，在弹出的对话框中将【名称】设置为灰色叠加，勾选【使用前一图层创建剪贴蒙版】复选框，将【颜色】设置为灰色，【模式】设置为叠加，勾选【填充叠加中性色 (50% 灰)】复选框，如图 6-71 所示。

图 6-70　对皮肤进行涂抹

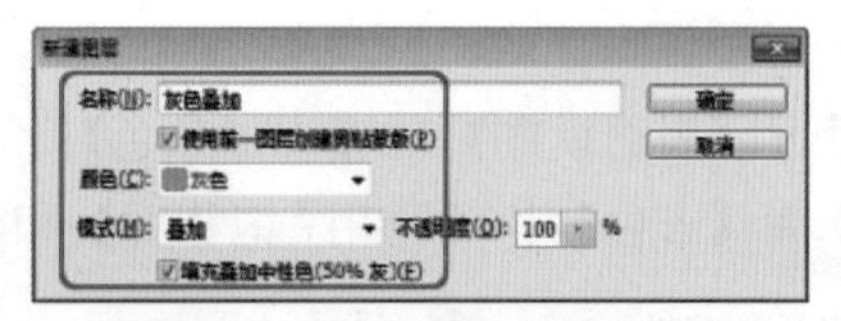

图 6-71　【新建图层】对话框

(8) 设置完成后，单击【确定】按钮，在菜单栏中选择【滤镜】|【杂色】|【添加杂色】命令，如图 6-72 所示。

(9) 在弹出的对话框中将【数量】设置为 10，选中【平均分布】单选按钮，勾选【单色】复选框，如图 6-73 所示。

(10) 设置完成后，单击【确定】按钮，在【图层】面板中将该图层的【不透明度】设置为 80%，如图 6-74 所示。

(11) 在菜单栏中选择【滤镜】|【模糊】|【高斯模糊】命令，如图 6-75 所示。

(12) 在弹出的对话框中将【半径】设置为 1.5，如图 6-76 所示。

(13) 在【图层】面板中选择【背景】图层，在工具箱中单击【多边形套索工具】，在文档中对人物的唇部进行选取，如图 6-77 所示。

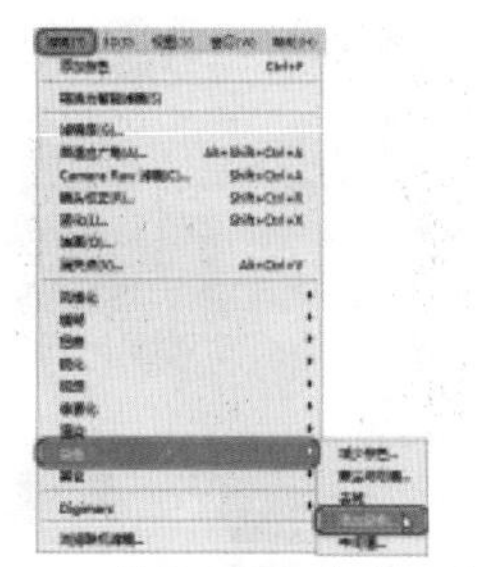
图 6-72　选择【添加杂色】命令

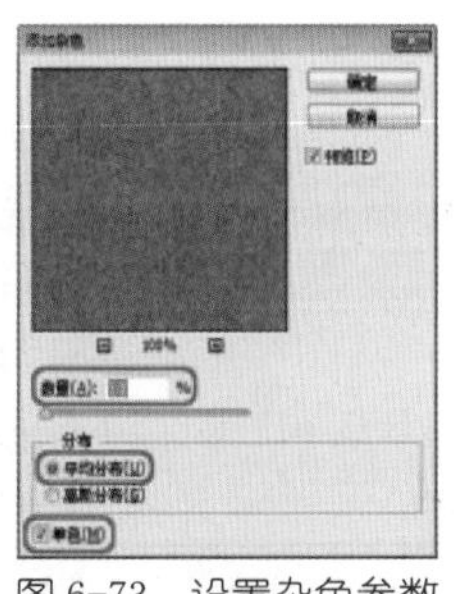
图 6-73　设置杂色参数

图 6-74　设置【不透明度】参数

图 6-75　选择【高斯模糊】命令

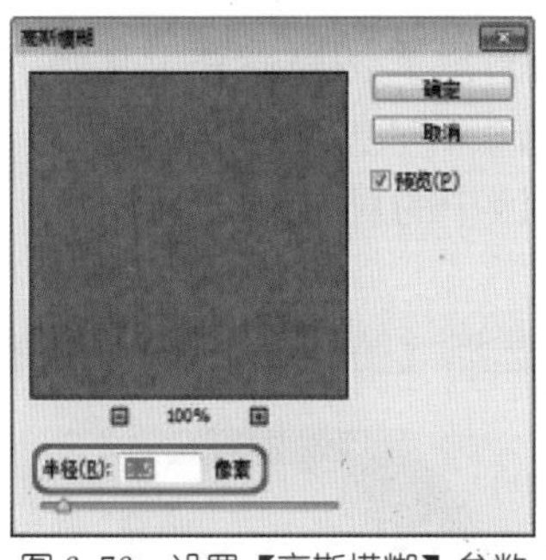

图 6-76　设置【高斯模糊】参数

图 6-77　对唇部进行选取

(14) 按 Shift+F6 组合键，在弹出的对话框中将【羽化半径】设置为 10，单击【确定】按钮，按 Ctrl+J 组合键，在【图层】面板中选择新建的图层，按住鼠标将其调整至最上方，如图 6-78 所示。

(15) 在菜单栏中选择【图像】|【调整】|【色相 / 饱和度】命令，如图 6-79 所示。

(16) 在弹出的对话框中将【色相】、【饱和度】、【明度】分别设置为 −7、27、−1，如图 6-80 所示。

图 6-78　新建图层并调整图层的顺序

图 6-79　选择【色相 / 饱和度】命令

图 6-80　设置【色相 / 饱和度】参数

(17) 设置完成后，单击【确定】按钮，调整【色相 / 饱和度】后的效果如图 6-81 所示。

(18) 再在菜单栏中选择【图像】|【调整】|【亮度 / 对比度】命令，在弹出的对话框中将【亮度】和【对比度】分别设置为 42、17，如图 6-82 所示。

(19) 设置完成后，单击【确定】按钮，调整完【亮度 / 对比度】后的效果如图 6-83 所示。

图 6-81　调整【色相 / 饱和度】后的效果

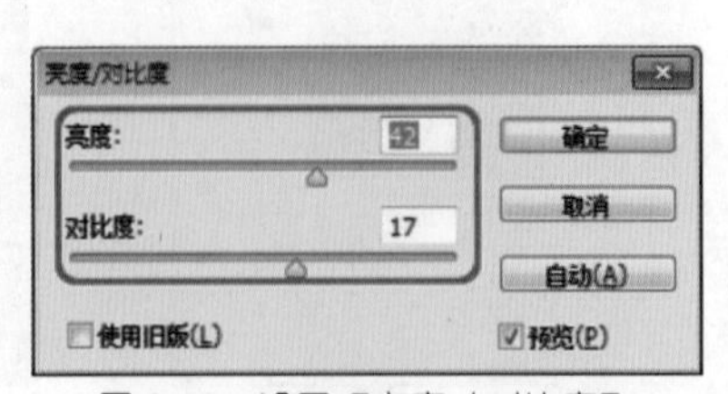

图 6-82　设置【亮度 / 对比度】参数

图 6-83　设置【亮度 / 对比度】后的效果

(20) 在【图层】面板中选择【背景】图层，在工具箱中单击【快速选择工具】，使用该工具对人物的头发进行选取，如图 6-84 所示。

(21) 按 Ctrl+J 组合键，将以选区中的对象新建一个图层，在【图层】面板中将该图层调整至最上方，如图 6-85 所示。

(22) 选中该图层，在菜单栏中选择【图像】|【调整】|【去色】命令，如图 6-86 所示。

图 6-84　选取人物的头发

图 6-85　新建图层并调整其顺序

图 6-86　选择【去色】命令

(23) 在菜单栏中选择【图像】|【调整】|【色相 / 饱和度】命令，在弹出的对话框中勾选【着色】复选框，将【色相】、【饱和度】、【亮度】分别设置为 0、25、0，如图 6-87 所示。

(24) 设置完成后，单击【确定】按钮，即可完成调整，效果如图 6-88 所示。

(25) 在工具箱中单击【橡皮擦工具】，将【不透明度】设置为 50，在文档中对人物头发的边缘进行涂抹，使其看起来自然，效果如图 6-89 所示。

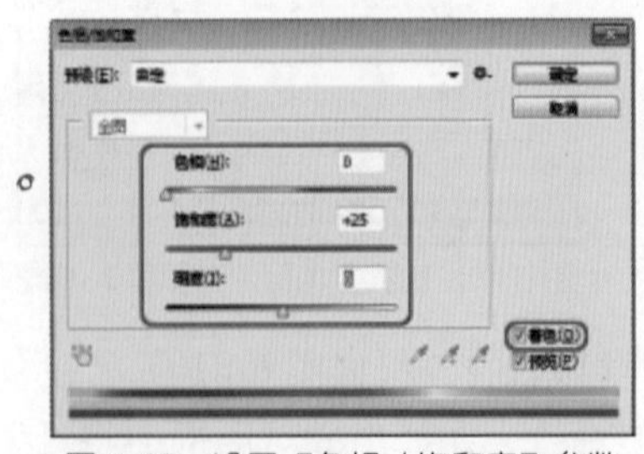
图 6-87　设置【色相 / 饱和度】参数

图 6-88　调整后的效果

图 6-89　对头发边缘涂抹后的效果

(26) 在【图层】面板中将图层的【混合模式】设置为正片叠底，将【不透明度】设置为 60，如图 6-90 所示。

(27) 在【图层】面板中选择【图层 2】，按住鼠标将其拖拽至【创建新图层】按钮上，对其进行拷贝，如图 6-91 所示。

图 6-90　设置图层【混合模式】和【不透明度】参数

图 6-91　拷贝图层

(28) 在菜单栏中选择【图像】|【调整】|【亮度 / 对比度】命令，在弹出的对话框中将【亮度】和【对比度】分别设置为 12、100，如图 6-92 所示。

(29) 设置完成后，单击【确定】按钮，继续选中复制后的图层，按 Ctrl+Alt+Shift+E 组合键对图层进行盖印，如图 6-93 所示。

(30) 盖印完成后，使用【修补工具】再次对盖印后的图层进行简单的美化，完成后的效果如图 6-94 所示。

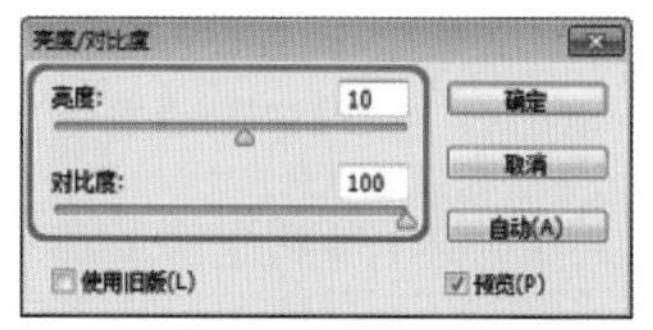

图 6-92　设置【亮度 / 对比度】参数

图 6-93　盖印图层

图 6-94　美化后的效果

案例精讲 087　制作怀旧老照片

案例文件：CDROM | 场景 | Cha06 | 制作怀旧老照片 .psd

视频文件：视频教学 | Cha06 | 制作怀旧老照片 .avi

制作概述

本例介绍非常逼真的怀旧老照片的制作方法。该效果主要通过为照片添加一些纹理素材叠加做出图片的纹理及划痕效果，最后再整体调色即可，完成后的效果如图 6-95 所示。

图 6-95　怀旧老照片效果

学习目标

学习如何调试出怀旧老照片的效果。

掌握【纹理化】滤镜的使用。

操作步骤

(1) 启动 Photoshop CC，按 Ctrl+O 组合键，打开制作怀旧老照片 .jpg 素材文件，如图 6-96 所示。

(2) 在【图层】面板中按住鼠标将【背景】拖曳至【创建新图层】按钮上，对该图层进行复制，如图 6-97 所示。

(3) 在菜单栏中选择【滤镜】|【滤镜库】命令，如图 6-98 所示。

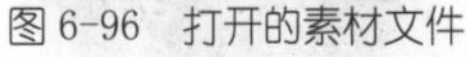

图 6-96 打开的素材文件

图 6-97 复制图层

图 6-98 选择【滤镜库】命令

(4) 在弹出的对话框中选择【纹理】文件夹中的【纹理化】选项，将【缩放】设置为 71，将【凸现】设置为 3，如图 6-99 所示。

(5) 设置完成后，单击【确定】按钮，按 Ctrl+O 组合键，在弹出的对话框中打开纹理 1.jpg 和纹理 2.jpg 素材文件，如图 6-100 所示。

(6) 切换至纹理 1.jpg 素材文件中，使用【移动工具】选中该素材文件，按住鼠标将其拖曳至怀旧老照片场景文件中，按 Ctrl+T 组合键变换选取，并调整其大小及位置，调整完成后按 Enter 键完成调整，如图 6-101 所示。

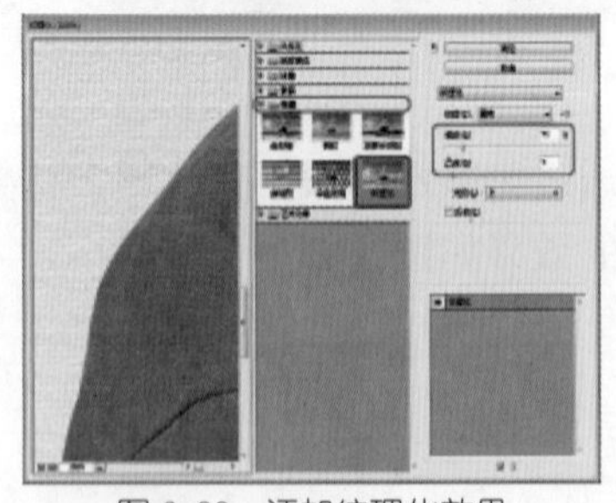

图 6-99 添加纹理化效果

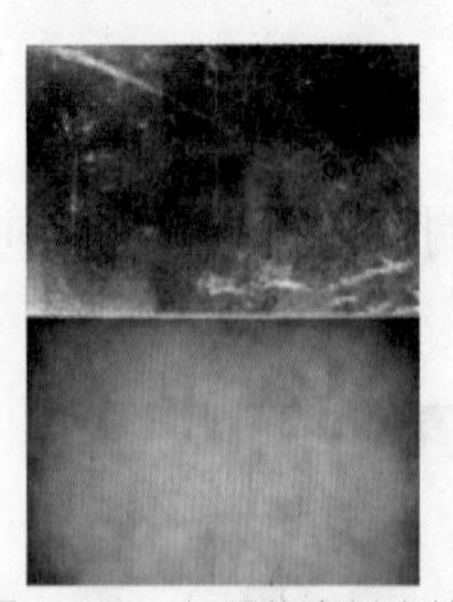

图 6-100 打开的素材文件

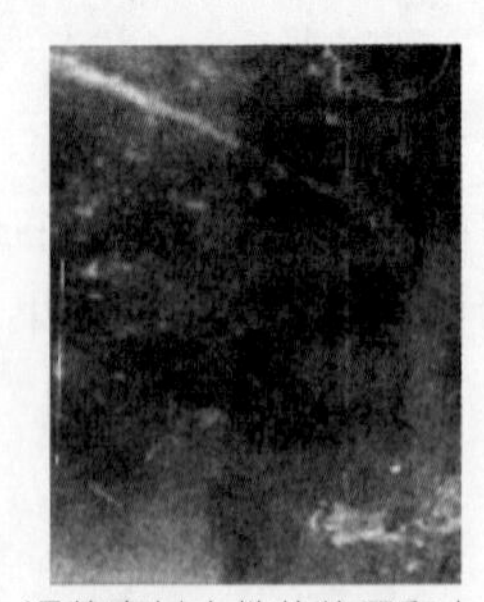

图 6-101 调整素材文件的位置和大小后的效果

(7) 在【图层】面板中选中添加的素材文件，将图层的【混合模式】设置为柔光，效果如图 6-102 所示。

(8) 使用同样的方法将纹理 2.jpg 素材文件拖曳至【怀旧老照片】场景中，按 Ctrl+T 组合键，右击鼠标，在弹出的快捷菜单中选择【旋转 90 度 (顺时针)】命令，如图 6-103 所示。

(9) 在文档中调整该对象的大小，调整完成后，按 Enter 键确认，在【图层】面板中将图层的【混合模式】设置为变暗，如图 6-104 所示。

图 6-102　设置【混合模式】参数

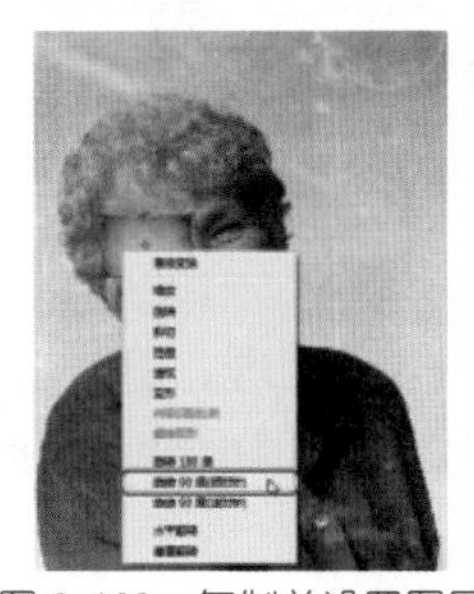
图 6-103　复制并设置图层

图 6-104　设置【混合模式】参数

(10) 继续选中该图层，在菜单栏中选择【图像】|【调整】|【亮度 / 对比度】命令，如图 6-105 所示。

(11) 在弹出的对话框中将【亮度】设置为 50，如图 6-106 所示。

(12) 设置完成后，单击【确定】按钮，在【图层】面板中单击【创建新的填充或调整图层】按钮，在弹出的列表中选择【色相 / 饱和度】命令，如图 6-107 所示。

图 6-105　选择【亮度 / 对比度】命令

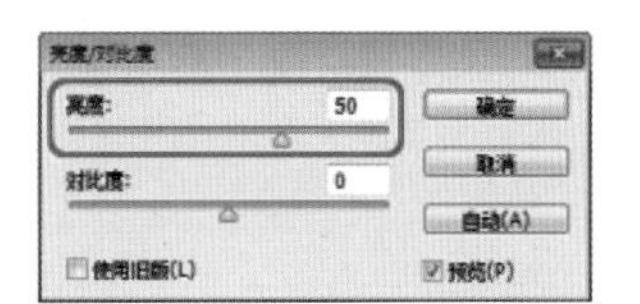
图 6-106　设置【亮度】参数

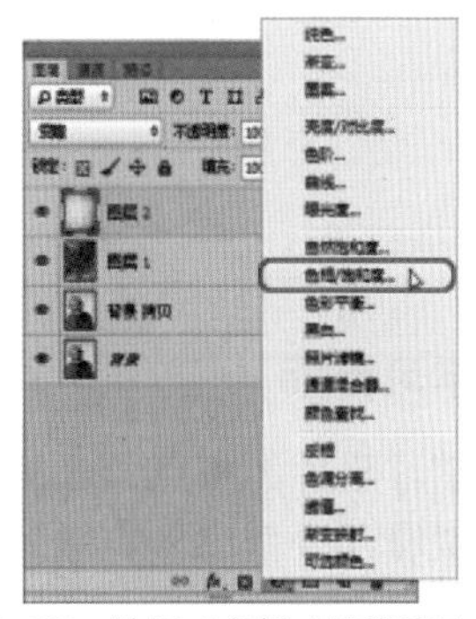
图 6-107　选择【色相 / 饱和度】命令

(13) 在弹出的面板中勾选【着色】复选框，将【色相】和【饱和度】分别设置为 38、22，如图 6-108 所示。

(14) 设置完成后，将该面板关闭，即可完成怀旧老照片的制作，如图 6-109 所示。

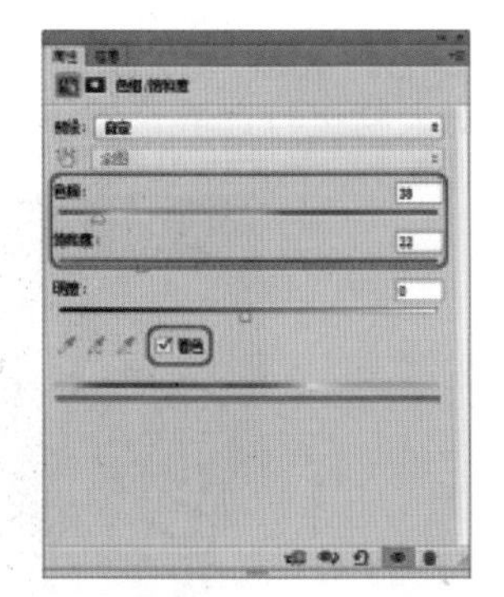
图 6-108　设置【色相 / 饱和度】参数

图 6-109　怀旧老照片效果

案例精讲 088　制作照片的焦点柔光

案例文件：CDROM | 场景 | Cha06 | 制作照片的焦点柔光 .psd

视频文件：视频教学 | Cha06 | 制作照片的焦点柔光 .avi

制作概述

本例对照片的背景进行朦胧的焦点柔光处理，其中主要将照片的人物进行抠除，然后对背景进行模糊处理，通过相应的设置将抠出的人物与背景进行融合，从而达到所需的效果，完成后的效果如图 6-110 所示。

图 6-110　照片的焦点柔光效果

学习目标

学习照片的焦点柔光的制作。

掌握【方框模糊】滤镜的使用。

操作步骤

(1) 启动 Photoshop CC，按 Ctrl+O 组合键，打开制作照片的焦点柔光 .jpg 素材文件，如图 6-111 所示。

(2) 在【图层】面板中选择【背景】图层，按住鼠标将其拖曳至【创建新图层】按钮上，对其进行复制，如图 6-112 所示。

(3) 在工具箱中单击【多边形套索工具】，在文档中对人物进行选取，如图 6-113 所示。

图 6-111　打开的素材文件

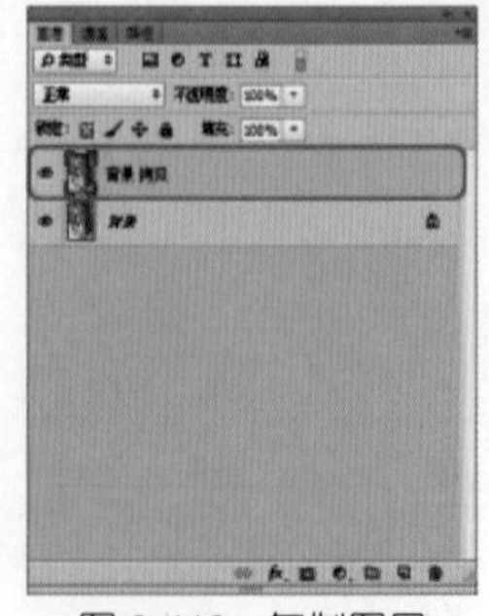

图 6-112　复制图层

图 6-113　选取人物

(4) 在选区上右击鼠标，在弹出的快捷菜单中选择【通过拷贝图层】命令，如图 6-114 所示。

(5) 在【图层】面板中选择【背景 拷贝】图层，在菜单栏中选择【滤镜】|【模糊】|【方框模糊】命令，如图 6-115 所示。

(6) 在弹出的对话框中将【半径】设置为 11，如图 6-116 所示。

图 6-114 选择【通过拷贝图层】命令

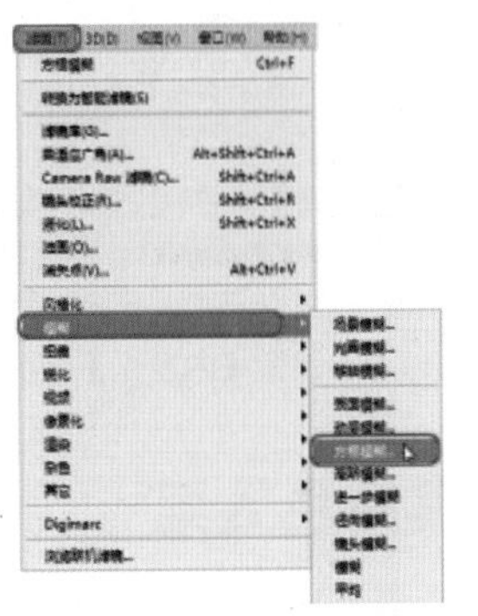

图 6-115 选择【方框模糊】命令

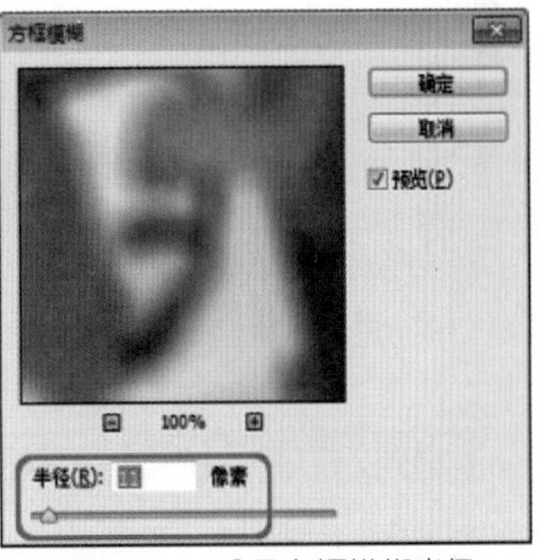

图 6-116 设置方框模糊半径

知识链接

【方框模糊】滤镜可基于相邻像素的平均颜色值来模糊图像。

(7) 设置完成后，单击【确定】按钮，效果如图 6-117 所示。

(8) 按住 Ctrl 键并在【图层】面板中选择并单击【图层 1】前的缩略图，将其载入选区，按 Shift+F6 组合键，在弹出的对话框中将【羽化半径】设置为 10，如图 6-118 所示。

(9) 设置完成后，单击【确定】按钮，按 Shift+Ctrl+I 组合键进行反选，按两次 Delete 键，按 Ctrl+D 组合键取消选区，效果如图 6-119 所示。

图 6-117 模糊后的效果

图 6-118 设置【羽化半径】参数

图 6-119 对人物边缘进行羽化后的效果

(10) 按 Ctrl+Alt+Shift+E 组合键，对图层进行盖印，在盖印后的图层上右击鼠标，在弹出的快捷菜单中选择【混合选项】命令，如图 6-120 所示。

(11) 在弹出的对话框中选择【内发光】选项，将内发光的【大小】设置为 122，如图 6-121 所示。

(12) 设置完成后，单击【确定】按钮，添加完内发光后的效果如图 6-122 所示。

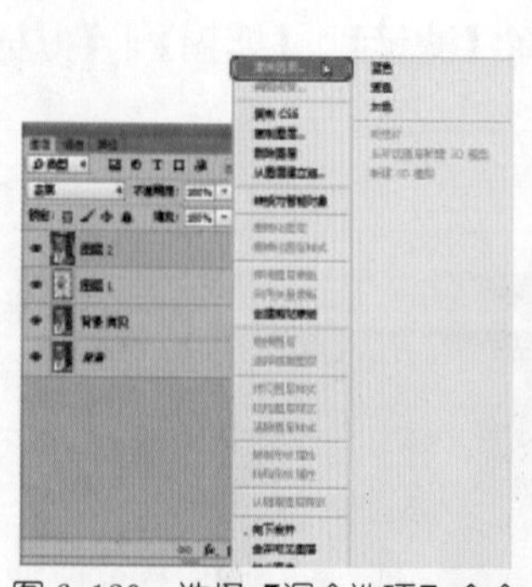
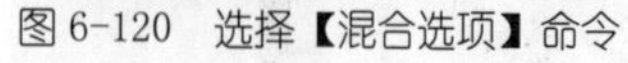
图 6-120 选择【混合选项】命令

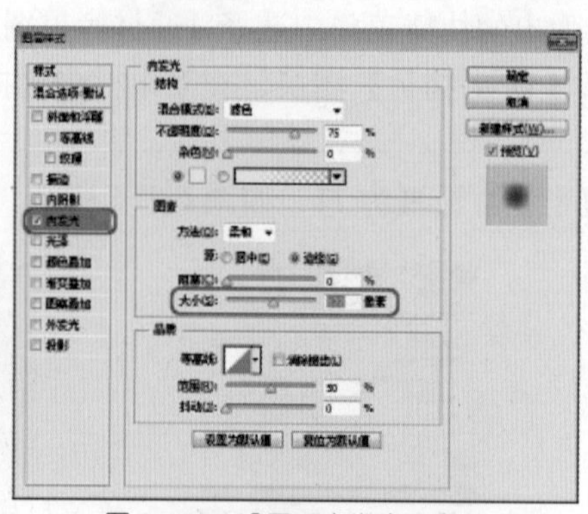
图 6-121 设置【内发光】参数

图 6-122 设置完成后的效果

案例精讲 089 调整唯美暖色效果

案例文件：CDROM | 场景 | Cha06 | 调整唯美暖色效果 .psd

视频文件：视频教学 | Cha06 | 调整唯美暖色效果 .avi

制作概述

本例介绍如何将照片调整为唯美暖色效果。该例主要通过为照片添加色相 / 饱和度、曲线、选取颜色等图层，然后通过调整其参数达到暖色效果，完成后的效果如图 6-123 所示。

图 6-123 唯美暖色效果

学习目标

学习调整唯美暖色效果。

掌握曲线、可选颜色和色彩平衡的使用。

操作步骤

(1) 按 Ctrl+O 组合键，打开调整唯美暖色效果 .jpg 素材文件，如图 6-124 所示。

(2) 按 F7 键打开【图层】面板，单击【图层】面板底部的【创建新的填充或调整图层】按钮，在弹出的列表中选择【色相 / 饱和度】命令，如图 6-125 所示。

图 6-124　打开的素材文件

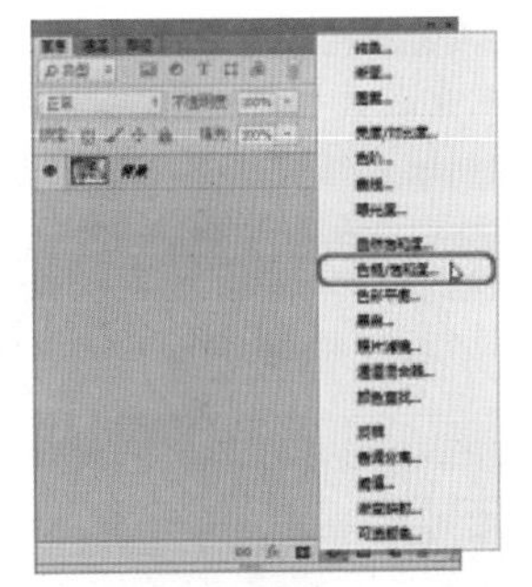

图 6-125　选择【色相 / 饱和度】命令

(3) 在弹出的【属性】面板中将【当前编辑】设置为全图，将【色相】、【饱和度】、【明度】分别设置为 0、−16、7，如图 6-126 所示。

(4) 将【当前编辑】设置为黄色，将【色相】、【饱和度】、【明度】分别设置为 −16、−49、0，如图 6-127 所示。

图 6-126　设置全图的【色相 / 饱和度】参数

图 6-127　设置黄色的【色相 / 饱和度】参数

(5) 将【当前编辑】设置为绿色，将【色相】、【饱和度】、【明度】分别设置为 −34、−48、0，如图 6-128 所示。

(6) 再在【图层】面板的底部单击【创建新的填充或调整图层】按钮 ，在弹出的列表中选择【曲线】命令，如图 6-129 所示。

图 6-128　设置绿色的【色相 / 饱和度】参数

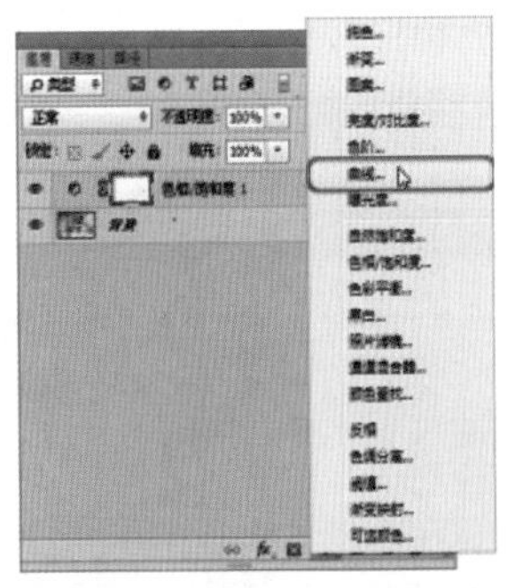

图 6-129　选择【曲线】命令

(7) 在弹出的【属性】面板中将【当前编辑】设置为 RGB，添加一个编辑点，将其【输入】、【输出】分别设置为 189、208，如图 6-130 所示。

(8) 设置完成后，再在该面板中选中底部的编辑点，将【输入】、【输出】分别设置为 0、34，如图 6-131 所示。

图 6-130　添加编辑点并设置其参数

图 6-131　设置底部编辑点的输入与输出

(9) 将【当前编辑】设置为红，选中曲线底部的编辑点，将【输入】、【输出】分别设置为 0、33，如图 6-132 所示。

(10) 将【当前编辑】设置为绿，选中曲线底部的编辑点，将【输入】、【输出】分别设置为 22、0，如图 6-133 所示。

图 6-132　设置红色曲线的参数

图 6-133　设置绿色曲线的参数

(11) 将【当前编辑】设置为蓝，选中曲线底部的编辑点，将【输入】、【输出】分别设置为 0、5，如图 6-134 所示。

(12) 再在【图层】面板的底部单击【创建新的填充或调整图层】按钮 ，在弹出的列表中选择【可选颜色】命令，如图 6-135 所示。

图 6-134　设置蓝色曲线的参数

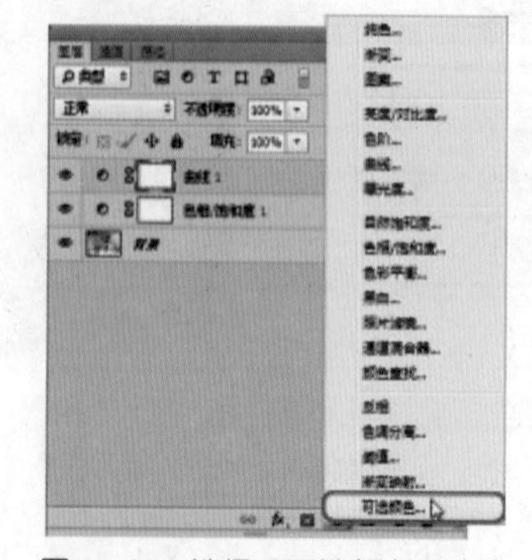
图 6-135　选择【可选颜色】命令

(13) 在弹出的【属性】面板中将【颜色】设置为红色，将【青色】、【洋红】、【黄色】、【黑色】分别设置为 −9、10、−7、−2，如图 6-136 所示。

(14) 再在该面板中将【颜色】设置为黄色，将【青色】、【洋红】、【黄色】、【黑色】分别设置为 −5、6、0、−18，如图 6-137 所示。

图 6-136　设置红色颜色参数

图 6-137　设置黄色颜色参数

(15) 在【属性】面板中将【颜色】设置为青色，将【青色】、【洋红】、【黄色】、【黑色】分别设置为 −100、0、0、0，如图 6-138 所示。

(16) 在【属性】面板中将【颜色】设置为蓝色，将【青色】、【洋红】、【黄色】、【黑色】分别设置为 −64、0、0、0，如图 6-139 所示。

图 6-138　设置青色颜色参数

图 6-139　设置蓝色颜色参数

(17) 将【颜色】设置为白色，将【青色】、【洋红】、【黄色】、【黑色】分别设置为 0、−2、18、0，如图 6-140 所示。

(18) 将【颜色】设置为黑色，将【青色】、【洋红】、【黄色】、【黑色】分别设置为 0、0、−45、0，如图 6-141 所示。

图 6-140　设置白色颜色参数

图 6-141　设置黑色颜色参数

(19) 设置完成后，在【图层】面板中选中该图层，按 Ctrl+J 组合键复制图层，并将其【不透明度】设置为 30，如图 6-142 所示。

(20) 在【图层】面板的底部单击【创建新的填充或调整图层】按钮，在弹出的列表中选择【色彩平衡】命令，如图 6-143 所示。

图 6-142　复制图层并设置其不透明度

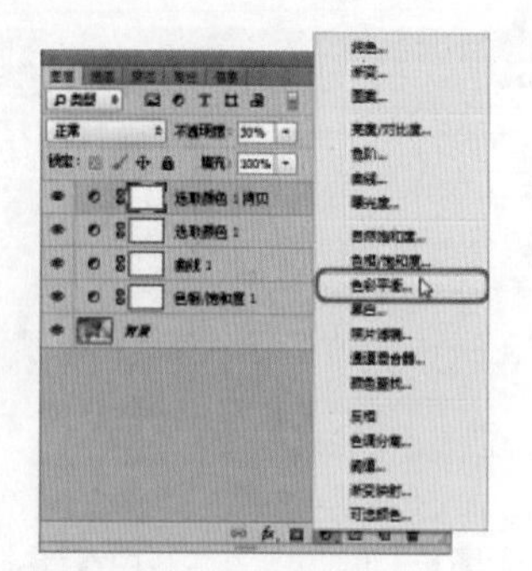
图 6-143　选择【色彩平衡】命令

(21) 在弹出的【属性】面板中将【色调】设置为阴影，将其参数分别设置为 0、−6、10，如图 6-144 所示。

(22) 将【色调】设置为高光，将其参数分别设置为 0、3、0，如图 6-145 所示。

图 6-144　设置阴影参数

图 6-145　设置高光参数

(23) 设置完成后，按 Ctrl+J 组合键对选中的图层进行复制，按 Ctrl+Shift+Alt+E 组合键对图层进行盖印，并将盖印后的图层进行隐藏，然后选中【色彩平衡 1 拷贝】，如图 6-146 所示。

(24) 在【图层】面板中新建一个图层，将【前景色】的 RGB 值设置为 193、177、127，按 Alt+Delete 组合键填充前景色，如图 6-147 所示。

图 6-146　复制与盖印图层

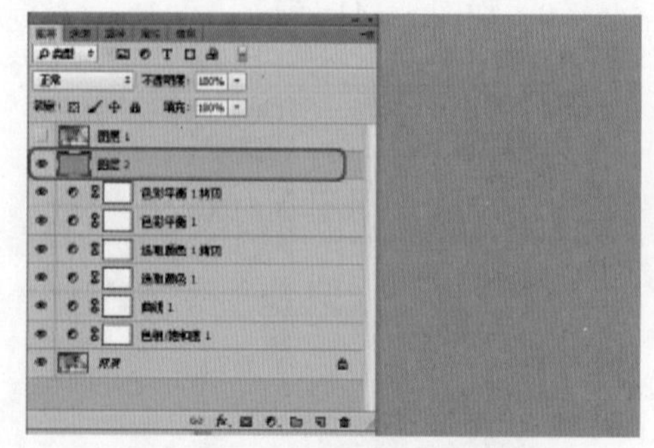
图 6-147　新建图层并填充前景色

(25) 继续选中新建的【图层 2】，在【图层】面板中单击其底部的【添加图层蒙版】按钮，单击【渐变工具】，在图层蒙版中添加黑白渐变，然后再使用【画笔工具】对人物进行涂抹，并将其【混合模式】设置为滤色，如图 6-148 所示。

(26) 按 Ctrl+J 组合键，对【图层 2】进行复制，并在【图层】面板中将【不透明度】设置为 40，如图 6-149 所示。

图 6-148 添加图层蒙版并填充渐变

图 6-149 复制图层并设置不透明度

(27) 将隐藏的【图层 1】显示，选中该图层，在菜单栏中选择【滤镜】|【渲染】|【镜头光晕】命令，如图 6-150 所示。

(28) 在弹出的对话框中选中【105 毫米聚焦】单选按钮，将【亮度】设置为 137，调整光晕的位置，如图 6-151 所示。

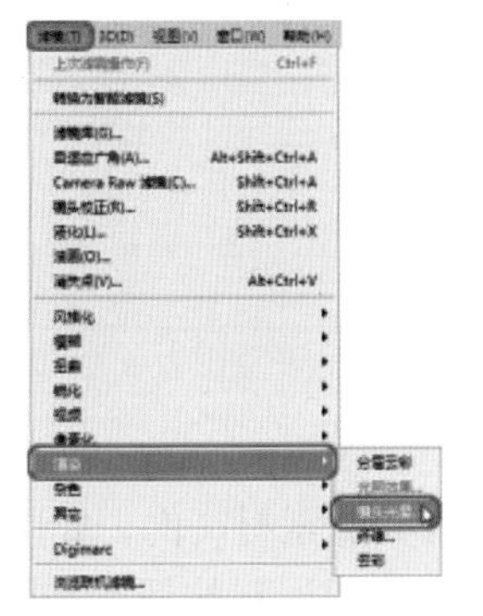

图 6-150 选择【镜头光晕】命令

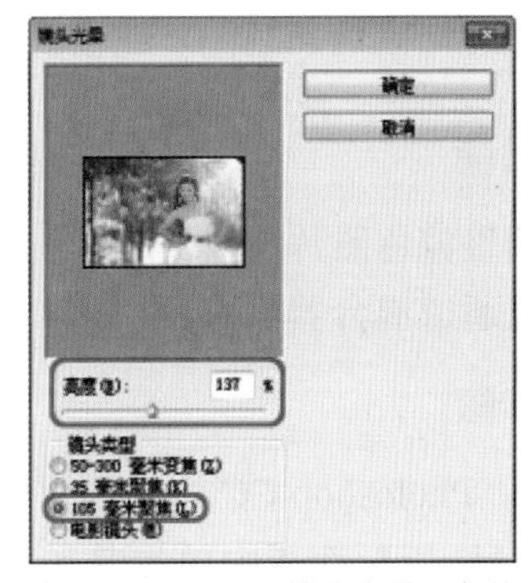

图 6-151 设置【镜头光晕】参数

(29) 设置完成后，单击【确定】按钮，在图层面板中选中该图层，将其【混合模式】设置为变暗，如图 6-152 所示。

(30) 设置完成后，即可完成调整，效果如图 6-153 所示，对完成后的场景文件保存即可。

图 6-152 设置【混合模式】参数

图 6-153 完成调整后的效果

案例精讲 090 调整偏色照片

案例文件：CDROM | 场景 | Cha06 | 调整偏色照片 .psd

视频文件：视频教学 | Cha06 | 调整偏色照片 .avi

制作概述

在冲洗照片时，往往会出现偏色效果，影响照片的整体美感。本例介绍如何调整偏色照片，其中主要用到通道混合器调整图层以及亮度 / 对比度等，完成后的效果如图 6-154 所示。

图 6-154 调整偏色照片

学习目标

学习调整偏色照片。

掌握【通道混合器】的使用。

操作步骤

(1) 启动 Photoshop CC，按 Ctrl+O 键，打开调整偏色照片 .jpg 素材文件，如图 6-155 所示。

(2) 在【图层】面板中单击其底部的【创建新的填充或调整图层】按钮，在弹出的列表中选择【通道混合器】命令，如图 6-156 所示。

知识链接

【通道混合器】：可以使用图像中现有 (源) 颜色通道的混合来修改目标 (输出) 颜色通道，从而控制单个通道的颜色量。

图 6-155 打开的素材文件

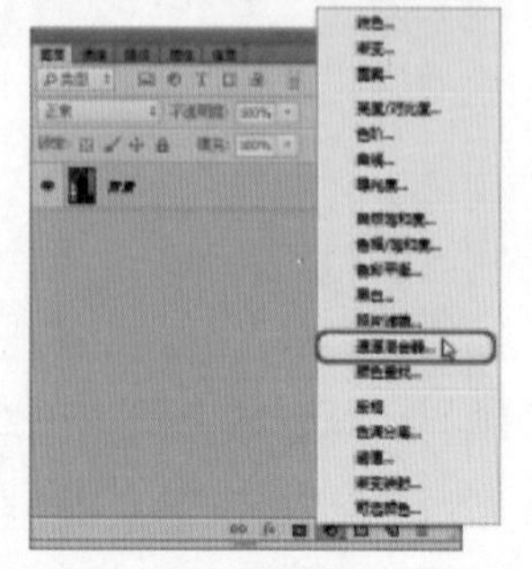

图 6-156 选择【通道混合器】命令

(3) 在弹出的面板中将【输出通道】设置为红，将【红色】、【绿色】、【蓝色】分别设置为 152、−24、18，如图 6-157 所示。

(4) 将【输出通道】设置为绿色，将【红色】、【绿色】、【蓝色】分别设置为 7、93、−2，如图 6-158 所示。

图 6-157 设置红色通道参数

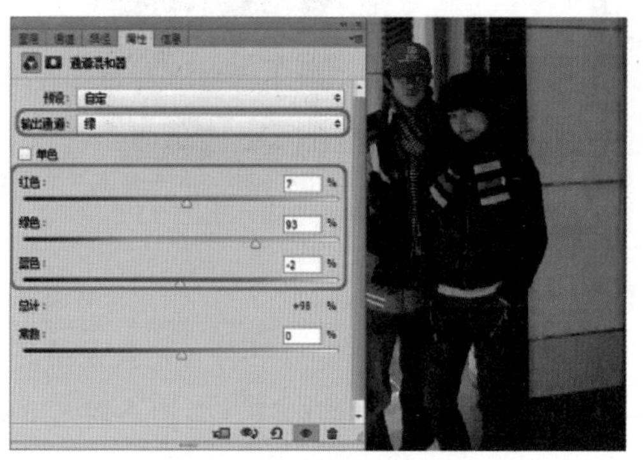

图 6-158 设置绿色通道参数

(5) 将【输出通道】设置为蓝色，将【红色】、【绿色】、【蓝色】分别设置为 1、9、93，如图 6-159 所示。

(6) 设置完成后，按 Ctrl+Shift+Alt+E 组合键，盖印图层，在菜单栏中选择【图像】|【调整】|【亮度 / 对比度】命令，如图 6-160 所示。

(7) 在弹出的对话框中将【亮度】、【对比度】分别设置为 58、−13，如图 6-161 所示。

图 6-159 设置蓝色通道参数

图 6-160 选择【亮度 / 对比度】命令

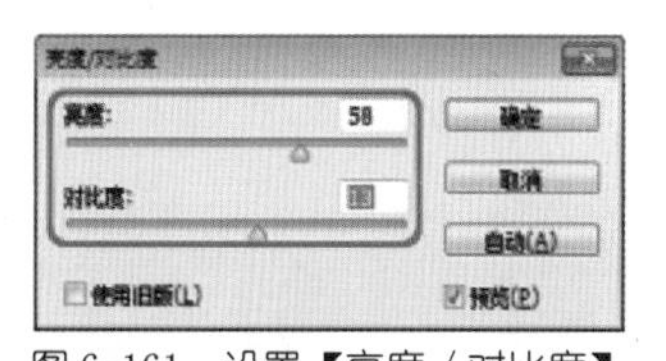

图 6-161 设置【亮度 / 对比度】参数

(8) 设置完成后，单击【确定】按钮，新建一个图层，在工具箱中单击【画笔工具】，将【前景色】设置为白色，将【硬度】设置为 0，在文档中对人物的脸部进行涂抹，如图 6-162 所示。

(9) 涂抹完成后，在【图层】面板中将【图层 2】的【混合模式】设置为柔光，将【不透明度】设置为 60，如图 6-163 所示。

(10) 设置完成后，即可完成对照片的调整，效果如图 6-164 所示，对完成后的场景文件保存即可。

图 6-162 使用画笔工具对人物脸部进行涂抹

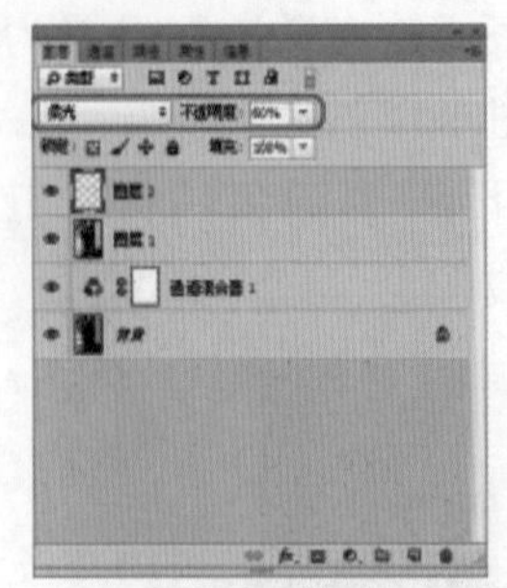

图 6-163 设置混合模式和不透明度

图 6-164 调整后的效果

知识链接

【柔光】模式：类似于将点光源发出的漫射光照到图像上。使用这种模式会在背景上形成一层淡淡的阴影，阴影的深浅与两个图层混合前颜色的深浅有关。

案例精讲 091 制作网状照片效果

案例文件：CDROM | 场景 | Cha06 | 制作网状照片效果 .psd

视频文件：视频教学 | Cha06 | 制作网状照片效果 .avi

制作概述

本例介绍为数码照片制作网状效果的方法，使照片以网点的形式组合图像。本例主要通过调整图像的模式来达到网状效果，完成后的效果如图 6-165 所示。

图 6-165 网状照片效果

学习目标

学习网状照片效果的制作。

掌握【位图】和【RGB 颜色】图像模式的使用。

操作步骤

(1) 启动 Photoshop CC，按 Ctrl+O 组合键，打开制作网状照片效果 .jpg 素材文件，如图 6-166 所示。

(2) 在菜单栏中选择【图像】|【模式】|【灰度】命令，如图 6-167 所示。

(3) 在弹出的对话框中单击【扔掉】按钮，如图 6-168 所示。

图 6-166　打开的素材文件

图 6-167　选择【灰度】命令

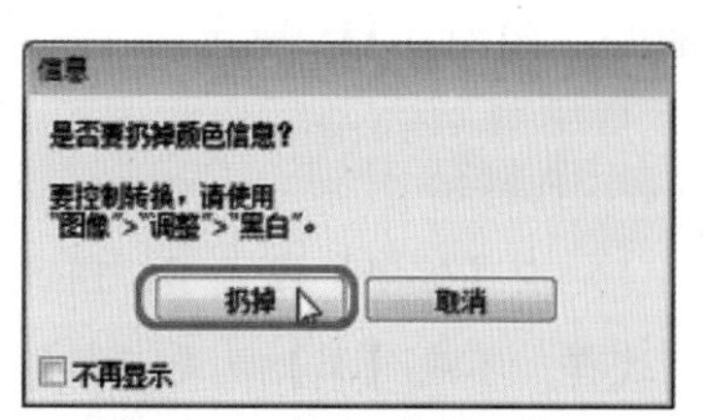

图 6-168　单击【扔掉】按钮

(4) 再在菜单栏中选择【图像】|【调整】|【色阶】命令，如图 6-169 所示。

(5) 在弹出的对话框中将【色阶】分别设置为 48、1.7、208，如图 6-170 所示。

(6) 设置完成后，单击【确定】按钮，在菜单栏中选择【图像】|【模式】|【位图】命令，如图 6-171 所示。

图 6-169　选择【色阶】命令

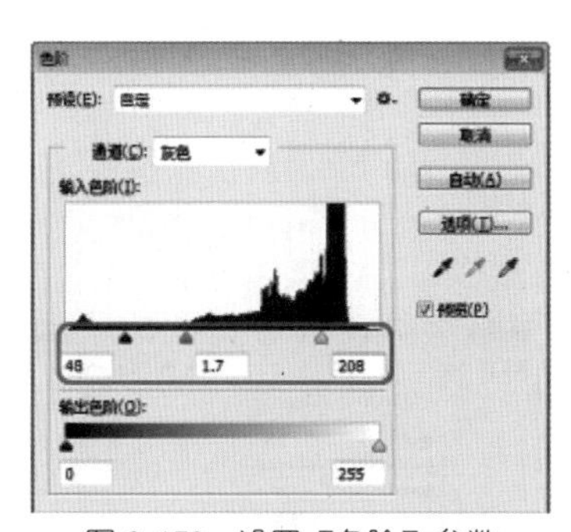

图 6-170　设置【色阶】参数

图 6-171　选择【位图】命令

只有在灰度模式下图像才能转换为位图模式，其他颜色模式的图像必须先转换为灰度图像，然后才能转换为位图模式。

(7) 在弹出的对话框中将【输出】设置为 550，将【使用】设置为半掉网屏，如图 6-172 所示。

(8) 设置完成后，单击【确定】按钮，在弹出的对话框中将【频率】设置为 20 线 / 英寸，【角度】设置为 0，【形状】设置为圆形，如图 6-173 所示。

(9) 设置完成后，单击【确定】按钮，在菜单栏中选择【图像】|【模式】|【灰度】命令，如图 6-174 所示。

图 6-172　设置【位图】参数

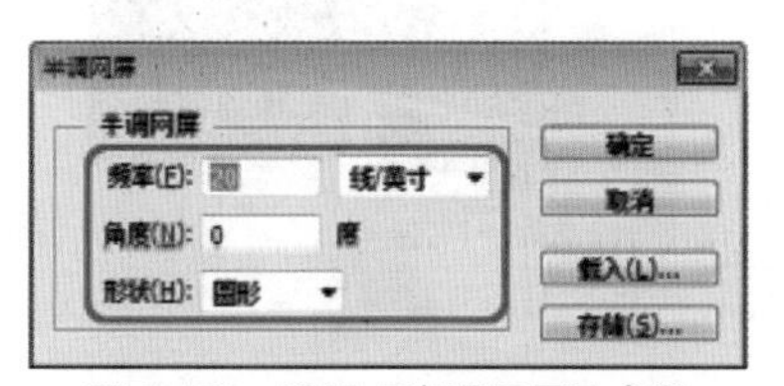

图 6-173　设置【半调网屏】参数

图 6-174　选择【灰度】命令

(10) 在弹出的对话框中单击【确定】按钮，在菜单栏中选择【图像】|【模式】|【RGB 颜色】命令，如图 6-175 所示。

知识链接

在【位图】模式下，图像的颜色容量是 1 位，即每个像素的颜色只能在两种深度的颜色中选择，不是【黑】就是【白】，其相应的图像也就是由许多个小黑块和小白块组成。

在【RGB】模型下，对于彩色图像中的每个 RGB(红色、绿色、蓝色) 分量，为每个像素指定一个 0(黑色) 到 255(白色) 之间的强度值。

(11) 按 Ctrl+U 组合键，在弹出的对话框中勾选【着色】复选框，将【色相】、【饱和度】、【明度】分别设置为 326、50、30，如图 6-176 所示。

(12) 设置完成后，单击【确定】按钮，即可完成调整，效果如图 6-177 所示。

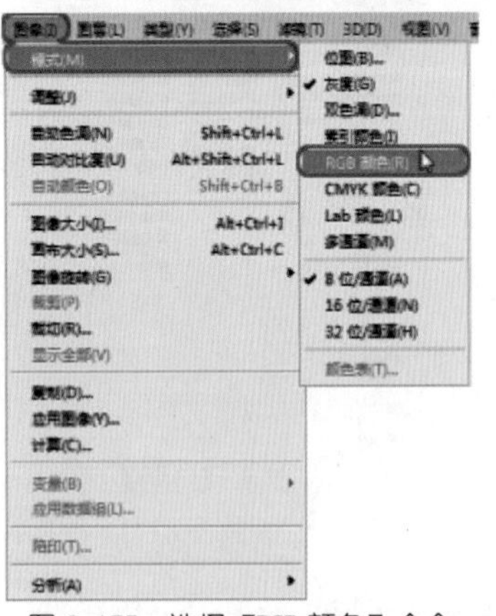

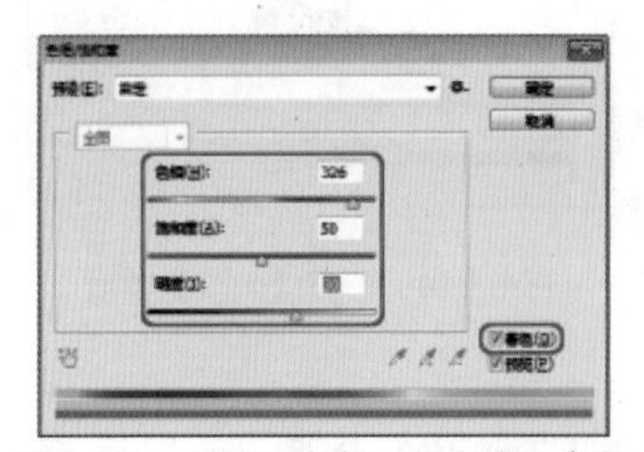

图 6-175　选择【RGB 颜色】命令　　图 6-176　设置【色相 / 饱和度】参数　　图 6-177　完成后的效果

案例精讲 092　模拟焦距脱焦效果

案例文件：CDROM | 场景 | Cha06 | 模拟焦距脱焦效果 .psd

视频文件：视频教学 | Cha06 | 模拟焦距脱焦效果 .avi

制作概述

本例介绍如何将拍摄好的照片模拟焦距脱焦效果。该例主要通过利用径向模糊、描边、曲线调整图层等来制作焦距脱焦效果，完成后的效果如图 6-178 所示。

图 6-178　焦距脱焦效果

学习目标

学习模拟焦距脱焦效果。

掌握径向模糊的使用。

掌握使用曲线调整图层。

操作步骤

(1) 启动 Photoshop CC，按 Ctrl+O 键，打开模拟焦距脱焦效果 .jpg 素材文件，如图 6-179 所示。

(2) 按 Ctrl+M 组合键，在弹出的对话框中单击鼠标，添加一个编辑点，选中该编辑点，将【输出】和【输入】分别设置为 212、185，如图 6-180 所示。

图 6-179 打开的素材文件

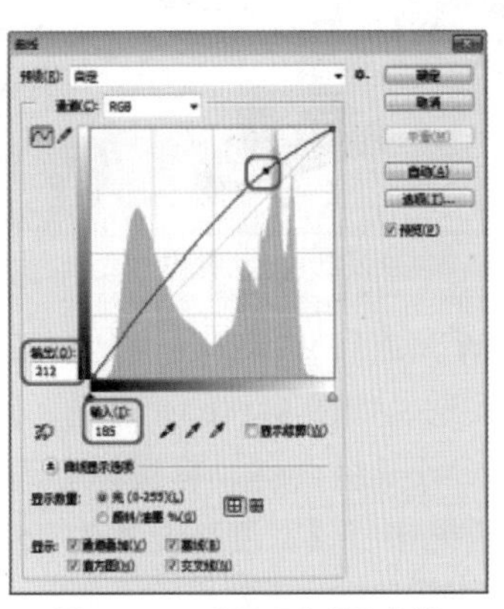

图 6-180 设置【曲线】参数

(3) 设置完成后，单击【确定】按钮，在工具箱中单击【圆角矩形】工具，在工具选项栏中将【工具模式】设置为路径，将【半径】设置为 10 像素，在文档中绘制一个圆角矩形，如图 6-181 所示。

(4) 按 Ctrl+T 组合键，在文档中调整该路径的位置，在工具选项栏中将【旋转角度】设置为 −12.2，如图 6-182 所示。

图 6-181 绘制圆角矩形

图 6-182 调整路径的位置和角度

(5) 设置完成后，按 Enter 键确认，然后按 Ctrl+Enter 组合键，将路径载入选区，按 Ctrl+Shift+I 组合键进行反选，效果如图 6-183 所示。

(6) 在菜单栏中选择【滤镜】|【模糊】|【径向模糊】命令，如图 6-184 所示。

(7) 在弹出的对话框中将【数量】设置为 70，选中【缩放】单选按钮，选中【好】单选按钮，如图 6-185 所示。

图 6-183　将路径载入选区并进行反选

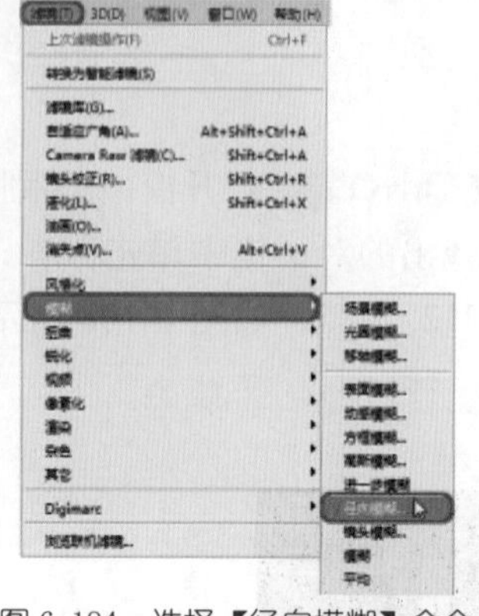

图 6-184　选择【径向模糊】命令

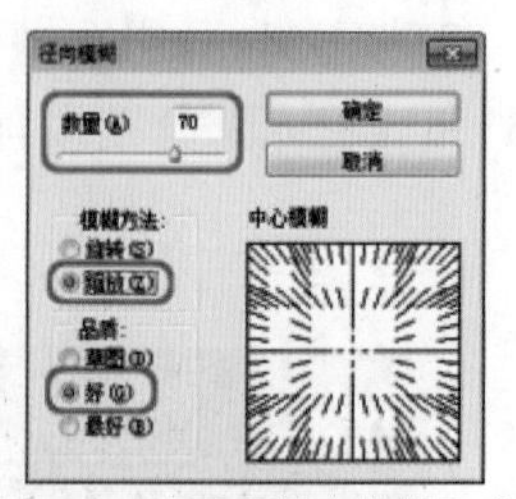

图 6-185　设置【径向模糊】参数

(8) 设置完成后，单击【确定】按钮，执行该操作后即可完成径向模糊，按 Ctrl+Shift+I 组合键进行反选，如图 6-186 所示。

(9) 按 Ctrl+J 组合键，将选区新建一个图层，在菜单栏中选择【编辑】|【描边】命令，在弹出的对话框中将【宽度】设置为 25 像素，将【颜色】设置为白色，选中【居中】单选按钮，如图 6-187 所示。

(10) 设置完成后，单击【确定】按钮，按 Ctrl+M 组合键，在弹出的对话框中将【通道】设置为红，在曲线上单击鼠标，添加一个编辑点，将【输出】、【输入】分别设置为 205、188，如图 6-188 所示。

图 6-186　设置完成并进行反选

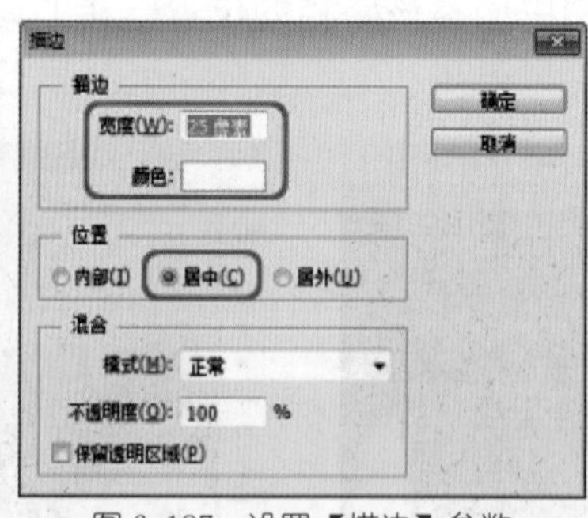

图 6-187　设置【描边】参数

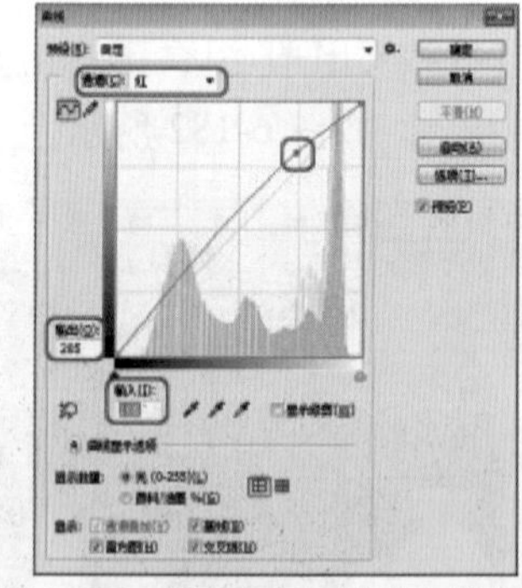

图 6-188　设置红色通道的曲线参数

(11) 将【通道】设置为绿，在曲线上单击鼠标，添加一个编辑点，将【输出】、【输入】分别设置为 217、198，如图 6-189 所示。

(12) 将【通道】设置为蓝，在曲线上单击鼠标，添加一个编辑点，将【输出】、【输入】分别设置为 225、199，如图 6-190 所示。

(13) 设置完成后，单击【确定】按钮，在【图层】面板中单击【创建新的填充或调整图层】按钮，在弹出的列表中选择【可选颜色】命令，如图 6-191 所示。

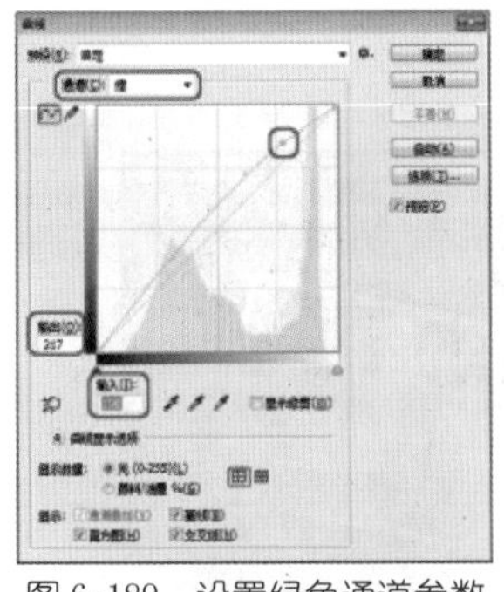

图 6-189　设置绿色通道参数

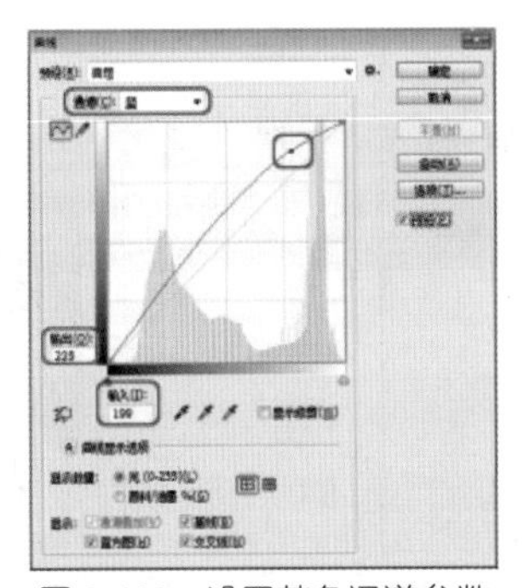

图 6-190　设置蓝色通道参数

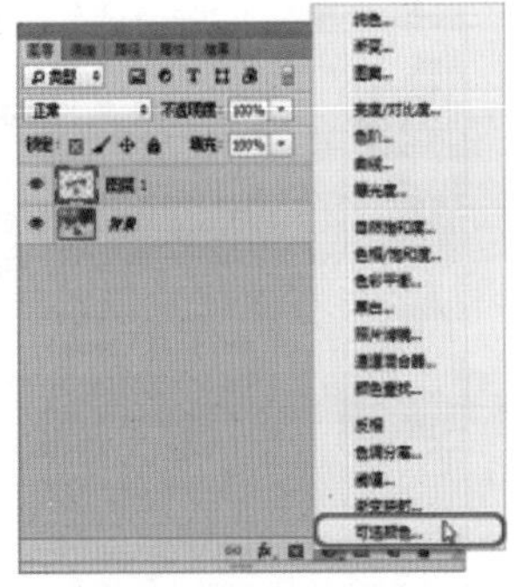

图 6-191　选择【可选颜色】命令

(14) 在弹出的面板中将【颜色】设置为红色，选中【绝对】单选按钮，将可选颜色参数分别设置为 −74、−24、−46、0，如图 6-192 所示。

图 6-192　设置红色可选颜色参数

(15) 将【颜色】设置为绿色，将可选颜色参数分别设置为 78、-25、63、0，如图 6-193 所示。

(16) 将【颜色】设置为黑色，将可选颜色参数分别设置为 0、0、0、11，如图 6-194 所示。

图 6-193　设置绿色可选颜色参数

图 6-194　设置黑色可选颜色参数

(17) 设置完成后，在【图层】面板中双击【图层 1】，在弹出的对话框中选择【投影】选项，将【角度】设置为 0，【距离】设置为 0，【大小】设置为 95，如图 6-195 所示。

(18) 设置完成后，单击【确定】按钮，在【图层】面板中选择【背景】图层，在菜单栏中选择【图像】|【调整】|【亮度 / 对比度】命令，在弹出的对话框中将【亮度】、【对比度】分别设置为 14、−10，设置完成后，单击【确定】按钮，完成后的效果如图 6-196 所示。

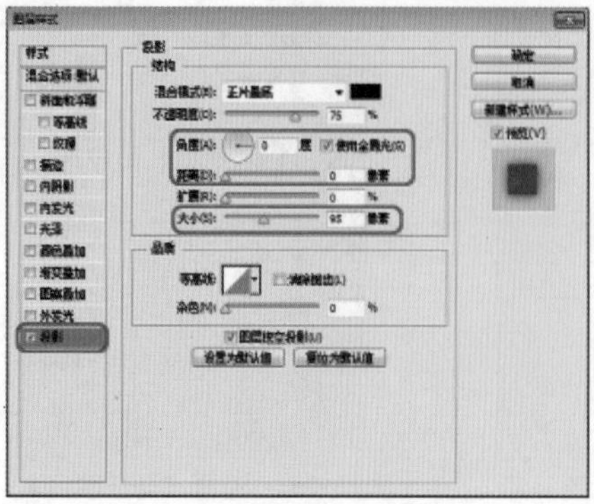

图 6-195　设置【投影】参数

图 6-196　完成后的效果

案例精讲 093　将照片调整为古铜色

 案例文件：CDROM | 场景 | Cha06 | 将照片调整为古铜色 .psd

 视频文件：视频教学 | Cha06 | 将照片调整为古铜色 .avi

制作概述

本例介绍如何将照片中人物的皮肤调整为古铜色。该例主要通过对素材图片进行复制，然后为照片添加调整图层、并利用减淡工具、橡皮擦工具对人物进行修饰，从而达到古铜色的质感，完成后的效果如图 6-197 所示。

图 6-197　将照片调整为古铜色效果

学习目标

掌握减淡工具的使用。

学习图层蒙板的使用。

操作步骤

(1) 按 Ctrl+O 组合键，打开将照片调整为古铜色 .jpg 素材文件，如图 6-198 所示。

(2) 按两次 Ctrl+J 组合键，对打开的素材文件进行复制，如图 6-199 所示。

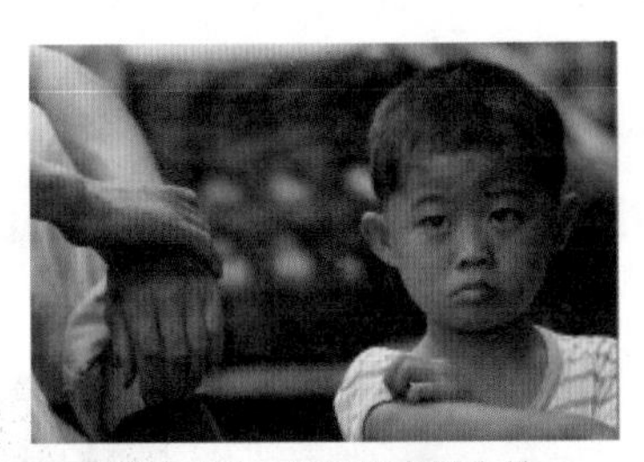

图 6-198　打开的素材文件

图 6-199　复制图层

(3) 在【图层】面板中选择【图层 1】，将【图层 1】的【混合模式】设置为柔光，如图 6-200 所示。

(4) 设置完成后，在【图层】面板中选择【图层 1 拷贝】，将其图层【混合模式】设置为正片叠底，将【不透明度】设置为 40%，如图 6-201 所示。

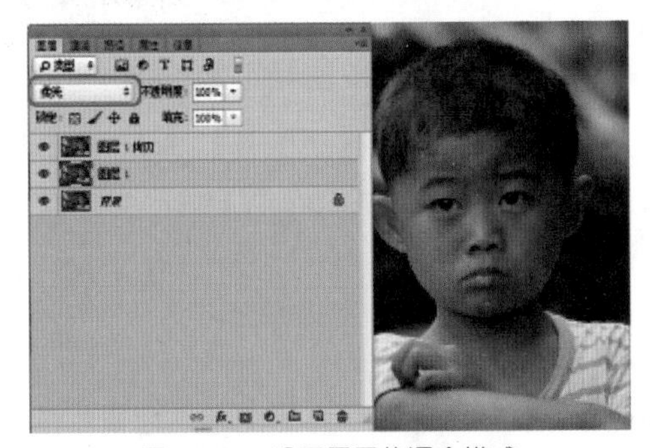

图 6-200　设置图层的混合模式

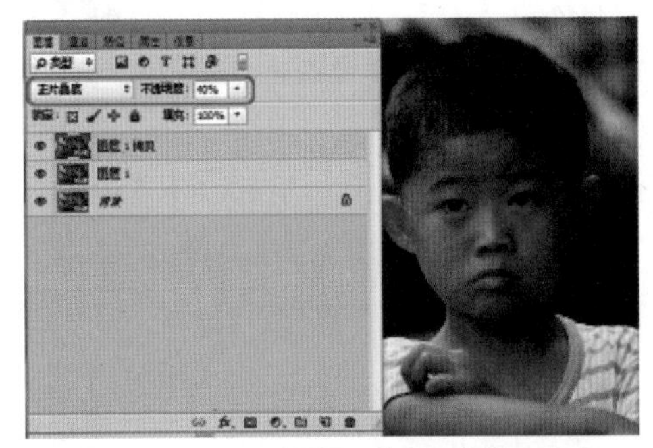

图 6-201　设置【图层 1 拷贝】的混合模式

(5) 设置完成后，按 Ctrl+Shift+Alt+E 组合键对图层进行盖印，在菜单栏中选择【图像】|【应用图像】命令，如图 6-202 所示。

(6) 在弹出的对话框中将【通道】设置为蓝，将【混合】设置为正片叠底，效果如图 6-203 所示。

(7) 设置完成后，单击【确定】按钮，在菜单栏中选择【图像】|【调整】|【色阶】命令，如图 6-204 所示。

图 6-202　选择【应用图像】命令

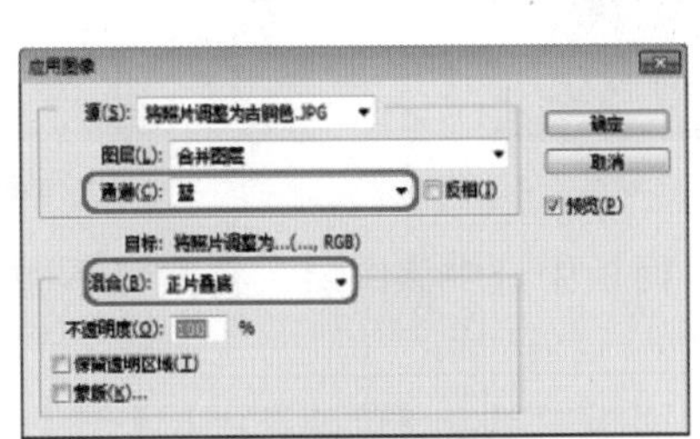

图 6-203　设置【应用图像】参数

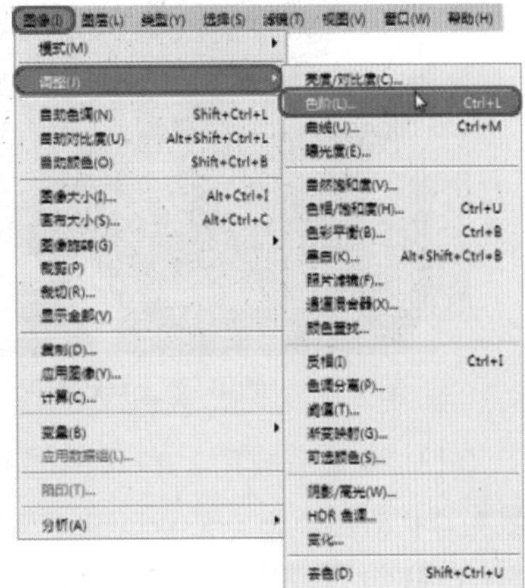

图 6-204　选择【色阶】命令

(8) 在弹出的对话框中将【色阶】设置为 0、1.9、200，如图 6-205 所示。

(9) 设置完成后，单击【确定】按钮，在【图层】面板中单击【创建新的填充或调整图层】按钮，在弹出的列表中选择【可选颜色】命令，如图 6-206 所示。

(10) 在弹出的【属性】面板中将【颜色】设置为红色，选中【相对】单选按钮，将【青色】、【洋红】、【黄色】、【黑色】分别设置为 20、0、60、0，如图 6-207 所示。

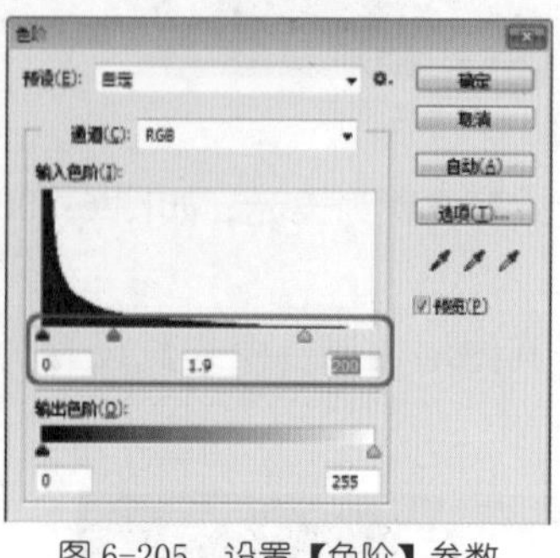

图 6-205 设置【色阶】参数

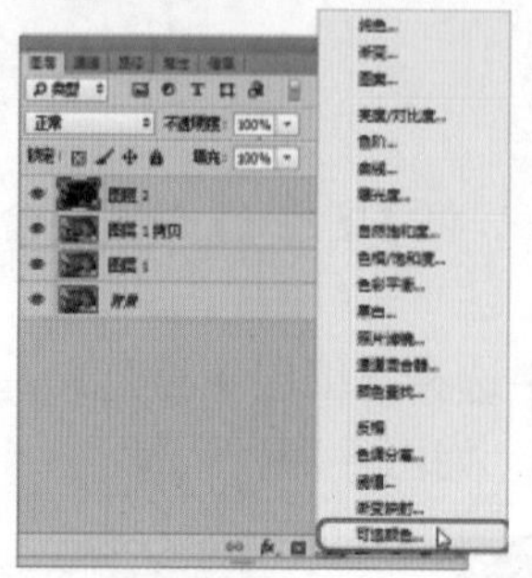
图 6-206 选择【可选颜色】命令

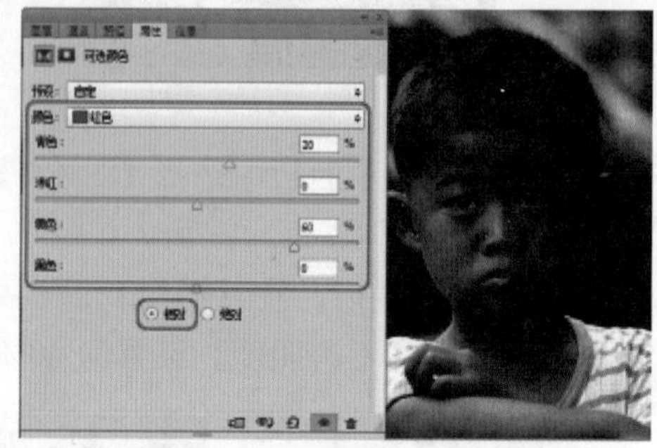
图 6-207 设置红色的可选颜色

(11) 按 Ctrl+Shift+Alt+E 组合键，盖印图层，在工具箱中单击【减淡工具】，在工具选项栏中将【大小】设置为 100，【硬度】设置为 0，【范围】设置为高光，【曝光度】设置为 20，在文档中对人物的高光部分进行涂抹，效果如图 6-208 所示。

知识链接

【减淡工具】常通过提高图像的亮度来校正曝光度，可以把图片中需要变亮或增强质感的部分颜色加亮。

(12) 在【图层】面板中单击【创建新图层】按钮，新建图层，在工具箱中单击【画笔工具】，将【前景色】设置为白色，在工具选项栏中将【大小】设置为 30，【硬度】设置为 0，在文档中对人物的眼睛进行涂抹，如图 6-209 所示。

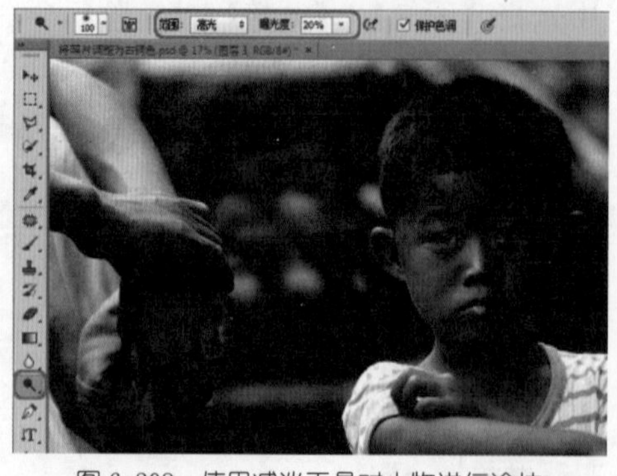
图 6-208 使用减淡工具对人物进行涂抹

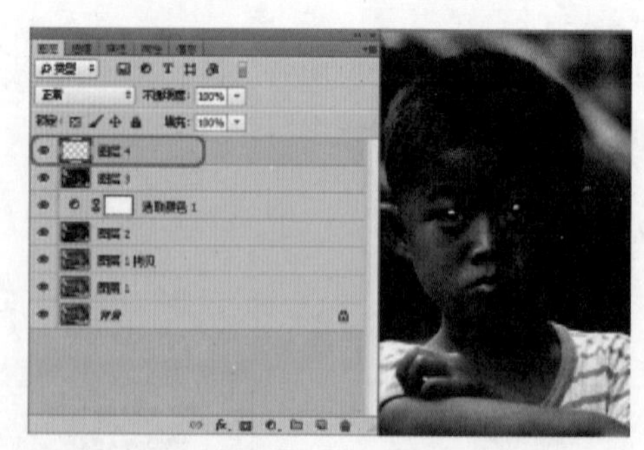
图 6-209 新建图层并绘制眼睛上的高光

(13) 设置完成后，在【图层】面板中选中该图层，将其【不透明度】设置为 40%，效果如图 6-210 所示。

(14) 设置完成后，在【图层】面板中单击【创建新图层】按钮，新建图层，将【前景色】的 RGB 值设置为 139、96、2，在文档中对人物的眼睛进行绘制，如图 6-211 所示。

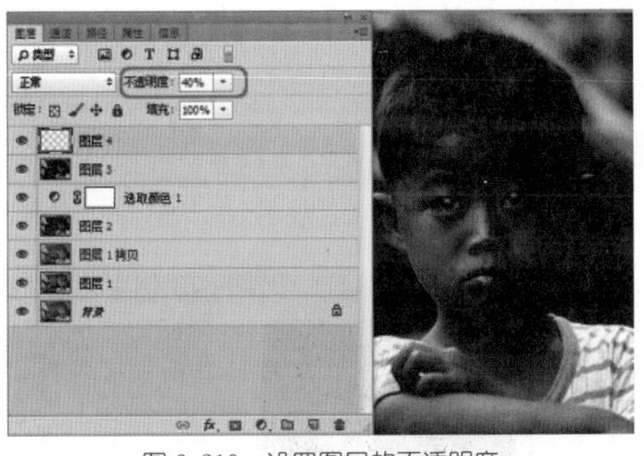

图 6-210 设置图层的不透明度

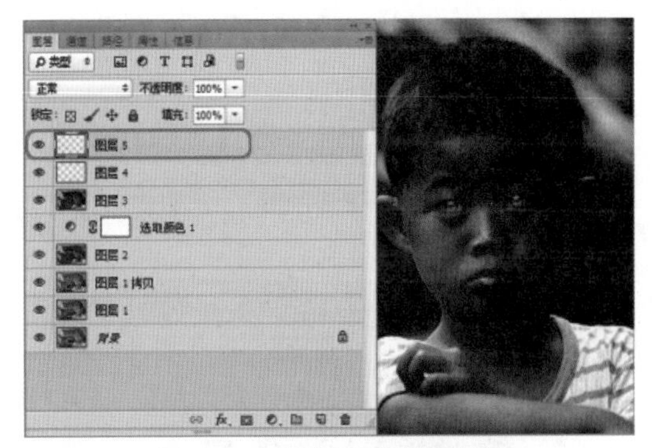

图 6-211 新建图层并进行绘制

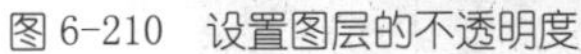

(15) 在工具箱中单击【减淡工具】, 在文档中对上一操作中的曲线进行涂抹, 效果如图 6-212 所示。

(16) 在工具箱中单击【橡皮擦工具】, 在文档中对绘制的对象进行擦除, 如图 6-213 所示。

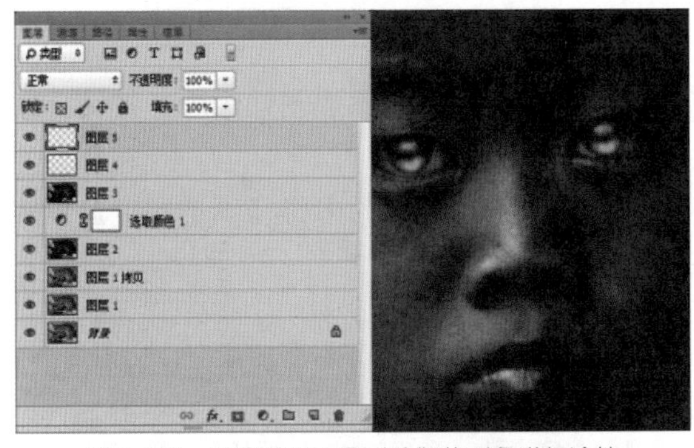

图 6-212 使用减淡工具对绘制的对象进行涂抹

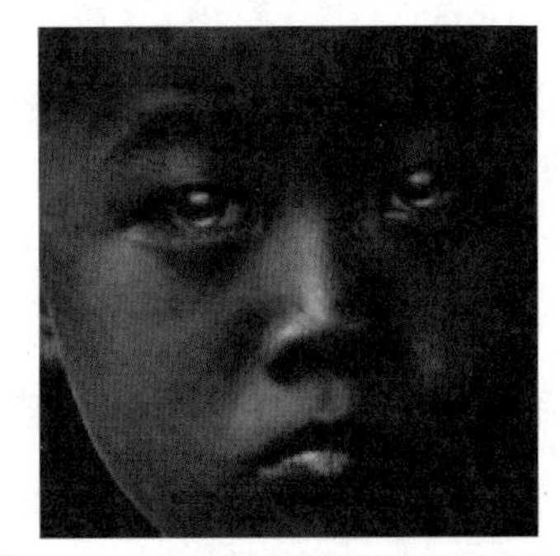

图 6-213 使用橡皮擦工具擦除后的效果

(17) 在【图层】面板中选中该图层, 将该图层的【不透明度】设置为 50%, 如图 6-214 所示。

(18) 按 Ctrl+Shift+Alt+E 组合键盖印图层, 对【背景】图层进行复制, 并将其调整至图层的最上方, 按住 Alt 键单击【图层】面板中的添加图层蒙版按钮, 单击【画笔工具】, 将【前景色】设置为白色, 将【不透明度】设置为 20, 对人物头发上的高光进行涂抹, 效果如图 6-215 所示。

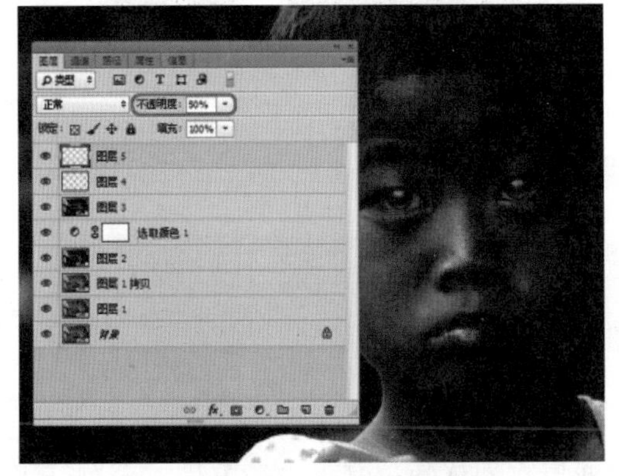

图 6-214 设置【不透明度】参数

图 6-215 对人物头发的高光进行涂抹

(19) 按 Ctrl+Shift+Alt+E 组合键盖印图层，在菜单栏中选择【滤镜】|【模糊】|【高斯模糊】命令，如图 6-216 所示。

(20) 在弹出的对话框中将【半径】设置为 20，如图 6-217 所示。

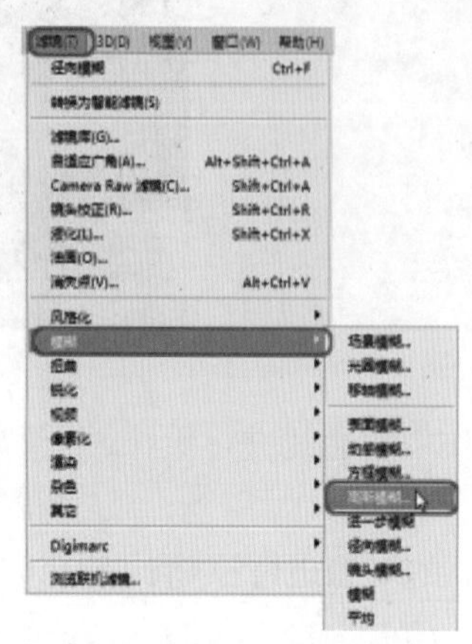

图 6-216　选择【高斯模糊】命令

图 6-217　设置【高斯模糊】参数

(21) 设置完成后，单击【确定】按钮，在【图层】面板中单击【添加图层蒙版】按钮，添加一个蒙版，如图 6-218 所示。

(22) 将【前景色】设置为黑色，单击【画笔工具】，在工具选项栏中将【不透明度】设置为 100，在文档中对人物进行涂抹，效果如图 6-219 所示。

图 6-218　添加蒙版

图 6-219　涂抹后的效果

案例精讲 094　使照片的颜色更鲜艳

案例文件：CDROM | 场景 | Cha06 | 使照片的颜色更鲜艳 .psd

视频文件：视频教学 | Cha06 | 使照片的颜色更鲜艳 .avi

制作概述

在拍摄过程中，由于光线不足，照出的照片会显得较为灰暗，颜色不够鲜艳。本例介绍如何将灰暗的照片的颜色调整得更加鲜艳，完成后的效果如图 6-220 所示。

图 6-220　使照片的颜色更鲜艳效果

学习目标

学习饱和度的设置。

学习创建亮度 / 对比度调整图层。

操作步骤

(1) 按 Ctrl+O 组合键，打开使照片的颜色更鲜艳 .jpg 素材文件，如图 6-221 所示。

(2) 在【图层】面板中单击【创建新的填充或调整图层】按钮，在弹出的列表中选择【自然饱和度】命令，如图 6-222 所示。

(3) 在弹出的【属性】面板中将【自然饱和度】和【饱和度】分别设置为 100、6，如图 6-223 所示。

图 6-221　打开的素材文件

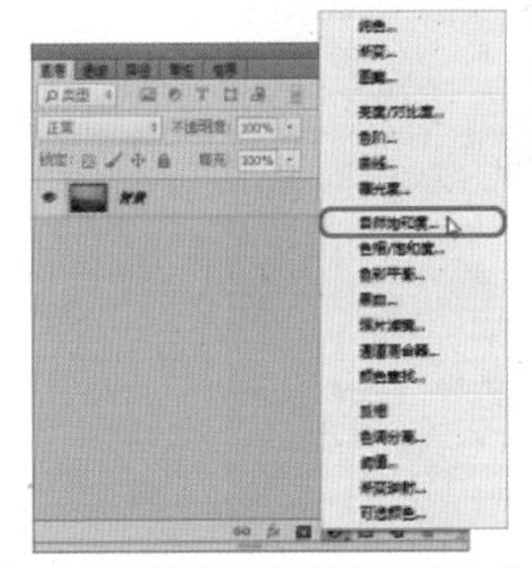

图 6-222　选择【自然饱和度】命令

图 6-223　设置【自然饱和度】和【饱和度】参数

(4) 设置完成后，再在【图层】面板中单击【创建新的填充或调整图层】按钮，在弹出的列表中选择【亮度 / 对比度】命令，如图 6-224 所示。

【亮度 / 对比度】会对每个像素进行相同程度的调整 (即线性调整)，有可能导致丢失图像细节，对于高端输出，最好使用【色阶】或【曲线】命令，这两个命令可以对图像中的像素应用按比例 (非线性) 调整。

(5) 在弹出的面板中将【亮度】和【对比度】分别设置为 44、37，如图 6- 225 所示。

(6) 设置完成后，即可完成对照片的调整，效果如图 6-226 所示。

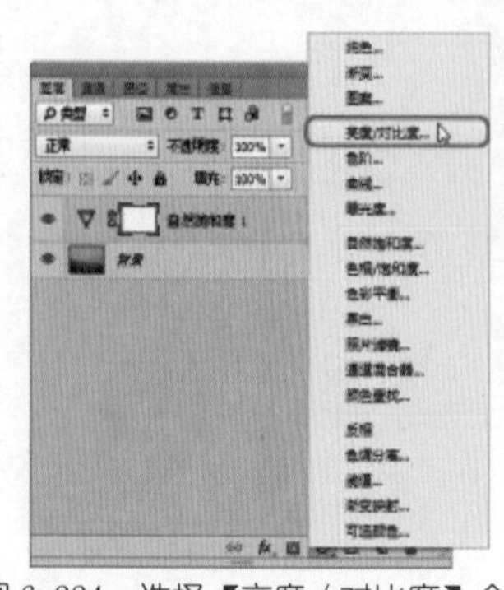
图 6-224 选择【亮度 / 对比度】命令

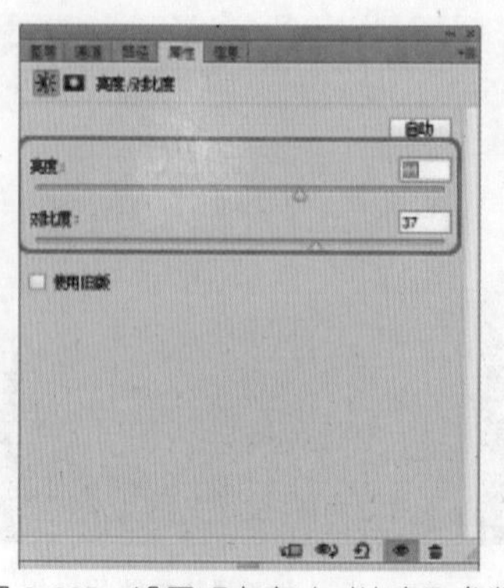
图 6-225 设置【亮度 / 对比度】参数

图 6-226 调整后的效果

案例精讲 095 更换人物衣服颜色

案例文件：CDROM | 场景 | Cha06 | 更换人物衣服颜色 .psd

视频文件：视频教学 | Cha06 | 更换人物衣服颜色 .avi

制作概述

本例主要介绍给人物衣服更换颜色的操作，其中主要介绍使用色相 / 饱和度来完成为衣服更换颜色的制作，完成后的效果如图 6-227 所示。

图 6-227 更换人物衣服颜色效果

学习目标

学习更换人物衣服颜色的方法。

掌握色相 / 饱和度的使用方法。

操作步骤

(1) 启动 Photoshop CC 软件后，在菜单栏中选择【文件】|【打开】命令，打开随书附带光盘中的 CDROM| 素材 |Cha06| 更换衣服颜色 .jpg 文件，如图 6-228 所示。

(2) 在图层面板中，将【背景】图层拖拽至  按钮上，将【背景】图层进行复制，得到【背景 拷贝】图层，如图 6-229 所示。

图 6-228　打开的素材文件

图 6-229　复制背景图层

(3) 在菜单栏中选择【图像】|【调整】|【色相 / 饱和度】命令，在弹出的【色相 / 饱和度】对话框中，将当前操作更改为绿色，将【色相】设置为 +83，【饱和度】设置为 +66，其他设置不变，如图 6-230 所示。

(4) 设置完成后单击【确定】按钮，完成后效果如图 6-231 所示。

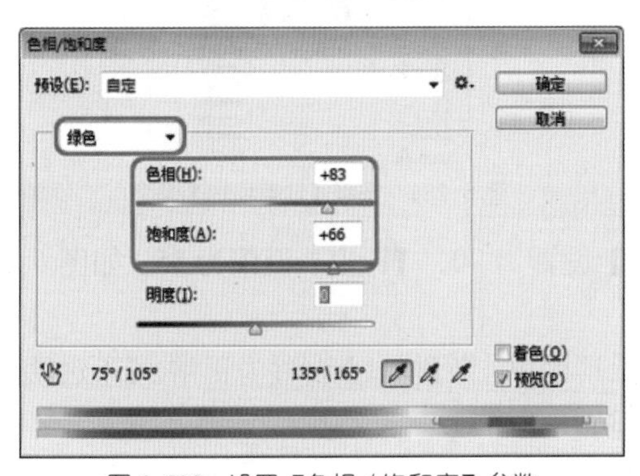

图 6-230　设置【色相 / 饱和度】参数

图 6-231　完成后的效果

案例精讲 096　制作动感模糊背景

案例文件：CDROM | 场景 | Cha06 | 动感模糊背景 .psd

视频文件：视频教学 | Cha06 | 动感模糊背景 .avi

制作概述

本例主要介绍动感模糊背景效果的制作，其中主要介绍使用动感模糊滤镜将背景进行模糊处理，效果如图 6-232 所示。

图 6-232　动感模糊背景效果

学习目标

学习动感模糊背景的制作。

掌握动感模糊滤镜和历史记录画笔工具的使用方法。

操作步骤

(1) 启动 Photoshop CC 软件后，在菜单栏中选择【文件】|【打开】命令，打开随书附带光盘中的 CDROM| 素材 |Cha06| 背景动感模糊素材 .jpg 文件，如图 6-233 所示。

(2) 在菜单栏中选择【滤镜】|【模糊】|【动感模糊】命令，如图 6-234 所示。

图 6-233　打开的素材文件

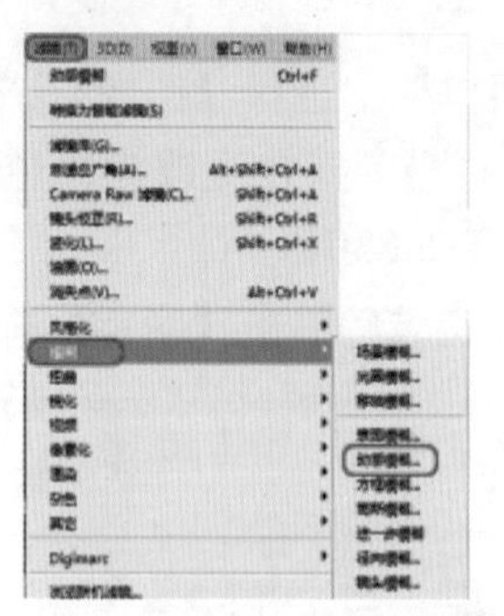

图 6-234　选择【动感模糊】命令

(3) 在弹出的【动感模糊】对话框中，将【角度】设置为 90，【距离】设置为 35，如图 6-235 所示。

(4) 在工具箱中选择【历史记录画笔工具】，在工具栏中，将【模式】设置为正常，【不透明度】设置为 40%，【流量】设置为 40%，效果如图 6-236 所示。

图 6-235　设置【动感模糊】参数

图 6-236　完成后的效果

(5) 至此，动感模糊背景效果制作完成，将制作完成后的场景文件进行保存。

知识链接

【动感模糊】滤镜可以沿指定的方向(−360° ~ +360°)，以指定的强度(1 ~ 999)模糊图像，产生的效果类似于以固定的曝光时间给一个移动的对象拍照，在表现对象的速度感时经常会用到该滤镜。

案例精讲 097　曲线处理图片背景

案例文件：CDROM | 场景 | Cha06 | 曲线处理图片背景 .psd

视频文件：视频教学 | Cha06 | 曲线处理图片背景 .avi

制作概述

本例介绍曲线处理照片背景的制作方法，其中主要通过调整曲线命令来完成制作，前后对比效果如图 6-237 所示。

图 6-237　曲线处理图片背景效果

学习目标

学习转换图像模式。

掌握羽化选区方法。

操作步骤

(1) 在 Photoshop CC 窗口内空白处双击鼠标，在弹出的【打开】对话框中选择随书附带光盘 CDROM | 素材 | Cha06 | 曲线处理图片 .jpg 文件，单击【打开】按钮，如图 6-238 所示。

(2) 在【图层】面板中拖动【背景】图层至【创建新图层】按钮 上，复制【背景 拷贝】图层，如图 6-239 所示。

图 6-238　打开的素材文件

图 6-239　复制【背景】图层

(3) 在菜单栏中选择【图像】|【模式】|【Lab 颜色】命令，将当前模式转换为 Lab 模式，如图 6-240 所示。

(4) 在【图层】面板中，单击【创建新的填充或调整图层】按钮 ，在弹出的菜单中选择【曲线】命令，如图 6-241 所示，新建曲线图层。

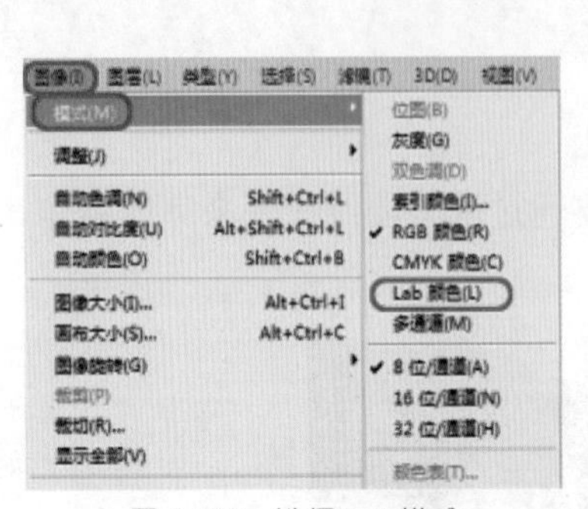

图 6-240　选择 Lab 模式

图 6-241　选择【曲线】命令

(5) 在【调整】面板中，将【通道】设置为 a，调整曲线的形状，如图 6-242 所示。

(6) 将【通道】设置为 b，调整曲线的形状，如图 6-243 所示。

图 6-242　调整 a 曲线

图 6-243　调整 b 曲线

(7) 将【通道】设置为明度，调整曲线的形状，如图 6-244 所示。

(8) 在【图层】面板中，单击 按钮，在弹出的菜单中选择【色阶】命令，如图 6-245 所示，新建【色阶】图层，调整画面亮度，直到满意为止，如图 6-246 所示。

(9) 按 Ctrl+Alt+Shift+E 组合键，盖印【可见图层】至【图层 1】图层，如图 6-247 所示。

图 6-244　调整明亮曲线

图 6-245　选择【色阶】命令

图 6-246　调整【色阶】参数

图 6-247　盖印图层至【图层 1】

(10) 在菜单栏中选择【图像】|【应用图像】命令，在弹出的对话框中，将【通道】设置为 a，【混合】设置为柔光，【不透明度】设置为 70%，设置完成后单击【确定】按钮，如图 6-248 所示。

(11) 在【图层】面板中，将【图层 1】、【曲线 1】、【色阶 1】图层选中，按 Ctrl+E 组合键合并图层，如图 6-249 所示。将【背景拷贝】图层删除。

图 6-248　设置【应用图像】参数

图 6-249　合并图层并删除图层

(12) 将【图层 1】拖至面板底部的 按钮上，复制【图层 1 拷贝】图层，在工具箱中选择【磁性套索工具】，在文件中选中小猫，如图 6-250 所示。按 Ctrl+J 组合键，将选区拷贝至【图层 2】上，并隐藏【图层 2】。

(13) 确定【图层 1 拷贝】图层选中的情况下，在菜单栏中选择【滤镜】|【模糊】|【高斯模糊】命令，在弹出的对话框中，将【半径】设置为 4.4，单击【确定】按钮，如图 6-251 所示。

图 6-250　选取小猫

图 6-251　设置【高斯模糊】参数

(14) 在【图层】面板中，将【图层 1 拷贝】的【混合模式】设置为柔光，如图 6-252 所示。

(15) 在【图层】面板中，按住 Ctrl 键，单击【图层 2】前面的缩览图载入选区并选取选区，如图 6-253 所示。

图 6-252　设置【图层 1 拷贝】混合模式

图 6-253　选取选区

(16) 选择菜单栏中【选择】|【修改】|【羽化】命令，在弹出的对话框中，将【羽化半径】设置为 25，单击【确定】按钮，如图 6-254 所示。

(17) 按 Shift+Ctrl+I 组合键，将选区反选，按两次 Delete 键删除小猫边缘区域，调整后的效果如图 6-255 所示。

图 6-254　执行【羽化】后效果

图 6-255　完成删除后的效果

案例精讲 098　订造证件照

案例文件：CDROM | 场景 | Cha06 | 订造证件照 .psd

视频文件：视频教学 | Cha06 | 订造证件照 .avi

制作概述

本例介绍证件照的制作，其中主要介绍通过使用裁切工具对图像进行裁切并选取人物图像，将选取的人物图像拷贝到新的图层上，然后为背景填充蓝色，再将制作完成的图像定义图案，最后新建文档并填充图案，效果如图 6-256 所示。

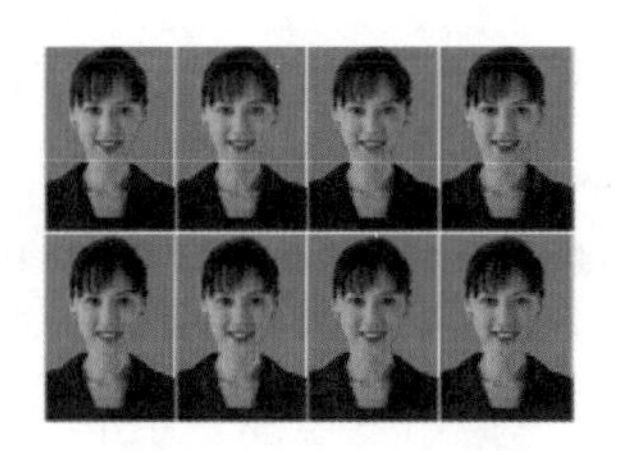
图 6-256　订造证件照效果

学习目标

学习使用魔棒工具创建选区。

掌握油漆桶工具和裁剪工具的使用方法。

操作步骤

(1) 在 Photoshop CC 窗口内空白处双击鼠标，在弹出的【打开】对话框中选择随书附带光盘 CDROM | 素材 | Cha06 | 订造证件照素材 .jpg 文件，单击【打开】按钮，如图 6-257 所示。

(2) 在图层面板中，将【背景】图层拖曳至【创建新图层】按钮 上，将【背景】图层进行复制，得到【背景 拷贝】图层，如图 6-258 所示。

(3) 确认选中【背景 拷贝】图层，在工具箱中选择【魔棒工具】命令，选择素材中空白区域，如图 6-259 所示。

图 6-257　打开的素材文件

图 6-258　创建新图层

图 6-259　选取空白区域

(4) 按 Ctrl+Shift+I 组合键，将选区反选，如图 6-260 所示。

(5) 按 Ctrl+J 组合键，将选区拷贝至【图层 1】上，如图 6-261 所示。

(6) 在图层面板中将【背景 拷贝】图层删除，单击【创建新图层】按钮 ，创建新图层，并用鼠标将该图层拖拽至【图层 1】下方，如图 6-262 所示。

图 6-260　选区反选

图 6-261　拷贝选区

图 6-262　创建新图层

(7) 在工具箱中，选择工具箱最下方的【前景色】，将其RGB值设置为67、142、219，如图6-263所示。

(8) 设置完成后，单击【确定】按钮，并按 Alt+Delete 组合键，为刚获得【图层 2】填充颜色，如图 6-264 所示。

(9) 在图层面板中选择【图层 1】，单击图层面板中的【添加蒙版】按钮，为【图层 1】添加蒙版，如图 6-265 所示。

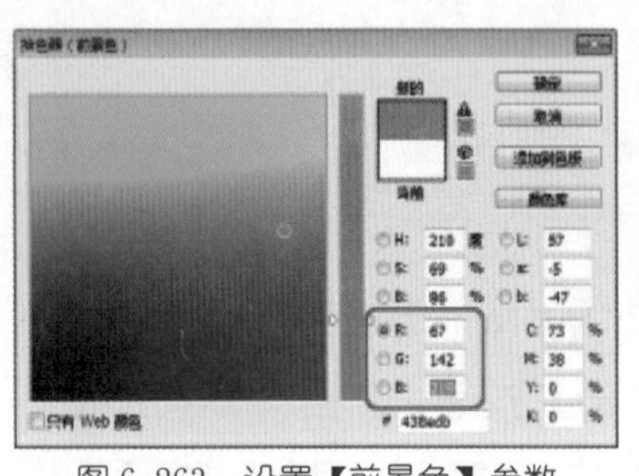

图 6-263　设置【前景色】参数

图 6-264　填充颜色

图 6-265　添加图层蒙版

(10) 在工具箱中选择【画笔工具】，在【图层 1】的缩略图上进行涂抹，如图 6-266 所示。

(11) 绘制完成后，选择【图层 1】，按 Ctrl+E 组合键，将图层合并，如图 6-267 所示。

(12) 在工具箱中选择【裁剪工具】，将素材文件裁剪到适当大小，如图 6-268 所示。

图 6-266　涂抹头像

图 6-267　合并图层

图 6-268　裁剪素材

(13) 在【图层】面板中，单击【创建新图层】按钮，新建图层，并将新建图层拖曳到【图层 2】下方，如图 6-269 所示。

(14) 在工具箱中选择【背景色】，将其设置为白色，选择【前景色】，将其设置为白色，如图 6-270 所示。

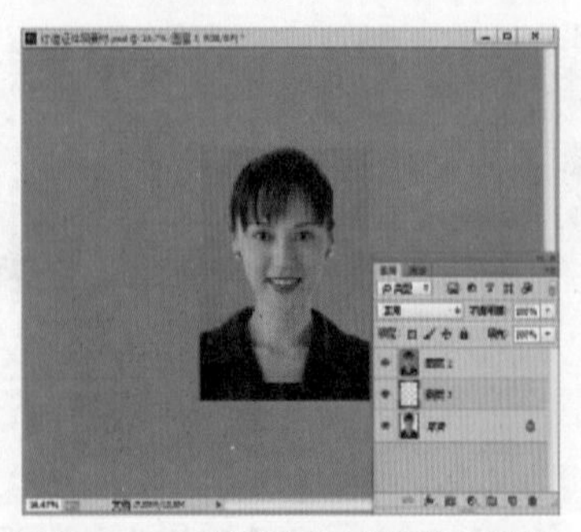

图 6-269　创建新图层并拖曳至下方

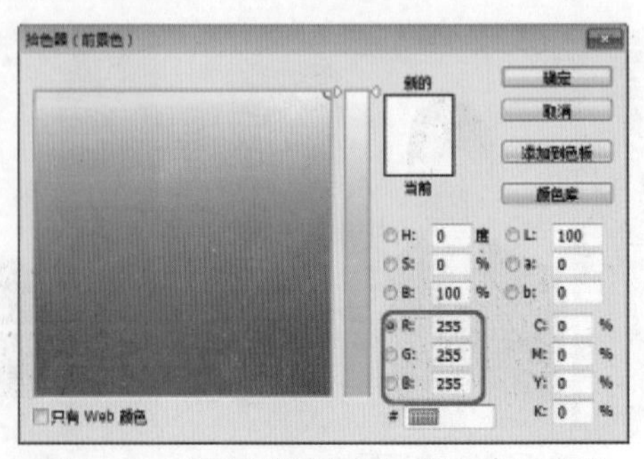

图 6-270　设置【前景色】与【背景色】参数

(15) 在菜单栏中选择【图像】|【画布大小】命令，在弹出的对话框中将【新建大小】的【宽度】和【高度】设置为 0.2 厘米和 0.3 厘米，如图 6-271 所示。

(16) 选择刚创建的图层，按 Alt+Delete 组合键为其填充颜色，如图 6-272 所示。

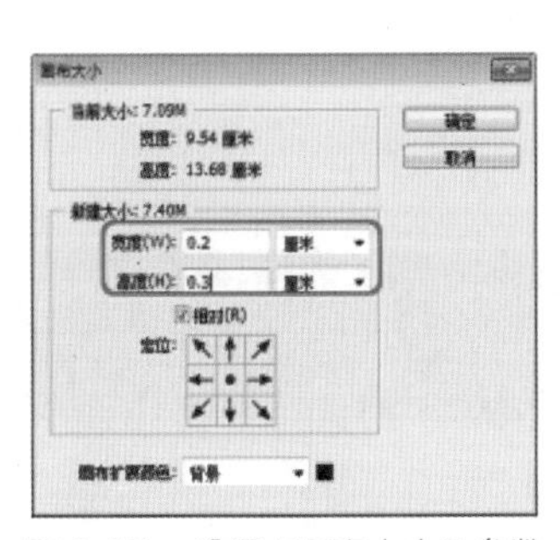

图 6-271　设置【画布大小】参数

图 6-272　为图层填充颜色

(17) 选择【图层 2】，按 Ctrl+E 组合键合并图层，并将【背景】图层删除，如图 6-273 所示。

(18) 在菜单栏中选择【编辑】|【定义图案】命令，在弹出的对话框中参数不变，单击【确定】按钮，如图 6-274 所示。

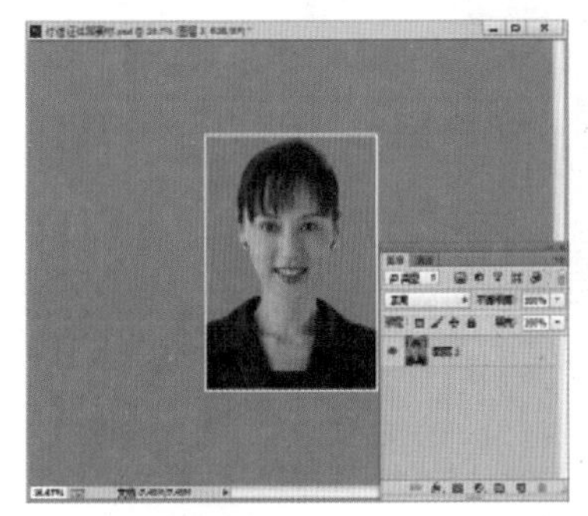

图 6-273　合并图层并删除【背景】图层

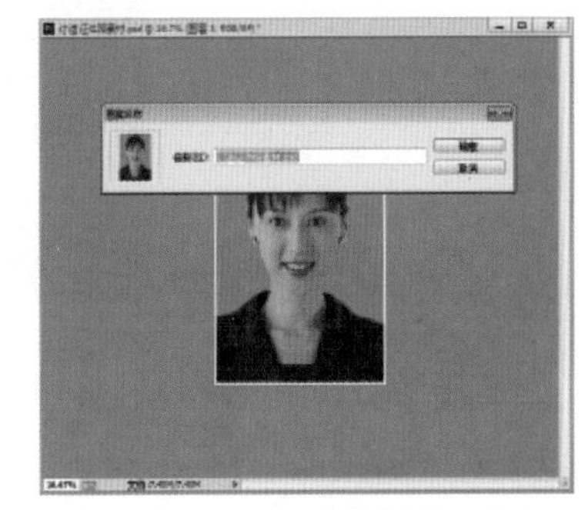

图 6-274　添加【定义图案】命令

(19) 按 Ctrl+N 组合键打开【新建】对话框，将【宽度】和【高度】参数设置为可以容纳 8 张照片一样的大小，如图 6-275 所示，设置完成后单击【确定】按钮。

(20) 在菜单栏中选择【油漆桶工具】，在工具栏中将【前景色】改为图案，在后面的方框中选择刚添加的素材，然后再在刚创建的文件中填充，如图 6-276 所示。

(21) 在工具箱中选择【裁剪工具】，将多余的部分删除，如图 6-277 所示。

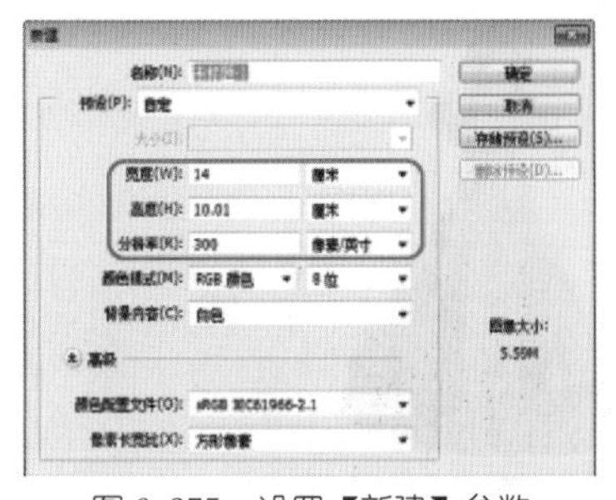

图 6-275　设置【新建】参数

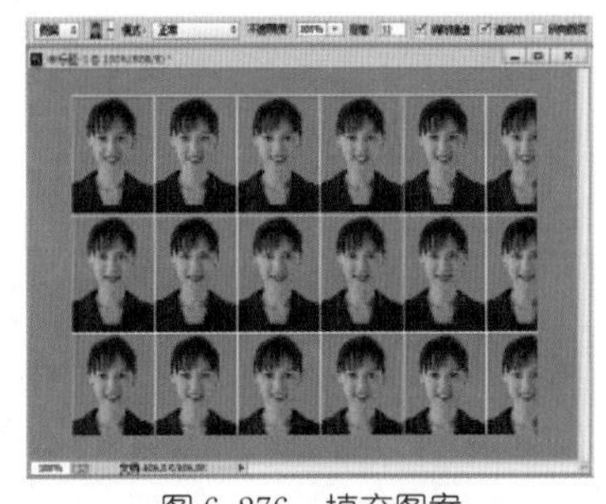

图 6-276　填充图案

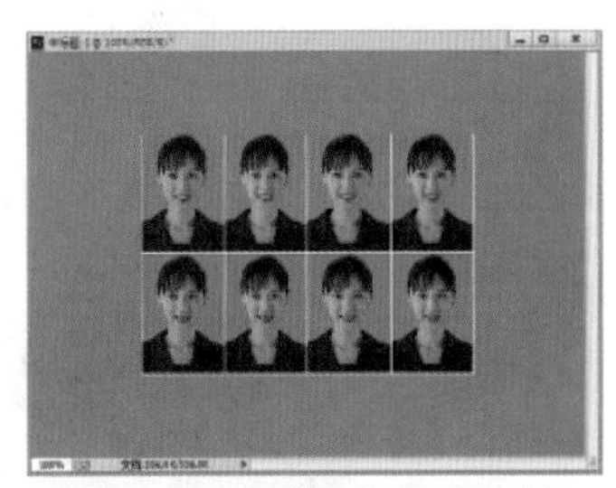

图 6-277　修剪掉多余素材图像

(22) 至此，订造证件照效果制作完成，将制作完成后的场景文件进行保存。

知识链接

1 英寸证件照尺寸：25mm×35mm 在 5 寸相纸 (12.7×8.9 厘米) 中排 8 张。

2 英寸证件照尺寸：35mm×49mm 在 5 寸相纸 (12.7×8.9 厘米) 中排 4 张。

案例精讲 099　制作人物图像桌面

案例文件：CDROM | 场景 | Cha06 | 制作人物图像桌面 .psd

视频文件：视频教学 | Cha06 | 制作人物图像桌面 .avi

制作概述

本例介绍人物图像桌面的制作方法。首先使用磁性套索工具，选取素材中的人物选区，然后将其移动到另一个素材文件中，调整图像的大小及位置，最后使用渐变工具填充渐变。最后效果如图 6-278 所示。

图 6-278　人物图像桌面效果

学习目标

学习使用磁性套索工具。

掌握填充渐变的方法。

制作步骤

(1) 按 Ctrl+O 组合键，打开人物素材 .jpg 文件，如图 6-279 所示。

(2) 使用【磁性套索工具】，选取人物选区，如图 6-280 所示。

图 6-279　打开的素材文件

图 6-280　选取人物选区

(3) 按 Ctrl+O 组合键，打开制作人物图像桌面 .psd 文件，如图 6-281 所示。

(4) 将选取的人物拖到制作人物图像桌面 .psd 文件中，如图 6-282 所示。

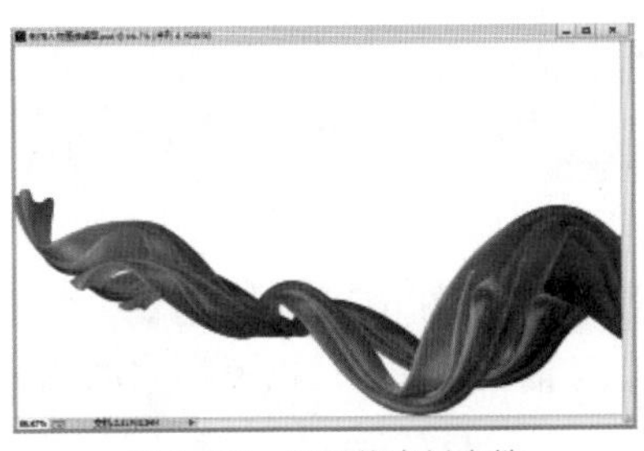
图 6-281　打开的素材文件

图 6-282　拖入人物

(5) 对人物进行缩放并调整到适当位置，然后将【图层 1】拖至【丝带】图层的下面，如图 6-283 所示。

(6) 将【前景色】的 RGB 值设置为 0、93、165，然后使用【渐变工具】，在选项栏中，设置渐变类型，然后单击【菱形渐变】按钮。选中【背景】图层，从中心至右上角填充渐变，如图 6-284 所示。最后将场景文件保存。

图 6-283　对人物进行缩放并移动图层

图 6-284　填充渐变

案例精讲 100　黑白艺术照片

案例文件：CDROM | 场景 | Cha06 | 黑白艺术照片 .psd

视频文件：视频教学 | Cha06 | 黑白艺术照片 .avi

制作概述

本例通过转换图像的模式制作黑白艺术照片。在制作过程中先将其转换为灰度模式，然后再将图像转换为双色调模式。复制背景图层后，先将图像中的树叶单独选区后为图层添加蒙板，然后调整其颜色，最后效果如图 6-285 所示。

图 6-285　黑白艺术照片效果

学习目标

学习制作黑白艺术照片方法。

掌握转换图像的模式。

制作步骤

(1) 按 Ctrl+O 组合键，打开黑白艺术照片 .jpg 素材文件，如图 6-286 所示。

(2) 执行【图像】|【模式】|【灰度】命令，在弹出的信息对话框中单击【扔掉】按钮，如图 6-287 所示。

(3) 执行【图像】|【模式】|【双色调】命令，在弹出的【双色调选项】对话框中，将【油墨 2】的 RGB 值设置为 217、217、217，并将其命名为灰色，如图 6-288 所示。

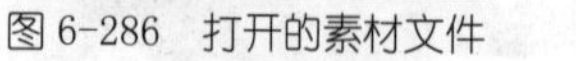

图 6-286 打开的素材文件

图 6-287 单击【扔掉】按钮

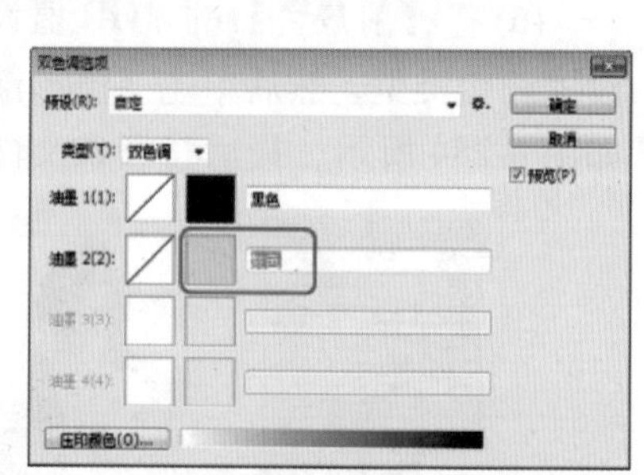

图 6-288 设置颜色 RGB 值

(4) 单击【油墨 2】左侧的曲线图，在弹出的【双色调曲线】对话框中，设置【30】为 11，【70】为 60，然后单击【确定】按钮，如图 6-289 所示。

(5) 在【双色调选项】对话框中单击【确定】按钮，双色调设置完成后的效果如图 6-290 所示。

(6) 复制【背景】图层，使用【快速选择工具】，在【背景拷贝】图层中，选取如图 6-291 所示的树叶。

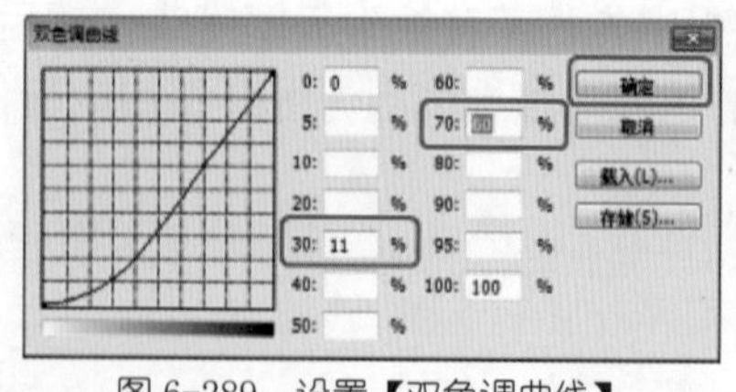

图 6-289 设置【双色调曲线】

图 6-290 双色调设置完成后的效果

图 6-291 选取树叶

(7) 单击【添加图层蒙板】按钮，单击【背景拷贝】图层的图层缩略图，使用【历史记录画笔工具】，并将【模式】设置为 RGB 颜色，对树叶进行涂抹，如图 6-292 所示。

(8) 按 Ctrl+U 组合键，在弹出的【色相 / 饱和度】对话框中，勾选【着色】复选框，将【色相】设置为 33，【饱和度】设置为 70，【明度】设置为 0，然后单击【确定】按钮，如图 6-293 所示。对完成后的场景文件保存即可。

图 6-292 对树叶进行涂抹

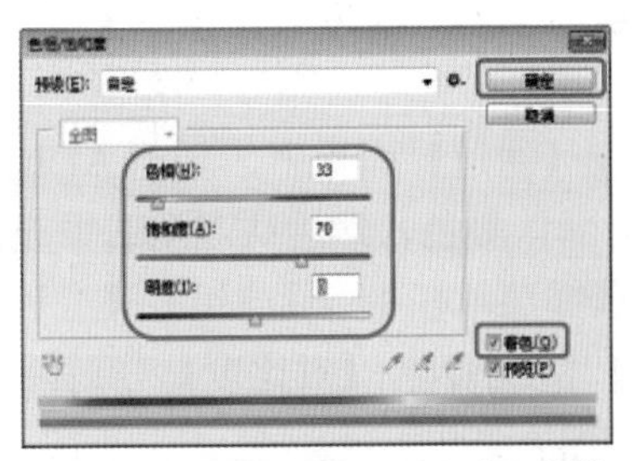

图 6-293 设置【色相 / 饱和度】参数

案例精讲 101 制作艺术相框

 案例文件：CDROM | 场景 | Cha06 | 制作艺术相框 .psd

 视频文件：视频教学 | Cha06 | 制作艺术相框 .avi

制作概述

本例介绍使用通道和半调图案来制作图案，然后通过加载选区并删除选区中的内容制作相框边框，最后为照片设置投影和内发光图层样式，制作完成的效果如图 6-294 所示。

图 6-294 艺术相框效果

学习目标

学习通道的使用。

了解图层样式的设置方法。

制作步骤

(1) 在 Photoshop CC 窗口内空白处双击鼠标，在弹出的【打开】对话框中选择随书附带光盘 CDROM | 素材 | Cha06 | 制作艺术相框 .jpg 文件，单击【打开】按钮，如图 6-295 所示。

(2) 双击【背景】图层，在弹出的【新建图层】对话框中，保持默认参数，单击【确定】按钮，如图 6-296 所示。

图 6-295 打开的素材文件

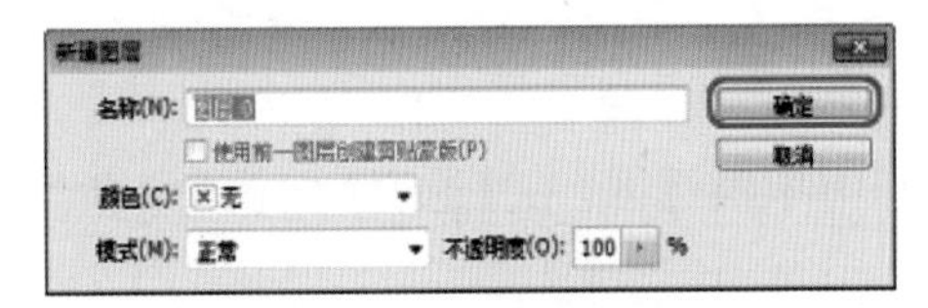

图 6-296 【新建图层】对话框

(3) 新建【图层 1】并将其调至【图层 0】的下方，然后将颜色填充为58、121、248，如图 6-297 所示。

(4) 在【通道】面板中，新建 Alpha 1 通道，选择【渐变工具】，按 D 键恢复前景色、背景色为默认颜色，然后从左至右填充渐变色，如图 6-298 所示。

(5) 选择菜单栏中的【滤镜】|【滤镜库】命令，在弹出的对话框中选择【素描】|【半调图案】命令，将【大小】、【对比度】分别设置为 12、50，【图案类型】设置为网点，单击【确定】按钮，如图 6-299 所示。

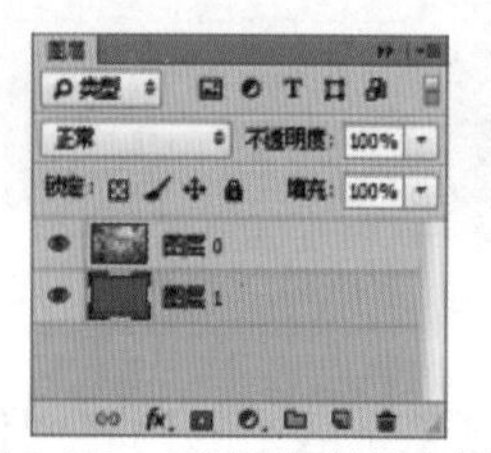
图 6-297　新建图层并填充颜色

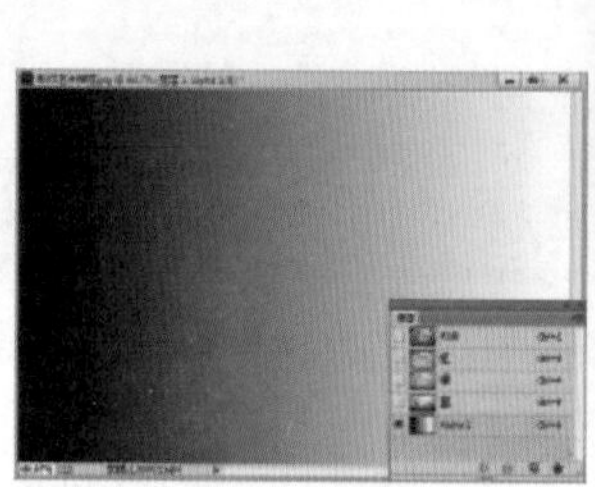
图 6-298　填充渐变色

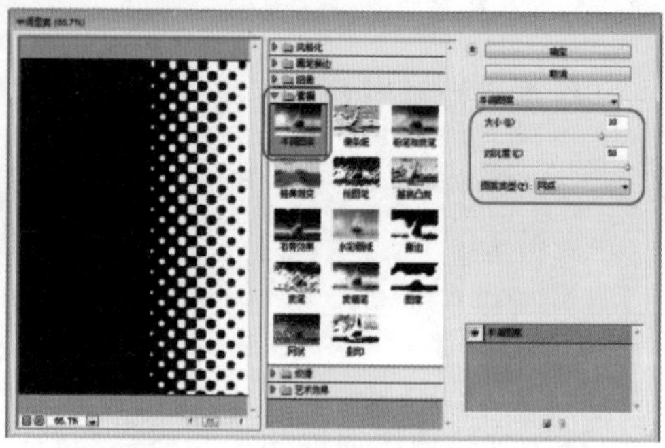
图 6-299　设置【半调图案】命令

知识链接

【半调图案】：在保持连续的色调范围的同时，模拟半调网屏的效果。

(6) 使用【矩形选框工具】，在文件中的白色斑点位置处创建矩形选区，如图 6-300 所示的位置，然后填充黑色，如图 6-301 所示。

(7) 按住 Ctrl 键，单击 Alpha 1 图层的缩览图，载入选区，如图 6-302 所示。

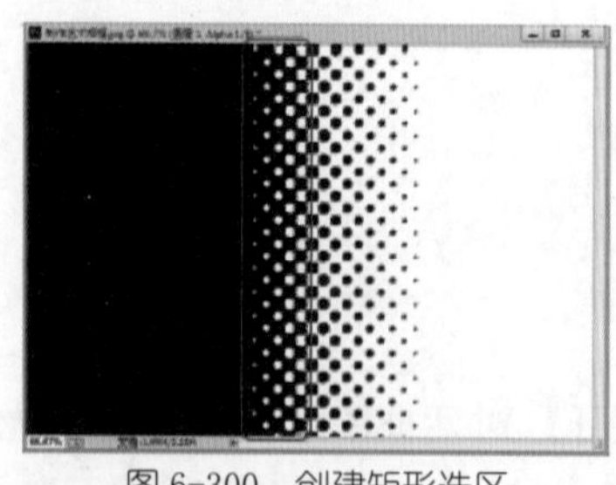
图 6-300　创建矩形选区

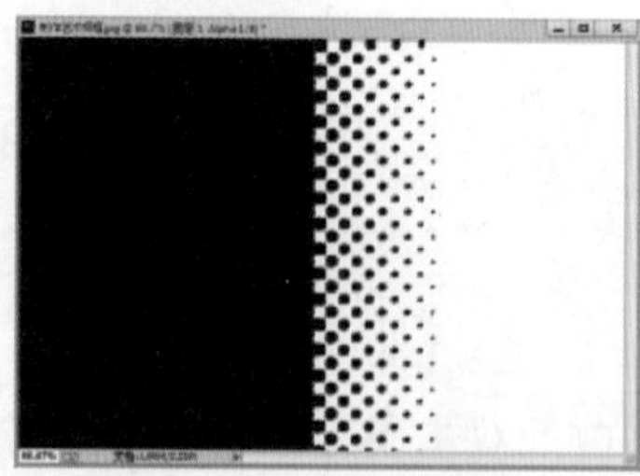
图 6-301　填充黑色

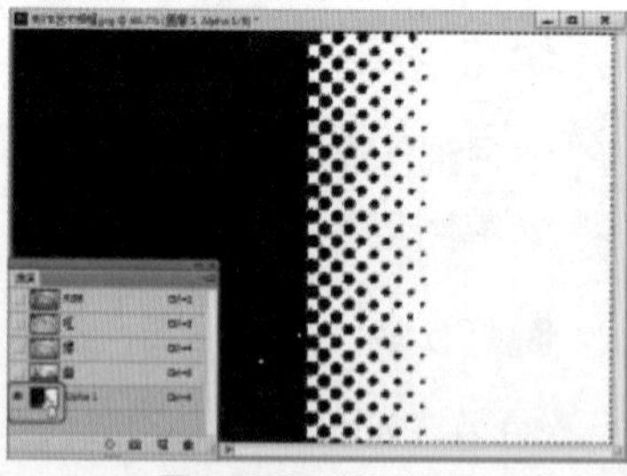
图 6-302　载入选区

(8) 返回到【图层】面板中，选中【图层 0】，使用【矩形选框工具】，将选区调整至照片的右侧，按 Delete 键删除选区，如图 6-303 所示。

(9) 选择菜单栏中【选择】|【变换选区】命令，在选区区域单击鼠标右键，在弹出的菜单中选择【水平翻转】命令，调整选区至照片的左侧，然后按下 Delete 键删除，如图 6-304 所示。

(10) 取消选区，在【通道】面板中，新建 Alpha 2 通道，从上至下填充渐变，如图 6-305 所示。

图 6-303　删除选区

图 6-304　变换选区并删除选区

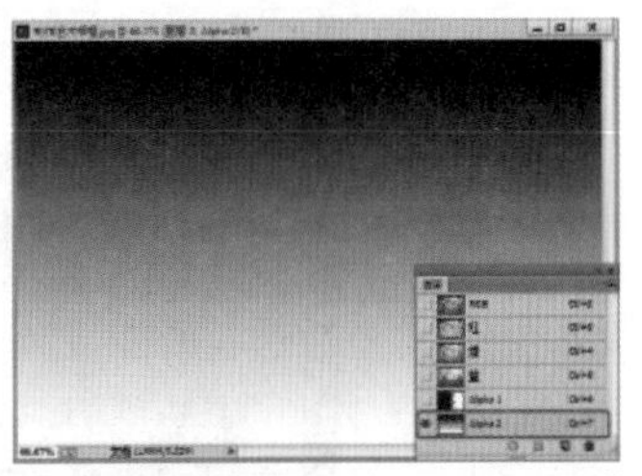

图 6-305　创建并填充 Alpha 2 通道

(11) 按 Ctrl+F 组合键，重复执行【半调图案】命令，参照前面的操作步骤，将白色斑点选中并填充黑色，按住 Ctrl 键单击 Alpha 2 通道前面的缩览图，载入选区，如图 6-306 所示。

(12) 调整选区至照片的下方，将选区删除，如图 6-307 所示，

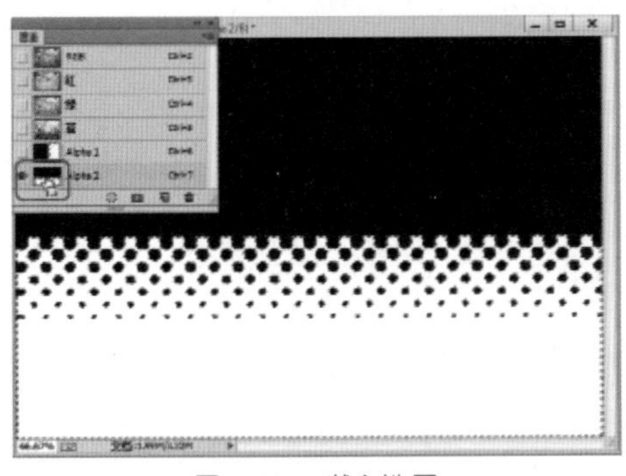

图 6-306　载入选区

图 6-307　删除照片上的选区

(13) 再通过变换选区再设置照片的上方，将选区删除，取消选区后，效果如图 6-308 所示。

(14) 双击【图层 0】图层，在弹出的【图层样式】对话框中，选择【投影】选项，在【结构】区域下将【混合模式】右侧的色块 RGB 分别设置为 19、9、142，将【角度】设置为 30，【距离】、【扩展】、【大小】分别设置为 5、12、7，如图 6-309 所示。

图 6-308　删除后的效果

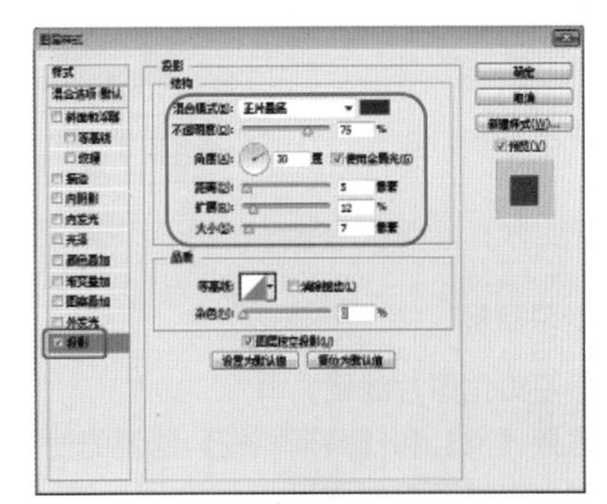

图 6-309　设置【阴影】参数

(15) 再在对话框中选择【内发光】选项，在【图素】区域下将【阻塞】、【大小】分别设置为 7、110，在【品质】区域下将【等高线】设置为半圆，单击【确定】按钮，如图 6-310 所示。最后将场景文件保存。

图 6-310　设置【内发光】参数

案例精讲 102　美化照片背景

案例文件：CDROM | 场景 | Cha06 | 美化照片背景 .psd

视频文件：视频教学 | Cha06 | 美化照片背景 .avi

制作概述

本例介绍美化照片背景。首先复制照片，为复制的照片添加【风】滤镜效果，更改图层的【混合模式】，然后使用【羽化】命令，添加图层蒙板，使用【高斯模糊】滤镜。最后使用【画笔工具】在图像中花的区域进行涂抹，完成后的效果如图 6-311 所示。

图 6-311　美化照片背景效果

学习目标

学习美化照片滤镜。

掌握【风】和【高斯模糊】滤镜的使用。

掌握图层蒙板的使用。

制作步骤

(1) 在 Photoshop CC 窗口内空白处双击鼠标，在弹出的【打开】对话框中选择随书附带光盘 CDROM | 素材 | Cha06 | 美化照片背景 .jpg 文件，单击【打开】按钮，如图 6-312 所示。

(2) 在【图层】面板中，连续按 Ctrl+J 组合键三次复制三个图层。分别单击【图层 1 拷贝】、【图层 1 拷贝 2】图层左侧的 图标，将图层隐藏，如图 6-313 所示。

(3) 选择【图层 1】并执行菜单栏中的【滤镜】|【风格化】|【风】命令，在弹出的对话框中，选中方法下的【风】单选按钮，选中方向下的【从右】单选按钮，单击【确定】按钮，如图 6-314 所示。按 Ctrl+F 组合键，再添加一次风效果，如图 6-315 所示。

(4) 再在菜单栏中选择【滤镜】|【风格化】|【风】命令，在弹出的对话框中，选中方向下的【从左】单选按钮，单击【确定】按钮，如图 6-316 所示。按下 Ctrl+F 组合键再添加一次风效果，效果如图 6-317 所示。

图 6-312　打开的素材文件

图 6-313　复制并隐藏图层

图 6-314　设置【风】效果

图 6-315　再次添加风效果

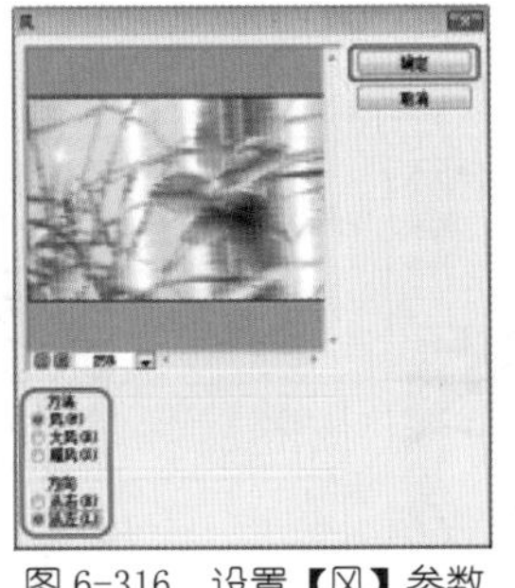

图 6-316　设置【风】参数

图 6-317　再次添加风效果

(5) 在【图层】面板中，取消【图层 1 拷贝】图层的隐藏，并选择该图层，在菜单栏中选择【图像】|【图像旋转】|【90 度 (顺时针)】命令，将图像旋转 90°。在菜单栏中选择【滤镜】|【风格化】|【风】命令，在弹出的对话框中，选中方向下的【从右】单选按钮，单击【确定】按钮，按 Ctrl+F 组合键，添加一次风，效果如图 6-318 所示。

(6) 在菜单栏中选择【滤镜】|【风格化】|【风】命令，在弹出的对话框中，选中方向下的【从左】单选按钮，单击【确定】按钮。按 Ctrl+F 组合键，添加一次风，效果如图 6-319 所示。

图 6-318　添加风效果

图 6-319　添加风效果

(7) 选择菜单栏中的【图像】|【图像旋转】|【90 度 (逆时针)】命令，旋转图像，如图 6-320 所示。在【图层】面板中，将【图层 1 拷贝】图层的【混合模式】设置为叠加。

(8) 取消【图层 1 拷贝 2】图层的的隐藏，并选择该图层，使用【快速选择工具】，在文件中选取花朵，如图 6-321 所示。

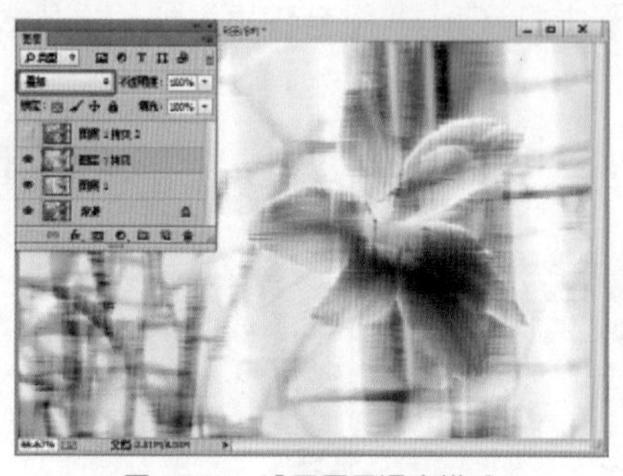
图 6-320 设置图层混合模式

图 6-321 选取花朵

(9) 在菜单栏中选择【选择】|【修改】|【羽化】命令，在弹出的对话框中，将【羽化半径】设置为 10，单击【确定】按钮，如图 6-322 所示。

(10) 在【图层】面板中，确定【图层 1 拷贝 2】图层选中的情况下，单击【添加图层蒙板】按钮，添加蒙板，如图 6-323 所示。

图 6-322 设置羽化半径

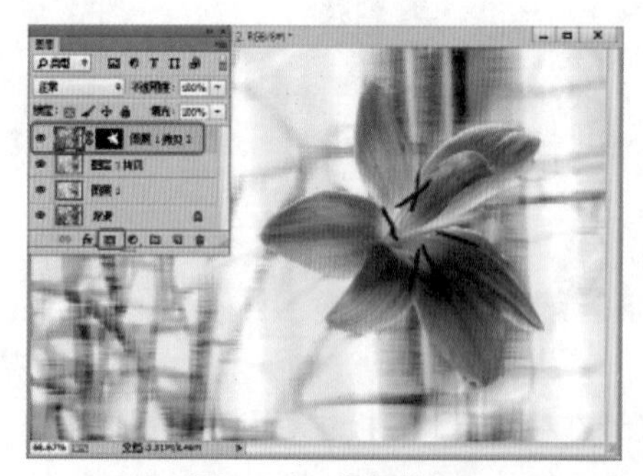
图 6-323 添加蒙板

(11) 在【图层】面板中选择【图层 1】和其全部拷贝图层，按 Ctrl+E 组合键将其合并为一个【图层 1 拷贝 2】图层，然后将该图层的【混合模式】设置为柔光，如图 6-324 所示。

(12) 复制【图层 1 拷贝 2】图层，得到【图层 1 拷贝 3】图层，将该图层的【混合模式】设置为滤色，如图 6-325 所示。

图 6-324 设置混合模式

图 6-325 复制图层并调整混合模式

(13) 选择菜单栏【滤镜】|【模糊】|【高斯模糊】命令，在弹出的对话框中将【半径】设置为2，单击【确定】按钮，如图6-326所示，对图像进行模糊。

(14) 在【图层】面板底部单击【添加图层蒙板】按钮，添加蒙板，使用【画笔工具】，将【前景色】设置为黑色，在工具选项栏中，设置一种笔触，然后设置【不透明度】为30%，在图像中花的区域进行涂抹，如图6-327所示。设置完成后将场景文件保存。

图6-326　设置高斯模糊

图6-327　涂抹花朵

第 7 章 婚纱照片的后期处理

本章重点

- 情有独钟
- 幸福的时光
- 一生挚爱
- 爱的证明
- 紫色梦境
- 爱情锁

婚纱拍摄的业内人士有句俗语叫“三分拍摄，七分修调”，婚纱照片后期处理的重要性可见一斑。由于在精心设计下拍摄完成的婚纱照片，基本上不用作太多的补救工作，画面效果已经很漂亮，因此，对婚纱照的后期处理重点都放在版式的装饰以及气氛的修饰点缀上，需要做的仅是锦上添花的细制修饰。本章介绍 6 种婚纱照后期效果的处理方法。

案例精讲 103　情有独钟

案例文件：CDROM | 场景 | Cha07| 情有独钟 .psd

视频文件：视频教学 | Cha07 | 情有独钟 .avi

制作概述

婚纱照的后期制作一定要与婚纱本身的色调相符合，才能称得上完美，本组婚纱照的制作就是抓住了这一要点，婚纱照本身为枣红色，在选择背景时一定也要选择与枣红色相似的颜色，配以文字作为修饰突出其主体。完成后的效果如图 7-1 所示。

图 7-1　情有独钟效果

学习目标

学习如何使用钢笔工具绘制轮廓以及图层蒙板的使用。

了解横排文字工具的设置。

掌握情有独钟婚纱照制作流程及理念，能做到色调搭配的和谐。

操作步骤

(1) 启动软件后，按 Ctrl+N 组合键，新建 4803 像素 × 3465 像素的文档，对背景填充黑色，如图 7-2 所示。

(2) 打开随书附带光盘中的 CDROM| 素材 |Cha07|G 模糊背景 .png 文件拖到文档中并调整位置，在【图层】面板中将其命名为【朦胧背景】，如图 7-3 所示。

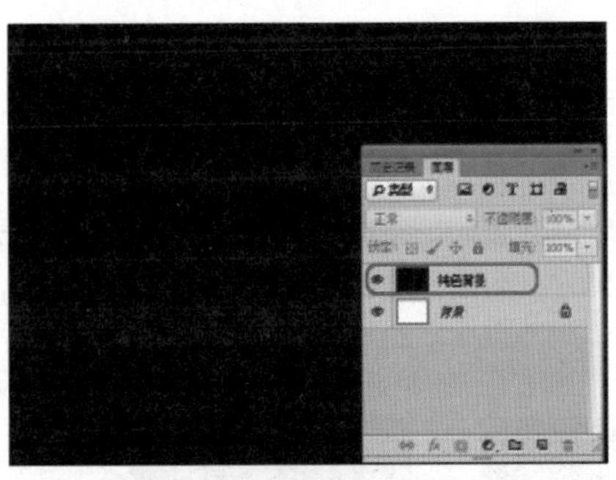

图 7-2　新建图层并填充

图 7-3　添加素材文件

(3) 新建【相框 1】图层，在工具箱中选择【钢笔工具】绘制路径，如图 7-4 所示。

(4) 按 Ctrl+Enter 组合键将其载入选区，并对其填充 #320305，按 Ctrl+D 组合键取消选区，如图 7-5 所示。

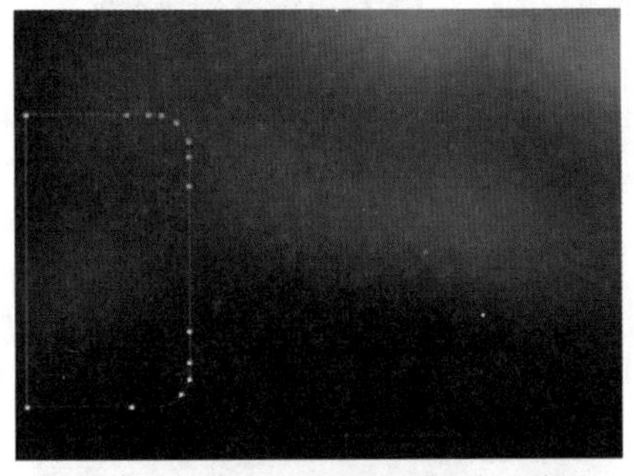

图 7-4　绘制路径

图 7-5　填充颜色

(5) 选择【相框 1】图层，并对其进行复制，选择复制的图层，将其颜色修改为白色，按 Ctrl+T 组合键，在工具选项栏中将 W 设置为 98%，H 设置为 100%，对图形进行适当调整，按 Enter 键进行确认，如图 7-6 所示。

(6) 在【图层】面板中选择【相框】图层并双击，在弹出的【图层样式】对话框中，选择【内发光】选项，进行如图 7-7 所示的设置。

(7) 打开 G 人物 1.jpg 文件并拖到文档中，调整大小和位置，打开【图层】面板将其命名为【人物 1】并将其拖到【相框 1 拷贝】图层的上方，按 Ctrl+T 组合键调整图片的大小，并创建【剪贴蒙版】，完成后的效果如图 7-8 所示。

图 7-6　复制图层

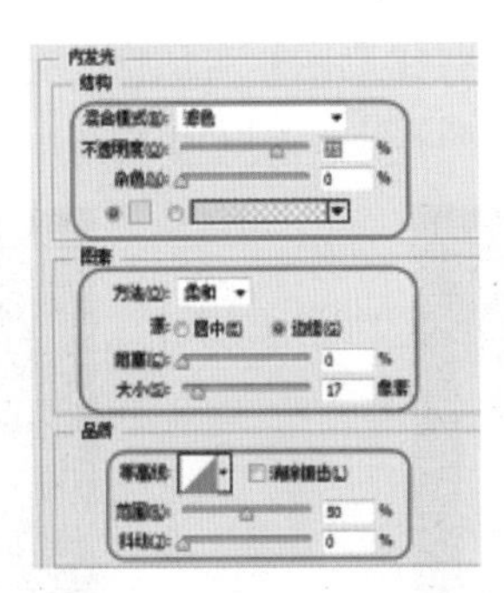

图 7-7　设置【内发光】参数

图 7-8　添加素材文件

(8) 新建【相框 2】图层，使用【钢笔工具】绘制路径，如图 7-9 所示。

(9) 按 Ctrl+Enter 组合键将其载入选区，并对其填充 #320305，如图 7-10 所示。按 Ctrl+D 组合键取消选区。

(10) 选择【相框 2】图层，并对其进行复制，选择【相框 2 拷贝】图层，对其填充白色，按 Ctrl+T 组合键，在工具选项栏中将 W 设置为 98，将 H 设置为 100%，调整位置，完成后的效果如图 7-11 所示。

图 7-9　绘制路径

图 7-10　新建图层并填充

图 7-11　复制图层并填充颜色

(11) 打开 G 人物 .jpg 文件，将其拖到文档中并将其命名为【人物 2】，调整大小并创建【剪贴蒙板】，如图 7-12 所示。

(12) 选择【相框 1】的图层样式并进行复制，并将其复制到【相框 2】图层中，完成后的效果如图 7-13 所示。

图 7-12　添加素材文件

图 7-13　完成后的效果

(13) 打开【图层】面板，单击【创建新的填充或调整图层】按钮，在弹出的快捷菜单中选择【纯色】，在弹出的【拾色器】对话框并将颜色设置为 #410406，单击【确定】按钮，选择【颜色填充】图层的蒙版，使用【矩形选框】工具，绘制选区，如图 7-14 所示。

(14) 按 Shift+F6 组合键，弹出【羽化选区】对话框，将【羽化半径】设置为 300，单击【确定】按钮，对选区填充黑色，按 Ctrl+D 组合键取消选区，完成后的效果如图 7-15 所示。

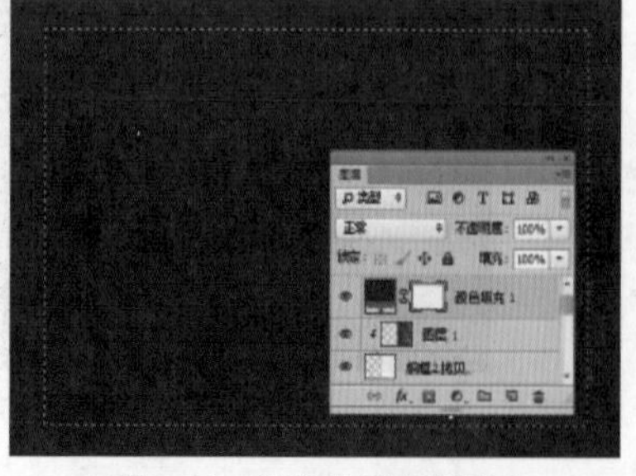
图 7-14　创建纯色填充图层

图 7-15　调整图层蒙板

(15) 在工具箱中使用【横排文字工具】，打开【字符】面板将【字体】设置为038-CAI978，【大小】设置为14.4点，【字体颜色】设置为#a86b4d，并单击【加粗】按钮，输入英文进行修饰，完成后的效果如图7-16所示。

(16) 选择上一步的文字图层，并进行复制，调整位置，完成后的效果如图7-17所示。

图7-16 输入文字

图7-17 复制图层

(17) 继续使用【横排文字工具】，输入“情”文字，打开【字符】面板将【字体】设置为经典行书简，【大小】设置为74.24点，【字体颜色】设置为#be987d，并对其进行加粗，完成后的效果如图7-18所示。

(18) 选择上一步创建的【情】图层连续复制三次，选择【情拷贝】图层，将其移动到合适位置将文字修改为“有”将其【大小】设置为48.6点，如图7-19所示。

提示

对于使用相同属性的文字可以选择复制其图层，然后利用【横排文字工具】对文字进行修改，此时图层的名称会根据修改文字进行更改，这样可以大大节省时间。

图7-18 输入文字

图7-19 修改文字属性

(19) 使用同样的方法将【情拷贝2】图层文字修改为“独”【大小】设置为80.99点，将【情拷贝3】图层文字修改为“钟”，【大小】设置为67.49点，调整文字的位置，完成后的效果如图7-20所示。

(20) 选择G文字花1.png文件拖到文档中并将其命名为【花边1】，结合文字的位置调整其位置，完成后的效果如图7-21所示。

图 7-20　修改文字的属性

图 7-21　调整位置

(21) 在工具箱中选择【横排文字工具】，在舞台中输入“preference”，打开【字符】面板将【字体】设置为 753-CAI978，【大小】设置为 60 点，【字体颜色】设置为# be987d，如图 7-22 所示。

(22) 在工具箱中选择【横排文字工具】，在舞台中输入文字“Loves picture”，将【字体】设置为 163-CAI978，【大小】设置为 84.67，【字体颜色】设置为黑色，并进行加粗处理，完成后的效果如图 7-23 所示。

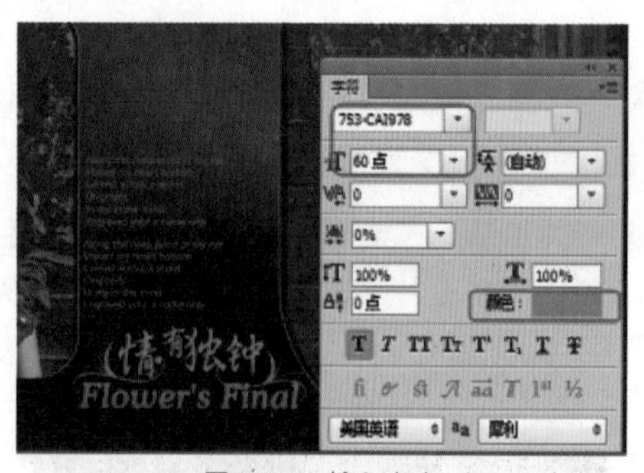

图 7-22　输入文字

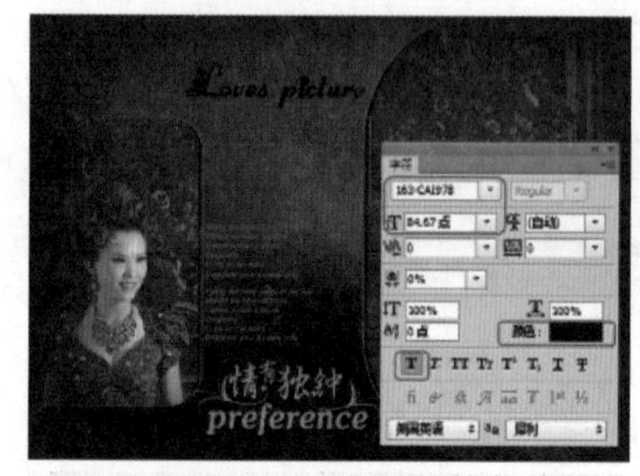

图 7-23　输入文字

(23) 选择上一步输入的文字图层，并对其进行复制，将其颜色设置为红色，对复制的图层添加【图层蒙板】，将【前景色】设置为黑色，对文字进行涂抹，完成后的效果如图 7-24 所示。

(24) 打开 G 文字花素材文件将其拖到文档中并调整位置，完成后的效果如图 7-25 所示。

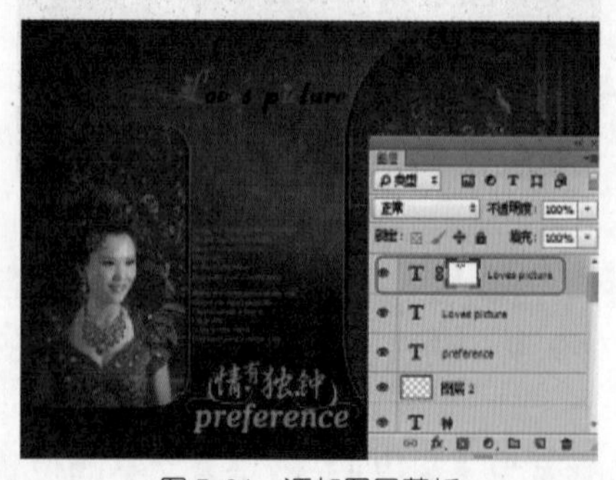

图 7-24　添加图层蒙板

图 7-25　添加素材文件

(25) 在工具箱中选择【横排文字】工具，输入“Mesmerize me in ur tender lovin care, Staring in the eyes of sum-one so rare Dat special feeling i cant bear,Weneva you want me il owez b dere.”打开【字符】面板将【字体】设置为 IrisUPC，【大小】设置为 15 点，【字体颜色】设

置为 #be987d，并对其进行加粗，新建【形状图层】选择【矩形工具】和【直线工具】，在工具选项栏中将【模式】设置为像素，【前景色】设置为# be987d，绘制效果如图 7-26 所示。

(26) 打开 G 花边 .png 文件将其拖到文档中并调整位置，完成后的效果如图 7-27 所示。

图 7-26　添加文字和形状

图 7-27　完成后的效果

案例精讲 104　幸福的时光

案例文件：CDROM | 场景 | Cha07 | 幸福的时光 .psd

视频文件：视频教学 | Cha07 | 幸福的时光 .avi

制作概述

本例讲解的婚纱照制作，使用了书翻页的效果，配合素材的添加，使其有立体的感觉，完成后的效果如图 7-28 所示。

图 7-28　幸福的时光效果

学习目标

学习如何使用钢笔工具绘制轮廓以及图层蒙板的使用。

掌握幸福的时光婚纱照制作流程及理念，合理利用素材。

操作步骤

(1) 启动软件后，按 Ctrl+N 组合键弹出【新建】对话框，将【宽度】和【高度】分别设置为 4803 像素和 3465 像素，【分辨率】设置为 300 像素 / 英寸，【颜色模式】设置为 RGB 颜色 8 位，单击【确定】按钮，如图 7-29 所示。

(2) 新建【底图】图层，并对其填充 #f5f0e5，如图 7-30 所示。

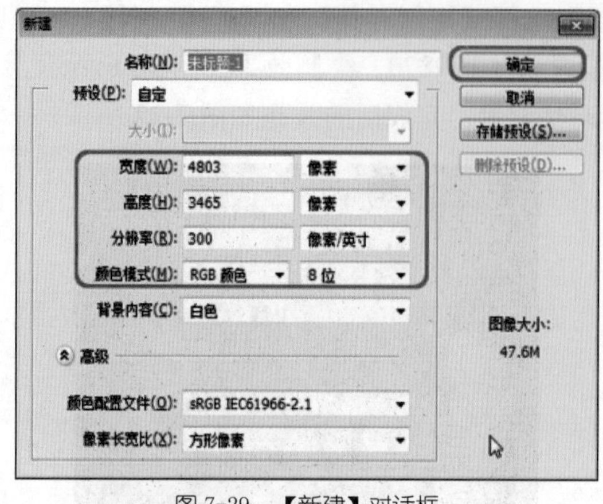

图 7-29 【新建】对话框

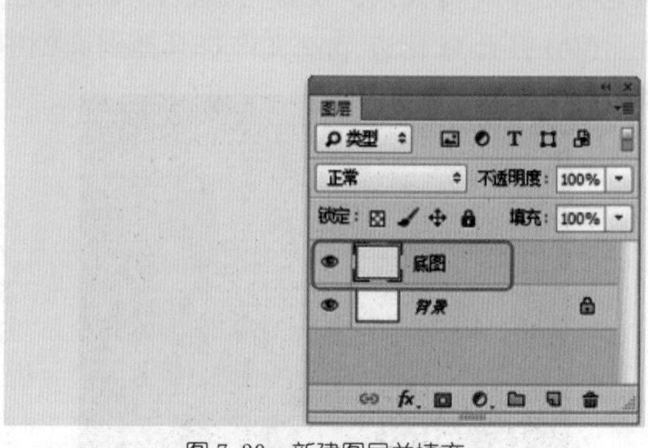

图 7-30 新建图层并填充

(3) 新建【书页】图层，使用【钢笔工具】绘制书页形状，如图 7-31 所示。

(4) 按 Ctrl+Enter 组合键将其载入选区，并对其填充白色，按 Ctrl+D 组合键取消选区，完成后的效果如图 7-32 所示。

(5) 双击【书页】图层，弹出【图层样式】对话框，选择【投影】选项，进行如图 7-33 所示设置。

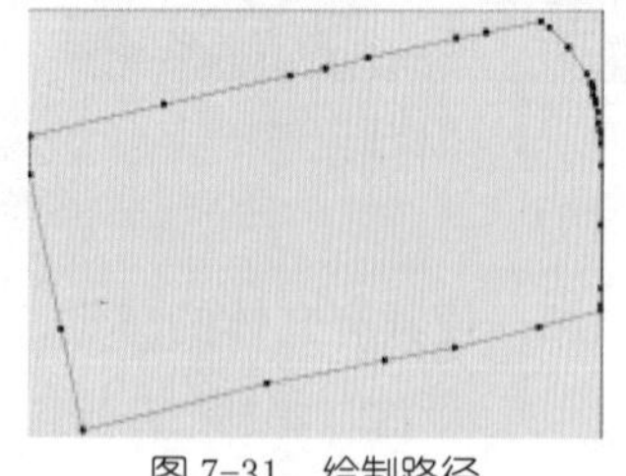

图 7-31 绘制路径

图 7-32 填充颜色

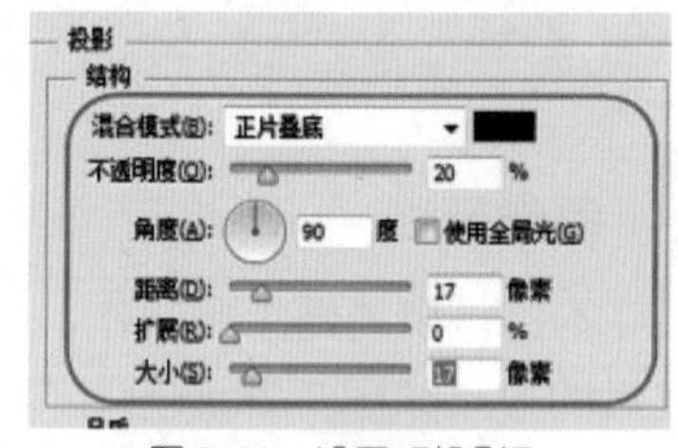

图 7-33 设置【投影】

(6) 新建【卷页】图层，选择【钢笔工具】绘制形状并填充白色，如图 7-34 所示。

(7) 双击【卷页】图层，弹出【图层样式】对话框，选择【投影】选项，进行如图 7-35 所示的设置。

(8) 新建【第一页】图层，使用【多边形套索工具】绘制选区，如图 7-36 所示。

图 7-34 新建【卷页】图层

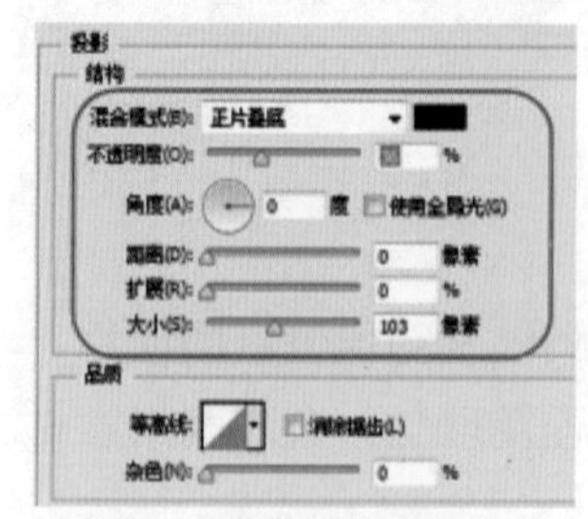

图 7-35 设置【投影】参数

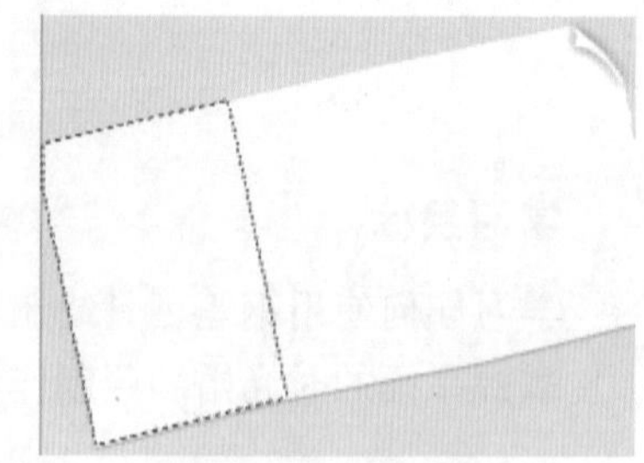

图 7-36 绘制选区

(9) 在工具箱中选择【渐变工具】，设置渐变色为 #ddd0c7 到白色的渐变，选择【线性渐变】对选区进行填充，完成后的效果如图 7-37 所示。

(10) 双击【第一页】图层，弹出【图层样式】对话框，选择【投影】选项，进行如图 7-38 所示的设置。

(11) 新建【第二页】图层，使用【多边形套索工具】绘制形状，并对其填充渐变色为 #ddd0c7 到白色的渐变，如图 7-39 所示。

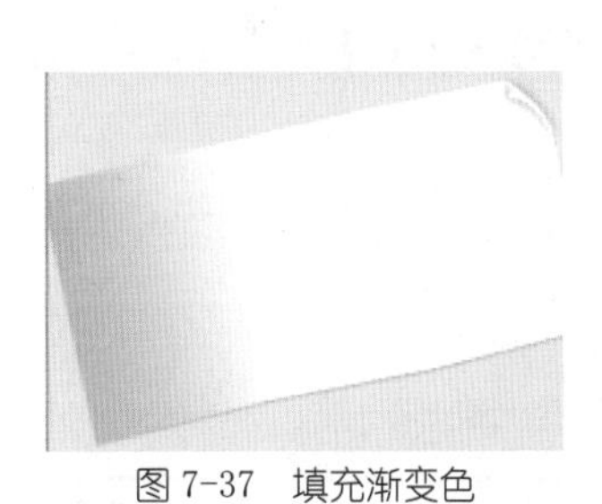
图 7-37　填充渐变色

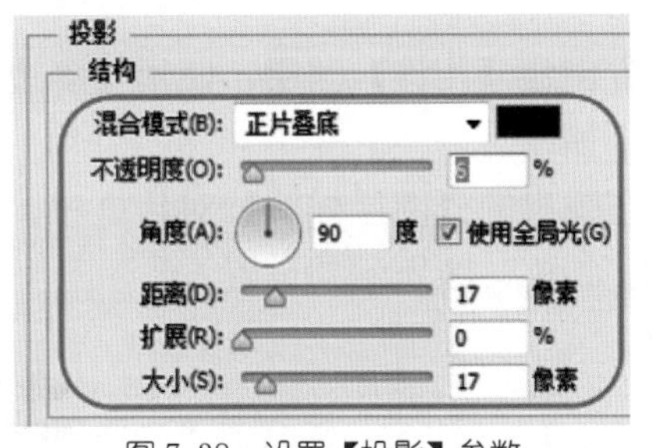

图 7-38　设置【投影】参数

图 7-39　绘制形状

(12) 双击【第二页】图层，弹出【图层样式】对话框，选择【投影】选项，进行如图 7-40 所示的设置。

(13) 新建【第三页】图层，将其复制到【卷页】图层的下方，使用【多边形套索工具】绘制形状，对其填充与上一步相同的渐变色，完成后的效果如图 7-41 所示。

(14) 双击【第三页】图层，弹出【图层样式】对话框，选择【投影】选项进行如图 7-42 所示的设置。

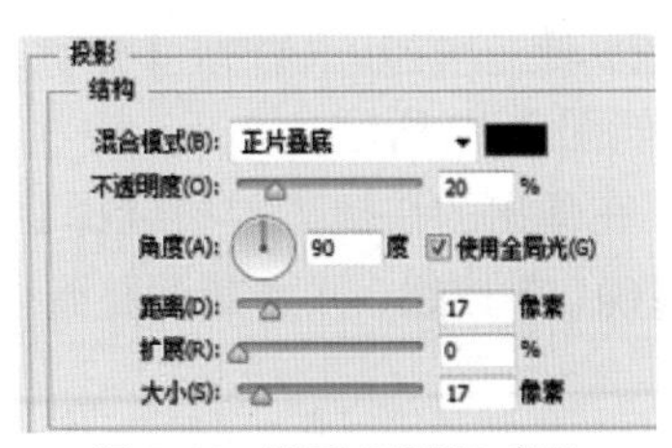

图 7-40　设置【投影】参数

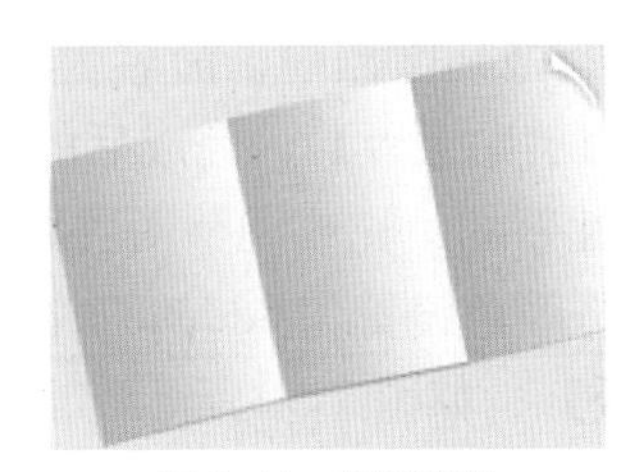
图 7-41　绘制形状

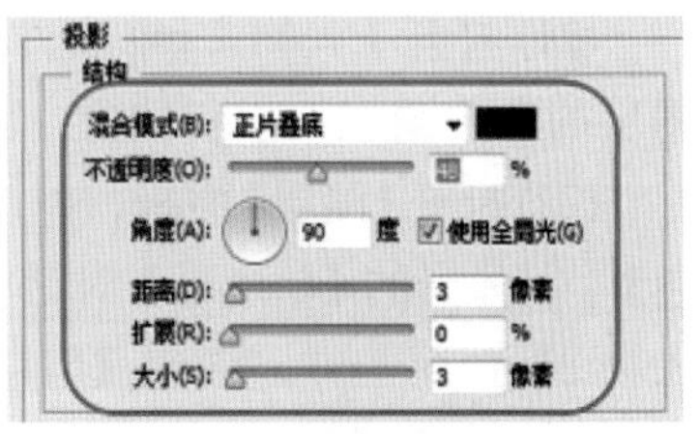

图 7-42　设置【投影】参数

(15) 打开素材附带光盘中的 CDROM| 素材 |Cha07|J 人物 .png 文件拖到文档将其命名为【J 人物】，将其放置在【第三页】图层的上方，并创建【剪贴蒙版】，完成后的效果如图 7-43 所示。

(16) 打开【图层】面板，单击【创建新的填充或调整图层】按钮，在弹出的快捷菜单中选择【纯色】，在弹出的【拾色器】对话框中将颜色设置为 #ddd0c7，单击【确定】按钮，并将其调整到【J 人物】图层上方，创建【剪贴蒙版】，如图 7-44 所示。

(17) 选择【颜色填充 1】图层的蒙版，使用【矩形选框工具】绘制选区，按 Ctrl+T 组合键对选区进行调整，如图 7-45 所示。

图 7-43　添加素材文件

图 7-44　创建并调整图层位置

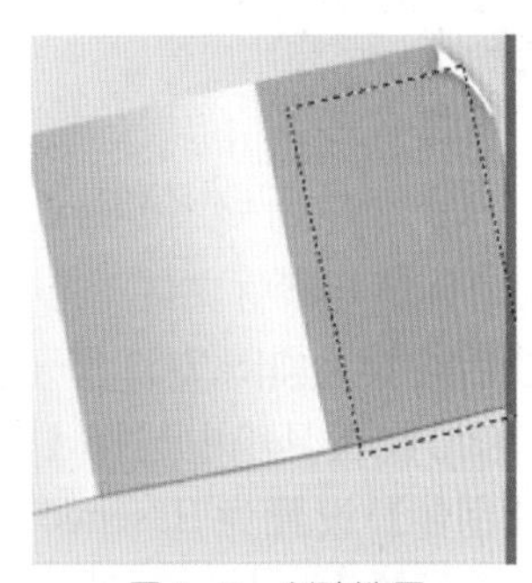
图 7-45　创建选区

(18) 按 Shift+F6 组合键，在弹出的【羽化选区】对话框中，将【羽化半径】设置为 30，单击【确定】按钮，对选区填充黑色，按 Ctrl+D 组合键取消选区，并为其创建【剪贴蒙版】，完成后的效果如图 7-46 所示。

(19) 在【第二页】图层上方创建【相框】图层，使用【多边形套索工具】绘制选区，并对其填充 #f5f0e5 颜色，如图 7-47 所示。

(20) 双击【相框】图层，在弹出的【图层样式】对话框中，选择【描边】选项组，将【描边颜色】设置为 #a1a1a1，进行如图 7-48 所示的设置。

图 7-46　完成后的效果

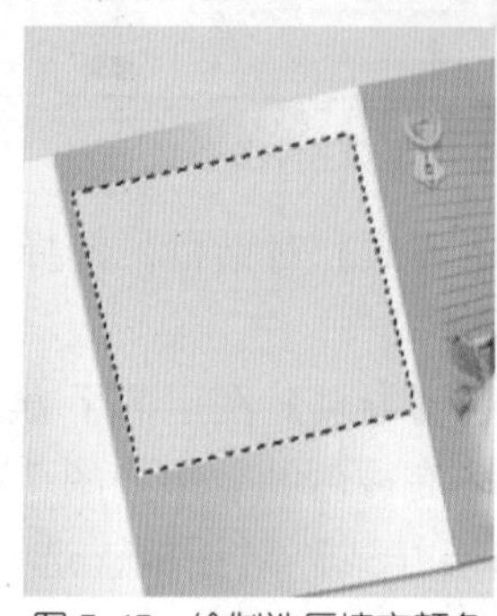

图 7-47　绘制选区填充颜色

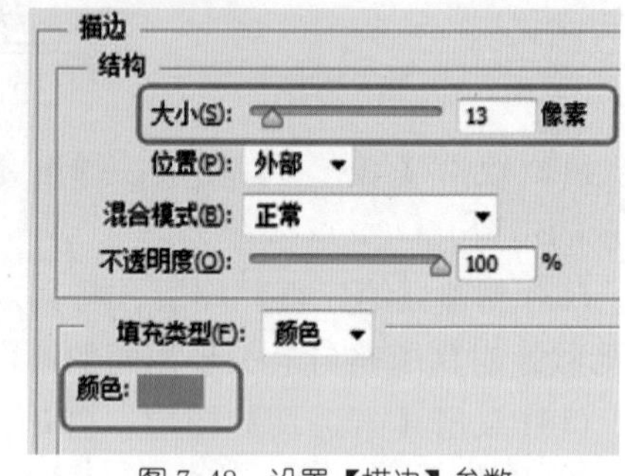

图 7-48　设置【描边】参数

(21) 打开 J 人物 2.jpg 文件并将其拖到文档中，命名为【J 人物 2】并将其放置到【相框】图层的上方调整大小和位置，创建【剪贴蒙版】，完成后的效果如图 7-49 所示。

(22) 打开【图层】面板，单击【创建新的填充或调整图层】按钮，在弹出的快捷菜单中选择【纯色】，在弹出的【拾色器】对话框中将颜色设置为 #ddd0c7，单击【确定】按钮，并将其调整到【J 人物 2】图层上方，创建【剪贴蒙版】，如图 7-50 所示。

(23) 选择【颜色填充 2】图层的蒙版，在工具箱中选择【画笔工具】，选择一种柔边画笔，将【画笔大小】设置为 1000 像素，【不透明度】设置为 50%，对蒙版区域进行涂抹，完成后的效果如图 7-51 所示。

图 7-49　添加素材文件

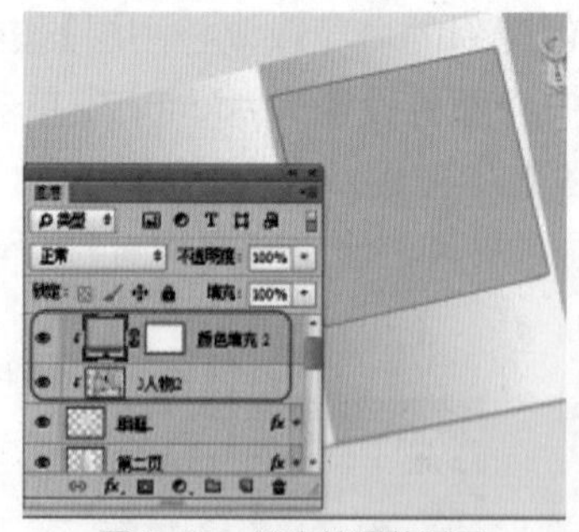

图 7-50　创建并调整图层

图 7-51　完成后的效果

(24) 打开素材文件 J 光 1.png 文件，将其拖到文档中，并将其命名为【J 光 1】并调整位置，完成后的效果如图 7-52 所示。

(25) 在工具箱中选择【横排文字工具】，输入文字“I LOVE YOU”，打开【字符】面板，将【字体】设置为 Basemic Times，【大小】设置为 30 点，【字符间距】设置为 100，【字体颜色】设置为黑色，并对其进行加粗，按 Ctrl+T 组合键进行适当旋转，完成后的效果如图 7-53 所示。

(26) 打开素材文件 J 文字 .png 并将其拖到舞台中，命名为【J 文字】并调整位置，完成后的效果如图 7-54 所示。

图 7-52　添加素材文件

图 7-53　输入文字

图 7-54　添加素材文件

(27) 新建【相片 1】图层，使用【多边形套索工具】绘制形状并填充为白色，如图 7-55 所示。

(28) 双击【相片 1】图层，在弹出的【图层样式】对话框中，选择【投影】选项，进行如图 7-56 所示的设置。

(29) 新建【相片 2】图层，使用【多边形套索工具】绘制形状，并对其填充 #f5f0e5 颜色，如图 7-57 所示。

图 7-55　绘制形状

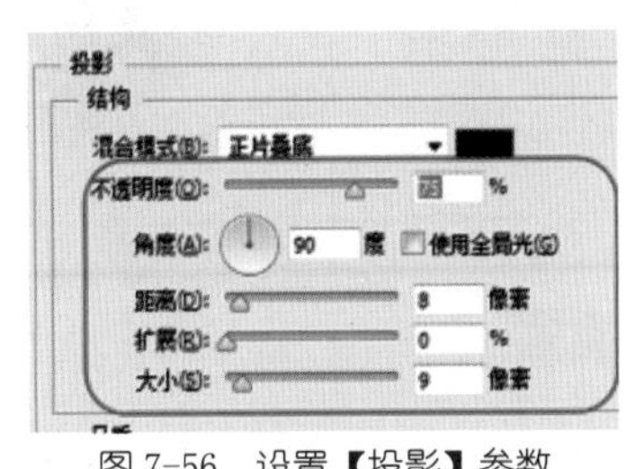

图 7-56　设置【投影】参数

图 7-57　绘制形状

(30) 双击【相片 2】图层，在弹出的【图层样式】对话框中，选择【描边】选项组，将【描边颜色】设置为 #dfd3cb，其他参数进行如图 7-58 所示的设置。

(31) 选择【投影】选项组，进行如图 7-59 所示的设置。

(32) 将 J 人物 3.jpg 文件拖到文档中，调整位置，命名为【J 人物 3】，放置在【相片 2】图层的上方，创建【剪贴蒙版】，完成后的效果如图 7-60 所示。

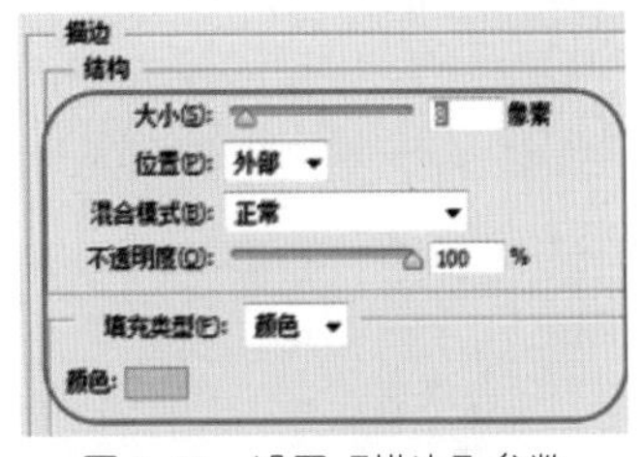

图 7-58　设置【描边】参数

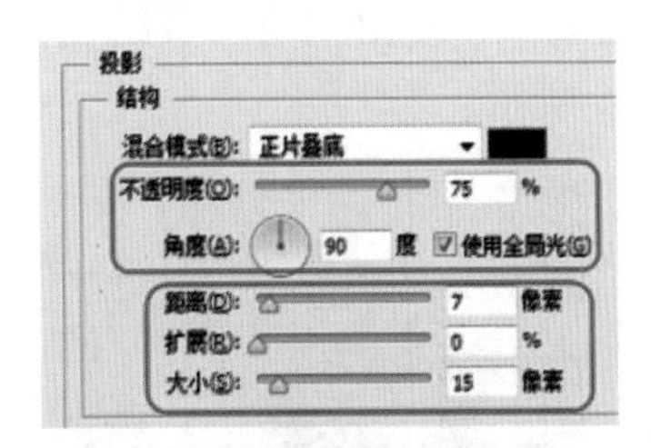

图 7-59　设置【投影】参数

图 7-60　添加素材文件

(33) 使用相同的方法制作出另一个相片，完成后的效果如图 7-61 所示。

(34) 添加 J 海螺 .png 文件，并命名为【J 海螺】，完成后的效果如图 7-62 所示。

图 7-61　完成后的效果

图 7-62　添加素材文件

(35) 打开 J 直线 .png 文件，拖到文档中修改名称为【J 直线】，并对其进行复制，调整位置和大小，效果如图 7-63 所示。

(36) 使用同样的方法添加其他素材文件，完成后的效果如图 7-64 所示。

图 7-63　添加素材文件

图 7-64　完成后的效果

案例精讲 105　一生挚爱

 案例文件：CDROM | 场景 | Cha07 | 一生挚爱 .psd

视频文件：视频教学 | Cha07| 一生挚爱 .avi

制作概述

本例介绍一种婚纱照片的制作。首先绘制圆角矩形和矩形作为相框，并设置其图层样式。然后导入素材文件，制作灯的灯光效果。使用钢笔工具绘制需要的直线，最后置入图片并设置剪切蒙板，完成后的效果如图 7-65 所示。

图 7-65　一生挚爱效果

学习目标

学习制作灯光效果。
掌握钢笔工具的使用。
了解剪切蒙版的制作。

操作步骤

(1) 启动 Photoshop CC 软件，按 Ctrl+N 组合键打开【新建】对话框，将【宽度】和【高度】分别设置为 60 厘米、44 厘米，【分辨率】设置为 200 像素 / 英寸，设置完成后单击【确定】按钮。

(2) 将【前景色】设置为 # bbb6a5，按 Alt+Delete 组合键对背景进行填充，如图 7-66 所示。

(3) 新建【图层 1】，将【前景色】设置为 #787878，选择【圆角矩形工具】，在选项栏中，将【工具模式】设置为像素，【半径】设置为 90，在如图 7-67 所示位置绘制一个圆角矩形。

图 7-66 填充颜色

图 7-67 绘制圆角矩形

(4) 打开【图层样式】对话框，选择【描边】选项组，将【颜色】设置为白色，【大小】设置为 10，如图 7-68 所示。

(5) 选择【投影】选项组，取消勾选【使用全局光】复选框，设置【角度】为 45，【距离】为 30，【大小】为 50，单击【确定】按钮，如图 7-69 所示。

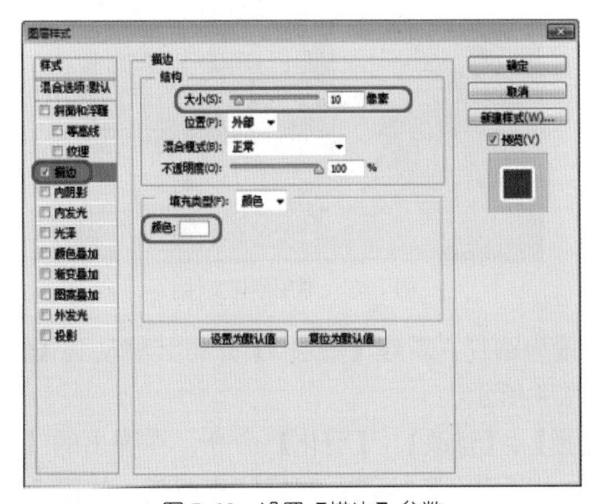

图 7-68 设置【描边】参数

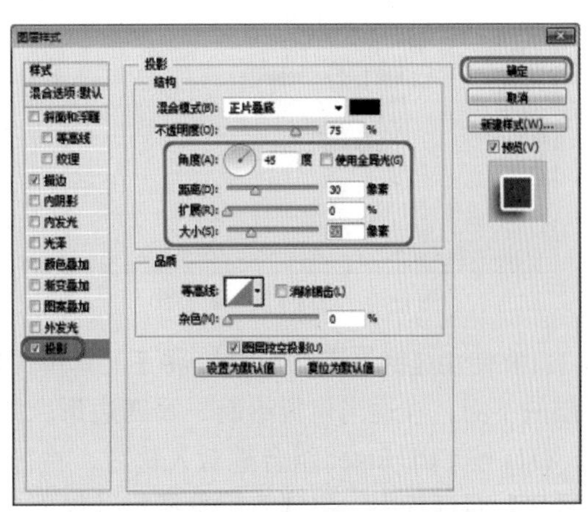

图 7-69 设置【投影】参数

若不取消勾选【使用全局光】复选框，在更改【角度】时，其他图层的投影角度也将随之更改。

(6) 新建【图层 2】，将【前景色】设置为 #787878，选择【矩形工具】，在选项栏中，将【工具模式】设置为像素，在如图 7-70 所示位置绘制一个矩形。

(7) 在【图层】面板中，选中【图层 1】并右键单击，在弹出的快捷菜单中选择【拷贝图层样式】命令，然后选中【图层 2】并单击右键，在弹出的快捷菜单中选择【粘贴图层样式】命令，效果如图 7-71 所示。

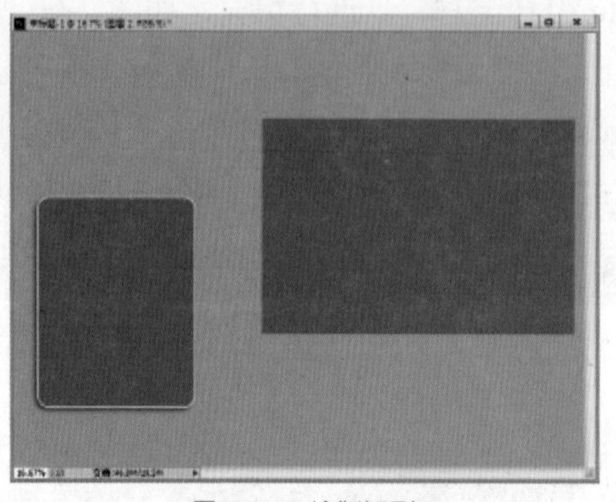

图 7-70 绘制矩形

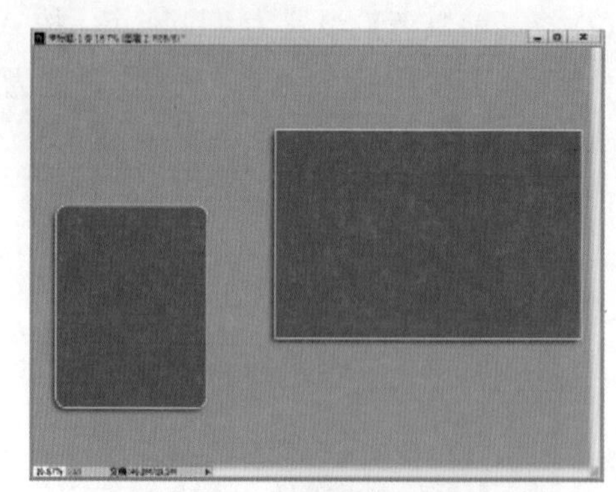

图 7-71 粘贴图层样式

(8) 在【图层】面板中，双击【图层 2】，在弹出的【图层样式】对话框中，将【投影】中的【角度】更改为 135，如图 7-72 所示。

(9) 单击【确定】按钮，打开随书附带光盘中的 CDROM| 素材 |Cha07| 一生挚爱 .psd 文件，将素材文件中的图形添加到场景文件中，适当调整素材的位置，如图 7-73 所示。

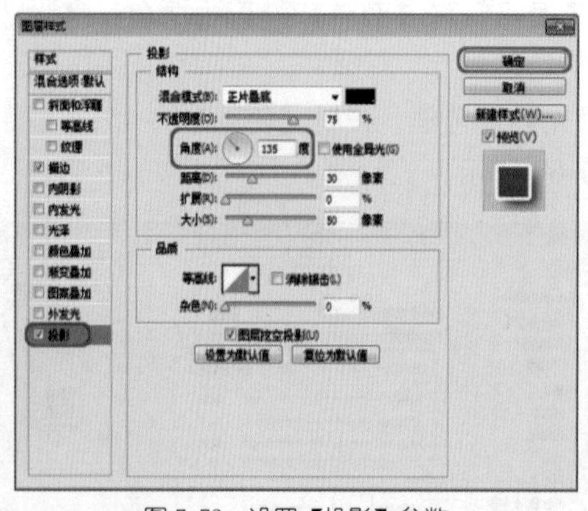

图 7-72 设置【投影】参数

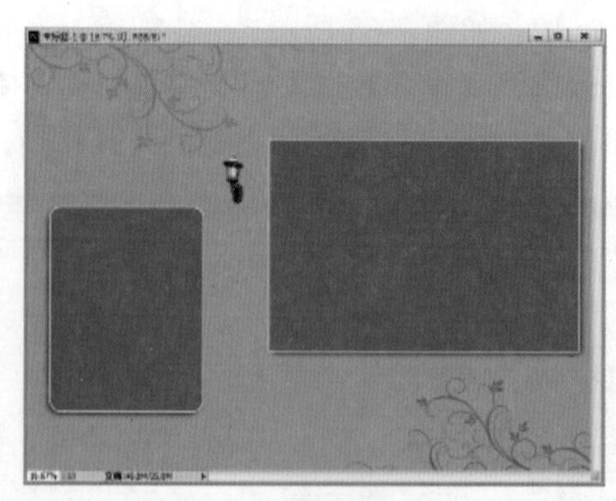

图 7-73 添加素材文件

(10) 使用【钢笔工具】，将【工具模式】设置为路径。新建【图层 3】并将其移动到【灯】图层的下面，在适当位置绘制一个四边形，如图 7-74 所示。

(11) 按 Ctrl+Enter 组合键载入选区，执行【选择】|【修改】|【羽化】命令，在弹出的【羽化选区】对话框中，将【羽化半径】设置为 20，单击【确定】按钮。然后填充白色，如图 7-75 所示。

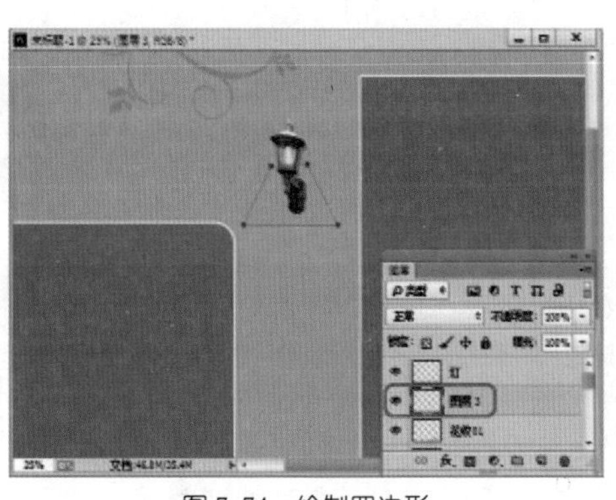
图 7-74 绘制四边形

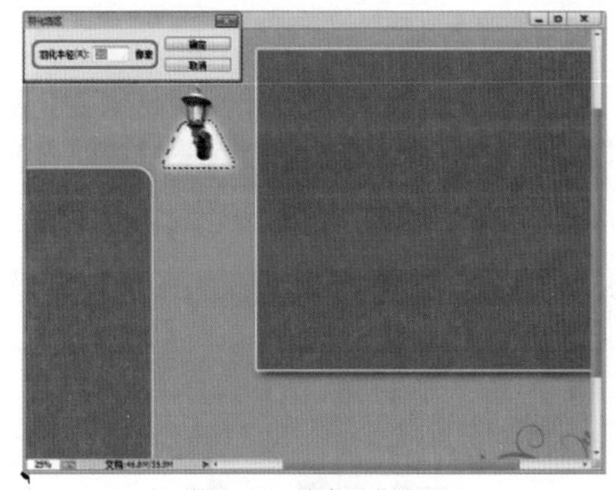
图 7-75 填充羽化选区

(12) 取消选区，单击【添加图层蒙板】按钮，使用【渐变工具】填充渐变，效果如图 7-76 所示。

(13) 使用【钢笔工具】，将【工具模式】设置为形状，设置【填充】为无色，【描边】为白色，【描边宽度】为 5 点，【描边类型】为实线，按住 Shift 键绘制如图 7-77 所示直线。

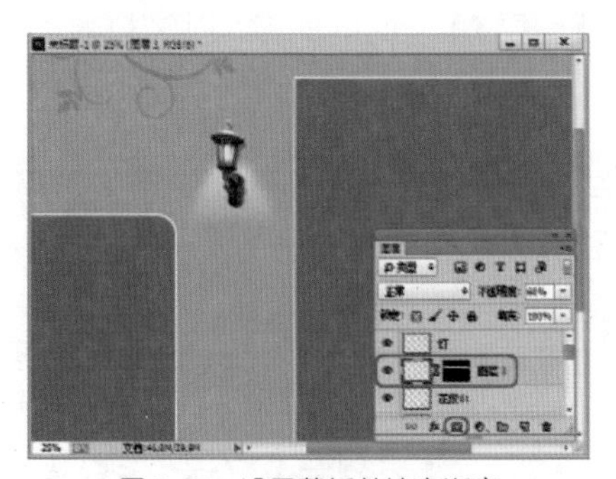
图 7-76 设置蒙板并填充渐变

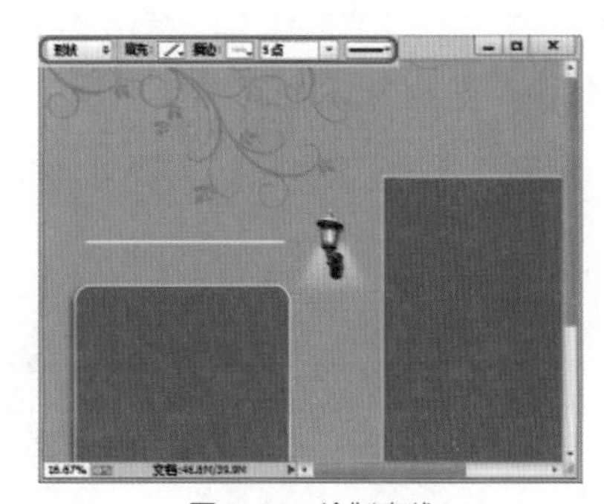
图 7-77 绘制直线

(14) 复制直线所在的形状图层，然后移动其到适当位置，如图 7-78 所示。

(15) 使用相同的方法，绘制一条垂直的直线，然后复制直线并移动其位置，如图 7-79 所示。

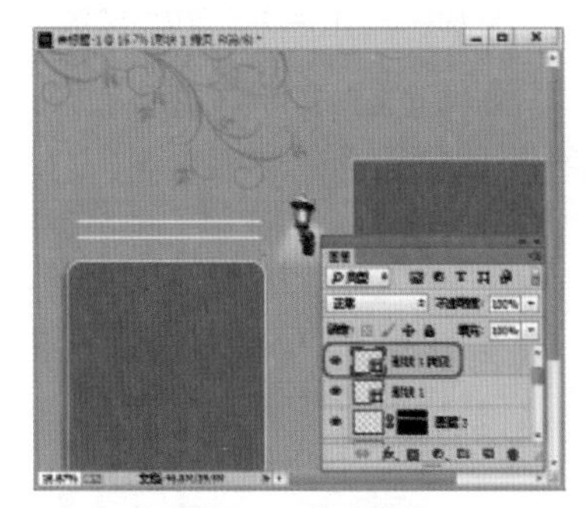
图 7-78 移动直线

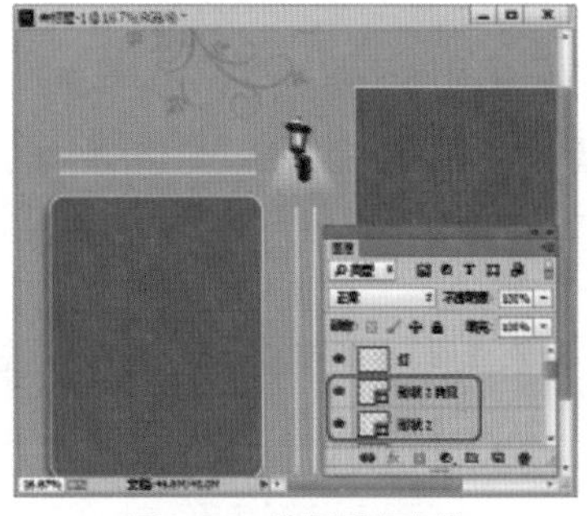
图 7-79 绘制垂直直线

(16) 使用【钢笔工具】，将【描边宽度】更改为 1 点，【描边类型】更改为虚线，按住 Shift 键绘制如图 7-80 所示直线。

(17) 使用【钢笔工具】，将【描边】更改为 #988873，【描边类型】更改为实线，按住 Shift 键绘制如图 7-81 所示三条直线。

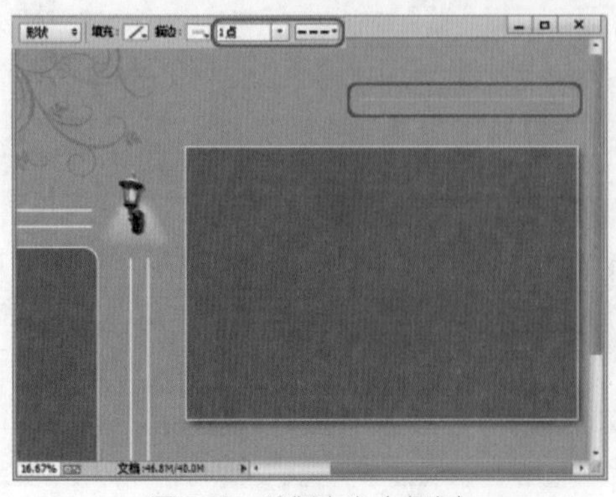
图 7-80 绘制直线（虚线）

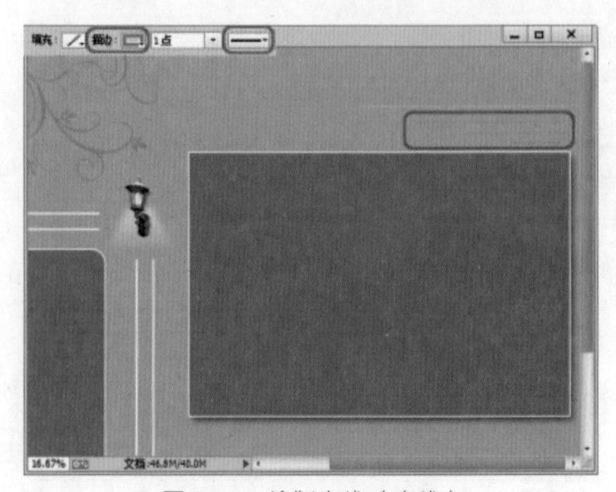
图 7-81 绘制直线（实线）

(18) 使用【横排文字工具】T，将【字体】设置为方正行楷简体，【大小】分别设置为 14 点和 72 点，输入如图 7-82 所示的文字。

(19) 执行【文件】|【置入】命令，打开随书附带光盘中的 CDROM| 素材 |Cha07| 一生挚爱 01.jpg 文件，单击【置入】按钮。调整图片的大小及位置。在【图层】面板中，将其移动到【图层 2】的上面，然后按住 Alt 键，单击【一生挚爱 01】与【图层 2】之间的间隙，创建【剪切蒙版】，然后调整图片的位置，如图 7-83 所示。

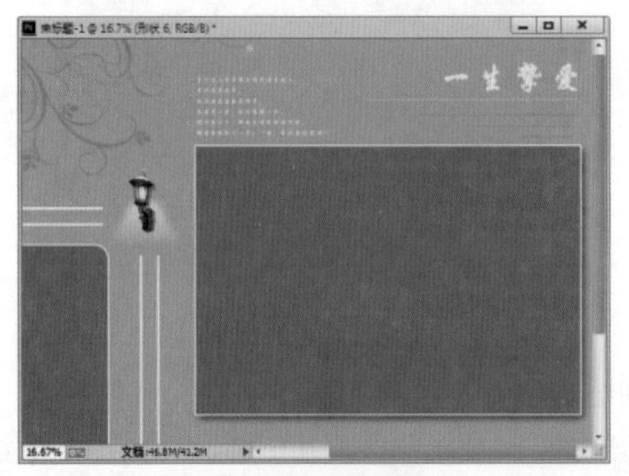

图 7-82 输入文字

图 7-83 置入图片并设置剪切蒙版

(20) 使用相同的方法置入随书附带光盘中的 CDROM| 素材 |Cha07| 一生挚爱 02.jpg 文件，并创建【剪切蒙版】，然后调整图片的位置。最后将场景文件保存为需要的格式。

知识链接

剪切蒙版是一个可以用其形状遮盖其他图层的对象，使用剪切蒙版，只能看到蒙版形状内的区域，从效果上来说，就是将其上面的图层内容裁剪为蒙版的形状。

案例精讲 106 爱的证明

案例文件：CDROM | 场景 | Cha07 | 爱的证明 .psd

视频文件：视频教学 | Cha07| 爱的证明 .avi

制作概述

本例介绍一种修饰婚纱照片的制作方法。首先复制图片并调整【色相 / 饱和度】和【色彩平衡】，使用【多边形套索工具】抠取人物并复制到新的图层，复制图片的背景图层，并对背景所在图层添加【方框模糊滤镜】，然后创建【色彩平衡】和【照片滤镜】图层，最后导入素材文件。完成后的效果如图 7-84 所示。

图 7-84　爱的证明效果

学习目标

学习调整【色相 / 饱和度】和【色彩平衡】的方法。

掌握抠取图像的方法。

了解【色彩平衡】和【照片滤镜】的创建与设置。

操作步骤

(1) 在 Photoshop CC 窗口内空白处双击鼠标，在弹出的【打开】对话框中选择随书附带光盘 CDROM | 素材 | Cha07 | 爱的证明 .jpg 文件，单击【打开】按钮，如图 7-85 所示。

(2) 在【图层】面板中，复制【背景 拷贝】图层，按 Ctrl+U 组合键，打开【色相 / 饱和度】对话框，将当前颜色设置为红色，使用【吸管工具】，在场景中拾取墙壁的粉红色，将【色相】设置为 –20，如图 7-86 所示，单击【确定】按钮。

图 7-85　打开的素材文件

图 7-86　调整图像的红色

(3) 再打开【色相 / 饱和度】对话框，将当前颜色设置为红色，在场景中拾取墙壁的粉红色，将【色相】设置为 –50，单击【确定】按钮，如图 7-87 所示。

(4) 按 Ctrl+B 组合键，打开【色彩平衡】对话框，将【色阶】分别设置为 26、19、–12，单击【确定】按钮，如图 7-88 所示。

图 7-87　调整图像的红色

图 7-88　调整图像的【色彩平衡】

(5) 选择【多边形套索工具】，在选项栏中将【羽化】设置为 10，在场景中沿人物、伞的边缘进行选取，按 Ctrl+J 组合键，复制人物至新的【图层 1】中，如图 7-89 所示。

知识链接

除了使用【多边形套索工具】选取人物外，还可以使用【钢笔工具】、【魔棒工具】或【磁性套索工具】，这些工具都可以应用于选取图中对象的外形。

(6) 在【图层】面板中，将【图层 1】的【混合模式】设置为柔光，【不透明度】设置为 25%，如图 7-90 所示。

图 7-89　选取人物区域

图 7-90　设置图层的【混合模式】参数

(7) 按 Shift+Ctrl+I 组合键进行反选，如图 7-91 所示，在【图层】面板中选择【背景 拷贝】图层，按 Ctrl+J 组合键，将选区复制到【图层 2】，如图 7-91 所示。

(8) 执行【滤镜】|【模糊】|【方框模糊】命令，在弹出的对话框中将【半径】设置为 8，单击【确定】按钮，如图 7-92 所示。

图 7-91 反向选择并复制图层

图 7-92 设置【方框模糊】参数

(9) 在【图层】面板中，将【图层 2】的【混合模式】设置为线性加深，【不透明度】设置为 50%，如图 7-93 所示。

(10) 在【图层】面板中，单击【创建新的填充或调整图层】按钮，在弹出的菜单中选择【色彩平衡】命令，在【调整】面板中，设置【红色】为 51、【绿色】为 10，【蓝色】为 -9，将新建的【色彩平衡 1】拖至【图层 1】的上方，如图 7-94 所示。

图 7-93 设置【混合模式】参数

图 7-94 设置【色彩平衡 1】图层

(11) 调整完成后选择【色彩平衡 1】图层上的蒙版缩览图，选择【画笔工具】，在工具选项栏中，选择一个合适的画笔笔触，将【不透明度】设置为 40%，在场景中人物的脸部及皮肤进行涂抹，如图 7-95 所示。

(12) 在【图层】面板中，单击【创建新的填充或调整图层】按钮，在弹出的菜单中选择【照片滤镜】命令，在【调整】面板中，将【滤镜】设置为加温滤镜 (81)，【浓度】设置为 30%，如图 7-96 所示。

图 7-95 添加蒙版

图 7-96 添加并设置【照片滤镜】参数

(13) 选择【照片滤镜 1】图层上的蒙版缩览图，使用【画笔工具】，设置合适的笔触大小，在场景中涂抹人物，如图 7-97 所示。

(14) 按 Ctrl+Alt+Shift+E 组合键，盖印可见图层至【图层 3】，通过复制得到【图层 3 拷贝】图层，将该图层的【混合模式】设置为柔光，添加蒙版，使用【画笔工具】，设置合适的笔触大小，在场景中涂抹人物的上半部分，如图 7-98 所示。

(15) 打开随书附带光盘 CDROM | 素材 | Cha07 | 爱的证明 .psd 文件，如图 7-99 所示。

图 7-97　涂抹人物

图 7-98　设置【混合模式】参数

图 7-99　打开素材文件

(16) 将素材文件拖入到场景中的适当位置，然后将文字图层载入选区，并填充黑色。取消选区后将场景文件进行保存。

案例精讲 107　紫色梦境

案例文件：CDROM | 场景 | Cha07 | 紫色梦境 .psd

视频文件：视频教学 | Cha07| 紫色梦境 .avi

制作概述

本例首先置入素材，利用【色阶】命令将素材调亮，将背景调暗，再使用【添加蒙版图层】、【画笔工具】将人物凸显出来，再使用【可选颜色】、【曲线】将素材进行调整，并多次利用【曲线】命令将素材调亮或调暗，使用【色相 / 饱和度】将图层进行调整，并使用【可选颜色】、【颜色平衡】和【画布大小】进行修饰，完成后的效果如图 7-100 所示。

图 7-100　紫色梦境效果

学习目标

学习紫色梦境的制作。

掌握使用添加蒙版图层、画笔工具、色阶、可选颜色、曲线、色彩平衡、画布大小等命令的应用。

操作步骤

(1) 启动 Photoshop CC 软件，在菜单栏中选择【文件】|【打开】命令，打开随书附带光盘中的 CDROM | 素材 | Cha07 | 照片 01.jpg 文件，如图 7-101 所示。

(2) 在【图层】面板中，按住【背景图层】，将其拖曳至【图层】面板下方的【创建新图层】按钮上，复制图层【背景 拷贝】，如图 7-102 所示。

图 7-101　打开素材文件

图 7-102　复制图层

(3) 在【图层】面板下方单击【创建新的填充或调整图层】按钮，在弹出的快捷菜单中选择【色阶】命令，如图 7-103 所示。

(4) 在弹出的对话框中，单击【自动】按钮，如图 7-104 所示。

(5) 再在【图层】面板中单击【创建新的填充或调整图层】按钮，在弹出的快捷菜单中选择【色阶】命令，在弹出的对话框中对参数进行设置，其参数为 66、1.07、255，如图 7-105 所示。

图 7-103　选择【色阶】命令

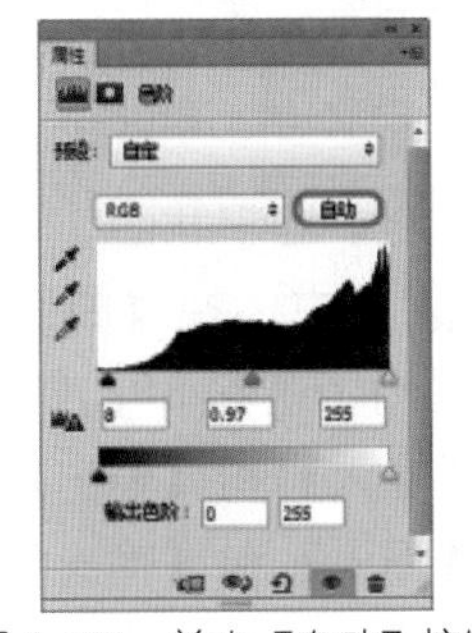

图 7-104　单击【自动】按钮

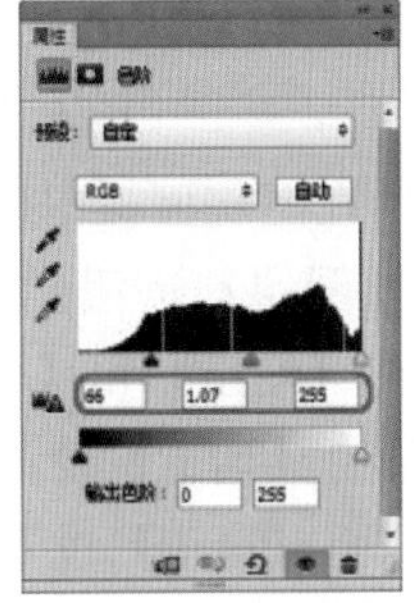

图 7-105　调整参数

(6) 在【图层】面板中选择【色阶 2】的蒙版，在工具箱中选择【画笔工具】，在场景中将人物进行涂抹，如图 7-106 所示。

(7) 在【图层】面板中单击【创建新的填充或调整图层】按钮，在弹出的快捷菜单中选择【可选颜色】命令，在弹出的对话框中，将可选颜色设为红色，将下面的青色、洋红、黄色、黑色分别设置为 –64、–14、–21、–35，将下面的方法设置为【相对】，如图 7-107 所示。

(8) 继续执行上面的操作，将【可选颜色】设置为黄色，将下面的青色、洋红、黄色、黑色分别设置为 20、–26、1、60，如图 7-108 所示。

图 7-106　绘制蒙版

图 7-107　设置红色可选颜色参数

图 7-108　设置黄色可选颜色参数

(9) 继续将【可选颜色】设置为绿色，将下面的青色、洋红、黄色、黑色分别设置为 27、-6、0、11，如图 7-109 所示。

(10) 设置完成后，确认【选取颜色 1】处于选中状态，按 Ctrl+Alt+Shift+E 组合键，盖印图层，获得【图层 1】，如图 7-110 所示。

(11) 在菜单栏中选择【图像】|【计算】命令，在弹出的对话框中，将【源 1】中的【通道】设置为灰色，【源 2】中的【图层】设置为图层 1，【通道】设置为绿，并勾选后面的【反相】复选框，【混合】设置为正片叠底，如图 7-111 所示。

图 7-109　设置绿色可选颜色参数

图 7-110　盖印图层

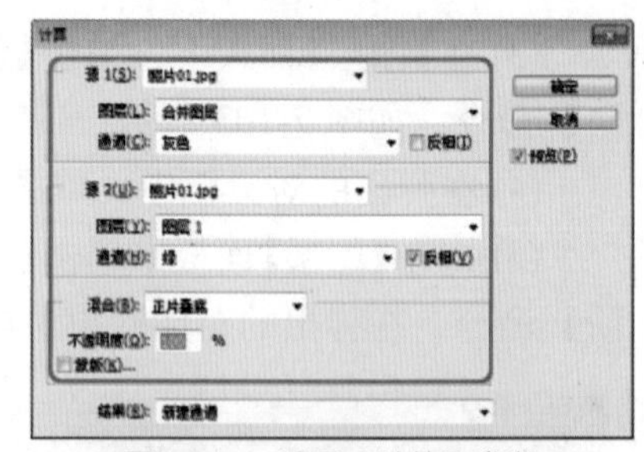
图 7-111　设置【计算】参数

(12) 在图层面板中确认【图层 1】处于选中状态，单击【图层】面板下方的【创建新的填充或调整图层】按钮，在弹出的快捷菜单中选择【曲线】命令，在弹出的对话框中通道选择 RGB，将【输出】和【输入】分别设置为 167 和 85，如图 7-112 所示。

(13) 将【通道】设置为红色，将【输入】和【输出】设置为 171、128，如图 7-113 所示。

(14) 将【通道】设置为蓝色，将【输入】和【输出】设置为 134、149，如图 7-114 所示。

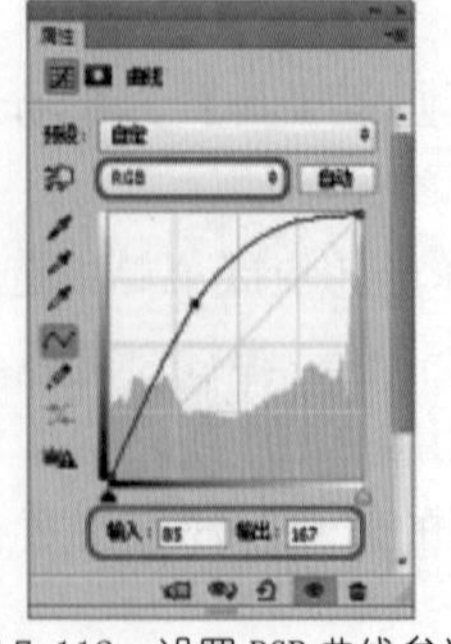
图 7-112　设置 RGB 曲线参数

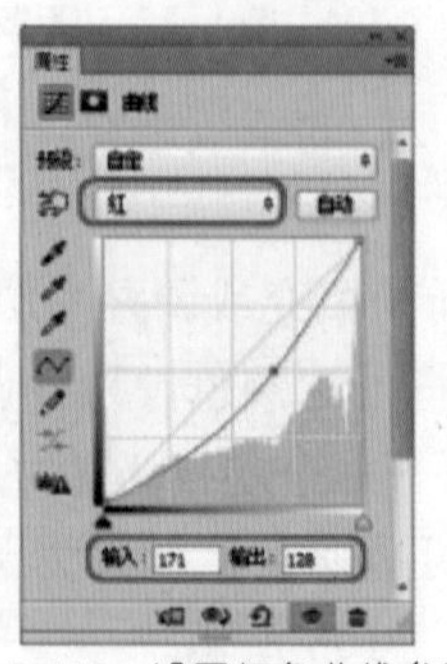
图 7-113　设置红色曲线参数

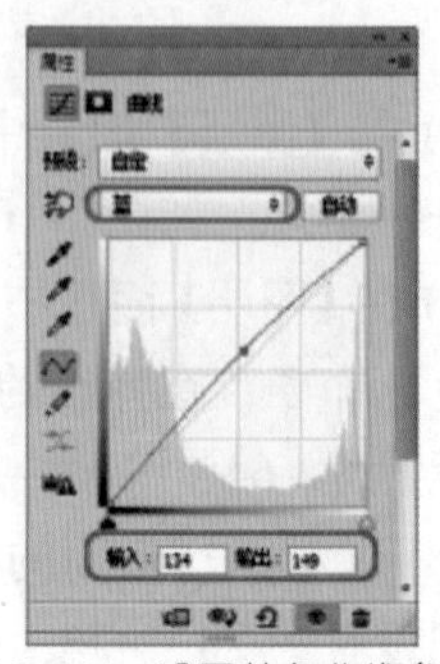
图 7-114　设置蓝色曲线参数

(15) 设置完成后，在【图层】面板中，选择【曲线 1】的【图层蒙版缩略图】，使用【画笔工具】在场景中对人物进行涂抹，如图 7-115 所示。

(16) 在图层面板中，选择【图层】面板下方的【创建新的填充或调整图层】按钮，在弹出的快捷菜单中选择【曲线】命令，在弹出的对话框中将场景调暗一些，如图 7-116 所示。

(17) 在【图层】面板中，单击【创建新的填充或调整图层】按钮，在弹出的快捷菜单中选择【色相 / 饱和度】命令，在弹出的对话框中将【通道】设置为绿色，将【色相】、【饱和度】、【明度】分别设置为 –107、13、2，可以使用【添加到取样】按钮，添加多余的颜色，如图 7-117 所示。

图 7-115 使用【画笔工具】对人物涂抹

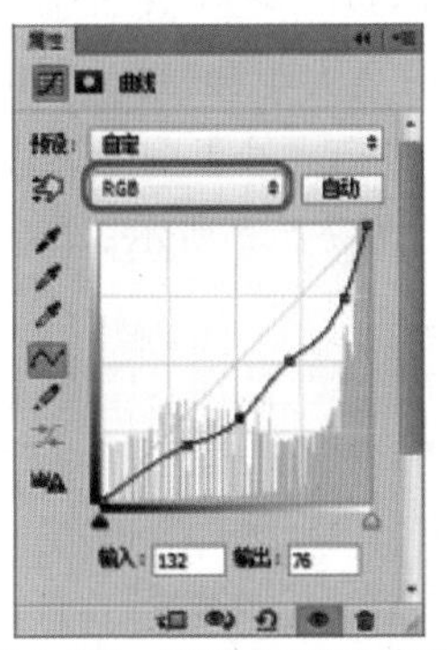

图 7-116 设置【曲线】参数

图 7-117 设置【色相 / 饱和度】参数

(18) 同样使用【画笔工具】，将人物进行涂抹，如图 7-118 所示。

(19) 选择盖印图层得到的图层，为其添加蒙版图层，使用【画笔工具】将场景中的瑕疵部分去除，如图 7-119 所示。

(20) 在【图层】面板上选择【色相 / 饱和度 1】图层，单击【创建新的填充或调整图层】按钮，在弹出的快捷菜单中选择【可选颜色】命令，在弹出的对话框中，将【可选颜色】设置为中性色，并将青色、洋红、黄色、黑色分别设置为 11、0、–8、11，并将人物进行涂抹，如图 7-120 所示。

图 7-118 使用【画笔工具】对人物涂抹

图 7-119 涂抹瑕疵

图 7-120 设置【可选颜色】参数

(21) 继续选择【色彩平衡】命令，在弹出的对话框中将【色调】设置为中间调，并设置参数分别为 5、–26、0，如图 7-121 所示。

(22) 将【色调】设置为阴影，并将其参数分别设置为 13、0、0，如图 7-122 所示。并使用【画笔工具】进行涂抹。

(23) 绘制完成后效果如图 7-123 所示。

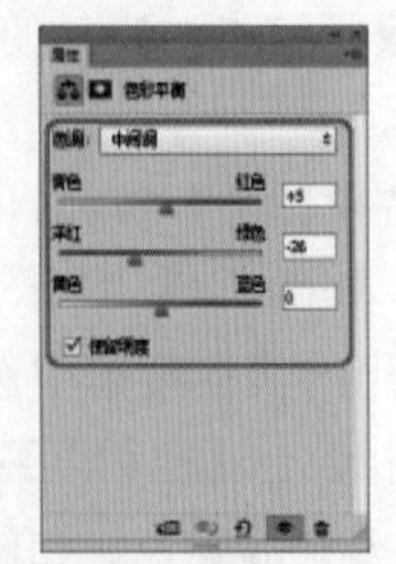
图 7-121　设置中间调参数

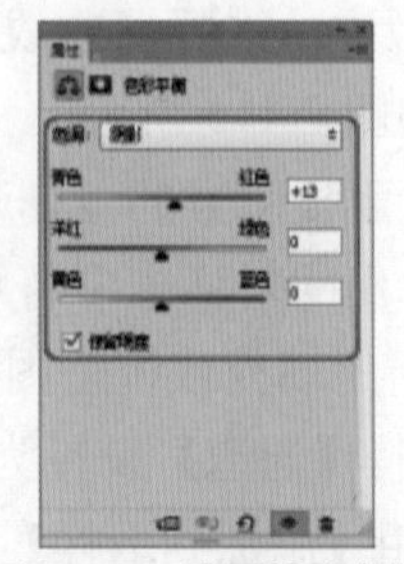
图 7-122　设置阴影参数

图 7-123　完成后效果

(24) 打开随书附带光盘中的 CDROM | 素材 | Cha07 | 那片梦 .psd 文件，将图像拖到场景中，并按 Ctrl+T 组合键，将素材调整到适当大小和位置，如图 7-124 所示。

(25) 在菜单栏中选择【图像】|【画布大小】命令，在弹出的【画布大小】对话框中，将【宽度】和【高度】都设置为 3 厘米，如图 7-125 所示。

图 7-124　添加文字

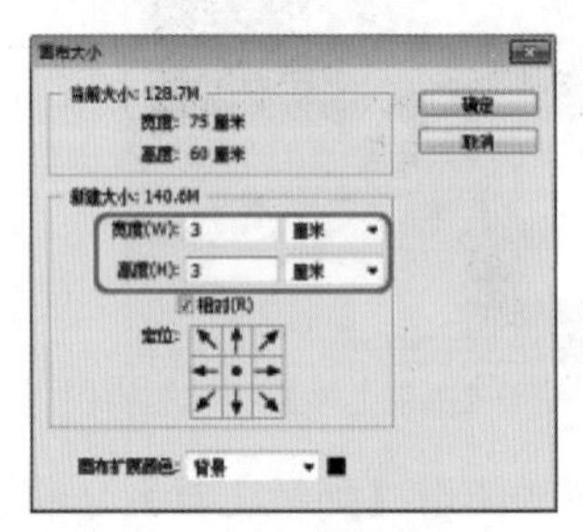
图 7-125　添加画布

案例精讲 108　爱情锁

案例文件：CDROM | 场景 | Cha07 | 爱情锁 .psd
视频文件：视频教学 | Cha07| 爱情锁 .avi

制作概述

本例介绍爱情锁的制作。首先置入素材利用蒙版图层、画笔工具进行绘制，将图片融入背景，使用同样的方法操作其他素材，将所有素材设置完成后再使用横排文字工具进行文字说明，完成后的效果如图 7-126 所示。

图 7-126　爱情锁效果

学习目标

学习爱情锁的制作。

掌握使用添加蒙版图层、横排文字工具工具的应用。

操作步骤

(1) 启动 Photoshop CC 软件，按 Ctrl+N 组合键，在弹出的对话框中，将【宽度】、【高度】分别设置为 1417 像素、866 像素，【背景内容】设置为白色，单击【确定】按钮，如图 7-127 所示。

(2) 按 Ctrl+O 组合键，打开随书附带光盘中的 CDROM | 素材 | Cha07 | 背景 .psd 文件，将图像拖到场景中，并按 Ctrl+T 组合键，将素材调整到适当大小和位置，如图 7-128 所示。

(3) 调整完成后，按 Enter 键，退出自由变换，在【图层】面板中，确认刚置入的图层处于选中状态，单击【图层】面板下方的【添加蒙版图层】按钮，为图层添加蒙版，如图 7-129 所示。

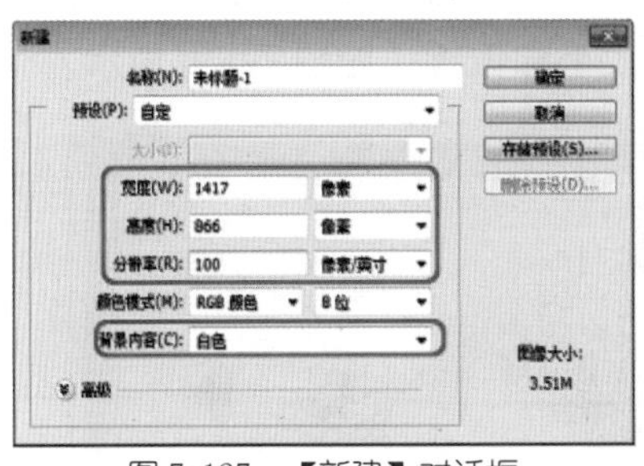

图 7-127 【新建】对话框

图 7-128 导入素材并调整

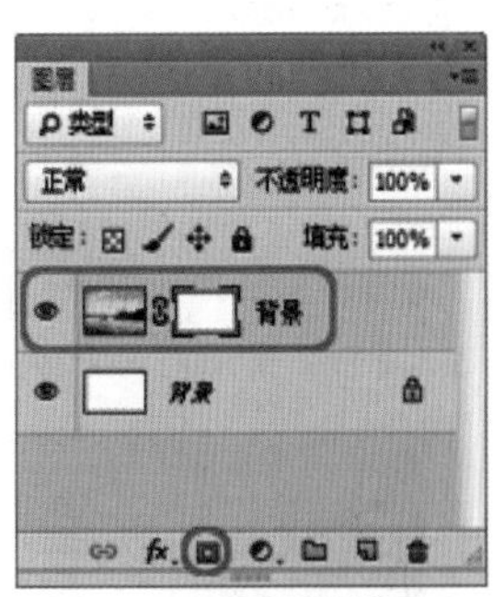

图 7-129 添加蒙版图层

(4) 再在工具箱中选择【画笔工具】，在工具栏中将【不透明度】设置为 100%，【流量】设置为 100%，在素材图像上进行简单涂抹，如图 7-130 所示。

(5) 按 Ctrl+O 组合键，打开随书附带光盘中的 CDROM | 素材 | Cha07 | 照片 .jpg 文件，将图像拖到场景中，并按 Ctrl+T 组合键，将素材调整到适当大小和位置，如图 7-131 所示。

(6) 在【图层】面板中，为【图层 1】添加图层蒙版，并使用【画笔工具】进行简单的涂抹，如图 7-132 所示。

图 7-130 涂抹素材

图 7-131 导入素材并调整

图 7-132 添加蒙版图层

(7) 再按 Ctrl+O 组合键，打开随书附带光盘中的 CDROM | 素材 | Cha07 | 背景 01.psd 文件，将图像拖到场景中，并按 Ctrl+T 组合键，将素材调整到适当大小和位置，如图 7-133 所示。

(8) 调整完成后，在图层面板中选择刚导入的图层将其【不透明度】设置为 50%，设置完成后如图 7-134 所示。

图 7-133　导入素材并调整

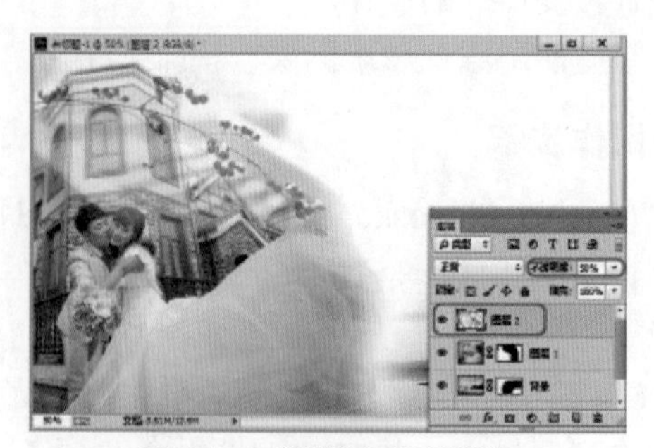
图 7-134　调整图层不透明度

(9) 在工具箱中选择【画笔工具】，在工具栏中将【不透明度】设置为 30%，【流量】设置为 50%，在图层面板中选择图层 1，将新娘的裙子和新郎的裤子处涂抹成为白色为止，如图 7-135 所示。

(10) 按 Ctrl+O 组合键，打开随书附带光盘中的 CDROM | 素材 | Cha07 | 爱情锁 .psd 文件，将图像拖到场景中，并按 Ctrl+T 组合键，将素材调整到适当大小和位置，如图 7-136 所示。

图 7-135　设置【画笔工具】参数

图 7-136　导入素材并调整

(11) 再打开随书附带光盘中的 CDROM | 素材 | Cha07 | 照片 .jpg 文件，如图 7-137 所示。

(12) 在【图层】面板中选择【背景图层】，并将其拖到【图层】面板的下方【创建新图层】处进行复制，得到图层【背景拷贝】，如图 7-138 所示。

(13) 在【图层】面板中，选择【背景拷贝】图层，在工具箱中选择【自定形状工具】，在工具栏中将【工具模式】设为路径，形状选择红心图案，然后在素材中绘制，如图 7-139 所示。

图 7-137　打开的素材文件

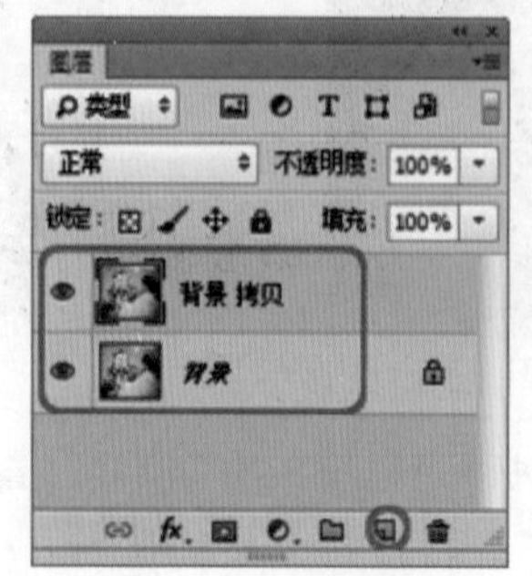

图 7-138　复制图层

图 7-139　绘制心形

在绘制红心时可以使用空格键进行辅助操作。

(14) 在【路径】面板中，双击【工作路径】，在弹出的对话框中单击【确定】按钮，如图 7-140 所示，将【工作路径】存储为路径 1。

(15) 在图层面板中，新建一个图层，在【路径】面板中选择【路径 1】，按 Ctrl+Enter 组合键，将路径转换为选区，如图 7-141 所示。

(16) 确认【图层 1】处于选中状态，按 Ctrl+E 组合键，将【图层 1】和【背景拷贝】合并，如图 7-142 所示。

图 7-140　存储路径

图 7-141　路径转换为选区

图 7-142　合并图层

(17) 选择【背景拷贝】图层，按 Ctrl+Shift+I 组合键，进行反选，按 Delete 键将选区删除，如图 7-143 所示。

(18) 按 Ctrl+D 组合键取消选区，并将绘制好的心形拖到场景中，并按 Ctrl+T 组合键，将素材调整到适当大小和位置，如图 7-144 所示。

图 7-143　删除选区

图 7-144　导入场景并调整

(19) 在工具箱中选择【橡皮擦工具】，在刚导入的素材上进行涂抹，将多余的删除，如图 7-145 所示。

(20) 制作完成后，在工具箱中选择【横排文字工具】，打开随书附带光盘中的 CDROM | 素材 | Cha07 | 爱情锁 .txt 文件，将文字复制并粘贴到场景中，如图 7-146 所示。

(21) 输入完成后，选择“爱情锁”三个字，在工具栏中将【字体】设置为汉仪行楷简，【大小】设置为 40，【字体颜色】设置为红色，如图 7-147 所示。再选择“紧紧锁”三个字，将其【大小】设置为 20，【字体颜色】设置为红色，如图 7-148 所示。

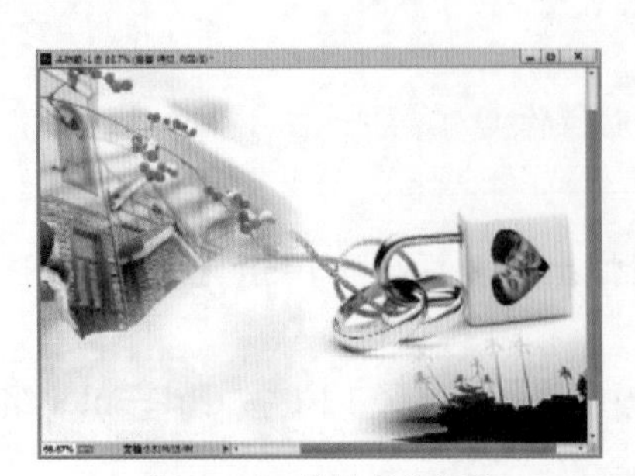

图 7-145 涂抹多余色彩

图 7-146 复制文字

图 7-147 设置文字格式

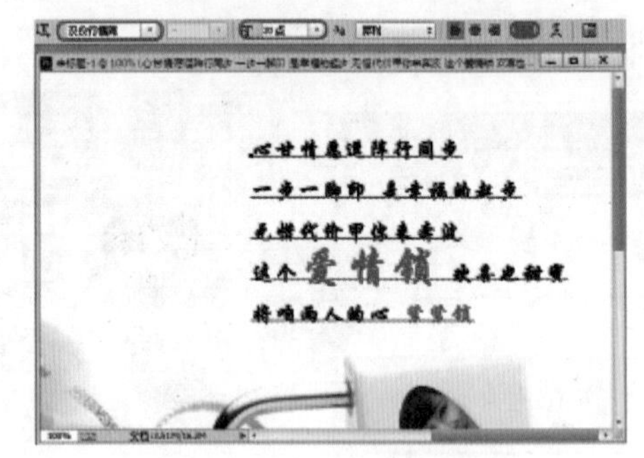

图 7-148 设置文字格式

(22) 设置完成后选择其他文字，将【大小】设置为 20，【字体颜色】设置为黑色，并将文字设置的美观一些。再在工具箱中选择【直排文字工具】，在场景中输入“爱情锁”。选择文字，将【字体】设置为汉仪行楷简，【大小】设置为 46，【字体颜色】设置为黑色，如图 7-149 所示。

(23) 再使用【横排文字工具】，在场景中输入文字 Love lock，其文字设置和爱情锁相同，如图 7-150 所示。

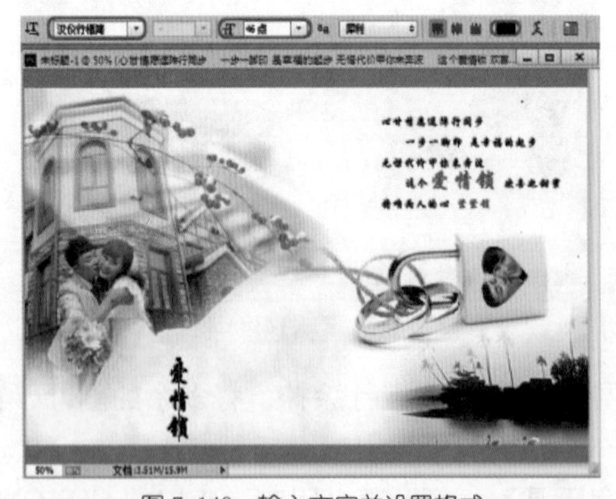

图 7-149 输入文字并设置格式

图 7-150 输入文字并设置格式

(24) 在工具箱中选择【直线工具】，在场景中绘制，如图 7-151 所示。

(25) 再使用【横排文字工具】在场景中输入文字，选择输入的文字，将【字体】设置为微软雅黑，【大小】设置为 11，【字体颜色】的 RGB 值设置为 90、89、89，如图 7-152 所示。

(26) 在【图层】面板中选择【爱情锁】图层，将其拖至【创建新图层】按钮上，复制图层【爱情锁拷贝】，按 Ctrl+T 组合键，将素材移动到适当位置和大小，如图 7-153 所示。

图 7-151　绘制直线

图 7-152　输入文字并设置格式

(27) 在素材上单击鼠标右键，在弹出的快捷菜单中选择【水平翻转】，如图 7-154 所示。

(28) 执行完命令后，将素材进行简单的旋转，完成后按 Enter 键确认，效果如图 7-155 所示。

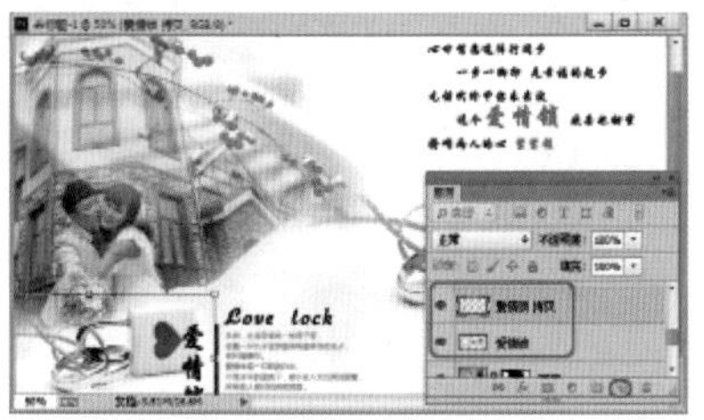

图 7-153　复制图层

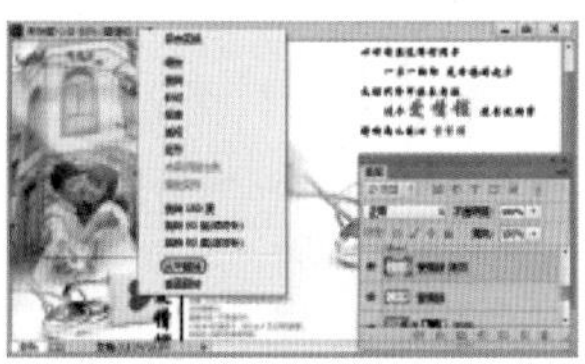

图 7-154　设置水平翻转

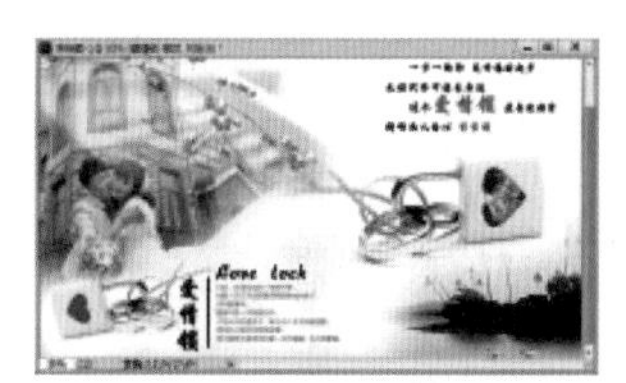

图 7-155　完成后的效果

第8章 桌面壁纸的制作

本章重点

- 立体书本壁纸
- 非主流壁纸
- 月历壁纸
- 制作黄色浪漫壁纸
- 制作蓝色妖姬壁纸
- 制作简约壁纸

桌面壁纸是计算机桌面的背景图片，在网络上可以搜索到各种风格的壁纸，不同风格的壁纸体现了不同的界面环境，使我们的计算机更绚丽、更有个性。Photoshop 爱好者可以根据自己的喜好制作桌面壁纸，本章介绍 6 种不同类型壁纸的制作方法。

案例精讲 109　立体书本壁纸

案例文件：CDROM | 场景 | Cha08 | 立体书本壁纸 .psd

视频文件：视频教学 | Cha08 | 立体书本壁纸 .avi

制作概述

立体书本壁纸的制作，主要是制作图层壁纸的立体感觉。首先使用钢笔工具绘制出纸张的大体轮廓，对其填充颜色，完成第一张纸的创建，然后对其进行复制，使其有立体感，选择合适的素材文件，进行调整，得到立体书本，使用横排文字工具创建文字，这样一个单色调壁纸就创建完成，完成后的效果如图 8-1 所示。

图 8-1　立体书本壁纸

学习目标

学习如何使用钢笔工具绘制纸张轮廓及立体壁纸的创建。

掌握横排文字工具的设置。

掌握创建立体书本壁纸的步骤及如何调整素材图片。

操作步骤

(1) 启动软件后，按 Ctrl+N 组合键，打开【新建】对话框，新建 4000 像素 ×2500 像素，分辨率为 300 像素 / 英寸的文档，如图 8-2 所示。

(2) 选择【渐变工具】，设置渐变色为白色到 #c8c9c9 的径向渐变，以文档的左下角向右上角拖动鼠标填充渐变颜色，如图 8-3 所示。

(3) 在图层面板中新建【底图】图层，使用【钢笔工具】绘制路径，按 Ctrl+Enter 组合键将其载入选区，按 Shift+F6 组合键在弹出的【羽化选区】对话框中，将【羽化半径】设为 8，对其填充 #8f8f8f 颜色，按 Ctrl+D 组合键取消选区，并将【底图】图层的【不透明度】设置为 60%，如图 8-4 所示。

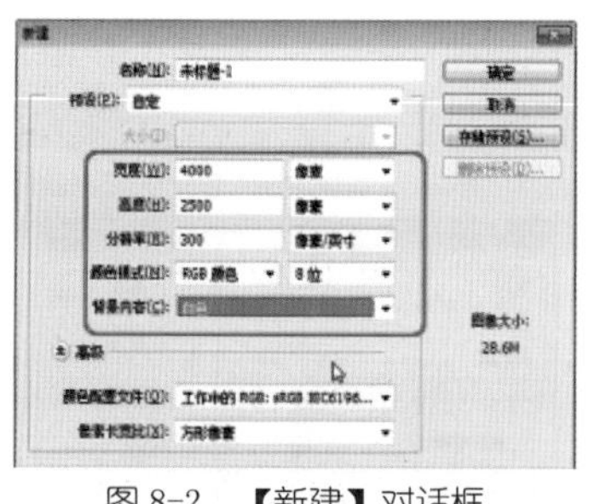

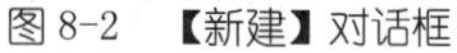

图 8-2 【新建】对话框

图 8-3 填充渐变色

图 8-4 绘制形状

(4) 继续使用【钢笔工具】绘制路径并将其转换为选区，填充白色，按 Ctrl+T 组合键适当进行调整，如图 8-5 所示。

(5) 新建【组 1】并将【底图】和【底图 1】图层拖到【组 1】中，连续复制【组 1】5 次，调整各个组的位置，完成后的效果，如图 8-6 所示。

(6) 新建【阴影】图层，使用【钢笔工具】绘制路径，并将其载入选区，如图 8-7 所示。

图 8-5 绘制图形

图 8-6 复制组

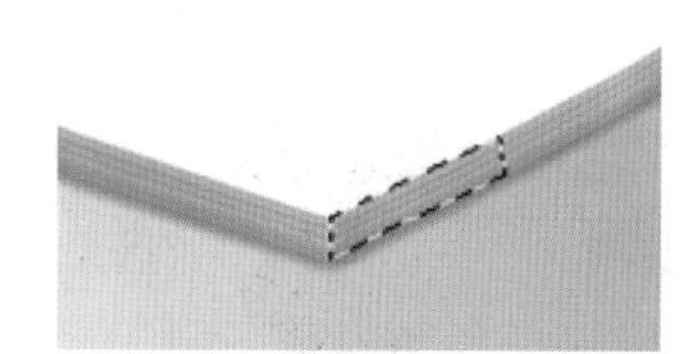

图 8-7 绘制选区

(7) 在工具箱中选择【渐变工具】，设置渐变色为 #2f2f2f 到白色透明的渐变，对选区填充渐变色，按 Ctrl+D 组合键取消选区，如图 8-8 所示。

(8) 选择【阴影】图层，将其【不透明度】设置为 50%，如图 8-9 所示。

图 8-8 填充渐变色

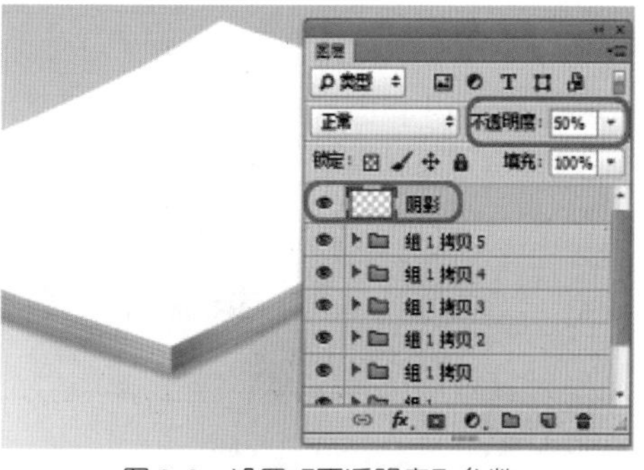

图 8-9 设置【不透明度】参数

(9) 打开随书附带光盘中的 CDROM| 素材 |Cha08|G01.png、G02.jpg、G03.jpg、G05.jpg 文件，选择 G02.jpg 文件并将其拖到 G03.jpg 文件中，按 Ctrl+T 组合键适当调整位置和大小，如图 8-10 所示。

(10) 使用【橡皮擦工具】，在工具选项栏中设置合适的【画笔大小】，将【不透明度】设置为 100%，在文档中进行涂抹，完成后的效果如图 8-11 所示。

(11) 确认【图层 1】处于选择状态，在菜单栏中选择【图像】|【调整】|【亮度 / 对比度】命令，打开【亮度 / 对比度】对话框，将【亮度】设置为 24，【对比度】设置为 24，单击【确

定】按钮，如图 8-12 所示。

图 8-10　添加素材文件

图 8-11　涂抹后的效果

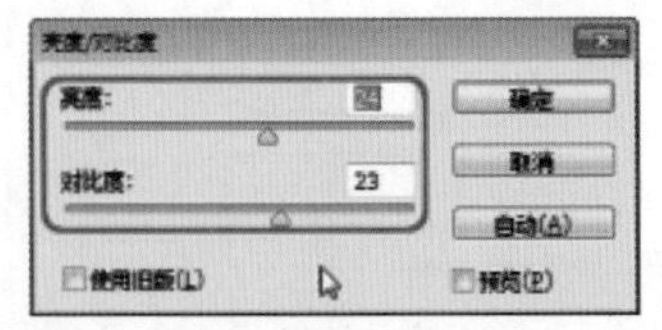

图 8-12　设置【亮度 / 对比度】参数

(12) 将 G05.jpg 文件拖到 G03.jpg 文件中，调整大小，使用【橡皮擦工具】继续对多余的部分进行擦除 (可以根据自己的审美要求进行擦除)，完成后的效果如图 8-13 所示。

(13) 选择【图层 2】，在菜单栏中选择【图像】|【调整】|【亮度 / 对比度】命令，打开【亮度 / 对比度】对话框，将【亮度】设置为 –27，【对比度】设置为 63，单击【确定】按钮，如图 8-14 所示。

(14) 打开【图层】面板，选择所有图层进行合并，将其移到操作文档中，按 Ctrl+T 组合键，单击鼠标右键在弹出的快捷菜单中选择合适的调整选项对图片进行调整，如图 8-15 所示。

图 8-13　擦除多余的部分

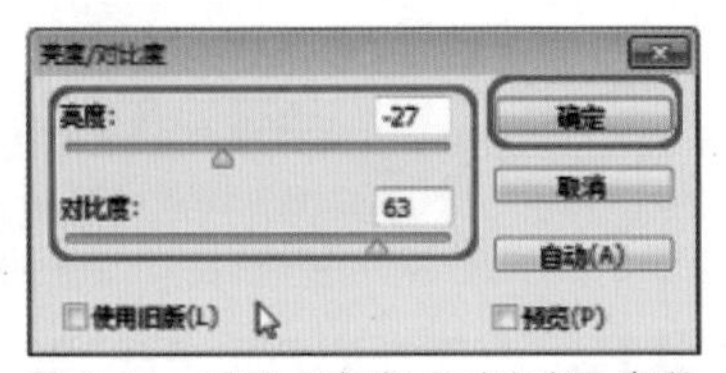

图 8-14　设置【亮度 / 对比度】参数

图 8-15　进行调整

(15) 调整完成后按 Enter 键进行确认，选择【图层 1】将其移动到【组 1 拷贝 5】组中【底图 1】的上方，按住 Alt 键并将鼠标放置到【底图 1】和【图层 1】之间，单击鼠标，完成后的效果如图 8-16 所示。

(16) 选择 G01.png 文件，将其拖到文档中并复制 2 次，使用 Ctrl+T 组合键调整位置及大小，如图 8-17 所示。

图 8-16　设置图层样式

图 8-17　添加素材文件

(17) 在工具箱中选择【横排文字工具】，在工具选项栏中将【字体】设置为 Rockwell Condensed，【大小】设置为 50 点，【消除锯齿的方法】设置为平滑，【字体颜色】设置为 #72935A，在文档输入“YOU ARE”，如图 8-18 所示。

(18) 继续使用【横排文字工具】输入“So beautiful to me.......”，在工具选项栏中将【大小】设置为 3，完成后的效果如图 8-19 所示。

(19) 选择除【背景】和文字图层以外的图层，按 Ctrl+T 组合键适当调整，完成后的效果如图 8-20 所示。

图 8-18　添加文字

图 8-19　输入文字

图 8-20　完成后的效果

案例精讲 110　非主流壁纸

案例文件：CDROM | 场景 | Cha08 | 非主流壁纸 .psd

视频文件：视频教学 | Cha08 | 非主流壁纸 .avi

制作概述

非主流壁纸的创建一定要符合其主体非主流，合理运用素材是设计的关键。首先选择一张符合主体的素材，作为背景，通过在其上添加斑点及其他素材，通过设置其图层混合模式使其与主体相符合，然后再添加文字。完成后的效果如图 8-21 所示。

图 8-21　非主流壁纸

学习目标

学习如何合理利用素材文件制作非主流壁纸。

掌握创建非主流壁纸的要点。

操作步骤

(1) 打开随书附带光盘中的 CDROM| 素材 |Cha08|G06.jpg 文件，如图 8-22 所示。

(2) 使用同样的方法打开 CDROM| 素材 |Cha08|G07.png 文件，使用【移动工具】将其移到 G0.jpg 文件中，按 Ctrl+T 组合键对其进行适当调整，如图 8-23 所示。

图 8-22　打开的素材文件

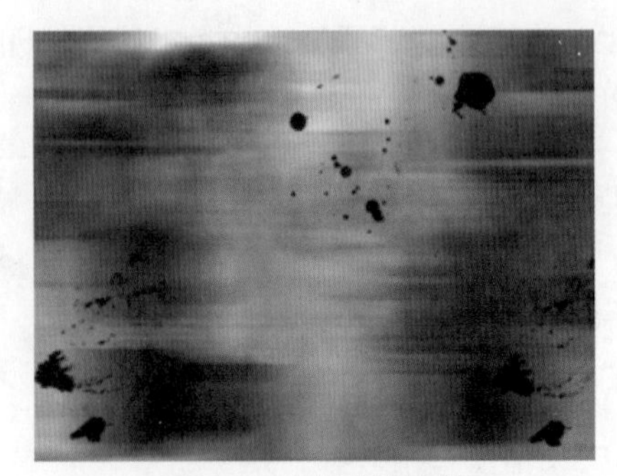

图 8-23　添加素材文件

(3) 打开【图层】面板，选择【图层 1】，将其【混合模式】设置为叠加，如图 8-24 所示。

(4) 打开 G08.jpg 文件，将其拖到 G06.jpg 文件中并适当进行调整，如图 8-25 所示。

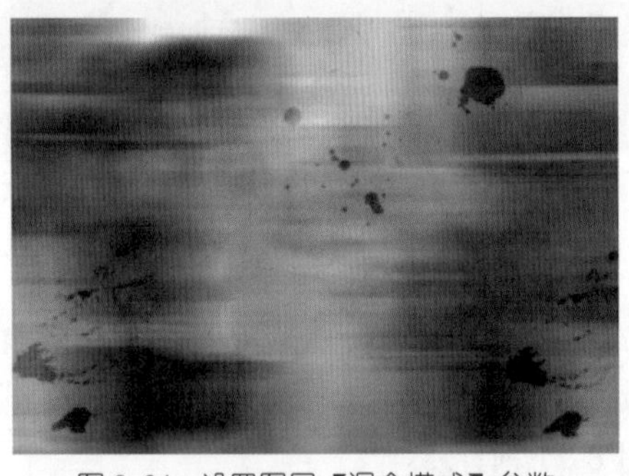

图 8-24　设置图层【混合模式】参数

图 8-25　添加素材文件

(5) 在【图层】面板中选择【图层 2】将其【混合模式】设置为颜色加深，完成后的效果如图 8-26 所示。

(6) 打开 G09.png 文件将其添加到 G06.jpg 文件中，按 Ctrl+T 组合键调整大小和位置，如图 8-27 所示。

图 8-26　设置图层【混合模式】参数

图 8-27　添加素材文件

(7) 打开 G10.png 文件，将其添加到 G06.jpg 文件中并适当调整大小和位置，如图 8-28 所示。

(8) 在【图层】面板中选择【图层 4】并双击，在弹出的【图层样式】对话框中，选择【斜面和浮雕】选项组，进行如图 8-29 所示的设置。

图 8-28 添加素材文件

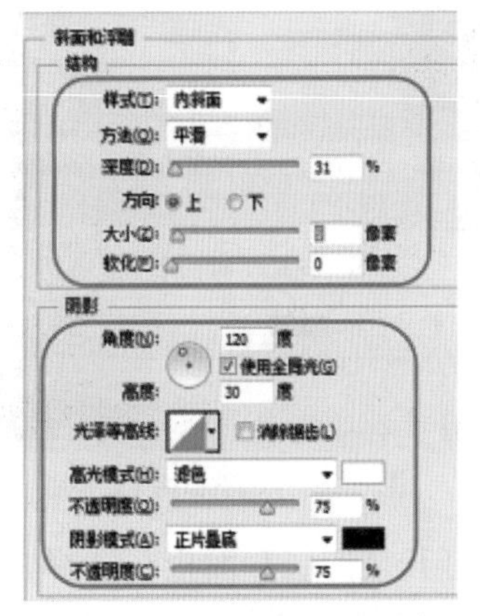

图 8-29 设置【斜面和浮雕】参数

(9) 选择【内阴影】选项，进行如图 8-30 所示的设置。

(10) 打开【图层】面板，新建【光】图层，在工具箱中选择【画笔工具】，在工具选项栏中选择一种柔边画笔，选择合适的画笔大小，将【前景色】设为白色，在图中进行涂抹，绘制出发光部分，如图 8-31 所示。

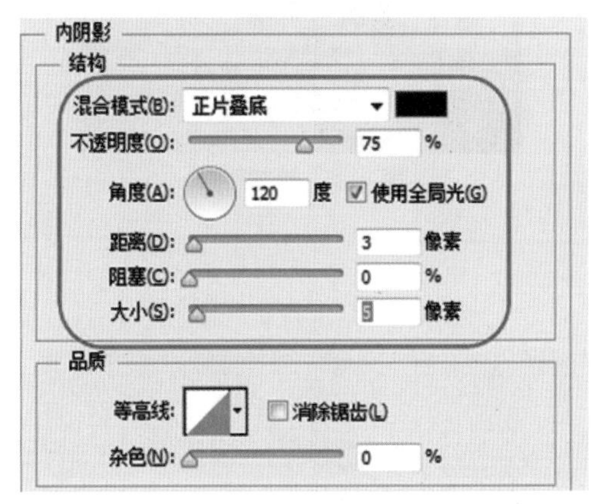

图 8-30 设置【内阴影】参数

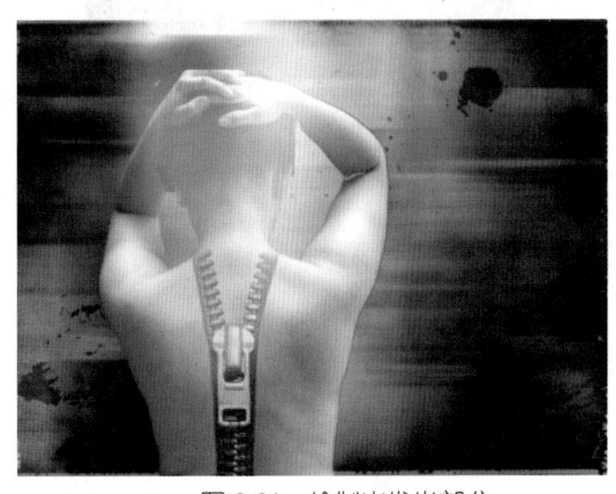

图 8-31 绘制出发光部分

利用【画笔工具】创建光效果是在设计中常用的一种方法，也可以先创建选区，然后对选区进行羽化，再填充白色，配合设置图层的【不透明度】达到光的效果。

(11) 在工具箱中选择【横排文字工具】，在舞台中输入文字(可以根据自己需求进行输入)，在【字符】面板中将【字体】设置为方正平和简体，【大小】设置为 5.6 点，【字符间距】设置为 7，【字体颜色】设置为黑色，并对文字进行调整，如图 8-32 所示。

(12) 打开 G11.png 文件，将其拖到 G06.jgp 文件中，适当调整大小和位置，在【图层】面板中将其【混合模式】设置为叠加，如图 8-33 所示。

(13) 在工具箱中选择【横排文字工具】，在工具选项栏将【字体】设置为方正平和简体，【大小】设置为 16 点，【字体颜色】设置为黑色，并对其进行适当调整，如图 8-34 所示。

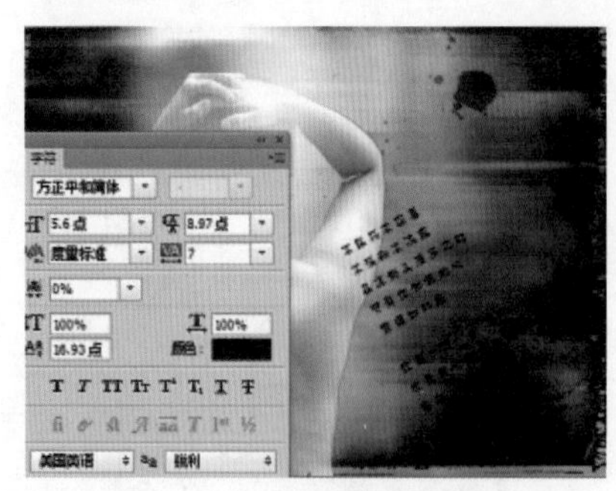

图 8-32　设置【字符】参数

图 8-33　添加素材文件

(14) 打开【图层】面板，选择上一步的文字图层，将其图层【混合模式】设置为叠加，然后对其进行复制，完成后的效果如图 8-35 所示。

图 8-34　输入文字

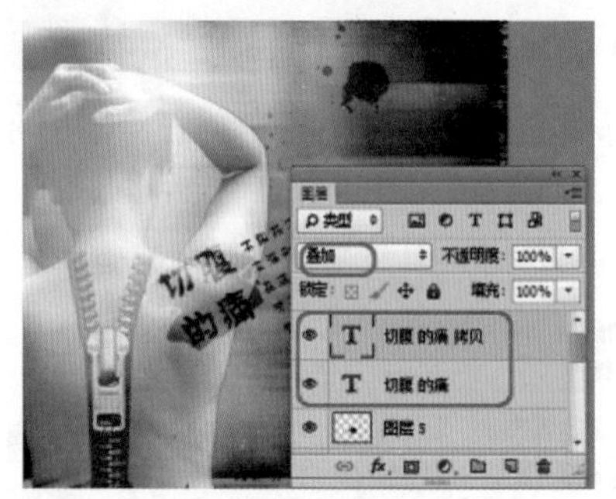

图 8-35　复制图层

案例精讲 111　月历壁纸

案例文件：CDROM | 场景 | Cha08 | 月历壁纸 .psd

视频文件：视频教学 | Cha08 | 月历壁纸 .avi

制作概述

月历壁纸是一种常见的壁纸，本例中的月历壁纸主体是色彩鲜明对比，其中图片应用了很多色彩，而日历部分只用了单色调，加上气泡作为修饰使其更加完美。完成后的效果如图 8-36 所示。

图 8-36　月历壁纸

学习目标

学习剪贴图层蒙板和图层样式的应用。

掌握创建月历壁纸的操作方法能做到举一反三。

操作步骤

(1) 启动软件后，新建 2492×1536 的文档，在工具箱中选择【渐变工具】，在工具选项栏中单击【渐变色】按钮，在弹出的【渐变编辑器】对话框中，将第一个色标位置设置为 48%，将其填充颜色设置为白色，将第二个色标设置为 #989898，对【背景】图层进行填充，如图 8-37 所示。

(2) 打开随书附带光盘中的 CDROM| 素材 |Cha08|G12.png 文件，将其拖到文档中并适当调整大小和位置，如图 8-38 所示。

(3) 在工具箱中选择【魔棒工具】，在工具选项栏中单击【新选区】按钮，将【容差】设置为 30，取消勾选【连续】复选框，选择【图层 1】的白色部分，按 Delete 键并将其删除，按 Ctrl+D 组合键取消选区，如图 8-39 所示。

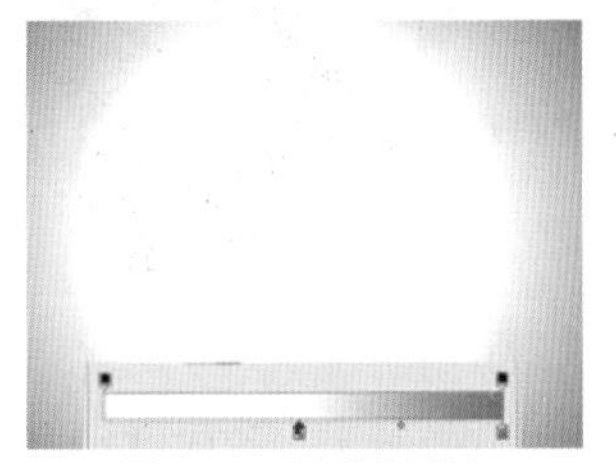

图 8-37　填充渐变色

图 8-38　添加素材文件

图 8-39　删除多余的部分

(4) 选择【图层 1】，在菜单栏中选择【图像】|【调整】|【色彩平衡】命令，打开【色彩平衡】对话框，分别将【色阶】设置为 +100、–100、–100，【色调平衡】设置为中间调，单击【确定】按钮，如图 8-40 所示。

知识链接

【色彩平衡】：用于添加过渡色来平衡色彩效果，拖曳滑块可以调整整个图像的色彩，也可以在【色阶】选项的数值框中直接输入数值来调整图像的色彩。

(5) 打开素材 G13.png 文件，将其拖到文档中并适当进行调整，如图 8-41 所示。

(6) 按住 Alt 键，将鼠标放置到【图层 2】和【图层 1】之接，创建剪贴蒙版，完成后的效果如图 8-42 所示。

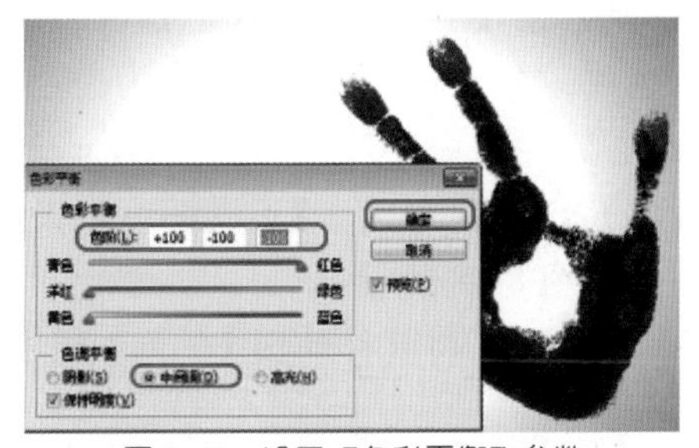

图 8-40　设置【色彩平衡】参数

图 8-41　添加素材文件

图 8-42　创建剪贴蒙版

创建剪贴蒙版的方法有很多种，可以选择需要盖印的图层，单击鼠标在弹出的快捷菜单中选择【创建剪贴蒙版】命令，也可以使用快捷键 Ctrl+Alt+G 组合键创建剪贴蒙版。

(7) 打开 G14.png 文件，将其拖到文档中，此时添加的文档会自动进行盖印，适当进整后的效果如图 8-43 所示。

(8) 打开 G15.png 文件，将其拖到文档中，此时图层会创建剪贴蒙版。选择【图层 4】并单击鼠标右键，在弹出的快捷菜单中选择【释放剪贴蒙版】命令，调整位置和大小，如图 8-44 所示。

图 8-43　调整后的效果

图 8-44　添加素材文件

(9) 打开 G16.png 文件，将其拖到文档中，按 Ctrl+T 组合键打开【自由变换】，将其进行放大，调整位置后的效果如图 8-45 所示。

(10) 选择 G17.png 文件，将其拖到操作文档中，并放置到文档的右侧，如图 8-46 所示。

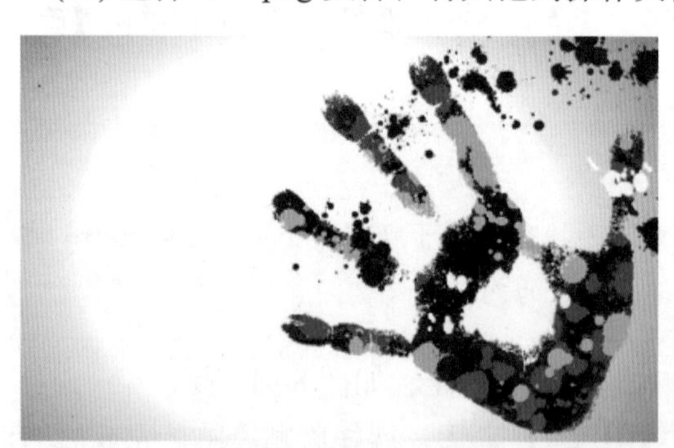

图 8-45　添加素材文件

图 8-46　添加素材文件

(11) 新建【气泡】图层，使用【椭圆工具】绘制白色椭圆，在【图层】面板中双击【气泡】图层，在弹出的【图层样式】对话框中，选择【内发光】选项，将【发光颜色】设置为白色，其他参数进行如图 8-47 所示的设置。

(12) 打开【图层】面板，选择【气泡】图层，将其【填充】设置为 0，【不透明度】设置为 50%，并进行多次复制，调整大小和位置，完成后的效果如图 8-48 所示。

(13) 打开【图层】面板，新建【气泡】组，选择所有的气泡图层，将其移动到【气泡】组中，如图 8-49 所示。

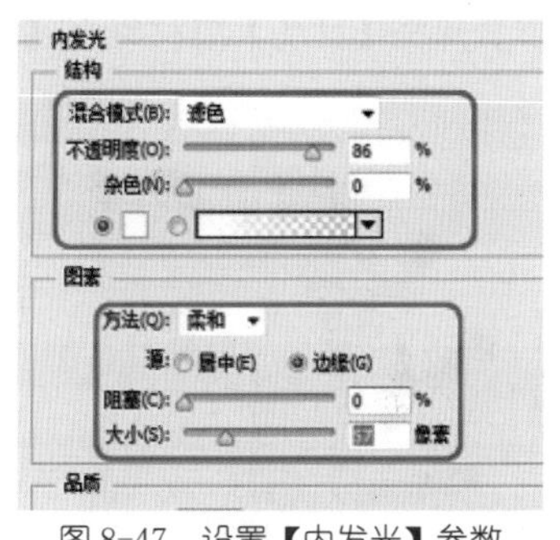

图 8-47 设置【内发光】参数

图 8-48 添加气泡

图 8-49 新建【气泡】组

(14) 在工具箱中选择【横排文字工具】，打开【字符】面板，将【字体】设置为 Adobe 黑体 Std，【大小】设置为 45 点，【字符间距】设置为 1500，【字体颜色】设置为黑色，输入文字，如图 8-50 所示。

(15) 继续使用【横排文字工具】，输入文字，在【字符】面板中将【字符间距】设置为 2000，如图 8-51 所示。

(16) 使用同样的方法输入其他文字，调整合适的间距，完成后的效果如图 8-52 所示。

图 8-50 输入文字

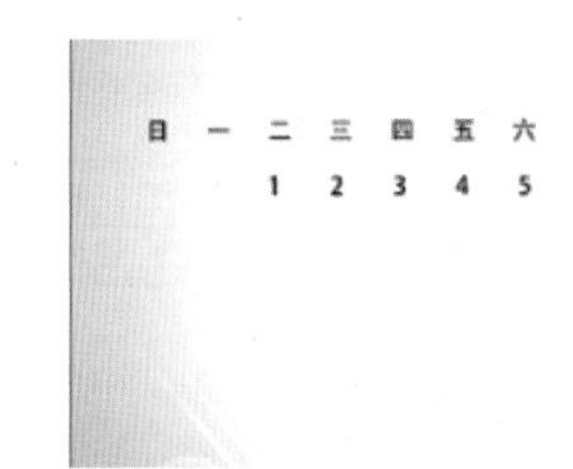

图 8-51 输入文字

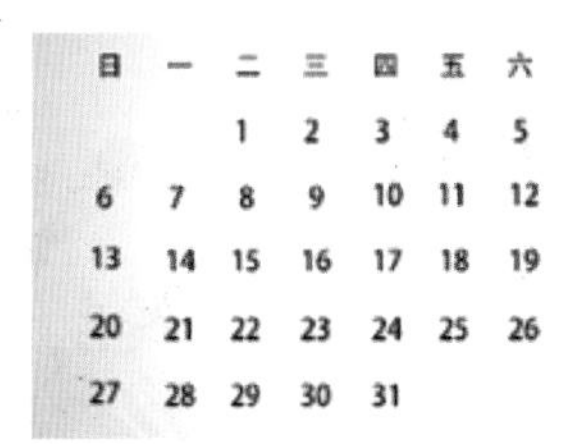

图 8-52 输入其他文字

(17) 打开【图层】面板，新建【圆形】图层，使用【椭圆】工具，绘制正圆，并对其填充 #b9b9b9 颜色，调整到合适的位置，如图 8-53 所示。

(18) 选择【圆形】图层，并进行复制，调整其位置，如图 8-54 所示。

(19) 新建【矩形】图层，在工具箱中选择【矩形工具】绘制矩形，并对其填充 #b9b9b9 颜色，完成后的效果如图 8-55 所示。

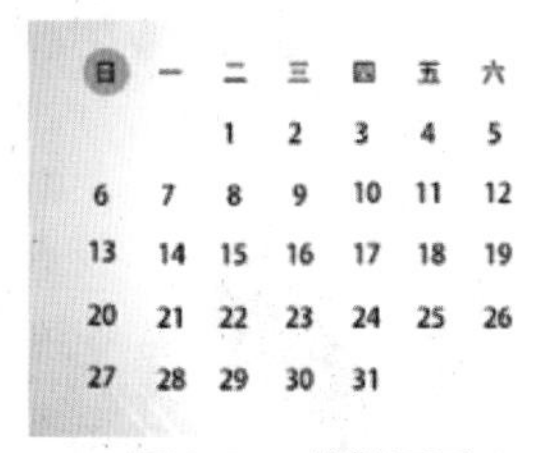

图 8-53 绘制正圆

图 8-54 复制图形

图 8-55 绘制矩形

(20) 在工具箱中选择【横排文字工具】，输入“JULY”打开【字符】面板，将【字体】设置为 Vani，【大小】设置为 200 点，【字符间距】设置为 0，【字体颜色】设置为黑色，如图 8-56 所示。

(21) 新建【日历】组，选择所有的日历图层，将其移动到改组中，并将【日历】组移动到【图层 6】的下方，如图 8-57 所示。

图 8-56　输入文字

图 8-57　新建组并移动

(22) 在【日历】组上方新建【文字】组，然后在改组中新建【圆点】图层，使用【椭圆工具】，在工具选项栏中将【模式】设置为【路径】，绘制高和宽都为 45 像素的正圆，并对其填充 #555555 颜色，如图 8-58 所示。

(23) 选择【圆点】图层，将其【不透明度】设置为 50%，对其进行复制。选择复制的图层，重新命名为【圆环】，将其【不透明度】设置为 100%，【填充】设置为 0，如图 8-59 所示。

(24) 选择【圆环】图层并双击，在弹出的【图层样式】对话框中，选择【描边】选项组，将【填充】颜色设置为 #555555，其他参数进行如图 8-60 所示的设置。

图 8-58　绘制正圆

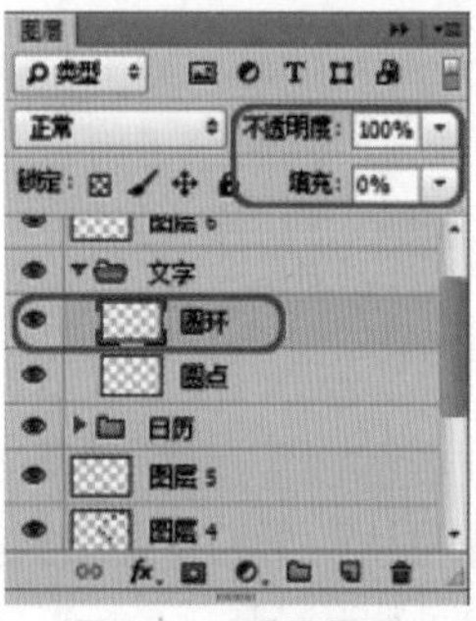

图 8-59　设置图层

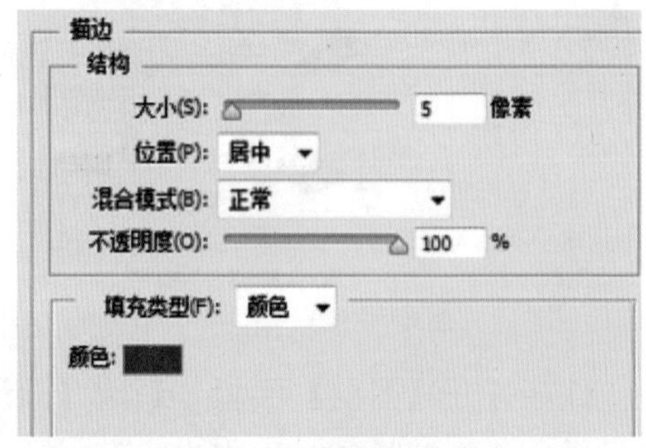

图 8-60　设置【描边】参数

(25) 在工具箱中选择【横排文字工具】，打开【字符】面板，将【字体】设置为 Adobe 黑体 Std，【大小】设置为 48 点，【字体颜色】设置为 #555555，完成后的效果如图 8-61 所示。

(26) 使用同样的方法添加文字，如图 8-62 所示。

图 8-61　输入文字

图 8-62　输入其他文字

案例精讲 112　制作黄色浪漫壁纸

案例文件：CDROM | 场景 | Cha08 | 制作黄色浪漫壁纸 .psd

视频文件：视频教学 | Cha08 | 制作黄色浪漫壁纸 .avi

制作概述

本例介绍如何制作黄色浪漫壁纸。本例中主要使用【渐变工具】制作背景，然后为导入的素材图片添加【图层蒙版】，最后输入文本，将文本图层栅格化后将其载入选区，使用【渐变工具】为文字填充渐变。完成后的效果如图 8-63 所示。

图 8-63　黄色浪漫壁纸

学习目标

学习如何使用【渐变工具】制作背景和为素材添加图层蒙版，以及如何为文字填充渐变。

掌握【渐变工具】、【图层蒙版】的使用方法。

操作步骤

(1) 启动软件后，按 Ctrl+N 组合键，在弹出的对话框中将【宽度】、【高度】设置为 1024 像素、768 像素，将【前景色】RGB 的值设置为 255、217、0，按 Alt+Delete 组合键填充前景色，效果如图 8-64 所示。

(2) 单击【创建新图层】按钮，在工具箱中选择【渐变工具】，将【前景色】RGB 的值设置为 251、152、0。在工具选项栏中单击【点按可编辑渐变】按钮，在弹出的【渐变编辑器】对话框中，在【预设】选项组中选择【前景色到透明渐变】，单击渐变条左上侧的色标，将【不透明度】设置为 0，单击右上侧的色标，将【不透明度】设置为 100，如图 8-65 所示。

(3) 单击【确定】按钮，将【渐变类型】设置为径向渐变，将其由中间向对角拖曳，为图层填充径向渐变，效果如图 8-66 所示。

图 8-64　填充前景色后的效果

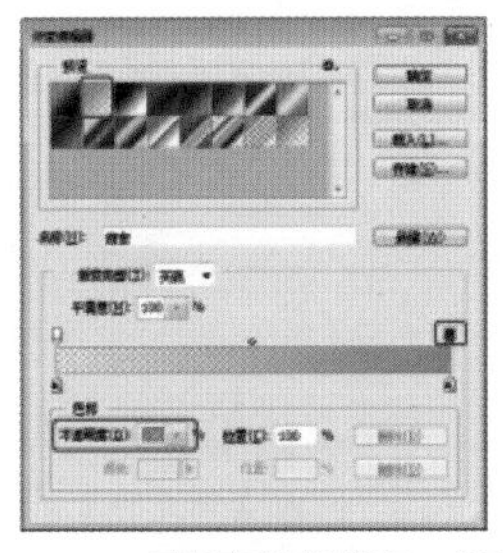

图 8-65　【渐变编辑器】对话框

图 8-66　填充径向渐变后的效果

(4) 将【前景色】RGB 的值设置为 89、173、0，将【渐变类型】设置为线性渐变，然后使用【渐变工具】从画布的底层向中间拖动，完成后的效果如图 8-67 所示。

(5) 打开随书附带光盘中的 CDROM| 素材 |Cha08|P1.jpg，在【图层】面板中按住 Alt 键同时单击【添加图层蒙版】按钮，为该图层添加图层蒙版，此时会发现素材变成透明的。在工具箱中选择【渐变工具】，将【渐变类型】设置为径向渐变，将【渐变】设置为前景色到背景色，在画布中从中间向对角拖曳，效果如图 8-68 所示。

知识链接

当为图层添加图层蒙版后，用各种绘图工具在蒙版上涂色(只能涂黑白灰色)，涂黑色的地方蒙版变为透明的，看不见当前图层的图像。涂白色则使涂色部分变为不透明可看到当前图层上的图像，涂灰色使蒙版变为半透明，透明的程度由涂色的灰度深浅决定。

(6) 使用【移动工具】将其拖曳至刚创建的文档中，按 Ctrl+T 组合键打开【自由变换】，按住 Shift 键将其等比例缩放，调整图片的位置，按 Enter 键确认。在【图层】面板中将该图层的【不透明度】设置为 45%，效果如图 8-69 所示。

图 8-67　填充线性渐变后的效果

图 8-68　添加图层蒙版效果

图 8-69　设置完成后的效果

(7) 按 Ctrl+O 组合键，在弹出的【打开】对话框中，选择随书附带光盘中的 CDROM| 素材 |Cha08|P2.png、P3.png 素材图片，将 P2.png 拖曳至创建的文档中，按 Ctrl+T 组合键打开【自由变换】，配合 Shift 键将其等比例缩放并将其调整至合适的位置，按 Enter 键确认，效果如图 8-70 所示。

(8) 双击【图层 4】，在弹出的【图层样式】对话框中，选择【外发光】选项组，将【混合模式】设置为叠加，【不透明度】设置为 100，【发光颜色】设置为白色，【方法】设置为白色，【大小】设置为 73，如图 8-71 所示。

(9) 将该图层的【不透明度】设置为 65，将 P3.png 拖曳到文档中，按 Ctrl+T 组合键打开【自由变换】，配合 Shift 键将其等比例缩放，调整它的位置及大小，效果如图 8-72 所示。

图 8-70　添加素材后的效果

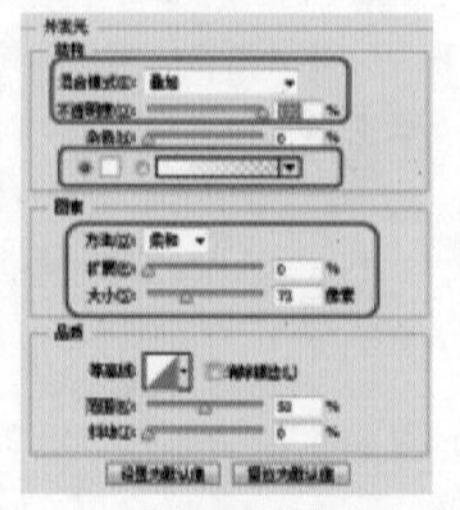
图 8-71　设置【外发光】参数

图 8-72　调整素材的位置及大小

(10) 按 Enter 键确认，双击该图层，在弹出的对话框中选择【外发光】选项组，将【混合模式】设置为叠加，【不透明度】设置为 100，【发光颜色】设置为白色，【方法】设置为柔和，【大小】设置为 73，如图 8-73 所示。

(11) 单击【创建新的填充或调整图层】按钮，在弹出的下拉菜单中选择【亮度 / 对比度】，在弹出的面板中将【亮度】设置为 10，【对比度】设置为 –5，如图 8-74 所示。

(12) 使用【横排文字工具】，在画布上输入文字，双击该图层，在弹出的对话框中选择【描边】选项，将【大小】设置为 6，【位置】设置为外部，【混合模式】设置为正常，【不透明度】设置为 100，如图 8-75 所示。

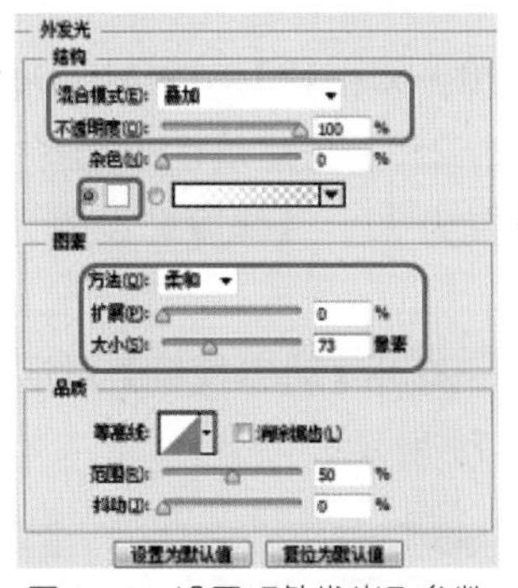

图 8-73　设置【外发光】参数

图 8-74　设置亮度与对比度

图 8-75　设置【描边】参数

(13) 选择该文字图层，单击鼠标右键，在弹出的快捷菜单中选择【栅格化图层】命令，按 Ctrl 键的同时单击该图层的缩略图，将文字载入选区，选择【渐变工具】，打开【渐变编辑器】对话框，在【预设】选项组中选择黄、紫、橙、蓝渐变，单击【确定】按钮，将【渐变类型】设置为径向渐变，然后为文字添加渐变，按 Ctrl+D 组合键，取消选区，对完成后的场景文件保存即可。

案例精讲 113　制作蓝色妖姬壁纸

案例文件：CDROM | 场景 | Cha08 | 制作蓝色妖姬壁纸 .psd

视频文件：视频教学 | Cha08 | 制作蓝色妖姬壁纸 .avi

制作概述

本例介绍如何制作蓝色妖姬壁纸。新建文件后使用【渐变工具】绘制渐变背景，然后将素材拖曳到文档中，通过设置【混合模式】、添加【图层蒙版】和设置不透明度来使素材更好地与文档融合在一起，最后输入文字。完成后的效果如图 8-76 所示。

图 8-76　蓝色妖姬壁纸

学习目标

学习如何使用【渐变工具】制作背景和为素材添加图层蒙版。

了解【纤维】滤镜和【动感模糊】滤镜的使用方法。

掌握【渐变工具】和【图层蒙版】的使用方法。

操作步骤

(1) 运行软件后，按 Ctrl+N 组合键，在弹出的对话框中将【名称】命名为制作蓝色妖姬壁纸，将【宽度】、【高度】设置为 1024 像素、768 像素，将【分辨率】设置为 72 像素 / 英寸，单击【确定】按钮。将【前景色】RGB 的值设置为 56、117、235，【背景色】RGB 的值设置为 0、8、78。选择【渐变工具】，将【渐变】设置为前景色到背景色渐变，【渐变类型】设置为径向渐变，在画布上从中间向对角拖曳，完成后的效果如图 8-77 所示。

(2) 单击【创建新图层】按钮，将【前景色】RGB 的值设置为 0、62、183，按 Alt+Delete 组合键为该图层填充前景色，将【背景色】RGB 的值设置为 89、152、255。在菜单栏中选择【滤镜】|【渲染】|【纤维】命令，打开【纤维】对话框，将【差异】设置为 37，【强度】设置为 5，单击【确定】按钮，如图 8-78 所示。

(3) 单击【确定】按钮，选择【滤镜】|【模糊】|【动感模糊】命令，打开【动感模糊】对话框，在该对话框中将【角度】设置为 -45，【距离】设置为 65，如图 8-79 所示。

图 8-77　为背景填充径向渐变

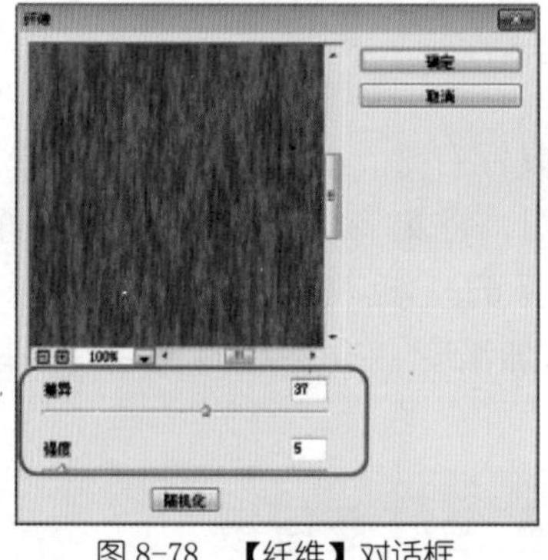

图 8-78　【纤维】对话框

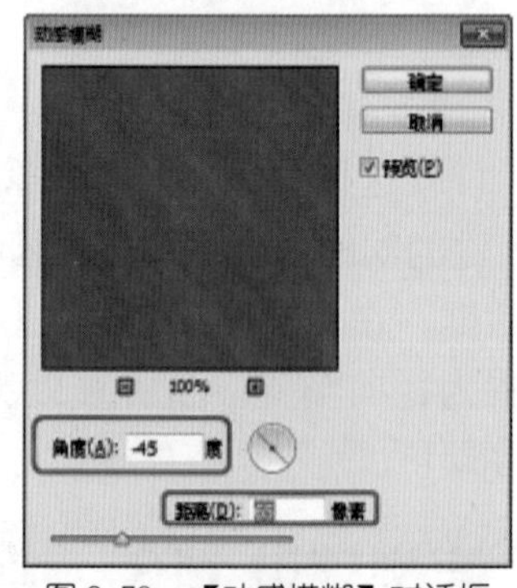

图 8-79　【动感模糊】对话框

(4) 在键盘上按住 Alt 键同时，在【图层】面板中单击【添加图层蒙版】按钮，在工具箱中选择【渐变工具】，将【前景色】设置为白色，【渐变类型】设置为径向渐变，将【渐变】设置为前景色到透明渐变，利用渐变工具绘制径向渐变，完成后的效果如图 8-80 所示 (此效果是将【背景】图层隐藏显示的效果)。

(5) 将该图层的【不透明度】设置为 65%, 按 Ctrl+O 组合键，在弹出的对话框中选择随书附带光盘中的 CDROM| 素材 |Cha08|P4.jpg、P5.jpg，将 P4.jpg 拖曳至文档中，按 Ctrl+T 组合键打开【自由变换】，调整图片的大小，在【图层】面板中将【不透明度】设置为 35%，效果如图 8-81 所示。

(6) 选择打开 P5.jpg 素材文件，按住 Alt 键并单击【图层】面板中的【添加图层蒙版】按钮，为该图层添加图层蒙版，选择【渐变工具】，将【前景色】设置为白色，【渐变类型】设置为径向渐变，将【渐变】设置为前景色到透明渐变，然后使用渐变工具绘制渐变，效果如图 8-82 所示。

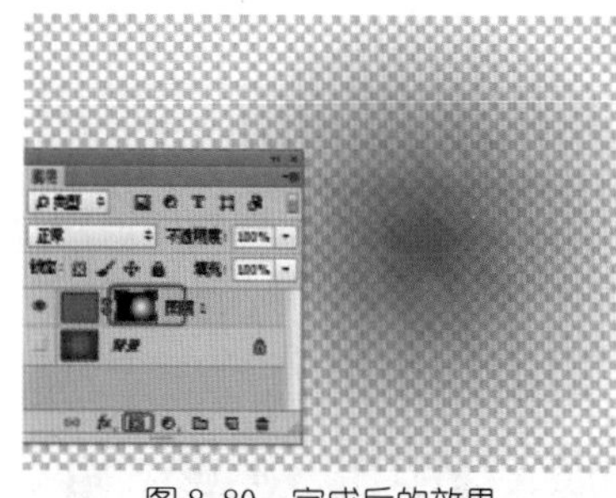

图 8-80　完成后的效果

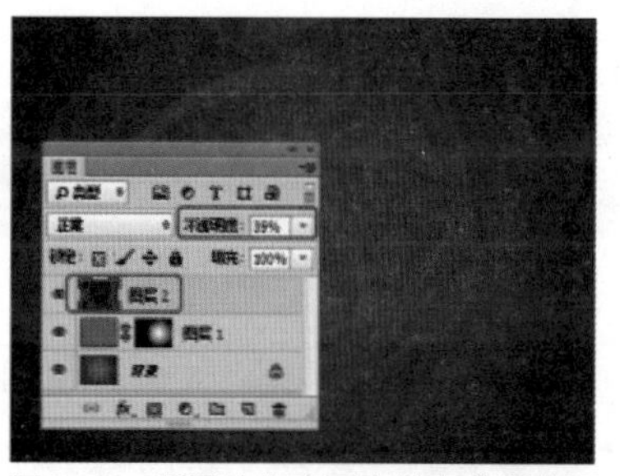

图 8-81　将图片拖曳至文档中并调整图片的大小

图 8-82　设置完成后的效果

(7) 将设置好的图片拖曳至文档中，按 Ctrl+T 组合键打开【自由变换】，将图片调整至合适的大小，在【图层】面板中将【混合模式】设置为柔光，效果如图 8-83 所示。

(8) 在工具箱中选择【画笔工具】，在工具选项栏中将【笔触】设置为柔边圆，【硬度】设置为 0，【大小】设置为 30，【不透明度】设置为 60%，在画布上单击鼠标左键，设置不同的笔触大小，在画布上单击，效果如图 8-84 所示。

(9) 双击该图层，在弹出的对话框中选择【外发光】选项组，将【混合模式】设置为叠加，【不透明度】设置为 100，【发光颜色】设置为白色，【方法】设置为柔和，【扩展】设置为 0，【大小】设置为 73，其他参数保持默认设置，如图 8-85 所示。

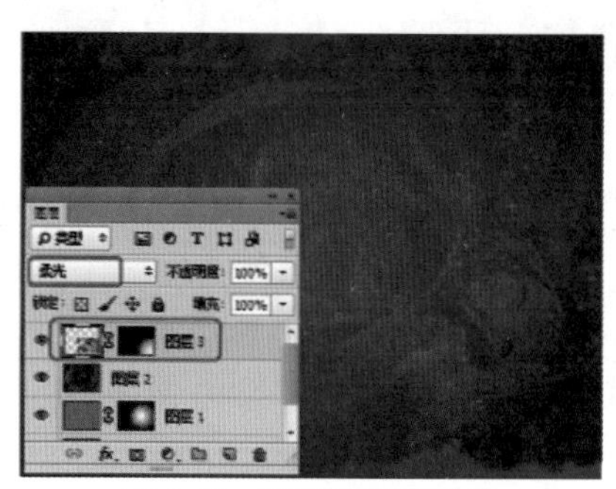

图 8-83　设置完成后的效果

图 8-84　绘制斑点

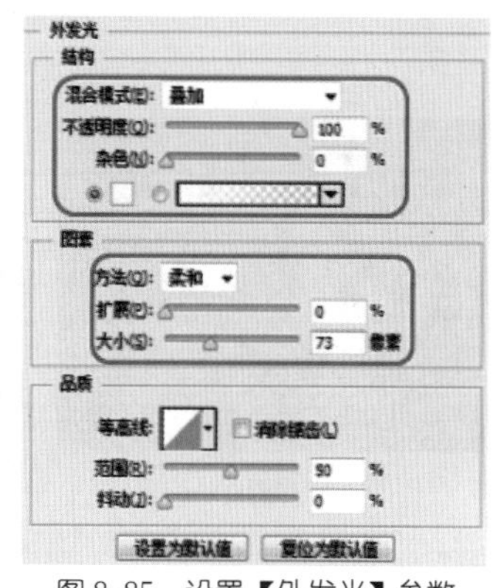

图 8-85　设置【外发光】参数

(10) 继续选择画笔工具，在菜单栏中选择【窗口】|【画笔预设】命令，在弹出的对话框中选择【水彩大溅滴】，将【不透明度】设置为 47%，不断更改笔触的大小，在画布上单击鼠标绘制不同大小的斑点，效果如图 8-86 所示。

(11) 双击该图层，在弹出的对话框中选择【外发光】选项组，将【混合模式】设置为叠加，【不透明度】设置为 100%，【发光颜色】设置为白色，【方法】设置为柔和，【扩展】设置为 0，【大小】设置为 73，其他参数保持默认设置，如图 8-87 所示。

(12) 在工具箱中选择【横排文字工具】，在画布上输入文字“{清纯的爱和敦厚善良}”，打开【字符】面板，将【字体】设置为华文新魏，将前面的“{”【大小】设置为 75，将文字的【大小】设置 70，将后面的“}”的【大小】设置为 50，将【字体颜色】设置为白色，【行距】设置为 61，效果如图 8-88 所示。

图 8-86　绘制完成后的效果

图 8-87　设置【外发光】参数

图 8-88　输入文字并设置文字格式

(13) 继续使用【横排文字工具】单击，输入文字“When I wake up and see you in the morning I am so happy that we are together”，在【字符】面板中将【字体】设置为 Aparajita，【大小】设置为 30，【行距】设置为 33，选择第一行英文，将【字符间距】设置为 80，选择第二行英文，将【字符间距】设置为 40，完成后的效果如图 8-89 所示。

(14) 双击文字图层，在弹出的对话框中选择【外发光】选项组，将【混合模式】设置为叠加，【不透明度】设置为 100，【发光颜色】设置为白色，【方法】设置为柔和，【扩展】设置为 0，【大小】设置为 73，其他参数保持默认设置，如图 8-90 所示。使用同样的方法为英文文字图层添加外发光效果。

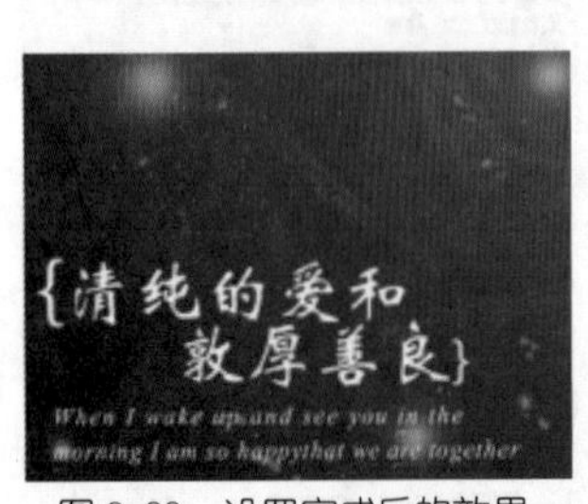

图 8-89　设置完成后的效果

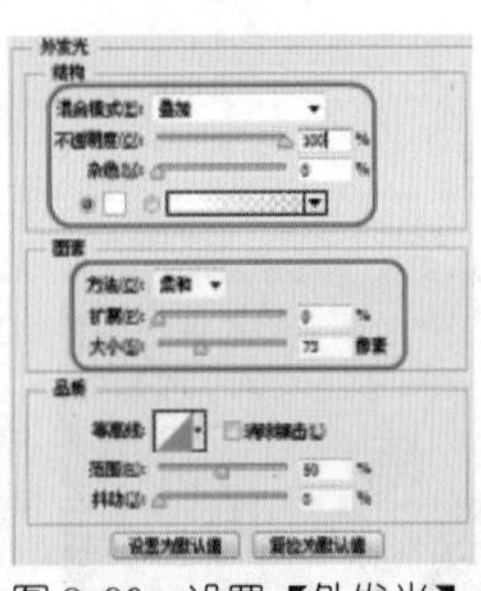
图 8-90　设置【外发光】参数

图 8-91　【渐变编辑器】对话框

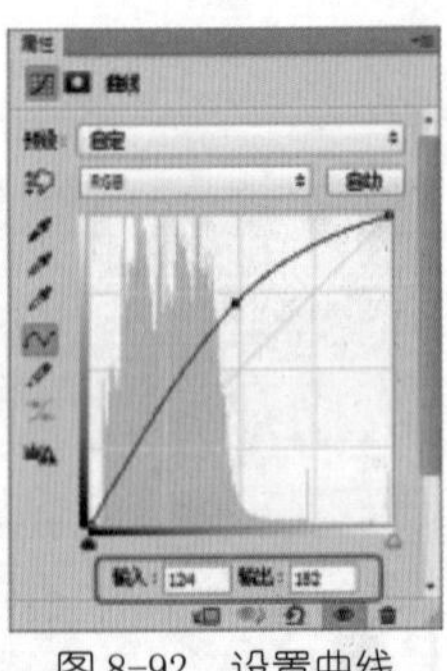
图 8-92　设置曲线

(15) 在【图层】面板中单击【创建新的填充或调整图层】按钮，在弹出的快捷菜单中选择【渐变映射】，在弹出的面板中单击渐变条，在弹出的对话框中双击左侧的色标，将其 RGB 的值设置为 27、1、63，双击右侧的色标，将其 RGB 的值设置为 240、184、252，如图 8-91 所示。

(16) 单击【确定】按钮，单击【创建新的填充或调整图层】按钮，在弹出的快捷菜单中选择【曲线】，在弹出的面板中的曲线上单击，然后将【输入】设置为 124，【输出】设置为 182，如图 8-92 所示。至此，壁纸制作完成。

案例精讲 114　制作简约壁纸

案例文件：CDROM | 场景 | Cha08 | 制作简约壁纸 .psd

视频文件：视频教学 | Cha08 | 制作简约壁纸 .avi

制作概述

本例介绍如何制作简约壁纸。首先利用渐变工具设置渐变背景，将素材图片拖曳至文档中设置其【混合模式】和【不透明度】，其次使用【自定形状工具】和【钢笔工具】绘制图形，并对图形设置图层样式，最后利用【横排文字工具】输入文字并设置文字的图层样式，完成后的效果如图 8-93 所示。

8-93　简约壁纸

学习目标

学习如何使用【渐变工具】制作背景，使用【自定形状工具】及【钢笔工具】绘制形状并设置图层样式。

了解【渐变工具】的使用方法。

掌握【自定形状工具】和【钢笔工具】的操作方法。

操作步骤

(1) 启动软件后，按 Ctrl+N 组合键，在弹出的对话框中将【名称】命名为制作简约，将【宽度】、【高度】设置为 1024 像素、768 像素，【分辨率】设置为 72 像素 / 英寸，单击【确定】按钮。将【前景色】RGB 的值设置为 159、100、50，【背景色】RGB 的值设置为 96、52、15，选择【渐变工具】，将【渐变】设置为前景色到背景色，【渐变类型】设置为径向渐变，然后巧妙利用【渐变工具】在背景上绘制渐变，效果如图 8-94 所示。

(2) 按 Ctrl+O 组合键，在弹出的对话框中选择随书附带光盘中的 CDROM| 素材 |Cha8|P6.jpg 素材文件，单击【打开】按钮，将 P6.jpg 拖曳至文档中。在【图层】面板中将【混合模式】设置为叠加，【不透明度】设置为 10%，如图 8-95 所示。

(3) 在工具箱中选择【钢笔工具】，将【工具模式】设置为形状，【填充】设置为无，【描边】设置为白色，【描边宽度】设置为 7，【描边类型】设置为虚线，如图 8-96 所示。

图 8-94　填充渐变

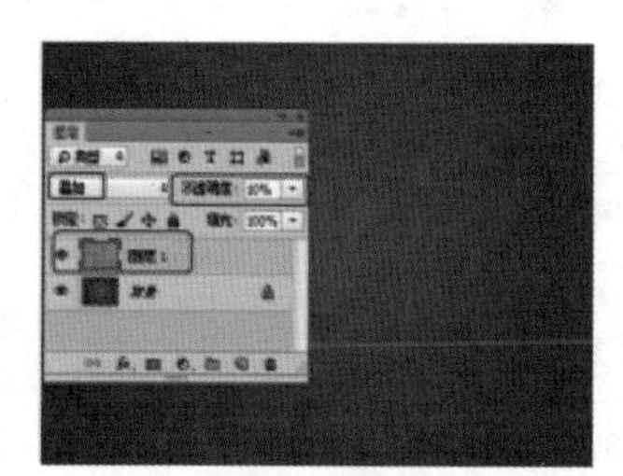

图 8-95　设置混合模式和不透明度

图 8-96　设置【工具模式】参数

(4) 选择【自定形状工具】，单击【形状】右侧的下三角按钮，在弹出的下拉列表中选择红心形卡，然后在画布上单击鼠标绘制心形，完成后的效果如图 8-97 所示。

(5) 双击该图层，在弹出的对话框中选择【投影】选项组，将【混合模式】设置为正片叠底，【阴影颜色】RGB 设置为黑色，【不透明度】设置为 100%，【角度】设置为 160，取消勾选【使用全局光】复选框，将【距离】设置为 6，【大小】设置为 18，如图 8-98 所示。

(6) 单击【创建新图层】按钮，新建【图层 2】，选择【钢笔工具】，将【填充】设置为前景色的颜色，【描边】设置为无，然后在新建的图层面绘制图形，如图 8-99 所示。

图 8-97　绘制心形

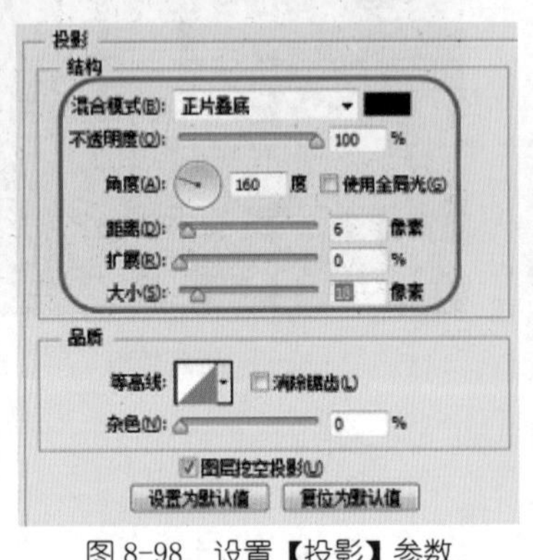

图 8-98　设置【投影】参数

图 8-99　绘制形状

(7) 按住 Alt 键，在【图层】面板中选择【图层 1】将其拖曳至【形状 2】图层的上方，选择【图层 1 拷贝】图层，按住 Ctrl 键单击【形状 2】的缩略图，然后按 Ctrl+Shift+I 组合键进行反选，然后按 Delete 键将选中的部分删除，按 Ctrl+D 组合键取消选区，选择【图层 1 拷贝】图层和【形状 2】图层，按 Ctrl+E 组合键合并图层，如图 8-100 所示。

(8) 双击合并后的图层，在弹出的对话框中选择【渐变叠加】，将【混合模式】设置为正常，【不透明度】设置为 100%。单击渐变条，在弹出的【渐变编辑器】对话框中，选择左侧的色标，将【位置】设置为 40，【颜色】RGB 的值设置为 96、52、15。选择右侧的色标，将【颜色】RGB 的值设置为 96、52、15，在【位置】为 64% 处添加一个色标，将【颜色】RGB 的值设置为 159、100、50，如图 8-101 所示。

(9) 单击【确定】按钮，将【角度】设置为 –110，【缩放】设置为 115。选择【投影】选项组，将【混合模式】设置为正片叠底，【阴影颜色】RGB 的值设置为 104、104、104，【角度】设置为 –170，将【距离】、【大小】设置为 8、32，如图 8-102 所示。

图 8-100　将图层合并

图 8-101　【渐变编辑器】对话框

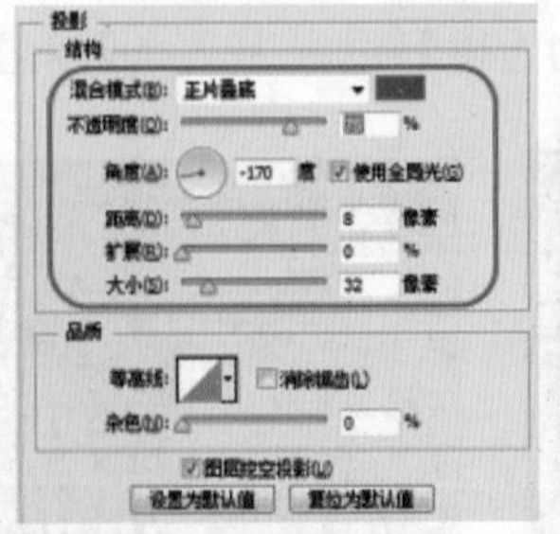

图 8-102　设置【投影】参数

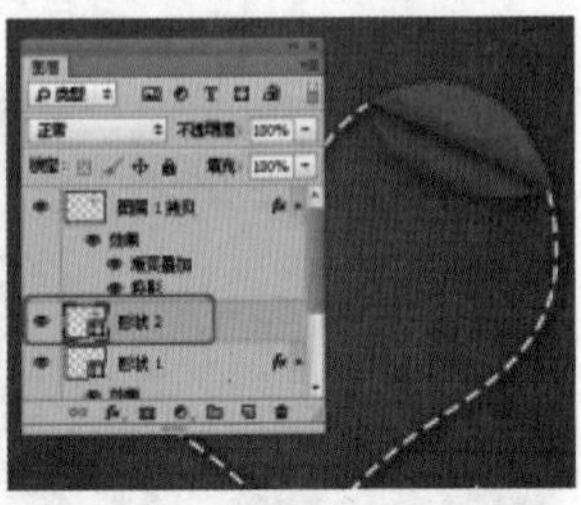

图 8-103　调整【图层】位置

(10) 单击【确定】按钮，继续使用【钢笔工具】，在工具选项栏中将【填充】设置为红色，然后在画布上绘制图形，在【图层】面板中将【形状 2】图层拖曳至【图层 1 拷贝】图层的下方，如图 8-103 所示。

(11) 在工具箱选择【自定形状工具】，在工具选项栏中将【填充】设置为黑色，【描边】设置为无，单击【形状】右侧的下三角按钮，在弹出的下拉列表中选择【剪刀 1】，然后在画布上绘制剪刀，按 Ctrl+T 组合键打开【自由变换】，调整图像的角度和位置，调整完成后按 Enter 键确认，效果如图 8-104 所示。

(12) 将【形状 3】图层拖曳至【图层 1 拷贝】图层的下方，确认【形状 3】图层处于选中状态，单击鼠标右键，在弹出的快捷菜单中选择【栅格化图层】命令，在工具箱中选择【橡皮擦工具】，对剪刀进行涂抹，完成后的效果如图 8-105 所示。

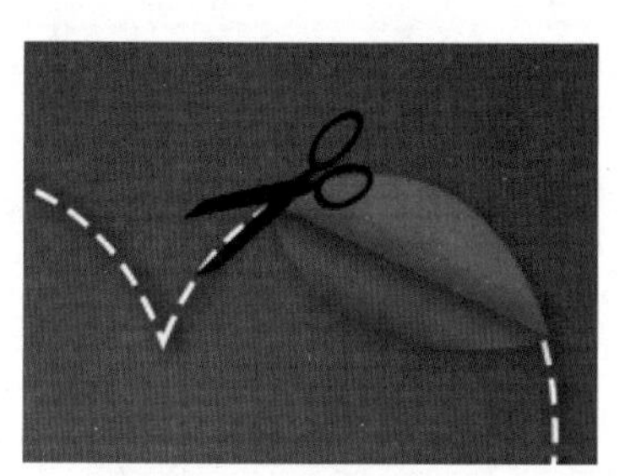
图 8-104　调整剪刀的位置

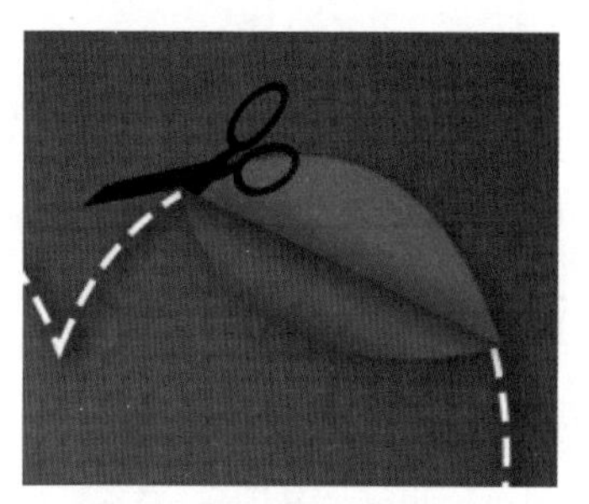
图 8-105　擦除多余的部分

(13) 双击【形状 3】图层，在弹出的对话框中选择【斜面和浮雕】选项组，将【样式】设置为内斜面，【方法】设置为平滑，【大小】设置为 5，【角度】设置为 –169，【高度】设置为 64，如图 8-106 所示。

(14) 单击【确定】按钮，在工具箱中选择【横排文字工具】，在画布上输入文字“我突然很想忘记你就像从未遇见你……”。选择输入的文字将【字体】设置为华文行楷，【大小】设置为 50，【字体颜色】设置为白色，【行距】设置为 63，完成后的效果如图 8-107 所示。

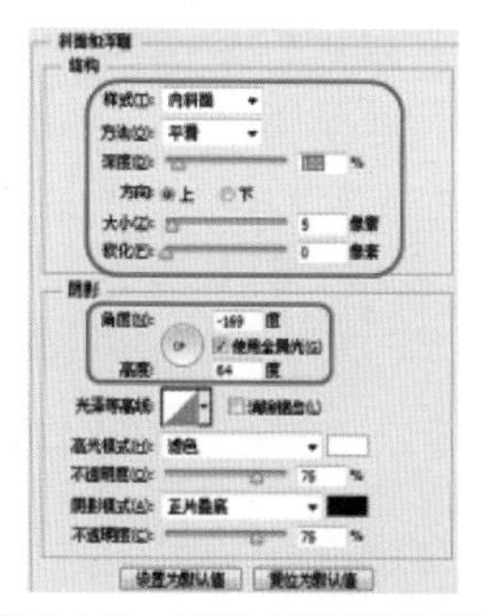
图 8-106　设置【斜面和浮雕】参数

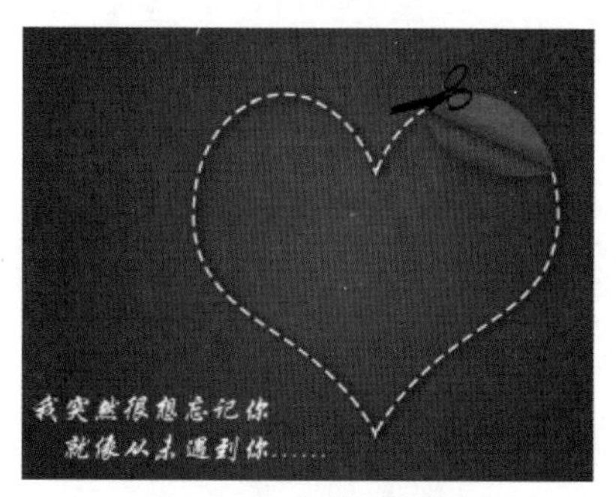

图 8-107　完成后的效果

(15) 双击文字图层，在弹出的对话框中选择【投影】选项，将【阴影颜色】RGB 的值设置为 104、104、104，【角度】设置为 –169，【距离】设置为 7，【大小】设置为 5，单击【确定】按钮。至此，简约壁就制作完成。

第 9 章 海报设计与制作

本章重点

- 制作电脑广告海报
- 制作房地产广告海报
- 制作化妆品海报
- 制作龙井茶海报
- 制作招聘海报
- 制作植树宣传海报

海报是一种信息宣传艺术。海报设计必须具有感召力，要调动形象、色彩、构图、文字等因素形成强烈的视觉冲击效果；海报的文字要能够传递准确、丰富的主题信息；海报的画面应有较强的视觉中心，具有独特地艺术风格和设计特点。本章介绍 6 种常用海报的制作方法。

案例精讲 115　制作电脑广告海报

案例文件：CDROM | 场景 | Cha09 | 电脑广告海报 .psd

视频文件：视频教学 | Cha09| 电脑广告海报 .avi

制作概述

本例介绍电脑广告海报的制作。首先利用【魔棒工具】将素材进行修改，添加背景素材，利用【自由变换】命令将素材拖曳到背景素材中，使用【文字工具】输入文字，并将文字样式进行效果处理，使文字更加美观，完成后的效果如图 9-1 所示。

图 9-1　电脑广告海报

学习目标

学习电脑广告的制作。

掌握【魔棒工具】和【文字工具】的使用方法。

操作步骤

(1) 运行 Photoshop CC 软件，打开随书附带光盘中的 CDROM | 素材 | Cha09 | 电脑 .jpg 文件，如图 9-2 所示。

(2) 在【图层】面板中双击【背景】图层，在弹出的【新建图层】对话框中，使用默认设置，并单击【确定】按钮，将【背景】图层转换为【图层 0】，如图 9-3 所示。

图 9-2　打开的素材文件

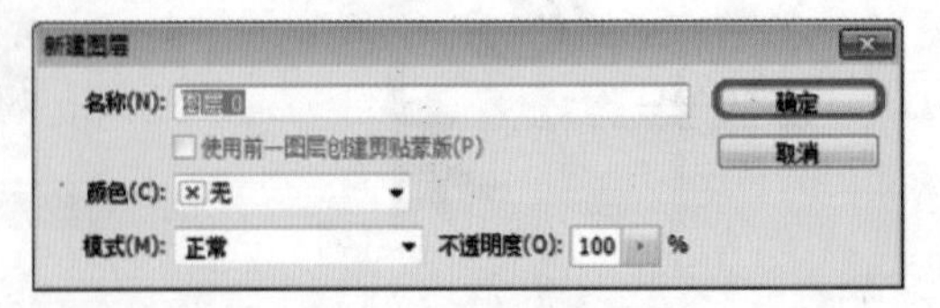

图 9-3　【新建图层】对话框

(3) 在工具箱中选择【魔棒工具】，在工具栏中将【容差】设置为20，单击空白区域进行选区，如图 9-4 所示。

(4) 选取完成后按 Delete 键，将选区删除，按 Ctrl+D 组合键取消选区，如图 9-5 所示。

(5) 打开随书附带光盘中的 CDROM | 素材 | Cha09 | 背景 .jpg 文件，如图 9-6 所示。

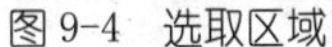
图 9-4　选取区域

图 9-5　删除选区

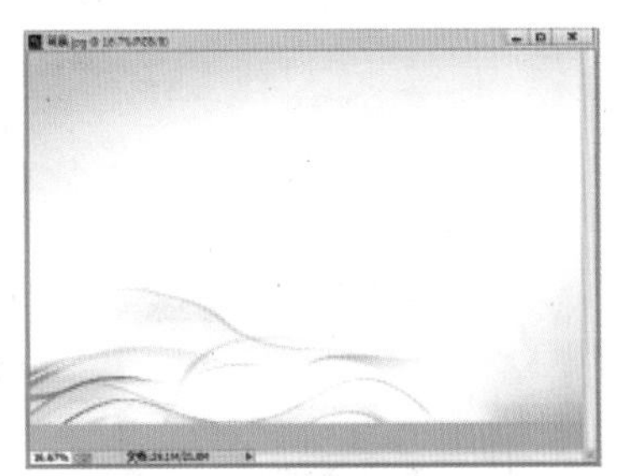
图 9-6　打开的素材文件

(6) 选择之前的电脑素材，在工具箱中选择【移动工具】，将素材拖曳至【背景】素材中，如图 9-7 所示。

(7) 在【图层】面板中，选中【图层 1】，按 Ctrl+T 组合键，创建【自由选区】，将电脑素材调整到适当大小和适当位置，如图 9-8 所示。

(8) 取消自由选区，在【图层】面板中，将【图层 1】拖曳至按钮上，复制新图层【图层 1 拷贝】，如图 9-9 所示。

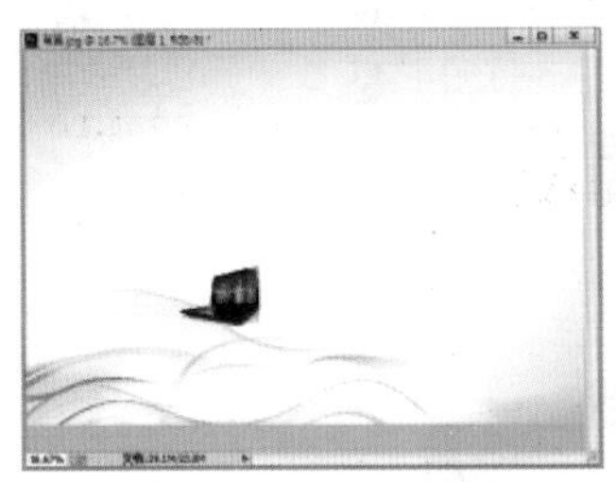
图 9-7　拖入素材文件

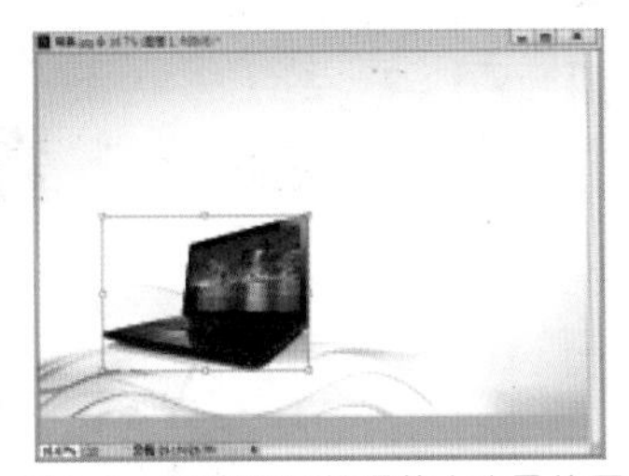
图 9-8　创建选区并调整大小及位置

图 9-9　复制图层

(9) 选中【图层 1 拷贝】，按 Ct+T 组合键创建【自由选区】，在自由选区下，单击鼠标右键，在弹出的快捷菜单中，选择【水平翻转】命令，如图 9-10 所示。

(10) 将【图层 1 拷贝】拖曳至适当位置，使其与【图层 1】相对称，按 Enter 键，确认选区，如图 9-11 所示。

(11) 打开随书附带光盘中的 CDROM | 素材 | Cha09 | @ 素材 .png 文件，如图 9-12 所示。

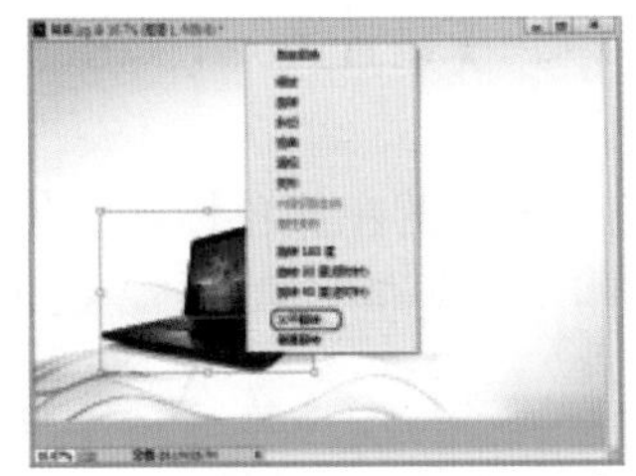
图 9-10　选择【水平翻转】命令

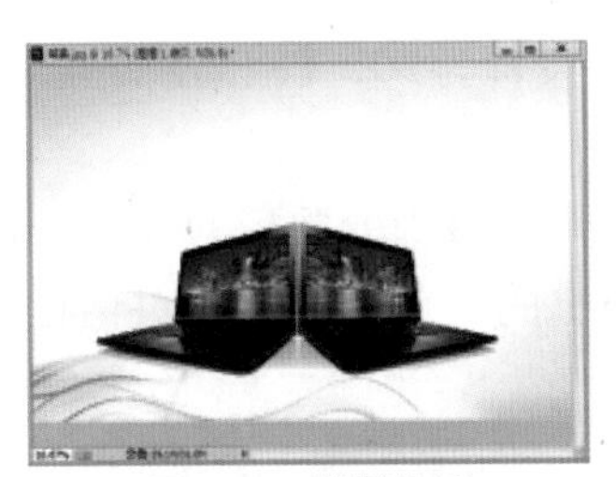
图 9-11　调整位置

图 9-12　打开的素材文件

(12) 在刚打开的素材文件中按住鼠标将其拖曳至背景文件中，如图 9-13 所示。

(13) 确认刚导入的素材处于选中状态，按 Ctrl+T 组合键，将素材缩小并调整到适当位置，调整完成后，按 Enter 键确认选区，如图 9-14 所示。

(14) 在工具箱中选择【横排文字工具】，在文档中输入文字，在工具栏中将【字体】设置为宋体，【大小】设置为 160，【字体颜色】设置为黑色，如图 9-15 所示。

图 9-13　拖入素材文件

图 9-14　缩小素材并移动位置

图 9-15　设置文字参数

(15) 再次使用【横排文字工具】，在文档中输入文字，将【大小】设置为 70，其他参数不变，如图 9-16 所示。

(16) 再次使用【横排文字工具】，在文档中输入文字，将【字体】设置为汉仪菱心体简，【大小】设置为 250，如图 9-17 所示。

图 9-16　在此设置参数

图 9-17　设置文字参数

(17) 在图层面板中，双击刚刚创建的文字图层，在弹出的对话框中选择【投影】选项组，将【混合模式】设置为正片叠底，【角度】设置为 30，【距离】设置为 10，【大小】设置为 10，如图 9-18 所示。

(18) 选择【渐变叠加】样式，单击【渐变】后的方框，选择色条下方的左侧色标，将位置设置为 3%，单击颜色色块，在弹出的【色标颜色】对话框中，将 RGB 的值设置为 72、34、127，如图 9-19 所示。

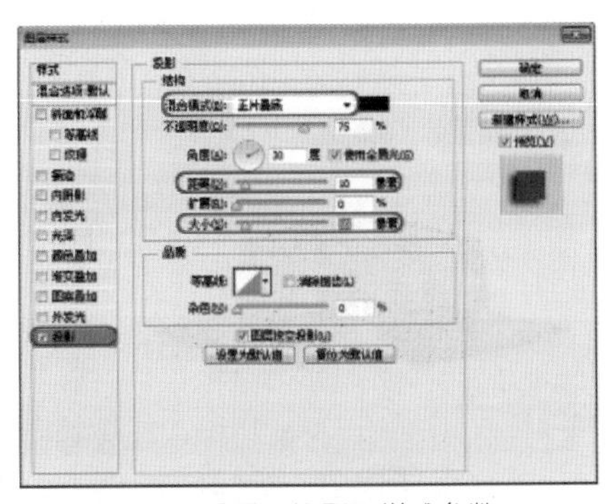

图 9-18 设置【投影】样式参数

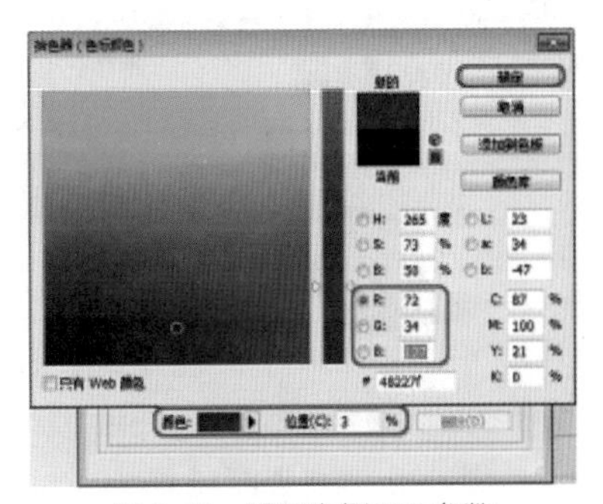

图 9-19 设置左侧 RGB 参数

(19) 选择色条下方的右侧色标，将位置设置为 85%，单击颜色色块，在弹出的【色标颜色】对话框中，将 RGB 的值设置为 164、38、128，如图 9-20 所示。

(20) 设置完成后返回到图层样式面板。单击【确定】按钮，完成设置，效果如图 9-21 所示。

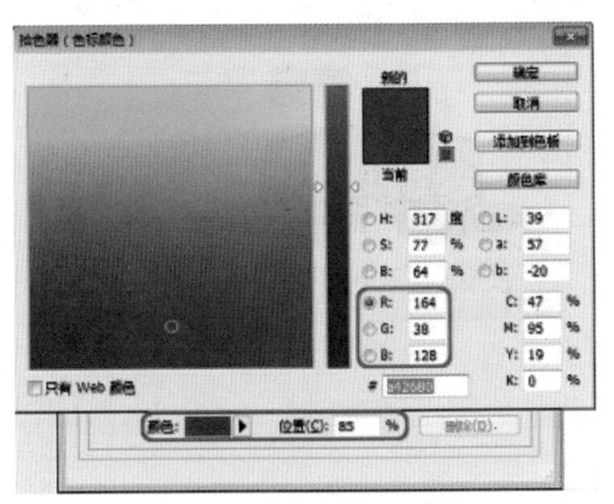

图 9-20 设置右侧 RGB 参数

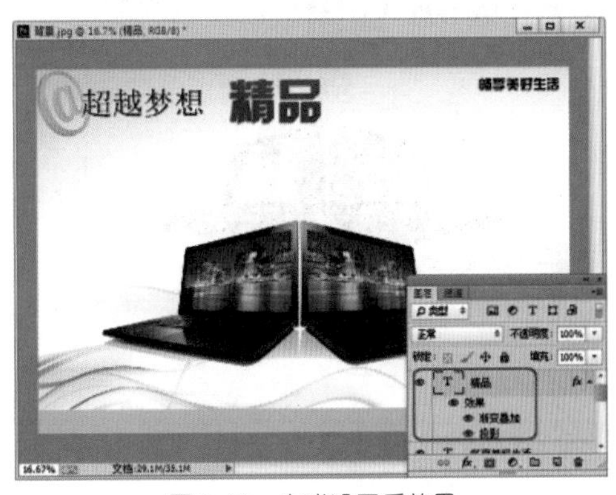

图 9-21 完成设置后效果

(21) 在图层面板中，将图层【精品】拖曳至 按钮上，复制图层【精品 拷贝】，如图 9-22 所示。

(22) 选择并双击刚复制的图层，在弹出的【图层样式】对话框中选择【描边】，将结构下的【大小】设置为 21，【颜色】设置为白色，如图 9-23 所示。

(23) 在图层面板中将文字图层【精品】调到文字图层【精品 拷贝】的上方，如图 9-24 所示。

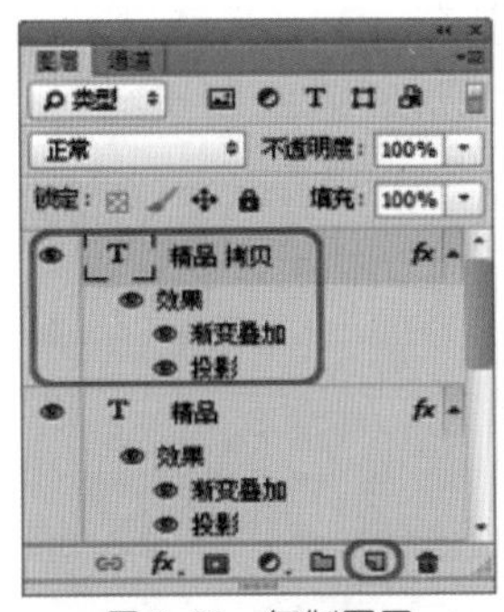

图 9-22 复制图层

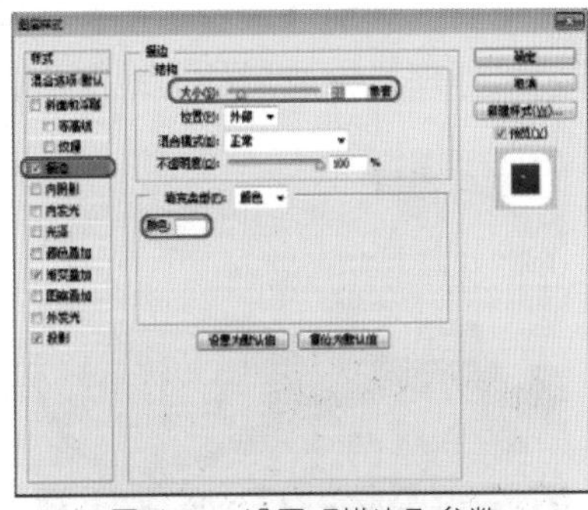

图 9-23 设置【描边】参数

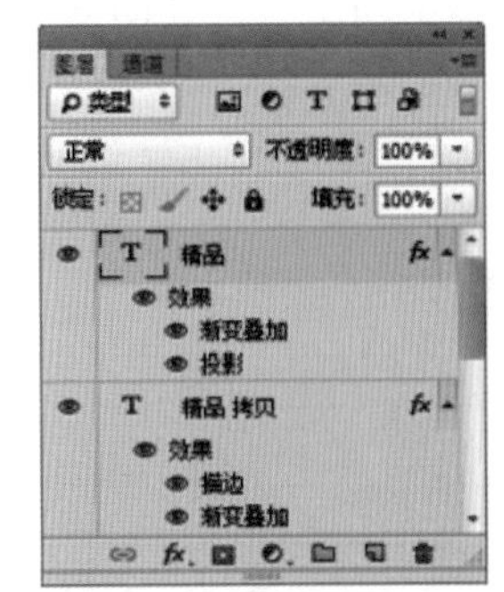

图 9-24 调整图层位置

(24) 使用同样方法制作【推荐】图层，如图 9-25 所示。

(25) 使用同样方法制作其他说明文字，如图 9-26 所示。

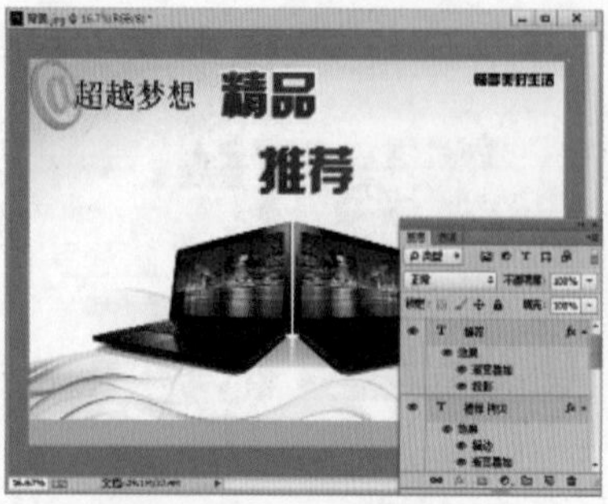

图 9-25　制作【推荐】图层

图 9-26　输入文字

(26) 在工具箱中选择【横排文字工具】，在【字符】画板中将【字体】设置为黑体，【大小】设置为 50，设置完成后输入文字，如图 9-27 所示。

(27) 再次使用【横排文字工具】，在文档中输入地址、网址和电话，如图 9-28 所示。

图 9-27　输入文字

图 9-28　输入文字

案例精讲 116　制作房地产广告海报

案例文件：CDROM | 场景 | Cha09 | 房地产广告海报 .psd

视频文件：视频教学 | Cha09| 房地产广告海报 .avi

制作概述

本例介绍房地产广告的制作。首先导入素材文件，利用【矩形工具】绘制矩形；再导入素材，利用图层复制新图层；再导入素材，利用【蒙版图层】和【画笔工具】将素材进行处理；利用文字工具输入文字，并进行效果处理。完成后的房地产广告效果如图 9-29 所示。

图 9-29　房地产广告海报

学习目标

学习房地产广告的制作。

掌握【矩形工具】、【添加蒙版图层】和【画笔工具】的使用方法。

操作步骤

(1) 运行 Photoshop CC 软件，在菜单栏中选择【文件】|【打开】命令，打开随书附带光盘中的 CDROM | 素材 | Cha09 | 背景 1.jpg，如图 9-30 所示。

(2) 在工具箱中选择【矩形工具】，在工具栏中将【工具模式】设置为形状，将【填充颜色】RGB 的值设置为 74、31、16，然后绘制一个矩形，如图 9-31 所示。

(3) 在菜单栏中选择【文件】|【打开】命令，打开随书附带光盘中的 CDROM | 素材 | Cha09 | 花边 2.png，如图 9-32 所示。

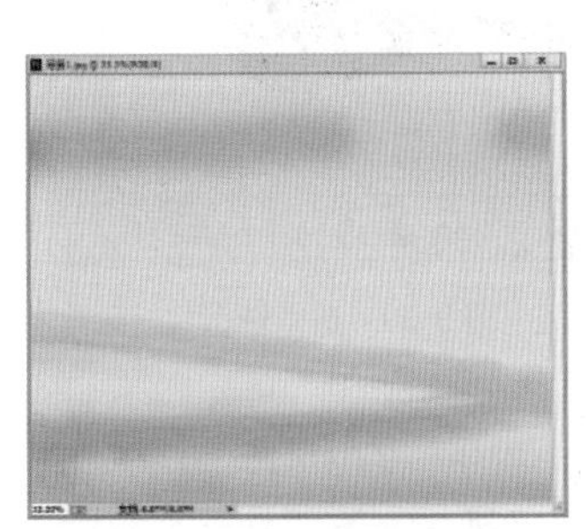

图 9-30　打开的素材文件

图 9-31　绘制矩形

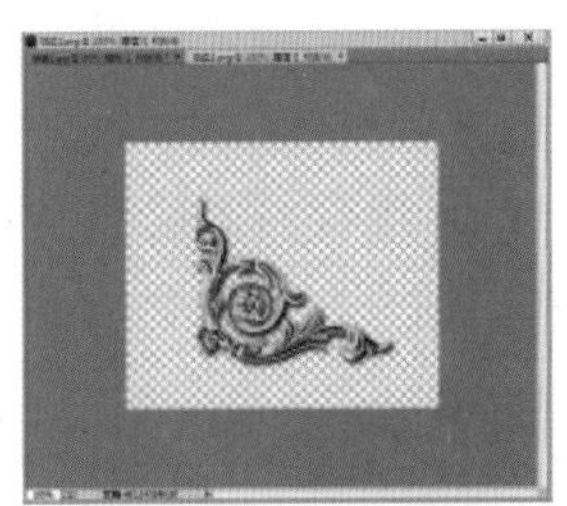

图 9-32　打开的素材文件

(4) 将刚打开的素材拖曳到背景素材中，并调整其大小和位置，并在图层面板中将其【不透明度】设置为 50%，如图 9-33 所示。

(5) 确认【图层 1】处于选中状态，将其拖曳至【图层】面板的按钮上，复制图层【图层 1 拷贝】，如图 9-34 所示。

(6) 确认【图层 1 拷贝】处于选中状态，按 Ctrl+T 组合键，添加【自由变换】，单击鼠标右键，在弹出的快捷菜单中选择【水平翻转】命令，如图 9-35 所示。

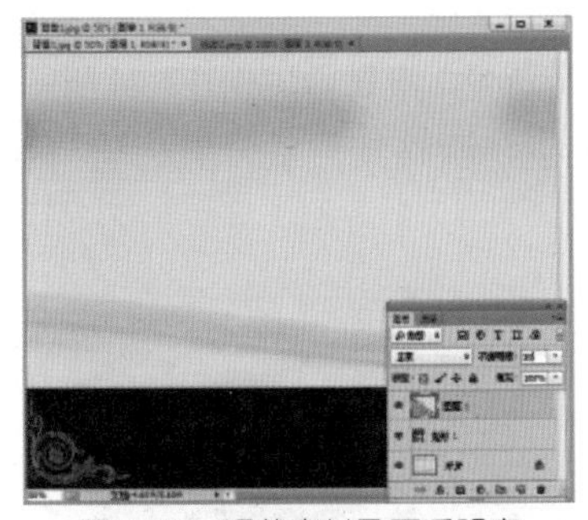

图 9-33　调整素材及不透明度

图 9-34　复制图层

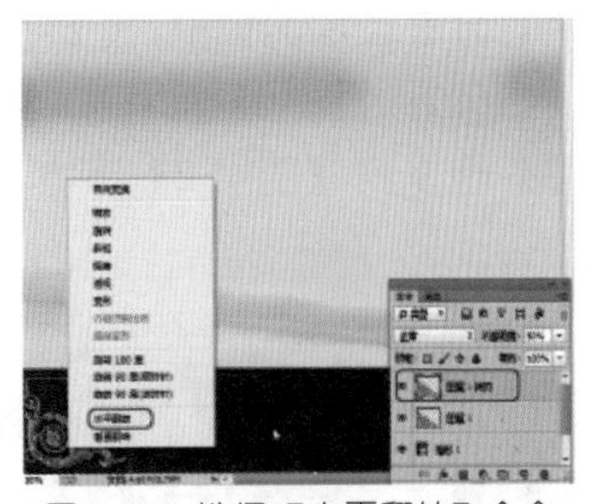

图 9-35　选择【水平翻转】命令

(7) 水平翻转完成后，将其拖曳至适当位置，如图 9-36 所示。

(8) 打开随书附带光盘中的 CDROM | 素材 | Cha09 | 琵琶 .jpg，如图 9-37 所示。

(9) 在【图层】面板中，双击【背景】图层，在弹出的对话框中所有参数不变，单击【确定】按钮，如图 9-38 所示，将【背景】图层转换为【图层 0】。

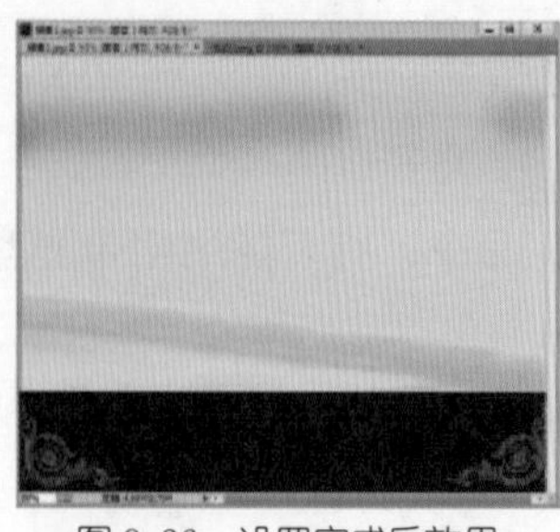

图 9-36　设置完成后效果

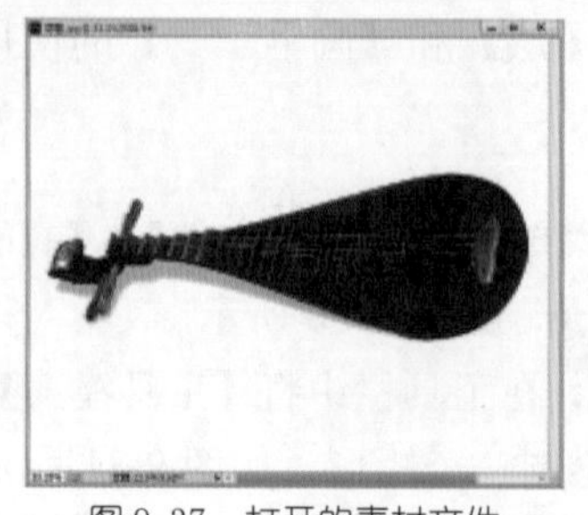

图 9-37　打开的素材文件

图 9-38　转换图层

(10) 在工具箱中选择【魔棒工具】，在素材中单击空白区域进行选取，如图 9-39 所示。

(11) 确认选区选取完成后，按 Delete 键，将选区内的区域删除，按 Ctrl+D 组合键取消选区，如图 9-40 所示。

(12) 在琵琶素材中，按住鼠标左键，将素材琵琶拖曳到背景 1 素材中，如图 9-41 所示。

(13) 确认【图层 2】处于选中状态，按 Ctrl+T 组合键，将图层 2 的素材缩放到适当大小，如图 9-42 所示。

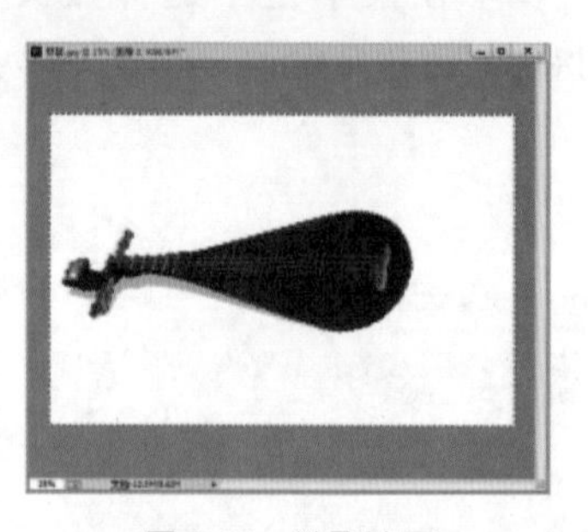

图 9-39　选取选区

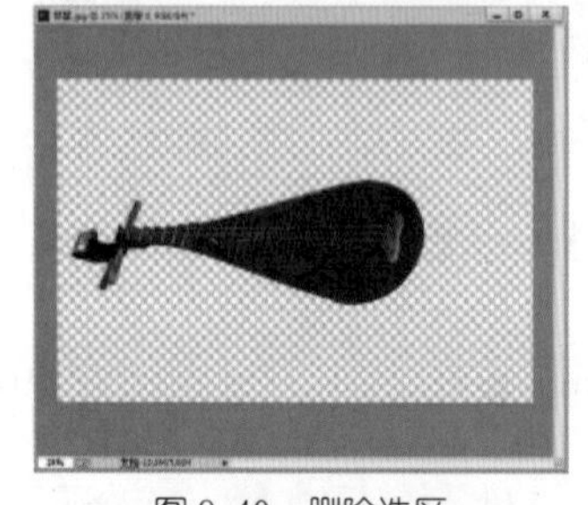

图 9-40　删除选区

图 9-41　使用素材

图 9-42　调整素材大小和位置

(14) 在菜单栏中选择【文件】|【打开】命令，打开随书附带光盘中的 CDROM | 素材 | Cha09 | 楼 .jpg，如图 9-43 所示。

(15) 在图层面板中，将【背景图层】转换为【图层 0】并将其拖到带背景 1 素材中，如图 9-44 所示。

(16) 在【图层】面板中，按 Ctrl+T 组合键将其调整到适当大小并调整其位置，然后将【图层 3】拖曳到【图层 2】下方，如图 9-45 所示。

图 9-43　打开的素材文件

图 9-44　使用素材

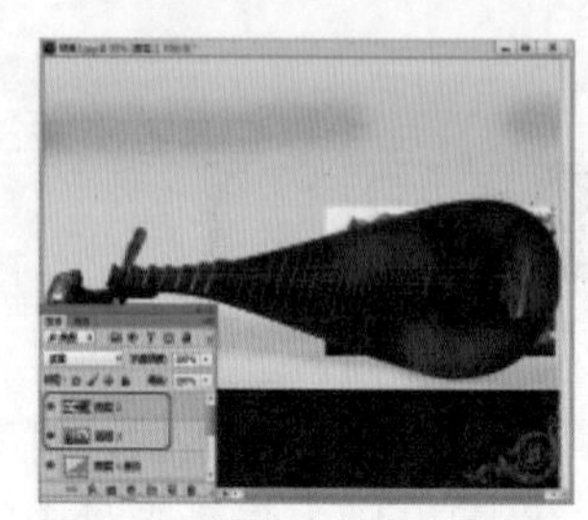

图 9-45　调整素材大小及位置

(17) 选择【图层2】，单击【图层】面板中的【添加图层蒙版】。在工具箱中选择【画笔工具】，在素材中进行涂抹，将多余的部分去掉，如图 9-46 所示。

(18) 再选择【图层 3】，使用同样的方法为其添加蒙版，如图 9-47 所示。

(19) 选择【图层2】，将其拖曳至【图层】面板下方的 按钮上，复制图层【图层 2 拷贝】，如图 9-48 所示。

(20) 在【图层】面板中将【图层 2】隐藏，选择【图层 2 拷贝】，在工具箱中选择【橡皮擦工具】，将【图层 2 拷贝】的素材中多余的部分擦掉，如图 9-49 所示。

图 9-46 为图层添加蒙版

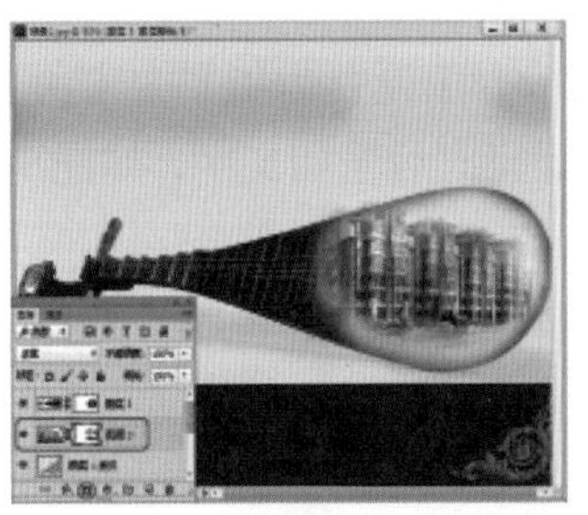

图 9-47 为图层添加蒙版

图 9-48 复制图层

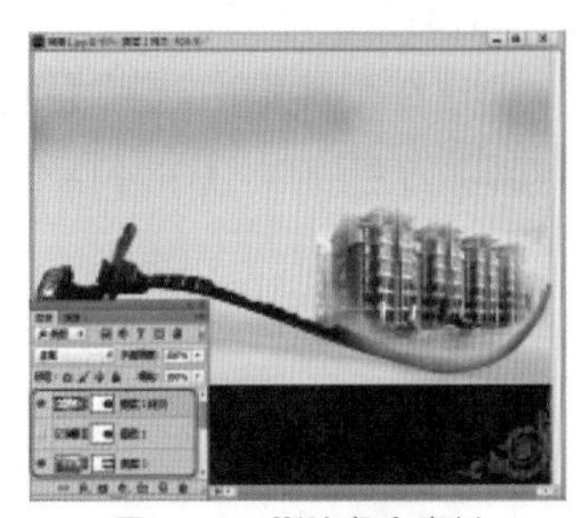

图 9-49 删除多余素材

(21) 双击【图层 2 拷贝】，在弹出的【图层样式】对话框中选择【投影】选项组，将【距离】设置为 25，【大小】设置为 46，如图 9-50 所示。

(22) 设置完成后，单击【确定】按钮，在工具箱中选择【横排文字工具】，在【字符】画板中将【字体】设置为汉仪超黑宋简，【大小】设置为 90，【字体颜色】RGB 的值设置为 112、89、28，设置完成后输入文字“完美 庄园”，如图 9-51 所示。

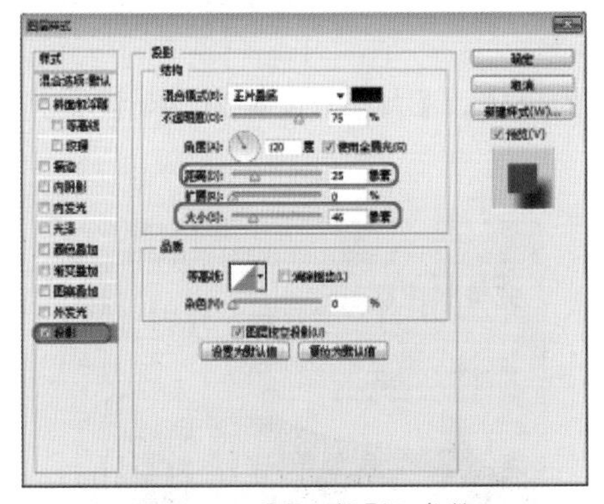

图 9-50 设置【投影】参数

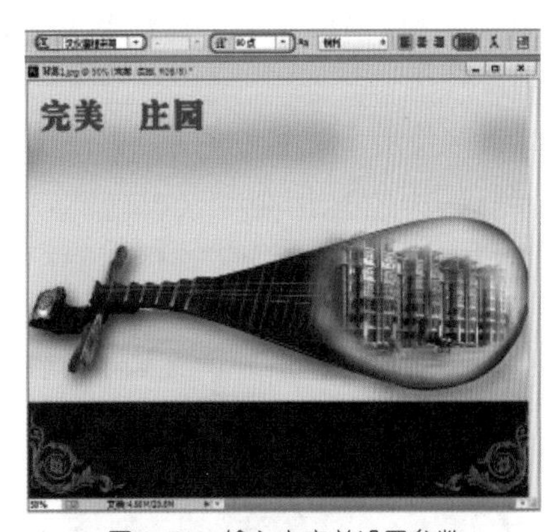

图 9-51 输入文字并设置参数

(23) 再在“完美 庄园”下方输入“PERFECT MANOR”字样，在【字符】画板中将【字体】设置为华文隶书，【大小】设置为 40，如图 9-52 所示。

(24) 在工具箱中选择【自定形状工具】，在工具栏中将【工具模式】设置为形状，【填充颜色】的 RGB 的值设置为 112、89、28，形状选择一朵花的图案，并进行绘制，如图 9-53 所示。

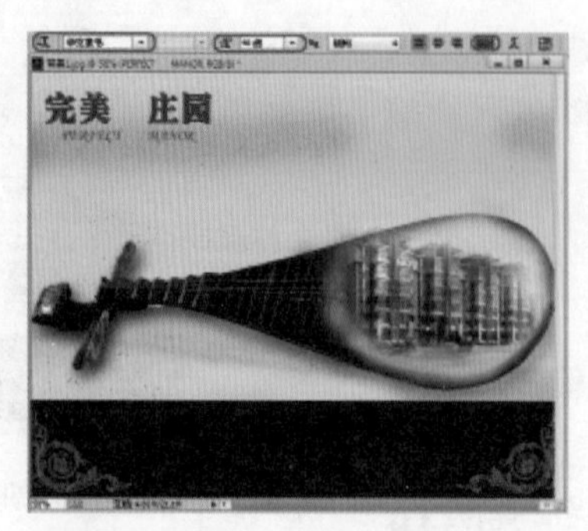

图 9-52 输入文字并设置参数

图 9-53 输入文字并设置参数

(25) 在工具箱中选择【直线工具】，在工具栏中将【工具模式】设置为形状，【填充颜色】RGB 的值设置为 112、89、28，然后绘制两条直线，如图 9-54 所示。

(26) 在工具箱中选择【横排文字工具】，在【字符】画板中将【字体】设置为华文中宋，【大小】设置为 60 点，【字体颜色】RGB 的值设置为 112、89、28，设置完成后输如文字，如图 9-55 所示。

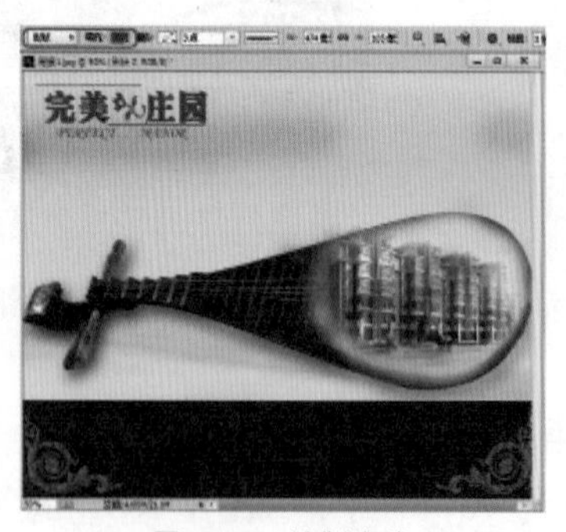

图 9-54 绘制直线

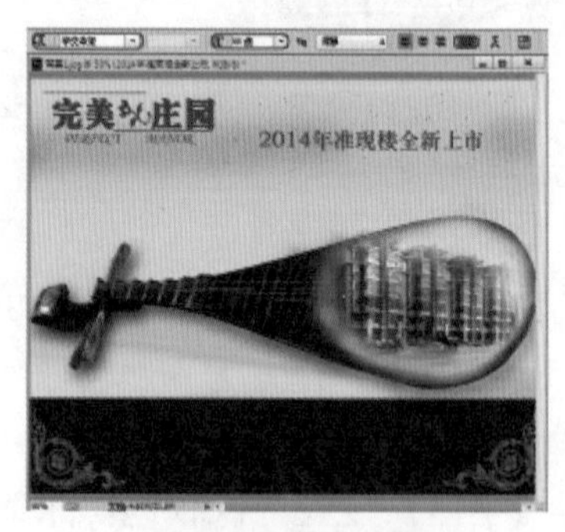

图 9-55 输入文字

(27) 再使用【横排文字工具】，将文字【大小】设置为 30 点，设置完成后，输入文字，如图 9-56 所示。

(28) 再次使用【横排文字工具】，将【字体】设置为黑体，【大小】设置为 24，设置完成后，输入文字，如图 9-57 所示。

图 9-56 输入文字

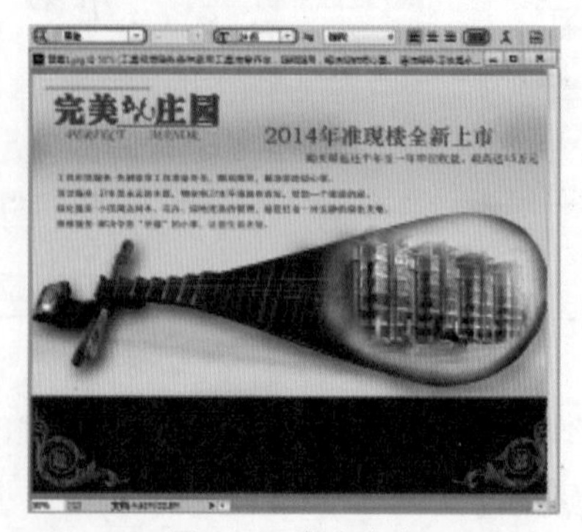

图 9-57 输入文字

(29) 在工具箱中选择【椭圆工具】，将【工具模式】设置为形状，按住 Shift 键绘制一个正圆，如图 9-58 所示。

(30) 在【图层】面板中，选择【椭圆 1】图层，将其拖曳到 按钮上连续复制三次图层，并在素材上调整其位置，如图 9-59 所示。

图 9-58　绘制正圆

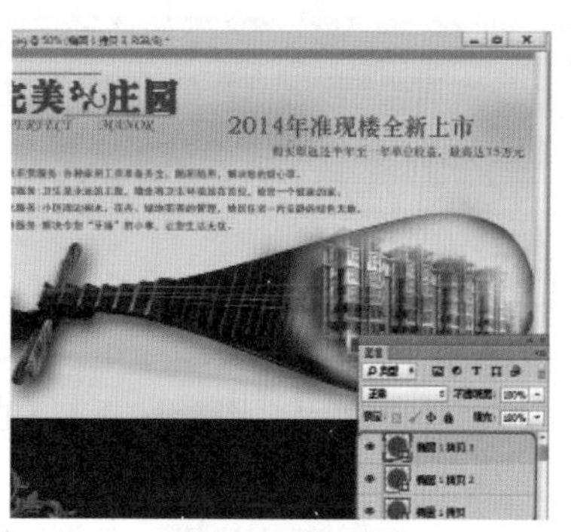

图 9-59　复制图层

(31) 在菜单栏中选择【文件】|【打开】命令，打开随书附带光盘中的 CDROM | 素材 | Cha09 | 花边 1.png、花边 3.png，并将其拖曳到素材中，调整其位置和大小，如图 9-60 所示。

(32) 在工具箱中选择【横排文字工具】，在【字符】画板中将【字体】设置为华文隶书，【大小】设置为 50 点，【字体颜色】的 RGB 的值设置为 80、71、35，并输入文字，如图 9-61 所示。

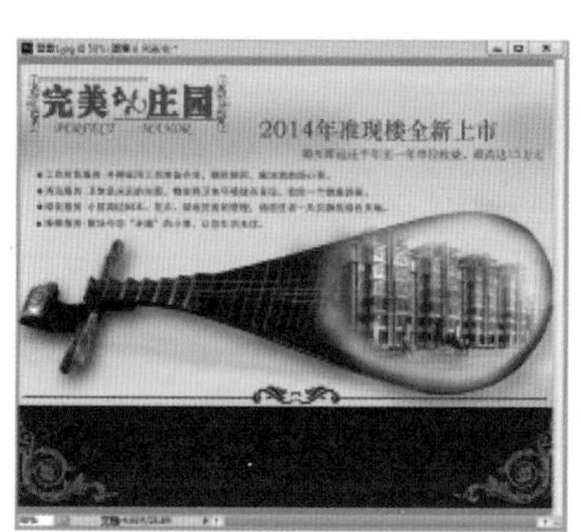

图 9-60　打开的素材文件

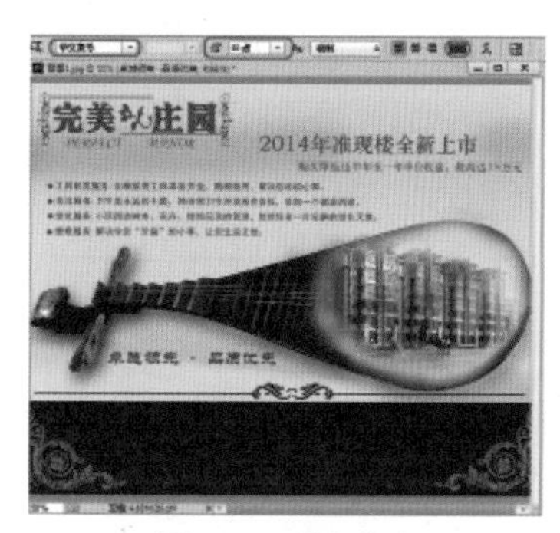

图 9-61　输入文字

(33) 再选择【横排文字工具】，在【字符】画板中，将【字体】设置为汉仪雪君体简，【大小】设置为 50，【字体颜色】的 RGB 的值设置为 255、230、135，如图 9-62 所示。

(34) 再选择【横排文字工具】，在【字符】面板中将【字体】设置为华文隶书，【大小】设置为 30，设置完成后输入文字，如图 9-63 所示。

图 9-62　输入文字

图 9-63　输入文字

案例精讲 117 制作化妆品海报

案例文件：CDROM | 场景 | Cha09 | 化妆品海报 .psd

视频文件：视频教学 | Cha09 | 化妆品海报 .avi

制作概述

本例介绍如何制作化妆品海报。首先利用【渐变工具】和【羽化】制作出海报的背景，然后添加素材文件，利用【图层蒙板】和【渐变工具】绘制出素材的阴影效果，输入文字，可以根据自己的爱好进行设置，在选择文字的颜色过程中使其与背景色相差不大，最后利用气泡和星光作为装饰。完成后的效果如图 9-64 所示。

图 9-64 化妆品海报

学习目标

学习如何利用【渐变工具】和【图层蒙板】创建阴影效果。

掌握创建化妆海报的制作步骤，举一反三做出其他风格效果的海报。

操作步骤

(1) 启动软件后，按 Ctrl+N 组合键，在弹出的【新建】对话框中，新建 3864 像素 ×2744 像素，分辨率为 300 像素 / 英寸的文档，如图 9-65 所示。

(2) 在【图层】面板中新建【底纹】图层，并对其填充 #a7a9ac 颜色，完成后的效果，如图 9-66 所示。

(3) 新建【底纹 2】图层，在工具箱中选择【矩形选框工具】，绘制选区，如图 9-67 所示。

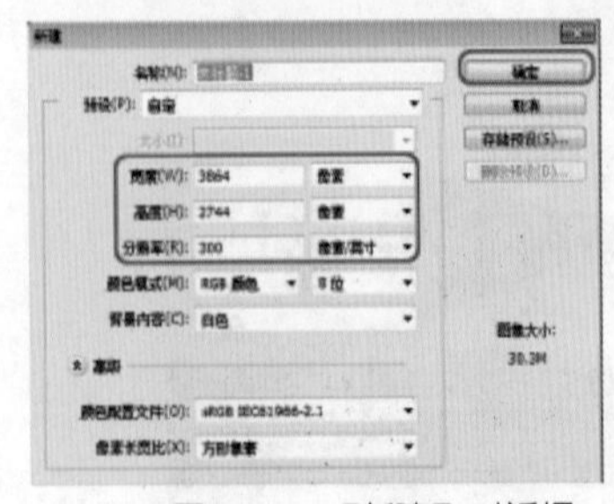

图 9-65 【新建】对话框

图 9-66 填充颜色

图 9-67 绘制选区

(4) 在工具箱中选择【渐变工具】，将【前景色】设置为 #818386。打开【渐变编辑器】，选择前景色到透明的渐变，对选区填充线性渐变色，按 Ctrl+D 组合键取消选区，完成后的效果如图 9-68 所示。

(5) 新建【底纹 3】图层，在工具箱中选择【椭圆选框工具】，绘制椭圆选区，如图 9-69 所示。

(6) 选区绘制完成后，按 Shift+F6 组合键，在弹出的【羽化选区】对话框中，将【羽化半径】设置为 150，单击【确定】按钮，将【前景色】设置为【#f3f5f7】，对选择区域填充前景色，按 Ctrl+D 组合键取消选区，完成后的效果如图 9-70 所示。

图 9-68 填充渐变色

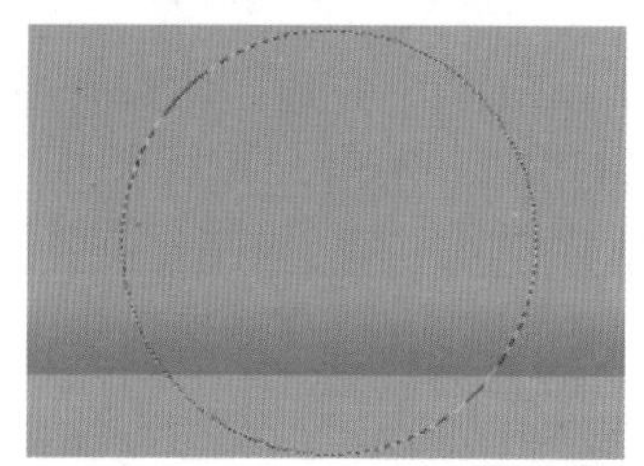
图 9-69 绘制选区

图 9-70 完成后的效果

羽化可以使选区产生朦胧的效果，启动羽化命令的方法可以使用快捷键 Shift+F6，也可以在菜单栏执行【选择】|【修改】|【羽化】命令，也可以调出【羽化选区】对话框。

(7) 新建【底纹 4】图层，使用【矩形选框工具】绘制选区，将【前景色】设置为 #838587，使用【渐变工具】，选择前景色到透明的渐变，从选区的上侧向下拖动鼠标对选区填充线性渐变色，完成后的效果如图 9-71 所示。

(8) 按 Ctrl+D 组合键取消选区，在【图层】面板中选择【底纹 4】并进行复制，为了达到倒反光的效果，可以选择【底纹 4】和【底纹 4 拷贝】图层，按 Ctrl+T 组合键，适当将图像往下拉伸使其达到如图 9-72 所示的效果。

(9) 打开随书附带光盘中的 CDROM| 素材 |Cha09| 化妆品人物 .png 文件，将其拖到文档中适当调整大小和位置，如图 9-73 所示。

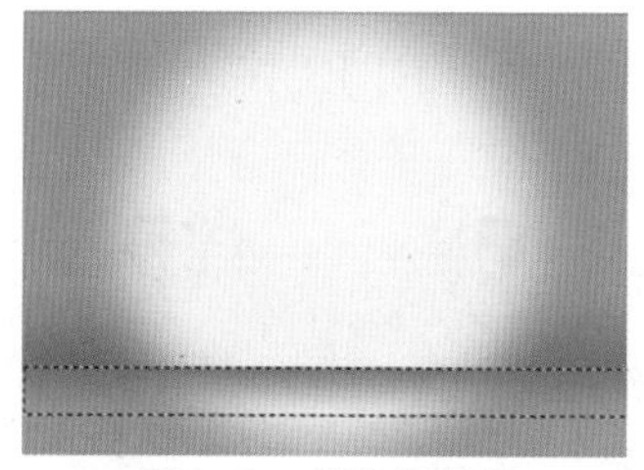
图 9-71 填充渐变色

图 9-72 调整图像

图 9-73 添加素材文件

(10) 选择【图层 1】并对其进行复制，选择【图层 1 拷贝】图层，按 Ctrl+T 组合键，单击鼠标在弹出的快捷菜单中选择【垂直反转】，并对其进行适当调整，如图 9-74 所示。

(11) 选择【图层 1 拷贝】图层，对其添加【图层蒙板】，使用【渐变工具】选择黑白渐变，拖动鼠标绘制人物的倒影，如图 9-75 所示。

(12) 使用同样的方法绘制另一个倒影，如图 9-76 所示。

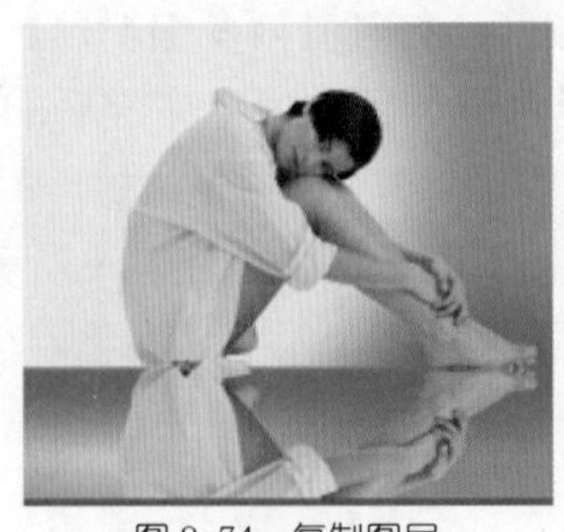

图 9-74 复制图层

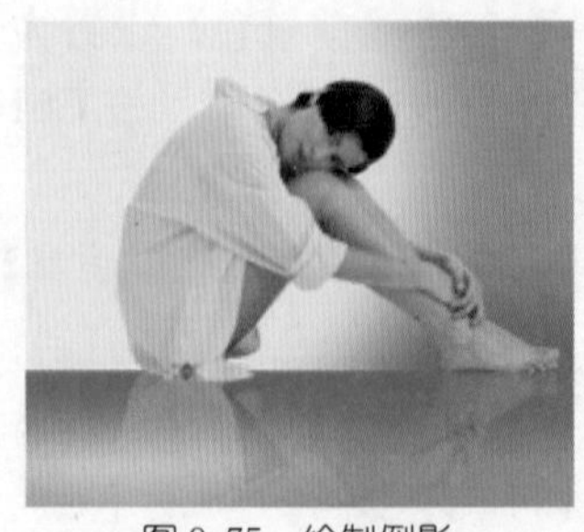

图 9-75 绘制倒影

图 9-76 完成后的效果

(13) 选择化妆品 1.png 文件，拖到文档中并适当调整大小，如图 9-77 所示。

(14) 在【图层】面板中选择【图层 2】图层，并对其进行复制，按 Ctrl+T 组合键，单击鼠标在弹出的快捷菜单中选择【垂直反转】，并适当调整位置，如图 9-78 所示。

(15) 对【图层 2 拷贝】图层添加【图层蒙板】，使用渐变工具绘制阴影效果，如图 9-79 所示。

图 9-77 添加素材文件

图 9-78 复制图层并调整位置

图 9-79 设置阴影

(16) 使用同样的方法添加其他的化妆品，并对其设置阴影效果，如图 9-80 所示。

(17) 在工具箱中选择【横排文字工具】，打开【字符】面板，将【字体】设置为 Adobe Curmukhi，【大小】设置为 90 点，【字符间距】设置为 50，【字体颜色】设置为 #5c5b5b，输入文字“ELLEN”，如图 9-81 所示。

(18) 在工具箱中选择【直线工具】，在工具选项栏中将【模式】设置为形状，【填充颜色】设置为 #838587，【描边】设置为无，【粗细】设置为 5 像素，绘制直线，完成后的效果如图 9-82 所示。

图 9-80 设置阴影

图 9-81 输入文字

图 9-82 绘制直线

(19) 在【图层】面板中选择上一步绘制的形状图层，并对其进行复制，调整其位置，如图 9-83 所示。

(20) 在工具箱中选择【横排文字工具】，输入“ELLEN LIFTING SKINCARE”，在【字符】面板中将【字体】设置为 Aparajita，【大小】设置为 30 点，【字符间距】设置为 0，【字体颜色】设为 #363535，调整位置，如图 9-84 所示。

图 9-83　复制形状

图 9-84　输入文字

(21) 继续输入文字“白金级智能护理系列”，在【字符】面板中将【字体】设置为经典隶变简，【大小】设置为 25 点，【字体颜色】设置为 #36353，调整位置，如图 9-85 所示。

(22) 继续输入文字“多重守护，新肌焕亮”，在【字符】面板中将文字【大小】设置为 28 点，调整位置，如图 9-86 所示。

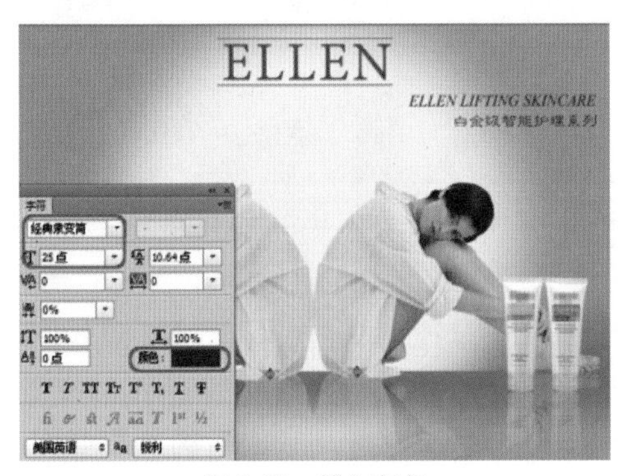

图 9-85　输入文字

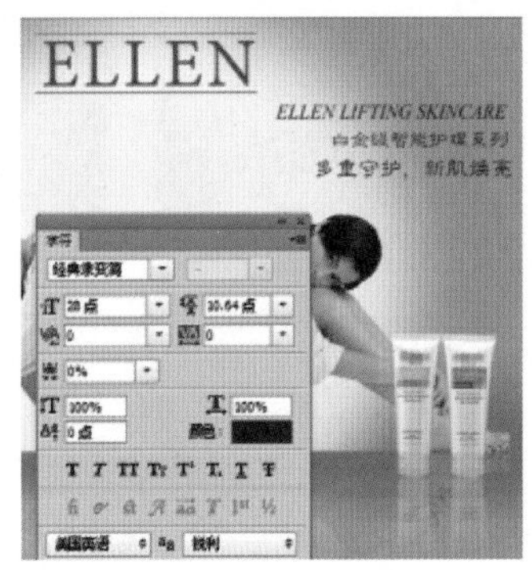

图 9-86　输入文字

(23) 继续输入文字“美肌熠熠生辉”，在【字符】面板中将文字【大小】设为 32 点，调整位置，完成后的效果如图 9-87 所示。

(24) 在工具箱中选择【直排文字工具】，在舞台中输入“珍珠溢彩似凝脂 晓妆梳星照玉楼”，打开【字符】面板，将【字体】设置为方正黄草简体，【大小】设置为 28 点，【行距】设置为 40 点，【字符间距】设置为 0，【字体颜色】设置为 #195b93，并单击【粗体】按钮，调整位置，如图 9-88 所示。

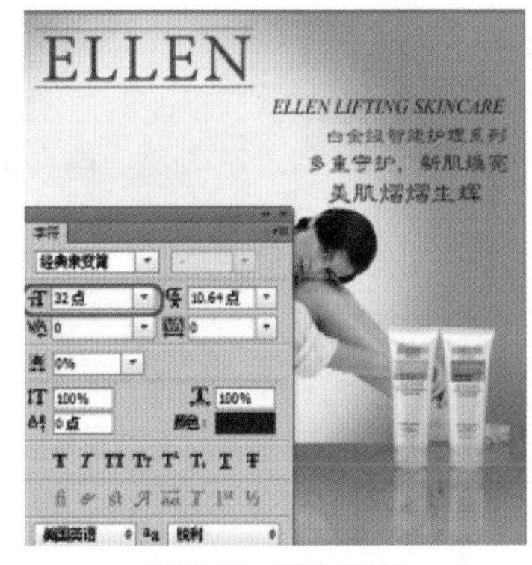

图 9-87　输入文字

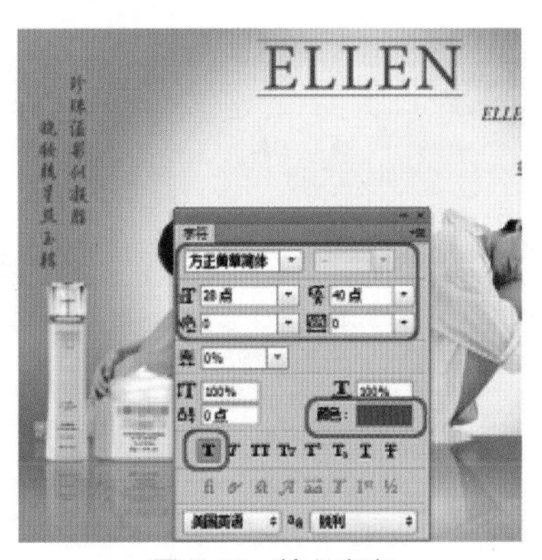

图 9-88　输入文字

(25) 在工具箱中选择【直线工具】，在工具选项栏中【模式】设置为形状，【填充颜色】设置为 #195b93，【描边】设置为无。设置一种实线，将【粗细】设置为 5 像素，绘制直线，调整位置，如图 9-89 所示。

(26) 继续输入文字“御用珍珠米膏”，打开【字符】面板，将【字体】设置为经典隶变简，【大小】设置为 28 点，【字符间距】设置为 0，【字体颜色】设置为 #363535，取消选择【粗体】选项，如图 9-90 所示。

(27) 打开星星 .png 文件并将其拖到文档中，适当调整位置，如图 9-91 所示。

图 9-89　绘制直线

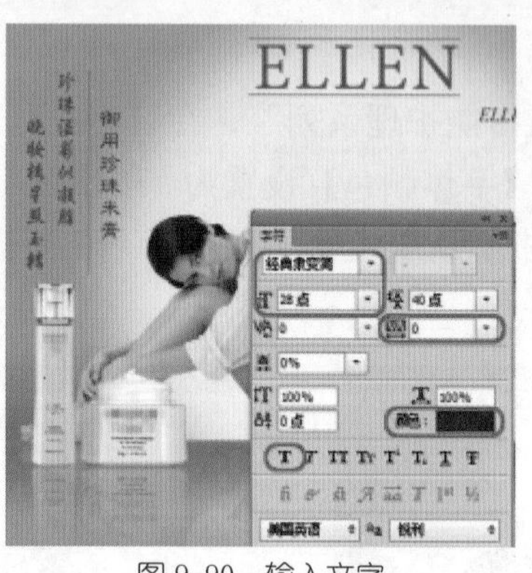

图 9-90　输入文字

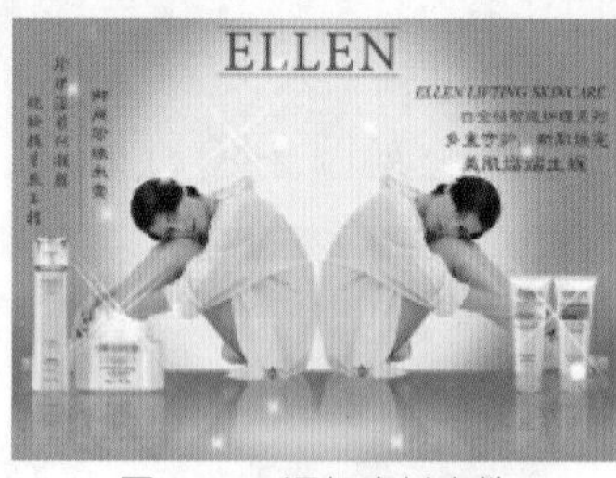

图 9-91　添加素材文件

(28) 打开【图层】面板，新建【气泡】图层，使用【椭圆选框】工具绘制正圆并填充白色，按 Ctrl+D 组合键取消选择，在【图层】面板中将【填充】设置为 0，并双击【气泡】图层，在弹出的【图层样式】对话框中，选择【内发光】选项组，然后进行如图 9-92 所示的设置。

(29) 选择上一步绘制的气泡进行多次复制，适当调整大小和位置，完成后的效果如图 9-93 所示。

(30) 打开【图层】面板，新建【气泡】组，并将所有关于气泡的图层拖到该组中，如图 9-94 所示。

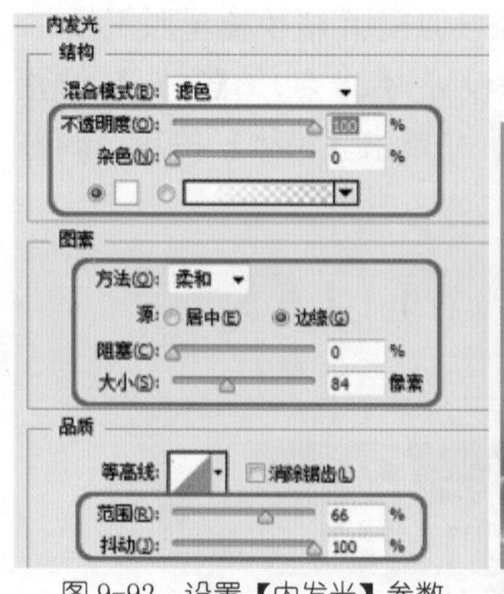

图 9-92　设置【内发光】参数

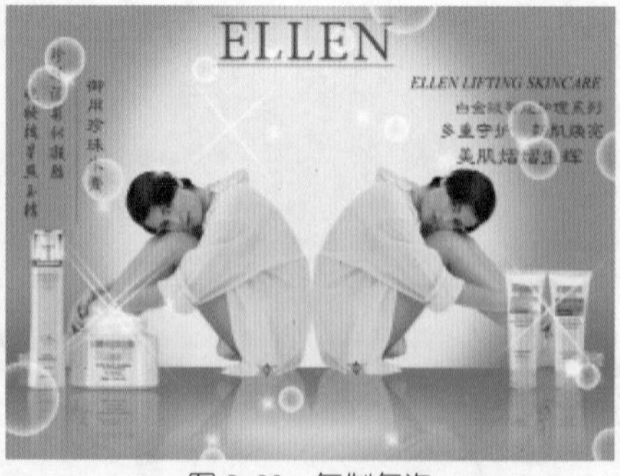

图 9-93　复制气泡

图 9-94　新建组

案例精讲 118　制作龙井茶海报

案例文件：CDROM | 场景 | Cha09 | 制作龙井茶海报 .psd

视频文件：视频教学 | Cha09| 制作龙井茶海报 .avi

制作概述

本例介绍如何制作龙井茶海报。首先使用【渐变工具】绘制渐变背景，然后使用文字工具输入文字并对文字添加【图层蒙版】等设置，然后将素材拖曳至文档中，对齐进行设置，完成后的效果如图 9-95 所示。

图 9-95　龙井茶海报

学习目标

学习使用【渐变工具】绘制渐变和为图层添加图层蒙版。

掌握【渐变工具】、【文字工具】、【椭圆选框工具】等工具的使用以及如何添加并设置【图层蒙版】。

操作步骤

(1) 启动软件后，按 Ctrl+N 组合键，在弹出的对话框中将【宽度】、【高度】设置为 975 像素、865 像素，【颜色模式】设置为 RGB，【背景内容】设置为白色，【前景色】设置为白色，【背景色】RGB 的值设置为 224、255、195。选择【渐变工具】，将【渐变】设置为前景色到背景色渐变，【渐变类型】设置为径向渐变，然后在画布上绘制渐变，效果如图 9-96 所示。

(2) 在工具箱中选择【矩形选框工具】，在画布的底层绘制矩形选框，在【图层】面板中单击【创建新图层】按钮，新建【图层 1】，按 Ctrl+Shift+I 组合键进行反选。按 Shift+F6 组合键打开【羽化选区】对话框，在该对话框中将【羽化半径】设置为 100，单击【确定】按钮。将【前景色】RGB 的值设置为 235、215、37。再次按 Ctrl+Shift+I 组合键进行反选，按 Alt+Delete 组合键为选区填充前景色，按 Ctrl+D 组合键取消选区，完成后的效果如图 9-97 所示。

(3) 使用【横排文字工具】，在画布上输入文字“龙”。选择输入的文字，将【字体】设置为华文行楷，【大小】设置为 300，【字体颜色】设置为黑色，按 Ctrl+Enter 键确认输入，使用同样的方法输入汉字“井”，完成后的效果如图 9-98 所示。

(4) 双击【龙】文字图层，弹出【图层样式】对话框，选择【斜面和浮雕】选项，将【样式】设置为内斜面，【方法】设置为平滑，【方向】设置为上，【大小】设置为 10，取消勾选【使用全局光】复选框，将【角度】设置为 90，如图 9-99 所示。

图 9-96　为背景填充渐变

图 9-97　填充颜色后的效果

图 9-98　输入文字后的效果

(5) 选择【描边】选项，将【大小】设置为 1，【位置】设置为外部，【混合模式】设置为正常，【不透明度】设置为 100，【颜色】设置为白色，如图 9-100 所示。

(6) 单击【确定】按钮，使用同样的方法为【井】文字图层添加相同的【图层样式】，完成后的效果如图 9-101 所示。

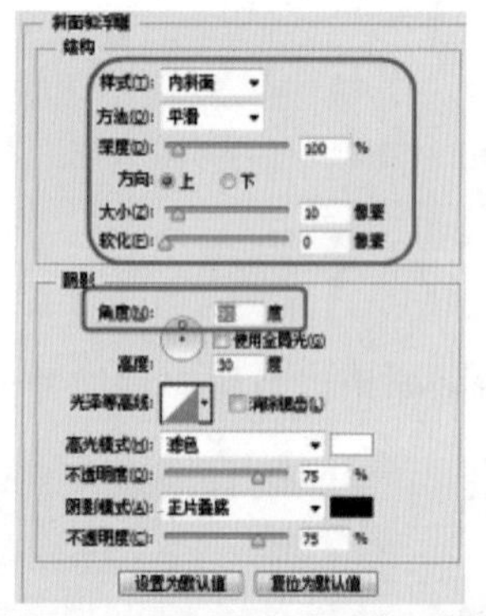
图 9-99　设置【斜面和浮雕】参数

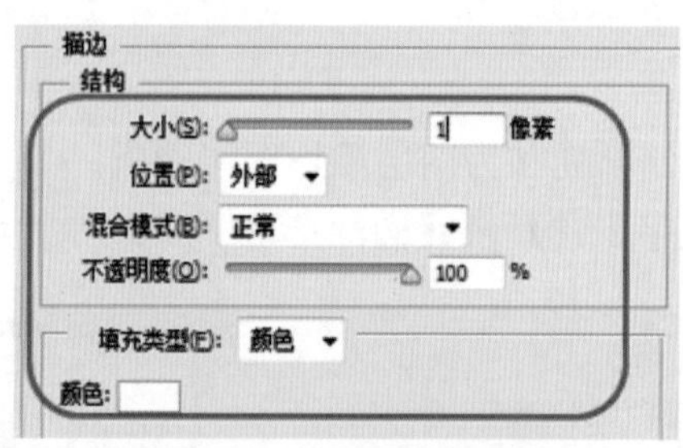

图 9-100　设置【描边】参数

图 9-101　设置图层样式后的效果

(7) 选择【直排文字工具】，在画布上输入文字“绿茶”。选择输入的文字，将【字体】设置为方正黄草简体，【大小】设置为 80，【字体颜色】设置为黑色，【字符间距】设置为 65，如图 9-102 所示。

在菜单栏中选择【窗口】|【字符】命令，也可以打开【字符】面板。

(8) 选择【椭圆选框工具】，在图层面板中单击【创建新图层】按钮，按住 Shift 组合键在画布上绘制正圆，将【前景色】RGB 的值设置为 115、251、0，【背景色】RGB 的值设置为 56、101、0。选择【渐变工具】，将【渐变】设置为前景色到背景色渐变，【渐变类型】设置为对称渐变，然后在选区内拖曳鼠标绘制渐变，效果如图 9-103 所示。

(9) 按 Ctrl+D 组合键取消选区，对该图层进行复制，调整拷贝图层的位置，然后选择这两个图层按 Ctrl+E 组合键合并图层，在工具箱中选择【模糊工具】，在两个圆相交位置进行涂抹，

然后使用【直排文字工具】在两个圆上输入文字“精品”，选择输入的文字，将【字体】设置为华文新魏，【大小】设置为 38，【字体颜色】RGB 的值设置为 237、224、20，【字符间距】设置为 565，效果如图 9-104 所示。

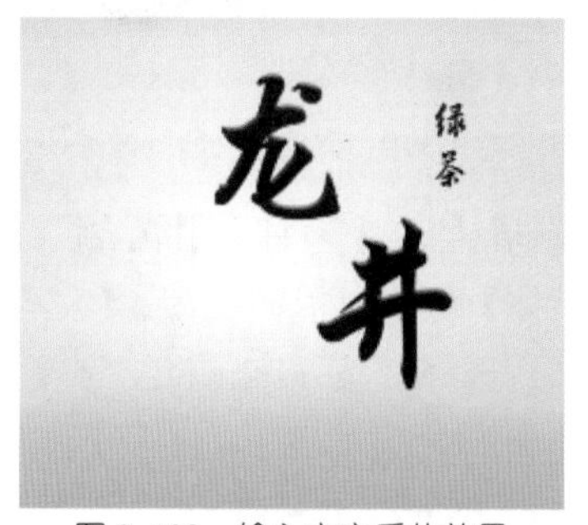

图 9-102　输入文字后的效果

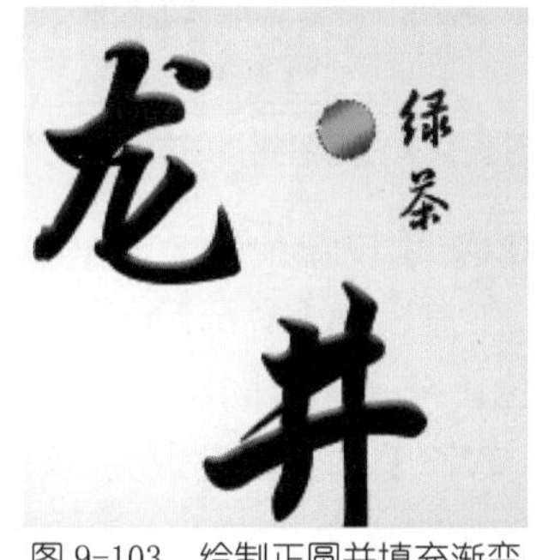

图 9-103　绘制正圆并填充渐变

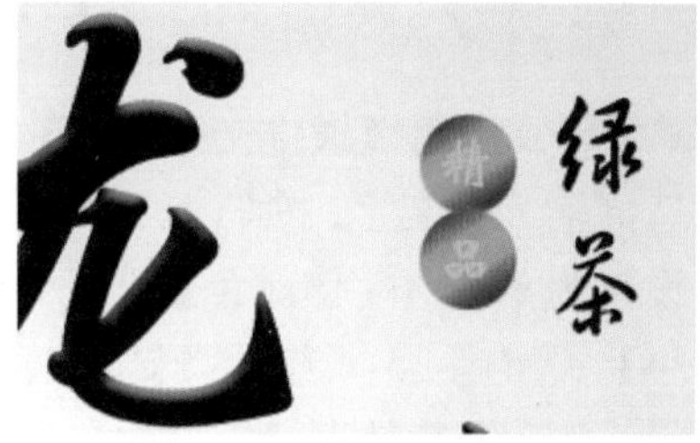

图 9-104　输入并设置文字

(10) 双击文字图层，在弹出的对话框中选择【描边】选项，将【大小】设置为 1，【位置】设置为外部，【混合模式】设置为正常，【颜色】RGB 设置为黑色，如图 9-105 所示。

(11) 按 Ctrl+O 组合键，在弹出的对话框中选择随书附带光盘中的 CDROM| 素材 |Cha09|A1.png、A2.png、A3.png、A4.png、A5.jpg 文件，单击【打开】按钮。使用【移动工具】，将 A2.png 拖曳至文档中，按 Ctrl+T 组合键打开【自由变换】，调整它的位置及大小，并对其进行旋转，效果如图 9-106 所示。

(12) 在工具箱中选择【直线工具】，在工具选项栏中将【填充颜色】RGB 的值设置为 88、191、0，将【描边】设置为无，【粗细】设置为 2，然后在画布上绘制如图 9-107 所示的线段。

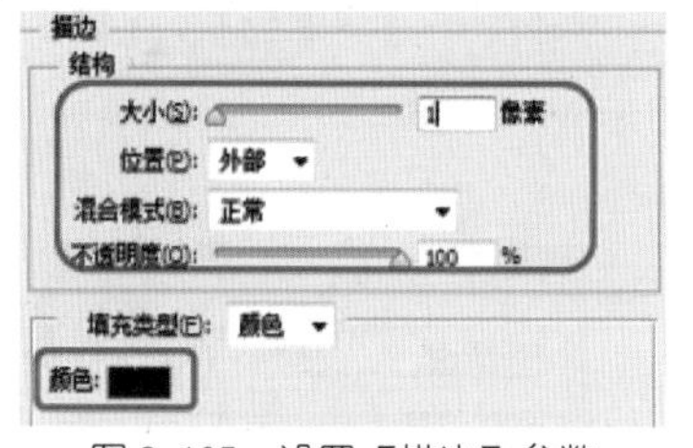

图 9-105　设置【描边】参数

图 9-106　调整素材的位置及大小

图 9-107　绘制的线段

(13) 在工具箱中选择【横排文字工具】，在两条直线之间输入文字“品龙井 / 静心、静神 / 享受健康生活 /”，选择输入的文字，在【字符】面板中将【字体】设置为华文新魏，【大小】设置 30，【字体颜色】RGB 的值设置为 88、191、0，【字符间距】设置为 35，完成后的效果如图 9-108 所示。

(14) 选择 A4.png 素材文件，使用【移动工具】将其拖曳至文档中，按 Ctrl+T 组合键打开【自由变换】，调整它的大小及位置，如图 9-109 所示。

(15) 选择 A1.png 素材文件，使用【移动工具】将其拖曳至文档中，打开【自由变换】并调整图片的位置及大小，使用同样的方法拖曳 A3.png 素材图片并对其进行设置，完成后的效果如图 9-110 所示。

图 9-108　输入文字后的效果

图 9-109　调整图片的位置及大小

图 9-110　调整图片后的效果

(16) 使用【横排文字工具】，在画布上输入文字“茶映盏毫新乳上，味为甘露胜醍醐”，选择输入的文字，按 Ctrl+T 组合键，在弹出的【字符】面板中将【字体】设置为华文新魏，【大小】设置为 30，【字体颜色】设置为黑色，将【字符间距】设置为 −55。选择“茶”字，将文字【大小】设置为 35；选择“味”字，将文字【大小】设置为 35，完成后的效果如图 9-111 所示。

(17) 继续使用【横排文字工具】，输入英文“To give the best of friends from after”，选择输入的文字，将【字体】设置为“Blackadder ITC”，【大小】设置为 30，【字符间距】设置为 65，完成后的效果如图 9-112 所示。

(18) 使用【移动工具】，将 A5.jpg 拖曳至文档中并调整它的位置及大小，然后按 Alt 键单击【图层蒙版】按钮，选择【渐变工具】，将【渐变类型】设置为径向渐变，然后在该图层上绘制渐变，在【图层】面板中选择该图层，将【不透明度】设置为 60，将该图层移动至文字图层的下方，完成后的效果如图 9-113 所示。

图 9-111　输入文字后的效果

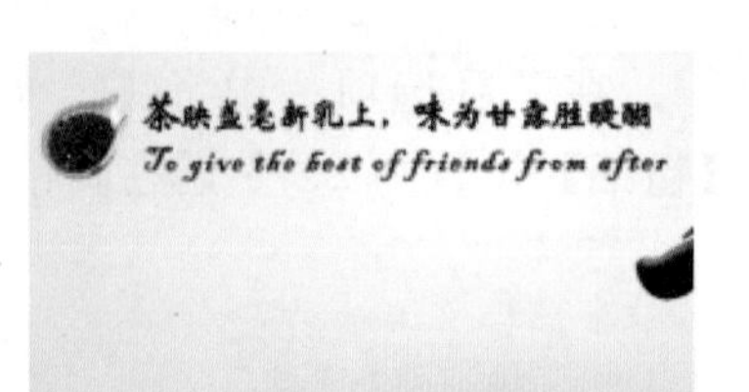

图 9-112　输入英文并进行设置

图 9-113　为图层添加图层蒙版

(19) 单击【创建新图层】按钮，使用【椭圆选框工具】，在“茶”字和“味”字上绘制正圆选区，然后按 Ctrl+Shift+I 组合键，进行反选，按 Shift+F6 组合键，打开【羽化选区】对话框，在该对话框中将【羽化半径】设置为 10，如图 9-114 所示。单击【确定】按钮，再次按 Ctrl+Shift+I 组合键进行反选，将【前景色】RGB 的值设置为 78、135、7，按 Alt+Delete 组合键填充前景色。至此，龙井茶海报制作完成。

图 9-114　【羽化选区】对话框

案例精讲 119　制作招聘海报

案例文件：CDROM | 场景 | Cha09 | 制作招聘海报 .psd

视频文件：视频教学 | Cha09| 制作招聘海报 .avi

制作概述

本例介绍招聘海报的制作方法。首先在背景图层中创建选区并进行填充，添加【水彩

画纸】和【浮雕效果】滤镜，然后绘制矩形选框。拖入素材文件后，输入标题文字，栅格化文字后设置其图层样式，然后制作四边形文本框，最后输入相应的文字。完成后的效果如图 9-115 所示。

图 9-115　招聘海报

学习目标

学习招聘海报的制作。

了解栅格化文字。

掌握横排和直排文字的输入方法。

操作步骤

(1) 启动 Photoshop CC 软件，按 Ctrl+N 键打开【新建】对话框，将【宽度】和【高度】分别设置为 90 厘米、120 厘米，【分辨率】设置为 72 像素 / 英寸，设置完成后单击【确定】按钮。

(2) 在菜单栏中选择【视图】|【新建参考线】命令，在弹出的【新建参考线】对话框中，将【取向】设置为水平，【位置】设置为 90 厘米，然后单击【确定】按钮，如图 9-116 所示。

(3) 使用【矩形选框工具】，在文档的底部沿着参考线绘制一个矩形选框，将【前景色】的 RGB 值设置为 128、128、128，然后填充到选区中，如图 9-117 所示。

(4) 选择【滤镜】|【滤镜库】命令，在弹出的对话框中选择【素描】|【水彩画纸】，将【纤维长度】设置为 10，【亮度】设置为 60，【对比度】设置为 80，如图 9-118 所示。

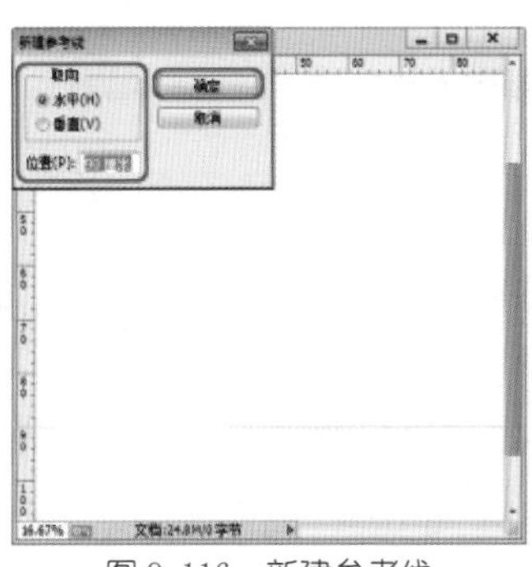

图 9-116　新建参考线

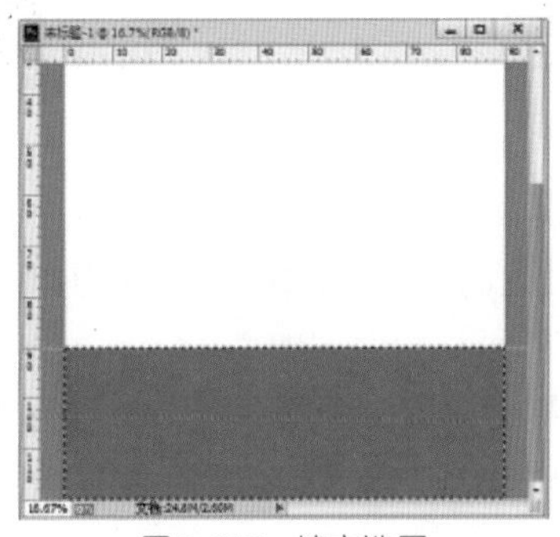
图 9-117　填充选区

图 9-118　设置【水彩画纸】参数

(5) 选择【滤镜】|【风格化】|【浮雕效果】命令，在弹出的【浮雕效果】对话框中，将【角度】设置为 90，【高度】设置为 30，【数量】设置为 150，然后单击【确定】按钮，如图 9-119 所示。

(6) 取消选区，选择【矩形工具】，在工具选项栏中将其【模式】设置为形状，【填充】设置为无色，【描边】设置为白色，【描边宽度】设置为 8 点，【描边类型】设置为虚线，然后在文档底部绘制矩形，并按 Enter 键确定，效果如图 9-120 所示。

(7) 打开随书附带光盘中的 CDROM| 素材 |Cha09| 制作招聘海报 .psd 文件，如图 9-121 所示。

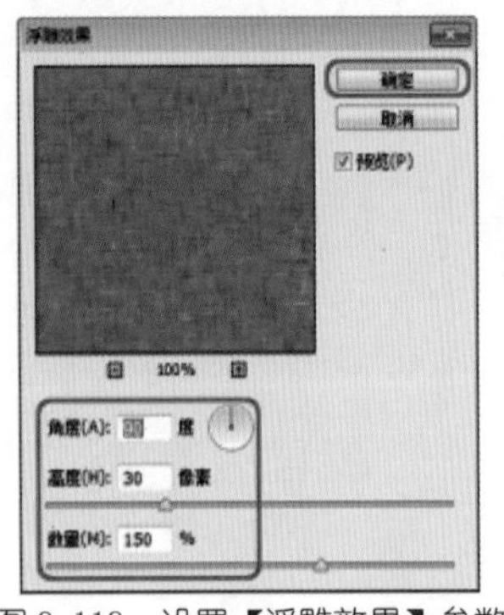
图 9-119　设置【浮雕效果】参数

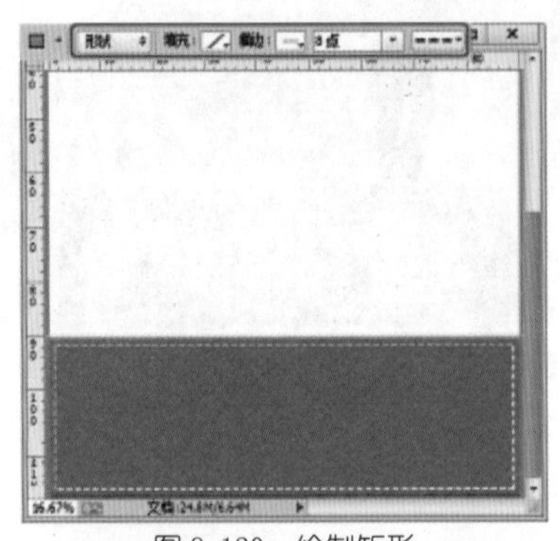
图 9-120　绘制矩形

图 9-121　打开的素材文件

(8) 将素材中的图形添加到文档的适当位置，并进行适当变形，将右下角烟雾的图层【混合模式】设置为叠加，效果如图 9-122 所示。

(9) 使用【横排文字工具】，将【字体】设置为宋体，【大小】设置为 200 点，【消除锯齿】的方法设置为浑厚，【字体颜色】设置为黑色，然后在适当位置输入文字，如图 9-123 所示。

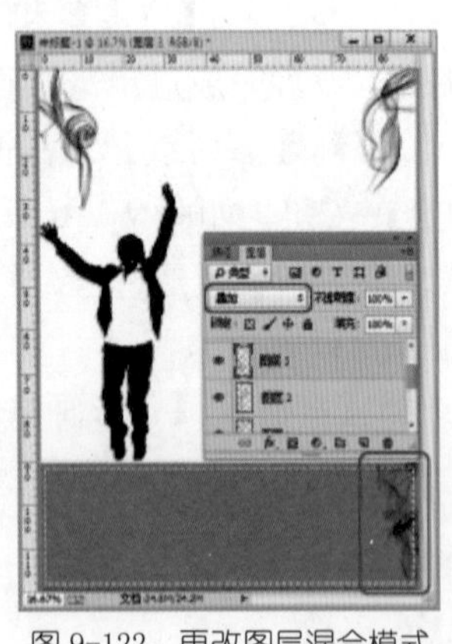
图 9-122　更改图层混合模式

图 9-123　输入文字

(10) 栅格化输入的文字，然后为文字图层添加图层样式。在【图层样式】面板中，选择【斜面和浮雕】选项组，将【深度】设置为 30，【大小】设置为 25，【软化】设置为 15，如图 9-124 所示。

(11) 选择【投影】选项组，将【角度】设置为 120，【距离】设置为 30，【大小】设置为 50，然后单击【确定】按钮，如图 9-125 所示。

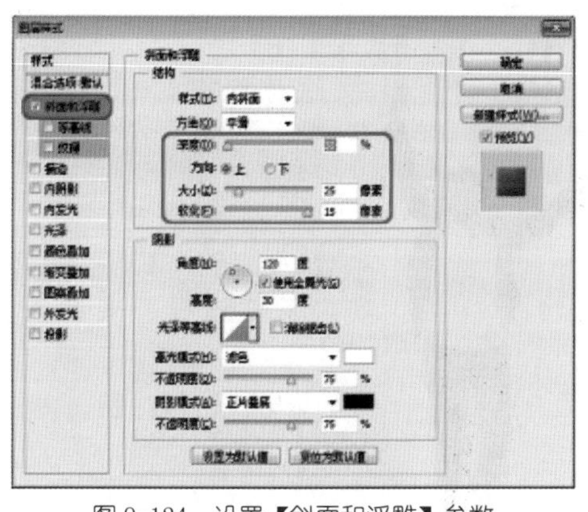

图 9-124　设置【斜面和浮雕】参数

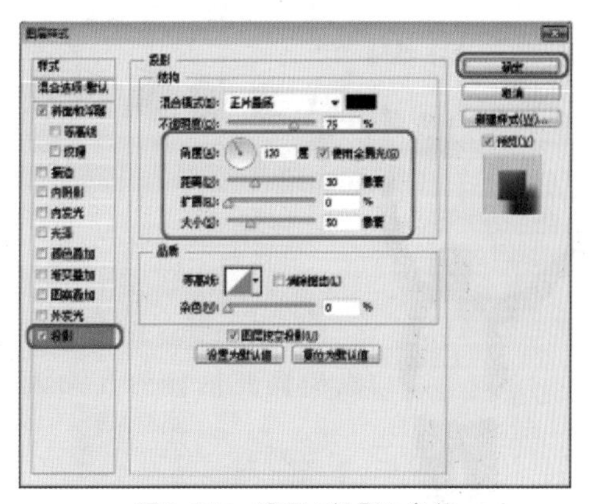

图 9-125　设置【投影】参数

(12) 按 Ctrl+T 组合键，对文件图层进行适当旋转，按 Enter 键确认，然后适当调整其位置，如图 9-126 所示。

(13) 使用【钢笔工具】，将【工作模式】设置为路径，在适当位置绘制一个四边形，然后按 Ctrl+Enter 组合键载入选区，将【前景色】的 RGB 值设置为 194、190、189，新建图层并将其填充前景色，如图 9-127 所示。

(14) 执行【选择】|【修改】|【扩展】命令，在弹出的【扩展选区】对话框中，将【扩展量】设置为 30，单击【确定】按钮。新建图层并填充前景色，将图层的【不透明度】设置为 50%，如图 9-128 所示。

图 9-126　旋转文字图层

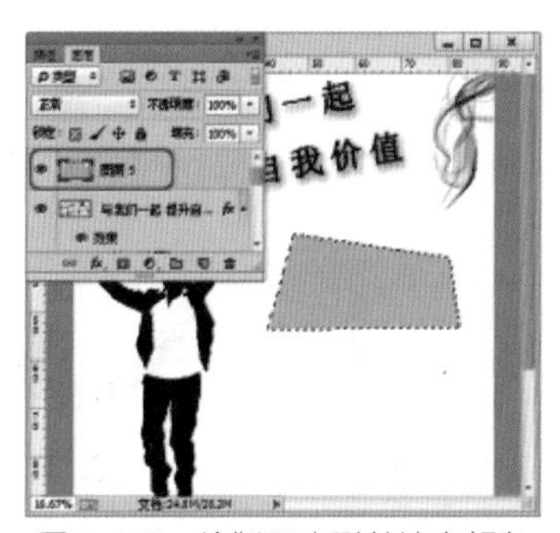

图 9-127　绘制四边形并填充颜色

图 9-128　扩展选区并填充颜色

(15) 取消选区，按 Ctrl+E 组合键将图层合并。对四边形进行复制，将其进行变形并水平翻转，然后调整到适当位置，如图 9-129 所示。

(16) 使用【横排文字工具】，将【字体】设置为宋体，【大小】设置 120 点，【字体颜色】设置为红色，在如图 9-130 所示位置输入文字。

(17) 将文字【大小】设置为 72 点，【字体颜色】设置为黑色，在四边形中输入文字，如图 9-131 所示。

图 9-129　复制图形并水平翻转

图 9-130　输入文字

图 9-131　输入文字

提示　若四边形无法容纳文字，可以使用 Ctrl+T 组合键对四边形进行适当变形。

(18) 使用【自定形状工具】，将【工具模式】设置为像素，【形态】设置为图钉。新建图层，按住 Shift 键在如图 9-132 所示位置绘制图钉。

(19) 复制图钉然后调整其位置，使用【编辑】|【自由变换】命令，右击图形，在弹出的快捷菜单中选择【水平翻转】命令，如图 9-133 所示。

图 9-132　绘制图钉

图 9-133　复制图钉并进行水平翻转

(20) 使用【直排文字工具】，在【字符】面板中将【字体】设置为创艺简黑体，【大小】设置为 100 点，【消除锯齿】的方法设置为浑厚，【字体颜色】设置为黑色，然后在底部矩形框中输入文字，将“岗位职责”和“岗位要求”的文字【大小】改为 60 点。如图 9-134 所示。

(21) 使用【横排文字工具】，在【字符】面板中将【字体】设置为创艺简黑体，【大小】分别设置为 60 点和 48 点，【消除锯齿】的方法设置为浑厚，【字体颜色】设置为黑色，然后在底部矩形框中输入文字，如图 9-135 所示。最后将场景文件进行保存。

图 9-134　输入文字

图 9-135　输入文字

案例精讲 120　制作植树宣传海报

案例文件：CDROM | 场景 | Cha09 | 制作植树海报 .psd

视频文件：视频教学 | Cha09| 制作植树宣传海报 .avi

制作概述

本例介绍植树宣传海报的制作。首先使用对称渐变的方式填充背景图层，然后设置【画笔工具】，绘制云彩，将素材文件导入后，输入文字，最后制作树的阴影。完成后的效果如图 9-136 所示。

图 9-136　植树宣传海报

学习目标

学习植树宣传海报的制作。

了解【画笔工具】的设置。

掌握阴影的制作方法。

操作步骤

(1) 启动 Photoshop CC 软件，按 Ctrl+N 组合键打开【新建】对话框，将【宽度】和【高度】分别设置为 2800 像素、3800 像素，【分辨率】设置为 300 像素 / 英寸，设置完成后单击【确定】按钮。

(2) 使用【渐变工具】，单击工具选项栏中的渐变色块，在弹出的【渐变编辑器】中，设置左侧色块的 RGB 值为 199、225、169，添加中间色块，其【位置】为 50%，颜色为白色，然后设置右侧色块的 RGB 值为 237、251、198，如图 9-137 所示。

(3) 单击【确定】按钮。单击【对称渐变】按钮，从上至下为【背景】图层填充渐变，如图 9-138 所示。

(4) 使用【画笔工具】，选择如图 9-139 所示画笔预设，将【大小】设置为 120 像素，如图 9-139 所示。

图 9-137　设置渐变颜色

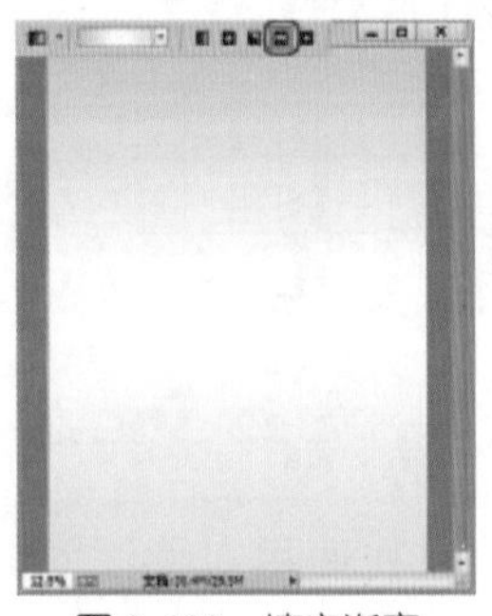
图 9-138　填充渐变

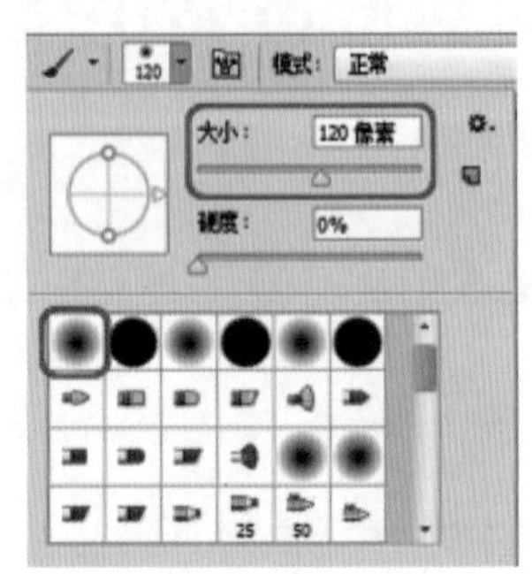

图 9-139　设置画笔预设

(5) 单击【切换画笔面板】按钮，在【画笔】面板中，勾选【形状动态】复选框，设置【大小抖动】为 100%，【最小直径】为 20%，【角度抖动】为 20%；勾选【散布】复选框，设置【散布】为 120%，【数量】为 5，【数量抖动】为 100%，如图 9-140 所示。

(6) 勾选【纹理】复选框，单击【图案】拾色器，选择【云彩】。设置【缩放】为 100%，【模式】为颜色加深，【深度】为 100%；勾选【传递】复选框，设置【不透明度抖动】为 15%，【流量抖动】为 10%，如图 9-141 所示。

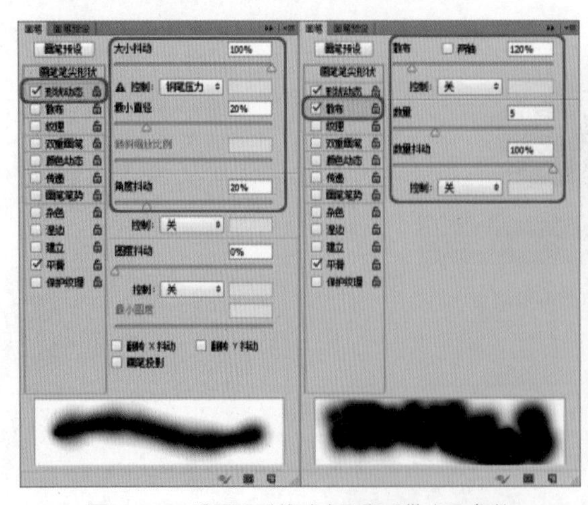
图 9-140　设置【形状动态】和【散布】参数

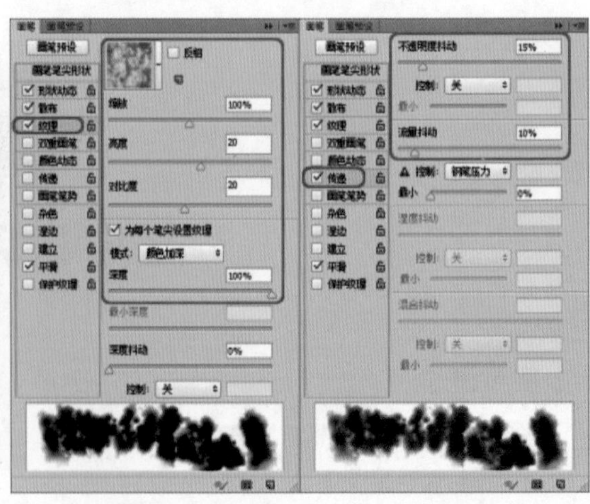
图 9-141　设置【纹理】和【传递】参数

若没有【云彩】，在弹出的面板中单击设置按钮，在弹出的快捷菜单中选择【填充纹理】命令，在弹出的提示对话框中单击【确定】按钮，然后选择【云彩】。

(7) 画笔设置完成后，将【前景色】设置为白色，新建【图层 1】，在文档顶部绘制云彩，然后使用【橡皮工具】，对云彩进行适当擦除，如图 9-142 所示。

(8) 打开随书附带光盘中的 CDROM| 素材 |Cha09| 制作植树宣传海报 .psd 文件，如图 9-143 所示。

(9) 将素材文件中的图形添加到场景文件中，并适当调整素材的位置，如图 9-144 所示。

图 9-142 绘制云彩

图 9-143 打开的素材文件

图 9-144 添加素材

(10) 使用【横排文字工具】，将【字体】设置为仿宋，【大小】设置为 36 点，【消除锯齿】的方式设置为浑厚，【字符间距】设置为 200，【字体颜色】的 RGB 值设置为 134、177、38，输入英文文本 , 然后将“not”文字的颜色更改为红色，如图 9-145 所示。

(11) 使用【横排文字工具】，将文字【大小】更改为 12 点，居中对齐文本，【字体颜色】的 RGB 值设置为 134、177、38，在适当位置输入文本，如图 9-146 所示。

(12) 对【树】图层进行复制，然后按 Ctrl+T 组合键，右击复制的树图形，在弹出的快捷菜单中选择【垂直翻转】，调整其到适当位置，然后右击复制的树图形，在弹出的快捷菜单中选择【扭曲】命令，对图形的形状进行调整，如图 9-147 所示。

(13) 按 Enter 键确认，将调整后的图形载入选区，然后将选区填充为黑色，将图层的【不透明度】设置为 20%，如图 9-148 所示。

图 9-145 输入文本

图 9-146 输入文本

图 9-147 调整图形形状

图 9-148 填充选区并设置图层的【不透明度】

(14) 至此，植树宣传海报制作完成。

第10章 手绘技法

本章重点

- 绘制黑色鼠标
- 绘制麦克风
- 古典人物
- 草莓的制作

Photoshop 手绘就是使用鼠标绘制平面图像，平面设计工作的直接目的就是创造美的事物，这个目的决定了平面设计工作是离不开美术知识的。这就要求作者不但能够非常熟练地操控软件和掌握一定的美术知识，更需要其丰富的想象与创作能力。本章介绍 4 种图形的绘制方法。

案例精讲 121　绘制黑色鼠标

案例文件：CDROM | 场景 | Cha10 | 绘制黑色鼠标 .psd

视频文件：视频教学 | Cha10| 绘制黑色鼠标 .avi

制作概述

本例介绍如何绘制鼠标，主要使用【钢笔工具】绘制不规则图形，然后配合【渐变工具】及【图层样式】为绘制的图形填充颜色和样式，最后输入文字，完成后的效果如图 10-1 所示。

图 10-1　绘制黑色鼠标

学习目标

学习使用【钢笔工具】、【圆角矩形工具】、【直线工具】和【渐变工具】，以及为图层添加图层样式。

掌握【钢笔工具】、【渐变工具】等工具的使用方法。

操作步骤

(1) 启动软件后，按 Ctrl+N 组合键，在弹出的对话框中将【宽度】、【高度】分别设置为 950 像素、950 像素，【颜色模式】设置为 RGB，【背景内容】设置为白色，【名称】命名为绘制黑色鼠标，【前景色】RGB 的值设置为 0、59、252，【背景色】RGB 的值设置为 13、24、62，选择【渐变工具】，将【渐变】设置为前景色到背景色渐变，【渐变类型】设置为径向渐变，然后在画布上绘制渐变，如图 10-2 所示。

(2) 在工具箱中选择【钢笔工具】，将【工具模式】设置为形状，【描边】设置为无，在画布上绘制图像，然后将【前景色】RGB 的值设置为 107、113、120，【背景色】RGB 的值设置为 21、21、26，选择【渐变工具】，将【渐变类型】设置为对称渐变，将【渐变】设置为前景色到背景色渐变，选择该图层，单击鼠标右键，在弹出的快捷菜单中选择【栅格化图层】命令，按住 Ctrl 键单击【形状 1】图层，将绘制的图形载入选区，然后使用【渐变工具】绘制渐变，按 Ctrl+D 组合键取消选区，完成后的效果如图 10-3 所示。

(3) 双击该图层，在弹出的对话框中选择【渐变叠加】，将【混合模式】设置为正常，【不

透明度】设置为66。单击【渐变】右侧的渐变条，在弹出的对话框中，单击右上侧的色标，将【不透明度】设置为9；单击左下侧的色标，将【颜色】设置为黑色；单击右下侧的色标，将【颜色】RGB的值设置为41、45、48，在渐变条上添加三个色标，【位置】分别是30、63、71。将位置为30%色标的【颜色】RGB的值设置为50、50、50，将位置为60%的色标的【颜色】RGB设置为白色，将【位置】为71%色标的【颜色】RGB的值设置为50、50、50，如图10-4所示。

图10-2　绘制渐变

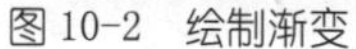

图10-3　绘制图形并为其填充渐变

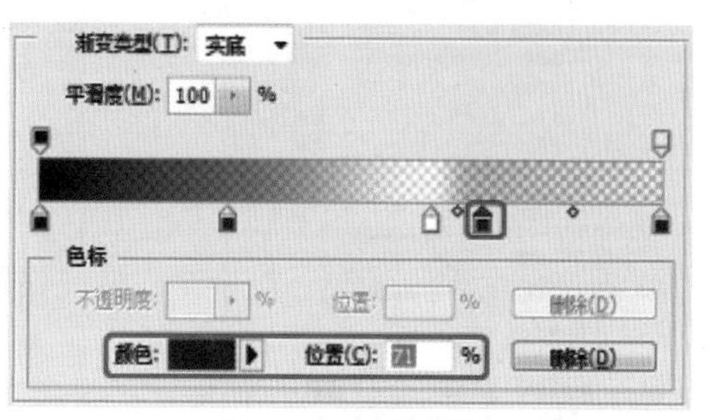

图10-4　设置渐变

双击图层的文字部分可以为图层重命名，双击图层文字右侧的空白处可以打开【图层样式】对话框。

(4) 单击【确定】按钮，选择【投影】选项组，将【混合模式】设置为正片叠底，【阴影颜色】设置为黑色，【角度】设置为165，取消勾选【使用全局光】复选框，将【距离】、【大小】设置为4、2，如图10-5所示。

(5) 单击【创建新图层】按钮，使用【钢笔工具】，将【前景色】设置为黑色，【描边】设置为无，在画布上绘制如图10-6所示的图形。

(6) 单击【创建新图层】按钮，使用【钢笔工具】，在工具选项栏中将【填充】设置为无，【描边颜色】设置为白色，【描边宽度】设置为2，然后在画布上绘制如图10-7所示的线段。

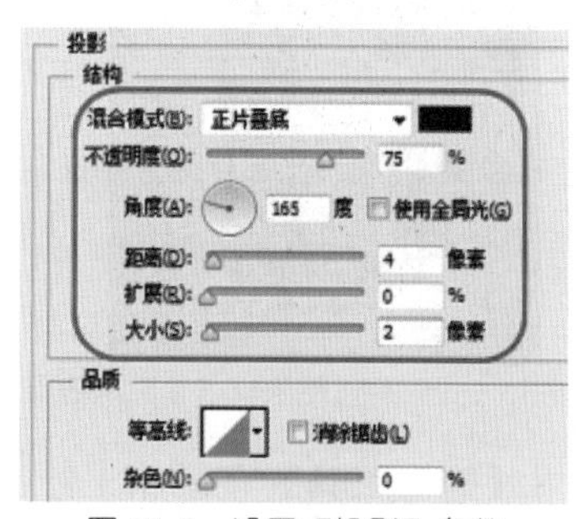

图10-5　设置【投影】参数

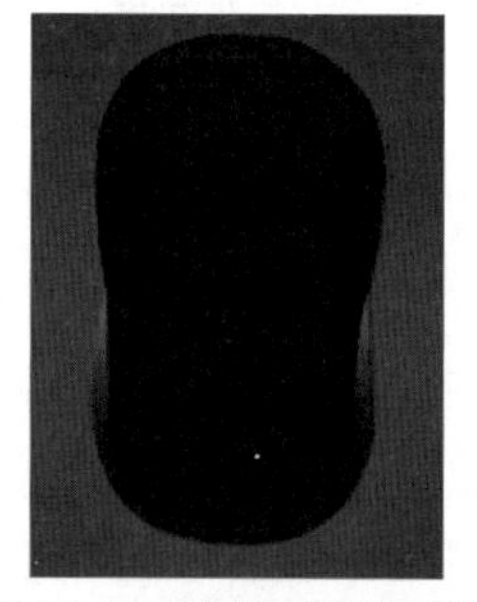

图10-6　绘制完成后的形状

图10-7　使用【钢笔工具】绘制线段

(7) 双击该图层，在弹出的对话框中选择【斜面和浮雕】选项组，将【样式】设置为内斜面，【方法】设置为平滑，【深度】设置为1，【大小】设置为4，【软化】设置为3，【角度】设置为180，取消勾选【使用全局光】复选框，将【高度】设置为37，【光泽等高线】设置为环形-双，【高光模式】下的【不透明度】设置为100，如图10-8所示。

(8) 选择【内阴影】选项，将【混合模式】设置为正片叠底，【距离】设置为0。选择【内

发光】选项组，将【方法】设置为柔和，【源】设置为居中，【阻塞】、【大小】均设置为 0，如图 10-9 所示。

(9) 选择【光泽】选项，保持默认设置。选择【颜色叠加】选项，将【叠加颜色】设置为黑色。选择【投影】选项组，将【混合模式】设置为正常，【阴影颜色】RGB 的值设置为 230、240、246，【不透明度】设置为 57，【距离】、【大小】设置为 5、2，如图 10-10 所示。

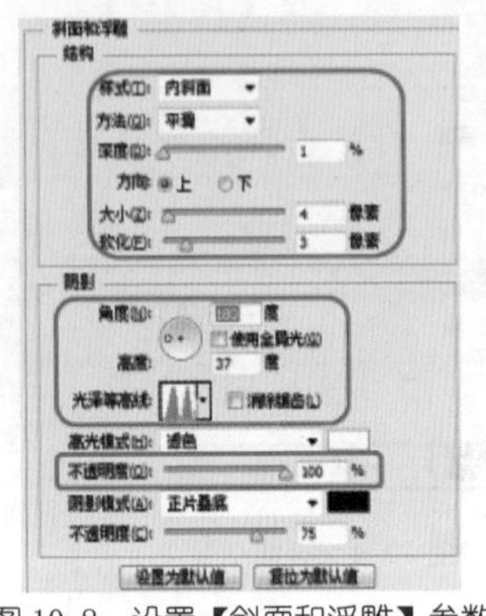
图 10-8　设置【斜面和浮雕】参数

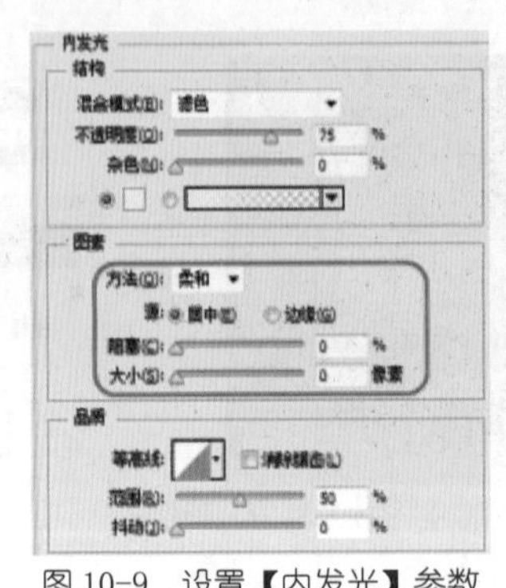
图 10-9　设置【内发光】参数

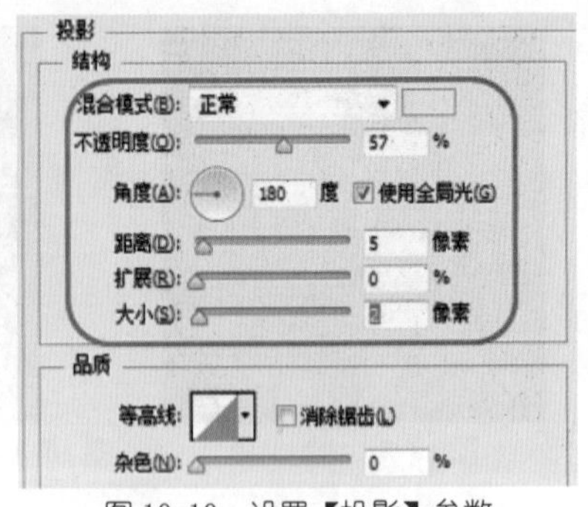
图 10-10　设置【投影】参数

(10) 单击【确定】按钮，继续使用【钢笔工具】，将【描边】设置为无，【前景色】RGB 的值设置为 179、179、179，使用【钢笔工具】绘制不规则的多边形，如图 10-11 所示。

(11) 双击该图层，在弹出的对话框中选择【外发光】选项组，将【混合模式】设置为滤色，【不透明度】设置为 65，【发光颜色】RGB 的值设置为 193、202、189，【大小】设置为 32，如图 10-12 所示。

(12) 选择【投影】选项，将【角度】设置为 120，【距离】、【大小】设置为 0、5，【混合模式】设置为正片叠底，单击【确定】按钮，完成后的效果如图 10-13 所示。

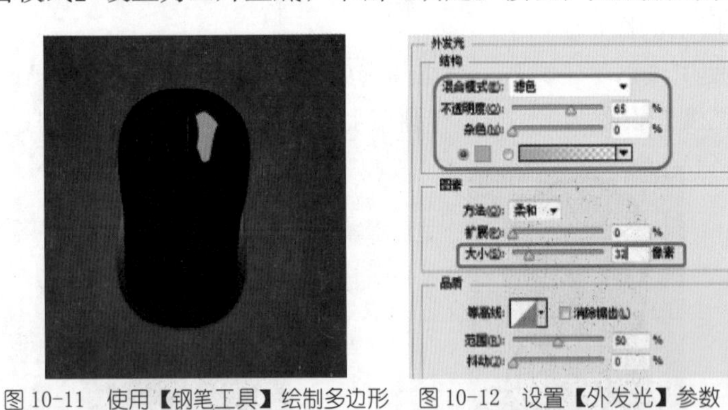
图 10-11　使用【钢笔工具】绘制多边形

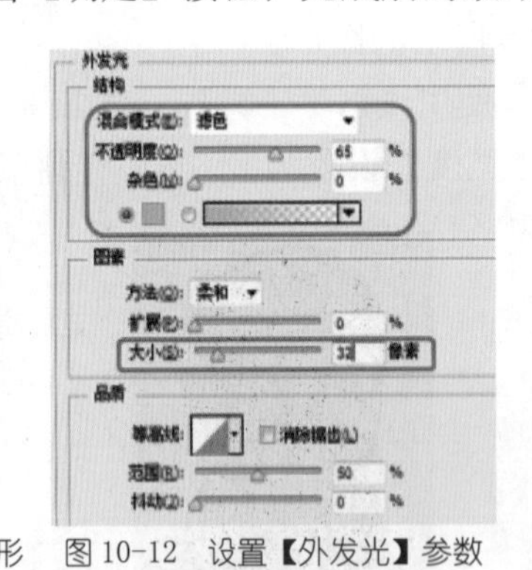
图 10-12　设置【外发光】参数

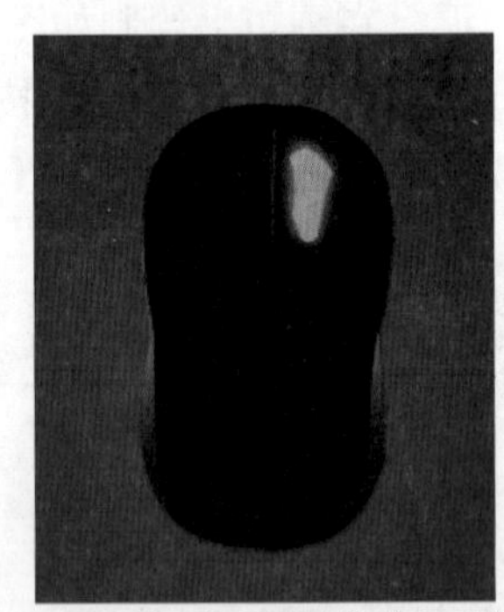
图 10-13　设置完【图层样式】后的效果

(13) 继续使用【钢笔工具】，将【前景色】设置为白色，使用【钢笔工具】在画布上绘制如图 10-14 所示的图形。

(14) 将该图层的【不透明度】设置为 15，在工具箱中选择【圆角矩形工具】，在工具选项栏中将【工具模式】设置为形状，【填充】设置为黑色，【描边】设置为无，【半径】设置为 30 像素，然后在画布上绘制如图 10-15 所示的圆角矩形。

(15) 双击该图层，在弹出的对话框中选择【斜面和浮雕】选项组，将【深度】设置为 1000，【大小】设置为 2，【角度】设置为 135，【高度】设置为 0，【高亮颜色】RGB 的

值设置为 152、221、246，将其【不透明度】设置为 43，【阴影模式】下的【不透明度】设置为 48，如图 10-16 所示。

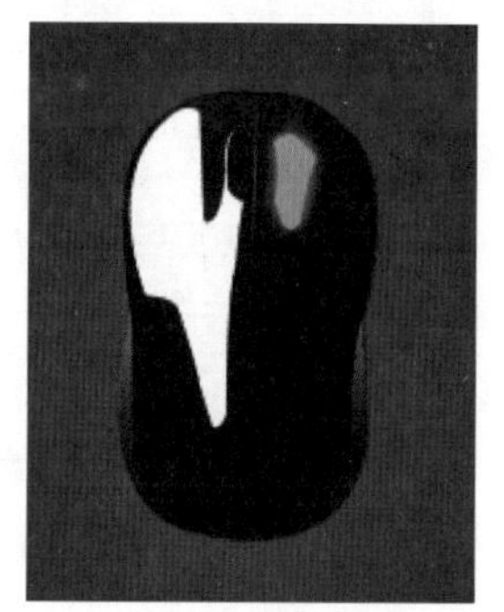

图 10-14　使用【钢笔工具】绘制图形

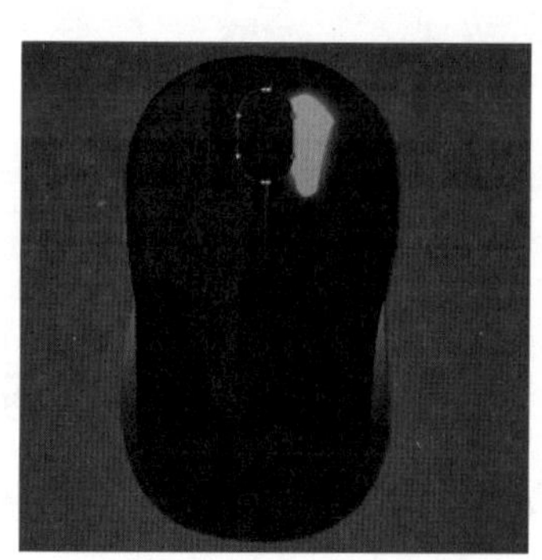

图 10-15　绘制圆角矩形

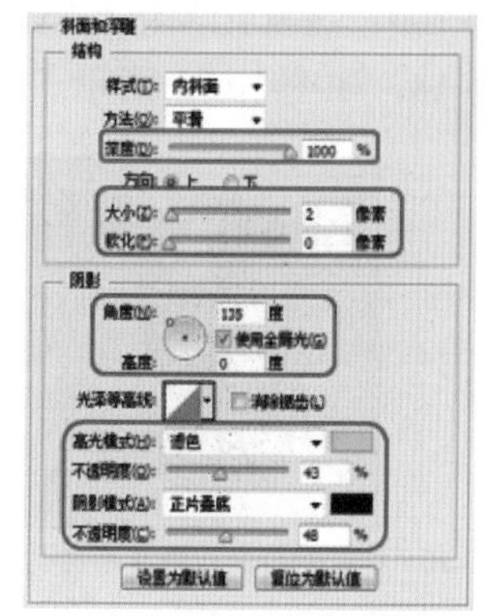

图 10-16　设置【斜面和浮雕】参数

(16) 选择【描边】选项，将【大小】设置为 1，【位置】设置为内部，【混合模式】设置为正常，【不透明度】设置为 18，【颜色】RGB 的值设置为 142、184、203。选择【内发光】选项组，将【混合模式】设置为滤色，【发光颜色】设置为黑色，【源】设置为居中，【阻塞】、【大小】设置为 0、1，如图 10-17 所示。

(17) 单击【确定】按钮，继续使用【圆角矩形工具】，在画布上继续绘制圆角矩形，将【前景色】设置为黑色，【背景色】RGB 的值设置为 72、142、171。选择【渐变工具】，将【渐变类型】设置为对称渐变，在【图层】面板中选择刚创建的图层，单击鼠标右键，在弹出的快捷菜单中选择【栅格化图层】命令，按 Ctrl 键单击该图层的缩略图，使用【渐变工具】填充渐变，完成后的效果如图 10-18 所示。

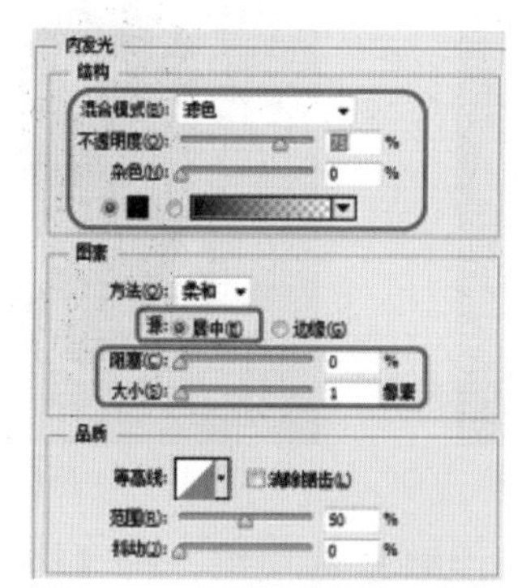

图 10-17　设置【内发光】参数

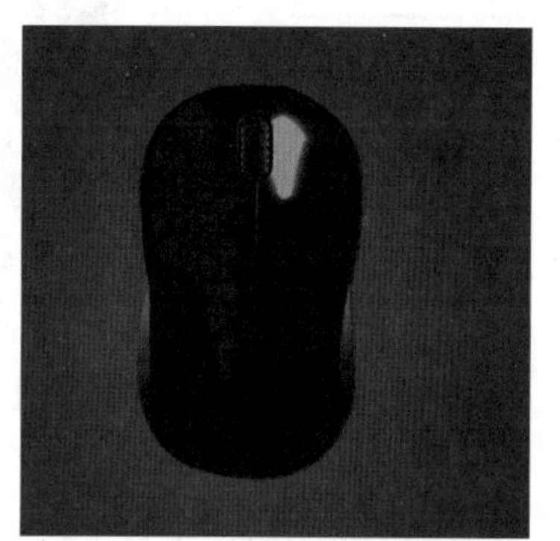

图 10-18　填充完成后的效果

(18) 按 Ctrl+D 组合键取消选区，选择【钢笔工具】，将【描边】设置为无，【前景色】设置为白色，然后在画布上绘制形状，绘制完成后将该图层的【不透明度】设置为 70，完成后的效果如图 10-19 所示。

(19) 双击该图层，在弹出的对话框中选择【斜面和浮雕】选项，将【高光模式】下的【不透明度】设置为 17，【阴影模式】下的【不透明度】设置为 13。选择【光泽】选项组，将【混合模式】设置为正片叠底，【效果颜色】设置为白色，【角度】设置为 19，【距离】、【大小】设置为 11、32，如图 10-20 所示。

(20) 选择【颜色叠加】选项，将【混合模式】设置为正常，【叠加颜色】设置为白色，【不透明度】设置为 19。选择【外发光】选项组，将【混合模式】设置为滤色，【不透明度】设置为 100，【发光颜色】RGB 的值设置为 195、196、196。将【扩展】设置为 1，【大小】设置为 18，如图 10-21 所示。

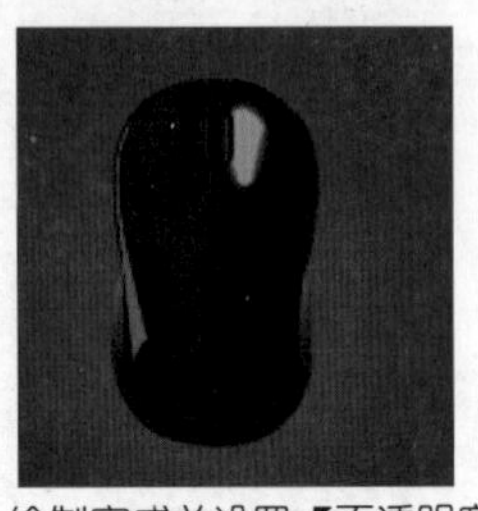

图 10-19　绘制完成并设置【不透明度】后效果

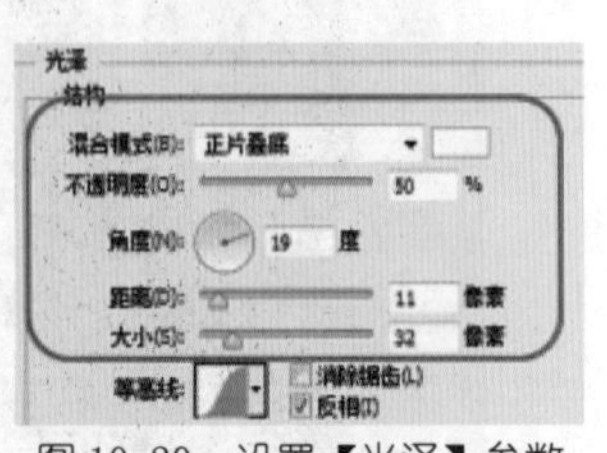

图 10-20　设置【光泽】参数

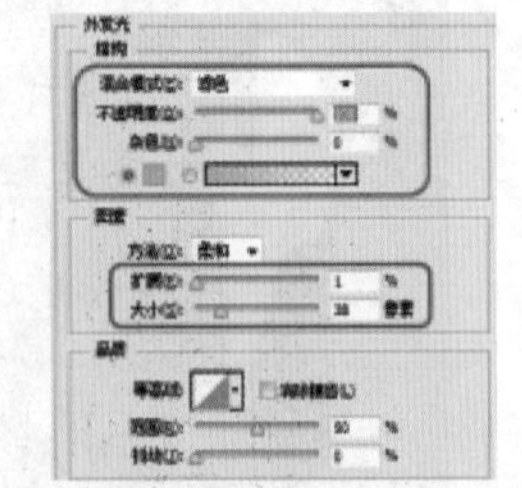

图 10-21　设置【外发光】参数

(21) 选择【投影】选项组，将【混合模式】设置为正片叠底，【阴影颜色】设置为黑色，取消勾选【使用全局光】复选框，将【角度】设置为 41，【距离】、【大小】设置为 0、3，如图 10-22 所示。

(22) 单击【确定】按钮，将该图层进行复制，选择拷贝的图层，在【图层】面板中将【混合模式】设置为滤色。在【图层】面板中选择这两个图层，对其进行拷贝，然后选择拷贝的两个图层，按 Ctrl+T 组合键打开【自由变换】，单击鼠标右键，在弹出的快捷菜单中选择【水平翻转】命令，调整它的位置及旋转角度，完成后的效果如图 10-23 所示。

(23) 继续选择【钢笔工具】，将【前景色】RGB 设置为白色，在工具选项栏中将【填充】设置为白色，【描边】设置为无，然后在画布上绘制图形，如图 10-24 所示。

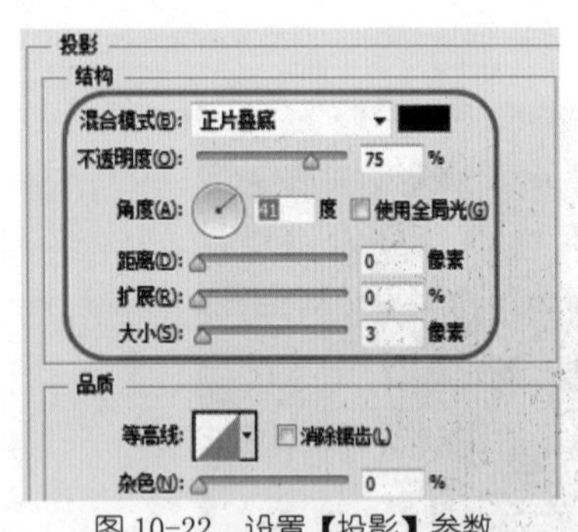

图 10-22　设置【投影】参数

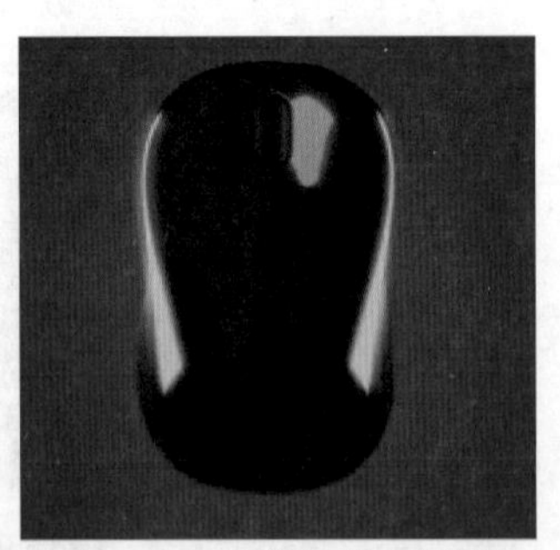

图 10-23　调整完成后的效果

图 10-24　绘制图形

(24) 双击该图层，在弹出的对话框中选择【斜面和浮雕】选项组，将【样式】设置为内斜面，【方法】设置为平滑，【大小】设置为 2，【角度】设置为 41，【高度】设置为 0，【高光模式】下的【不透明度】设置为 22，【阴影模式】下的【不透明度】设置为 38，如图 10-25 所示。

(25) 选择【颜色叠加】选项，将【混合模式】设置为正常，【叠加颜色】RGB 的值设置为 166、166、166。选择【投影】选项，将【混合模式】设置为正片叠底，【阴影颜色】设置为黑色，如图 10-26 所示。

(26) 选择【圆角选框工具】选项，在工具选项栏中将【工具模式】设置为形状，【填充】设置为白色，【描边】设置为无，在画布上绘制圆角矩形，效果如图 10-27 所示。

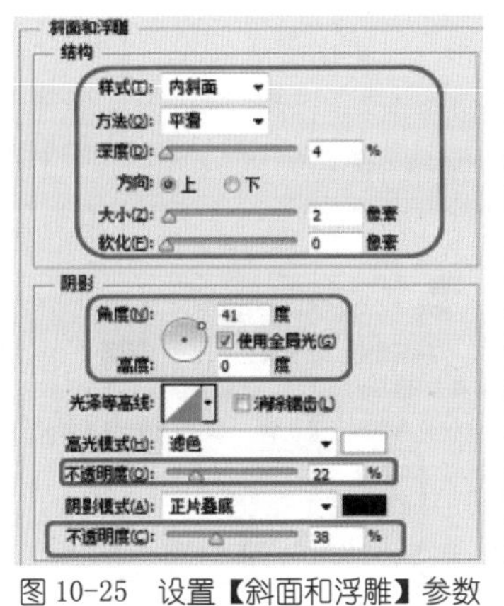

图 10-25 设置【斜面和浮雕】参数

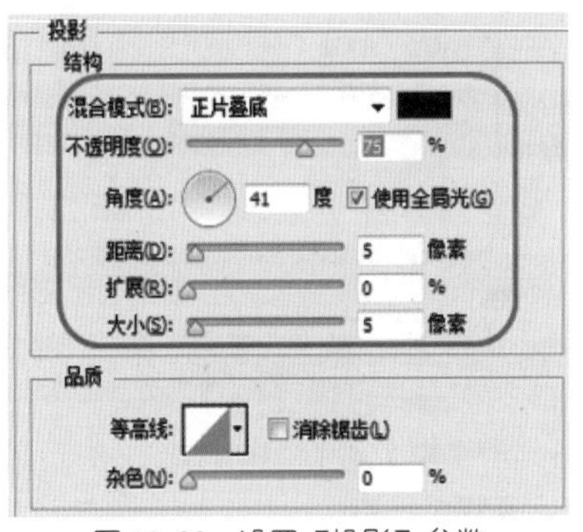

图 10-26 设置【投影】参数

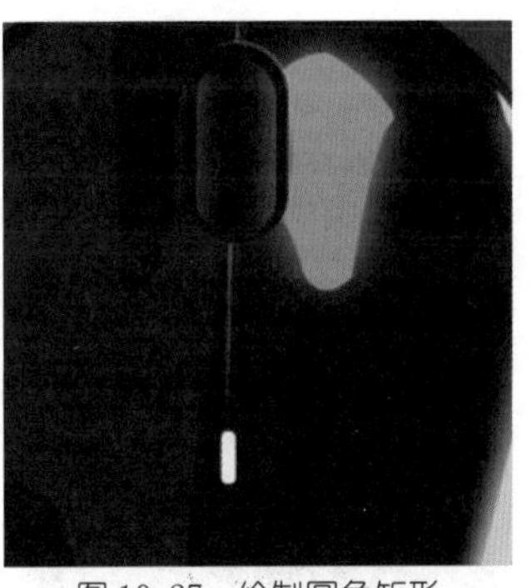
图 10-27 绘制圆角矩形

(27) 双击该图层，在弹出的对话框中选择【颜色叠加】选项，将【混合模式】设置为正常，【叠加颜色】RGB 的值设置为 252、255、0。选择【外发光】选项组，将【混合模式】设置为滤色，【不透明度】设置为 100，【发光颜色】RGB 的值设置为 170、170、170，【大小】设置为 18，如图 10-28 所示。

(28) 在工具箱中选择【直线工具】，在工具选项栏中将【填充】设置为白色，【描边】设置为无，然后绘制图形，再将绘制图形的两个图层合并，将合并后的图层的【不透明度】设置为 65，完成后的效果如图 10-29 所示。

(29) 对刚绘制的图层进行复制，选择复制的图层，按 Ctrl+T 组合键，再单击鼠标右键，在弹出的快捷菜单中选择【水平翻转】命令，然后调整其位置，效果如图 10-30 所示。

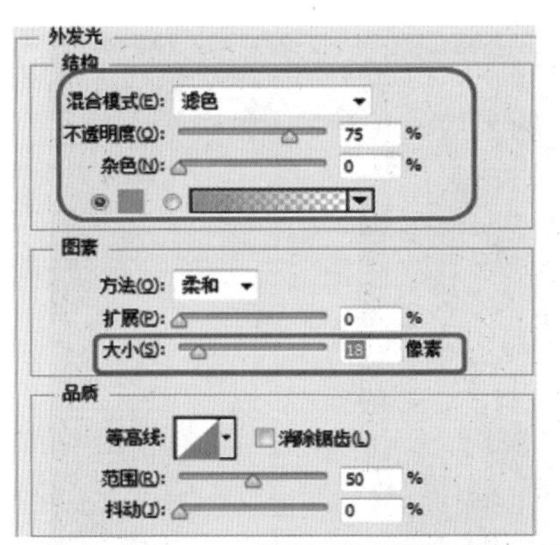

图 10-28 设置【外发光】参数

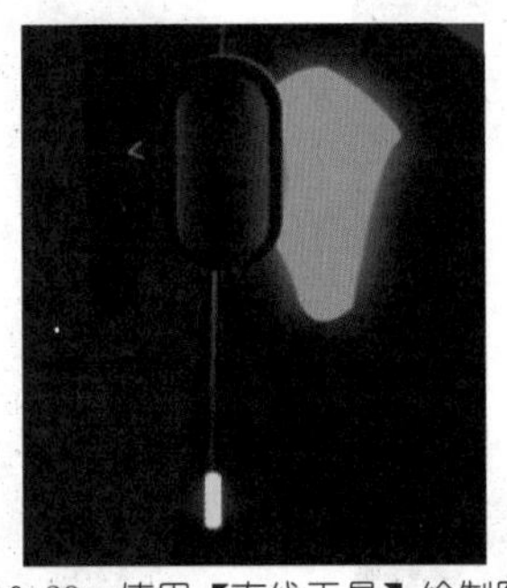
图 10-29 使用【直线工具】绘制图形

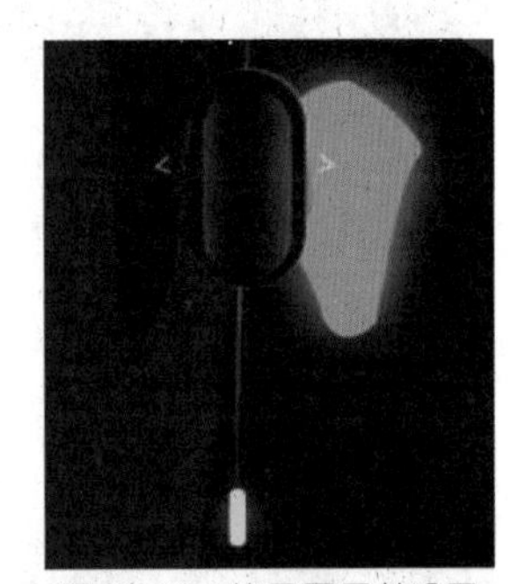
图 10-30 拷贝图层并设置

(30) 选择【横排文字工具】，在画布上输入文字“Wireless Mouse”，在【字符】面板中将【字体】设置为 Century Schoolbook，【大小】设置为 50，【字体颜色】RGB 的值设置为 0、179、255，效果如图 10-31 所示。

(31) 双击文字图层，在弹出的对话框中，将【样式】设置为内斜面，【方法】设置为平滑，【深度】设置为 100，【大小】设置为 5，【角度】设置为 41，【高度】设置为 0，如图 10-32 所示。

(32) 选择【投影】选项组，将【不透明度】设置为 100，【角度】设置为 120，【距离】、【大小】设置为 8、13，如图 10-33 所示。

图 10-31 输入文字

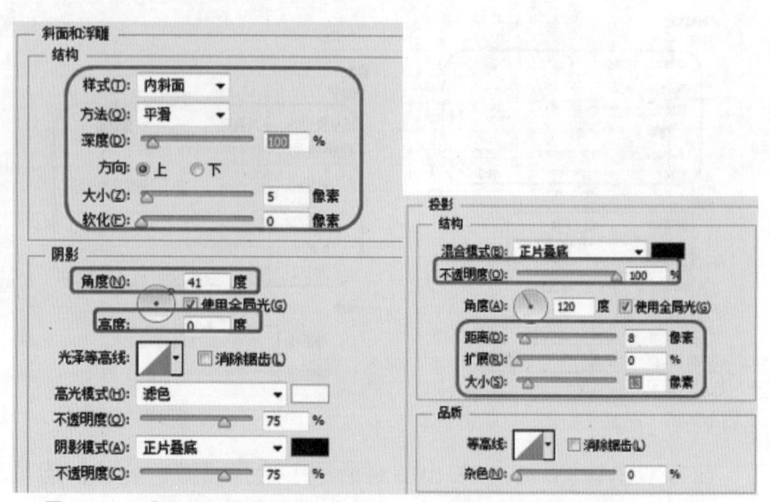

图 10-32 设置【斜面和浮雕】参数　　图 10-33 设置【投影】参数

(33) 在工具箱选择【钢笔工具】，在工具选项栏中将【填充】设置为无，【描边】设置为无，然后在画布上绘制路径，按 Ctrl+Enter 组合键将其转换为选区，如图 10-34 所示。

(34) 选择【渐变工具】，将【前景色】设置为黑色，【背景色】设置为白色。打开【渐变编辑器】对话框，在【位置】为 43 处添加一个色标，将该色标的颜色设置黑色，单击【确定】按钮。在【图层】面板中选择该图层，单击鼠标右键，在弹出的快捷菜单中选择【栅格化图层】命令，然后利用【渐变工具】在选区内绘制渐变，完成后的效果如图 10-35 所示。

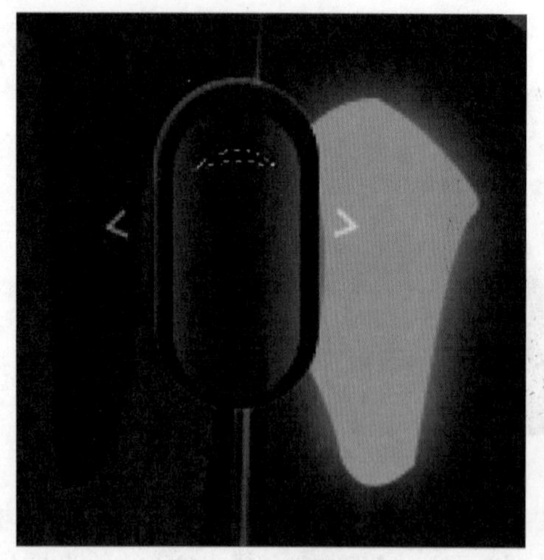

图 10-34 绘制路径

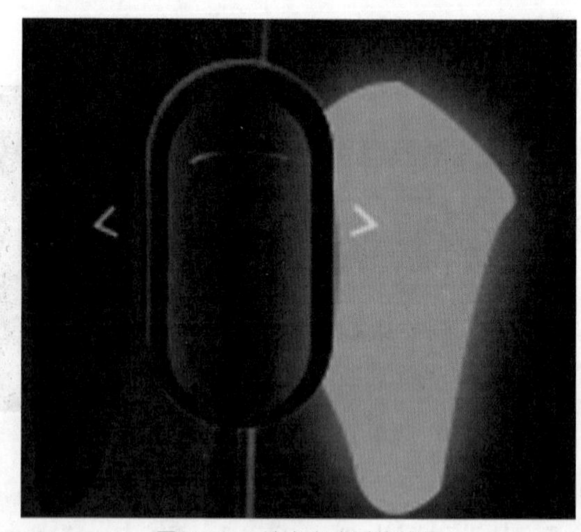

图 10-35 填充完成后的效果

(35) 复制多个该图层，然后调整各个图层的位置。至此，鼠标绘制完成，将场景文件保存即可。

案例精讲 122　绘制麦克风

 案例文件：CDROM | 场景 | Cha10 | 绘制麦克风 .psd

 视频文件：视频教学 | Cha10| 绘制麦克风 .avi

制作概述

本例介绍如何绘制麦克风，主要使用【圆角矩形工具】绘制麦克风的主体，然后结合【图层样式】制作渐变、阴影和斜面浮雕效果，完成后的效果如图 10-36 所示。

图 10-36　绘制麦克风

学习目标

学习【圆角矩形工具】、【渐变工具】的使用，以及为图层添加图层样式。

掌握【圆角矩形】、【渐变工具】等工具的使用，以及如何使用图层样式。

操作步骤

(1) 启动软件后，按 Ctrl+N 组合键，在弹出的对话框中将【名称】命名为绘制麦克风，将【宽度】、【高度】设置为 500 像素、650 像素，将【背景内容】设置为白色，【颜色模式】设置为 RGB 颜色，单击【确定】按钮。将【前景色】设置为白色，【背景色】RGB 的值设置为 0、72、255。选择【渐变工具】，在工具选项栏中将【渐变类型】设置为菱形渐变，将【渐变】设置为前景色到背景色渐变，然后在【背景】图层上拖曳鼠标绘制渐变，完成后的效果如图 10-37 所示。

(2) 在工具箱中选择【圆角矩形工具】，在工具选项栏中将【工具模式】设置为形状，【填充】设置为黑色，【描边】设置为无，【半径】设置为 100，然后在画布上绘制图角矩形，如图 10-38 所示。

(3) 双击该图层，在弹出的对话框中选择【斜面和浮雕】选项组，将【样式】设置为内斜面，【方法】设置为平滑，【大小】设置为 57，【角度】设置为 120，【高度】设置为 30，【光泽等高线】设置为滚动斜坡 - 递减，如图 10-39 所示。

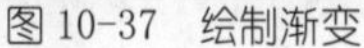

图 10-37　绘制渐变

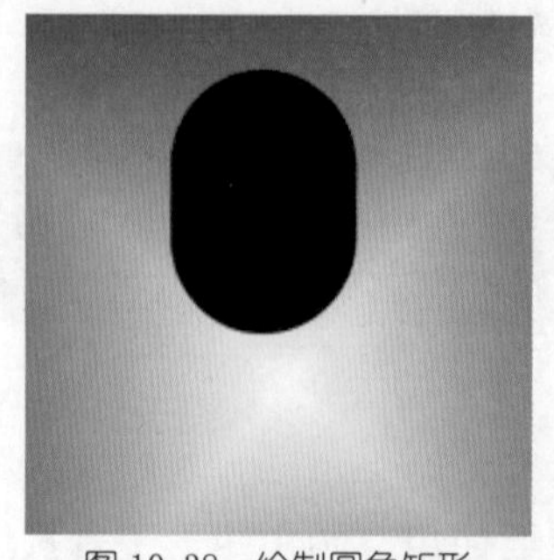

图 10-38　绘制圆角矩形

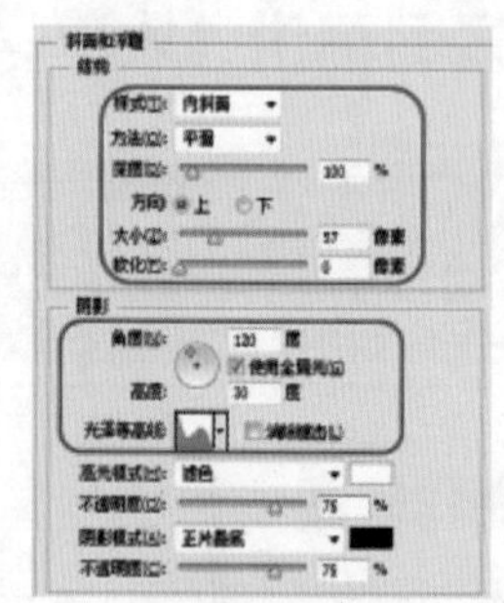

图 10-39　设置【斜面和浮雕】参数

(4) 选择【内阴影】选项组，将【混合模式】设置为正片叠底，【不透明度】设置为 78，【角度】设置为 120，【距离】设置为 12，【阻塞】、【大小】设置为 14、24，如图 10-40 所示。

(5) 选择【渐变叠加】选项，单击【渐变】右侧的渐变条，在弹出的【渐变编辑器】对话框中，单击左侧的色标，将其【位置】设置为 8，【颜色】设置为白色，单击右侧的色标，将【位置】设置为 99，【颜色】RGB 的值设置为 253、253、253，在【位置】为 13%、30%、62%、67%、81%、91% 处添加色标，将色标的 RGB 的值分别设置为 117、118、118，255、255、255，126、127、127，255、255、255，255、255、255，198、199、199，如图 10-41 所示。

(6) 单击【确定】按钮，返回到【图层样式】对话框，将【角度】设置为 0，单击【确定】按钮，效果如图 10-42 所示。

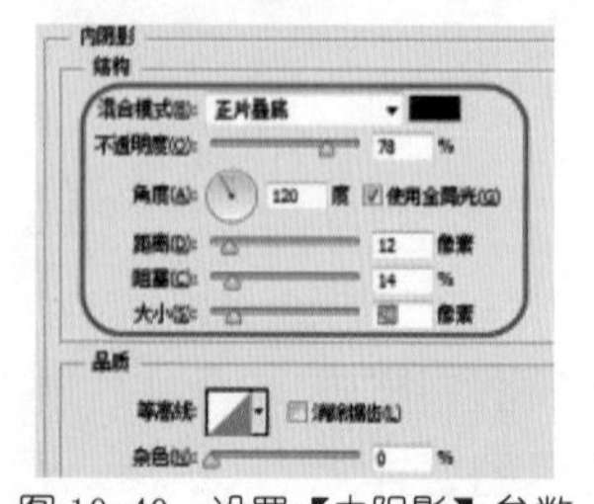

图 10-40　设置【内阴影】参数

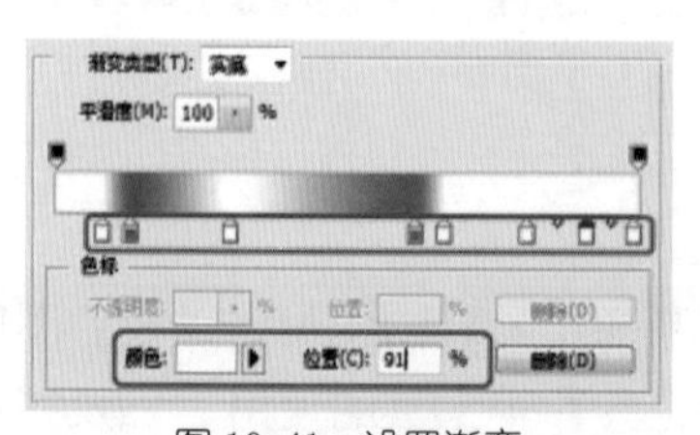

图 10-41　设置渐变

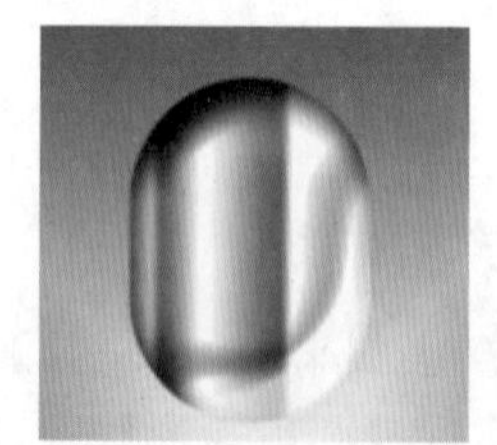

图 10-42　设置完成后的效果

(7) 将【圆角矩形 1】图层拖曳至【创建新图层】按钮上，拷贝该图层。选择拷贝的图层，单击【鼠标】右键，在弹出的快捷菜单中选择【栅格化图层】命令，按住 Ctrl 键并单击缩略图，选择【矩形选框工具】，在工具选项栏中单击【从选区中减去】按钮，然后在画布上绘制选框。按 Ctrl+Shift+I 组合键进行反选，按 Delete 键进行删除，然后将拷贝图层中的【效果】拖曳至【删除图层】按钮上，按 Ctrl+D 组合键取消选区，然后移动图层的位置，如图 10-43 所示。

(8) 选择【圆角矩形工具】，在工具选项栏中将【半径】设置为 150，然后在画布上绘制圆角矩形，根据上一步介绍的方法将其一半去掉，效果如图 10-44 所示。

(9) 拷贝【圆角矩形 2】图层。选择拷贝的图层，按 Ctrl+T 组合键将图形进行缩放并适当的调整其位置，按 Enter 键确认输入。选择【圆角矩形 2】图层，按住 Ctrl 键并单击【圆角矩形 2 拷贝】图层的缩略图，按 Delete 组合键进行删除，然后将【圆角矩形 2 拷贝】图层删除即可，效果如图 10-45 所示。

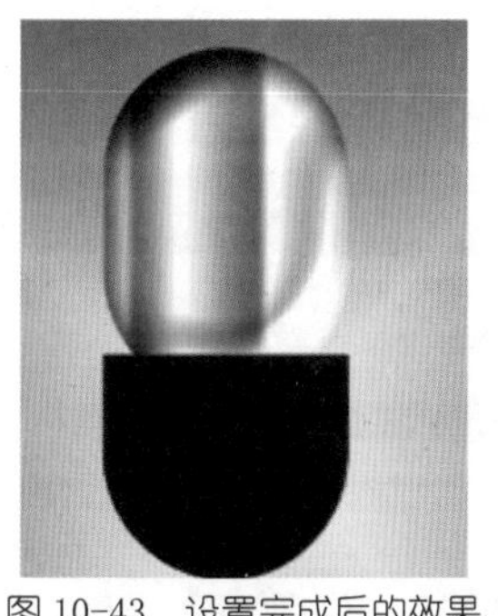

图 10-43　设置完成后的效果

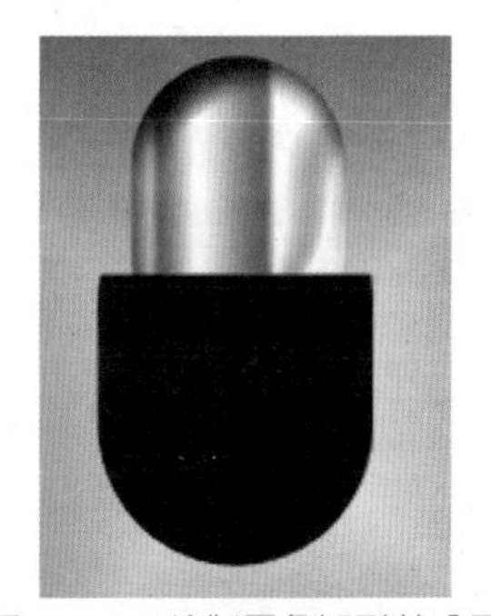

图 10-44　绘制圆角矩形并设置

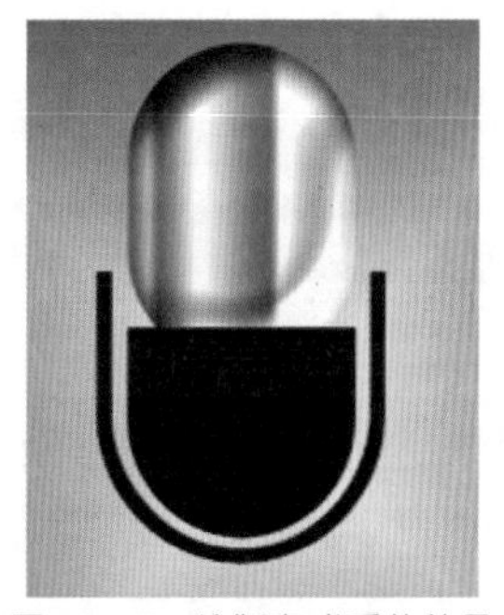

图 10-45　绘制完成后的效果

(10) 双击【圆角矩形 1 拷贝】图层，在弹出的对话框中选择【内阴影】选项组，将【混合模式】设置为正片叠底，【不透明度】设置为 63，【距离】、【阻塞】、【大小】设置为 5、52、139，如图 10-46 所示。

(11) 选择【渐变叠加】选项，将【角度】设置为 0，单击渐变条，在弹出的【渐变编辑器】对话框中，单击左侧的色标，将其【颜色】设置为黑色。单击右侧的色标，将其【位置】设置为 99，【颜色】设置为黑色。在【位置】为 24%、64%、78%、86% 处添加色标，将色标的【颜色】RGB 的值设置为 72、71、71，0、0、0，126、127、127，0、0、0，如图 10-47 所示。

(12) 返回到【图层样式】面板，单击【确定】按钮，双击【圆角矩形 2】图层，在弹出的对话框中，选择【斜面和浮雕】选项组，将【大小】设置为 32，【角度】设置为 120，【光泽等高线】设置为环形 - 双，如图 10-48 所示。

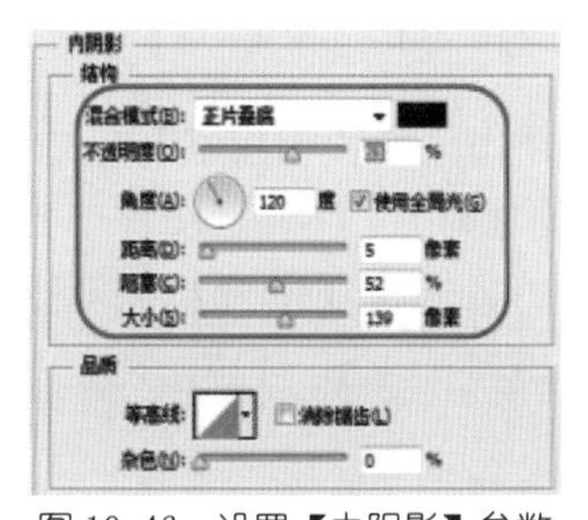

图 10-46　设置【内阴影】参数

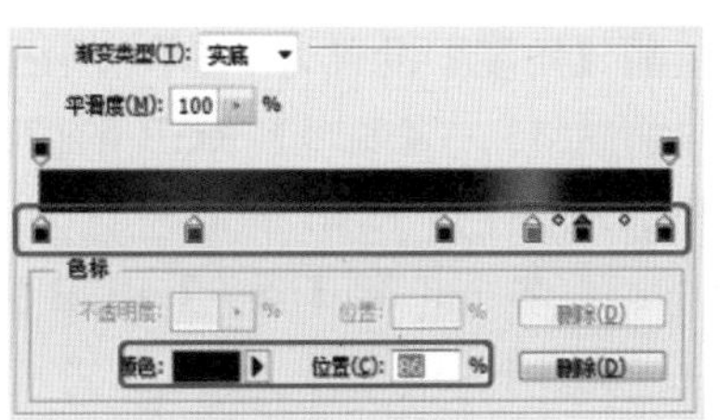

图 10-47　设置渐变

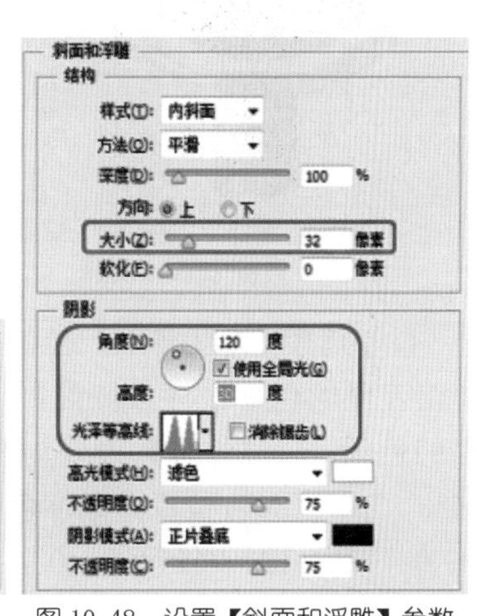

图 10-48　设置【斜面和浮雕】参数

(13) 选择【内阴影】选项，将【不透明度】设置为 100，【距离】、【大小】设置为 0、5，选择【光泽】选项组，将【混合模式】设置为正常，【效果颜色】设置为白色，【不透明度】设置为 100，【角度】设置为 19，【距离】、【大小】设置为 11、13，【等高线】设置为内凹 - 浅，如图 10-49 所示。

(14) 选择【投影】选项组，将【混合模式】设置为正片叠底，【阴影颜色】设置为黑色，【不透明度】设置为 100，【距离】设置为 1，【扩展】、【大小】设置为 85、1，如图 10-50 所示。

(15) 选择【渐变叠加】选项，将【角度】设置为 148，单击【渐变】右侧的渐变条，将左侧色标的【位置】设置为 2，【颜色】RGB 的值设置为 203、203、203，单击右侧的色标，将其【颜色】RGB 的值设置为 148、148、148，在【位置】为 36%、54%、77%、81% 处添加色标，将其【颜色】分别设置为黑色、白色、黑色、白色，如图 10-51 所示。

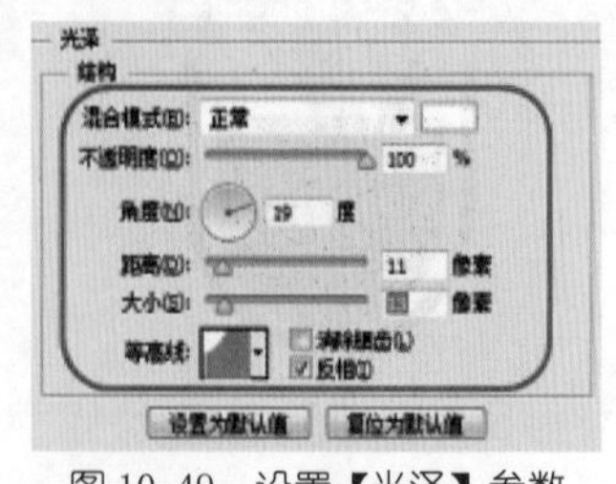
图 10-49 设置【光泽】参数

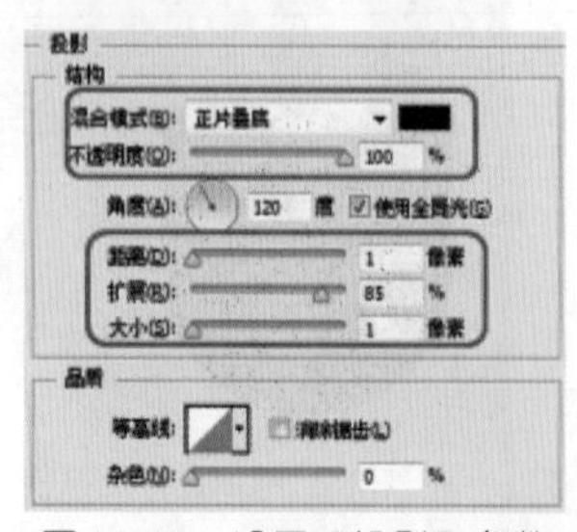
图 10-50 设置【投影】参数

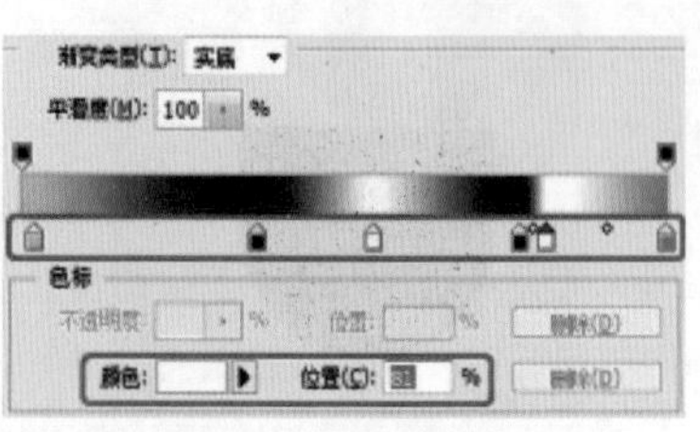
图 10-51 设置渐变

(16) 选择【圆角矩形】工具，在工具选项栏中将【半径】设置为 5，然后在画布上绘制图形。在工具箱中选择【删除锚点工具】，将圆角矩形的最上端的点删除，然后选择【转换点工具】调整柄，完成后的效果如图 10-52 所示。

(17) 双击该图层，在弹出的对话框中选择【内阴影】选项组，将【混合模式】设置为正片叠底，【不透明度】设置为 100，【距离】、【阻塞】、【大小】设置为 5、52、16，如图 10-53 所示。

(18) 选择【光泽】选项组，将【混合模式】设置为正常，【不透明度】设置为 39，【角度】设置为 19，【距离】、【大小】设置为 47、21，【等高线】设置为内凹 - 深，如图 10-54 所示。

图 10-52 调整完成后的效果

图 10-53 设置【内阴影】参数

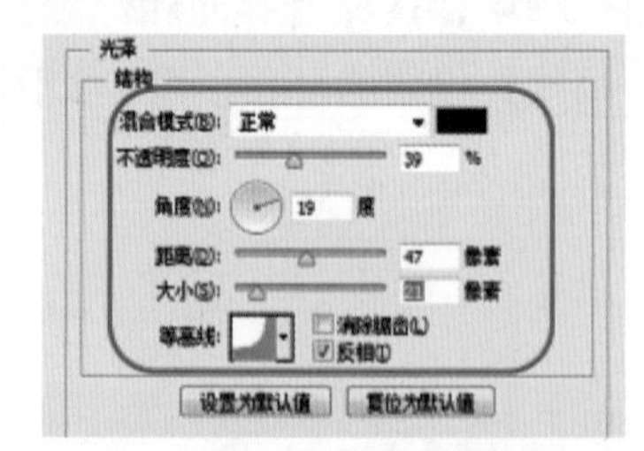
图 10-54 设置【光泽】参数

(19) 选择【渐变叠加】选项，将【角度】设置为 0，单击渐变条弹出【渐变编辑器】对话框。单击左侧的色标，将【位置】设置为 13，【颜色】RGB 的值设置为 117、118、118；单击右侧的色标，将【位置】设置为 99，【颜色】RGB 的值设置为 0、1、1。在【位置】为 33%、64%、78%、86% 位置处添加色标，将各个色标【颜色】RGB 的值设置为 126、127、127，0、0、0，126、127、127，0、0、0，如图 10-55 所示。

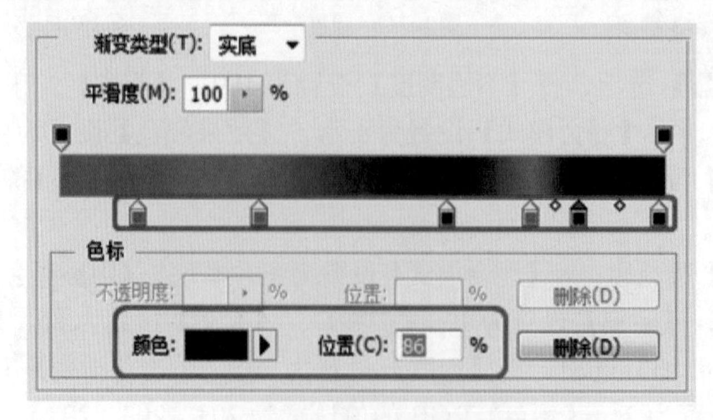

图 10-55 设置渐变

(20) 单击【确定】按钮，将【前景色】RGB 的值设置为 145、145、145，【填充】设置为前景色。选择【圆角矩形工具】，【半径】设置为 15，然后在画布上绘制圆角矩形，如图 10-56 所示。

(21) 双击该图层，在弹出的对话框中选择【内阴影】选项组，将【混合模式】设置为正片叠底，【不透明度】设置为 78，【距离】、【阻塞】、【大小】设置为 0、41、6，如图 10-57 所示。

(22) 选择【渐变叠加】选项。选择左侧的色标，将其【颜色】设置为黑色；选择右侧的色标，将【位置】设置为 96，【颜色】设置为黑色。在【位置】为 15%、22%、48%、61%、69%、87% 处添加色标，将色标的【颜色】RGB 的值设置为 214、214、214，253、253、253，137、137、137，253、253、253，137、137、137，255、255、255，如图 10-58 所示。

图 10-56　绘制圆角矩形

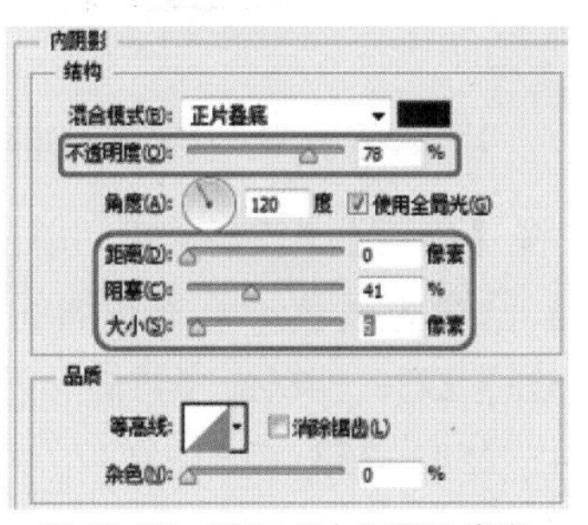

图 10-57　设置【内阴影】参数

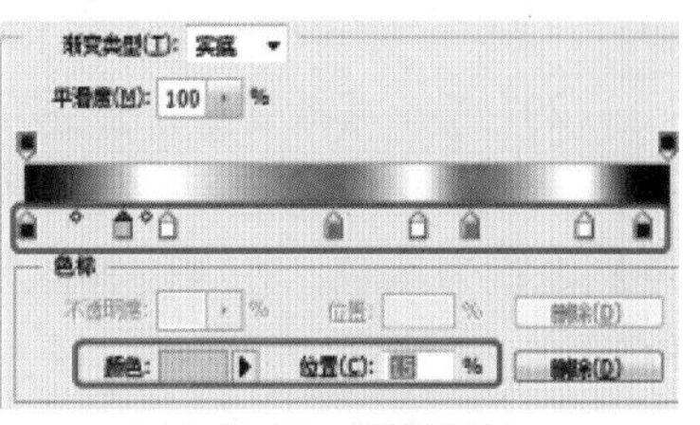

图 10-58　设置渐变

(23) 单击【确定】按钮，将【前景色】设置为黑色，【填充】设置为前景色，【半径】设置为 5，然后在画布上绘制圆角矩形，如图 10-59 所示。

(24) 双击该图层，选择【斜面和浮雕】选项组，将【深度】设置为 1000，【大小】设置为 27，【光泽等高线】设置为画圆步骤，如图 10-60 所示。

(25) 选择【内阴影】选项组，将【不透明度】设置为 100，【距离】设置为 7，【阻塞】设置为 16，【大小】设置为 21，如图 10-61 所示。

图 10-59　绘制圆角矩形

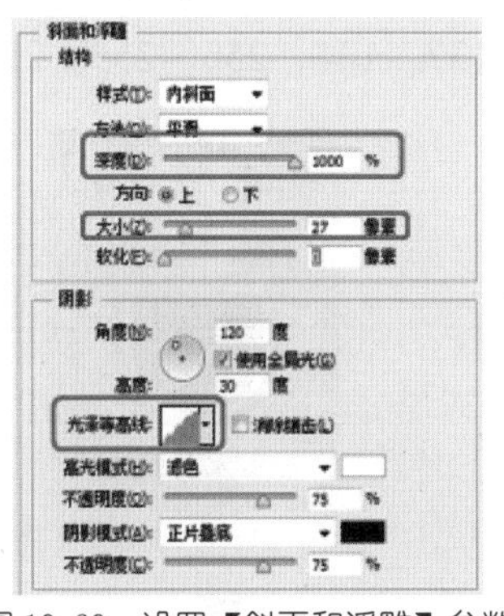

图 10-60　设置【斜面和浮雕】参数

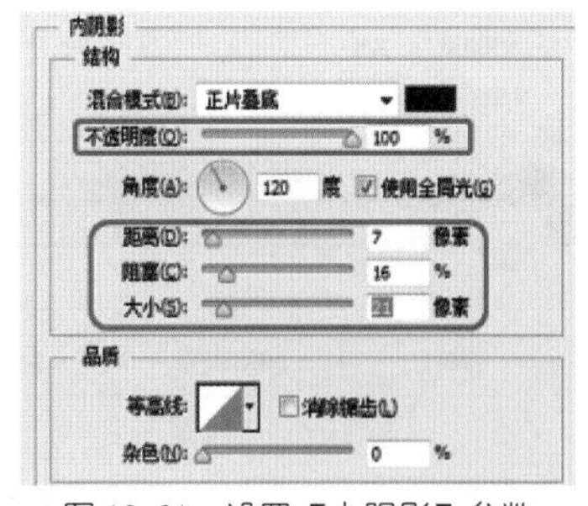

图 10-61　设置【内阴影】参数

(26) 选择【渐变叠加】选项，将【角度】设置为 0，单击渐变条，弹出【渐变编辑器】对话框。单击左侧的色标，将【颜色】设置为黑色；单击右侧的色标，将【位置】设置为 96，【颜色】设置为黑色。在【位置】为 15%、22%、48%、61%、69%、87% 处添加色标，将【颜色】RGB 的值设置为 214、214、214，253、253、253，137、137、137，253、253、253，137、137、137，255、255、255，如图 10-62 所示。

(27) 单击两次【确定】按钮，继续选择【圆角矩形工具】，将【前景色】RGB 的值设置为 199、200、200，【填充】设置为前景色，然后在画布上绘制圆角矩形，如图 10-63 所示。

(28) 双击该图层，弹出【图层样式】对话框，在该对话框中选择【内阴影】选项组，将【不透明度】设置为 78，【距离】、【阻塞】、【大小】设置为 0、41、6，如图 10-64 所示。

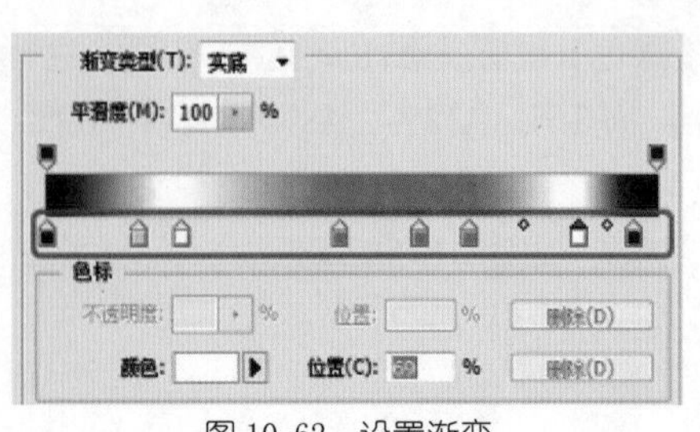

图 10-62 设置渐变

图 10-63 绘制圆角矩形

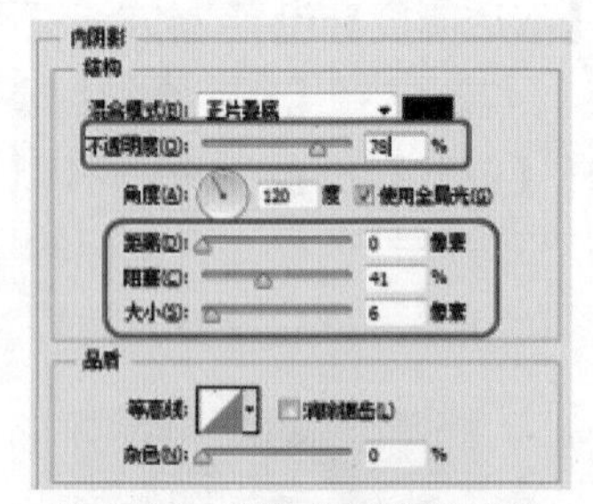

图 10-64 设置【内阴影】参数

(29) 选择【渐变叠加】选项，将【角度】设置为 90，单击渐变条，弹出【渐变编辑器】对话框。单击左侧的色标，将【颜色】设置为黑色；单击右侧的色标，将【位置】设置为 96，【颜色】设置为黑色。在【位置】为 15%、22%、48%、61%、69%、87% 处添加色标，将【颜色】RGB 的值设置为 214、214、214，253、253、253，137、137、137，253、253、253，137、137、137，255、255、255，如图 10-65 所示。

(30) 单击两次【确定】按钮，将【前景色】RGB 的值设置为 94、94、94，选择【圆角矩形工具】，将【填充】设置为前景色，【半径】设置为 5，在画布上绘制圆角矩形，效果如图 10-66 所示。

(31) 双击该图层，在弹出的对话框中选择【渐变叠加】选项，将【角度】设置为 0。单击渐变条，弹出【渐变编辑器】对话框。单击左侧的色标，将【颜色】设置为黑色；单击右侧的色标，将【位置】设置为 96，【颜色】设置为黑色。在【位置】为 15%、22%、48%、61%、69%、87% 处添加色标，将【颜色】RGB 的值设置为 214、214、214，253、253、253，137、137、137，253、253、253，137、137、137，255、255、255，如图 10-67 所示。

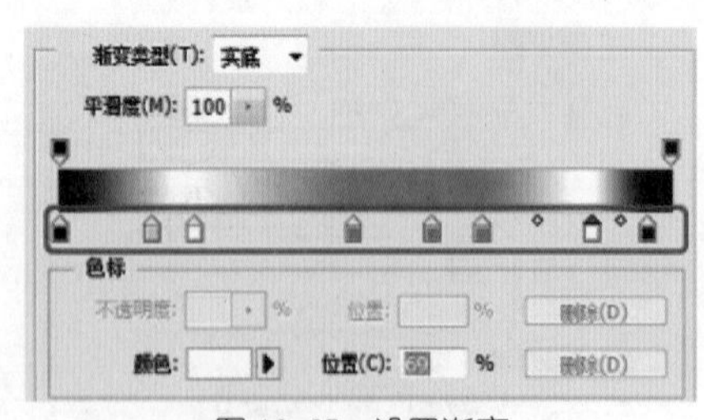

图 10-65 设置渐变

图 10-66 绘制圆角矩形

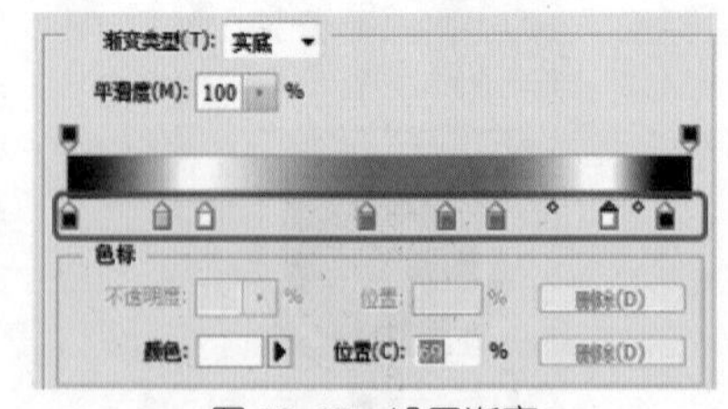

图 10-67 设置渐变

(32) 将【前景色】设置为黑色，选择【圆角矩形工具】，将【填充】设置为前景色，然后在画布上绘制圆角矩形，完成后的效果如图 10-68 所示。

(33) 双击该图层，在弹出的对话框中选择【内阴影】选项组，将【混合模式】设置为正片叠底，【不透明度】设置为 100，【距离】、【阻塞】、【大小】设置为 5、94、7，如图 10-69 所示。

(34) 选择【渐变叠加】选项，将【角度】设置为 0，单击【渐变条】。在弹出的对话框中

单击左侧的色标，将【位置】设置为 4，【颜色】设置为黑色；单击右侧的色标，将【位置】设置为 99，【颜色】RGB 的值设置为 0、1、1。在【位置】为 33%、64%、78%、86% 处添加色标，将色标【颜色】RGB 的值分别设置为 122、123、123，0、0、0，126、127、127，0、0、0，如图 10-70 所示。

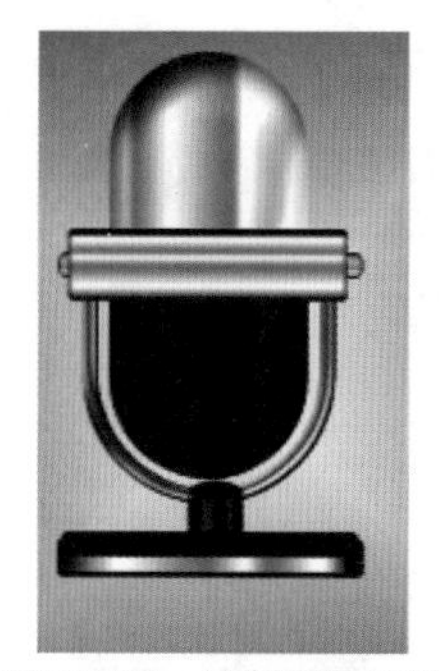
图 10-68　绘制圆角矩形

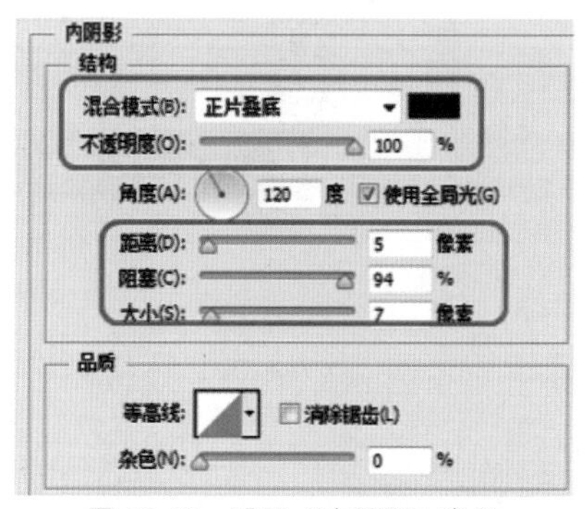

图 10-69　设置【内阴影】参数

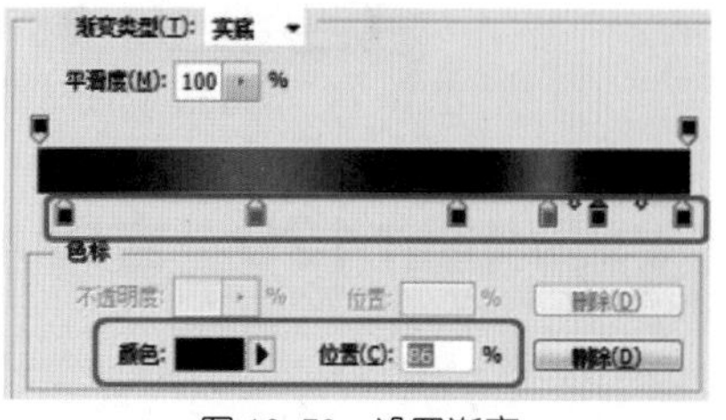

图 10-70　设置渐变

(35) 将【前景色】RGB 的值设置为 38、38、38，选择【圆角矩形工具】，将【填充】设置为前景色，【半径】设置为 5，在画布上绘制圆角矩形，效果如图 10-71 所示。

(36) 双击该图层，选择【内阴影】选项组，将【不透明度】设置为 43，【距离】、【阻塞】、【大小】设置为 5、52、29，如图 10-72 所示。

(37) 将【角度】设置为 0，单击【渐变】右侧的渐变条。单击左侧的色标，将【颜色】设置为黑色；单击右侧的色标将【位置】设置为 99，将【颜色】RGB 的值设置为 0、1、1。在【位置】为 21%、64%、78%、86% 处添加色标，将【颜色】RGB 的值分别设置为 72、71、71，0、0、0，126、127、127，0、0、0，如图 10-73 所示。

图 10-71　绘制圆角矩形

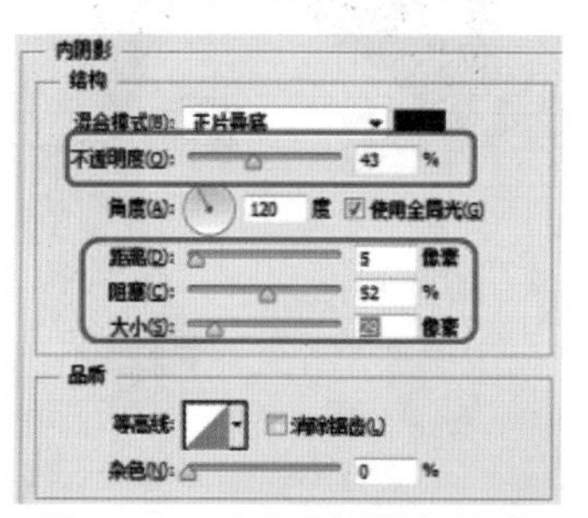

图 10-72　设置【内阴影】参数

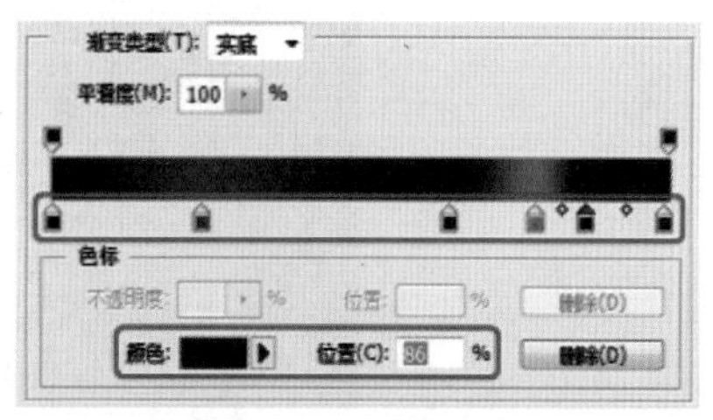

图 10-73　设置渐变

(38) 单击两次【确定】按钮，在工具箱中选择【椭圆工具】，将【工具模式】设置为形状，将【填充】设置为白色，使用椭圆工具在画布上绘制多个椭圆，然后在【图层】面板中选择所有的椭圆图层，按 Ctrl+E 组合键进行合并图层，将合并后的图层命名为椭圆，将该图层的【不透明度】设置为 61，完成后的效果如图 10-74 所示。

(39) 拷贝【椭圆图层】，将【不透明度】设置为 100，双击拷贝的图层，在弹出的对话框中选择【内阴影】选项，保持默认设置。选择【渐变叠加】选项，单击【渐变】右侧的渐变条，在弹出的对话框中单击左侧的色标，将【颜色】设置为黑色；单击右侧的色标，将【颜色】设置为黑色，在【位置】为 48% 处添加一个色标，将【颜色】RGB 的值设置为 94、95、95，如图 10-75 所示。至此，麦克风制作完成。

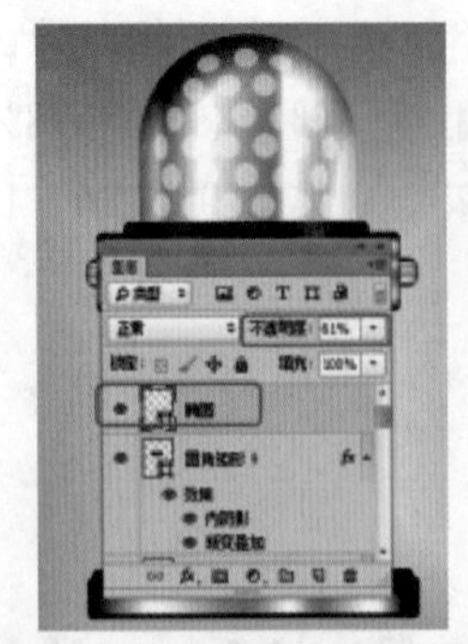
图 10-74 设置完成后的效果

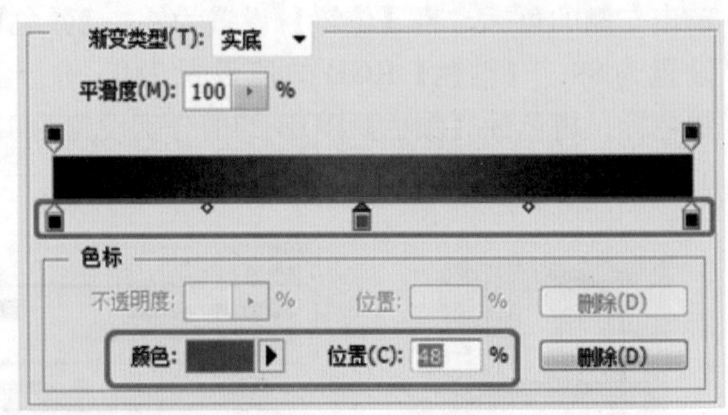

图 10-75 设置渐变

案例精讲 123 古典人物

案例文件：CDROM | 场景 | Cha10 | 古典人物 .psd
视频文件：视频教学 | Cha10 | 古典人物 .avi

制作概述

本例介绍制作古典人物的绘制方法。绘制人物，尤其是人物的五官，是一件要求很细致的工作——不同人的脸是由相同的部件(五官)组成的，而正是这些部件的细微变化造成了人和人长相的不同。制作完成的古典人物如图 10-76 所示。

图 10-76 古典人物

学习目标

学习【画笔工具】、【钢笔工具】和【铅笔工具】的使用。
掌握创建古典人物的手法，尝试绘制卡通人物。

操作步骤

(1) 启动软件后，打开随书附带光盘中的 CDROM| 素材 |Cha10| 古典背景 .jpg 文件，如图 10-77 所示。

(2) 新建【草图】图层，在工具箱中选择【铅笔工具】，选择一种硬笔尖，将【大小】设置为 3 像素，绘制出人物的大体轮廓，确认出眼睛、鼻子和嘴的部位，如图 10-78 所示。

图 10-77　打开的素材文件

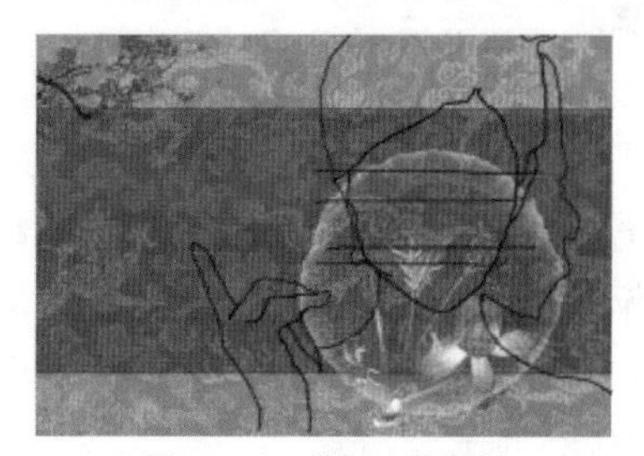

图 10-78　绘制人物草图

(3) 新建【脸部底色】图层，将其【前景色】设置为 #f8d4c8，在工具箱中选择【画笔工具】结合使用柔边和硬边画笔填充人物脸部的底色，使用【橡皮擦工具】对多余的部分进行擦除，完成后的效果如图 10-79 所示。

(4) 打开【图层】面板，选择【脸部底色】图层对其进行复制，并将其命名为“脸轮廓”。选择【脸轮廓】图层，在工具箱中选择【加深工具】对人物的眼睛和嘴部位进行加深，使用【减淡工具】对人物脸部其他部分进行适当减淡，完成后的效果如图 10-80 所示。

(5) 选择【脸轮廓】图层进行复制，并将复制的图层命名为鼻子，在工具箱中选择【钢笔工具】，绘制鼻子的轮廓，如图 10-81 所示。

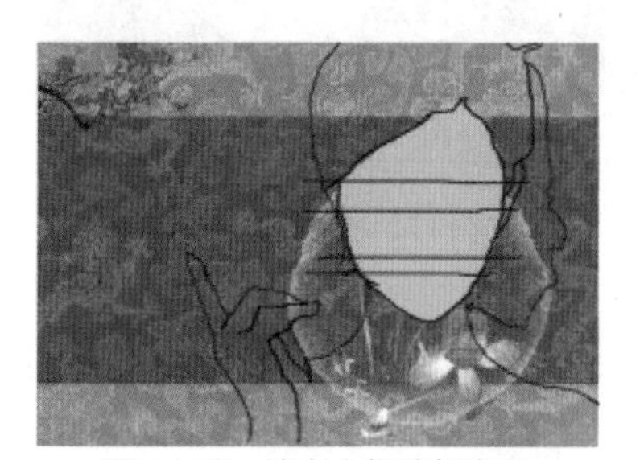

图 10-79　填充人物脸部底色

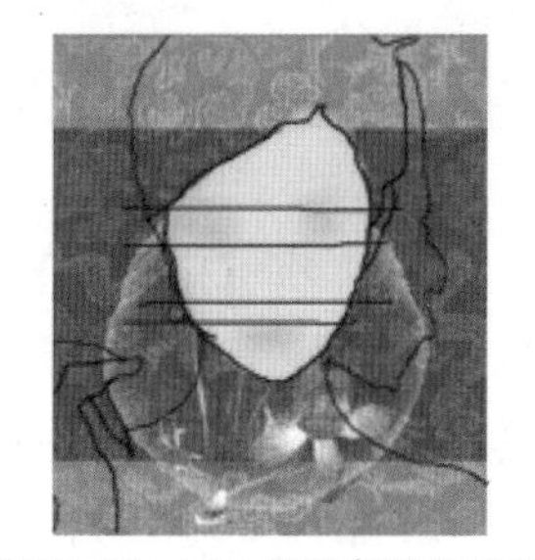

图 10-80　对人物脸部进行修饰

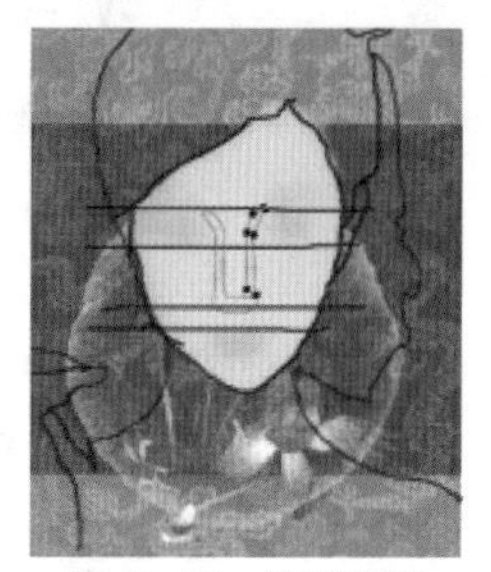

图 10-81　绘制路径

(6) 按 Ctrl+Enter 组合键将其载入选择区，按 Shift+F6 组合键，在弹出的【羽化选区】对话框中，将【羽化半径】设置为 7，单击【确定】按钮，如图 10-82 所示。

(7) 在工具菜单栏执行【图像】|【调整】|【曲线】命令，打开【曲线】对话框，适当调整曲线，使图像选区内的轮廓加深，如图 10-83 所示。

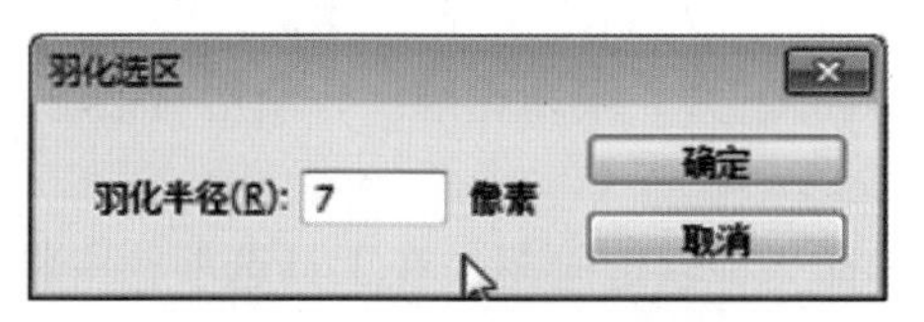

图 10-82　【羽化选区】对话框

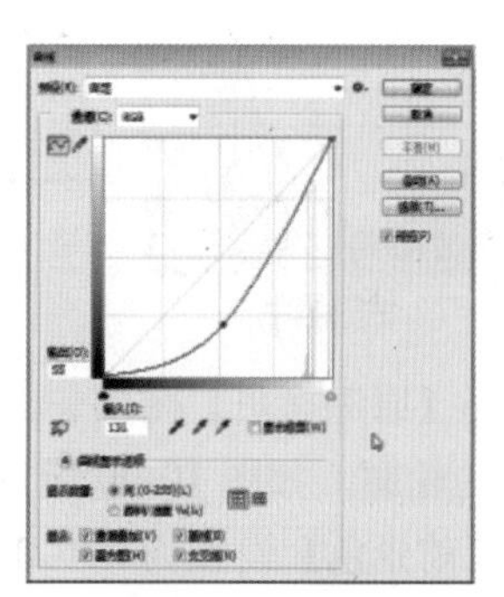

图 10-83　调整曲线

在菜单栏执行【选择】|【修改】|【羽化】命令也可以调出【羽化选区】对话框，其快捷键是Shift+F6。对于【曲线】可以使用【图像】|【调整】|【曲线】命令，其快捷键是Ctrl+M。

(8) 打开【图层】面板，选择【草图】图层，将其隐藏，查看调整后的效果，如图10-84所示。

(9) 绘制人物的鼻孔部分时，选择【鼻子】图层进行复制，将复制的图层命名为“鼻孔”。使用【钢笔工具】绘制鼻孔的选区，然后对其羽化，将【羽化半径】设置为1.5，对其填充#a7634b，继续使用【曲线】工具适当调整，使用【橡皮擦工具】进行适当修正，完成后的效果如图10-85所示。

(10) 选择【鼻孔】图层，对其进行复制并将其命名为“眉毛”，显示【草图】图层的隐藏，在工具箱中选择【钢笔工具】绘制人物眉毛的轮廓，如图10-86所示。

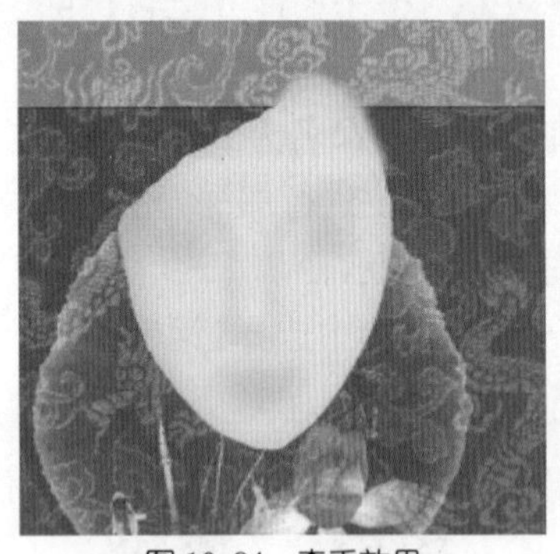
图10-84 查看效果

图10-85 绘制鼻孔

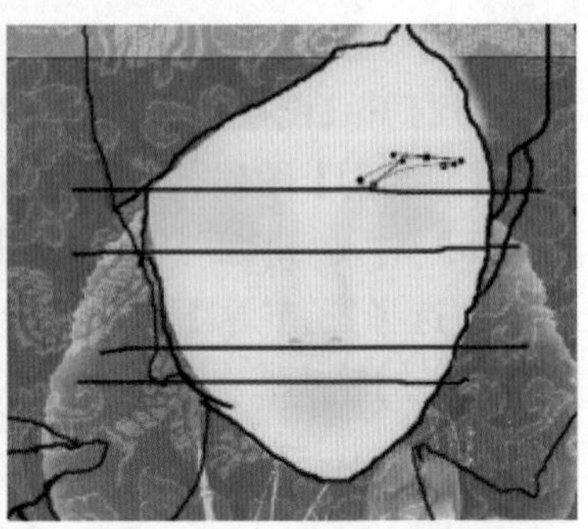
图10-86 绘制眉毛轮廓

(11) 按Ctrl+Enter组合键将其载入选区，将【前景色】设置为#39211f，按Alt+Delete键对选区进行填充，按Ctrl+D组合键取消选区，如图10-87所示。

(12) 在工具箱中选择【涂抹】工具，选择【圆扇形硬毛刷】画笔，在工具选项栏中将【强度】设置为60%，对眉毛进行适当的涂抹，如图10-88所示。

(13) 使用同样的方法绘制出左侧的眉毛，完成后的效果如图10-89所示。

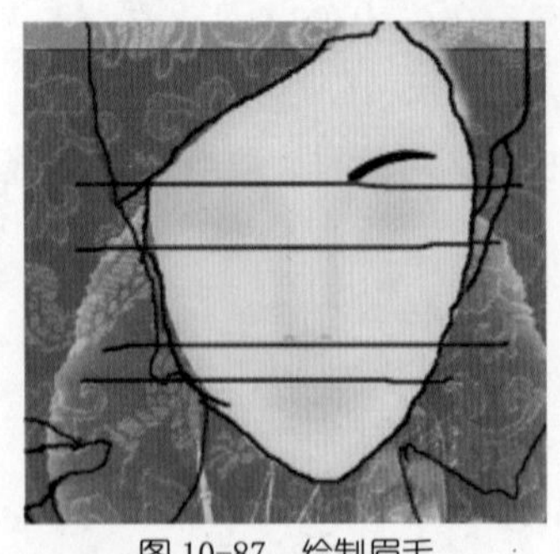
图10-87 绘制眉毛

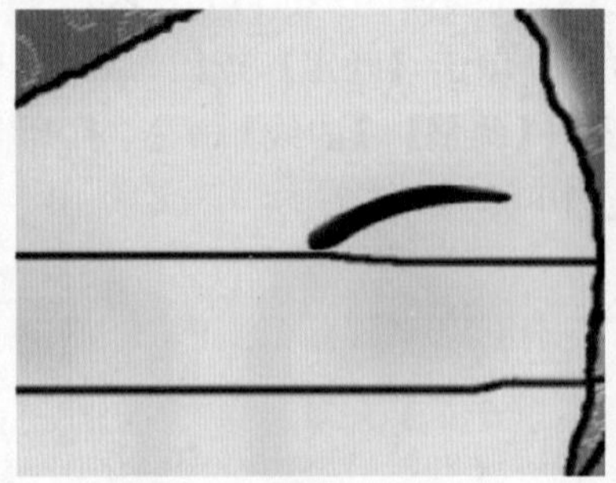
图10-88 对眉毛进行涂抹

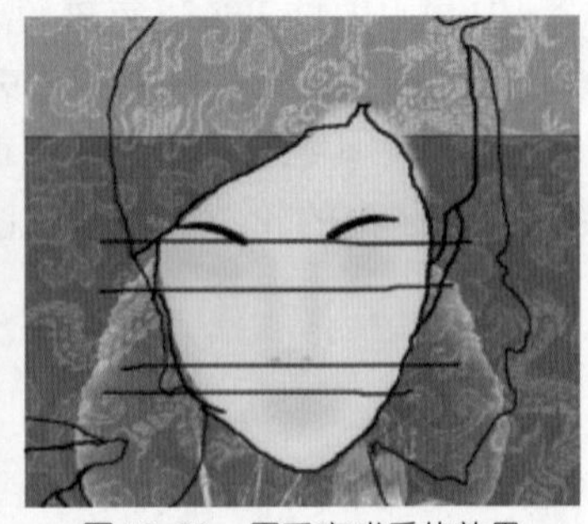
图10-89 眉毛完成后的效果

(14) 选择【眉毛拷贝】图层，对其进行复制并将其命名为“眼睛轮廓”，使用【钢笔工具】绘制出眼睛的轮廓，如图10-90所示。

(15) 将【前景色】设置为#39211f，在工具箱中选择一种软边画笔，在工具选项栏中将【画笔大小】设置为3像素。打开【路径】面板，单击面板底部的【用画笔描边路径】按钮，完成后的效果如图10-91所示。

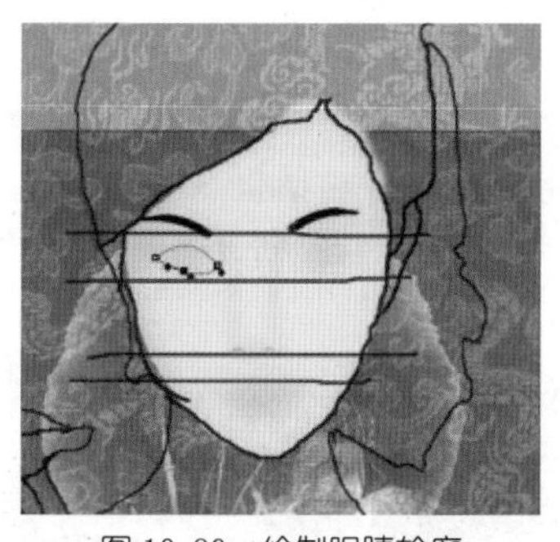

图 10-90　绘制眼睛轮廓

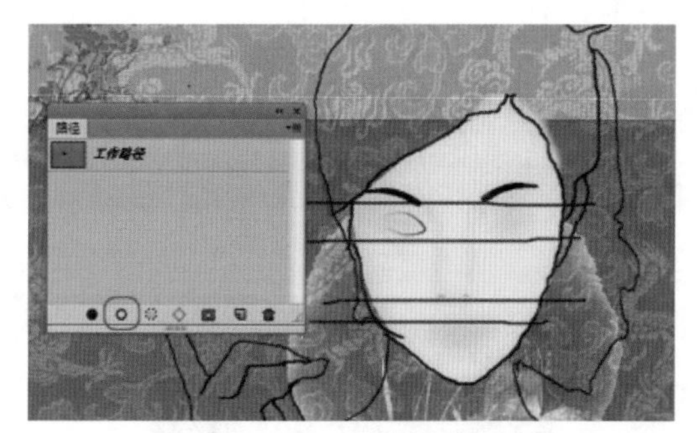

图 10-91　绘制眼睛轮廓

(16) 使用同样的方法，绘制出右侧眼睛的轮廓，如图 10-92 所示。

(17) 新建【左侧眼睛内部】图层，对于眼睛内部的绘制，可以结合第 5 章按钮的绘制，绘制出眼睛的内部，利用【减淡工具】和【加深工具】绘制出眼睛的内部效果，如图 10-93 所示。

(18) 使用同样的方法绘制出右侧的眼睛，完成后的效果如图 10-94 所示。

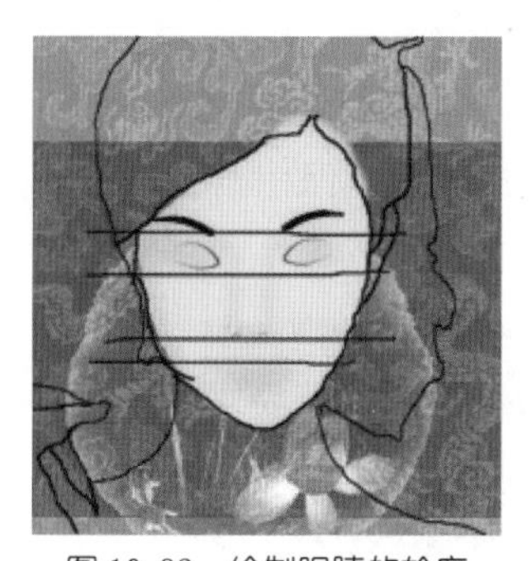

图 10-92　绘制眼睛的轮廓

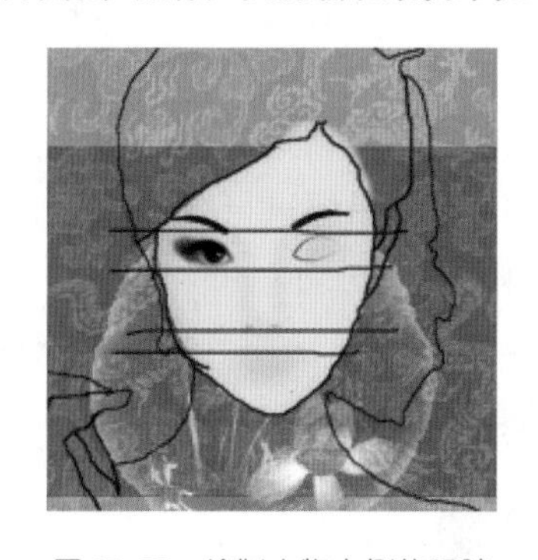

图 10-93　绘制人物左侧的眼睛

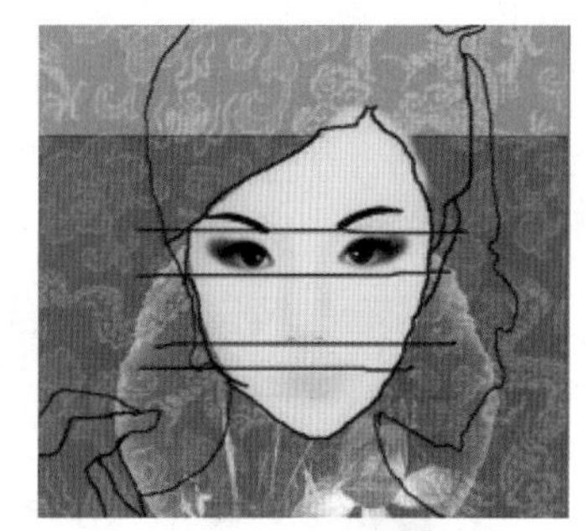

图 10-94　绘制人物右侧的眼睛

(19) 使用【钢笔工具】绘制出嘴的轮廓，如图 10-95 所示。

(20) 按 Ctrl+Enter 组合键，将其载入选区，按 Shift+F6 组合键，在弹出的【羽化选区】对话框中，将【羽化半径】设置为 2，单击【确定】按钮，对选区填充 #f83825，按 Ctrl+D 组合键取消选区，效果如图 9-96 所示。

(21) 在工具箱中选择【减淡工具】和【涂抹工具】，选择合适的画笔对嘴部进行修饰，完成后的效果如图 10-97 所示。

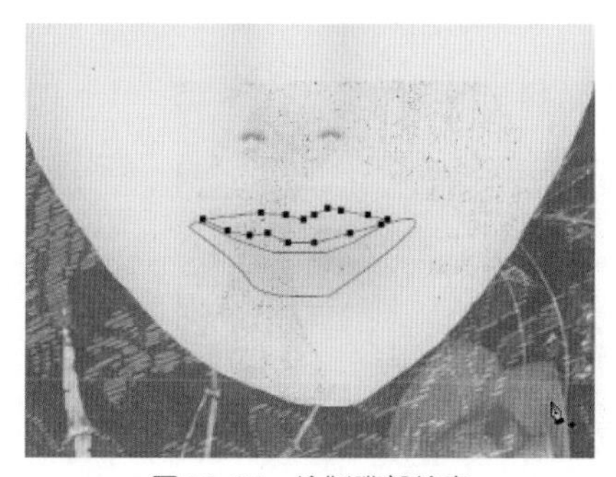

图 10-95　绘制嘴部轮廓

图 10-96　绘制人物嘴部

图 10-97　绘制嘴唇

(22) 新建【脸线】图层，在工具箱中选择【钢笔工具】沿着人物脸部的外边缘绘制路径，并将其载入选区，如图 10-98 所示。

(23) 在工具菜单栏执行【编辑】|【描边】命令，打开【描边】对话框，将【描边宽度】设置为 1 像素，【颜色】设置为黑色，【位置】设置为居中，【模式】设置为正常，【不透明度】设置为 50%，单击【确定】按钮，如图 10-99 所示。

图 10-98 载入选区

图 10-99 进行描边

(24) 选择【脸线】图层，在工具箱中选择【模糊工具】对脸线进行适当模糊，完成后的效果如图 10-100 所示。

(25) 在【图层】面板中新建【脸】组，并将所有关于脸部的图层拖到该层中，然后选择【脸】组进行复制，并将【脸拷贝】组中的所有图层进行合并，删除【脸拷贝】组保留其合并的图层，将合并的图层命名为“脸”，如图 10-101 所示。

图 10-100 模糊人物脸线

图 10-101 新建组并复制

(26) 选择【脸】图层，在工具箱中利用【加深工具】和【减淡工具】对脸部进行最后修饰，完成后的效果如图 10-102 所示。

(27) 新建【头发】图层，使用【钢笔工具】绘制路径，并将其转换为选区，对选区填充黑色，如图 10-103 所示。

图 10-102 对人物进行修饰

图 10-103 绘制头发轮廓

(28) 在工具箱选择【减淡工具】和【涂抹工具】对人物的头发进行修饰，完成后的效果如图 10-104 所示。

(29) 使用同样的方法绘制出人物的其他部分，完成后的效果如图 10-105 所示。

图 10-104　对人物的头发进行修饰

图 10-105　完成后的效果

案例精讲 124　草莓的制作

案例文件：CDROM | 场景 | Cha10 | 草莓的制作 .psd

视频文件：视频教学 | Cha10| 草莓的制作 .avi

制作概述

本例介绍草莓的制作。首先利用【铅笔工具】和【画笔工具】绘制图案，再利用钢笔工具绘制路径并转换图层，使用【计算】、【曲线】对绘制的图层进行处理，使用【光照效果】对【图层】进行光照处理，并多次利用【球面化】对图层进行圆滑处理，完成后的效果如图 10-106 所示。

图 10-106　草莓的制作效果

学习目标

学习草莓的制作。

掌握【通道】、【曲线】、【光照效果】、【计算】等命令的应用。

操作步骤

(1) 运行 Photoshop CC 软件后，新建【宽度】为 10 像素，【高度】为 10 像素，分辨率为 72 像素 / 英寸的文档，如图 10-107 所示。

(2) 将新建的图层放大，使用【铅笔工具】按钮，在场景中绘制出如图 10-108 所示的图形。

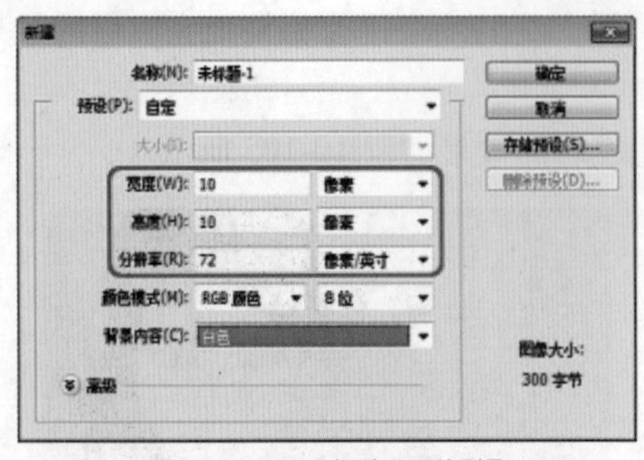

图 10-107 【新建】对话框

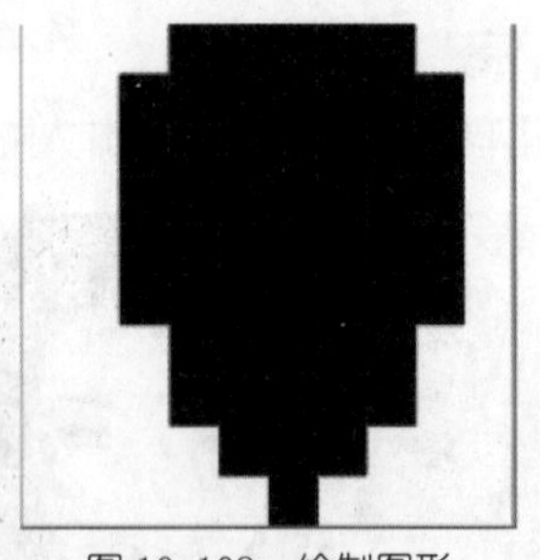

图 10-108 绘制图形

(3) 在菜单栏中选择【编辑】|【定义画笔预设】命令，在弹出的对话框中将【名称】命名为“草莓粒 01”，单击【确定】按钮，如图 10-109 所示，关闭文件。

(4) 再新建一个【宽度】为 100 像素、【高度】为 100 像素，【分辨率】为 72 像素 / 英寸的文档，如图 10-110 所示。在工具箱中选择【画笔工具】按钮，在选项控制栏中选择草莓粒 01 画笔，在场景中绘制出草莓粒。

图 10-109 命名画笔名称

图 10-110 【新建】对话框

(5) 在工具菜单栏中选择【编辑】|【定义画笔预设】命令，在弹出的对话框中将名称命名为“草莓粒 02”，单击【确定】按钮，获得草莓粒 02 图案，如图 10-111 所示。

(6) 新建【宽度】为 1152 像素、【高度】为 864 像素的场景文件，在【路径】面板中新建路径【路径 1】，在场景中使用【钢笔工具】绘制出草莓的基本形状，如图 10-112 所示。

(7) 将【路径 1】载入选区，在【通道】面板中新建【Alpha1】通道，将选区填充为白色，如图 10-113 所示。

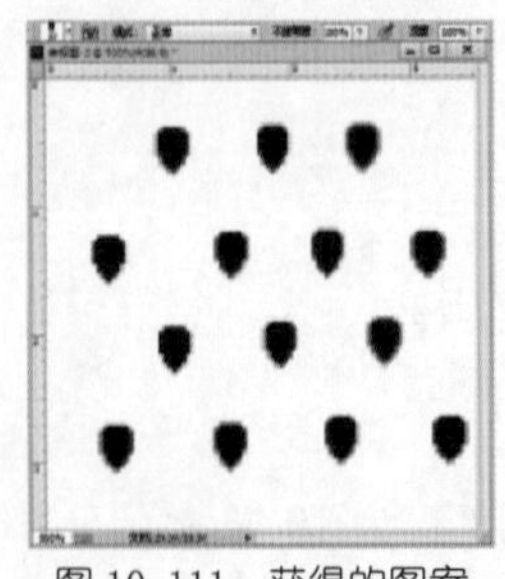

图 10-111 获得的图案

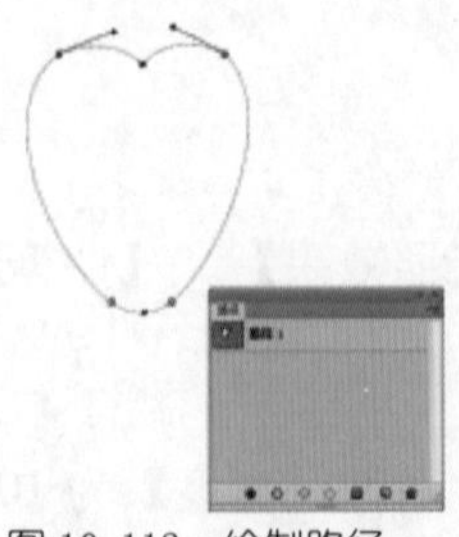

图 10-112 绘制路径

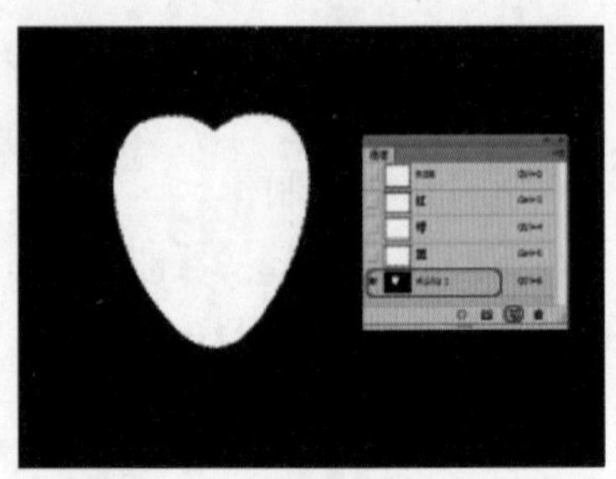

图 10-113 新建通道并填充颜色

(8) 在工具箱中选择【画笔工具】按钮，在选项控制栏选择【草莓粒 02】，【画笔大小】设置为 170，然后在场景的白色选区中绘制草莓粒，如图 10-114 所示。

(9) 在【通道】面板中复制两个 Alpha1 通道拷贝，选择【Alpha1 拷贝】通道，在工具菜单栏中选择【滤镜】|【模糊】|【高斯模糊】命令，在弹出的对话框中将【半径】设置为 5.7，单击【确定】按钮，如图 10-115 所示。

(10) 再选择【Alpha1 拷贝 2】图层，选择【滤镜】|【模糊】|【高斯模糊】命令，在弹出的对话框中将【半径】设置为 6.2，单击【确定】按钮，如图 10-116 所示，按 Ctrl+D 组合键将选区取消选择。

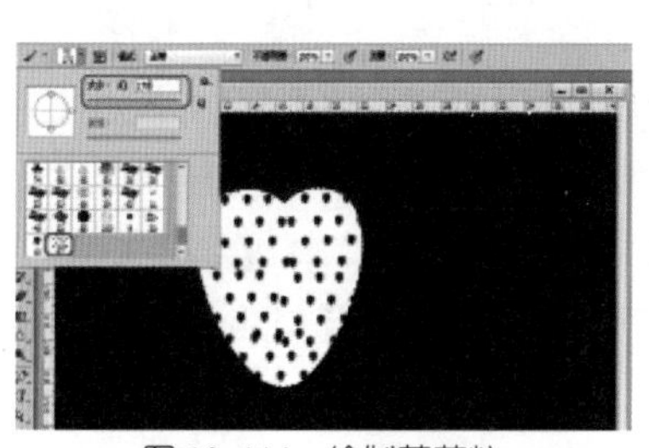

图 10-114　绘制草莓粒

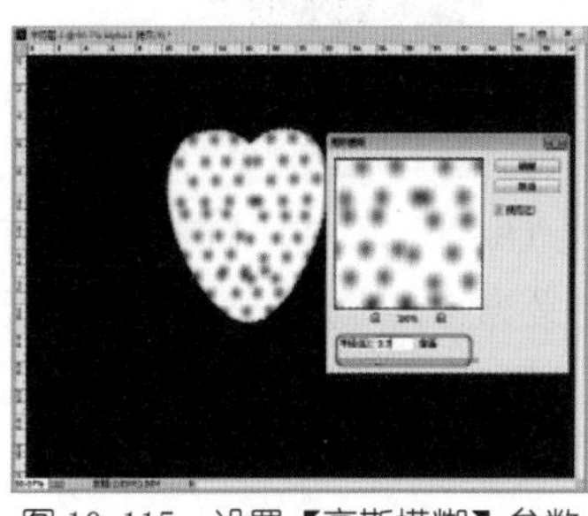

图 10-115　设置【高斯模糊】参数

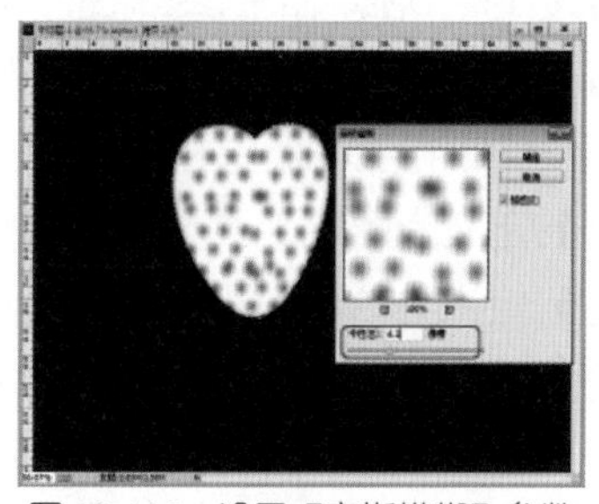

图 10-116　设置【高斯模糊】参数

(11) 在工具菜单栏中选择【图像】|【计算】命令，在弹出的对话框中【源 1】为现在草莓场景文件名“未标题 -1”，定义【图层】为背景，将【通道】定义为 Alpha1 拷贝 2；在【源 2】区域中，将【图层】定义为背景，【通道】定义为 Alpha 拷贝，【混合】定义为正片叠底，【不透明度】定义为 100%，将【结果】定义为新建通道，如图 10-117 所示。

(12) 在【通道】面板中计算出了 Alpha2 通道，选择 RGB 通道，在【图层】面板中新建【图层 1】，并将图层填充为深红色，如图 10-118 所示。

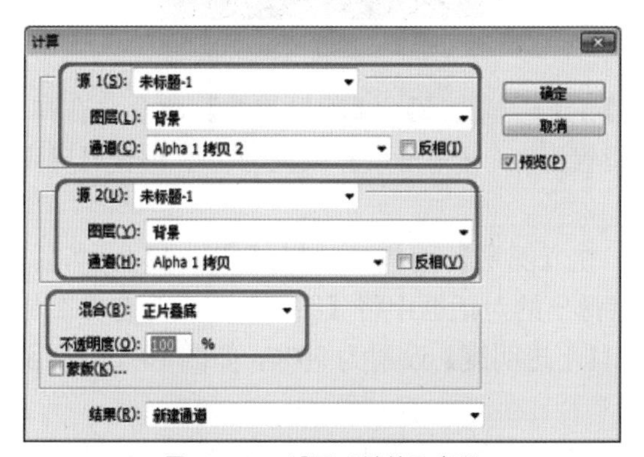

图 10-117　设置【计算】参数

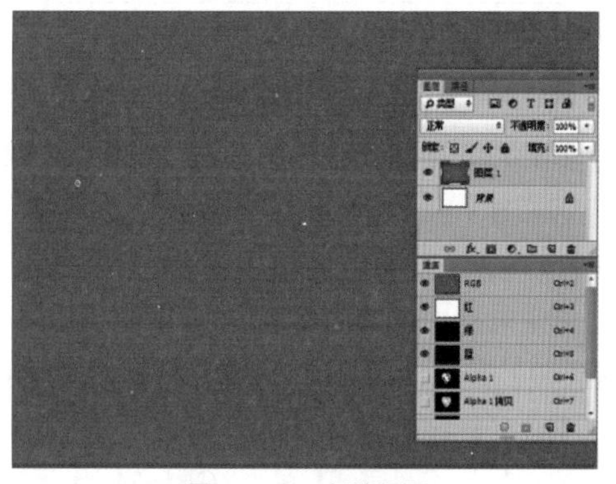

图 10-118　新建图层

(13) 选择工具菜单栏中的【滤镜】|【渲染】|【光照效果】命令，在弹出的对话框中将【预设】设置为两点钟方向点光，【光照效果】设置为聚光灯，【颜色】RGB 的值设置为 252、249、233，【强度】设置为 27，【聚光】设置为 75，【着色】RGB 的值设置为 255、254、199，【曝光度】设置为 0，【光泽】设置为 -69，【金属质感】设置为 -9，【环境】设置为 20，【纹理】设置为 Alpha2，【高度】设置为 1，如图 10-119 所示。

(14) 在【通道】面板中新建并选择通道 Alpha3，如图 10-120 所示。

(15) 在工具菜单栏中选择【滤镜】|【渲染】|【云彩】命令，设置云彩的效果如图 10-121 所示。

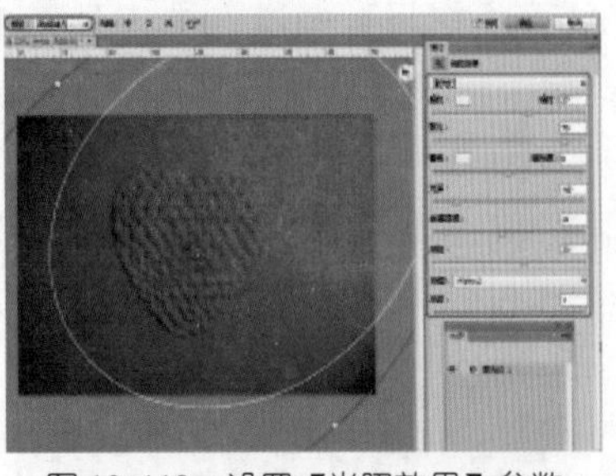

图 10-119　设置【光照效果】参数

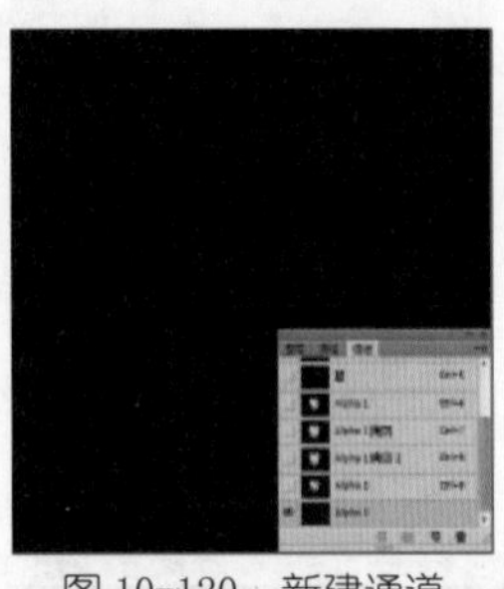

图 10-120　新建通道

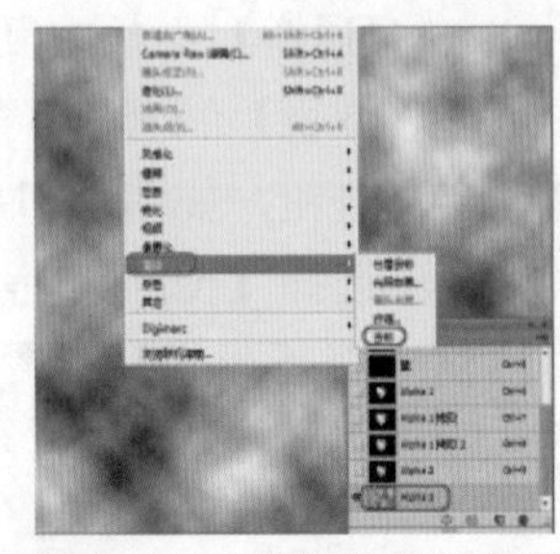

图 10-121　设置【云彩】效果

(16) 在工具菜单栏中选择【图像】|【计算】命令，在弹出的对话框中将【源 1】区域中的【图层】定义为图层 1，将【通道】定义为 Alpha2，在【源 2】区域中将【图层】定义为图层 1，【通道】定义为 Alpha3，将【混合】定义为正片叠底，【不透明度】设置为 100%，将【结果】定义为新建通道，单击【确定】按钮，如图 10-122 所示，这样在通道面板中新建了【Alpha4】通道。

(17) 计算出的通道 Alpha4 的效果，如图 10-123 所示。

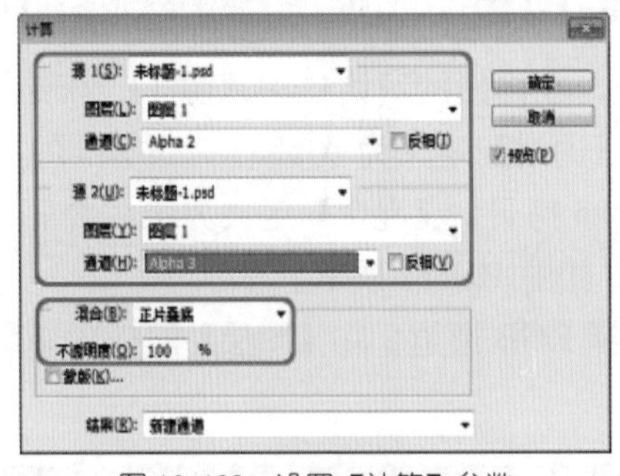

图 10-122　设置【计算】参数

图 10-123　通道 Alpha4 的效果

(18) 在工具菜单栏中选择【滤镜】|【素材库】|【艺术效果】|【塑料包装】命令，在弹出的对话框中将【高光强度】设置为 20，【细节】设置为 1、【平滑度】设置为 15，单击【确定】按钮，如图 10-124 所示。

(19) 在【通道】面板中选择【RGB 通道】，在【图层】面板中选择【图层 1】，然后选择工具菜单栏中的【图像】|【应用图像】命令，在弹出的对话框中将【图层】定义为合并图层，将【通道】定义为 Alpha4，【混合】定义为强光，【不透明度】设置为 50%，如图 10-125 所示，单击【确定】按钮。

(20) 选择【图层 1】，按 Ctrl+M 组合键，在弹出的对话框中调整曲线的形状，将【输出】参数设置为 223、【输入】参数设置为 148，单击【确定】按钮，如图 10-126 所示。

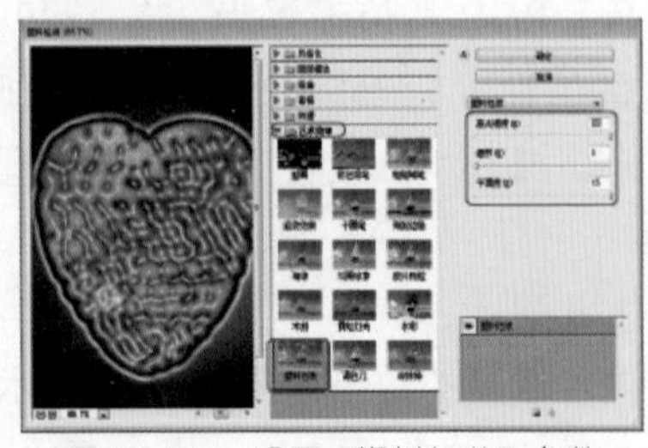

图 10-124　设置【塑料包装】参数

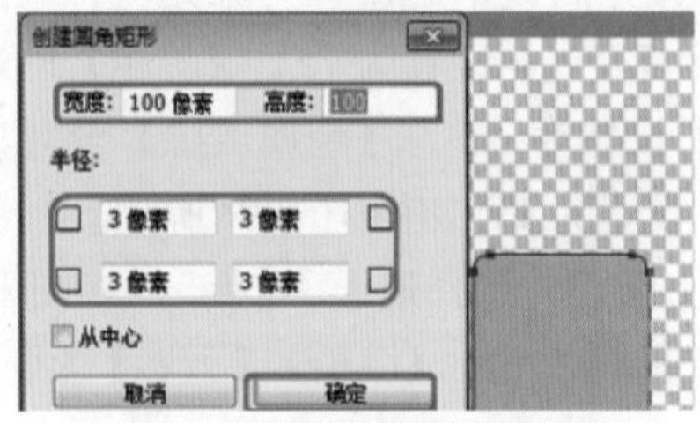

图 10-125　设置【应用图像】参数

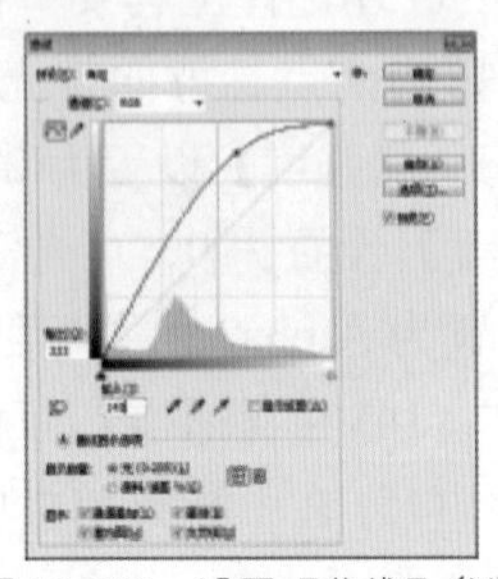

图 10-126　设置【曲线】参数

(21) 在【通道】面板中将 Alpha1 通道拖曳到 按钮上复制【Alpha1 拷贝 3】，选择工具菜单栏中的【滤镜】|【风格化】|【浮雕效果】命令，在弹出的对话框中将【角度】设置为 135、【高度】设置为 3、【数量】设置为 78%，如图 10-127 所示。

(22) 在【图层】面板中新建【图层 2】，并将该图层填充为白色，确定【图层 2】处于选中状态，在工具菜单栏中选择【图像】|【应用图像】命令，在弹出的对话框中将【图层】定义为合并图层，将【通道】定义为 Alpha1 拷贝 3，【混合】定义为正片叠底，【不透明度】设置为 80%，如图 10-128 所示。

(23) 在【图层】面板中选择【图层 2】，并将其图层的【混合模式】定义为正片叠底，在【路径】面板中选择【路径 1】，按 Ctrl+Enter 键将路径载入选区，如图 10-129 所示。

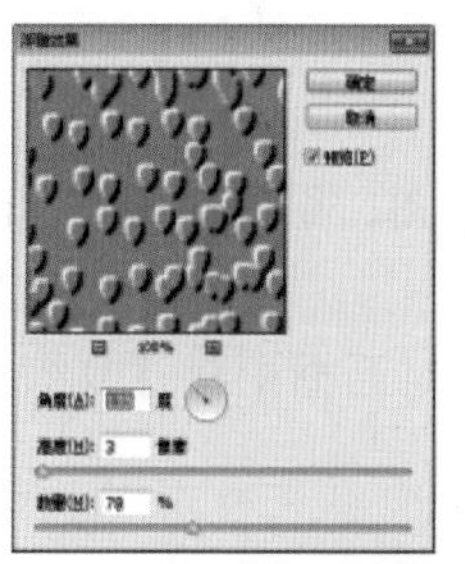

图 10-127 设置【浮雕效果】参数

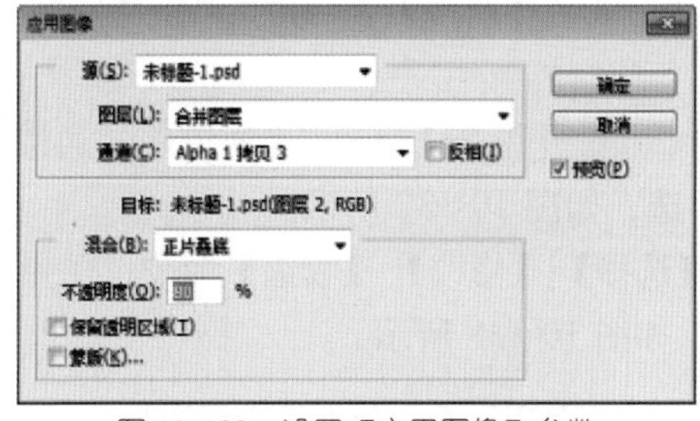

图 10-128 设置【应用图像】参数

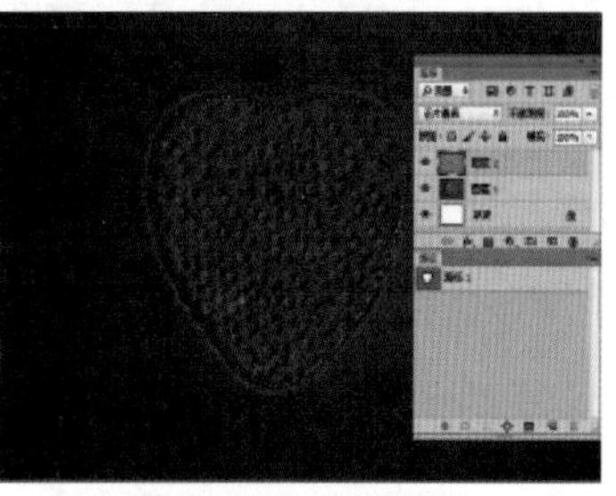

图 10-129 载入图层

(24) 在【图层】面板中选择【图层 2】，按 Ctrl+E 组合键将图层向下与【图层 1】合并，按 Ctrl+Shift+I 组合键将选区反选，按 Delete 键将反选的区域删除，如图 10-130 所示，按 Ctrl+D 组合键将选区取消。

(25) 在场景中按 Ctrl+M 组合键，在弹出的对话框中调整曲线的形状，如图 10-131 所示。

(26) 使用【多边形套索工具】，在选项控制栏中将【羽化】设置为 100 像素，在场景中草莓的右侧创建选区，按 Ctrl+M 组合键，在弹出的对话框中调整曲线的形状，如图 10-132 所示，按 Ctrl+D 组合键将选区取消。

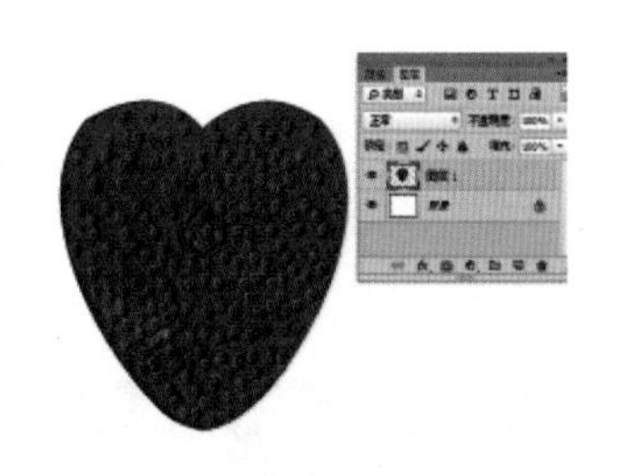

图 10-130 设置完成后的效果

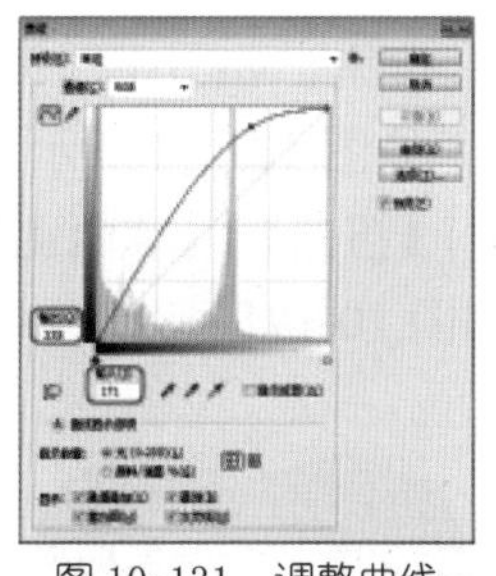

图 10-131 调整曲线

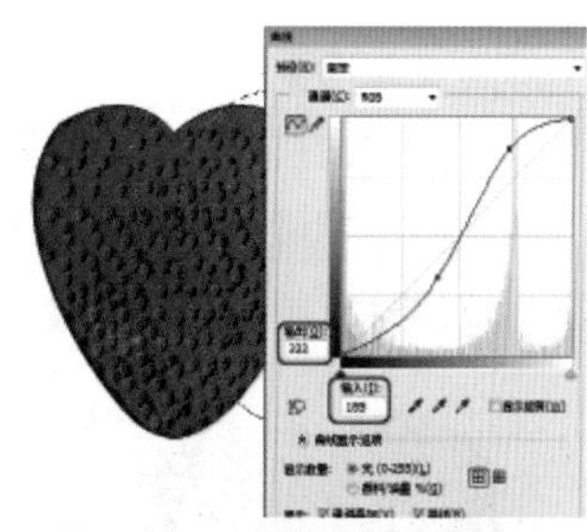

图 10-132 调整草莓右侧亮度

(27) 再在场景中草莓的左侧创建选区，按 Ctrl+M 组合键，在弹出的对话框中调整曲线的形状，调整选区的明暗，如图 10-133 所示，按 Ctrl+D 组合键将选区取消。

(28) 再使用【多边形套索工具】，在选项控制栏中将【羽化】设置为 60 像素，在场景中创建选区，如图 10-134 所示。

(29) 确定选区处于选中状态，按 Ctrl+U 组合键，在弹出的对话框中选择【着色】选项，将【色相】设置为 43、【饱和度】设置为 100、【明度】设置为 47，单击【确定】按钮，如图 10-135 所示，按 Ctrl+D 键将选区取消。

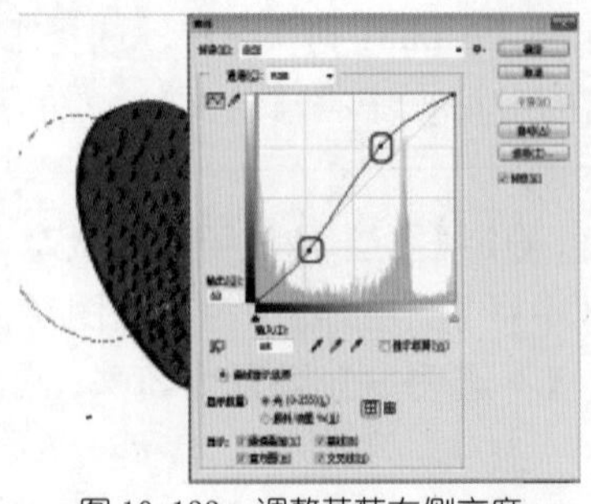
图 10-133　调整草莓左侧亮度

图 10-134　选取选区

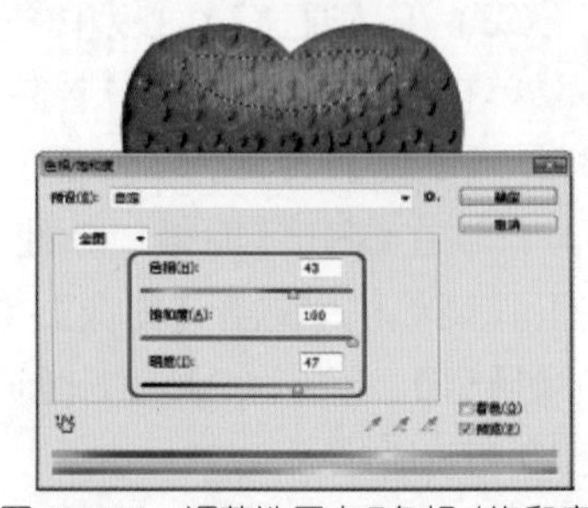
图 10-135　调整选区内【色相/饱和度】

(30) 再在草莓的顶部创建选区，按 Ctrl+U 组合键，在弹出的对话框中选择【着色】选项，设置【色相】为 0、【饱和度】为 100、【明度】为 100，单击【确定】按钮，如图 10-136 所示，按 Ctrl+D 组合键将选区取消。

(31) 在【通道】面板中按住 Ctrl 键并单击【Alpha1】通道前的通道缩览图，将通道载入选区，按 Ctrl+Shift+I 组合键将选区反选，如图 10-137 所示。

(32) 在工具菜单栏中选择【选择】|【修改】|【收缩】命令，在弹出的对话框中将【收缩量】设置为 3，单击【确定】按钮，如图 10-138 所示。

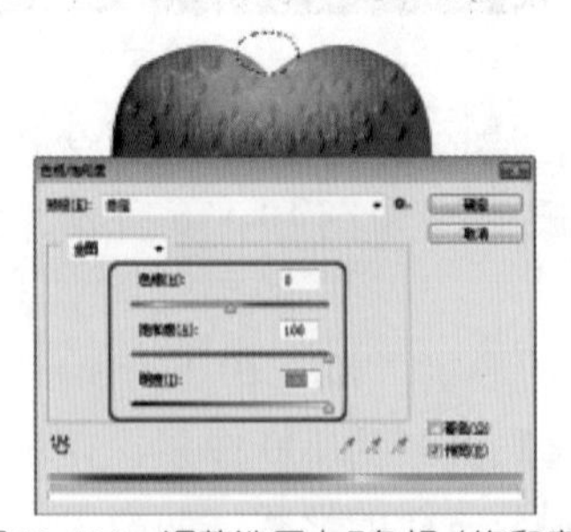
图 10-136　调整选区内【色相/饱和度】

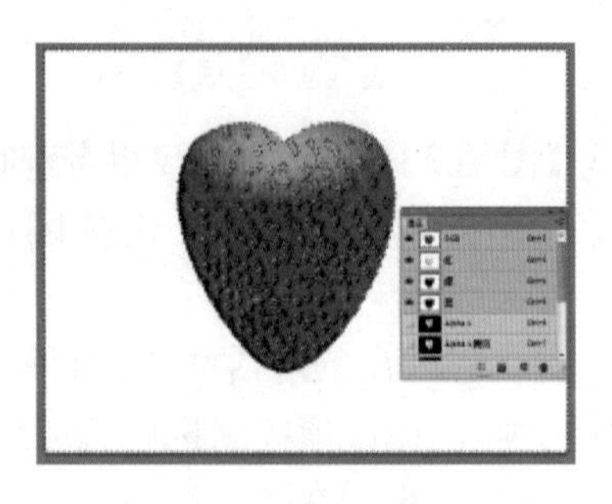
图 10-137　载入反选选区

图 10-138　执行【缩放】命令

(33) 按 Ctrl+U 组合键，在弹出的对话框中选择【着色】选项，设置【色相】为 42、【饱和度】为 100、【明度】为 42，单击【确定】按钮，如图 10-139 所示。

(34) 按 Ctrl+D 组合键将选区取消，如图 10-140 所示。

(35) 在工具菜单栏中选择【滤镜】|【扭曲】|【球面化】命令，在弹出的对话框中将【数量】设置为 100%，单击【确定】按钮，如图 10-141 所示。

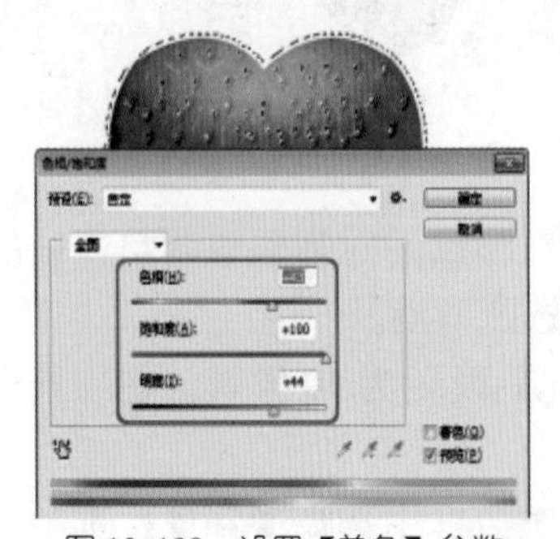
图 10-139　设置【着色】参数

图 10-140　取消选区

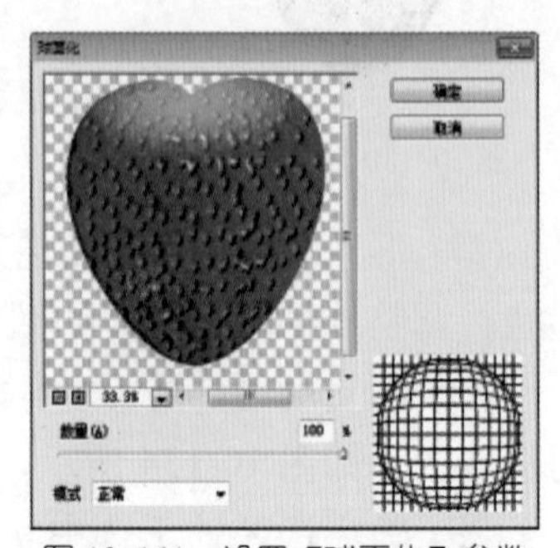
图 10-141　设置【球面化】参数

(36) 将【图层 1】载入选区，再在菜单栏中选择【滤镜】|【扭曲】|【球面化】命令，在弹出的对话框中将【数量】设置为 35，单击【确定】按钮，如图 10-142 所示。

(37) 连续按 Ctrl+F 组合键直到【球面化】效果达到满意为止，然后，按 Ctrl+T 组合键打开【自由变换】，在选项控制栏中单击按钮，将 W、H 均设置为 70%，如图 10-143 所示。

(38) 在【路径】面板中新建【路径 2】，使用路径工具，在场景中绘制出草莓柄的形状，如图 10-144 所示。

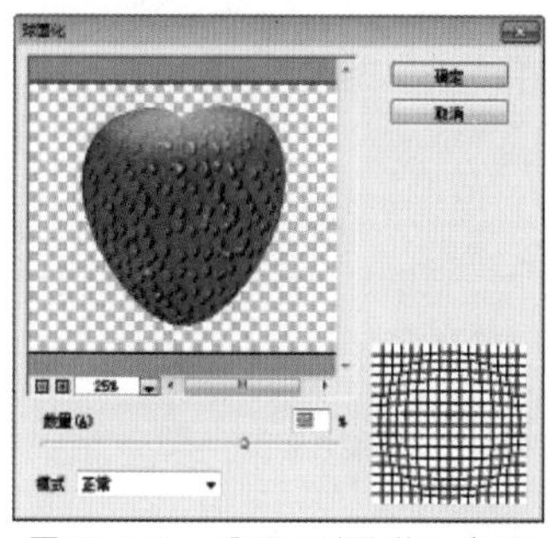

图 10-142　设置【球面化】参数

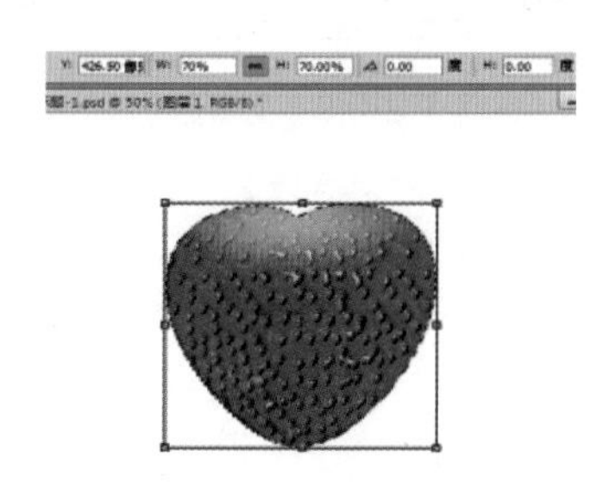

图 10-143　设置【自由变换】参数

图 10-144　创建路径

(39) 按 Ctrl+Enter 键将路径载入选区，在【图层】面板中新建【图层 2】，并将草莓柄的选区填充为绿色，使用【减淡工具】、【加深工具】，在场景中设置出叶子的明暗纹理，如图 10-145 所示。

(40) 再在【图层】面板中复制一个叶子图层，将其图层载入选区并填充为黑色，设置该图层的【不透明度】，并将草莓多出的一部分删除，形成叶子在草莓上的阴影，如图 10-146 所示，将选区取消。

(41) 将除【背景】图层外的图层进行合并，按 Ctrl+M 组合键，在弹出的对话框中调整曲线的形状，如图 10-147 所示。

图 10-145　填充颜色

图 10-146　取消选区

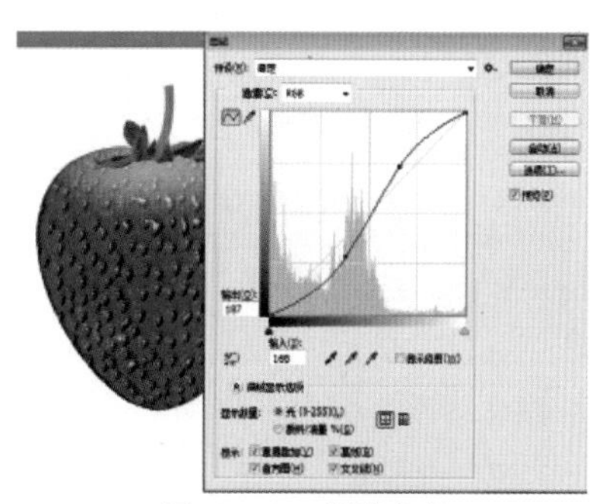

图 10-147　调整亮度

(42) 在【图层】面板中将草莓载入选区，选择菜单栏中的【选择】|【修改】|【边界】命令，在弹出的对话框中将【宽度】设置为 3，单击【确定】按钮，如图 10-148 所示。

(43) 在工具菜单栏中选择【滤镜】|【模糊】|【高斯模糊】命令，在弹出的对话框中将【半径】设置为 6.2，单击【确定】按钮，如图 10-149 所示。

(44) 最后将制作的草莓拖曳到一个背景中，再为其设置一个倒影，如图 10-150 所示。

图 10-148　设置边界

图 10-149　设置【高斯模糊】参数

图 10-150　添加倒影和背景

第 11 章 VI 设计

本章重点

- 制作 LOGO
- 制作工作胸章
- 制作名片
- 制作纸袋

VI 是 CIS 系统最具传播力和感染力的部分，是将 CI 的非可视内容转化为静态的视觉识别符号，以无比丰富的多样的应用形式，在最为广泛的层面上，进行最直接的传播。本章根据前面学习的知识制作 VI 设计，其中包括 LOGO、工作胸章、名片等。

案例精讲 125　制作 LOGO

案例文件：CDROM | 场景 | Cha11 | 制作 LOGO.psd

视频文件：视频教学 |Cha11| 制作 LOGO.avi

制作概述

在竞争日趋激烈的全球市场上，严格管理和正确使用统一标准的公司徽标，将为我们提供一个更有效、更清晰和更亲切的市场形象。而 LOGO 恰恰是用于标识身份的小型视觉设计，多为各种组织和商业机构所使用。制作完成的 LOGO 效果如图 11-1 所示。

图 11-1　LOGO 效果

学习目标

学习利用钢笔工具绘制图形的方法。

掌握如何羽化选区。

操作步骤

(1) 启动 Photoshop CC，按 Ctrl+N 组合键，在弹出的对话框中将【名称】设置为“LOGO”，将【宽度】、【高度】分别设置为 196 毫米、147 毫米，【分辨率】设置为 300 像素 / 英寸，如图 11-2 所示。

(2) 设置完成后，单击【确定】按钮，在工具箱中单击【钢笔工具】，在文档中绘制一个如图 11-3 所示的图形。

(3) 在路径上右击，在弹出的快捷菜单中选择【建立选区】命令，如图 11-4 所示。

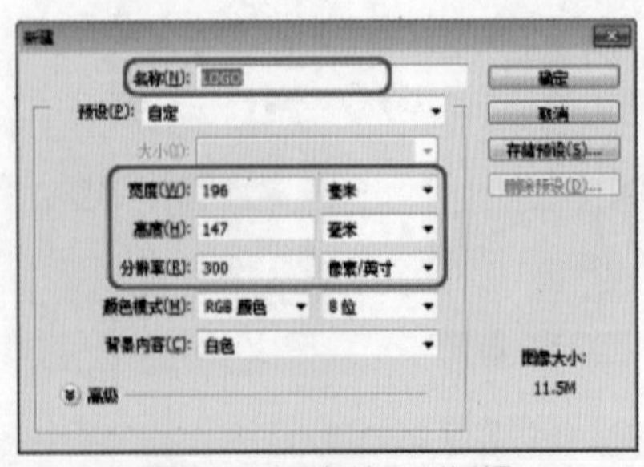

图 11-2　【新建】对话框

图 11-3　绘制图形

图 11-4　选择【建立选区】命令

(4) 在弹出的对话框中将【羽化半径】设置为 2，其他参数使用默认即可，如图 11-5 所示。

(5) 设置完成后，单击【确定】按钮，在【图层】面板中单击【创建新图层】按钮，新建一个图层，将【背景色】的 RGB 值设置为 255、150、0，按 Ctrl+Delete 组合键填充背景色，效果如图 11-6 所示。

除了上述方法之外，用户还可以通过按 Ctrl+Alt+Shift+N 组合键直接新建图层。

(6) 按 Ctrl+D 组合键取消选区，继续使用【钢笔工具】绘制一个图形，如图 11-7 所示。

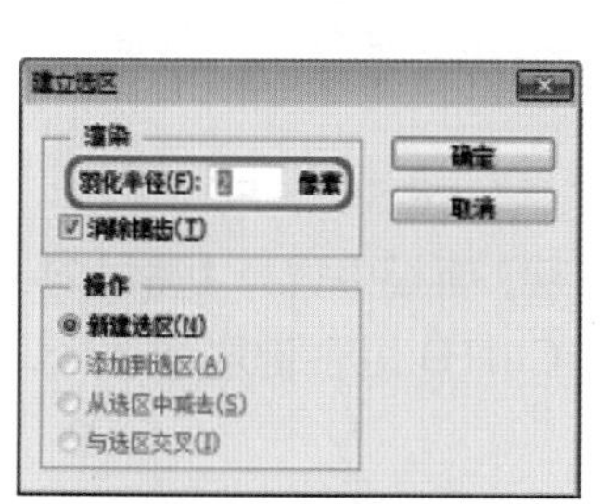

图 11-5　设置羽化半径

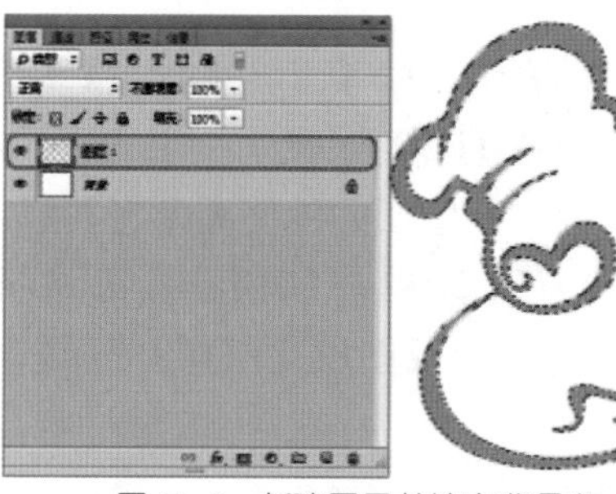

图 11-6　新建图层并填充背景色

图 11-7　绘制图形

(7) 绘制完成后，再次使用【钢笔工具】在文档中绘制如图 11-8 所示的图形。

用户可以通过按 Shift+F6 组合键打开【羽化选区】对话框，在该对话框中可以设置羽化半径的参数，在此使用上次设置的参数即可。

(8) 按 Ctrl+Alt+Shift+N 组合键新建一个图层，按 Ctrl+N 组合键，将路径载入选区，将选区进行羽化，按 Ctrl+Delete 组合键填充背景色，如图 11-9 所示。

图 11-8　绘制图形

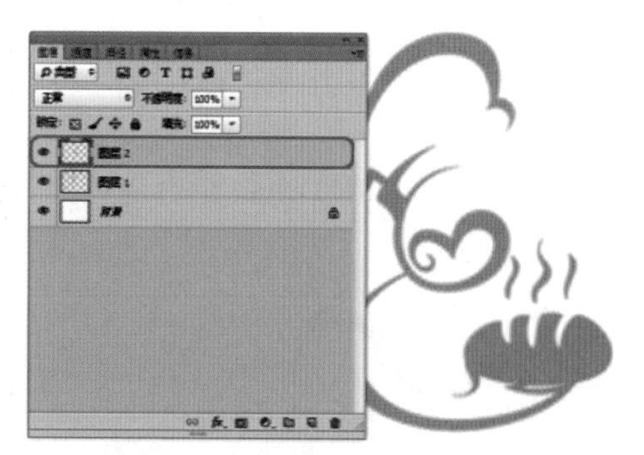
图 11-9　新建图层并填充背景色

(9) 按 Ctrl+D 组合键取消选区，在【图层】面板中选择【图层 1】，按 Ctrl+J 组合键将该图层进行复制，并将其调整至【图层 2】的上方，如图 11-10 所示。

(10) 双击【图层 1 拷贝】图层，在弹出的对话框中选择【描边】选项，将【大小】设置为 5，如图 11-11 所示。

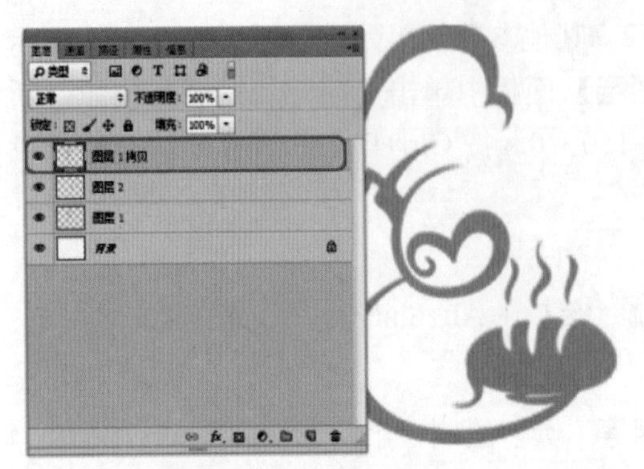

图 11-10　拷贝图层并调整图层

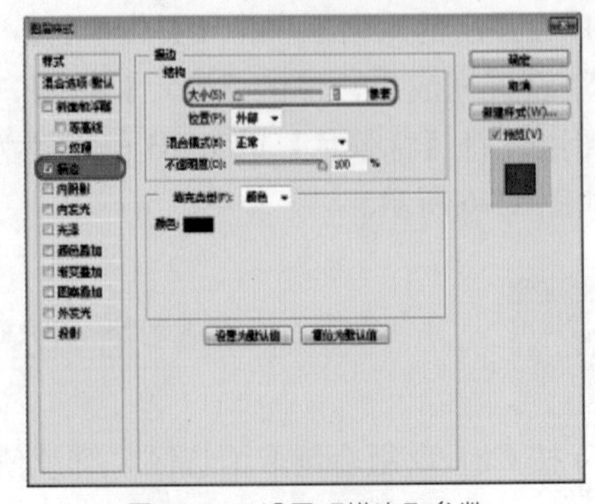

图 11-11　设置【描边】参数

(11) 设置完成后，单击【确定】按钮，在【图层 1 拷贝】图层上右击，在弹出的快捷菜单中选择【栅格化图层样式】命令，如图 11-12 所示。

(12) 按住 Ctrl 键单击【图层 1 拷贝】图层的缩略图，将其载入选区，按 Shift+F6 组合键，在弹出的对话框中将【羽化半径】设置为 2，单击【确定】按钮，在【图层】面板中选择【图层 2】，按 Delete 键将选区中的对象删除，然后将【图层 1 拷贝】隐藏，按 Ctrl+D 组合键取消选区，效果如图 11-13 所示。

图 11-12　选择【栅格化图层样式】命令

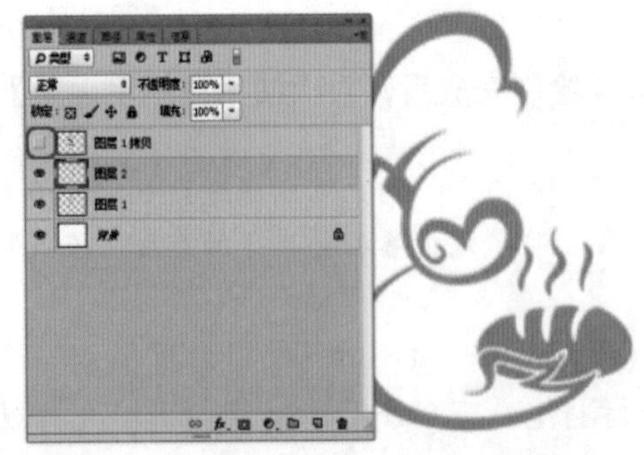

图 11-13　删除选区中的对象并隐藏图层 1

(13) 在工具箱中单击【钢笔工具】，在文档中绘制一个如图 11-14 所示的图形。

(14) 按 Ctrl+Enter 组合键将路径载入选区，对选区进行羽化，按 Ctrl+Alt+Shift+N 组合键新建一个图层，按 Ctrl+Delete 组合键填充背景色，如图 11-15 所示。

图 11-14　绘制图形

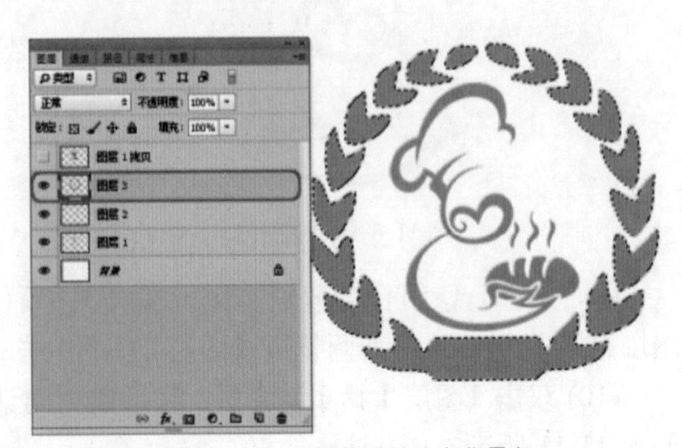

图 11-15　新建图层并填充背景色

(15) 按 Ctrl+D 组合键取消选区，在工具箱中单击【横排文字工具】，在文档中输入文字。选中输入的文字，在工具选项栏中将【字体】设置为 Arial，【大小】设置为 20，【字体颜色】设置为白色，效果如图 11-16 所示。

(16) 设置完成后，再次使用【横排文字工具】，在文档中输入文字，选中输入的文字，在工具选项栏中将【字体】设置为长城新艺体，【大小】设置为 48，【字体颜色】的 RGB 值设置为 255、149、1，如图 11-17 所示。

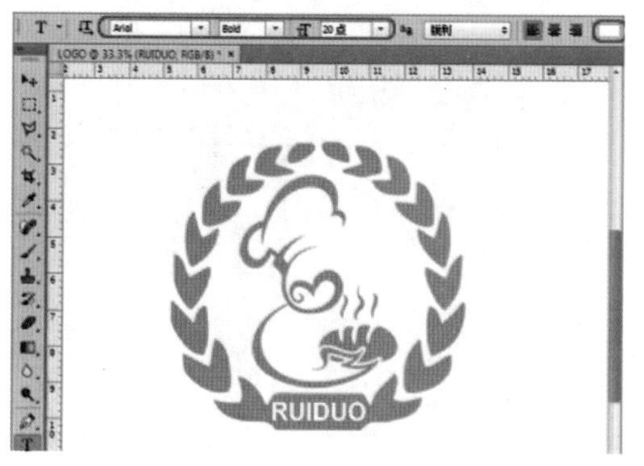

图 11-16　输入文字

图 11-17　输入文字

案例精讲 126　制作工作胸章

案例文件：CDROM | 场景 | Cha11 | 制作工作胸章 .psd

视频文件：视频教学 |Cha11| 制作工作胸章 .avi

制作概述

胸章适合旅游景点纪念、各种大型会议活动、广告促销、媒体宣传、机关团体、学校及各大企业员工佩带。在本例中介绍如何制作工作胸章，其主要是通过为绘制的图形添加【斜面和浮雕】效果和【投影】效果来体现立体效果如图 11-18 所示。

图 11-18　工作胸章

学习目标

学习设置图层的斜面和浮雕效果的方法。

掌握添加投影效果、填充渐变的方法。

掌握设置图层的混合模式的方法。

操作步骤

(1) 按 Ctrl+N 组合键，在弹出的对话框中将【名称】设置为“工作胸章”，【宽度】、【高度】都设置为 150 毫米，【分辨率】设置为 300 像素 / 英寸，如图 11-19 所示。

(2) 设置完成后，单击【确定】按钮，在工具箱中单击【椭圆选框工具】，在文档中按住 Shift 键绘制一个正圆。按 Ctrl+Alt+Shift+N 组合键新建一个图层，将【背景色】的 RGB 值设置为 255、203、127，按 Ctrl+Delete 组合键填充背景色，如图 11-20 所示。

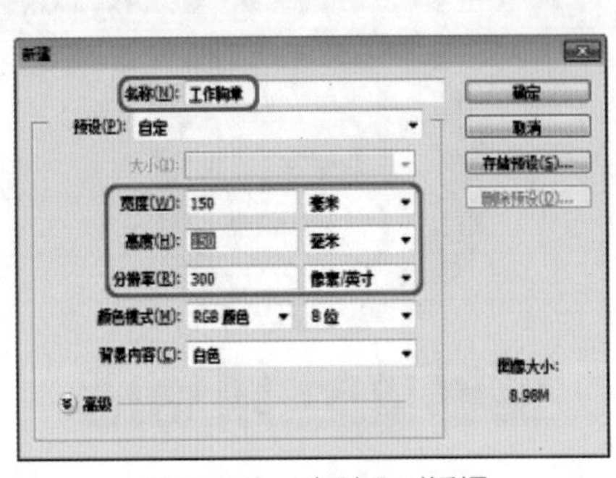

图 11-19 【新建】对话框

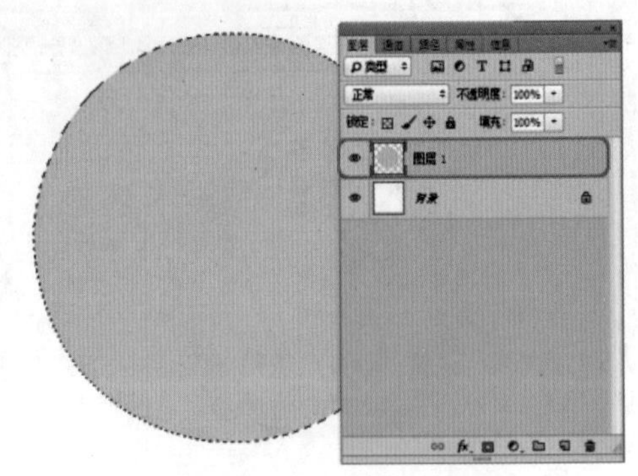

图 11-20 绘制正圆并填充颜色

(3) 按 Ctrl+D 组合键取消选区，在【图层】面板中双击【图层 1】，在弹出的对话框中选择【斜面和浮雕】选项组，将【深度】、【大小】、【软化】分别设置为 103、27、2，将【阴影模式】的颜色 RGB 值设置为 176、20、20，【阴影模式】下的【不透明度】设置为 22，如图 11-21 所示。

(4) 再在该对话框中选择【投影】选项组，将【不透明度】设置为 30，【距离】、【扩展】、【大小】分别设置为 48、0、47，如图 11-22 所示。

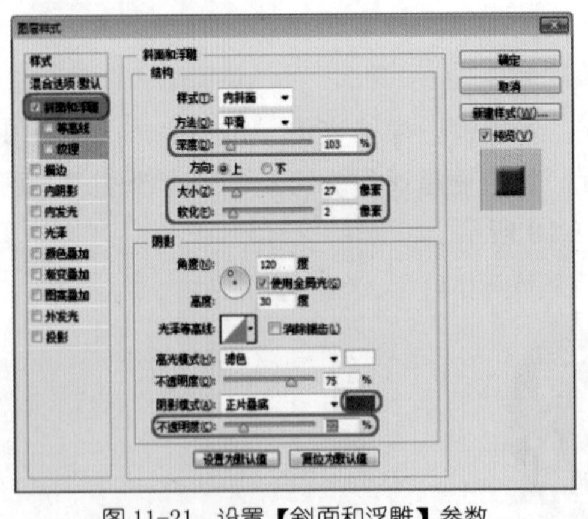

图 11-21 设置【斜面和浮雕】参数

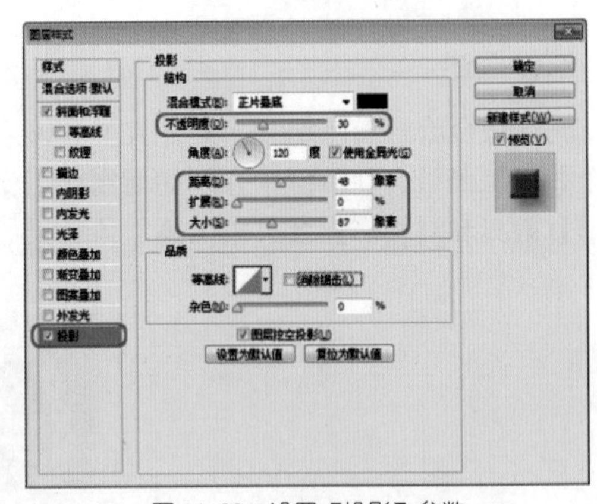

图 11-22 设置【投影】参数

(5) 设置完成后，单击【确定】按钮，即可为该图层中的对象添加浮雕和投影效果，如图 11-23 所示。

(6) 在工具箱中单击【椭圆选框工具】，在文档中按住 Shift 键绘制一个正圆，按 Ctrl+Alt+Shift+N 组合键新建一个图层，将【背景色】的 RGB 值设置为 252、151、1，按 Ctrl+Delete 组合键填充背景色，如图 11-24 所示。

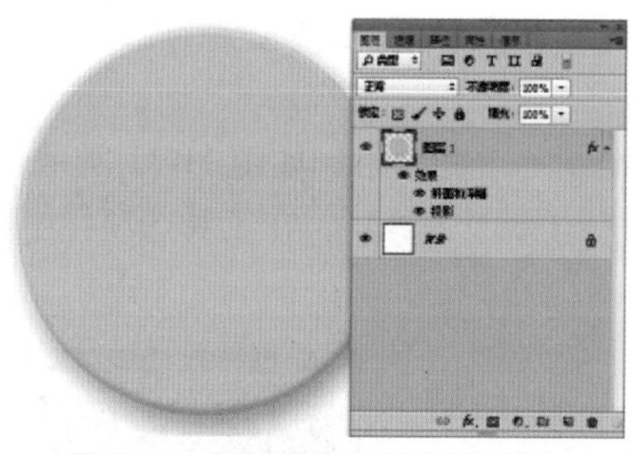

图 11-23　添加浮雕和投影后的效果

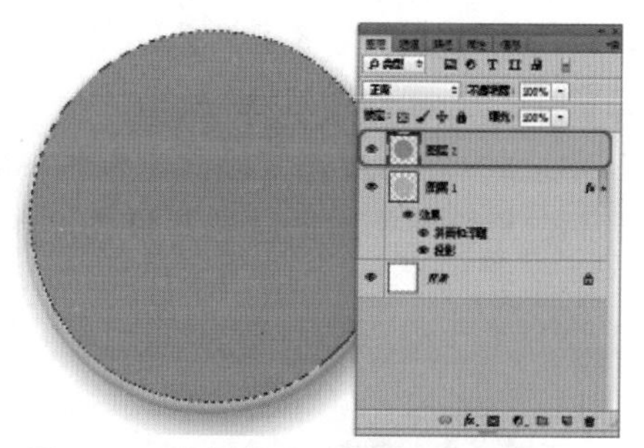

图 11-24　绘制图形、新建图层并填充颜色

(7) 按 Ctrl+D 组合键取消选区，在【图层】面板中双击【图层 2】，在弹出的对话框中选择【斜面和浮雕】选项组，将【深度】、【大小】、【软化】分别设置为 103、43、0，【阴影模式】右侧色块的 RGB 值设置为 125、0、0，【阴影模式】下的【不透明度】设置为 22，如图 11-25 所示。

(8) 设置完成后，单击【确定】按钮，设置完成后的效果如图 11-26 所示。

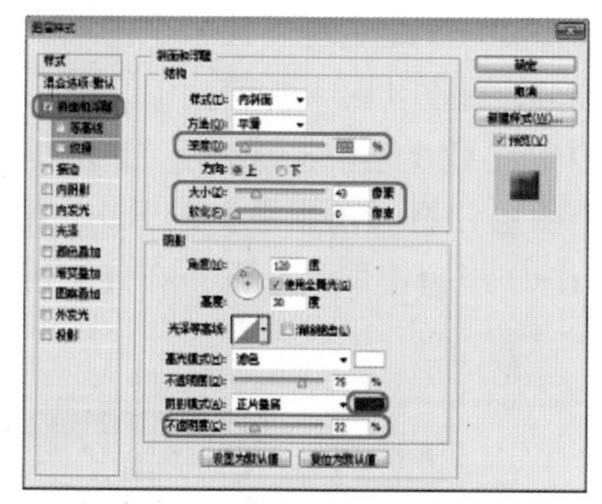

图 11-25　设置【斜面和浮雕】参数

图 11-26　添加斜面和浮雕后的效果

(9) 在工具箱中单击【钢笔工具】，在文档中绘制一个如图 11-27 所示的路径。

(10) 按 Ctrl+Enter 组合键，将路径载入选区，按 Ctrl+Alt+Shift+N 组合键新建一个图层，将【背景色】设置为白色，按 Ctrl+Delete 组合键填充背景色，按 Ctrl+D 组合键，并在【图层】面板中将该图层的【不透明度】设置为 70%，如图 11-28 所示。

(11) 打开 LOGO.psd 场景文件，使用【移动工具】在文档中选择除“瑞多面包烘焙店”之外的其他对象，按住鼠标将其拖曳至【工作胸章】场景中，在【图层】面板中按住 Ctrl 键取消 RUIDUO 图层的选择，按 Ctrl+E 组合键将选中的图层进行合并，将其载入选区，将【背景色】设置为白色，按 Ctrl+Delete 组合键填充背景色，如图 11-29 所示。

图 11-27　绘制路径

图 11-28　新建图层并填充颜色

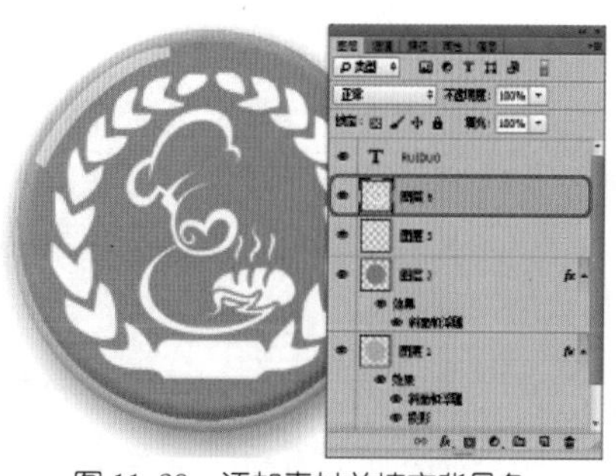

图 11-29　添加素材并填充背景色

(12) 使用【横排文本工具】在文档中选择文本，将其颜色的 RGB 值设置为 252、151、2，改变颜色后的效果如图 11-30 所示。

(13) 在工具箱中单击【椭圆选框工具】在文档中绘制一个椭圆形，如图 11-31 所示。

(14) 按 X 键切换前景色和背景色，在工具箱中单击【渐变工具】，在工具选项栏中单击渐变条，在弹出的对话框中选择前景色到透明渐变，如图 11-32 所示。

图 11-30　改变颜色后的效果

图 11-31　绘制椭圆形

图 11-32　选择前景色到透明渐变

(15) 选择完成后，单击【确定】按钮，按 Ctrl+Alt+Shift+N 组合键新建一个图层，在文档填充渐变，在【图层】面板中将【不透明度】设置为 71%，如图 11-33 所示。

(16) 按 Ctrl+D 组合键取消选区，在【图层】面板中按住 Ctrl 键单击【图层 7】的缩略图，将其载入选区，按 Ctrl+Alt+Shift+N 组合键，新建一个图层，将【前景色】的 RGB 值设置为 252、151、1，使用【渐变工具】填充渐变颜色，按 Ctrl+D 组合键取消选区，在【图层】面板中将图层【混合模式】设置为叠加，如图 11-34 所示。

图 11-33　新建图层并填充渐变

图 11-34　添加渐变颜色并进行设置

知识链接

制作胸章的工作流程非常简单，需要的设备：除计算机、喷墨打印机外，还需胸章机。

需要的材料：喷墨打印纸、胸章半成品。

第一步：根据需要制作的胸章大小设计好图像。

第二步：将图像打印在相片纸或者普通喷墨打印纸上。

第三步：用切圆器把打印好的图片切成需要的大小。

第四步：逐个切好。

第五步：把切好的图片和胸章上盖用胸章机压好。

第六步：再与下盖压合。

案例精讲 127　制作名片

案例文件：CDROM | 场景 | Cha11 | 制作名片 .psd

视频文件：视频教学 |Cha11| 制作名片 .avi

制作概述

名片是新朋友互相认识、自我介绍的最快最有效的方法。交换名片是商业交往的第一个标准官式动作。本例将通过绘制矩形选区、输入文字、添加素材等操作来制作名片。效果图如图 11-35 所示。

图 11-35　名片

学习目标

学习绘制选区、填充颜色并添加投影的方法。

掌握输入文字、添加素材、复制对象的方法。

操作步骤

(1) 按 Ctrl+N 组合键，在弹出的对话框中将【名称】命名为“名片”，将【宽度】和【高度】分别设置为 203 毫米、64 毫米，【分辨率】设置为 300 像素 / 英寸，如图 11-36 所示。

(2) 设置完成后，单击【确定】按钮，将【背景色】RGB 的值设置为 172、173、173，按 Ctrl+Delete 组合键填充背景色，按 Ctrl+Alt+Shift+N 组合键并在工具箱中单击【矩形选框工具】，在文档中绘制一个矩形，将【前景色】设置为白色，按 Alt+Delete 组合键填充前景色，如图 11-37 所示。

图 11-36　【新建】对话框

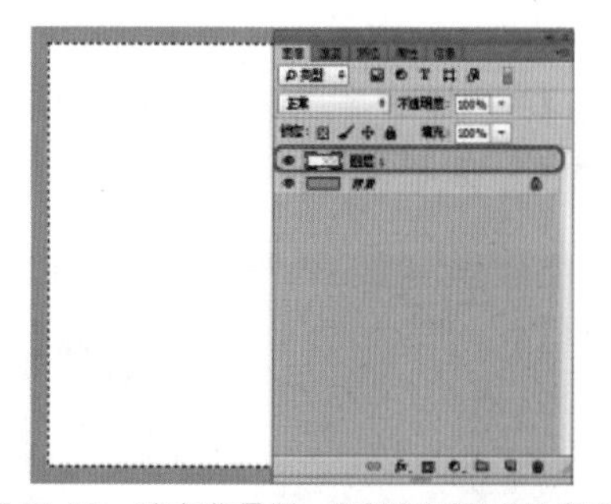

图 11-37　填充背景色、新建图层并填充颜色

(3) 按 Ctrl+D 组合键取消选区，在【图层】面板中双击【图层 1】，在弹出的对话框中选择【投影】

选项组，将【不透明度】、【距离】、【扩展】、【大小】分别设置为50、18、12、27，如图11-38所示。

(4) 设置完成后，单击【确定】按钮，即可为选中的图层添加投影效果，如图11-39所示。

(5) 在工具箱中单击【矩形选框工具】，在文档中绘制一个矩形选框，右击鼠标，在弹出的快捷菜单中选择【变换选区】命令，如图11-40所示。

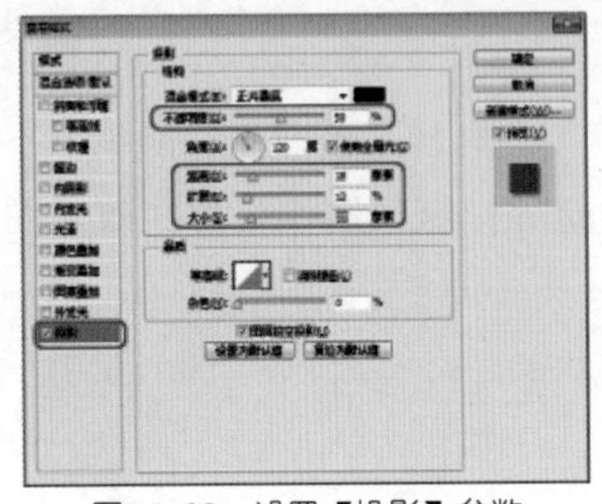

图11-38 设置【投影】参数

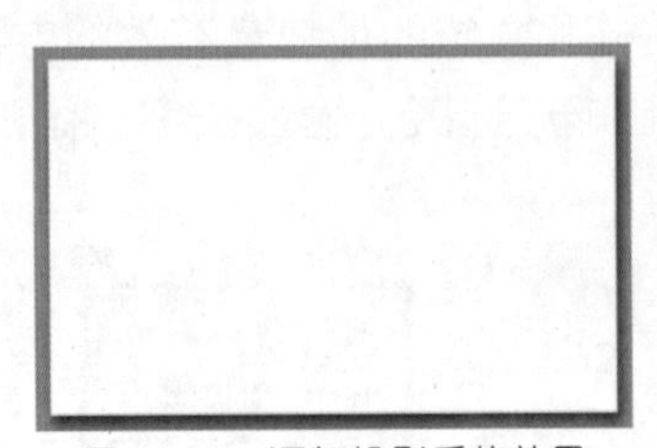

图11-39 添加投影后的效果

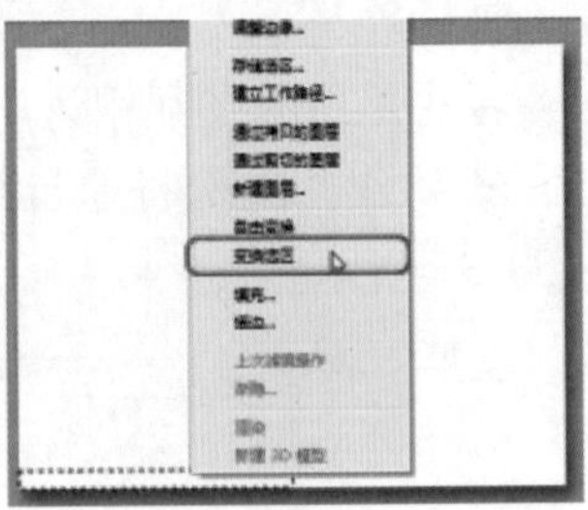

图11-40 选择【变换选区】命令

(6) 再在该对象上右击，在弹出的快捷菜单中选择【斜切】命令，如图11-41所示。

(7) 按Ctrl+Alt+Shift+N组合键新建图层，将【前景色】的RGB值设置为252、151、1，按Alt+Delete组合键填充前景色，如图11-42所示。

(8) 按Ctrl+D组合键取消选区，再次使用【矩形选框工具】在文档中绘制一个选区，再次对其进行斜切，将【背景色】的RGB值设置为2、109、179。新建一个图层，并填充背景色，按Ctrl+D组合键取消选区，如图11-43所示。

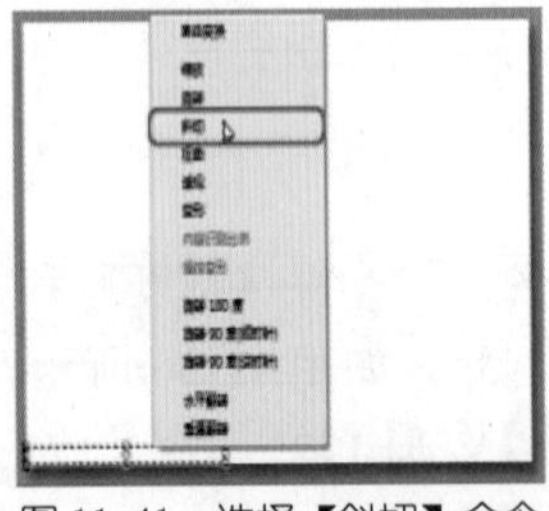

图11-41 选择【斜切】命令

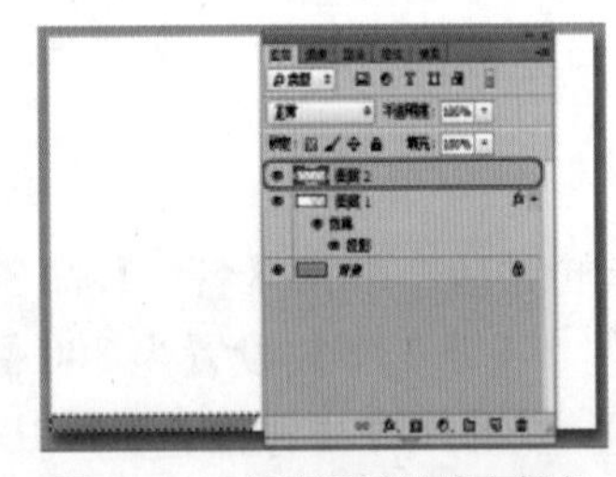

图11-42 新建图层并填充颜色

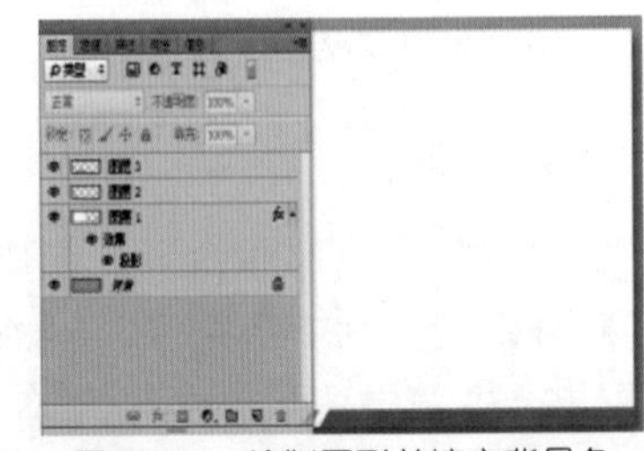

图11-43 绘制图形并填充背景色

(9) 打开底纹.png素材文件，使用【移动工具】将其拖曳至【名片】场景文件中，并在文档中调整其位置，在【图层】面板中将【不透明度】设置为37%，如图11-44所示。

(10) 在工具箱中单击【横排文字工具】，在文档中输入文字，选中输入的文字，在【字符】面板中将【字体】设置为方正黑体简体，【大小】设置为9点，【行距】设置为14，【字体颜色】设置为黑色，如图11-45所示。

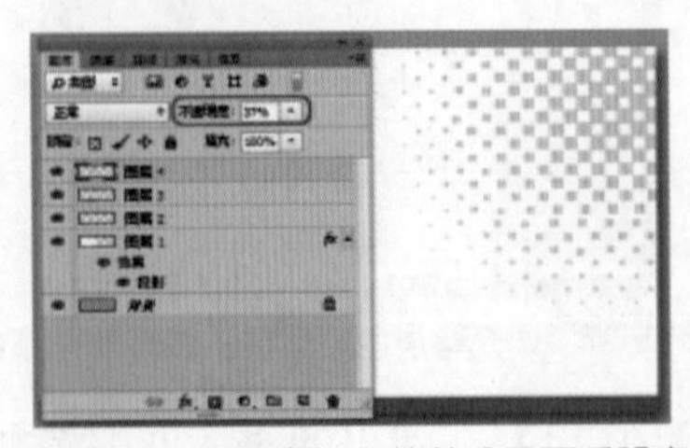

图11-44 添加素材文件并设置不透明度

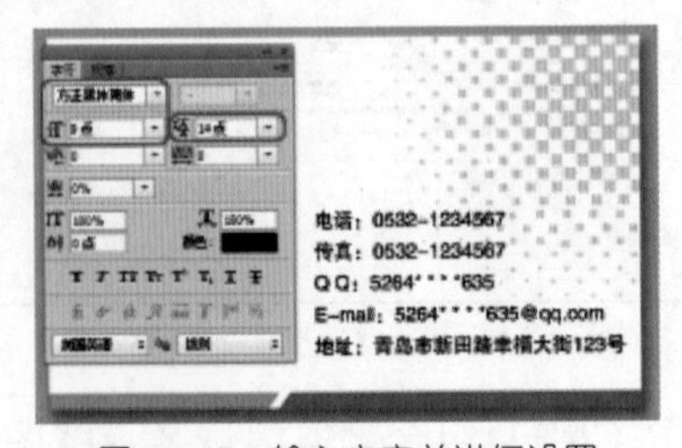

图11-45 输入文字并进行设置

(11) 继续使用文字工具输入文字，并对输入的文字进行设置，效果如图 11-46 所示。

(12) 打开 LOGO.psd 场景文件，使用【移动工具】选择所有的对象，按住鼠标将其拖曳至【名片】场景中，并调整其大小和位置，效果如图 11-47 所示。

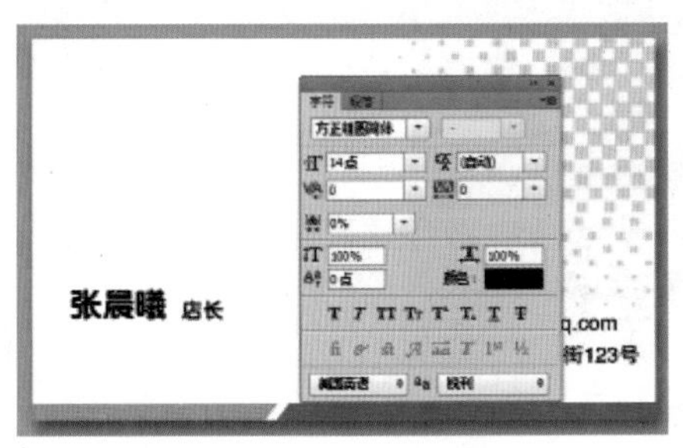

图 11-46 输入其他文字并进行设置

图 11-47 添加 LOGO 效果

(13) 在【图层】面板中选择【图层 1】，按 Ctrl+J 组合键对其进行复制，将该图层调整至最顶层，将该图层载入选区，将【背景色】的 RGB 值设置为 252、151、1，按 Ctrl+Delete 组合键填充背景色，按 Ctrl+D 组合键取消选区，并在文档中调整该对象的位置，如图 11-48 所示。

(14) 将 LOGO.psd 场景文件中的所有对象再次添加至【名片】场景文件中，将除 RUIDUO 图层外的其他对象进行合并，并为其填充白色，选中 RUIDUO 文字并对其进行修改，如图 11-49 所示。

图 11-48 复制图层并填充颜色

图 11-49 完成后的效果

案例精讲 128 制作纸袋

 案例文件：CDROM | 场景 | Cha11 | 制作纸袋 .psd

 视频文件：视频教学 |Cha11| 制作纸袋 .avi

制作概述

纸袋，是人们日常生活中都能用到的东西。由于是由纸质的，能起到环保的效用，因此被应用于很多产品中。本例介绍面包店纸袋的制作方法，该案例主要通过绘制矩形并填充颜色、设置素材的不透明度，删除选区中的对象以及添加投影效果来制作的。纸袋效果图如图 11-50 所示。

图 11-50　纸袋

学习目标

学习绘制矩形并填充颜色的方法。

掌握添加素材文件并设置其不透明度的方法。

掌握绘制圆角矩形并删除选区中对象的方法。

掌握添加投影效果的方法。

操作步骤

(1) 按 Ctrl+N 组合键，在弹出的对话框中将【名称】命名为“纸袋”，将【宽度】和【高度】分别设置为 371 毫米、280 毫米，【分辨率】设置为 300 像素 / 英寸，如图 11-51 所示。

(2) 设置完成后，单击【确定】按钮，在工具箱中单击【矩形选框工具】，在文档中绘制一个矩形选框。按 Ctrl+Alt+Shift+N 组合键新建一个图层，将【背景色】的 RGB 值设置为 231、198、151，按 Ctrl+Delete 组合键填充背景色，如图 11-52 所示。

(3) 按 Ctrl+D 组合键取消选区，按 Ctrl+O 组合键打开底纹 2.png 素材文件，如图 11-53 所示。

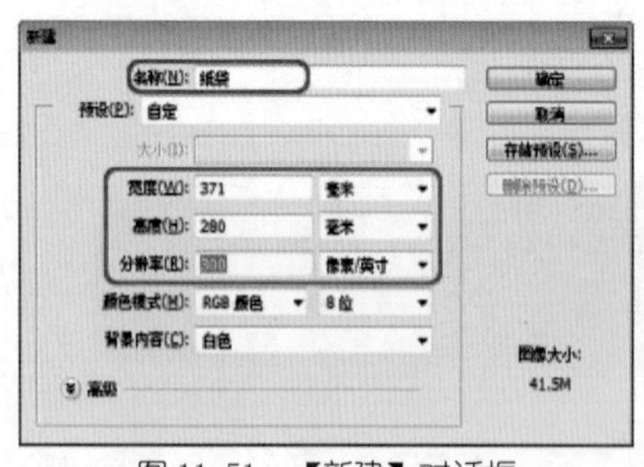

图 11-51　【新建】对话框

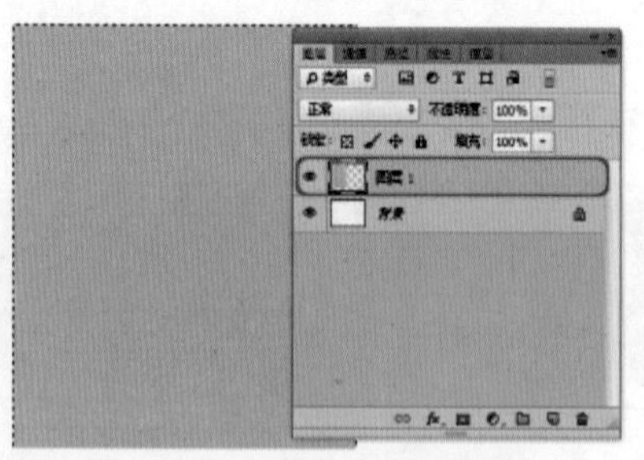

图 11-52　新建图层并填充颜色

图 11-53　打开的素材文件

(4) 在工具箱中单击【移动工具】，按住鼠标将其拖曳至【纸袋】场景文件中，并调整其大小，按住 Ctrl 键将【图层 1】载入选区，选中【图层 2】，如图 11-54 所示。

(5) 按 Ctrl+Shift+I 组合键进行反选，按 Delete 键将其删除，按 Ctrl+D 组合键取消选区，在【图层】面板中将【不透明度】设置为 50%，如图 11-55 所示。

(6) 按 Ctrl+O 组合键打开树 .png 素材文件，如图 11-56 所示。

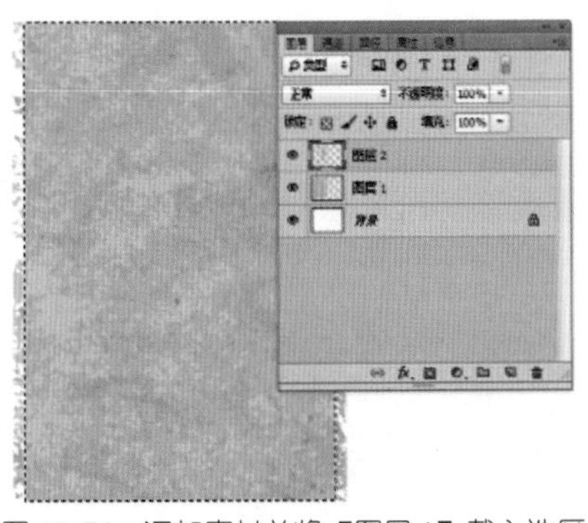

图 11-54 添加素材并将【图层 1】载入选区

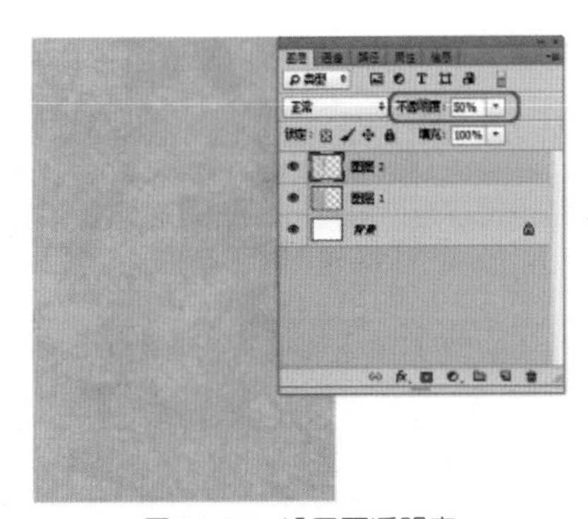

图 11-55 设置不透明度

图 11-56 打开的素材文件

(7) 使用【移动工具】将其拖曳至【纸袋】场景文件中，并调整其大小和位置，在【图层】面板中将其【不透明度】设置为 77%，如图 11-57 所示。

(8) 在图层面板中选择【图层 1】至【图层 3】，按 Ctrl+E 组合键进行合并。在工具箱中单击【圆角矩形工具】，在工具选项栏中将【半径】设置为 80 像素，如图 11-58 所示。

(9) 按 Ctrl+Enter 组合键载入选区，按 Delete 组合键将选区中的对象删除，按 Ctrl+D 组合键取消选区，如图 11-59 所示。

图 11-57 设置图层的不透明度

图 11-58 绘制图形

图 11-59 删除选区中的对象

(10) 在【图层】面板中双击【图层 3】，在弹出的对话框中选择【投影】选项，将【不透明度】设置为 56%，将【距离】、【扩展】、【大小】分别设置为 23、0、49，如图 11-60 所示。

(11) 设置完成后，单击【确定】按钮，添加后的效果如图 11-61 所示。

(12) 使用相同的方法制作纸袋的反面，并对其进行相应的设置，效果如图 11-62 所示。

图 11-60 设置投影参数

图 11-61 添加投影后的效果

图 11-62 制作纸袋反面后的效果

第 12 章 卡片和包装设计

本章重点

- 制作名片
- 制作会员卡
- 制作奶茶吧菜单
- 游戏卡片
- CD 包装设计
- 茶叶包装设计
- 制作咖啡包装

好的名片应该是，能够巧妙地展现出名片原有的功能及精巧的设计；名片设计主要目的是让人加深印象，同时可以很快联想到专长与兴趣，因此引人注意的名片，活泼、趣味常是共通点。包装是品牌理念、产品特性、消费心理的综合反映，它直接影响到消费者对购买欲。本章讲解卡片和包装的设计。

案例精讲 129 制作名片

案例文件：CDROM | 场景 | Cha12 | 制作名片 .psd

视频文件：视频教学 | Cha12| 制作名片 .avi

制作概述

制作名片必须做到文字简明扼要，强调设计意识，艺术风格要给人耳目一新的感觉。本例运用多种工具来制作名片，效果如图 12-1 所示。

图 12-1 名片

学习目标

学习使用【矩形选框工具】、【渐变工具】和【钢笔工具】。

掌握【钢笔工具】、【渐变工具】等工具的使用方法。

操作步骤

(1) 启动软件后，按 Ctrl+N 组合键，在弹出的对话框中将【宽度】、【高度】分别设置为 600 像素、600 像素，【颜色模式】设置为 RGB，【背景内容】设置为白色。将【名称】命名为制作名片。选择【矩形选框工具】，在画布上绘制矩形选框，在【图层】面板上单击【创建新图层】按钮，在工具箱中选择【渐变工具】，在工具选项栏中单击【点按可编辑渐变】，打开【渐变编辑器】对话框。在该对话框中，单击左侧的色标，将【颜色】RGB 的值设置为 80、102、38；单击右侧的色标，【位置】设置为 88，【颜色】RGB 的值设置为 64、68、33。在【位置】为 36%、66% 处添加色标，将【颜色】RGB 的值设置为 64、68、33，80、102、33，如图 12-2 所示。

(2) 单击【确定】按钮，返回到画布中，在工具选项栏中单击【线性渐变】按钮，在选区内拖曳鼠标，按 Ctrl+D 组合键取消选区，完成后的效果如图 12-3 所示。

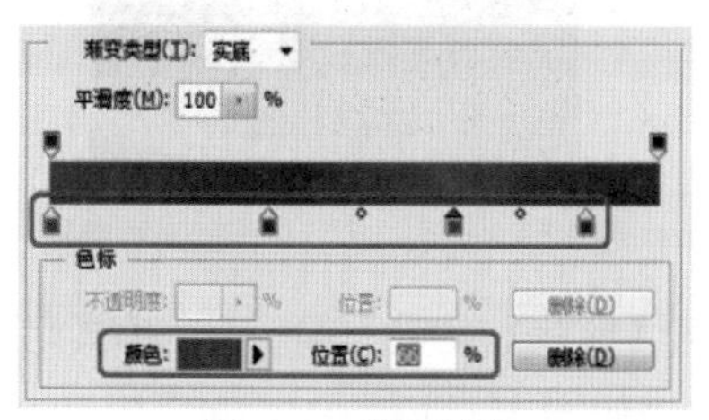

图 12-2　设置渐变

图 12-3　绘制渐变

图 12-4　绘制路径

(3) 在工具箱中选择【钢笔工具】，将【填充】设置为无，【描边】设置为无，在画布上绘制如图 12-4 所示的路径。

(4) 按 Ctrl+Enter 组合键将路径转换为选区，将【前景色】RGB 的值设置为 120、69、24，【背景色】RGB 的值设置为 66、35、18，在工具箱中选择【渐变工具】，将【渐变】设置为前景色到背景色渐变，【渐变类型】设置为对称渐变。在【图层】面板中选择【形状 1】图层右击，在弹出的快捷菜单中选择【栅格化图层】命令，然后使用渐变工具绘制渐变，完成后的效果如图 12-5 所示。

(5) 按 Ctrl+D 组合键取消选区，选择【钢笔工具】，将【填充】、【描边】都设置为无，在画布上绘制路径，按 Ctrl+Enter 组合键转换为选区，如图 12-6 所示。在【图层】面板中右击，在弹出的快捷菜单中选择【栅格化图层】命令。

(6) 在工具箱中选择【渐变工具】，打开【渐变编辑器】对话框。单击左侧的色标，将【位置】设置为 8，【颜色】RGB 的值设置为 254、254、187；单击右侧的色标，将【位置】设置为 85，【颜色】RGB 的值设置为 152、104、42。在【位置】为 35%、63% 处添加色标，将【颜色】RGB 的值分别设置为 152、104、42，254、254、187，如图 12-7 所示。

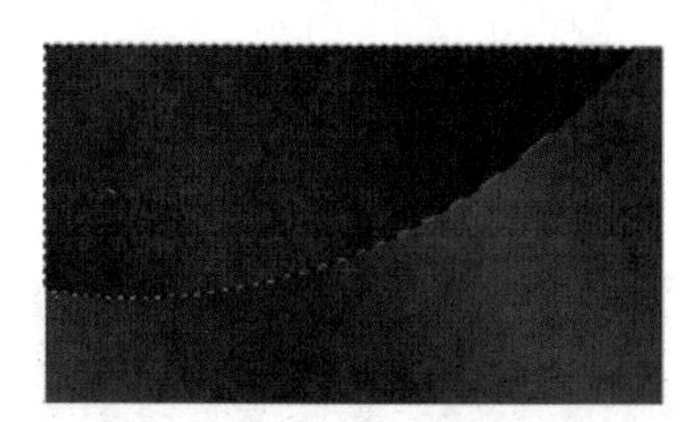
图 12-5　填充渐变

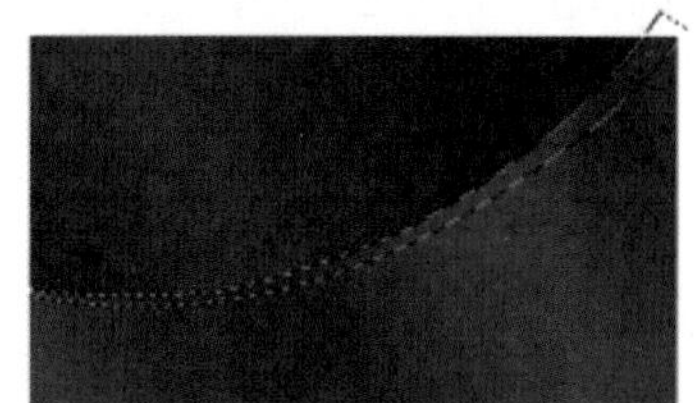
图 12-6　将路径转换为选区

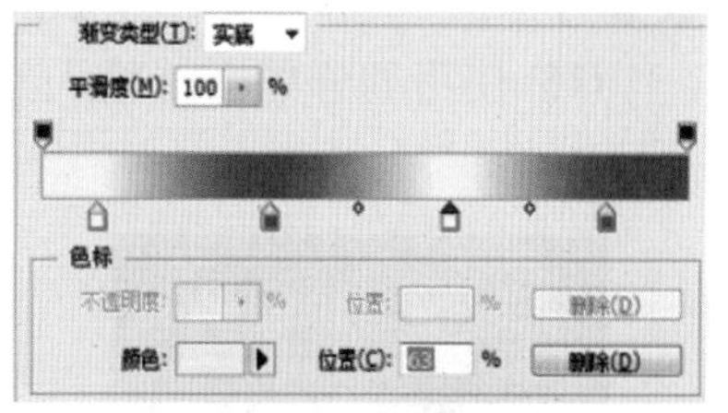

图 12-7　设置渐变

(7) 将【渐变类型】设置为对称渐变，在画布上拖曳鼠标绘制渐变，按 Ctrl+D 组合键取消选区，选择【形状 2】图层，按 Ctrl 键单击【图层 1】缩略图，按 Ctrl+Shift+I 组合键进行反选，按 Delete 组合键将多余的部分删除，按 Ctrl+D 组合键取消选区，如图 12-8 所示。

(8) 打开随书附带光盘中的 S1.png 素材文件，将图片拖曳至文档中按 Ctrl+T 组合键，调整图片的位置及大小，效果如图 12-9 所示。

(9) 在工具箱选择【横排文字工具】，输入文字“宏维高科技”。选择输入的文字，将【字体】设置为汉仪魏碑简，【大小】设置为 30，【字符间距】设置为 115，【字体颜色】设置为白色，完成后的效果如图 12-10 所示。

图 12-8　设置完成后的效果

图 12-9　调整图片

图 12-10　输入文字并设置文字参数

(10) 在工具箱中选择【自定形状工具】，在工具选项栏中将【形状】设置为箭头 6，【填充】设置为白色，【描边】设置为无，然后在画布上绘制箭头，效果如图 12-11 所示。

(11) 选择【横排文字工具】，输入文字“质量为先，信誉为重，管理为本，服务为诚”，将【字体】设置为华文隶书，【大小】设置为 14，【字体颜色】设置为白色，【字符间距】设置为 -210，完成后的效果如图 12-12 所示。

(12) 继续使用【文字工具】在画布上输入文字“谭振”，将【字体】设置为汉仪魏碑简，【大小】设置为 26，【字体颜色】设置为白色，如图 12-13 所示。

图 12-11　绘制箭头

图 12-12　输入文字

图 12-13　输入文字

(13) 在工具箱中选择【直线工具】，将【填充】设置为白色，【描边】设置为无，然后在画布上绘制线段，按 Enter 键确认，如图 12-14 所示。

(14) 使用【横排文字工具】输入文字，将【大小】设置为 13，将上部分文字的【字符间距】设置为 -70，下部分文字的【字符间距】设置为 -50，完成后的效果如图 12-15 所示。

(15) 使用同样的方法输入其他文字并对文字进行相应的设置，完成后的效果如图 12-16 所示。

图 12-14　绘制线段

图 12-15　输入文字

图 12-16　输入其他文字

(16) 在工具箱中选择【画笔工具】，在工具选项栏中将【大小】设置为 70，【硬度】设置为 0，将【笔触】设置为柔边缘，【前景色】RGB 的值设置为 255、255、180，选择【形状 2】图层，然后在画布上单击，效果如图 12-17 所示。

(17) 双击【形状 2】图层，在弹出的对话框中选择【投影】选项组，将【不透明度】设置为 21，取消勾选【使用全局光】复选框，【角度】设置为 0，将【距离】、【大小】设置为 2、3，如图 12-18 所示。

(18) 使用同样的方法制作名片的背面，背面完成后的效果如图 12-19 所示。

图 12-17　使用画笔工具创建光斑

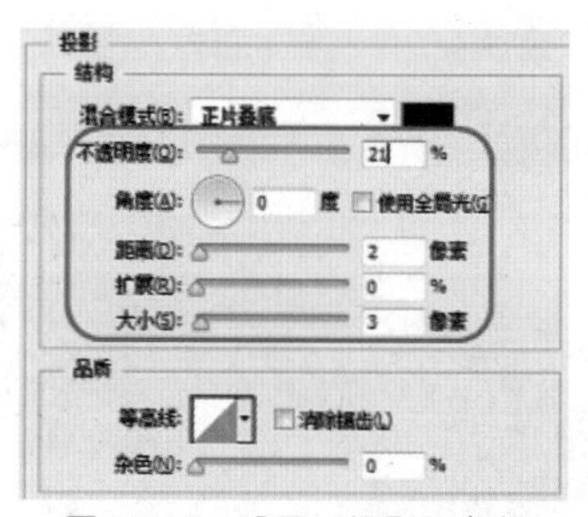

图 12-18　设置【投影】参数

图 12-19　名片背面设置完成后的效果

(19) 将名片正面和反面进行旋转和调整位置，将名片正面调整至名片背面的上方。打开 S2.jpg 素材文件，将素材拖曳至文档中，在图层面板中调整图层的位置，按 Ctrl+T 组合键调整素材的大小，按 Enter 键确认，效果如图 12-20 所示。

(20) 将【背景】图层和刚置入图片的图层隐藏，按 Ctrl+Shift+Alt+E 组合键进行盖印图层，将隐藏的图层显示，然后将除【盖印】图层和【背景】图层以及刚置入图片的图层以外，其他图层都隐藏显示，双击【盖印】图层，在弹出的对话框中选择【投影】选项，将【不透明度】设置为 50，【角度】设置为 128，【距离】、【大小】设置为 8、29，如图 12-21 所示。

图 12-20　调整完成后的效果

图 12-21　设置【投影】参数

案例精讲 130　制作会员卡

案例文件：CDROM | 场景 | Cha12 | 制作会员卡 .psd

视频文件：视频教学 | Cha12| 制作会员卡 .avi

制作概述

会员卡泛指普通身份识别卡，包括商场、宾馆、健身中心、酒家等消费场所的会员认证，它们的用途非常广泛，凡涉及需要识别身份的地方，都可应用到。本例介绍如何制作会员卡，完成后的效果如图 12-22 所示。

图 12-22　会员卡

学习目标

学习使用【圆角矩形工具】、【横排文字工具】、【矩形工具】，以及设置图层的【混合模式】。

了解图层的混合模式。

掌握【圆角矩形工具】、【矩形工具】的使用方法。

操作步骤

(1) 按 Ctrl+N 组合键，在弹出的对话框中将【名称】命名为制作会员卡，将【宽度】、【高度】设置为 1000，单击【确定】按钮。将【前景色】RGB 的值设置为 69、33、17，在工具箱中选择【圆角矩形工具】，在工具选项栏中将【填充】设置为前景色，【描边】设置为无，【半径】设置为 15，然后在画布上绘制圆角矩形，完成后的效果如图 12-23 所示。

(2) 按 Ctrl+O 组合键，在打开的对话框中选择 S3.jpg 素材图片，然后使用【移动工具】将图片拖曳至文档中，按 Ctrl+T 组合键适当调整图片的大小，调整完成后按 Enter 键确认，然后将【混合模式】设置为叠加，【填充】设置为 75%，选择【图层 1】，按 Ctrl 键单击【圆角矩形 1】图层缩略图，按 Ctrl+Shift+I 组合键进行反选，按 Delete 组合键进行删除，效果如图 12-24 所示。

图 12-23　绘制圆角矩形

图 12-24　设置完成后的效果

(3) 按 Ctrl+O 组合键，在弹出的对话框中选择图片 S6.png，使用【移动工具】拖曳至文档中，按 Ctrl+T 组合键，调整文字的大小，效果如图 12-25 所示。

(4) 选择【横排文字工具】，在画布上输入文字“会员卡”，将【字体】设置为汉仪综艺体简，【大小】设置为 35，【字体颜色】RGB 的值设置为 246、255、0，如图 12-26 所示。

(5) 继续使用【横排文字工具】输入文字，选择输入的文字，将【字体】设置为华文隶书，【大小】设置为 20，【字体颜色】RGB 的值设置为 204、104、7，使用同样的方法输入其他文字，效果如图 12-27 所示。

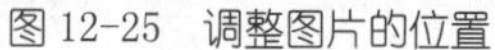
图 12-25　调整图片的位置

图 12-26　输入文字

图 12-27　输入完文字后的效果

(6) 按 Ctrl+O 组合键，在弹出的对话框中选择 S4.png、S5.png，单击【打开】按钮，使用【移动工具】将 S4.png 拖曳至文档中，按 Ctrl+T 组合键打开【自由变换】，调整图片，完成后的效果如图 12-28 所示。

(7) 按住 Alt 键对刚导入的图片进行复制，然后调整图片的大小、位置及旋转角度，完成后的效果如图 12-29 所示。

(8) 使用【移动工具】，将 S5.png 拖曳至文档中并调整图片的位置及大小，使用【横排文字工具】输入文字，选择输入的文字，将【字体】设置为汉仪综艺体简，【大小】设置为 25，【字体颜色】RGB 的值设置为 204、104、7，如图 12-30 所示。

图 12-28　调整图片

图 12-29　拷贝图层并进行调整

图 12-30　调整图片及输入文字

(9) 在【图层】面板中选择【圆角矩形 1】，将其拖曳至【创建新图层】按钮上，对该图层进行拷贝，然后将该图层移置图层最顶部。选择【矩形工具】，在画布上绘制矩形，如图 12-31 所示。

(10) 选择该图层，并右击，在弹出的快捷菜单中选择【栅格化图层】命令，按住 Ctrl 键并单击【圆角矩形 1 拷贝】图层的缩略图，按 Ctrl+Shift+I 组合键进行反选，然后按 Delete 键将多余的部分删除，按 Ctrl+D 组合键取消选区，完成后的效果如图 12-32 所示。

(11) 将【前景色】RGB 的值设置为 138、93、52，【背景色】RGB 的值设置为 74、31、14，在工具箱中选择【渐变工具】，将【渐变类型】设置为对称渐变，【渐变】设置为前景色到背景色渐变，然后按 Ctrl 键单击【矩形 1】图层的缩略图，拖曳鼠标绘制渐变，按 Ctrl+D 组合键取消选区，完成后的效果如图 12-33 所示。

图 12-31　绘制矩形

图 12-32　将多余的部分删除

图 12-33　填充渐变

(12) 使用【横排文字工具】，在画布上输入文字“持卡人”，选择输入的文字，将【字体】设置为华文隶书，【大小】设置为 25，【字体颜色】RGB 的值设置为 173、131、91，如图 12-34 所示。

(13) 使用同样的方法输入其他文字，然后选择绘制的矩形，按 Alt 键的同时拖曳鼠标进行复制，然后按 Ctrl+T 组合键打开【自由变换】，调整矩形的大小及位置，调整完成后按 Enter 键确认操作，效果如图 12-35 所示。

图 12-34　输入文字

图 12-35　输入文字后的效果

(14) 在图层面板中对【图层 1】、【至尊服务】、【会员专享】图层进行复制，将图层调整至图层的最上方，然后调整大小及位置，选择会员卡的正面所有对象，将正面的所有图层移动至背面图层的上方，按 Ctrl+T 组合键打开【自由变换】，微微调整正面的旋转角度，然后调整位置，效果如图 12-36 所示。

(15) 将【背景】图层隐藏显示，按 Ctrl+Shift+Alt+E 组合键盖印图层，然后将除盖印图层的所有图层隐藏显示。按 Ctrl+O 组合键打开 S7.jpg 素材图片，使用【移动工具】将图片移至文档中，然后打开【自由变换】，调整图片，将该图层调整至【背景】图层的上方，效果如图 12-37 所示。

(16) 双击【盖印】图层，在弹出的对话框中选择【投影】选项组，将【不透明度】设置为 68，【角度】设置为 52，【距离】设置为 26，【大小】设置为 51，如图 12-38 所示。至此，VIP 卡片制作完成。

图 12-36　调整会员卡的位置

图 12-37　添加背景图

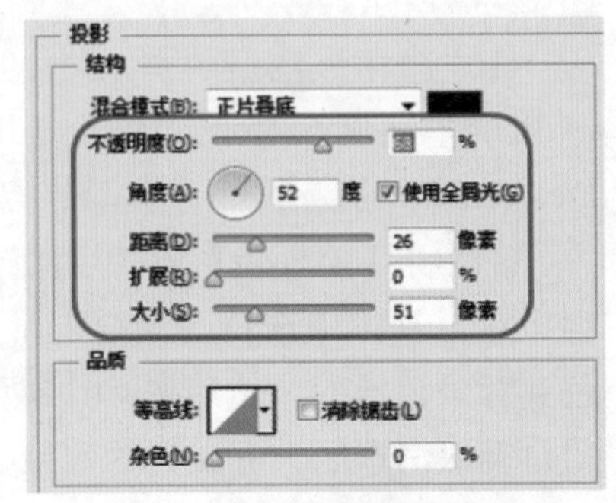

图 12-38　设置【投影】参数

案例精讲 131　制作奶茶吧菜单

案例文件：CDROM | 场景 | Cha12 | 制作奶茶吧菜单 .psd

视频文件：视频教学 | Cha12| 制作奶茶吧菜单 .avi

制作概述

本例介绍奶茶吧菜单的制作。首先利用矩形工具绘制矩形，再使用横排文字工具输入文字进行说明，再置入图片素材进行说明，并多次重复此操作进行制作，完成后的效果如图 12-39 所示。

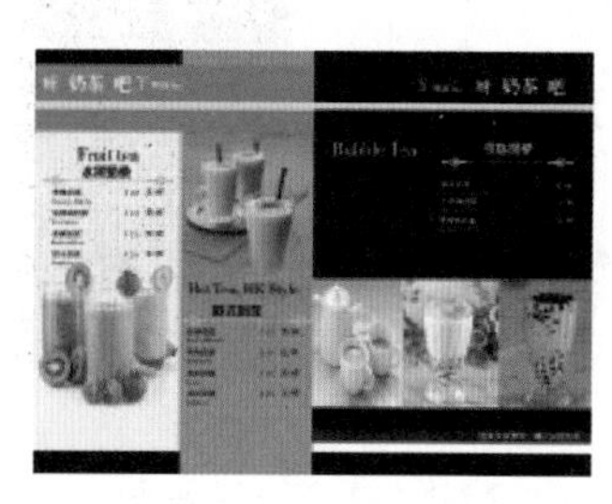

图 12-39　奶茶吧菜单

学习目标

学习奶茶吧菜单的制作。

掌握使用【矩形工具】、【横排文字工具】命令的应用。

操作步骤

(1) 运行 Photoshop CC 软件后，新建【宽度】为 380 毫米，【高度】为 285 毫米，【分辨率】为 300 像素 / 英寸的文档，【背景内容】设置为白色，如图 12-40 所示。

(2) 按 Ctrl+R 组合键添加标尺，如图 12-41 所示。

(3) 在菜单栏中选择【视图】|【新建参考线】命令，打开【新建参考线】对话框，在【取向】中选中【垂直】单选按钮，在【位置】处分别填写 10 厘米、19 厘米并确定，如图 12-42 所示。

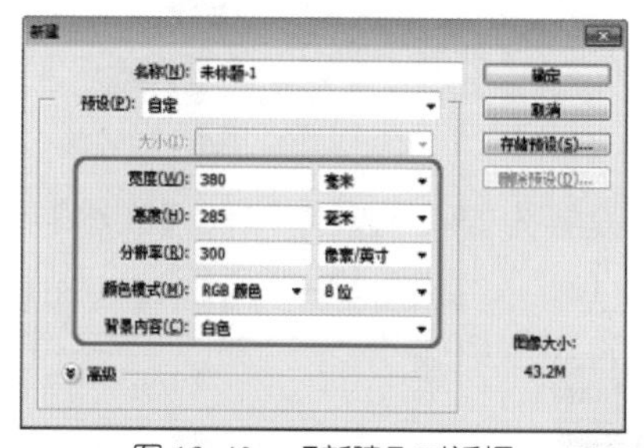

图 12-40　【新建】对话框

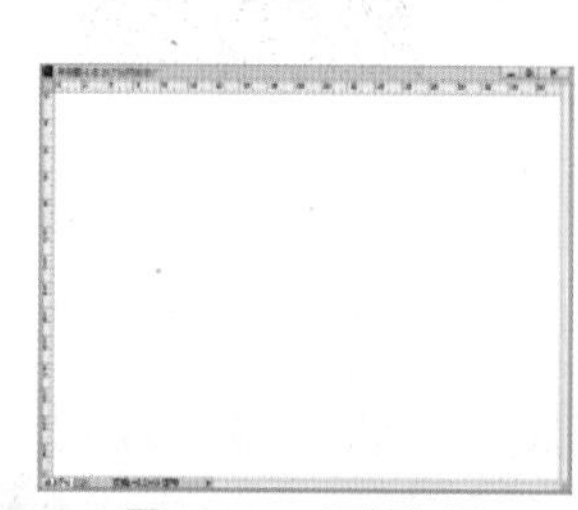

图 12-41　添加标尺

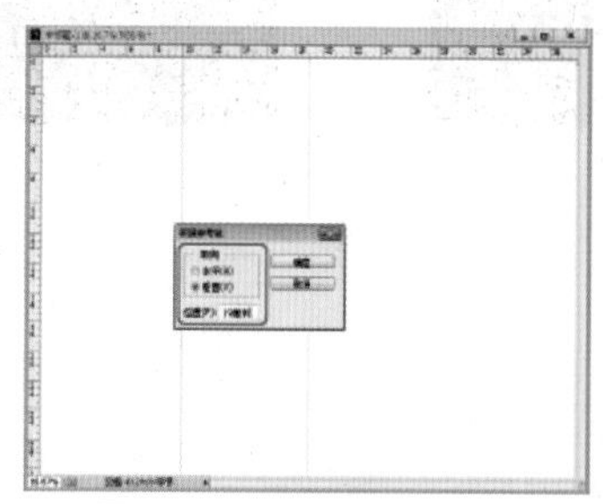

图 12-42　添加垂直参考线

(4) 再次选择【视图】|【新建参考线】命令，打开【新建参考线】对话框，在【取向】中选中【水平】单选按钮，在【位置】处分别填写 1 厘米、3.5 厘米、5.5 厘米、24 厘米、25.5 厘米、26.3 厘米和 27 厘米，如图 12-43 所示。

在绘制【参考线】时，也可以将鼠标放置在标尺上，按住鼠标左键拖出，但精确度会降低。

(5) 在工具箱中选择【矩形工具】，在工具栏中将【工具模式】设置为形状，【填充颜色】RGB的值设置为30、25、20，【描边】设置为无颜色，然后在场景中绘制矩形，如图12-44所示。

(6) 在工具箱中选择【横排文字工具】，在工具栏中将【字体】设置为创艺简老宋，【大小】设置为30，【字体颜色】设置为白色，在场景中分别输入"呀、吧"，如图12-45所示。

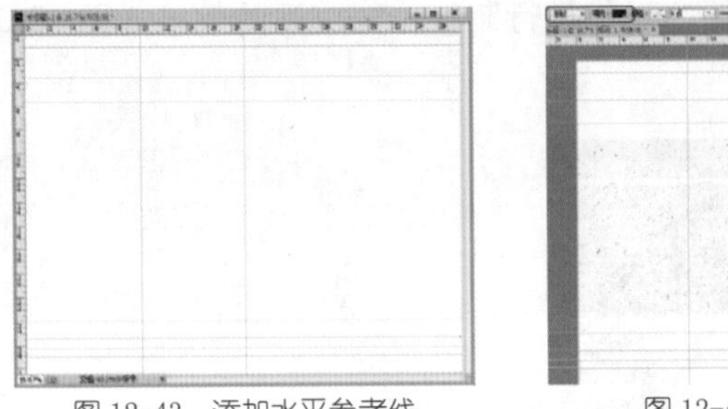

图12-43　添加水平参考线

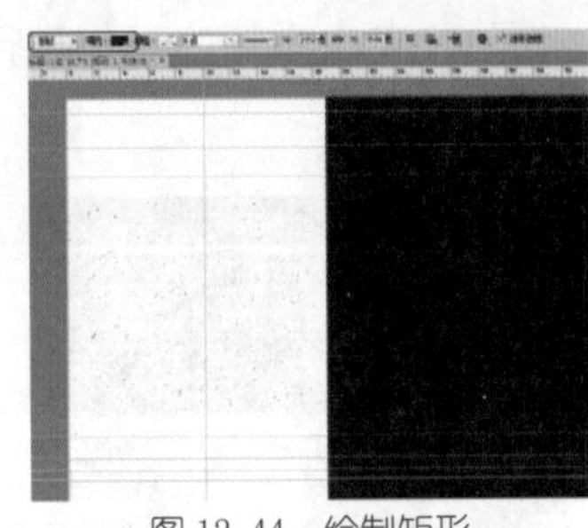

图12-44　绘制矩形

图12-45　输入文字

(7) 再使用【横排文字工具】，将【大小】设置为35，其余不变，在场景中输入"奶茶"，如图12-46所示。

(8) 使用【横排文字工具】，将【字体】设置为华文行楷，【大小】设置为20，【字体颜色】设置为白色。在场景中输入"Milk tea"，再将【字体】设置为Complex，【大小】设置为30，【字体颜色】设置为白色，在场景中输入"Y"，如图12-47所示。

(9) 在【图层】面板中，单击【创建新组】按钮，并将刚制作的文字图层拖曳到新建组中，双击【新建组】为其重命名为【呀奶茶吧】，如图12-48所示。

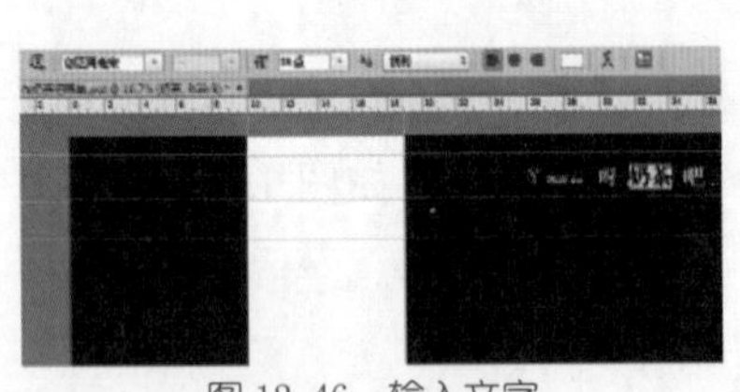

图12-46　输入文字

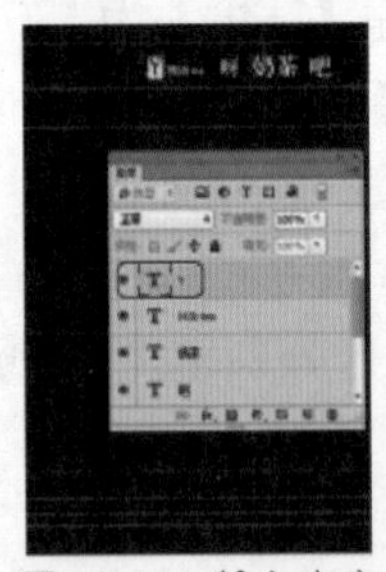

图12-47　输入文字

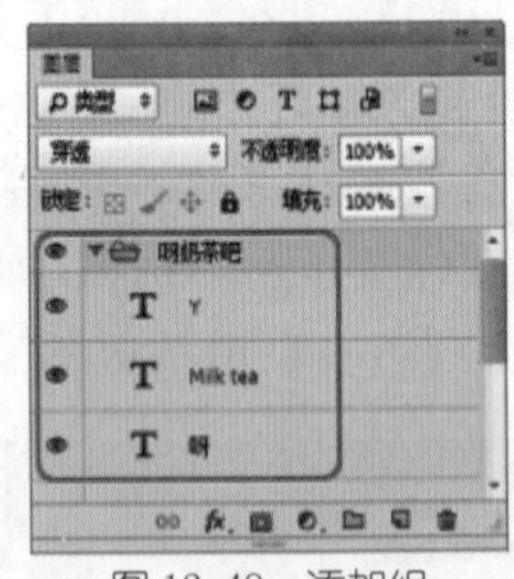

图12-48　添加组

(10) 再使用【横排文字工具】，在工具栏中将【字体】设置为方正书宋简体，【大小】设置为36，【字体颜色】设置为白色，在场景中输入"Bubble Tea"，如图12-49所示。

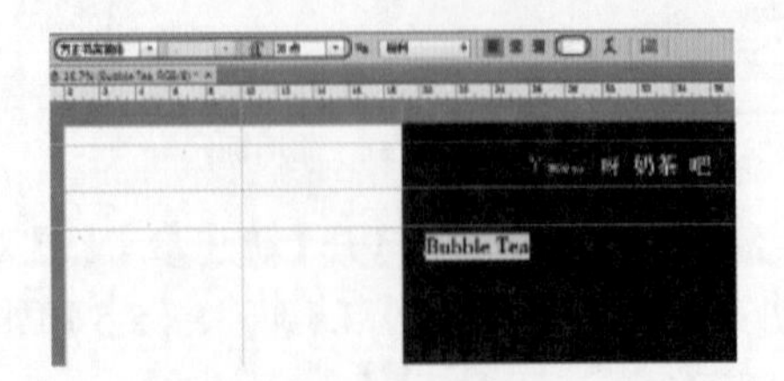

图12-49　输入文字

(11) 使用【横排文字工具】，在工具栏中将【字体】设置为方正粗倩简体，【大小】设置为 24，【字体颜色】RGB 的值设置为 255、255、0，在场景中输入“珍珠奶茶”，如图 12-50 所示。

(12) 在菜单栏中选择【文件】|【打开】命令，打开随书附带光盘中的 CDROM | 素材 | Cha012 | 花边 .psd 文件，将图像拖至场景中，并按 Ctrl+T 组合键，将素材调整到适当大小和位置，如图 12-51 所示。

(13) 在工具箱中选择【横排文字工具】，在工具栏中将【字体】设置为黑体，【大小】设置为 14，【字体颜色】设置为白色，在场景中输入“桂花奶茶”，如图 12-52 所示。

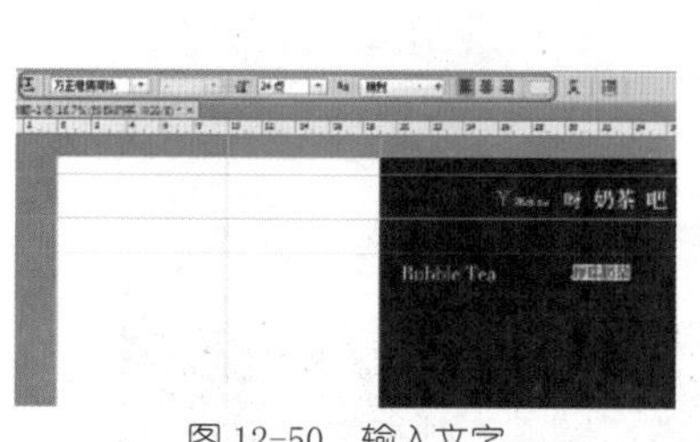

图 12-50 输入文字

图 12-51 置入素材

图 12-52 输入文字

(14) 再使用【横排文字工具】，在工具栏中将【字体】设置为方正仿宋简体，【大小】设置为 14，【字体颜色】RGB 的值设置为 255、255、0，在场景中输入文字，如图 12-53 所示。

(15) 使用【横排文字工具】，在工具栏中将【字体】设置为黑体，【大小】设置为 14，【字体颜色】设置为白色，在场景中输入文字，如图 12-54 所示。

图 12-53 输入文字

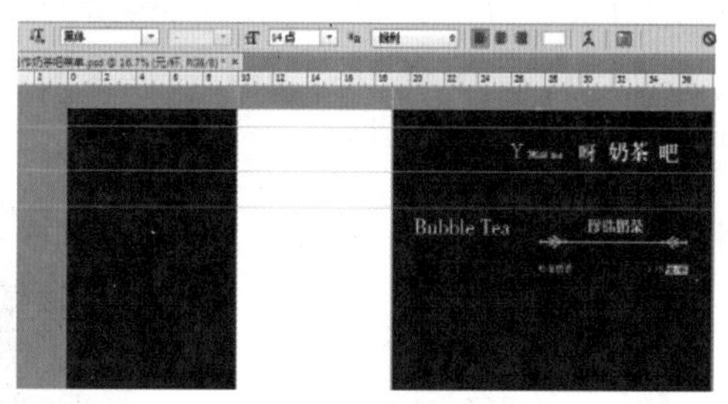

图 12-54 输入文字

(16) 再使用【横排文字工具】，在工具栏中将【字体】设置为方正书宋简体，【大小】设置为 10，【字体颜色】RGB 的值设置为 244、214、32，在场景中输入文字，如图 12-55 所示。

(17) 使用前面介绍的方法输入其他文字，同时为了方便可以在【图层】面板中创建组，效果如图 12-56 所示。

图 12-55 输入文字

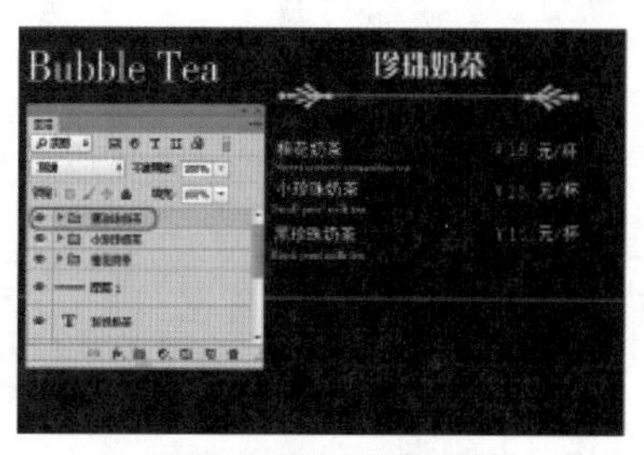

图 12-56 创建组

(18) 在菜单栏中选择【文件】|【打开】命令，打开随书附带光盘中的 CDROM | 素材 | Cha012 | 奶茶 01、奶茶 02、奶茶 03.psd 文件，将图像拖至场景中，并按 Ctrl+T 组合键将素材调整到适当大小和位置，如图 12-57 所示。

(19) 再在工具箱中选择【矩形工具】，在场景中绘制三个矩形，其自上而下的 RGB 值分别为 248、233、166，43、41、79 和 255、255、255，如图 12-58 所示。

(20) 在工具箱中选择【横排文字工具】，在工具栏中将【字体】设置为黑体，【大小】设置为 15，【字体颜色】设置为白色，在场景中输入，如图 12-59 所示。

图 12-57　置入素材

图 12-58　绘制矩形

图 12-59　输入文字

(21) 在【图层】面板中，新建组并重命名为“珍珠奶茶”，并将奶茶组及【图层 1】放置在【珍珠奶茶】组中，如图 12-60 所示。

(22) 在工具箱中选择【矩形工具】，在工具栏中将【工具模式】设置为形状，【填充】的 RGB 的值设置为 33、23、17，并在场景中绘制矩形，如图 12-61 所示。

(23) 再次使用【矩形工具】，将【填充】的 RGB 的值设置为 252、246、225，在场景中进行绘制，如图 12-62 所示。

图 12-60　添加组

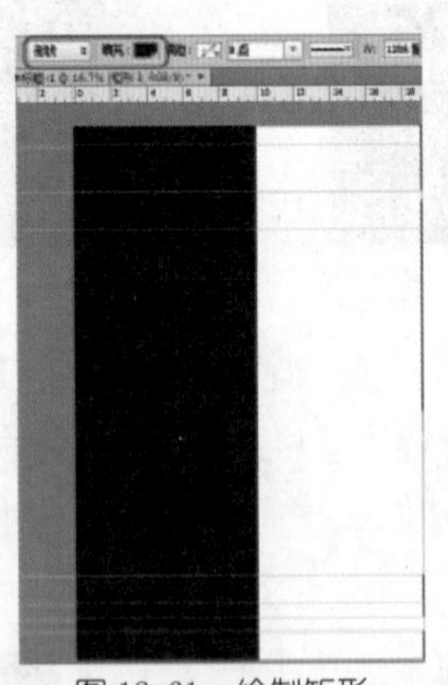
图 12-61　绘制矩形

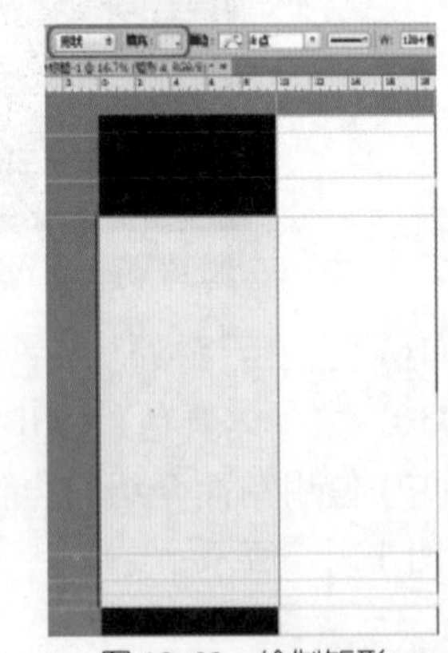
图 12-62　绘制矩形

(24) 在【图层】面板中，将【珍珠奶茶】组进行拷贝，并重新命名“水果奶茶”，且将内容进行重新制作，如图 12-63 所示。

(25) 在菜单栏中选择【文件】|【打开】命令，打开随书附带光盘中的 CDROM | 素材 | Cha012 | 奶茶 04.psd 文件，将图像拖至场景中，并按 Ctrl+T 组合键将素材调整到适当大小和位置，如图 12-64 所示。

(26) 在【图层】面板中，确认【图层 5】处于选中状态，将其【混合模式】设置为线性加深，如图 12-65 所示。

(27) 在工具箱中选择【矩形工具】，在场景中绘制一个矩形，如图 12-66 所示。

(28) 在工具箱中选择【矩形工具】，其填充色 RGB 的值设置为 189、171、8，在场景中绘制一个矩形，如图 12-67 所示。

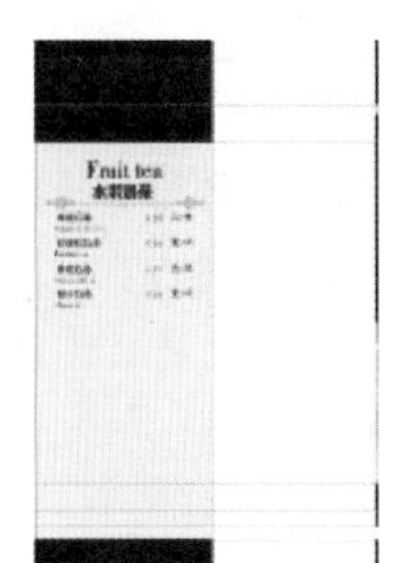
图 12-63 输入文字

图 12-64 置入素材

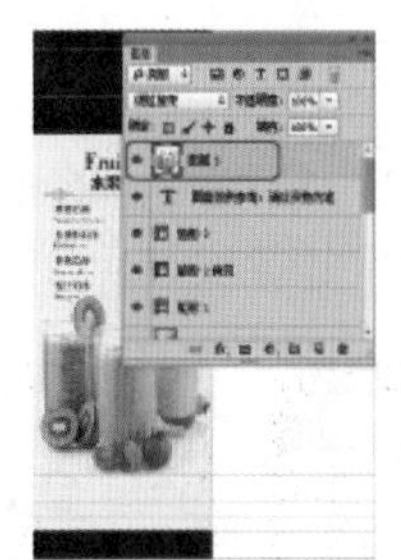
图 12-65 设置混合模式

图 12-66 绘制矩形图

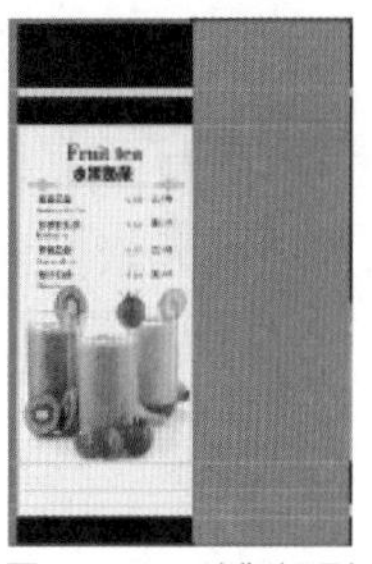
图 12-67 绘制矩形

(29) 在菜单栏中选择【文件】|【打开】命令，打开随书附带光盘中的 CDROM | 素材 | Cha012 | 奶茶 05.psd 文件，将图像拖至场景中，并按 Ctrl+T 组合键将素材调整到适当大小和位置，如图 12-68 所示。

(30) 在【图层】面板中选择【图层 6】并为其添加蒙版，在工具箱中选择【渐变工具】，在工具栏中选择由黑到白，并在场景中由下到上拖动鼠标，如图 12-69 所示。

(31) 再使用【横排文字工具】，在场景中输入文字，如图 12-70 所示。

图 12-68 置入素材

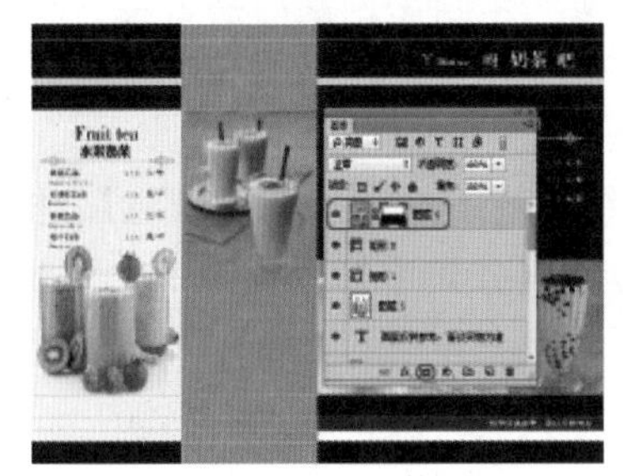
图 12-69 添加蒙版

图 12-70 输入文字

(32) 在工具箱中选择【矩形工具】，在场景中绘制矩形，如图 12-71 所示。

(33) 最后，在【图层】面板中，将图层组【呀奶茶吧】复制得到【呀奶茶吧拷贝】，并移动到适当的位置，如图 12-72 所示。

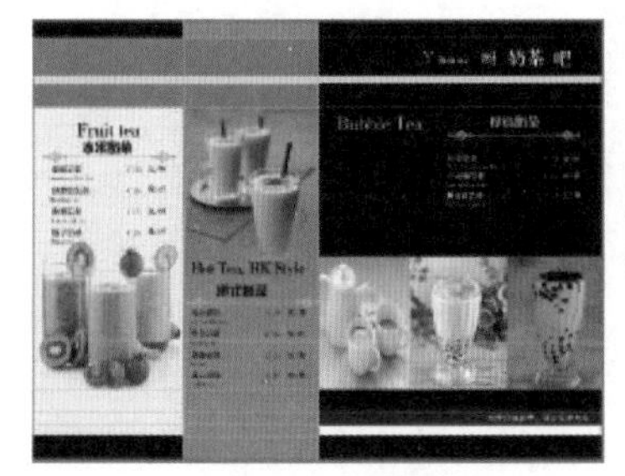
图 12-71 绘制矩形

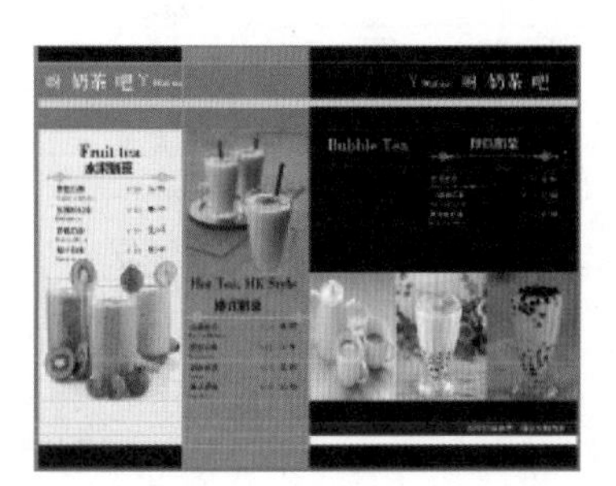
图 12-72 设置文字

案例精讲 132　游戏卡片

案例文件：CDROM | 场景 | Cha12 | 游戏卡片 .psd

视频文件：视频教学 | Cha12 | 游戏卡片 .avi

制作概述

本例制作游戏卡片。游戏卡片一定要符合其制作的主题，首先制作卡片的背景部分，通过添加相关元素的素材文件，做出背景，利用文字对卡片加以说明，完成后的效果如图 12-73 所示。

图 12-73　游戏卡片

学习目标

学习【横排文字工具】、【钢笔工具】和【竖排文字工具】的使用方法。

掌握创建游戏卡片的操作步骤，能制作相类似的卡片。

操作步骤

(1) 启动软件后，按 Ctrl+N 组合键，在弹出的【新建】对话框中，将【宽度】设置为 5930 像素，【高度】设置为 4130 像素，【分辨率】设置为 300 像素 / 英寸，【背景色】设置为白色，单击【确定】按钮，如图 12-74 所示。

(2) 打开随书附带光盘中的 CDROM| 素材 |Cha12|G001.png 和 G002.png 文件，拖到文档中并调整位置，如图 12-75 所示。

(3) 导入 G003.png 文件，放置到文档中的空白处，打开【图层】面板，双击【图层 3】图层，在弹出的【图层样式】对话框中选择【内阴影】选项组，进行如图 12-76 所示的设置。

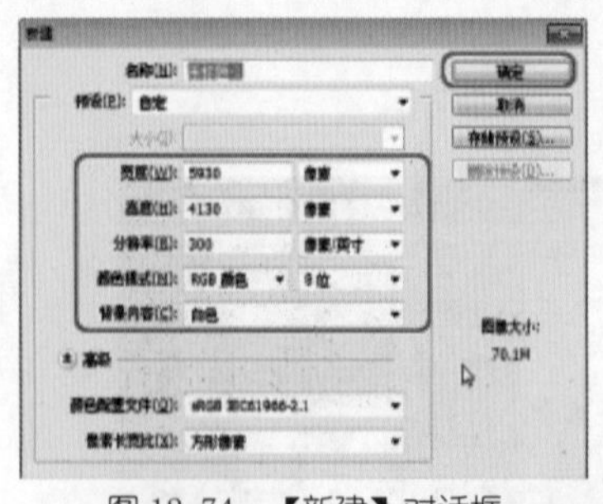

图 12-74　【新建】对话框

图 12-75　添加素材文件

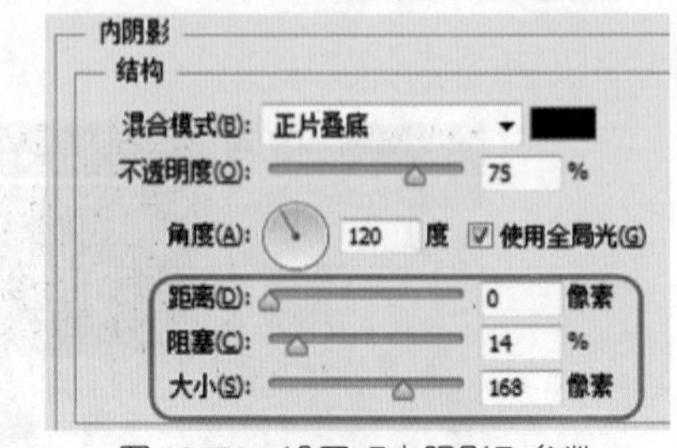

图 12-76　设置【内阴影】参数

(4) 打开 G004.png 文件，拖到文档中并调整位置，确认该图层处于【图层 3】的上面。创建【剪贴蒙板】，完成后的效果如图 12-77 所示。

图 12-77 完成后的效果

(5) 打开G005.png文件，拖到文档中并取消其图层的【剪贴蒙版】，调整位置，如图12-78所示。

(6) 新建【矩形】图层，使用【矩形工具】，在工具选项栏中将【模式】设置为像素，绘制任意颜色的矩形，如图12-79所示。

(7) 在【图层】面板中双击【矩形】图层，在弹出的【图层样式】对话框中，选择【颜色叠加】选项，将【混合模式】右侧的色块设置为#cc2a1e，【不透明度】设置为20，单击【确定】按钮，如图12-80所示。

图 12-78 添加素材文件

图 12-79 绘制矩形

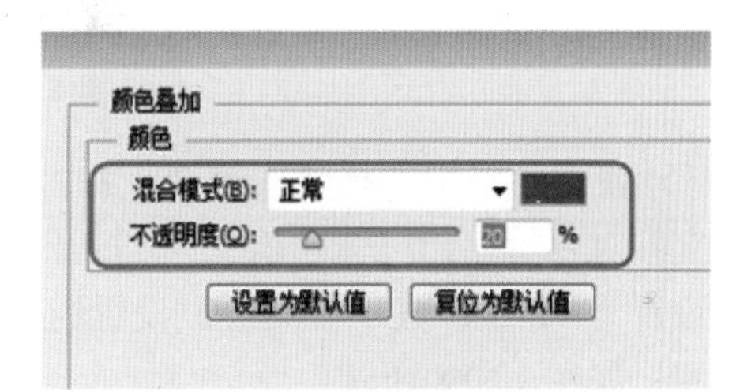

图 12-80 设置【颜色叠加】参数

(8) 将【矩形】图层拖到【图层5】的下方，调整矩形的位置，完成后的效果如图12-81所示。

(9) 新建【组1】，将【图层3】、【图层4】、【图层5】和【矩形图层】拖到文档中，选择【组1】并调整位置，如图12-82所示。

(10) 新建【形状】图层，在工具箱中选择【钢笔工具】绘制形状路径，如图12-83所示。

图 12-81 调整位置

图 12-82 调整位置

图 12-83 绘制形状路径

(11) 按Ctrl+Enter组合键将其载入选区，并对其填充#c8e1a6，完成后的效果如图12-84所示。

(12) 新建【形状1】图层，使用【钢笔工具】绘制路径，如图12-85所示。

(13) 按 Ctrl+Enter 组合键载入选区并对其填充 #c8e1a6，调整位置，完成后的效果如图 12-86 所示。

图 12-84　填充颜色

图 12-85　绘制形状路径

图 12-86　调整位置

(14) 选择【形状】和【形状 1】图层，将其【不透明度】设置为 70，并调整位置，如图 12-87 所示。

图 12-87　完成后的效果

(15) 在工具箱中选择【横排文字】，在舞台中输入“当你被“杀”或“决斗”损血后，你可以立即对目标打出一张“杀””，打开【字符】面板，将【字体】设置为方正黑体简体，【大小】设置为 12 点，【字符间距】设置为 28，【字体颜色】设置为黑色，并对其进行加粗，调整位置，如图 12-88 所示。

(16) 继续选择【横排文字工具】，输入文字“回合结束阶段，你可以指定一个目标，则到你的下个回合开始为止，所有对该目标的杀和决斗，均视为对你打出。”使其格式与上一步的文字格式相同，完成后的效果如图 12-89 所示。

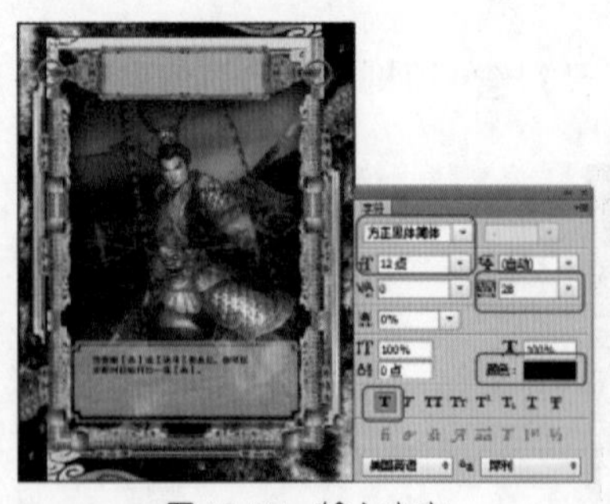

图 12-88　输入文字

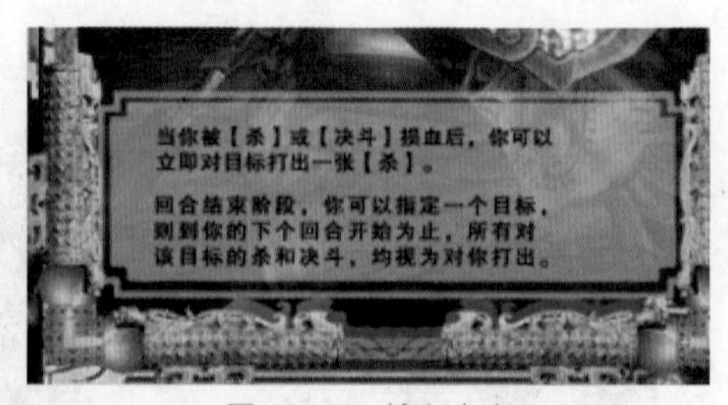

图 12-89　输入文字

(17) 新建【形状 2】图层，在工具箱中选择【钢笔工具】绘制路径，并将其载入选区，对其填充白色，如图 12-90 所示。

(18) 选择【形状 2】图层并双击，在弹出的【图层样式】对话框中选择【描边】选项组，将【描边】设置为渐变，在【渐变编辑器】中选择【青铜色】渐变色，进行如图 12-91 所示的设置。

(19) 选择【形状 2】图层，并对其进行复制，调整位置，完成后的效果如图 12-92 所示。

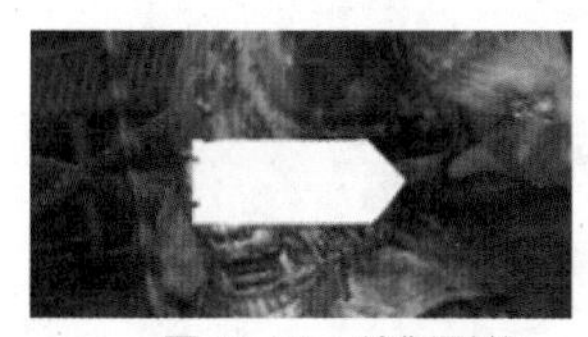

图 12-90　绘制形状

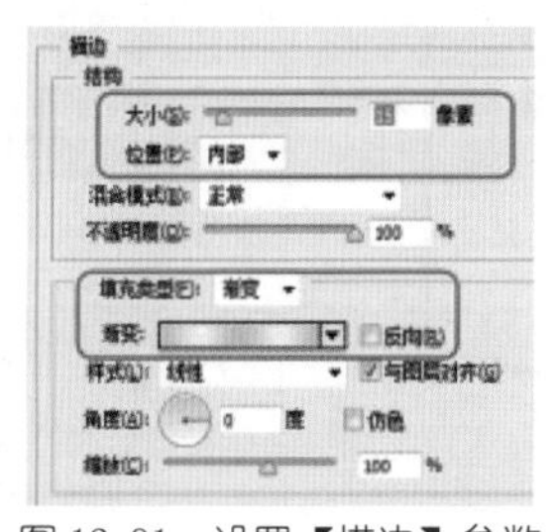

图 12-91　设置【描边】参数

图 12-92　完成后的效果

(20) 使用【横排文字工具】，分别输入“进攻”和“战神”，打开【字符】面板，将【字体】设置为华文行楷，【大小】设置为 20 点，【字符间距】设置为 100，【字体颜色】设置为黑色，并对其进行加粗，完成后的效果如图 12-93 所示。

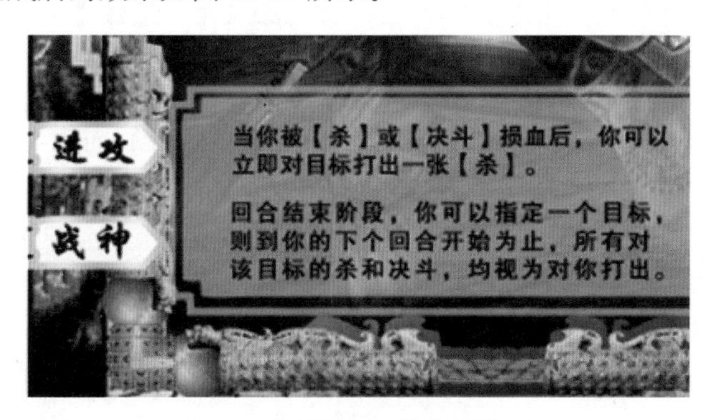

图 12-93　输入文字

(21) 打开 G006.png 文件，并将其拖到文档的适当位置，如图 12-94 所示。

(22) 使用【横排文字工具】，输入“神”，打开【字符】面板，将【字体】设置为汉仪雪君体简，【大小】设置为 72 点，【字体颜色】设置为黑色，如图 12-95 所示。

(23) 选择【神】图层并双击，在弹出的【图层样式】对话框中，选择【斜面和浮雕】选项组，进行如图 12-96 所示的设置。

图 12-94　导入素材文件

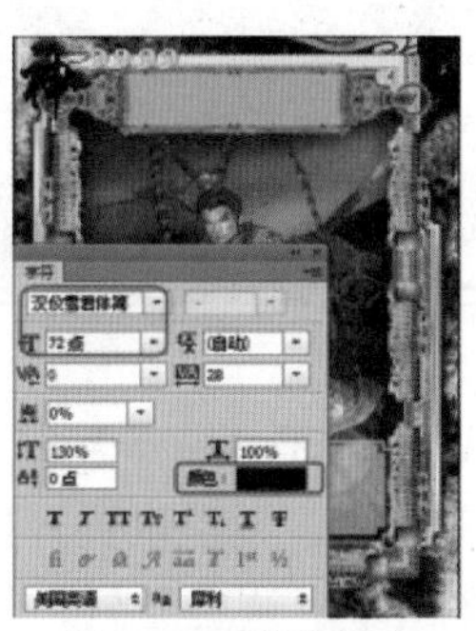

图 12-95　输入文字

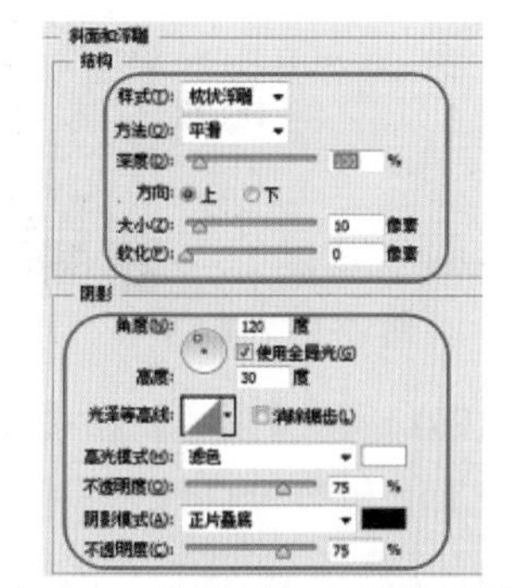

图 12-96　设置【斜面和浮雕】参数

(24) 选择【描边】选项组，进行如图 12-97 所示的设置。

(25) 选择【渐变叠加】选项组，将【渐变色】设置为钢条色，其他参数进行如图 12-98 所示的设置。

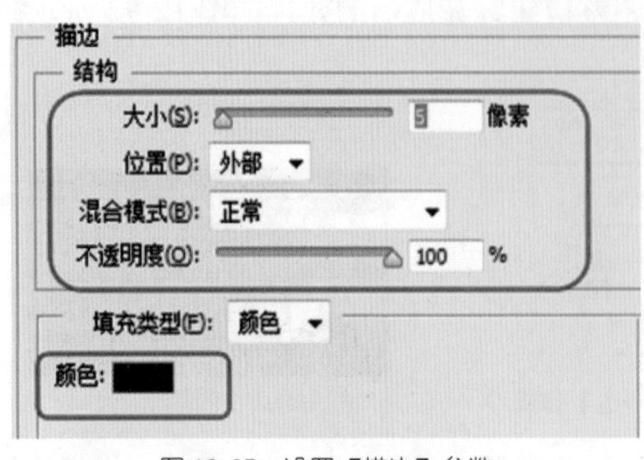

图 12-97　设置【描边】参数

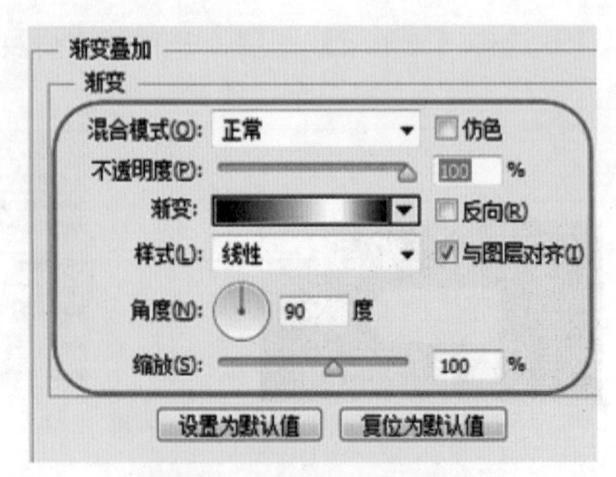

图 12-98　设置【渐变叠加】参数

【钢条色】渐变色是系统默认的渐变色，如果发现【渐变编辑器】中没有该渐变色，可以单击【设置】按钮，在其下拉菜单中选择【金属】，进行追加，这样就可以载入该渐变色。

(26) 使用【横排文字工具】，输入“吕布”，打开【字符】面板，将【字体】设置为汉仪雪君体，【大小】设置为 72 点，【字符间距】设置为 50，【字体颜色】设置为黑色，如图 12-99 所示。

(27) 选择【神】图层的【图层样式】对其进行复制，并将其粘贴到【吕布】图层上，完成后的效果如图 12-100 所示。

(28) 打开 G007.png 文件并拖到文档中，调整位置，完成后的效果如图 12-101 所示。

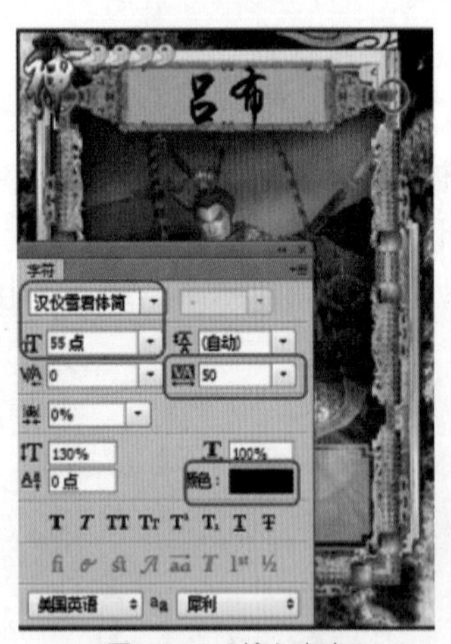

图 12-99　输入文字

图 12-100　粘贴图层效果

图 12-101　完成后的效果

(29) 新建【正面】和【反面】组，将除了【背景】以外的图层添加到【正面】组中，打开 G001.png 和 G009.png 文件并拖入到文档中，调整位置，如图 12-102 所示。

(30) 选择 G008.png 文件并拖至文档中，调整位置，并创建【剪贴蒙版】，完成后的效果如图 12-103 所示。

(31) 在工具箱中选择【直排文字工具】，输入“吕布”，打开【字符】面板，将【字体】设置为汉仪雪君体简，【大小】设置为 60 点，【字符间距】设置为 0，【字体颜色】设置为黑色，如图 12-104 所示。

图 12-102　添加素材文件

图 12-103　添加素材文件

图 12-104　输入文字

(32) 选择 G007.png 文件，拖至文档中并调整位置，如图 12-105 所示。

(33) 选择【图层 11】，在菜单栏中执行【图像】|【调色】|【色彩平衡】命令，打开【色彩平衡】对话框，将【色阶】RGB 的值设置为 -100、76、60，选中【中间调】单选按钮，如图 12-106 所示。

图 12-105　添加素材文件

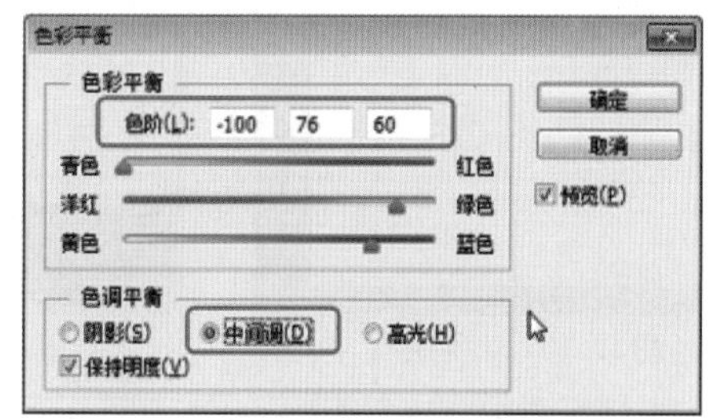

图 12-106　设置【色彩平衡】参数

案例精讲 133　CD 包装设计

案例文件：CDROM | 场景 | Cha12| CD 包装设计 .psd

视频文件：视频教学 | Cha12 | CD 包装设计 .avi

制作概述

本例介绍 CD 包装设计。首先制作 CD 包装封面，使用【钢笔工具】绘制路径并填充选区颜色，然后添加素材图片，输入文字并使用【自定义形状工具】绘制污渍图形。创建新的文档后，绘制 CD 光盘，CD 光盘中的图形与封面基本一致，通过运用剪切蒙版，将封面中的图形添加到 CD 光盘中，最后将封面和光盘放置在同一个场景中，完成后的效果如图 12-107 所示。

图 12-107　CD 包装设计

学习目标

学习 CD 封面及光盘的制作方法。

掌握如何运用剪切蒙版。

操作步骤

(1) 启动 Photoshop CC 软件，按 Ctrl+N 组合键，在弹出的【新建】对话框中，将【宽度】和【高度】分别设置为 14.8 厘米、12.5 厘米，【分辨率】设置为 200 像素 / 英寸，设置完成后单击【确定】按钮。使用【钢笔工具】，【工具模式】为路径，绘制如图 12-108 所示的路径。

(2) 新建【图层 1】，按 Ctrl+Enter 组合键将绘制的路径载入选区，然后将选区填充为红色，如图 12-109 所示。

(3) 打开随书附带光盘中的 CDROM| 素材 |Cha12| CD 包装设计 .jpg 文件，如图 12-110 所示。

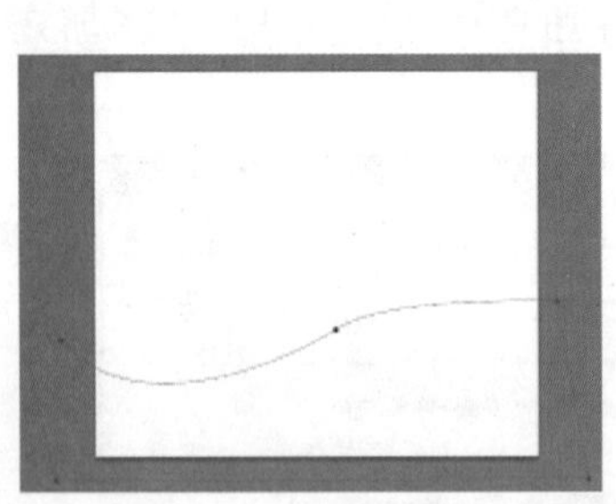

图 12-108　绘制路径

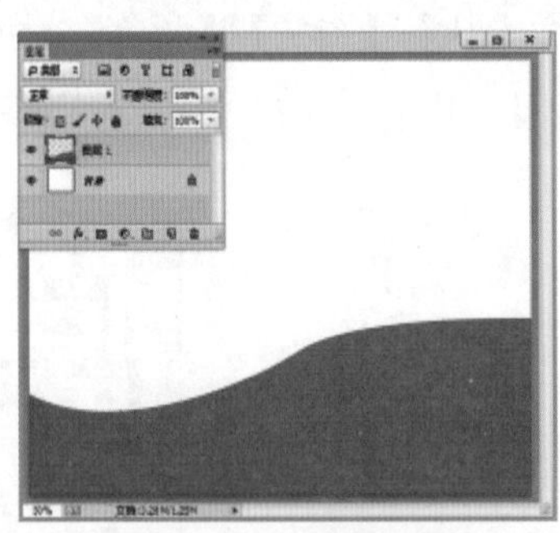

图 12-109　填充选区

图 12-110　打开的素材文件

(4) 将素材图片添加到场景中，在【图层】面板中将【图层 2】移动到【图层 1】的下面，然后调整图片的位置，如图 12-111 所示。

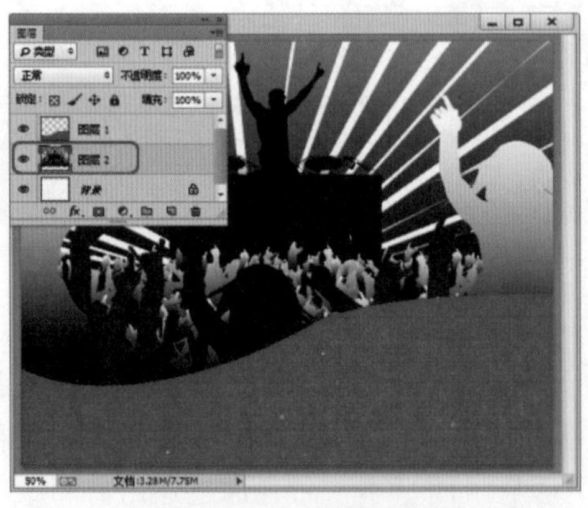

图 12-111　调整图片位置

(5) 使用【横排文字工具】，将【字体】设置为 Arial Black，【大小】设置为 8 点，【字体颜色】设置为红色，输入英文“compact”，如图 12-112 所示。

(6) 继续使用【横排文字工具】，将【大小】更改为 24 点，输入英文“DISC”，然后将字母“D”的【大小】更改为 48 点，调整其位置，然后在【图层】面板中选择所有的文字图层，单击【链接图层】按钮，如图 12-113 所示。

图 12-112　输入英文

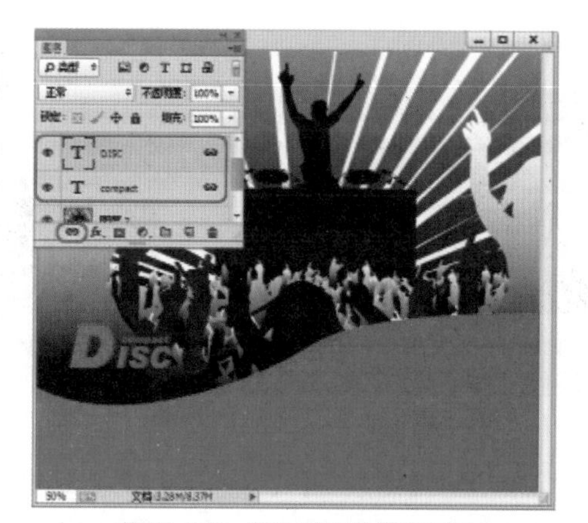

图 12-113　输入英文并链接图层

透过使用【链接图层】可以将多个图层链接在一起，当移动其中一个图层时，其他与之链接的图层也随之移动。

(7) 使用【钢笔工具】，在选项栏中将【工具模式】设置为形状，设置【填充】为无色，【描边】为红色，【描边宽度】为 2 点，【线型】为实线，在英文的底部绘制一条直线，如图 12-114 所示。

(8) 使用【椭圆选框工具】，在如图 12-1 所示位置绘制一个圆形，新建【图层 3】，将选区填充为红色，如图 12-115 所示。

图 12-114　绘制直线

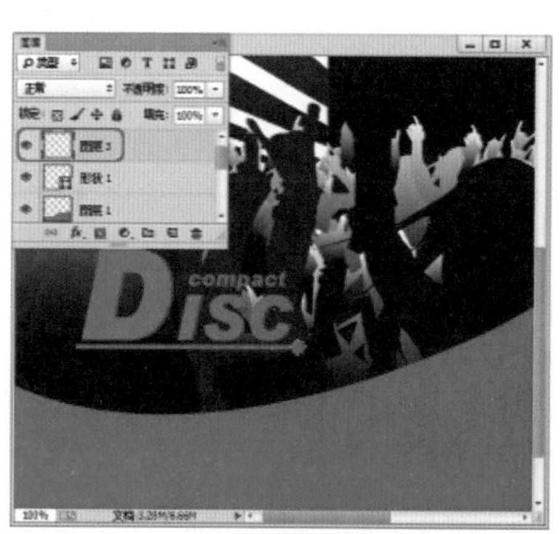

图 12-115　绘制圆形并填充颜色

(9) 使用【横排文字工具】，将【字体】设置为宋体，【大小】设置为 18 点，【字体颜色】设置为白色，输入文字“Dj 音乐典藏”，然后将字母“Dj”的【大小】更改为 36 点，如图 12-116 所示。

(10) 使用【椭圆工具】，【工作模式】设置为像素，在文字图层的底部创建【图层 4】，将【前景色】设置为黑色，在“音”字的底部绘制一个圆，如图 12-117 所示。

(11) 复制 3 个绘制的圆并将其移动到其他汉字的底部，如图 12-118 所示。

图 12-116 输入文字

图 12-117 绘制圆

图 12-118 复制圆

(12) 新建【图层 5】，使用【自定义形状工具】，将【前景色】设置为黑色，在选项栏中将【工具模式】设置为像素，【形状】设置为污渍 6，在如图 12-119 所示位置绘制图形，并使用【橡皮擦工具】，将多余的部分擦除。

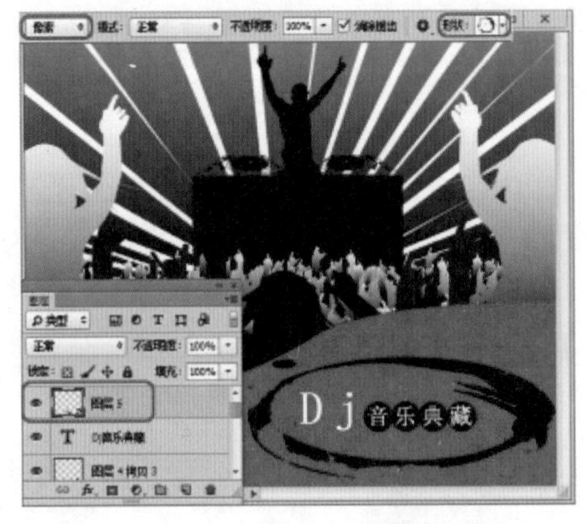
图 12-119 绘制图形

(13) 创建【图层 6】，继续使用【自定义形状工具】，将【前景色】设置为红色，在选项栏中将【形状】设置为污渍 7，在如图 12-120 所示位置绘制图形。

(14) 在【图层】面板中选择如图 12-121 所示的图层，单击【链接图层】按钮，将其进行链接。

(15) 在【图层】面板中选择如图 12-122 所示的图层，单击【链接图层】按钮，将其进行链接。

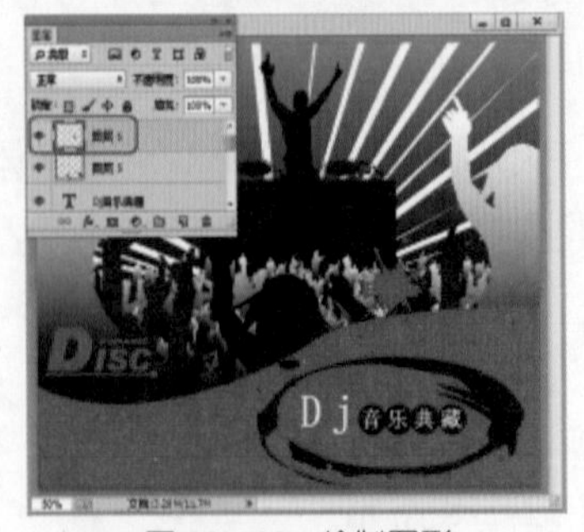
图 12-120 绘制图形

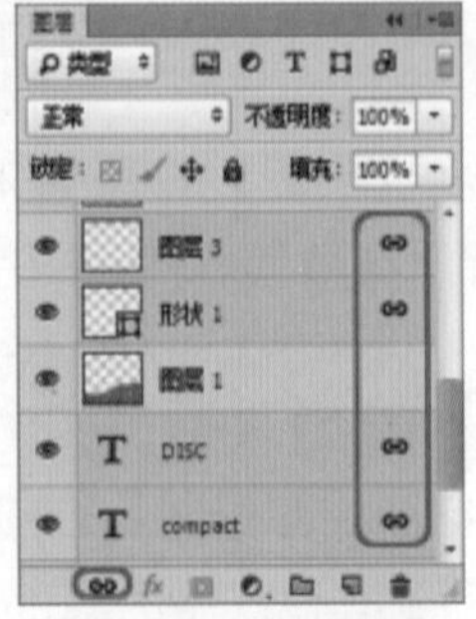
图 12-121 链接图层

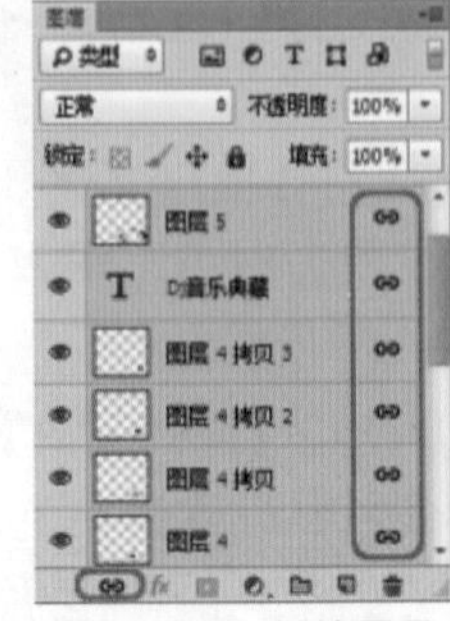
图 12-122 链接图层

(16) 启动 Photoshop CC 软件，按 Ctrl+N 组合键，在弹出的【新建】对话框中，将【宽度】和【高度】分别设置为 14.8 厘米、12.5 厘米，【分辨率】设置为 200 像素 / 英寸，设置完成后单击【确定】按钮。分别创建经过文档中心并相互垂直的两条参考线，如图 12-123 所示。

(17) 新建【图层 1】，使用【椭圆选框工具】，按住 Alt+Shift 组合键，以文档中心为圆心，创建一个直径约为 12 厘米的圆形选区并填充 # f0f0f6，如图 12-124 所示。

(18) 新建【图层 2】，执行【选择】|【修改】|【收缩】命令，打开【收缩选区】对话框，将【收缩量】设置为 20 像素，单击【确定】按钮，然后将选区填充为红色，如图 12-125 所示。

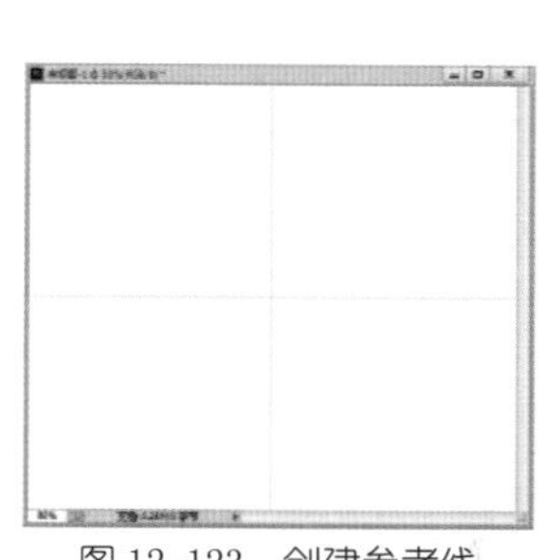

图 12-123 创建参考线

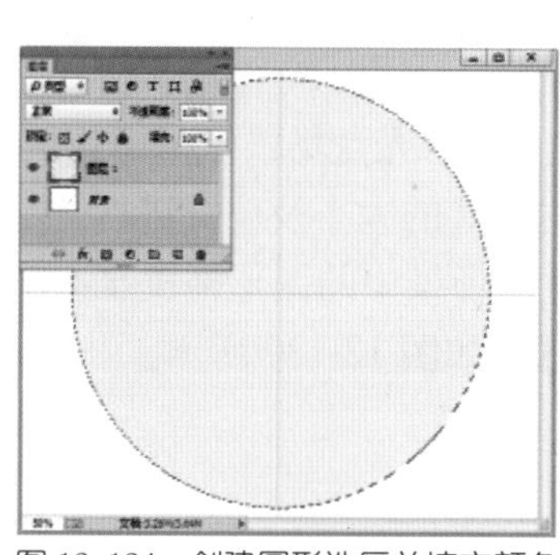

图 12-124 创建圆形选区并填充颜色

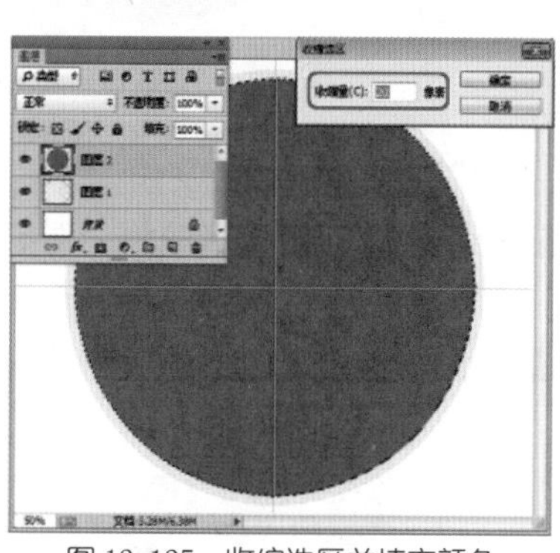

图 12-125 收缩选区并填充颜色

(19) 新建【图层 3】，使用【椭圆选框工具】，按住 Alt+Shift 组合键，以文档中心为圆心，创建一个直径约为 2 厘米的圆形选区并填充白色，将【图层 3】的【不透明度】设置为 60%，如图 12-126 所示。

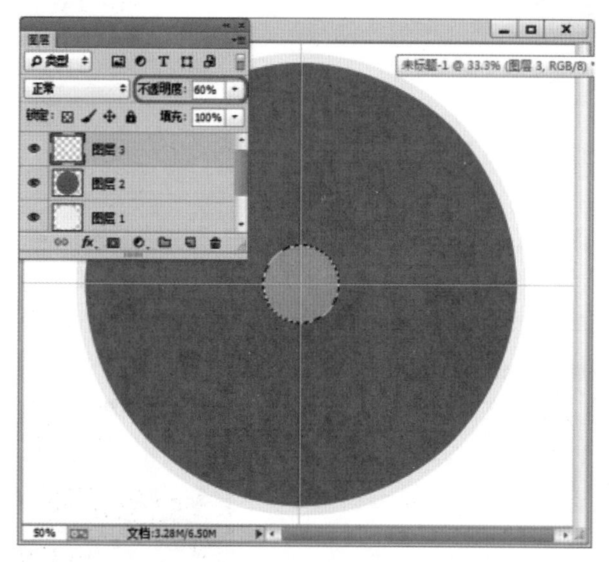

图 12-126 创建圆形选区并填充颜色

(20) 使用【椭圆选框工具】，按住 Alt+Shift 组合键，以文档中心为圆心，创建一个直径约为 1 厘米的圆形选区，分别选择【图层 3】和【图层 2】，按 Delete 键将选区中的内容删除，如图 12-127 所示。

(21) 选中【图层 1】为其添加【投影】图层样式，将【距离】设置为 2 像素，如图 12-128 所示。

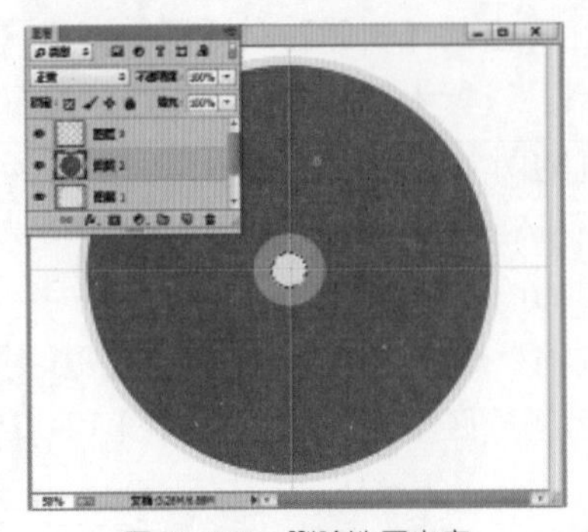
图 12-127　删除选区内容

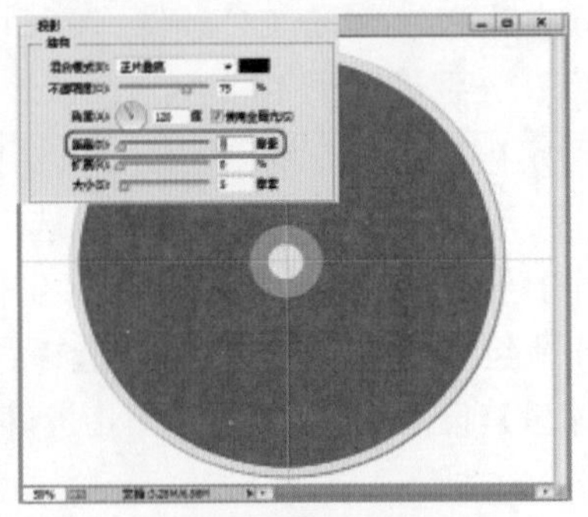
图 12-128　设置【投影】参数

(22) 将 CD 包装设计 .jpg 拖曳至 CD 光盘场景中，将其图层调整至【图层 2】和【图层 3】之间，然后创建剪切蒙版，对素材图片的大小及位置进行适当调整，如图 12-129 所示。

(23) 使用相同的方法将 CD 封面场景中的图形拖曳至 CD 光盘场景中，并创建相应的剪切蒙版，调整相应图形的大小及位置，如图 12-130 所示。

图 12-129　创建剪切蒙板

图 12-130　添加图形并调整其大小及位置

(24) 返回 CD 封面场景中，在【图层】面板的顶部，按 Ctrl+Shift+Alt+E 组合键创建盖印图层，如图 12-131 所示。

(25) 将【盖印】图层拖曳至 CD 光盘场景中，使用【裁剪工具】对场景进行扩大裁剪，然后调整盖印图层的位置，并为其添加【投影】图层样式，将【距离】设置为 10 像素，如图 12-132 所示。最后将场景文件保存。

图 12-131　创建盖印图层

图 12-132　设置【投影】参数

知识链接

盖印图层就是将其下面所有图层拼合后的效果变成一个图层，但是保留了之前的所有图层，并没有真正的拼合图层，这样方便以后继续编辑个别图层。

案例精讲 134　茶叶包装设计

案例文件：CDROM | 场景 | Cha12 | 茶叶包装设计 .psd

视频文件：视频教学 | Cha12 | 茶叶包装设计 .avi

制作概述

本例制作茶叶包装设计。包装是品牌理念、产品特性、消费心理的综合反映，它直接影响到消费者的购买欲。一个好的产品不仅在于产品本身的价值，有时通过包装更能体现价值，本例的制作理念是围绕池塘、鱼、荷花来进行的使其具体立体感觉。完成后的效果如图 12-133 所示。

图 12-133　茶叶包装设计

学习目标

学习【横排文字工具】、【自定形状工具】的使用。

掌握创建茶叶包装创作理念及操作步骤。

操作步骤

(1) 启动软件后，按 Ctrl+N 组合键，在弹出的【新建】对话框中，将【宽度】设置为 30 厘米，【高度】设置为 20 厘米，【分辨率】设置为 300 像素 / 英寸，如图 12-134 所示。

(2) 新建【底图】图层，在工具箱中选择【渐变工具】，设置【渐变色】为白色到 #b1ad84 的径向渐变，填充完成后的效果如图 12-135 所示。

(3) 打开随书附带光盘中的 CDROM| 素材 |Cha12|G010.png 文件，拖至文档中调整位置，将其命名为【荷叶】，如图 12-136 所示。

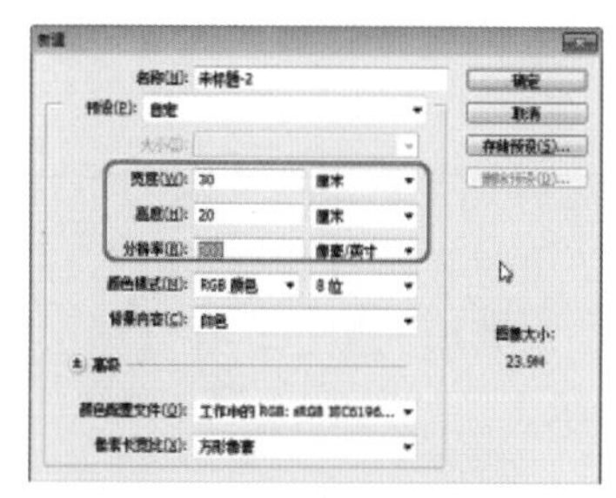

图 12-134　【新建】对话框

图 12-135　填充渐变色

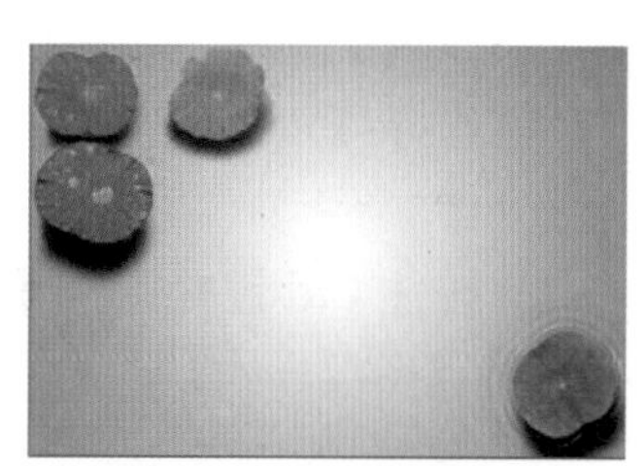

图 12-136　添加素材文件

(4) 新建【波纹】图层，并将其放置到【荷叶】图层的下方，在工具箱中选择【自定形状工具】，在工具选项栏中将【模式】设置为路径，【形状】设置为窄变圆形边框图形，在文档中绘制路径，如图 12-137 所示。

(5) 按 Ctrl+Enter 组合键将其载入选区，按 Shift+F6 组合键，在弹出的【羽化选区】对话框中，将【羽化半径】设置为 15 像素，对选区填充 #8b8b8b。选择【波纹】图层，将其【不透明度】设置为 10%，如图 12-138 所示。

(6) 选择【波纹】图层并进行复制，选择【波纹拷贝】图层。按住 Ctrl+T 组合键，并在工具选项栏中单击【保持长宽比】按钮，将 W 值设置为 150，按 Enter 键进行确认，完成后的效果如图 12-139 所示。

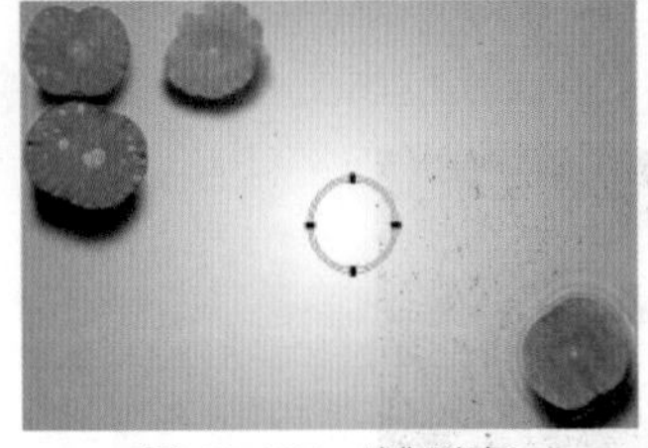

图 12-137 绘制路径

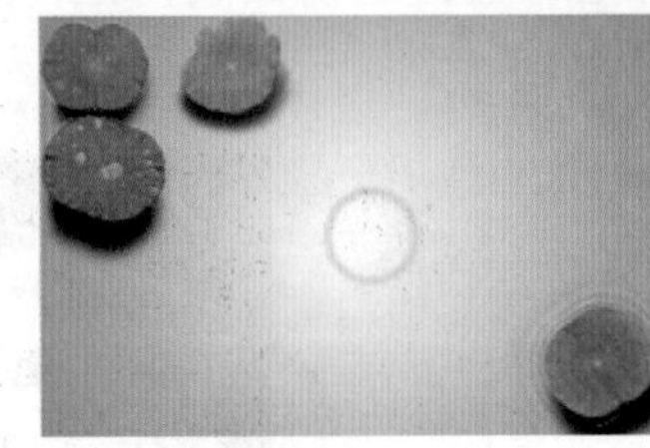

图 12-138 填充选区

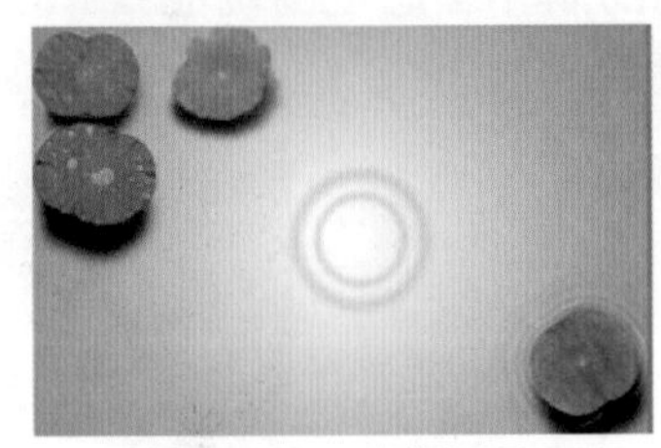

图 12-139 复制图层

(7) 新建【波纹 1】图层，继续选择【自定形状工具】，绘制窄变圆形边框图形，将其载入选区，将其【羽化半径】设置为 30 像素，对其填充 #6f6f6f，将其【不透明度】设置为 10%，效果如图 12-140 所示。

(8) 选择【波纹 1】图层，并对其进行复制，选择【波纹 1 拷贝】图层，按 Ctrl+T 组合键，并在工具选项栏中单击【保持长宽比】按钮，将 W 值设置为 150，按 Enter 键确认。在【图层】面板中将【不透明度】设置为 10%，【填充】设置为 50%，效果如图 12-141 所示。

(9) 新建【波纹 2】图层，在工具箱中选择【钢笔工具】绘制路径，并将其载入选区，对选区填充白色，完成后的效果如图 12-142 所示。

图 12-140 绘制形状

图 12-141 完成后的效果

图 12-142 绘制形状

(10) 打开 G023.png 文件，拖到文档中并调整位置，打开【图层】面板将其命名为【鱼】，放置到【荷叶】图层的下方，如图 12-143 所示。

(11) 选择【鱼】图层，并对其进行复制，选择【鱼】图层进行适当移动，如图 12-144 所示。

(12) 按住 Ctrl 键并单击【鱼】图层的缩略图，将其载入选区，对其填充黑色，在【图层】面板中将【图层样式】设置为柔光，完成后的效果如图 12-145 所示。

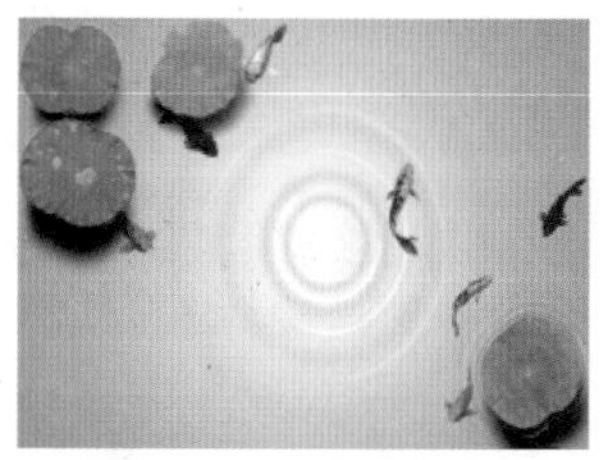

图 12-143　添加素材文件

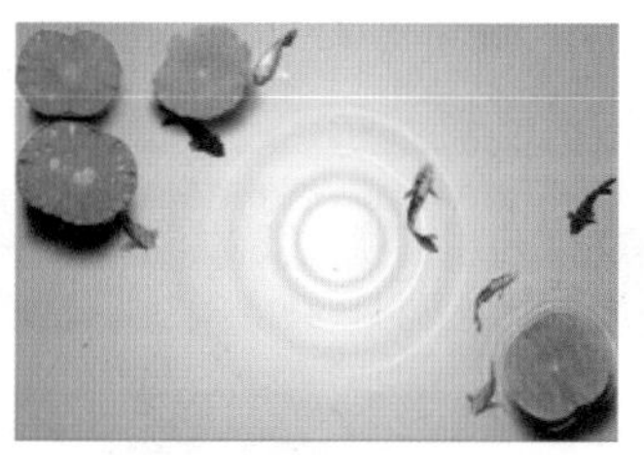

图 12-144　移动素材文件

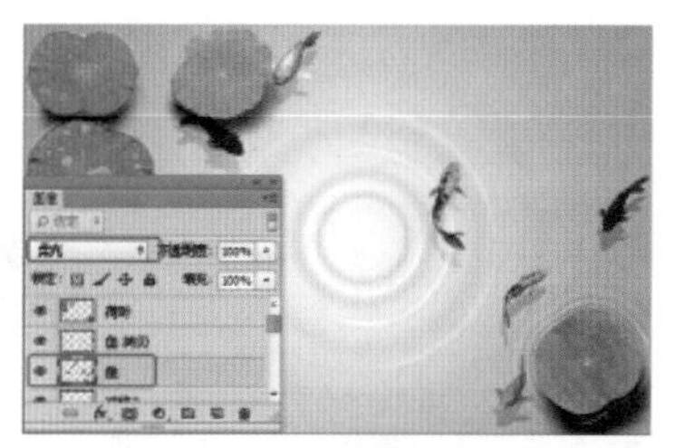

图 12-145　完成后的效果

(13) 打开 G011.png、G012.png 和 G014.png 素材文件并拖到文档中，分别命名为【荷花 1】、【荷花 2】和【青蛙】，调整其位置，完成后的效果如图 12-146 所示。

(14) 打开 G014.png 和 G022.png 文件，拖到文档中，并将其分别命名为【蜻蜓】和【茶壶】，对【蜻蜓】图层进行复制并调整位置，完成后的效果如图 12-147 所示。

(15) 打开 G016.png 素材文件，拖到文档中并将其命名为【花】，进行多次复制，调整位置，如图 12-148 所示。

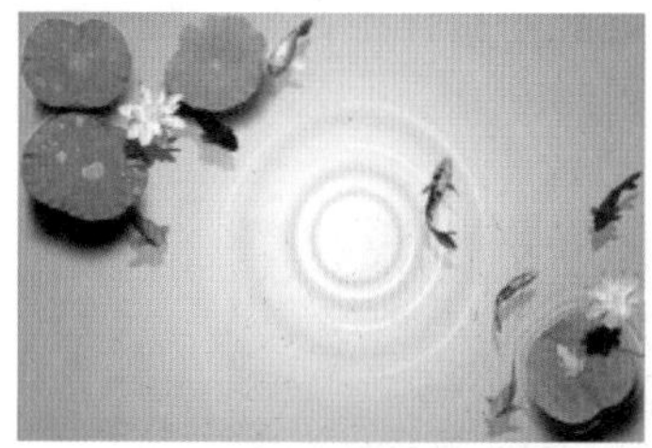

图 12-146　添加素材文件

图 12-147　添加素材文件

图 12-148　添加素材文件

(16) 在工具箱中选择【横排文字工具】，输入“铁观音”。打开【字符】面板，将【字体】设置为汉仪魏碑简，【大小】设置为 140 点，【字符间距】设置为 -50，【字体颜色】设置为黑色，并对其进行加粗，完成后的效果如图 12-149 所示。

(17) 选择【铁观音】图层，并双击弹出【图层样式】对话框，选择【斜面和浮雕】选项组，进行如图 12-150 所示的设置。

(18) 打开 G015.png 和 G017.png 文件，拖至文档中，分别命名为【墨迹】和【花纹】，调整位置，如图 12-151 所示。

图 12-149　输入文字

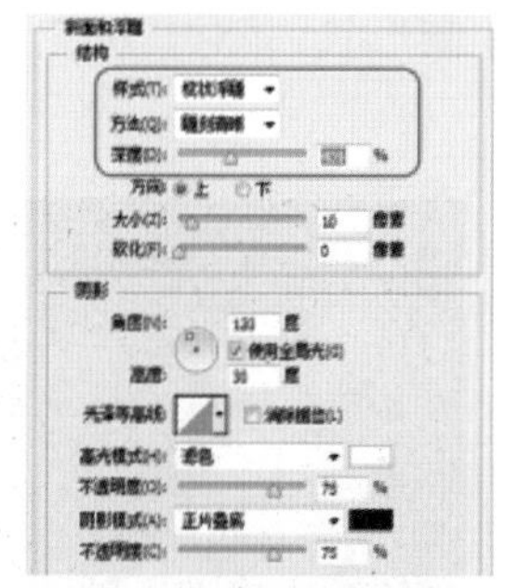

图 12-150　设置【斜面和浮雕】参数

图 12-151　添加素材文件

(19) 在工具箱中选择【横排文字工具】，输入“Chinese tea”。打开【字符】面板，将【字体】设置为华文隶书，【大小】设置为 33 点，【字符间距】设置为 25，【字体颜色】设置为 #8b6833，并对其进行加粗，完成后的效果如图 12-152 所示。

(20) 继续输入文字“中国名茶”，打开【字符】面板，取消对其加粗，调整位置，完成后的效果如图 12-153 所示。

图 12-152　输入文字

图 12-153　输入文字

(21) 打开 G024.png 文件，将其添加到文档中命名为 Logo，调整位置，完成后的效果如图 12-154 所示。

(22) 对场景文件进行保存。按 Ctrl+N 组合键，在弹出的【新建】对话框中，分别将【宽】和【高】设置为 24 厘米和 20 厘米，新建【底图】图层，对其填充 #0f0705，如图 12-155 所示。

图 12-154　添加素材文件

图 12-155　填充颜色

(23) 新建【图层 1】，使用【多边形套索工具】绘制路径，在工具箱中选择【渐变工具】，设置渐变色为 #007700 到 #006000 的线性渐变，对其进行填充，如图 12-156 所示。

(24) 在工具箱中选择【直线工具】，将其【填充颜色】设置为 #027101，【粗细】设置为 10 像素，沿着上一步绘制形状的下端绘制直线，如图 12-157 所示。

(25) 使用【多边形套索工具】绘制形状，并对其填充渐变色为 #89813c 到 #afa862 的线性渐变，完成后的效果如图 12-158 所示。

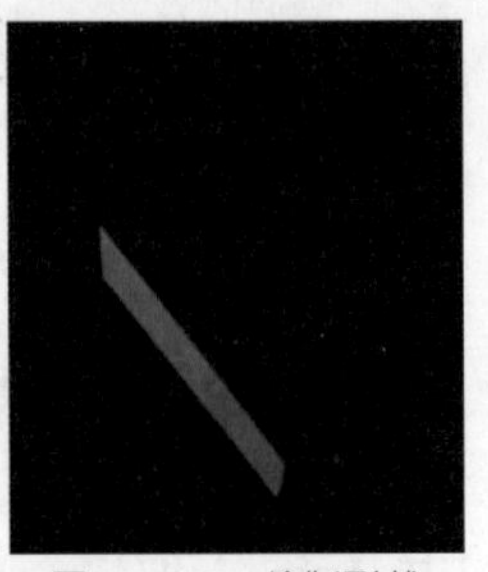

图 12-156　绘制形状

图 12-157　绘制直线

图 12-158　绘制形状并填充

(26) 使用同样的方法绘制其他形状，如图 12-159 所示。

(27) 打开随书附带光盘中的 CDROM| 效果 |Cha012| 茶叶包装设计 .jpg 文件，按 Ctrl+T 组合键调整大小，并创建【剪贴蒙版】，完成后的效果如图 12-160 所示。

图 12-159　绘制其他形状

图 12-160　完成后的效果

(28) 打开 G018.png 和 G021.png 文件，拖到文档中并调整大小和位置，如图 12-161 所示。

(29) 使用前面章节讲过的方法绘制图形的倒影，最终效果如图 12-162 所示。

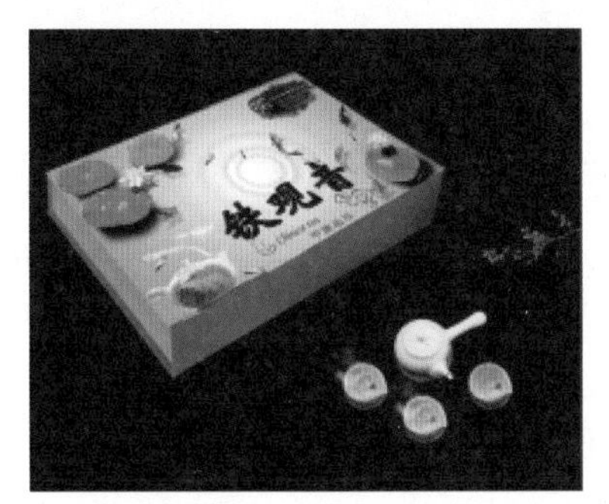

图 12-161　添加素材文件

图 12-162　完成的最终效果

案例精讲 135　制作咖啡包装

案例文件：CDROM | 场景 | Cha12 | 制作咖啡包装 .psd

视频文件：视频教学 | Cha12| 制作咖啡包装 .avi

制作概述

本例使用【矩形选框工具】、【渐变工具】、【钢笔工具】、【文字工具】等，结合【图层蒙版】、【图层样式】来制作咖啡包装。完成后的效果如图 12-163 所示。

图 12-163　咖啡包装

学习目标

学习使用【矩形选框工具】、【矩形工具】、【渐变工具】，以及设置图层的【图层样式】和【图层蒙版】。

学习【横排文字工具】和【矩形工具】等工具的使用。

掌握【图层蒙版】和【图层样式】的使用。

操作步骤

(1) 按 Ctrl+N 组合键，在弹出的对话框中将【宽度】、【高度】分别设置为 1024 像素、873 像素，【分辨率】设置为 72 像素 / 英寸，单击【确定】按钮，按 Ctrl+R 组合键打开标尺，将标尺零点拖曳至画布的左上角，如图 12-164 所示。

(2) 在菜单栏中选择【视图】|【新建参考线】命令，打开【新建参考线】对话框，选中【水平】单选按钮，将【位置】设置为 6，如图 12-165 所示。

(3) 使用同样的方法在水平位置为 1、4、25、27、30 处添加参考线，在垂直位置为 2、13、19、30 处添加参考线，如图 12-166 所示。

按 Ctrl+R 组合键打开标尺后，也可通过使用【移动工具】在标尺处向下或向右拖曳添加参考线，不过此方法不太精确。

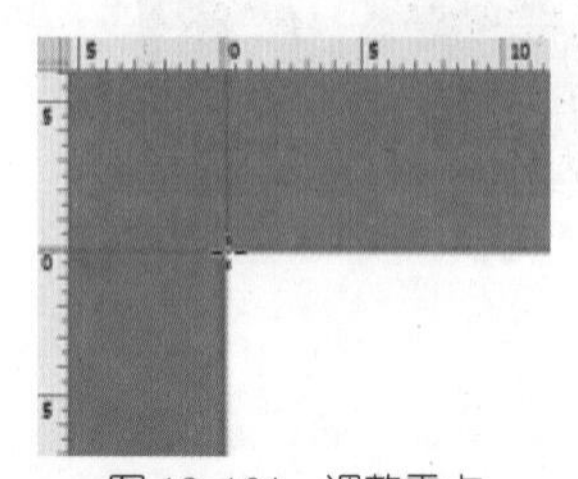

图 12-164　调整零点

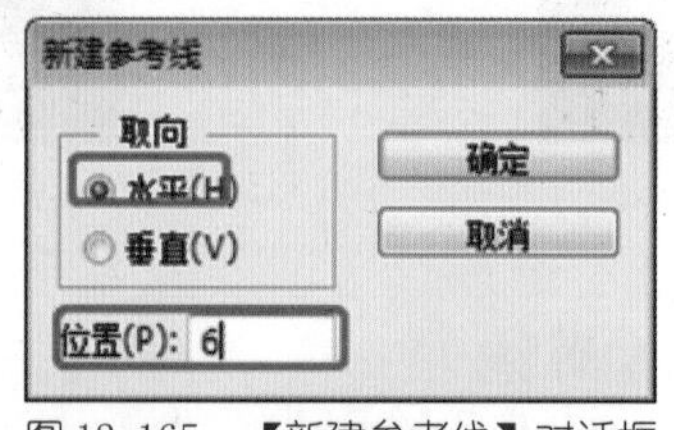

图 12-165　【新建参考线】对话框

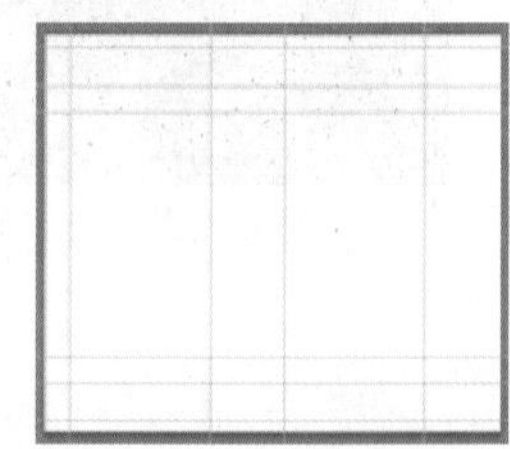

图 12-166　添加参考线

(4) 在工具箱中选择【矩形工具】，在工具选项栏中将【填充】颜色 RGB 的值设置为 102、0、0，【描边】设置为无，然后在如图 12-167 所示的位置绘制矩形。

(5) 在菜单栏中选择【文件】|【置入】命令，在弹出的对话框中选择 S8.jpg 素材文件，单击【置入】按钮，然后按住 Shift 键将图片等比例缩放，调整其位置，效果如图 12-168 所示。

(6) 使用【钢笔工具】，在工具选项栏中将【工具模式】设置为路径，然后在画布上绘制路径，按 Ctrl+Enter 组合键将路径转换为选区，如图 12-169 所示。

图 12-167　绘制矩形

图 12-168　置入图片并调整

图 12-169　绘制路径并将路径转换为选区

(7) 在工具箱中选择【渐变工具】，将【前景色】RGB 的值设置为 1102、0、0，【背景色】RGB 的值设置为 213、165、83，【渐变类型】设置为线性渐变，【渐变】设置为前景色到背景色渐变，单击【创建新图层】按钮，然后在画布上拖曳鼠标，按 Ctrl+D 组合键取消选区，完成后的效果如图 12-170 所示。

(8) 继续使用【钢笔工具】，在画布上绘制路径，然后将路径转换为选区。选择【渐变工具】，在工具选项栏中单击渐变条，弹出【渐变编辑器】对话框。单击左侧的色标，将【颜色】RGB 的值设置为 244、232、25；单击右侧的色标，将【颜色】RGB 的值设置为 202、154、45。将【位置】设置为 90，然后在【位置】为 30%、60% 处添加色标，将【颜色】RGB 的值分别设置为 202、154、45，244、232、25，如图 12-171 所示。

(9) 单击【创建新图层】按钮，新建图层，然后将【渐变类型】设置为对称渐变，在画布上拖曳鼠标绘制渐变，完成后的效果如图 12-172 所示。

图 12-170　填充渐变后的效果

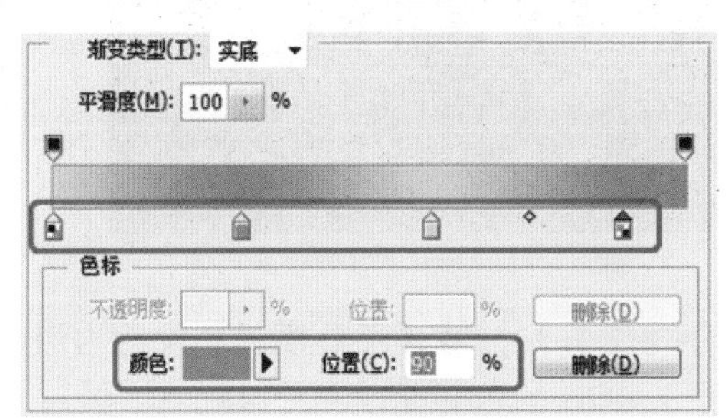

图 12-171　设置渐变

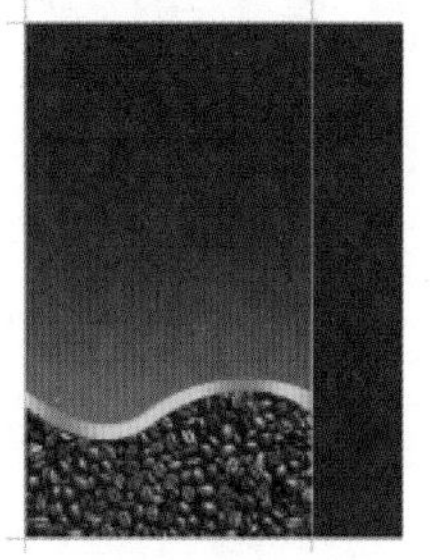

图 12-172　填充对称渐变

(10) 置入 S9.jpg，调整其位置与大小，确定该图层处于选中状态。按住 Alt 键并单击【添加图层蒙版】按钮，然后选择【渐变工具】，将【前景色】设置为白色，【背景色】设置为黑色，【渐变类型】设置为径向渐变，将【渐变】设置为前景色到背景色渐变，在画布上绘制渐变，效果如图 12-173 所示。

(11) 然后在工具箱中选择【矩形工具】，将【填充】RGB 的值设置为 102、0、0，【描边】设置无，然后绘制两个矩形，完成后的效果如图 12-174 所示。

(12) 置入 S10.jpg，单击鼠标右键，在弹出的快捷菜单中选择【垂直翻转】命令，然后调整图片的位置及大小，按 Enter 键确认。使用同样的方法置入 S11.jpg 并进行调整，效果如图 12-175 所示。

图 12-173　填充渐变后的效果

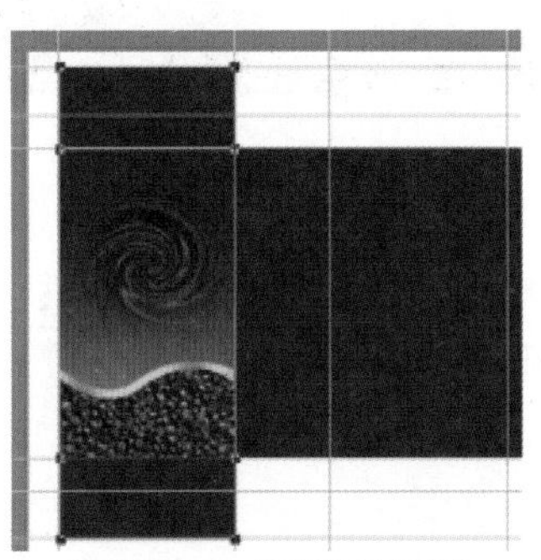

图 12-174　绘制两个矩形

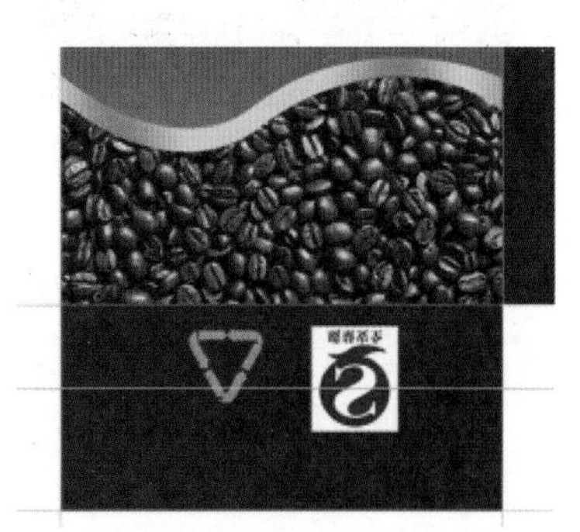

图 12-175　置入图片并进行调整

(13) 使用【多边形套索工具】，在画布上绘制多边形，然后单击【创建新图层】按钮，在

菜单栏中选择【编辑】|【描边】命令，在弹出的对话框中将【宽度】设置为 2，【颜色】设置为黑色，单击【确定】按钮，按 Ctrl+D 组合键取消选区，如图 12-176 所示。

(14) 在工具箱中选择【横排文字工具】，在画布上输入文字，选择输入的文字，将【字体】设置为华文新魏，【大小】设置为 35，【字体颜色】设置为白色，效果如图 12-177 所示。

(15) 继续使用【横排文字工具】，输入文字。选择输入的文字，将【字体】设置为 Brush Script MT，【大小】设置为 124，然后在【图层】面板上双击鼠标，在弹出的对话框中选择【描边】选项，将【大小】设置为 3，单击【确定】按钮，然后按 Ctrl+T 组合键，旋转角度，调整完成后按 Enter 键确认，效果如图 12-178 所示。

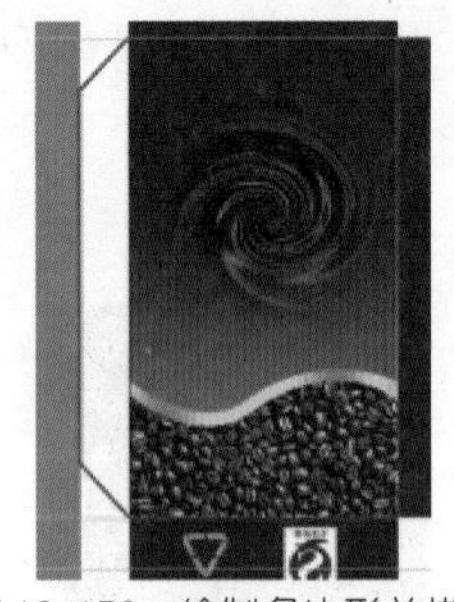
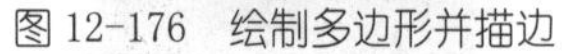

图 12-176 绘制多边形并描边

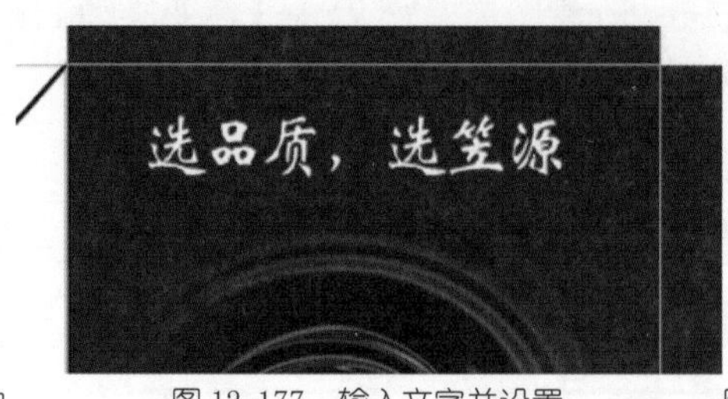

图 12-177 输入文字并设置

图 12-178 输入文字并为文字进行描边

(16) 在工具箱中选择【钢笔工具】，将【工具模式】设置为形状，【填充】RGB 的值设置为 195、153、113，【描边】RGB 的值设置为 95、48、5，然后在画布上绘制如图 12-179 所示的图形。

(17) 使用【横排文字工具】，输入文字。选择输入的文字，将【字体】设置为华文新魏，【大小】设置为 28，【字体颜色】RGB 的值设置为 94、48、5，效果如图 12-180 所示。

(18) 继续使用【横排文字工具】，输入文字，然后将【字体】设置为华文新魏，【大小】设置为 25，【字体颜色】设置为白色，【行距】设置为 26，效果如图 12-181 所示。

图 12-179 绘制形状

图 12-180 输入文字并设置

图 12-181 输入文字并设置

(19) 置入 S12.jpg，按住 Shift 键将其等比例缩放，然后调整其位置。双击该图层，在弹出的对话框中选择【描边】选项，将【大小】设置为 3，【颜色】RGB 的值设置为 145、80、20，单击【确定】按钮，效果如图 12-182 所示。

(20) 使用同样的方法置入 S13.jpg，并对其进行同样的设置，调整其大小及位置，效果如图 12-183 所示。

(21) 使用【横排文字工具】，在画布上输入文字，将【字体】设置为华文新魏，【大小】设置为 14，【字体颜色】的值设置为 207、169、15，【行距】设置为 16，效果如图 12-184 所示。

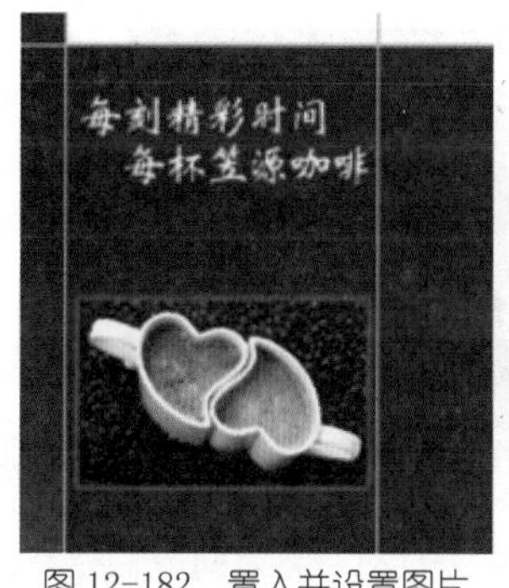

图 12-182　置入并设置图片

图 12-183　置入图片

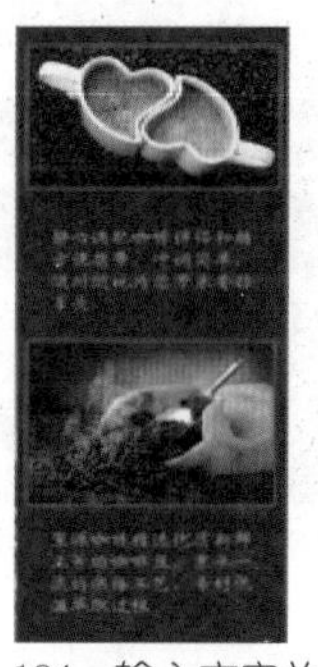

图 12-184　输入文字并设置

(22) 选择【椭圆选框工具】，在 S12.jpg 图片上绘制椭圆选框，按 Ctrl+Shift+I 组合键进行反选，然后按 Shift+F6 组合键，在弹出的对话框中将【羽化半径】设置为 25 像素。按 Ctrl+Shift+I 组合键进行反选。单击【创建新图层】按钮，将【前景色】RGB 的值设置为 206、157、40，创建新图层，按 Alt+Delete 组合键进行填充，然后将该图层移动至 S12 图层的下方，完成后的效果如图 12-185 所示。

(23) 按 Ctrl+D 组合键取消选区，使用同样的方法在 S13.jpg 图层的下方添加该特效，将 S14.jpg 置入文档中，将其等比例缩放后调整其位置，完成后的效果如图 12-186 所示。

(24) 确定该图层处于选中状态，按住 Alt 键并单击【添加图层蒙版】按钮，然后在工具箱中选择【渐变工具】，在画布上绘制径向渐变，效果如图 12-187 所示。

图 12-185　填充颜色后的效果

图 12-186　置入图片

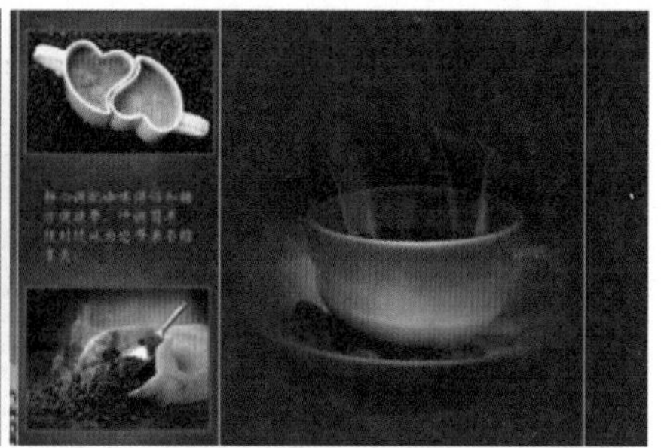

图 12-187　添加【图层蒙版】并绘制渐变

(25) 选择【椭圆选框工具】，在 S14.jpg 上绘制椭圆选框，按 Ctrl+Shift+I 组合键进行反选，然后按 Shift+F6 组合键，在弹出的对话框中将【羽化半径】设置为 25 像素，按 Ctrl+Shift+I 组合键进行反选。单击【创建新图层】按钮，将【前景色】RGB 的值设置为 206、157、40，创建新图层，按 Alt+Delete 组合键进行填充，然后将该图层移动至 S14 图层的下方，将【填充】设置为 40%，完成后的效果如图 12-188 所示。

(26) 使用同样的方法绘制另一个椭圆选框并对其进行相应的设置，完成后的效果如图 12-189 所示。

(27) 使用【横排文字工具】，输入文字，将【字体】设置为华文新魏，【大小】设置为 35，【字体颜色】设置为白色，【字符间距】设置为 35，完成后的效果如图 12-190 所示。

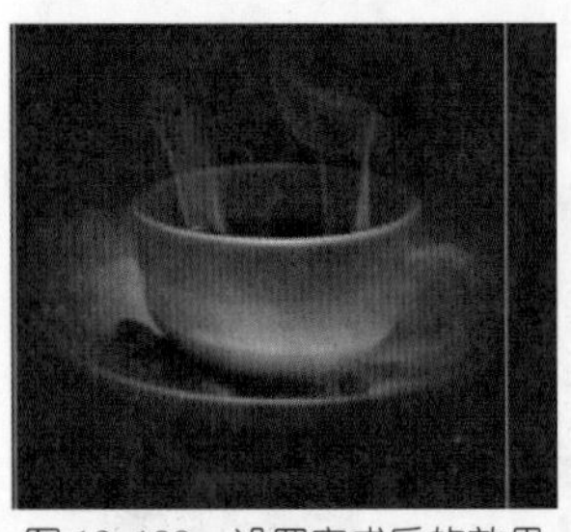
图 12-188　设置完成后的效果

图 12-189　绘制椭圆并对其进行设置

图 12-190　输入文字后的效果

(28) 继续使用【横排文字工具】，在画布上输入文字。将【字体】设置为汉仪魏碑简，【大小】设置为 30，【字体颜色】设置为白色，然后按小键盘上的 Enter 键确认。选择该文字图层并右击，在弹出的快捷菜单中选择【栅格化文字】命令。按 Ctrl+T 组合键，调整文字的旋转角度，然后在画布上右击，在弹出的快捷菜单中选择【扭曲】命令，将文字调整至如图 12-191 所示的形状。

(29) 使用【矩形工具】，将【填充】设置为白色，【描边】设置为无，然后绘制矩形。在工具箱中选择【删除锚点工具】，然后单击右侧的一个锚点。再使用【直接选择工具】，调整另一个锚点的位置，按 Ctrl+T 组合键对图形进行旋转，效果如图 12-192 所示。

(30) 选择【直排文字工具】，输入文字，将【大小】设置为 24。使用【横排文字工具】，输入文字“12 杯”。选择“12”数字，将【大小】设置为 45，【字体颜色】RGB 的值设置为 253、220、0。选择“杯”，将【大小】设置为 30，【字体颜色】设置为白色，效果如图 12-193 所示。

图 12-191　输入文字并调整文字

图 12-192　绘制矩形并对其进行变形

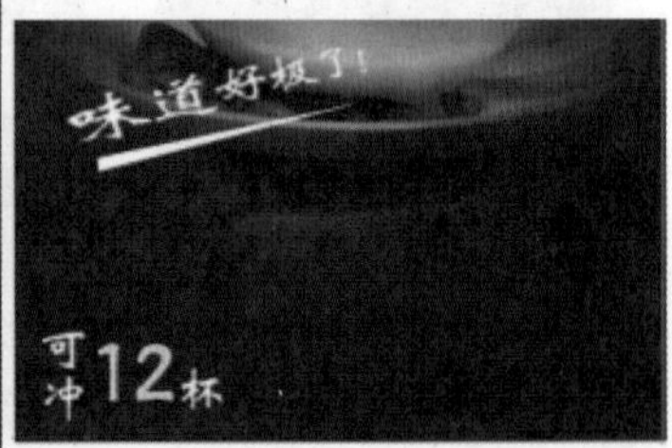

图 12-193　输入文字

(31) 继续使用【横排文字工具】，输入文字。选择输入的文字，将【大小】设置为 16，【字体颜色】RGB 的值设置为 252、212、116，然后将【字符间距】设置为 -90，如图 12-194 所示。

(32) 在画布上输入文字，然后选择输入的文字。将【字体】设置为汉仪综艺体简，【大小】设置为 65，【字体颜色】设置为白色。确定输入后，再次单击鼠标，输入文字，将【大小】设置为 55 点，然后调整其位置。选择【笠】文字图层并右击，在弹出的快捷菜单中选择【转换为形状】命令，然后使用【直接选择工具】，对文字图层进行变形，如图 12-195 所示。

(33) 选择刚创建的两个图层，按 Ctrl+E 组合键进行合并。双击合并后的图层，在弹出的对话框中选择【投影】选项组，将【混合模式】设置为正常，【不透明度】设置为 100，【角度】设置为 90，取消勾选【使用全局光】复选框，将【距离】、【扩转】、【大小】分别设置为 0、13、35，如图 12-196 所示。

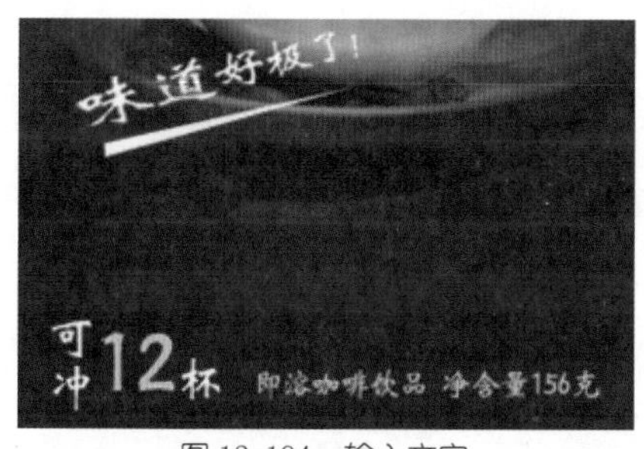

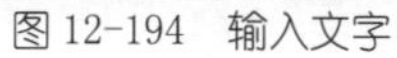
图 12-194 输入文字

图 12-195 将文字转换为形状并进行调整

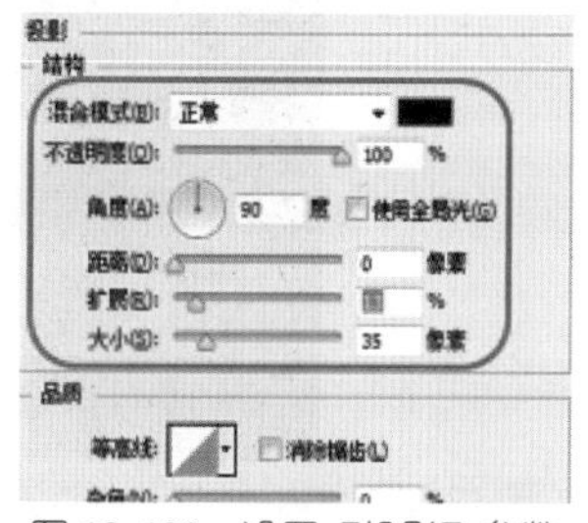

图 12-196 设置【投影】参数

(34) 单击【确定】按钮，然后使用【矩形工具】，将【填充】颜色 RGB 的值设置为 102、0、0，然后绘制两个矩形，效果如图 12-197 所示。

(35) 使用【矩形选框工具】，在画布上绘制矩形选框，将【前景色】RGB 的值设置为 102、0、0，【背景色】RGB 的值设置为 213、165、83。选择【渐变工具】，将【渐变类型】设置为线性渐变，【渐变】设置为前景色到背景色渐变，然后单击【创建新图层】按钮，使用【渐变工具】在选框内拖曳鼠标填充渐变，效果如图 12-198 所示。

(36) 按 Ctrl+D 组合键取消选区，使用【横排文字工具】，输入文字。选择输入的文字，将【字体】设置为华文新魏，【大小】设置为 15，【字体颜色】设置为白色，【行距】设置为 16，【字符间距】设置为 -90，调整文字的位置，效果如图 12-199 所示。

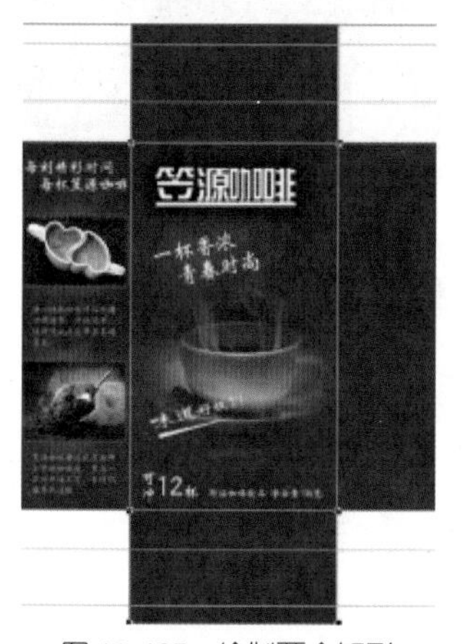

图 12-197 绘制两个矩形

图 12-198 绘制矩形选框并填充渐变

图 12-199 输入文字

(37) 置入 S15.jpg，将其等比例缩放，调整其位置，按 Enter 键确认，然后按住 Alt 键并单击【添加图层蒙版】按钮。选择【渐变工具】，将【渐变类型】设置为径向渐变，然后绘制渐变，效果如图 12-200 所示。

(38) 使用【横排文字工具】，输入文字。将【字体】设置为华文新魏，【大小】设置为 14，【字体颜色】设置为白色，【行距】设置为 16，效果如图 12-201 所示。

(39) 继续使用【横排文字工具】，输入文字。选择“生产日期：”和“保质期至：”，将【大小】设置为 14，选择时间，将【大小】设置为 16，【字符间距】设置为 130，确认输入，然后再输入文字“请贮存于阴凉干燥处”，效果如图 12-202 所示。

图 12-200　置入图片并为其添加图层蒙版

图 12-201　输入文字并进行设置

图 12-202　输入文字

(40) 继续使用【横排文字工具】，输入文字。将【大小】设置为 14，【字符间距】设置为 0，【行距】设置为 15，完成后的效果如图 12-203 所示。

(41) 置入 S16.jpg，然后单击鼠标右键，在弹出的快捷菜单中选择【旋转 90 度 (顺时针)】，然后调整它的大小及位置，效果如图 12-204 所示。

(42) 选择【多边形套索工具】，在画布上绘制多边形，单击【创建新图层】按钮，在菜单栏中选择【编辑】|【描边】命令，在弹出的对话框中将【宽度】设置为 2，【颜色】设置为黑色，单击【确定】按钮，然后按 Ctrl+D 组合键取消选区，效果如图 12-205 所示。

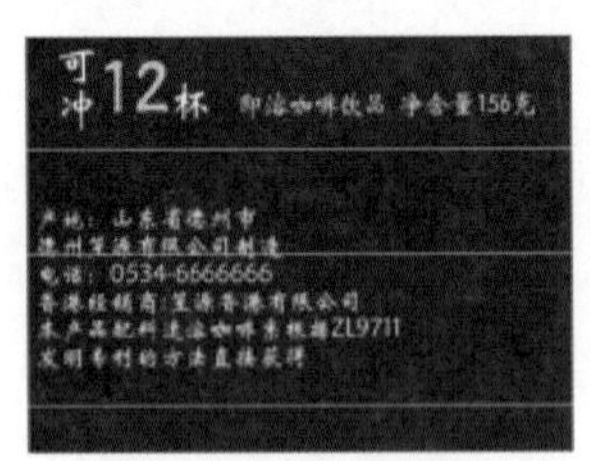

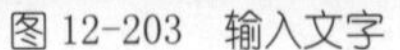

图 12-203　输入文字

图 12-204　置入图片并进行设置

图 12-205　描边多边形

(43) 对刚绘制的图形进行拷贝，然后利用【自由变换】中的【垂直翻转】命令，对其进行调整，完成后的效果如图 12-206 所示。

(44) 置入 S17.jpg，调整它的大小及位置，选择该图层并右击，在弹出的快捷菜单中选择【栅格化图层】命令，确定该图层处于选中状态，按住 Ctrl 键并单击相对应的矩形图层的缩略图，按 Ctrl+Shift+I 组合键进行反选，按 Delete 键进行删除，按 Ctrl+D 组合键取消选区，将【混合模式】设置为柔光，【填充】设置为 75，完成后的效果如图 12-207 所示。

(45) 使用同样的方法制作其他的效果，按 Ctrl+Shift+Alt+E 组合键进行盖印图层。在菜单栏中选择【图像】|【调整】|【亮度 / 对比度】命令，打出【亮度 / 对比度】对话框。在该对话框中将【亮度】、【对比度】分别设置为 65、12，单击【确定】按钮，完成后的效果如图 12-208 所示。

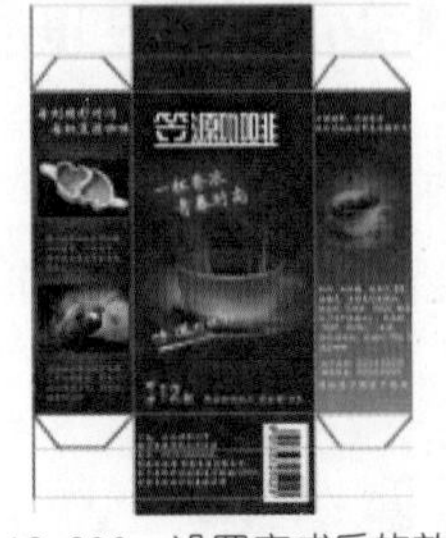

图 12-206　设置完成后的效果

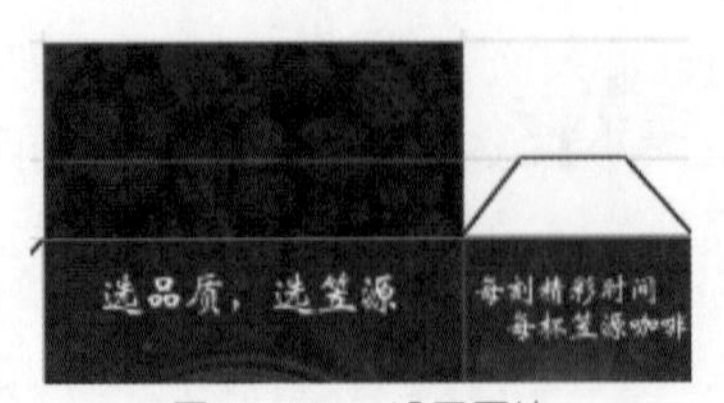

图 12-207　设置图片

图 12-208　调整【亮度 / 对比度】后的效果

(46) 按 Ctrl+O 组合键，在弹出的对话框中选择 S18.jpg、S19.jpg、S20.jpg、S21.jpg 素材文件，单击【打开】按钮。将 S19.jpg、S20.jpg、S21.jpg 拖曳至 S18.jpg 素材文件中。使用【自由变换】命令进行调整，然后使用【扭曲】命令对其进行调整，效果如图 12-209 所示。

(47) 选择【图层 1】~【图层 3】，按 Ctrl+E 组合键进行合并，然后对该图层拷贝 2 次，按 Ctrl+T 组合键进行调整，完成后的效果如图 12-210 所示。

(48) 使用【画笔工具】进行涂抹。在菜单栏中选择【文件】|【存储为】命令，在弹出的对话框中将【名称】命名为制作咖啡包装 2，设置存储路径，单击【保存】按钮即可。

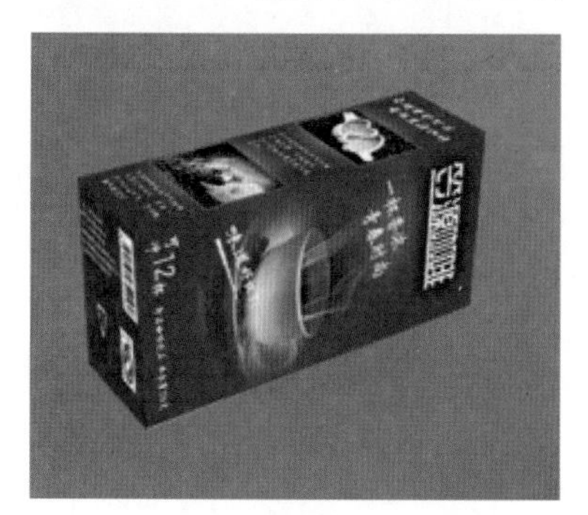

图 12-209　调整完成后的效果

图 12-210　拷贝图层并进行调整

第 13 章 室外建筑后期处理

本章重点

- 室外主体建筑后期处理
- 室外建筑配景的添加

本章介绍如何使用 Photoshop CC 对效果图进行后期亮度、对比度、配景的制作，室内外效果图后期所能涉及的处理基础都进行了详细的讲解。通过对本章的学习，希望读者可以掌握后期处理的制作与思路。

案例精讲 136 室外主体建筑后期处理

案例文件：CDROM | 场景 | Cha13 | 室外建筑后期处理 .psd
视频文件：视频教学 |Cha13| 室外建筑后期处理 .avi

制作概述

本例介绍如何调整室外主体，其中包括添加天空、抠取主体建筑、添加主体建筑以及调整主体建筑的亮度等。完成制作后的效果如图 13-1 所示。

图 13-1 室外建筑后期处理

学习目标

学习添加天空、抠取主体建筑的方法。
掌握调整主体建筑亮度的方法。

操作步骤

(1) 启动 Photoshop CC，按 Ctrl+N 组合键，在弹出的对话框中将【名称】命名为室外建筑后期处理，将【宽度】、【高度】分别设置为 110 厘米、55 厘米，【分辨率】设置为 72 像素 / 英寸，如图 13-2 所示。

(2) 设置完成后，单击【确定】按钮。按 Ctrl+O 组合键打开背景天空 .tif 素材文件。在工具箱中单击【移动工具】，按住鼠标将其拖曳至室外建筑后期处理场景中，并在文档中调整其大小和位置，如图 13-3 所示。

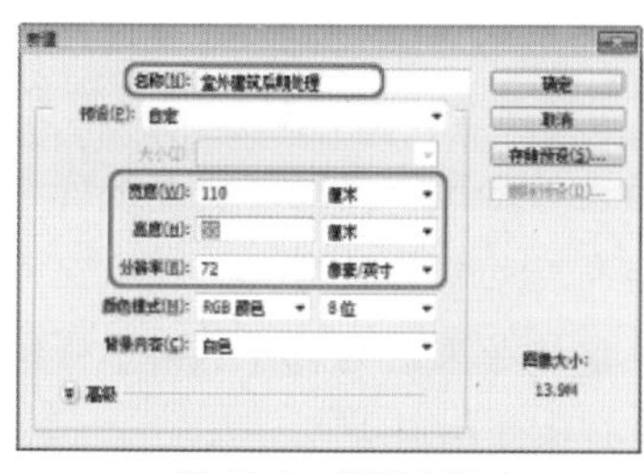

图 13-2　新建文档

图 13-3　调整素材的大小和位置

(3) 按 Ctrl+O 组合键，打开建筑 .tif 素材文件，如图 13-4 所示。

(4) 在工具箱中单击【魔术橡皮擦工具】，在工具选项栏中将【容差】设置为 0，在文档中的白背景上单击鼠标，将背景进行擦除，如图 13-5 所示。

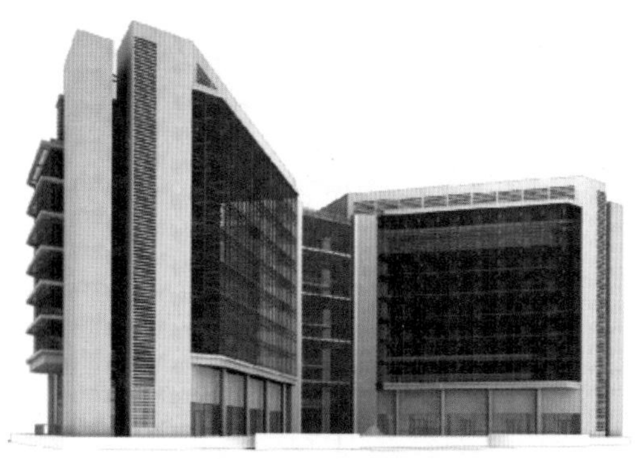

图 13-4　打开的素材文件

图 13-5　擦除背景

(5) 再在工具箱中单击【移动工具】，按住鼠标将其拖曳至室外建筑后期处理场景文件中，在【图层】面板中将该图层命名为【建筑】，并调整建筑的大小及位置，调整后的效果如图 13-6 所示。

(6) 在工具箱中单击【魔棒工具】，在工具选项栏中单击【添加到选区】按钮，将【容差】设置为 32，勾选【消除锯齿】和【连续】复选框，在文档中选择如图 13-7 所示的区域。

图 13-6　添加素材文件并调整

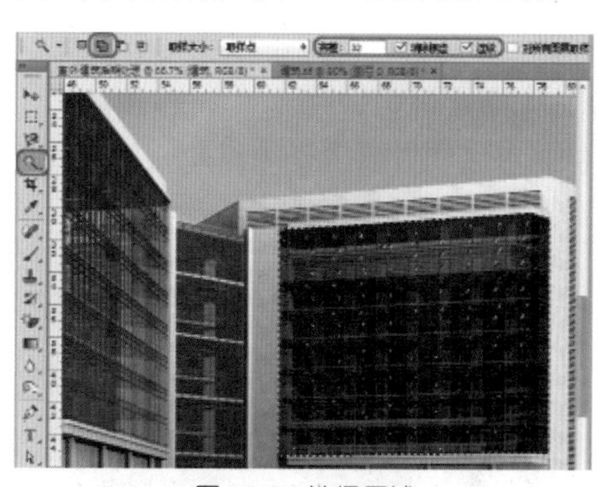

图 13-7　选择区域

知识链接

使用计算机模拟现实世界中真实场景而制作出的图形图像被称为计算机建筑效果图。

计算机建筑效果图是建筑设计师向业主展示其作品的设计意图、空间环境、材质质感的一种重要手段。它根据设计师的构思，利用准确的透视图和高度的制作技巧，将三维空间转换为具有立体感的画面，可达到建筑商品的真实效果。计算机建筑效果图的制作不同于传统的手绘建筑效果图，它是随着计算机技术的发展而出现的一种新的建筑绘图方式。

建筑业是一个古老的行业，在人类社会中，却一直都占据着相当重要的位置。这个行业发展到今天，从设计到表现都发生了很多变化，随着计算机硬件的发展与软件应用技术的提高，当然也毫不例外地成为制作建筑效果图最强有力的工具。

用计算机绘制的建筑效果图越来越多地出现在各种设计方案的竞标、汇报以及房产商的广告中，同时也成为设计师展现自己作品、吸引业主，获取设计项目的重要手段。

(7) 选择完成后，在菜单栏中选择【图像】|【调整】|【亮度/对比度】命令，如图 13-8 所示。

(8) 在弹出的对话框中勾选【使用旧版】复选框，将【亮度】和【对比度】分别设置为 44、23，如图 13-9 所示。

图 13-8 选择【亮度/对比度】命令

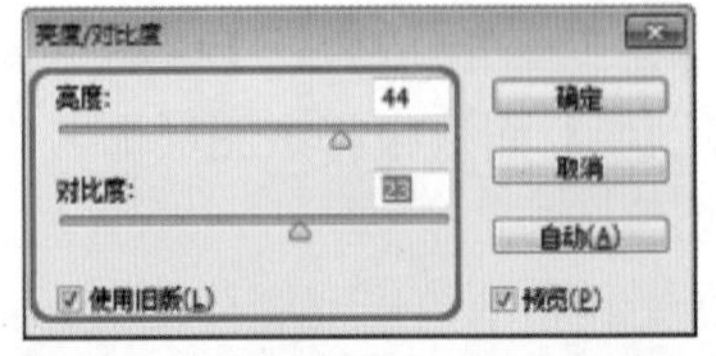

图 13-9 设置【亮度/对比度】参数

(9) 设置完成后，单击【确定】按钮。按 Ctrl+D 组合键取消选区，调整【亮度/对比度】后的效果如图 13-10 所示。

(10) 再次使用【魔棒工具】，在文档中进行选取，如图 13-11 所示。

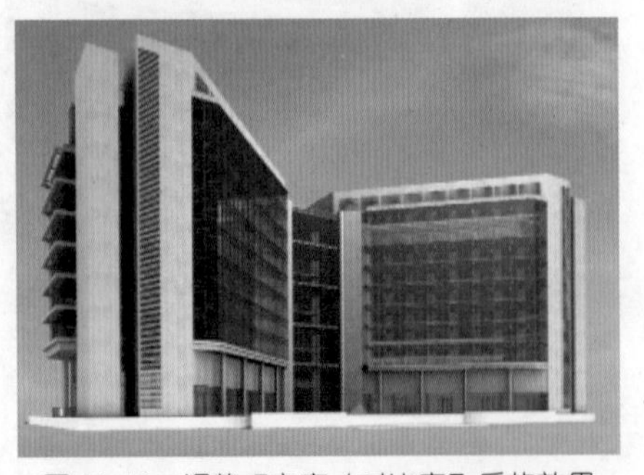

图 13-10 调整【亮度/对比度】后的效果

图 13-11 选取选区

(11) 在菜单栏中选择【图像】|【调整】|【亮度/对比度】命令，在弹出的对话框中将【亮

度】和【对比度】分别设置为 65、43，如图 13-12 所示。

(12) 设置完成后，单击【确定】按钮，按 Ctrl+D 组合键取消选区，调整【亮度 / 对比度】后的效果如图 13-13 所示。

(13) 在工具箱中单击【多边形套索工具】，在文档中进行选取对象，如图 13-14 所示。

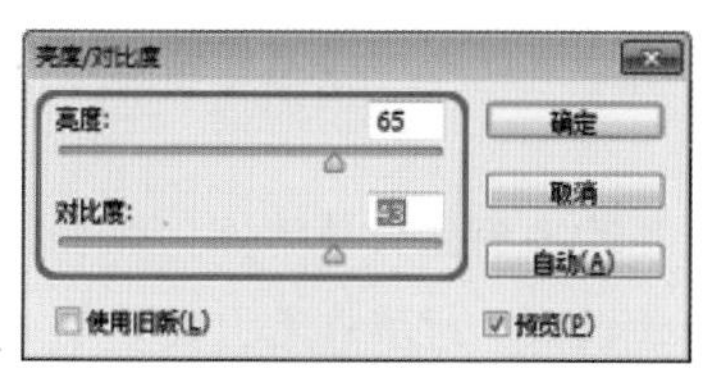

图 13-12　设置【亮度 / 对比度】参数

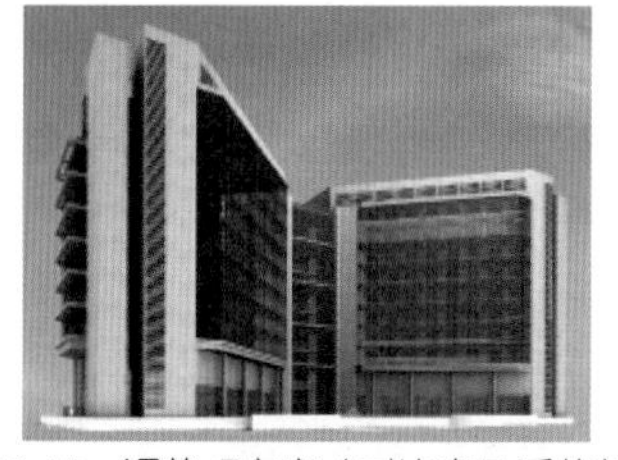

图 13-13　调整【亮度 / 对比度】后的效果

图 13-14　选取对象

(14) 在菜单栏中选择【图像】|【调整】|【亮度 / 对比度】命令，在弹出的对话框中将【亮度】设置为 70，如图 13-15 所示。

(15) 按 Ctrl+D 组合键取消选区，调整【亮度】后的效果如图 13-16 所示。

(16) 再次使用【多边形套索工具】，在文档中选取对象，如图 13-17 所示。

图 13-15　设置【亮度】参数

图 13-16　调整【亮度】后的效果

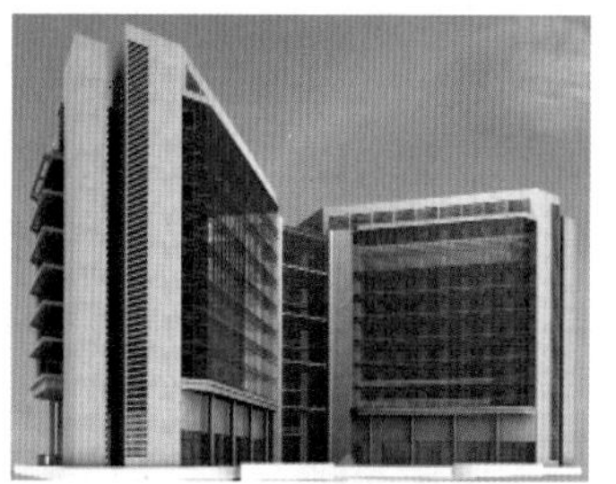

图 13-17　选取对象

(17) 在【图层】面板中单击【创建新的填充或调整图层】按钮，在弹出的快捷菜单中选择【曲线】命令，如图 13-18 所示。

(18) 在【属性】面板中添加一个编辑点，将【输入】、【输出】分别设置为 204、206，如图 13-19 所示。

(19) 再次单击鼠标添加一个编辑点，将【输入】、【输出】分别设置为 114、189，如图 13-20 所示。

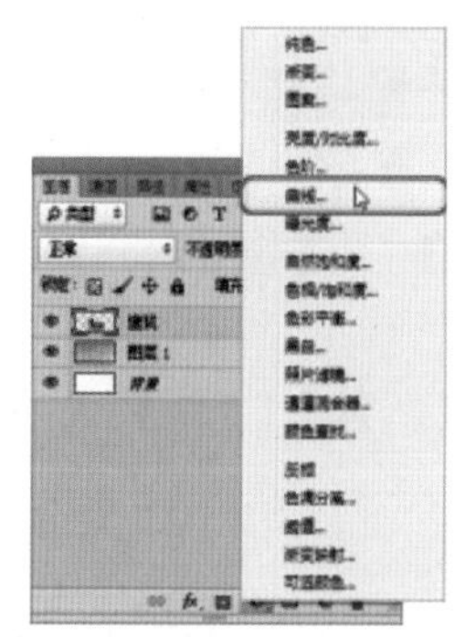

图 13-18　选择【曲线】命令

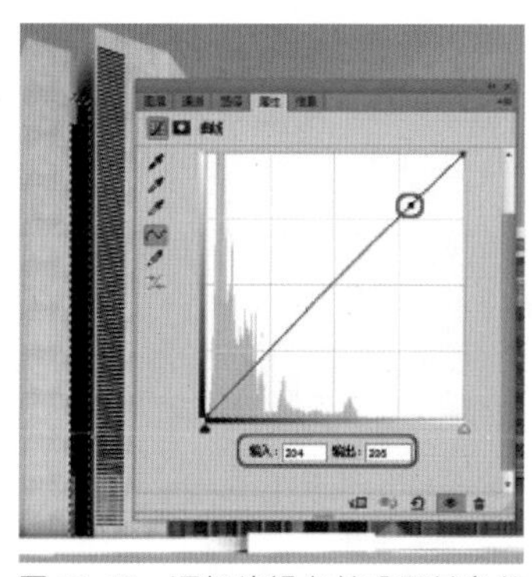

图 13-19　添加编辑点并设置其参数

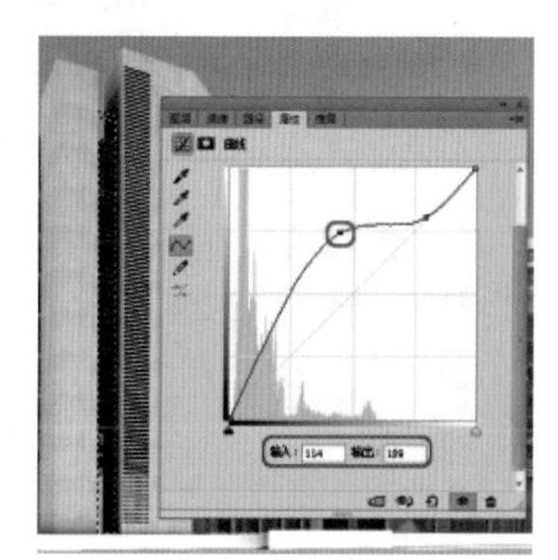

图 13-20　再次添加编辑点

知识链接

与传统手绘建筑效果图相比，计算机建筑效果图具有独特的魅力和优越性。由于计算机制作的建筑效果中的透视是由计算机通过计算得到的，各个构件的尺寸、远近关系都以数据形式定义得非常精确。另外，在计算机制作的场景模型可以允许制作者以各种视角来观看，可以方便地修改和替换材料、材质，可以利用同一场景创作出不同的环境效果。这样将有利于制作设计人员对方案进行推敲和修改。此外，计算机建筑效果图还可以方便地进行不同比例的输出、修改与保存。

计算机建筑效果图的色彩、材质质感、配景等比较真实精细，具有准确性和科学性。由于计算机对场景中的所有要素都采用数字化参数形式来表达，使得场景模型、材质灯光、透视等的绘制和编辑变得容易控制。另外，计算机所特有的精确计算能力和绘图技法，使得建筑不仅透视关系正确，并且各部件的关系也被描述得十分精确。

(20) 在工具箱中单击【多边形套索工具】，在文档中选取对象，如图 13-21 所示。

(21) 在【图层】面板中单击【创建新的填充或调整图层】按钮，在弹出的快捷菜单中选择【曲线】命令，如图 13-22 所示。

(22) 在【属性】面板中单击，添加一个编辑点，并将其【输入】、【输出】分别设置为 205、222，如图 13-23 所示。

图 13-21　选取对象

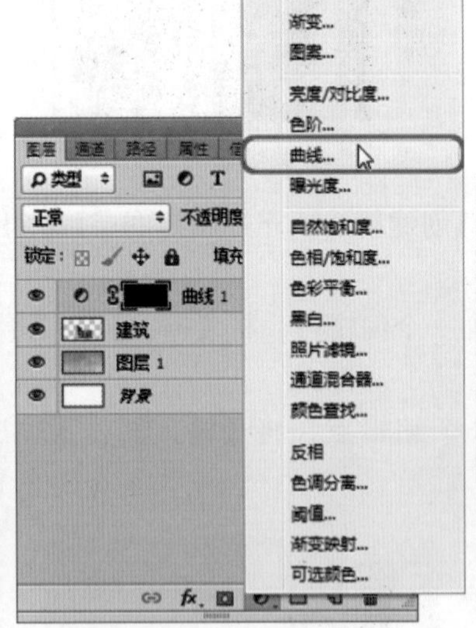

图 13-22　选择【曲线】命令

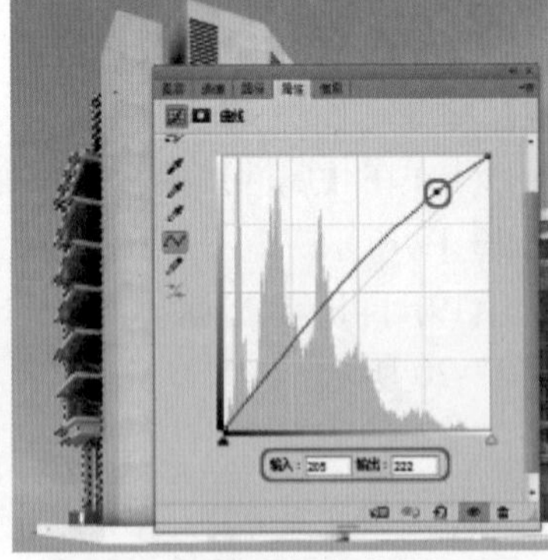

图 13-23　添加编辑点并进行设置

(23) 再在【属性】面板中单击鼠标，添加一个编辑点，将【输入】、【输出】分别设置为 178、209，如图 13-24 所示。

(24) 按 Ctrl+D 组合键取消选区，在菜单栏中选择【图层】|【新建】|【组】命令，如图 13-25 所示。

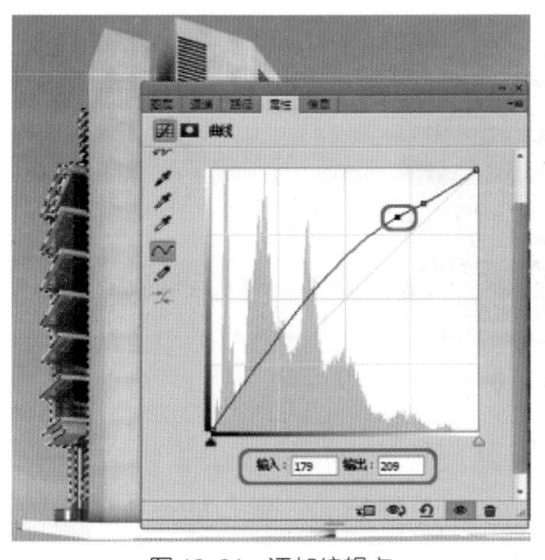

图 13-24 添加编辑点

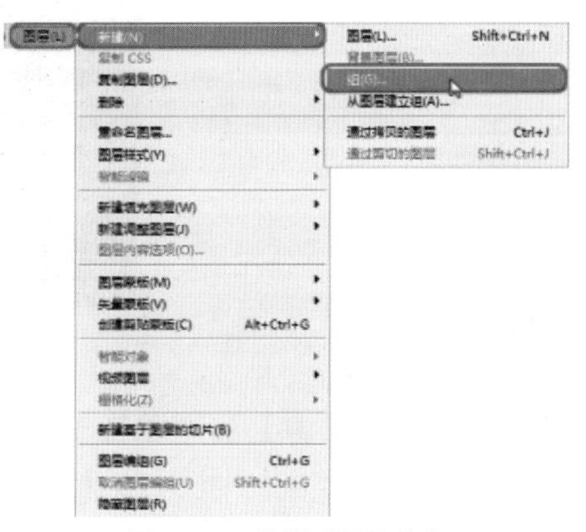

图 13-25 选择【组】命令

(25) 在弹出的对话框中将【名称】设置为配景建筑，【颜色】设置为红色，如图 13-26 所示。

图 13-26 设置组参数

(26) 设置完成后，单击【确定】按钮，将该组拖曳至【建筑】图层的底部。

案例精讲 137 室外建筑配景的添加

 案例文件：CDROM | 场景 | Cha13 | 室外建筑后期处理 .psd

 视频文件：视频教学 |Cha13| 室外建筑配景的添加 .avi

制作概述

在后期制作中，为了营造真实的环境气氛，通常要使用大量的配景素材，例如草地、花卉和树木等。使用这些配景素材时有一定的技巧，本例对其进行简单的讲解。

学习目标

学习添加配景建筑、添加植物配景。

掌握设置配景建筑的不透明度。

操作步骤

(1) 按 Ctrl+O 组合键打开建筑 02.psd 素材文件，如图 13-27 所示。

图 13-27　打开的素材文件

(2) 使用【移动工具】将对象拖曳至室外建筑后期处理场景中，按 Ctrl+T 组合键打开【自由变换】，在工具属性栏中将其 W 和 H 都设置为 71.2%，并调整其位置，如图 13-28 所示。

(3) 调整完成后，按 Enter 键确认。在【图层】面板中选中该图层，将其命名为【建筑配景 01】，将【不透明度】设置为 40%，如图 13-29 所示。

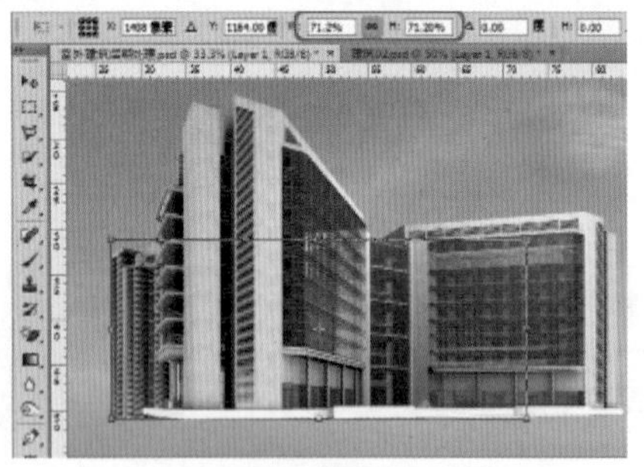

图 13-28　添加素材并调整大小和位置

图 13-29　设置【不透明度】参数

在制作中应该注意的是，配景只是用来衬托主建筑的，不应该喧宾夺主。其表现需要精细，也应该有所节制，特别是需要与主体建筑统一考虑，做到与之相搭配，以确保整幅效果图的建筑空间感。

(4) 再次添加建筑 02 场景中的素材，按 Ctrl+T 组合键，在工具选项栏中将 W、H 都设置为 55%，如图 13-30 所示。

(5) 按 Enter 键确认。在工具箱中选择【矩形选框工具】，选中右侧的建筑，按住 Ctrl+Shift 组合键向右水平移动，如图 13-31 所示。

图 13-30　调整素材文件大小

图 13-31　水平移动对象

(6) 按 Ctrl+D 组合键取消选区，在【图层】面板中将其命名为【建筑配景 02】，将【不透明度】设置为 40%，并在文档中调整其位置，如图 13-32 所示。

(7) 使用同样的方法再次将建筑 02.psd 场景中的建筑添加至室外建筑后期处理场景中，并对其进行相应的调整，将该图层命名为【建筑配景 03】，将其【不透明度】设置为 40%，如图 13-33 所示。

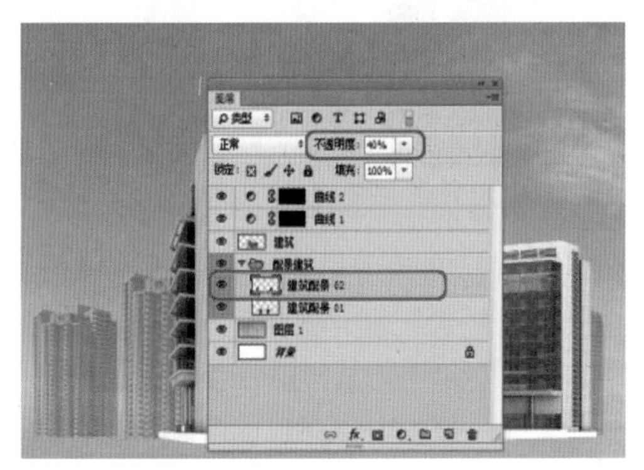

图 13-32　调整对象位置及不透明度后的效果

图 13-33　再次添加建筑并对其进行设置

(8) 按 Ctrl+O 组合键打开建筑 03.psd 素材文件，使用【移动工具】将其拖曳至室外建筑后期处理场景中，按 Ctrl+T 组合键，在工具选项栏中将 W、H 都设置为 68%，如图 13-34 所示。

(9) 在【图层】面板中将该图层命名为【建筑配景 04】，将其【不透明度】设置为 70%，如图 13-35 所示。

图 13-34　添加素材并进行设置

图 13-35　设置图层名称和不透明度

(10) 按 Ctrl+O 组合键打开建筑 04.psd 素材文件，使用【移动工具】将其拖曳至室外建筑后期处理场景中，按 Ctrl+T 组合键，在工具选项栏中将 W、H 分别设置为 109.73%、73.13%，如图 13-36 所示。

(11) 在该对象上右击，在弹出的快捷菜单中选择【水平翻转】命令，如图 13-37 所示。

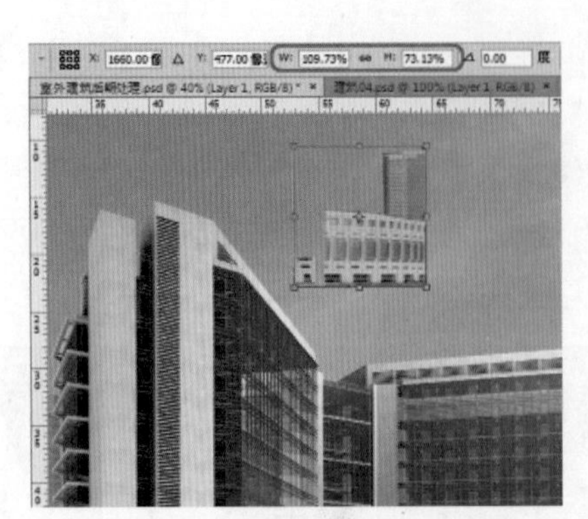
图 13-36 添加素材并进行设置

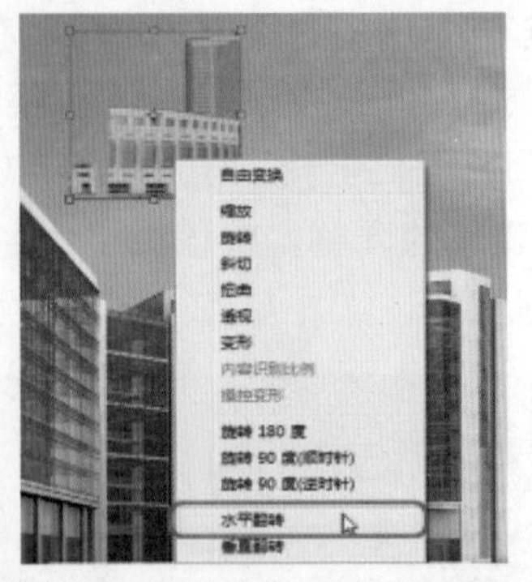
图 13-37 选择【水平翻转】命令

(12) 按 Enter 键确认，在文档中调整其位置，在【图层】面板中将该图层命名为【建筑配景 05】，如图 13-38 所示。

(13) 调整完成后，在【图层】面板中选择【配景建筑】组，按 Ctrl+O 组合键打开多棵及树群.psd 素材文件，按住鼠标将其拖曳至室外建筑后期处理场景中，按 Ctrl+T 组合键，在工具选项栏中将 W、H 都设置为 36%，如图 13-39 所示。

图 13-38 调整对象的位置

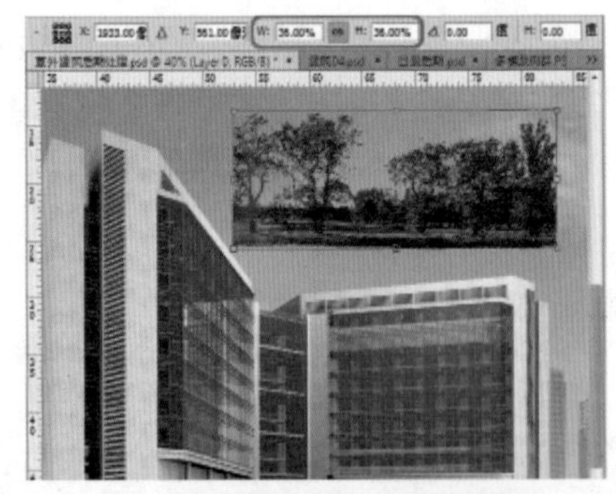
图 13-39 添加素材并进行调整

(14) 在【图层】面板中将该图层命名为【植物 01】。单击【添加图层蒙版】按钮，然后单击【渐变工具】，使用【前景色到背景色渐变】，在文档中添加渐变，并调整该对象的位置，如图 13-40 所示。

(15) 使用同样的方法再将该素材进行添加，并对其进行相应的设置，效果如图 13-41 所示。

图 13-40 添加蒙版并调整对象的位置

图 13-41 添加素材文件后的效果

(16) 在工具箱中单击【多边形套索工具】，在【图层】面板中选择【建筑】图层，在文档中对建筑底部的白色区域进行选取，如图 13-42 所示。

(17) 按 Ctrl+J 组合键，将选区中的对象新建一个图层，按 Ctrl+O 组合键打开植物 01.psd

素材文件，使用【移动工具】将其拖曳至室外建筑后期处理场景中，将其调整至【图层 2】的下方，然后调整其大小和位置，如图 13-43 所示。

图 13-42　选择白色区域

图 13-43　添加素材并调整其大小和位置

(18) 按住 Ctrl+Alt 组合键对该对象进行复制、移动，并调整其大小，效果如图 13-44 所示。

(19) 添加完成后，在【图层】面板中将【曲线 1】和【曲线 2】图层调整至 Layer 1 图层的下方，如图 13-45 所示。

图 13-44　添加其他素材后的效果

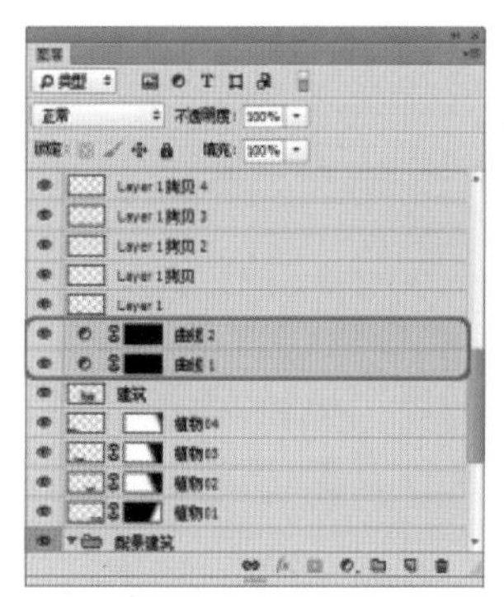

图 13-45　调整图层的位置

(20) 在【图层】面板中选择【图层 2】下方的第一个图层，按 Ctrl+O 组合键打开植物 02.psd 素材文件，将其添加至室外建筑后期处理场景文件中，并调整其大小和位置，如图 13-46 所示。

(21) 根据前面所介绍的方法，对该对象进行复制，并调整其位置，调整后的效果如图 13-47 所示。

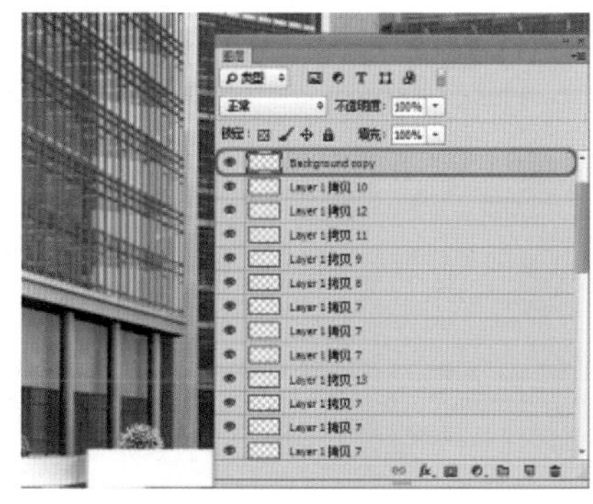

图 13-46　添加素材文件

图 13-47　复制素材并调整其位置

(22) 按 Ctrl+O 组合键打开地面 .psd 素材文件，将其添加至室外建筑后期处理场景中，调整其大小和位置，并将其调整至【图层 2】的上方，如图 13-48 所示。

(23) 根据前面所介绍的方法添加其他对象，并对其进行相应的设置，如图 13-49 所示。

图 13-48　添加素材文件

图 13-49　添加其他对象后的效果

第 14 章 大厅效果图

本章重点

- 添加吊灯
- 天花板顶的处理
- 吊灯内层光晕的制作
- 吊顶外侧光晕的制作
- 两侧植物的编辑修改
- 添加桌子上的摆设
- 近景植物的编辑处理
- 输出文件

本章制作一个接待大厅的后期效果图，如图 14-1 所示。本章着重讲述后期处理操作技巧，并且综合运用了对图像【亮度 / 对比度】、图像区域、配景植物的设置及调整、大厅吊顶处灯光光晕的设置等几个方面来讲解室内效果图中后期处理的方法。通过本章的学习，读者可以掌握使用 Photoshop CC 在效果图后期处理中的制作流程，并掌握 Photoshop CC 的使用方法。

图 14-1 大厅效果图

案例精讲 138 添加吊灯

案例文件：CDROM | 场景 | Cha14| 大厅效果图 .psd
视频文件：视频教学 | Cha14 | 添加吊灯 .avi

制作概述

任何在 3ds Max 中渲染输出的图像都会存在一些不足，这样就需要对渲染图像进行编辑调整。首先打开图像并对图像亮度和对比度进行调整，然后再添加吊灯，并调整吊灯的亮度和对比度。

学习目标

学习裁剪素材的方法。
掌握调整素材的亮度 / 对比度的方法。

操作步骤

(1) 运行 Photoshop CC，打开随书附带光盘中的 CDROM| 素材 |Cha14| 大厅 .tif 文件，如图 14-2 所示。

(2) 选择工具箱中的【裁剪工具】，选取图的 2/3 处进行裁切，如图 14-3 所示。

图 14-2　打开的素材文件

图 14-3　对场景进行裁切

由于渲染的图像地面区域过大，使所要表现的空间在图像上比例失调，通过使用【裁切工具】将多余的地面剪切后，使图像比例更加协调。

裁剪工具用于切除选中区域以外的图像，以重新设置图像的大小。当选定区域后，将有八个处理点出现，可以拖动这些处理点以改变选择区域的大小；当鼠标处于处理点以外时，鼠标将变为弧型指针，拖动鼠标可以旋转选择框。要执行裁剪有三种方法：一是在选择区域内双击鼠标进行裁剪；二是在选择后直接按回车键进行裁剪；三是在工具箱中任意工具上点一下，系统将弹出一个对话框，提示是否进行裁剪。如果确认进行裁剪，则选择【裁切】按钮；放弃裁剪则选择【不裁切】项，系统将放弃这次裁剪操作，并将选择区域一起放弃；如果选择了【取消】项，则系统只是放弃这次裁剪操作，选择区域仍将存在。

(3) 按 Enter 键完成裁剪，在菜单栏中选择【图像】|【调整】|【亮度 / 对比度】命令，如图 14-4 所示。

知识链接

与裁剪工具相配合的功能键：

· 按住 Shift 键，再使用裁剪工具在图像中进行选择，则选择出一个正方形的选择区域，此时属性栏中的裁切参数项应处于非选中状态。

· 按住 Alt 键，再使用裁剪工具在图像中进行选择，则以鼠标最初点下的点为中心点选择出一个区域。此项不受属性栏中的裁切参数项影响。

· 按住 Shift 键和 Alt 键，再使裁剪工具在图像中进行选择，则以鼠标最初点下的点为中心点选择出一个正方形的区域，如果此时属性栏中的裁切参数项应处于选中状态，则此项无法正常的进行。

· 在选中预裁剪的区域后，如果按住 Shift 键拖动选择区域，则选择框将沿 45° 角或倍数进行移动；如果拖动处理点，则选择区域将按宽高比例进行变化；如果在处理点的外面旋转选择框，则选择框将以 15° 为单位进行旋转。

· 再选中预裁剪的区域后，如果按住 Alt 键拖动处理点，则选择区域将以中心点为对称点进行对称变化，所谓的对称点，就是选择区域中的小圆点。可以使用鼠标拖动这个小圆点以改变对称点。

(4) 在打开的【亮度 / 对比度】对话框中将【亮度】设置为 -5，【对比度】设置为 65，如图 14-5 所示。

图 14-4　选择【亮度 / 对比度】命令

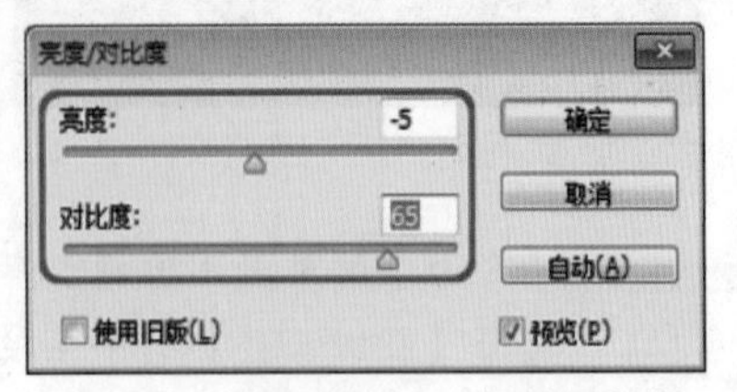

图 14-5　设置【亮度 / 对比度】参数

(5) 单击【确定】按钮。打开随书附带光盘中的 CDROM | Cha14| 吊灯 .jpg 文件。选择工具箱中的【魔棒工具】，选择吊灯 .jpg 图像中的黑色背景处，如图 14-6 所示。

(6) 在菜单栏中选择【选择】|【选取相似】命令，对图中吊灯的空隙中的黑色背景进行选取。如图 14-7 所示。

图 14-6　使用【魔棒工具】对黑色背景进行选择

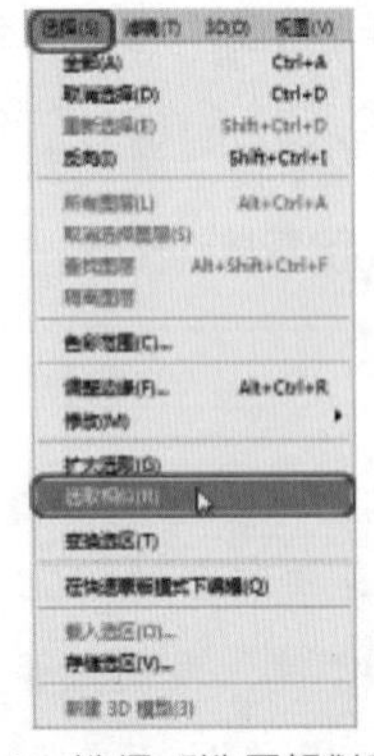
图 14-7　选择【选区相似】命令

【选取相似】，使用此命令将选择区域在图像上延伸，它将使画面中相互不连续的像素、但色彩相近的像素点一起扩充到选择区域内。

(7) 选择完成后，按 Shift+Ctrl+I 组合键对图像进行反选，如图 14-8 所示。

【反选】是指将当前层中的选择区域和非选择区域进行互换。

(8) 按 Ctrl+C 组合键对图中选中的中吊灯进行复制，切换到处理过的大厅 .tif 场景中，按 Ctrl+V 组合键粘贴吊灯，在【图层】面板中将其命名为【吊灯】，如图 14-9 所示。

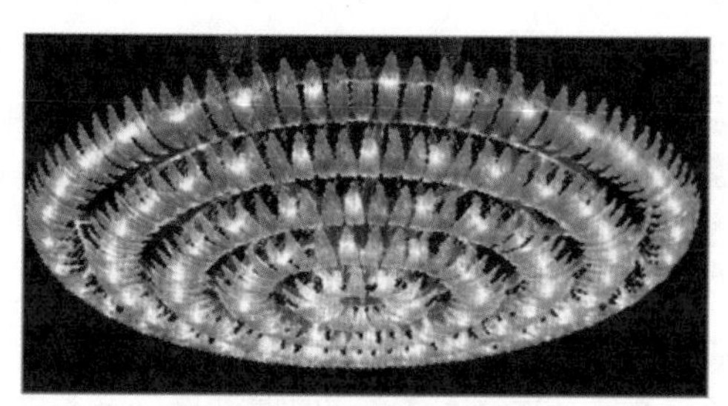
图 14-8　对图像进行反选

图 14-9　复制吊灯到大厅文件中

(9) 按Ctrl+T组合键，在工具选项栏中将W、H都设置为60%，完成后的效果如图14-10所示。

(10) 调整完成后，在工具箱中选择【魔棒工具】，选取吊灯上的吊杆，然后按 Delete 键删除选中的吊杆，如图 14-11 所示。

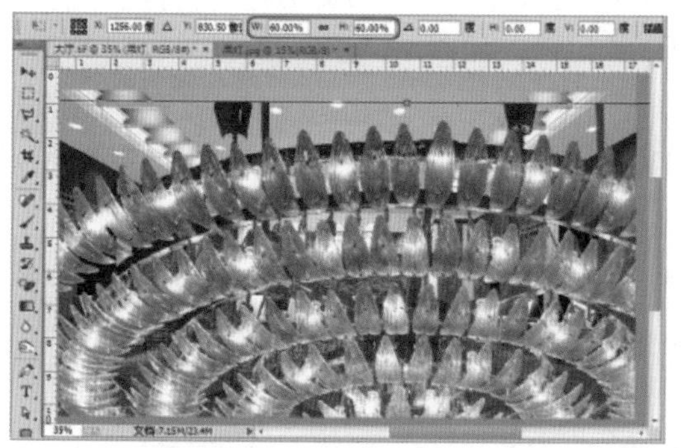
图 14-10　设置吊灯的大小

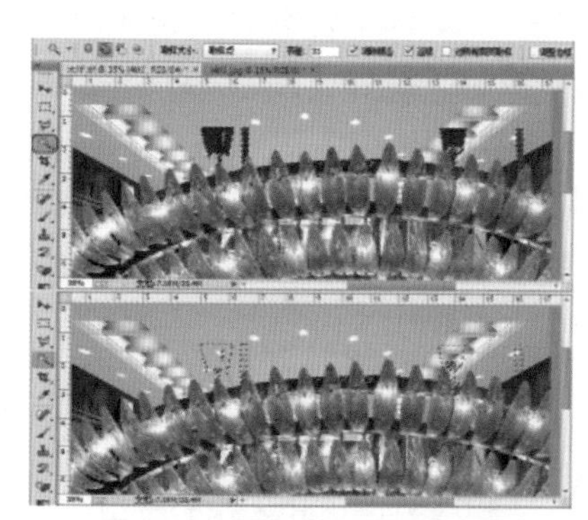
图 14-11　删除吊灯上面的吊杆

【魔棒工具】是另一种类型的选择工具，它的选择范围极其广泛，是属于灵活性的选择工具。【魔棒工具】是几个选择工具中最神奇的工具，正如其名称一样，【魔术棒】——魔术般的选择。当在图像或某个单独的层上单击图像的某个点时，附近与它颜色相同或相近的点，都将自动溶入选择区域中，这个功能与【选择】菜单下的【色彩范围】是类似的。

(11) 按 Ctrl+D 组合键取消选区，在工具箱中选择【多边形套索工具】，选取残余部分，然后按 Delete 键清除残余部分，如图 14-12 所示。

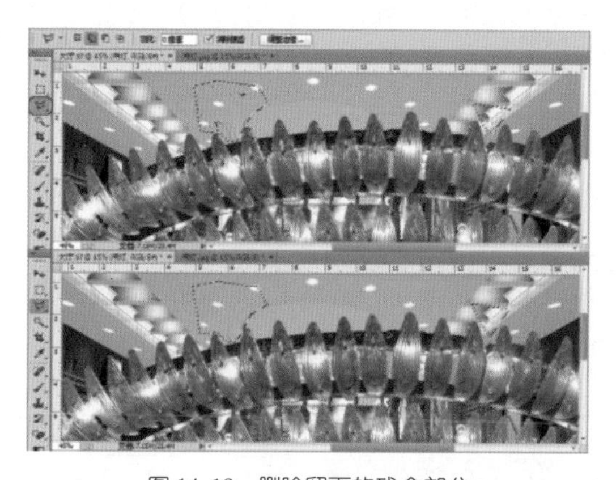
图 14-12　删除留下的残余部分

提示

【多边形套索工具】用以在图像中，或某一个单独的层中，以自由手控的方式进行多边形不规则选择。它可以选择出极其不规则的多边形形状，因此一般用于选取一些复杂的、但棱角分明、边缘呈直线的图形。

在使用【套索工具】进行选取时，如果释放了鼠标键，则系统将自动连接开始点和结束点，形成完整的选择区域；而使用多边形套索工具进行选取，释放鼠标键并不代表一次选择的结束，而是继续进行选择。用户必须做到以下两点才可以完成选择：一是在预结束点上双击鼠标左键，这样系统将自动连接开始点和结束点，从而形成一块选择区域；二是移动鼠标至开始点，如果鼠标指针的旁边出现了一个圆形的符号，代表结束点已经和开始点重合了，则可以单击鼠标，完成这次选择。

(12) 按 Ctrl+D 组合键取消选区，在【吊灯】被选中的情况下，按 Ctrl+T 组合键，在工具选项栏中将 W、H 都设置为 14%，并在文档中调整其位置，如图 14-13 所示。

(13) 继续选中该图层，在菜单栏中选择【图像】|【调整】|【亮度 / 对比度】命令，在弹出的【亮度 / 对比度】对话框中将吊灯的【亮度】设置为 112，【对比度】设置为 10，如图 14-14 所示，设置完成后，单击【确定】按钮。

图 14-13　设置吊灯的大小及位置

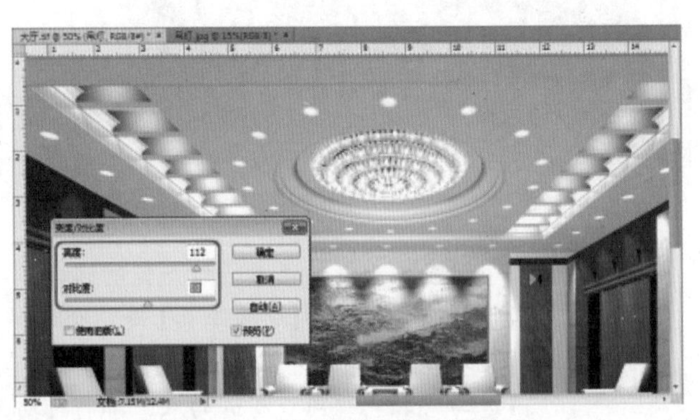

图 14-14　调节吊灯的亮度 / 对比度

案例精讲 139　天花板顶的处理

 案例文件：CDROM | 场景 | Cha14| 大厅效果图 .psd

 视频文件：视频教学 | Cha14 | 天花板顶的处理 .avi

制作概述

在制作和讲解暗藏灯光晕之前，由于透视角度的问题，首先对天花板顶以及吊灯对象做一个处理，使吊灯对象的视角处边缘根据人的视觉延伸用天花板进行遮挡。

学习目标

学习使用【椭圆选框工具】对天花板顶进行选取。

掌握利用【魔棒工具】进行选取部分图像。

操作步骤

(1) 在【图层】面板中选择【背景】图层，在标尺处拖出水平 / 垂直两条参考线放在天花板吊顶的外边缘线处。在工具箱中单击【椭圆选框工具】，对天花板顶的外缘选取，按 Ctrl+C 组合键，对选取的部分进行复制，如图 14-15 所示。

椭圆形选择工具用于在被编辑的图像中，或单独的层中选出各种圆形区域。

(2) 按 Ctrl+V 组合键，将新复制的图层重新命名为【吊顶】，并将【吊顶】图层调整至【吊灯】图层的上面，如图 14-16 所示。

图 14-15　选取天花板的顶部

图 14-16　复制吊顶并调整图层的排放顺序

(3) 在工具箱中单击【魔棒工具】，在工具选项栏中将【容差】设置为 10，在文档中选取天花板吊顶的中间部分，如图 14-17 所示。

【容差】选项用于控制色彩的范围，设定的范围在 0 ~ 255 之间，输入的数值越大，则颜色容许的范围越宽，选择的精确度就越低。

(4) 在吊顶图层选中的状态下，按 Delete 键删除所选取的椭圆部分。这样在远处看起来感觉更加有立体感，如图 14-18 所示。

图 14-17　选取吊顶部分

图 14-18　删除选取的部分

案例精讲 140　吊灯内层光晕的制作

案例文件：CDROM | 场景 | Cha14| 大厅效果图 .psd
视频文件：视频教学 | Cha14 | 吊灯内层光晕的制作 .avi

制作概述

完成了吊顶以及吊灯区域的调整，下面来制作吊灯内层、暗藏灯光晕。

学习目标

学习创建选区、填充前景色的方法。
掌握设置羽化并删除选区中对象的方法。

操作步骤

(1) 确认椭圆形选区处于编辑状态，按 Ctrl+Alt+Shift+N 组合键新建一个图层，并将该图层命名为【光影】，并在工具箱中将【前景色】设置为白色，按 Alt+Delete 组合键填充前景色，如图 14-19 所示。

图 14-19　对当前选择区域进行填充

图 14-20　光景内侧绘制椭圆形

(2) 在工具箱中单击【椭圆选框工具】，在工具选项栏中将【羽化】设置为 20，光影的内侧绘制一个椭圆形，如图 14-20 所示。

(3) 按键盘上的 Delete 键，删除上面所选取的椭圆形区域，现在可以看到吊灯内层的光由内向外发出光芒，感觉有层次感，如图 14-21 所示，然后按 Ctrl+D 组合键取消选区。

图 14-21　显示内层光

案例精讲 141　吊灯外侧光晕的制作

案例文件：CDROM | 场景 | Cha14| 大厅效果图 .psd

视频文件：视频教学 | Cha14 | 吊灯外侧光晕的制作 .avi

制作概述

在一个室内的环境中外侧光晕是不可忽略的，接下来制作吊灯外侧的光晕。

学习目标

学习新建图层并填充颜色的方法。
掌握绘制选区并删除选区中对象的方法。

操作步骤

(1) 选择工具箱中的【移动工具】，将最外侧的水平与垂直参考线向内移动到内侧第二个层次处，如图 14-22 所示。

(2) 在工具箱中单击【椭圆选框工具】，在工具选项栏中将【羽化】设置为 0，沿最外侧的水平和垂直参考线进行选取，如图 14-23 所示。

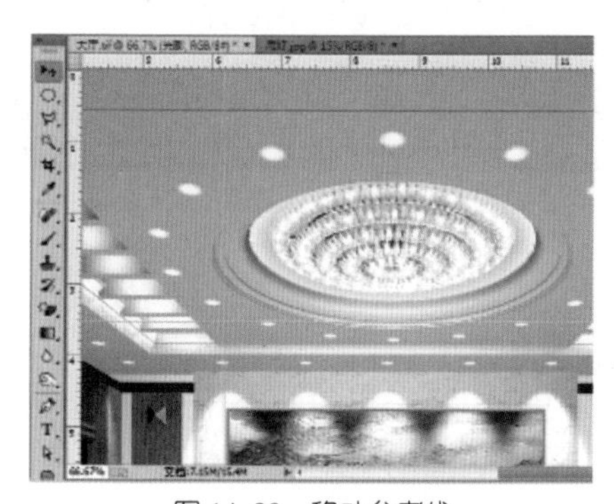

图 14-22　移动参考线

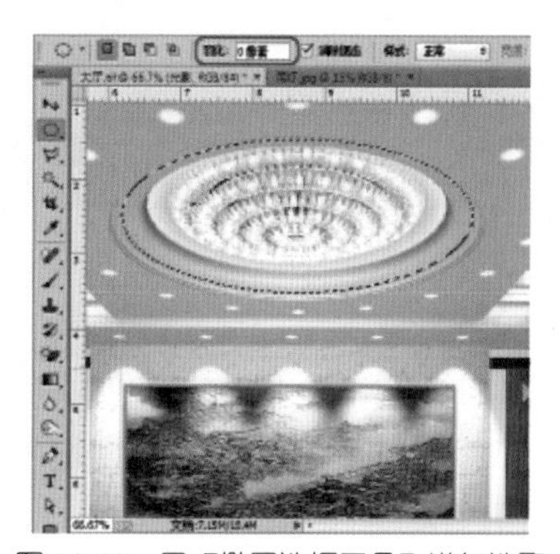

图 14-23　用【椭圆选框工具】进行选取

(3) 为了便于后面的操作，再添加两条水平、垂直的参考线，如图 14-24 所示。

(4) 在【图层】面板中新建一个图层，并将其重新命名为【一层光影】，按 Alt+Delete 组合键填充前景色，如图 14-25 所示。

图 14-24　添加参考线

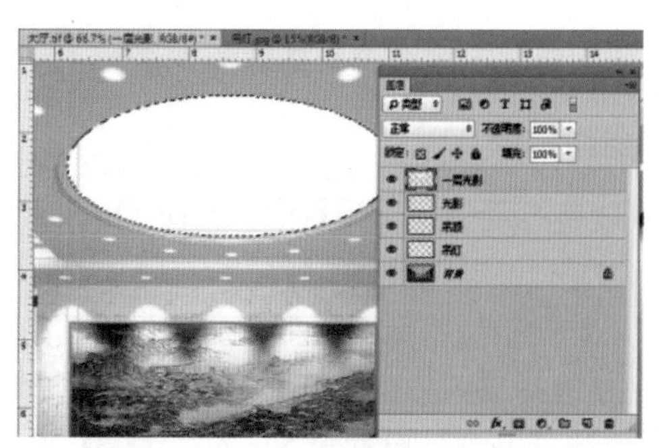

图 14-25　将选中的部分填充为白色

(5) 在工具箱中单击【椭圆选框工具】，在工具选项栏中将【羽化】设置为20，然后沿内侧参考线选取区域，如图 14-26 所示。

(6) 按键盘上 Delete 键，将覆盖在吊灯上面的选择区域删除，使吊灯露出来，此时两层光晕效果以及吊灯三个层次叠加在一起，极富层次感，其效果如图 14-27 所示，按 Ctrl+D 组合键取消选区。

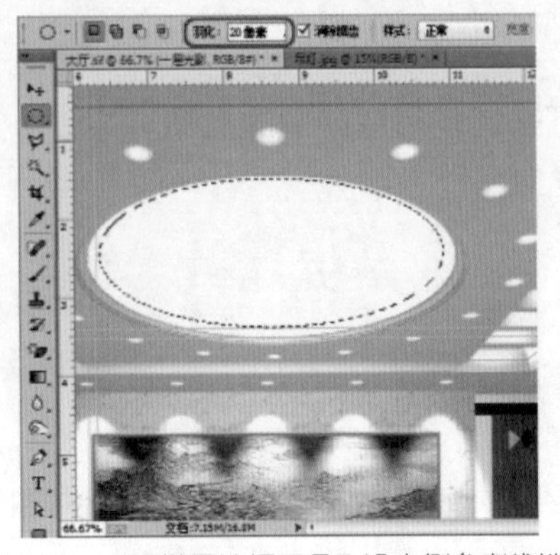

图 14-26　用【椭圆选框工具】沿内侧参考线选取

图 14-27　删除选择区域后的光晕效果

案例精讲 142　两侧植物的编辑修改

案例文件：CDROM | 场景 | Cha14| 大厅效果图 .psd

视频文件：视频教学 | Cha14 | 两侧植物的编辑修改 .avi

制作概述

绿色是向征生命、生机的颜色。在室内设计效果图中如果有了绿色植物的点缀能孕育出富有生命力的空间质感，并且在一个室内环境中植物可以在其中起一定的装饰作用，同时植物也是显示室内尺度的参照物，可以烘托室内的空间，可以添加画面的生动性。本例中介绍如何添加两侧植物。

学习目标

学习调整素材的亮度 / 对比度的方法。

掌握复制图层并设置阴影的方法。

掌握复制对象并进行翻转的方法。

操作步骤

(1) 打开随书附带光盘中的 CDROM | 素材 | Cha14 | A-B-047.psd 文件，如图 14-28 所示。

(2) 在工具箱中选择【移动工具】，将 A-B-047.psd 文件中的植物拖曳至大厅图像中，并在【图层】面板中将新图层重新命名为【前植物左】，如图 14-29 所示。

(3) 选择【前植物左】图层，选择【图像】|【调整】|【亮度 / 对比度】命令，在弹出的对话框中将【亮度】设置为 5，【对比度】设置为 20，如图 14-30 所示。

图 14-28　打开的素材文件

图 14-29　添加素材并设置图层名称

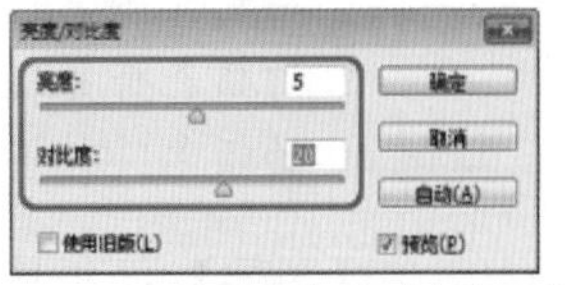
图 14-30　设置【亮度 / 对比度】参数

(4) 设置完成后，单击【确定】按钮，调整图像【亮度 / 对比度】后的效果如图 14-31 所示。

(5) 按 Ctrl+T 组合键，在工具选项栏中将 W、H 都设置为 35%，最后将植物移动到大厅的左侧平台上，如图 14-32 所示。

(6) 按 Ctrl+J 组合键对选中的图层进行复制，并将复制的图层重新命名为【前植物左阴影】，将其移到【前植物左】图层的下面，如图 14-33 所示。

图 14-31　调整图像【亮度 / 对比度】后的效果

图 14-32　调整植物的大小比例及位置

图 14-33　复制图层并调整其排放顺序

(7) 确定【前植物左阴影】图层处于选择状态，按 Ctrl+T 组合键，进行【自由变换】，在工具选项栏中将 W、H 都设置为 85%，作为植物的阴影，将它移动到前面植物左侧位置处，如图 14-34 所示。

(8) 选择【图像】|【调整】|【亮度 / 对比度】命令，在弹出的【亮度 / 对比度】对话框中勾选【使用旧版】复选框，将【亮度】设置为 -100，【对比度】设置为 -100，如图 14-35 所示。

(9) 设置完成后，单击【确定】按钮，在【图层】面板中将植物的【不透明度】设置为 45%，如图 14-36 所示。

图 14-34　调整选中对象的大小及位置

图 14-35　调节阴影的【亮度 / 对比度】

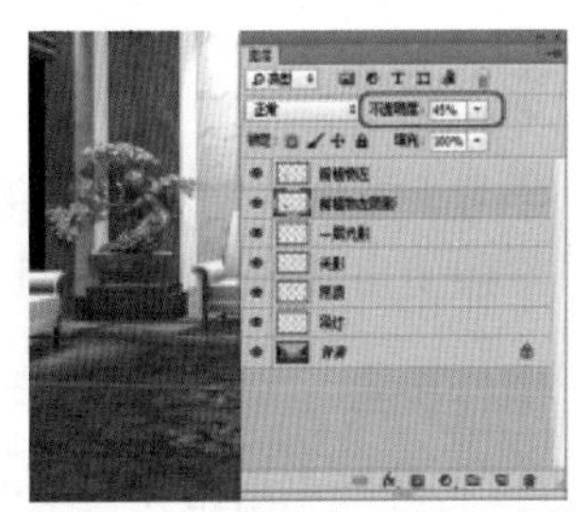
图 14-36　设置【不透明度】参数

【图层】就像一块透明的醋酸纤维纸，能够覆盖在背景图像上面。在某一层中的对象能独立于另一层的对象而移动，这就为组合图像并预览效果提供了一种极为有效的方法。

当【不透明度】设定为 100%，该合成模式将正常显示当前层，且该层的显示不受其他层的影响。当【不透明度】设定值小于 100% 时，当前层的每个像素点的颜色将受到其他层的影响，根据当前的不透明度值和其他层的色彩来确定显示的颜色。

(10) 在【图层】面板中按住 Ctrl 键选择【前植物左】和【前植物左阴影】两个图层，按 Ctrl+J 组合键对其进行复制，将其分别改为【前植物右】、【前植物右阴影】，在文档中调整其位置，如图 14-37 所示。

(11) 继续选中复制后的两个图层，按住 Ctrl+T 组合键并右击，在弹出的快捷菜单中选择【水平翻转】命令。执行该操作后，即可将选中的对象进行翻转。翻转后，再次在文档中调整该对象的位置，效果如图 14-38 所示。

图 14-37　复制图层并调整其位置

图 14-38　翻转对象

案例精讲 143　添加桌子上的摆设

案例文件：CDROM | 场景 | Cha14| 大厅效果图 .psd

视频文件：视频教学 | Cha14 | 添加桌子上的摆设 .avi

制作概述

在当前文件中的茶几添加部分鲜花，主要通过添加素材，并使用【多边形套索工具】将多余处删除。

学习目标

学习设置图层的不透明度的方法。

掌握使用【多边形套索工具】删除多余对象。

操作步骤

(1) 打开随书附带光盘中的 CDROM | 素材 | Cha14 | A-D-034.psd 文件，如图 14-39 所示。

(2) 使用【移动工具】将该图像拖曳至大厅图像中，并在【图层】面板中新图层重新命名为【黄色花中】，如图 14-40 所示。

图 14-39　打开的素材文件

图 14-40　添加素材文件并为图层命名

(3) 按 Ctrl+T 组合键，在工具选项栏中将 W、H 分别设置为 25%，并在文档中调整该对象的位置，如图 14-41 所示。

(4) 选择【图像】|【调整】|【亮度 / 对比度】命令，在弹出的【亮度 / 对比度】对话框中勾选【使用旧版】复选框，将【亮度】设置为 10，【对比度】设置为 30，如图 14-42 所示。

(5) 设置完成后，单击【确定】按钮，调整【亮度 / 对比度】后的效果如图 14-43 所示。

图 14-41　调整素材的大小及位置

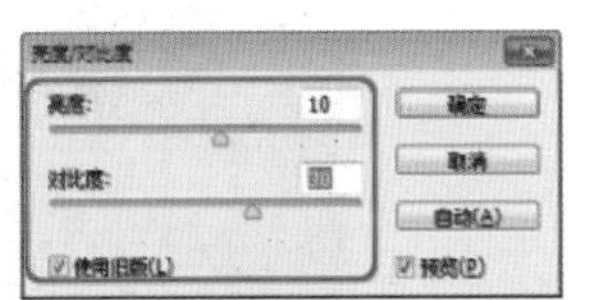

图 14-42　设置【亮度 / 对比度】参数

图 14-43　调整【亮度 / 对比度】后的效果

(6) 继续选中该图层，按 Ctrl+J 组合键对该图层进行复制，将复制后的图层命名为【黄色花右】，使用【移动工具】将新复制的黄色花植物拖曳到右侧茶几桌面上，如图 14-44 所示。

(7) 在【图层】面板中将【黄色花右】图层的【不透明度】设置为 10%。确定当前图层仍然为【黄色花右】，在工具箱中单击【多边形套索工具】，然后将沙发扶手处选取，如图 14-45 所示。

图 14-44　复制并调整对象的位置

图 14-45　选取对象

(8) 按 Delete 键，将沙发扶手上的部分花朵区域删除，按 Ctrl+D 组合键取消选区，在【图层】面板中将【黄色花右】的【不透明度】为 100%，如图 14-46 所示。

(9) 选择【黄色花中】图层，按 Ctrl+J 组合键对该图层进行复制，将复制的图层命名为【黄色花左】，在文档中调整该对象的位置，如图 14-47 所示。

图 14-46　删除选中区域并设置其不透明度

图 14-47　复制对象并调整其位置

(10) 在【图层】面板中将【黄色花左】的【不透明度】设置为 10%，使用【多边形套索工具】，在左侧的沙发的扶手处进行选取，最后单击 Delete 键，将露在沙发扶手上的多余部分删除，按 Ctrl+D 组合键取消选区，最后将【黄色花左】的【不透明度】设置为 100%，如图 14-48 所示。

图 14-48　设置黄色花左的不透明度并进行编辑调整

案例精讲 144　近景植物的编辑处理

案例文件：CDROM | 场景 | Cha14| 大厅效果图 .psd

视频文件：视频教学 | Cha14 | 近景植物的编辑处理 .avi

制作概述

在室内效果图中近景植物也是必不可少的，近景植物可以体现并营造出室内空间的层次感。

学习目标

学习调整素材的大小及亮度 / 对比度的方法。

掌握复制对象并调整其阴影的方法。

操作步骤

(1) 打开随书附带光盘中的 CDROM | 素材 | Cha14 | A-A-005.psd 文件，选择该植物拖曳至大厅场景中，在【图层】面板中将新建的图层重新命名为【侧半植物】，如图 14-49 所示。

(2) 选择【图像】|【调整】|【亮度/对比度】命令，在弹出的【亮度/对比度】对话框中勾选【使用旧版】复选框，将【亮度】设置为 20，【对比度】设置为 35，如图 14-50 所示。

图 14-49 向场景中添加素材

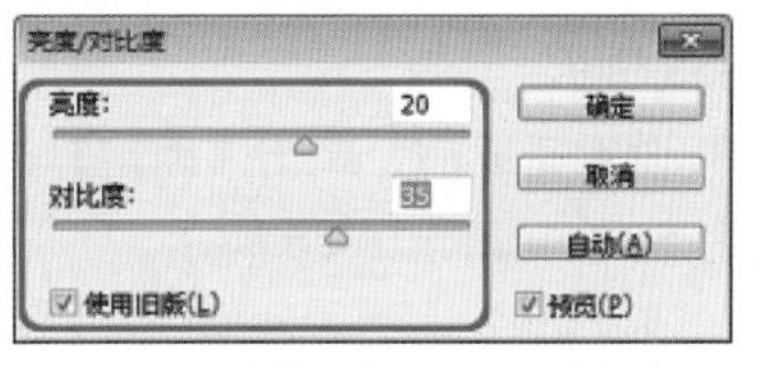

图 14-50 调整【亮度 / 对比度】参数

(3) 设置完成后，单击【确定】按钮，最后将【侧半植物】拖放在右侧处，其效果如图 14-51 所示。

(4) 按 Ctrl+T 组合键对其进行自由变换，在工具选项栏中将 W、H 都设置为 71%，并在文档中调整其位置，如图 14-52 所示，调整完成后，按 Enter 键确认。

图 14-51 调整对象的位置

图 14-52 调整对象的大小及位置

(5) 确认该图层处于选中状态，按 Ctrl+J 组合键进行复制，并将其重新命名为【侧半植物阴影】，如图 14-53 所示。

(6) 将【侧半植物阴影】图层调整至【侧半植物】图层下方，按 Ctrl+T 组合键，在工具选项栏中将 H 设置为 -25.4%，在文档中调整该对象的位置，如图 14-54 所示。

图 14-53　复制图层并设置其名称

图 14-54　调整图层的排放顺序及大小

(7) 在菜单栏中选择【图像】|【调整】|【亮度/对比度】命令，在弹出的【亮度/对比度】对话框中勾选【使用旧版】复选框，将【亮度】设置为-100，【对比度】设置为-100，如图 14-55 所示。

(8) 设置完成后，单击【确定】按钮，在【图层】面板中将【侧半植物阴影】的【不透明度】设置为 55%，如图 14-56 所示。

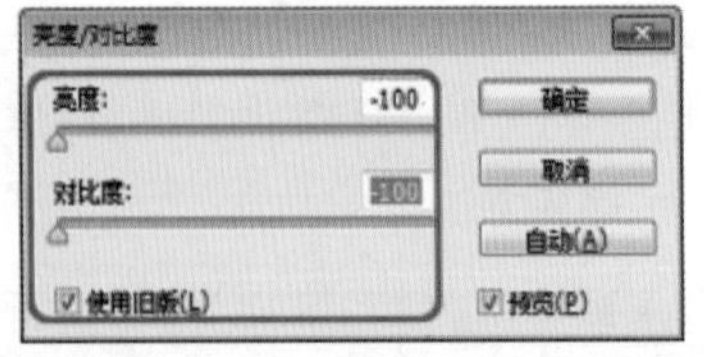

图 14-55　设置【亮度/对比度】参数

图 14-56　设置【侧半植物阴影】的【不透明度】

(9) 在【图层】面板中选择【侧半植物】和【侧半植物阴影】两个图层，按 Ctrl+J 组合键对该图层进行复制，将复制后的图层分别命名为【侧半植物左】和【侧半植物阴影左】，如图 14-57 所示。

(10) 按 Ctrl+T 组合键，在该对象上右击，在弹出的快捷菜单中选择【水平翻转】命令，如图 14-58 所示。

(11) 按 Enter 键确认，使用【移动工具】调整该对象的位置，清除参考线，调整后的效果如图 14-59 所示。

图 14-57　复制图层并为其重命名

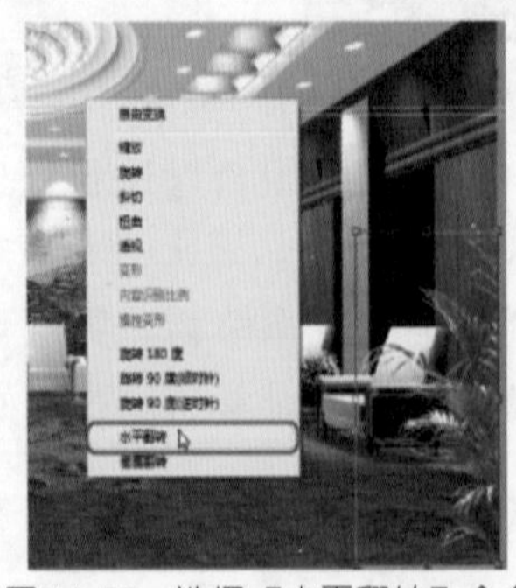

图 14-58　选择【水平翻转】命令

图 14-59　调整位置后的效果

案例精讲 145　输出文件

案例文件：CDROM | 场景 | Cha14| 大厅效果图 .psd

视频文件：视频教学 | Cha14 | 输出文件 .avi

制作概述

制作完成后，需要将制作完成后的效果进行输出。

学习目标

学习输出文件的方法。

掌握设置不同的保存类型。

操作步骤

(1) 在菜单栏中选择【文件】|【存储为】命令。若想保存为“*.PSD”或“*.PDD”文件，在弹出的对话框中指定保存路径，将【文件名】命名为大厅效果图，【保存类型】设置为Photoshop(*.PSD；*.PDD)，如图 14-60 所示。单击【保存】按钮，在弹出的对话框中单击【确定】按钮。

(2) 若想保存为“*.TIF”“*.TIFF”文件，在菜单栏中选择【文件】|【存储为】命令，在弹出的对话框中指定保存路径，将【保存类型】设置为 TIFF(*.TIF；*.TIFF)，如图 14-61 所示，设置完成后，单击【保存】按钮即可。

图 14-60　设置保存参数

图 14-61　设置保存类型